石油和化工行业"十四五"规划教材

制药化工原理

（第三版）

王志祥 黄德春 主编

化学工业出版社
·北京·

内容简介

本书根据制药工业的特点和制药化工原理课程的教学要求，精选若干个典型单元操作进行介绍，包括流体流动、流体输送设备、液体搅拌、沉降与过滤、传热、蒸发、结晶、蒸馏、吸收、萃取、干燥、吸附与离子交换、膜分离技术。本书力求能全面系统地阐明制药化工过程的基本原理和工程方法，注重理论与实践、药学与工程学的结合。

与上版相比，本书通过数字化方式拓展了教学和学习资源，增加了数字化的目标检测题、教学课件，进一步为教学和读者学习提供了方便。

图书在版编目（CIP）数据

制药化工原理 / 王志祥，黄德春主编. —3 版.
北京：化学工业出版社，2025.8. —（石油和化工行业
“十四五”规划教材）. —ISBN 978-7-122-48379-9

Ⅰ. TQ460.1

中国国家版本馆 CIP 数据核字第 2025EY7291 号

责任编辑：杨燕玲　　装帧设计：史利平
责任校对：宋　玮

出版发行：化学工业出版社（北京市东城区青年湖南街 13 号　邮政编码 100011）
印　　装：河北京平诚乾印刷有限公司
787mm×1092mm　1/16　印张 29¼　字数 721 千字　　2025 年 9 月北京第 3 版第 1 次印刷

购书咨询：010-64518888　　售后服务：010-64518899
网　　址：http：//www.cip.com.cn
凡购买本书，如有缺损质量问题，本社销售中心负责调换。

定　　价：69.80 元

编写人员名单

主　编　王志祥
　　　　黄德春
副主编　李　想
　　　　杨　照
　　　　查晓明
　　　　蔡　挺
编　者　王志祥（中国药科大学）
　　　　黄德春（中国药科大学）
　　　　李　想（中国药科大学）
　　　　杨　照（中国药科大学）
　　　　查晓明（中国药科大学）
　　　　蔡　挺（中国药科大学）
　　　　乐　龙（中国药科大学）
　　　　张长银（中国医药集团联合工程有限公司）
　　　　陈　维（中国药科大学）
　　　　苏　媛（中国药科大学）
　　　　罗兴洪（江苏先声药业有限公司）
　　　　武法文（中国药科大学）
　　　　崔志芹（中国药科大学）
　　　　董　斌（中国药科大学）
　　　　戴　琳（中国药科大学）

前言

本书第一版和第二版分别于2005年和2014年问世，两版教材先后受到许多兄弟院校及相关行业的同行、读者的支持和肯定。众多单位的使用实践证明，教材的章节体系、内容、深浅等尚能满足教学需要。但由于制药工业的飞速发展，新技术、新工艺和新设备层出不穷，同时，教育部持续推进高等学校教学质量与教学改革工程项目，原教材的某些内容已不能适应本课程的教学要求，因此决定再版修订。

修订时仍保持本书的原有特点，改写了部分章节，特别是与现行标准或规范不相适应的部分；通过数字化方式拓展了教学和学习资源，增加了数字化的目标检测题、教学课件，为教学和读者学习提供了方便。此次再版将使本书的适用性和可读性得到进一步提升。

本书第三版是石油和化工行业“十四五”规划教材，主要供全国高等学校制药工程专业及相关专业教学使用，也可作为制药行业从事研究、设计和生产的工程技术人员参考。在再版过程中，一些同行专家对本书的修改提出了宝贵意见，作者在此一并表示诚挚的谢意。

由于水平所限，不当之处仍在所难免，恳请广大读者批评指正，以使本书更趋完善。

王志祥

2025年5月于 中国药科大学

第一版前言

1998年根据国家教育部制定的“面向21世纪教学内容和课程体系改革”的要求，我国高等药学教育的专业设置发生了巨大变革。改革前，高等药学教育共有15个专业，改革后仅保留了药学、药物制剂和中药学3个专业，但在化工与制药类专业中却新增加了制药工程专业。在大幅度削减专业的情况下，国家却增设制药工程这一新的专业学科，反映了制药工业对制药工程型人才的需求。正因为如此，国内的许多高校相继设立了制药工程专业。由于是新建专业，因而普遍缺乏适用的制药工程类教材。

2004年8月全国高等学校制药工程专业发展战略与规范研讨会在长春召开，会上制定了制药工程专业规范，并将制药化工原理定为制药工程专业课程体系的主要核心课程之一。虽然国内已有多种版本的化工原理教材，但仍缺乏反映制药工程专业特点的化工原理教材。本教材正是根据长春会议的精神以及制药化工原理课程的教学要求而编写的，目的是为制药化工原理课程的教学提供较为适宜的教材。

制药化工单元操作的种类很多，每种单元操作均有十分丰富的内容。根据制药工业的特点和制药化工原理课程的教学要求，本书精选了若干个典型单元操作进行介绍，力求全面系统地阐明制药化工过程的基本原理和工程方法。全书共分十四章，包括流体流动、流体输送设备、液体搅拌、沉降与过滤、传热、蒸发、结晶、蒸馏、吸收、萃取、干燥、冷冻、吸附与离子交换、膜分离技术等内容。

虽然作者在编写和修改过程中已作了很大努力，但由于水平所限，错误和不当之处在所难免，恳请广大读者批评指正，以利于该书的进一步修改和完善。

本书是作者编著的《制药工程学》教材的姊妹篇，可作为高等院校制药工程专业、药物制剂专业及相关专业的教材，也可作为化工与制药行业从事研究、设计和生产的工程技术人员参考。

四川大学肖泽仪教授、华东理工大学曾作祥教授对书稿进行了审阅，中国药科大学姚文兵教授、南京大学张志炳教授给作者提供了许多支持和帮助，在此我谨向他们以及所有为本书出版提供过帮助的同志表示诚挚的谢意。

王志祥

2005年3月于中国药科大学

第二版前言

本书第一版自2005年出版以来，已受到许多兄弟院校及相关行业的同行、读者的支持和肯定。使用实践证明，第一版的章节体系、内容、深浅等尚能满足教学需要。但由于制药工业的飞速发展，新技术、新工艺和新设备层出不穷，对人才素质和教材质量也提出了更高要求。第一版的某些内容已不能适应本课程的教学要求，因此决定再版修订。

修订时仍保持第一版的原有特点，精简和改写了部分章节，注重理论与实践以及药学与工程学的结合。为便于学生更好地掌握教学内容，新版教材各章前均增加了学习要求，包括掌握、熟悉和了解三个层次，章后增加了思考题，更新了部分习题，并给出了参考答案。新版教材还通过穿插较多的知识拓展、相关知识介绍以及较多的工程实例（案例），使其趣味性、实用性和可读性得到显著提高。

新版教材由中国药科大学王志祥教授和黄德春副教授主编并统稿。参加修订工作的人员有王志祥（绪论、液体搅拌、蒸馏、萃取、干燥）、史益强（萃取）、黄德春（蒸发、结晶、蒸馏）、杨照（沉降与过滤、传热、吸收）、崔志芹（吸附与离子交换、膜分离技术）、李想（流体流动、流体输送设备）、戴琳（流体输送设备、附录）。

作者为本书准备了多媒体教学课件，可供使用单位索取。

新版教材是中国药科大学“十二五”规划教材，并得到教育部高等学校专业综合改革试点项目（制药工程卓越工程师计划）和江苏省“十二五”重点专业（制药工程）建设项目的支持。一些同行专家也对本书的再版提出了宝贵意见。作者在此一并表示诚挚的谢意。

由于水平所限，错误和不当之处仍在所难免，恳请广大读者批评指正，以使本书更趋完善。

王志祥

2014年5月于中国药科大学

目　录

绪 论

学习要求

1. 掌握：单位换算。
2. 熟悉：制药过程与单元操作。
3. 了解：本课程的学习方法。

本章课件

一、制药过程与单元操作

制药工业是根据中、西医相结合的临床实践生产医疗上所需的药品，即通过反应、分离、制剂等处理方法制成可供使用的药品。

一个药品要实现工业化生产必须做到技术上先进，经济上合理。因此，化学反应的速度要快，目标产物的收率要高，这就要求原料的纯度要高，配料比要合适，混合接触要充分，并在适宜的温度和压力下进行反应。要实现这些条件，原料可通过精制以除去有害的杂质，通过计量来实现适宜的配料比，通过输送设备被输送至反应器内，通过搅拌等方法使物料充分混合接触。此外，可利用加热蒸汽、导热油或冷却水、冷冻盐水等以维持适宜的反应温度，通过压缩机或真空泵等以维持适宜的操作压力等。反应结束后，获得的物料一般为混合物，其中既有目标产物，又有副产物及未反应的原料，必须通过分离才能获得所需要的产品——原料药，并回收未反应的原料及副产物。原料药经制剂等方法处理后即成为出厂的药品。可见，反应、分离、制剂构成了药品生产的主要工艺过程，其中反应是整个工艺过程的核心，是有机合成、反应工程学等课程所涉及的内容。分离过程是物理加工过程，它与反应过程密切相关，是整个生产工艺中不可或缺的重要组成部分，也是本课程的核心内容。原料药必须通过制剂等方法处理后才能成为所需要的药品，这是药剂学、制药工程学等课程所涉及的内容。反应、分离、制剂所需设备的投资和操作费用往往决定了一个药品的经济效益。对制药工程师而言，反应、分离、制剂等方面的知识是必须具备的基本知识。

药品的种类很多，每一种药品都有其独特的生产过程，但归纳起来，各种不同的生产过程都是由若干个化学反应和若干个基本的物理操作串联而成，每一个基本的物理操作过程都称为一个单元操作。例如，利用混合物中各组分的挥发度差异来分离液体混合物的操作过程称为精馏单元操作；利用各组分在液体溶剂中的溶解度差异来分离气体混合物的操作过程称为吸收单元操作；利用各组分在液体萃取剂中的溶解度不同来分离液体或固体混合物的操作过程称为萃取单元操作；利用混合物中各组分与固体吸附剂表面分子结合力的不同，使其中的一种或几种组分分离出来的操作过程称为吸附单元操作；通过对湿物料加热，使其中的部分水分汽化而得到干固体的操作过程称为干燥单元操作；

通过冷却或使溶剂汽化的方法，使溶液达到过饱和而析出晶体的操作过程称为结晶单元操作等，这些均是常见的制药化工单元操作。再如，制剂生产中的许多过程，如粉碎、筛分、混合、造粒、压片、包衣、包装等过程，均是常见的制剂单元操作。这样，就无须将每一个药品生产过程都视为一种特殊的或独有的知识加以研究，而只研究组成药品生产过程的每一个单元操作即可。由于化学反应器和制剂单元操作的内容已包含于《制药工程学》等相关课程中，因此，本课程只研究典型制药化工单元操作的基本原理及设备，并探讨这些单元操作过程的强化途径。

二、制药化工原理的性质和任务

制药化工原理是制药工程、药物制剂等制药类专业学生必修的一门技术基础课程，是利用《数学》《物理》《化学》《物理化学》等先修课程的知识来解决制药生产中的实际问题，并为《制药工艺学》《制药工程学》等后续工程类专业课程的学习打下基础。所以，本课程是自然科学领域的基础课向工程学科的专业课过渡的入门课程，在整个教学计划中起着承上启下的作用。

制药化工原理主要研究制药化工生产中典型单元操作的基本原理、设备及过程的强化途径，是一门理论与实践密切结合的技术基础课，也是一门学以致用的课程。在教学和学习过程中，要理论联系实际，树立工程的观点，从工程和经济的角度去考虑技术问题。通过本课程的课堂教学和实验训练，使学生能掌握典型制药化工单元操作的基本原理及设备，并具备初步的工程实验研究能力和实际操作技术。对学生而言，努力学好本课程，将来无论是在科研院所，还是在工厂企业工作，都是大有裨益的。

三、单位换算

任何物理量都是用数字和单位联合表达的。一般先选几个独立的物理量，如长度、时间等作为基本量，并规定出它们的单位，这些单位称为基本单位。而其他物理量，如速度、加速度等的单位则根据其自身的物理意义，由相应的基本单位组合而成，这些单位称为导出单位。

由于历史、地区及不同学科领域的不同要求，对基本量及其单位的选择有所不同，因而形成了不同的单位制度，如物理单位制（CGS 制）、工程单位制等。多种单位制并存，给计算和交流带来不便，并容易产生错误。为改变这种局面，在 1960 年 10 月第十一届国际计量大会上通过了一种新的单位制，即国际单位制，其代号为 SI。国际单位制共规定了七个基本量和两个辅助量，如表 0-1 所示。

表 0-1　SI 制基本单位和辅助单位

项目	基本单位							辅助单位	
物理量	长度	质量	时间	电流	温度	物质的量	发光强度	平面角	立体角
单位名称	米	千克	秒	安培	开尔文	摩尔	坎德拉	弧度	球面度
单位符号	m	kg	s	A	K	mol	cd	rad	sr

我国目前使用的是以 SI 制为基础的法定计量单位，它是根据我国国情，在 SI 制单位的基础上，适当增加一些其他单位构成的。例如，体积的单位升（L），质量的单位吨（t），时间的单位分（min）、时（h）、日（d）、年（a）仍可使用。

本书采用法定计量单位，但在实际应用中，仍可能遇到非法定计量单位，需要进行单位换算。不同单位制之间的主要区别在于其基本单位不完全相同。表 0-2 给出了常用单位制中的部分基本单位和导出单位。

表 0-2 常用单位制中的部分基本单位和导出单位

国际单位制(SI 制)				物理单位制(CGS 制)				工程单位制			
基本单位			导出单位	基本单位			导出单位	基本单位			导出单位
长度	质量	时间	力	长度	质量	时间	力	长度	力	时间	质量
m	kg	s	N	cm	g	s	dyn	m	kgf	s	$kgf\cdot s^2\cdot m^{-1}$

在国际单位制和物理单位制中质量是基本单位，力是导出单位。而在工程单位制中力是基本单位，质量是导出单位。因此，必须掌握三种单位制之间力与质量之间的关系，才能正确地进行单位换算。

在工程单位制中，将作用于 1kg 质量上的重力，即 1kgf 作为力的基本单位。由牛顿第二定律 $F=ma$ 得

$$1N=1kg\times1m\cdot s^{-2}=1kg\cdot m\cdot s^{-2}$$

$$1kgf=1kg\times9.81m\cdot s^{-2}=9.81N=9.81\times10^{5}dyn$$

$$1kgf\cdot s^{2}\cdot m^{-1}=9.81N\cdot s^{2}\cdot m^{-1}=9.81kg=9.81\times10^{3}g$$

根据三种单位制之间力与质量之间的关系，即可将物理量在不同单位制之间进行换算。将物理量由一种单位换算至另一种单位时，物理量本身并没有发生改变，仅是数值发生了变化。例如，将 1m 的长度换算成 100cm 的长度时，长度本身并没有改变，仅仅是数值和单位的组合发生了改变。因此，在进行单位换算时，我们只需要用新单位代替原单位，用新数值代替原数值即可，其中

千克与千克力

$$新数值=原数值\times换算因数 \tag{0-1}$$

式中

$$换算因数=\frac{原单位}{新单位} \tag{0-2}$$

它表示一个原单位相当于多少个新单位。

【例 0-1】 试将物理单位制中的密度单位 $g\cdot cm^{-3}$ 分别换算成 SI 制中的密度单位 $kg\cdot m^{-3}$ 和工程单位制中的密度单位 $kgf\cdot s^{2}\cdot m^{-4}$。

解： 首先确定换算因数

$$\frac{g}{kg}=10^{-3},\frac{cm}{m}=10^{-2},\frac{kg}{kgf\cdot s^{2}\cdot m^{-1}}=\frac{1}{9.81}$$

则

$$1\frac{g}{cm^{3}}=\frac{1\times10^{-3}kg}{(10^{-2}m)^{3}}=1\times10^{3}kg\cdot m^{-3}=1\times10^{3}\times\frac{\frac{1}{9.81}\cdot kgf\cdot s^{2}\cdot m^{-1}}{m^{3}}=102kgf\cdot s^{2}\cdot m^{-4}$$

【例 0-2】 在 SI 制中，压力的单位为 Pa（帕斯卡），即 $N\cdot m^{-2}$。已知 1 个标准大气压的压力相当于 $1.033kgf\cdot cm^{-2}$，试以 SI 制单位表示 1 个标准大气压的压力。

解： 首先确定换算因数

$$\frac{kgf}{N}=9.81,\frac{cm}{m}=10^{-2}$$

则

$$1\text{atm}=1.033\ \frac{\text{kgf}}{\text{cm}^2}=\frac{1.033\times 9.81\text{N}}{(10^{-2}\text{m})^2}=1.01325\times 10^5\text{N}\cdot\text{m}^{-2}=1.01325\times 10^5\text{Pa}$$

本章目标检测题

习　题

1. 在物理单位制中，黏度的单位为 P（泊），即 $g\cdot cm^{-1}\cdot s^{-1}$，试将该单位换算成 SI 制中的黏度单位 Pa · s。（1P＝0.1Pa · s）

2. 已知通用气体常数 $R=0.08206L\cdot atm\cdot mol^{-1}\cdot K^{-1}$，试以法定单位 $J\cdot mol^{-1}\cdot K^{-1}$ 表示 R 的值。（$8.314J\cdot mol^{-1}\cdot K^{-1}$）

第一章　流体流动

学习要求

1. 掌握：流体静力学基本方程式、连续性方程式、伯努利方程式及其应用，流动阻力的计算方法，管路计算。

2. 熟悉：流体在管内的流动现象，降低管路系统流动阻力的途径，常用流量计的结构、测量原理及安装要求，常用管子、阀门及管件。

3. 了解：了解管路连接方法。

本章课件

气体和液体都具有流动性，通常总称为**流体**。当温度和压力改变时，气体的体积会发生显著变化，故一般可视为**可压缩流体**；而液体的体积随温度和压力的变化很小，一般可视为**不可压缩流体**。气体与液体的区别在于气体具有可压缩性，但当温度和压力的变化率均很小时，气体也可近似按不可压缩流体处理。

流体不仅具有流动性，而且具有连续性和黏性。工程上，通常只研究流体的宏观运动规律，而不研究单个流体分子的微观运动，即将流体看作是由无数流体质点或微团所组成的连续介质，亦即流体具有连续性。此外，流体还具有产生内摩擦力的性质，即流体还具有黏性（见本章第三节）。

制药化工生产中所处理的物料大多数为流体，设备之间用管道连接起来。按照生产工艺要求，将物料从一个设备输送至另一个设备，由上一道工序转移至下一道工序，逐步完成各种物理变化和化学变化，得到所需要的产品。因此，制药化工过程的实现都会涉及流体流动。此外，大多数制药化工单元操作也都与流体流动密切相关，因此流体流动是本课程最基本的内容。

第一节　流体静力学

流体的静止是流体运动的一种特殊形式。**流体静力学**就是研究流体在外力作用下的平衡规律，即流体在重力和压力的作用下处于静止或相对静止时的规律。

一、流体的密度

单位体积的流体所具有的质量，称为**流体的密度**，即

$$\rho=\frac{m}{V} \tag{1-1}$$

式中　ρ——流体的密度，$kg \cdot m^{-3}$；

m——流体的质量，kg；

V——流体的体积，m^3。

在不同的单位制中，密度的单位和数值均不同。如在SI制中，密度的单位为$kg \cdot m^{-3}$；在物理单位制中，密度的单位为$g \cdot cm^{-3}$；在工程单位制中，密度的单位为$kgf \cdot s^2 \cdot m^{-4}$，它们之间的关系为

$$1g \cdot cm^{-3}=10^3 kg \cdot m^{-3}=102kgf \cdot s^2 \cdot m^{-4} \tag{1-2}$$

单位质量的流体所具有的体积，称为**流体的比容**，即

$$\upsilon=\frac{V}{m}=\frac{1}{\rho} \tag{1-3}$$

式中　υ——流体的比容，$m^3 \cdot kg^{-1}$。

某液体的密度与标准大气压下4℃的纯水的密度之比，称为该液体的**相对密度**，即

$$s=\frac{\rho}{\rho_{H_2O}} \tag{1-4}$$

式中　s——液体的相对密度；

ρ_{H_2O}——标准大气压下4℃时水的密度，其值为$1000kg \cdot m^{-3}$。

1. 气体的密度

气体为可压缩流体，其密度随压力的增加而增大。纯气体的密度一般可从物理化学手册或有关资料中查得。

当压力不太高（临界压力以下）、温度不太低（临界温度以上）时，气体可近似地按理想气体处理，则

$$pV=nRT=\frac{m}{M}RT \tag{1-5}$$

式中　p——气体的压力，kPa；

T——气体的温度，K；

n——气体的物质的量，kmol；

M——气体的千摩尔质量，$kg \cdot kmol^{-1}$；

R——通用气体常数，$8.314kJ \cdot kmol^{-1} \cdot K^{-1}$。

故压力为p、温度为T的气体的密度为

$$\rho=\frac{m}{V}=\frac{pM}{RT} \tag{1-6}$$

由于R的取值随p、T、M所用单位的不同而不同，故工程上常用标准状态下的气体密度来计算实际状态下的气体密度。在标准状态（$p_o=101.3kPa$，$T_o=273.15K$）下，气体的密度为

$$\rho_o=\frac{M}{22.4}=\frac{p_o M}{RT_o} \tag{1-7}$$

式中　ρ_o——气体在标准状态下的密度，$kg \cdot m^{-3}$。

由式(1-6)和式(1-7)得

$$\rho=\frac{M}{22.4}\times\frac{p}{p_o}\times\frac{T_o}{T} \tag{1-8}$$

使用式(1-8)的优点在于ρ_o为已知，而且反映了温度和压力对气体密度的影响，即气体的密度与压力成正比，与温度成反比。

实际生产中所遇到的气体可能是由多个组分所组成的气体混合物。显然，气体混合物的

质量为混合前各组分的质量之和，即

$$m_m=\sum_{i=1}^{n}m_i \tag{1-9}$$

式中　m_m——气体混合物的质量，kg；

m_i——气体混合物中组分 i 的质量，kg。

现以 $1m^3$ 气体混合物为基准，若各组分在混合前后的质量保持不变，则

$$\rho_m=\rho_1x_{V1}+\rho_2x_{V2}+\cdots+\rho_nx_{Vn}=\sum_{i=1}^{n}(\rho_ix_{Vi}) \tag{1-10}$$

式中　ρ_m——气体混合物的密度，$kg \cdot m^{-3}$；

ρ_i——同温同压下组分 i 单独存在时的密度，$kg \cdot m^{-3}$；

x_{Vi}——气体混合物中组分 i 的体积分数，显然 $\sum_{i=1}^{n}x_{Vi}=1$。

气体混合物的密度也可按式(1-8) 计算，即

$$\rho_m=\frac{M_m}{22.4}\times\frac{p}{p_o}\times\frac{T_o}{T} \tag{1-11}$$

式中　M_m——气体混合物的平均千摩尔质量，$kg \cdot kmol^{-1}$，可按下式计算

$$M_m=\sum_{i=1}^{n}(M_ix_{Vi}) \tag{1-12}$$

式中　M_i——气体混合物中组分 i 的千摩尔质量，$kg \cdot kmol^{-1}$。

2. 液体的密度

液体的密度随压力的变化很小，常可忽略其影响。纯液体的密度一般可从物理化学手册或有关资料中查得。

实际生产中所遇到的液体一般是由多个组分所组成的液体混合物。假设液体混合物为理想溶液，则混合前后的体积保持不变，即

$$V_m=\sum_{i=1}^{n}V_i \tag{1-13}$$

式中　V_m——液体混合物的体积，m^3；

V_i——液体混合物中组分 i 的体积，m^3。

现以 1kg 液体混合物为基准，则

$$\frac{1}{\rho_m}=\frac{x_{W1}}{\rho_1}+\frac{x_{W2}}{\rho_2}+\cdots+\frac{x_{Wn}}{\rho_n}=\sum_{i=1}^{n}\frac{x_{Wi}}{\rho_i} \tag{1-14}$$

式中　ρ_m——液体混合物的密度，$kg \cdot m^{-3}$；

ρ_i——液体混合物中组分 i 的密度，$kg \cdot m^{-3}$；

x_{Wi}——液体混合物中组分 i 的质量分数，显然 $\sum_{i=1}^{n}x_{Wi}=1$。

01-01　波美比重计

二、流体的压强

流体垂直作用于单位面积上的力，称为**流体的压强**，但习惯上也称为流体的压力。作用于整个面积上的力称为总压力。在静止流体中产生的压强称为静压强或静压力，从各个方向作用于某一点的压力大小均相等。

在 SI 制中，压强的单位为 Pa（帕斯卡）。但在一些手册、书籍和工程实际中习惯上还采用其他单位，如物理大气压（atm）、液柱高度（mmHg、mmH_2O）、工程大气压（$kgf \cdot cm^{-2}$）、巴（bar）等，它们之间的换算关系为

$$1atm=760mmHg=1.033kgf \cdot cm^{-2}=10.33mH_2O=1.0133bar=1.0133\times10^5 Pa$$

压强不仅单位复杂，而且有不同的计量基准。

以绝对真空（零压）为基准测得的压强，称为**绝对压强**，简称绝压，它是流体的真实压强。在物理、热力学中多采用绝压作为计算基准，如理想气体状态方程中的压强。

压强还可以当时当地的大气压强为基准进行测量。当被测流体的压强高于外界的大气压强时，采用压强表进行测量，其读数反映了被测流体的绝对压强高于外界大气压强的数值，称为**表压强**，简称表压，即

$$表压(强)=绝对压强-大气压强$$

当被测流体的压强低于外界的大气压强时，采用真空表进行测量，其读数反映了被测流体的绝对压强低于外界大气压强的数值，称为**真空度**，即

$$真空度=大气压强-绝对压强=-(绝对压强-大气压强)=-表压(强)$$

可见，真空度又是表压强的负值，且流体的绝对压强愈低，真空度就愈大。例如，真空度为 3×10^4 Pa，则表压强为 -3×10^4 Pa。

实际使用的真空表，其数值范围常为 $-0.1\sim0$MPa，此时读数为负值，即为表压，表示成真空度时要改为正值。

由压强表或真空表测得的读数必须根据当时当地的大气压强进行校正，才能得到测量点处的绝对压强值。

绝压、表压和真空度之间的关系如图 1-1 所示。图中 A 点的测定压强高于大气压强，B 点的测定压强低于大气压强。

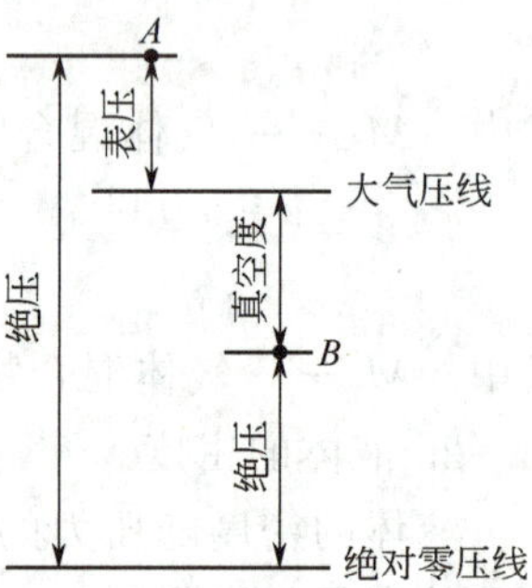

图 1-1 绝压、表压和真空度之间的关系

为便于区分压强的三种不同表示形式，防止混淆，凡表示表压或真空度的压强单位后，均以括号加以标注，而绝压可不加标注，如 3×10^5 Pa（表压）、2×10^3 Pa（真空度）、5×10^5 Pa 等。

【例 1-1】 某精馏塔在南京地区操作时塔顶的真空度为 740mmHg，现拟将该塔的精馏技术转让至兰州地区。若要求塔内的绝对压强保持不变，试计算在兰州地区操作时塔顶的真空度。已知南京地区的平均大气压强为 761mmHg，兰州地区的平均大气压强为 640mmHg。

解： 在南京地区操作时塔顶的绝对压强为

$$绝对压强=大气压强-真空度=761-740=21mmHg$$

在兰州地区操作时塔内的绝对压强保持不变，则在兰州地区操作时塔顶的真空度为

$$真空度=大气压强-绝对压强=640-21=619mmHg$$

三、流体静力学基本方程式

流体静力学基本方程式是描述在重力场中静止流体内部压力随深度变化的数学表达式。对于不可压缩流体，密度不随压力而变化，可用下述方法导出流体静力学基本方程式。

从静止液体中任取一垂直液体柱，如图 1-2 所示。图中液柱的横截面积为 A，液体的密度为 ρ。以容器底面所在的平面为基准水平面，并设液柱上、下底面与基准水平面之间的垂直距离分别为 Z_1 和 Z_2。

设作用于液柱上、下底面的压强分别为 p_1 和 p_2，则上底面所受的向下的总压力为 p_1A，下底面所受的向上的总压力为 p_2A。液柱所受的重力为 $G=A(Z_1-Z_2)\rho g$，方向向下。

在静止液体中，液柱所受的向上和向下的力达到平衡，即

$$p_2A=p_1A+\rho A(Z_1-Z_2)g$$

化简得

$$p_2=p_1+\rho g(Z_1-Z_2) \tag{1-15}$$

如图 1-3 所示，若液柱的上底面为液面，则 $p_1=p_0$。又 $h=Z_1-Z_2$，故式(1-15) 可改写为

$$p_2=p_0+\rho gh \tag{1-16}$$

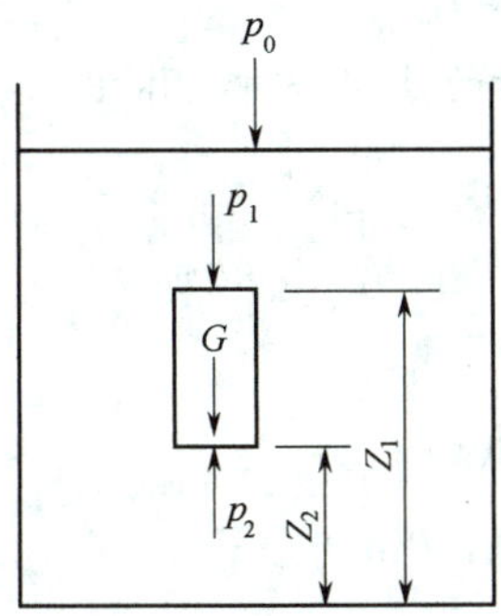

图 1-2　流体静力学基本方程式的推导

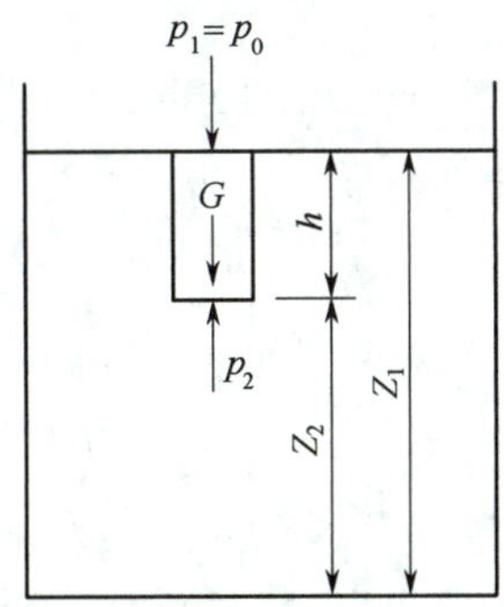

图 1-3　以液面为基准的流体静力学方程式的推导

虽然式(1-15) 和式(1-16) 是由液体导出的，液体的密度可视为常数，而气体的密度随压力而变化，但考虑到气体密度随容器高度的变化甚微，一般也可视为常数，故式(1-15) 和式(1-16) 也适用于气体。所以，式(1-15) 和式(1-16) 统称为流体静力学基本方程式。

由流体静力学基本方程式可知：

① 静止液体内部任一点的压强与液体密度及该点距液面的深度有关。密度越大或所处的位置越深，则该点的压力就越大。

② 当 ρ 不变，且 $Z_1=Z_2$ 时，$p_1=p_2$。因此，静止的、连续的同一种流体内，处于同一水平面上的各点压力均相等。压力相等的水平面常称为**等压面**。等压面的概念在流体静力学中的应用已相当广泛。

【例 1-2】 在图 1-4 所示的敞口容器内盛有油和水，已知 $\rho_{油}<\rho_{水}$，故 $h<h_1+h_2$。若 A 与 A′、B 与 B′及 C 与 C′分别处于同一水平面上，试判断 $p_A=p_{A'}$、$p_B=p_{B'}$及 $p_C=p_{C'}$是否成立。

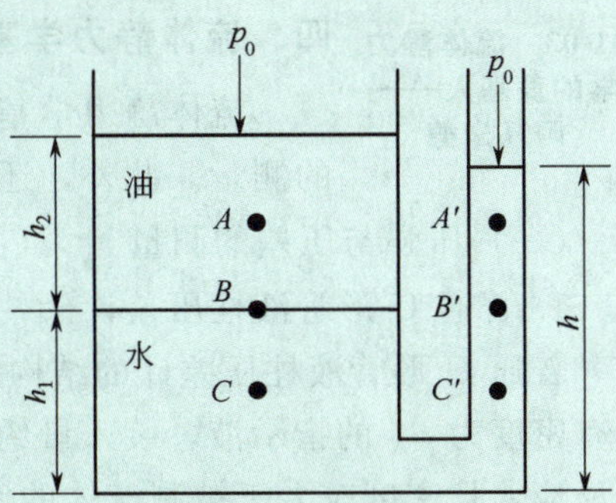

图 1-4　例 1-2 附图

解： $p_A=p_{A'}$不成立。因为 A、A′虽处于静止的同一水平面上，但不是连续的同一种流体，因此，A-A′不是等压面。

$p_B=p_{B'}$成立，因为 B、B′处于静止的连续的同一种流体内，且在同一水平面上，因此，B-B′为等压面。

同理 $p_C=p_{C'}$

③ 对于静止的非同一种液体可分段使用流体静力学基本方程式，但每一段内应为同一种连续的液体。

【例 1-3】 试应用流体静力学基本方程式判断例 1-2 中 p_A 和 $p_{A'}$ 的大小。

解： 由例 1-2 可知，A、A' 虽处于静止的同一水平面上，但不是连续的同一种流体。由流体静力学基本方程式得

$$p_{C'}=p_{A'}+\rho_{H_2O}gh_{AC}=p_{A'}+\rho_{H_2O}gh_{AB}+\rho_{H_2O}gh_{BC}\text{（静止的、连续的同一种液体即水中）}$$

$$p_C=p_B+\rho_{H_2O}gh_{BC}\text{（静止的、连续的同一种液体即水中）}$$

$$p_B=p_A+\rho_{油}\ gh_{AB}\text{（静止的、连续的同一种液体即油中）}$$

所以

$$p_C=p_A+\rho_{油}\ gh_{AB}+\rho_{H_2O}gh_{BC}\text{（静止的、连续的非同一种液体中）}$$

由 $p_C=p_{C'}$ 得

$$p_A+\rho_{油}\ gh_{AB}+\rho_{H_2O}gh_{BC}=p_{A'}+\rho_{H_2O}gh_{AB}+\rho_{H_2O}gh_{BC}$$

即

$$p_A+\rho_{油}\ gh_{AB}=p_{A'}+\rho_{H_2O}gh_{AB}$$

由 $\rho_{油}<\rho_{H_2O}$ 可知，$\rho_{油}\ gh_{AB}<\rho_{H_2O}gh_{AB}$。因此，$p_A>p_{A'}$

④ 当液面上方的压强 p_0 发生改变时，液体内部各点的压强 p 将发生同样大小的改变，即作用于容器内液面上方的压力能以同样的大小传递至液体内部任一点的各个方向上，这就是帕斯卡原理。

⑤ 式(1-16) 也可改写为

$$h=\frac{p_2-p_0}{\rho g}\tag{1-17}$$

即压强或压差的大小可用液柱高度表示。由式(1-17) 可知，h 与 ρ 有关。因此，当用液柱高度表示压强或压差时，应注明液体的种类和温度，否则将失去意义。

01-02　著名的数学家和物理学家——帕斯卡

⑥ 由于气体的密度很小，故在高度差不大的容器中，可近似认为容器中静止气体内部各点的压强均相等。

01-03　流体静力学的奠基人——阿基米德

四、流体静力学基本方程式的应用

流体静力学基本方程式常用于某处流体表压或流体内部两点之间压差的测量。此外，还可用于液位的测量和液封高度的测量。

（一）压强与压差的测量

1. 普通 U 形管液柱压差计

普通 U 形管液柱压差计的结构如图 1-5 所示，它是一根内径均匀的 U 形玻璃管，管内装有密度为 ρ_A 的指示液，装入量约为 U 形管总容积的一半。指示液应与被测流体不互溶、不反应，且密度应大于被测流体的密度 ρ_B。此外，指示液与被测流体的界面应清晰。常用的指示液有水、水银、四氯化碳和液体石蜡等。

当测量倾斜角为 α 的直管中截面 1-1′与 2-2′之间的压差时，可将 U 形管的两端分别与截面 1-1′和 2-2′的测压口相连通。由于 $p_1>p_2$，故压力高端的指示液面下降，压力低端的指

示液面上升，且高压端下降的指示液体积等于低压端上升的指示液体积，又因管径均匀，所以高压端下降的高度必然等于低压端上升的高度（$=R/2$）。结果U形管两端便出现指示液面的高度差R，R称为压差计的读数，其大小反映了（p_1-p_2）的大小。根据流体静力学基本方程式可导出（p_1-p_2）与R之间的关系。

流体在管道中仅沿轴向流动，无径向流动。因此流体在径向处于宏观上的静止状态，可应用流体静力学基本方程式。

截面1-1′与2-2′之间的压差是指两截面中心点之间的压差，即（p_1-p_2）。如图1-5所示，截面1-1′与2-2′之间的垂直距离为L，管道的水平倾角为α，则截面2-2′的中心点较截面1-1′的中心点高出的距离为$Z=L\sin\alpha$。

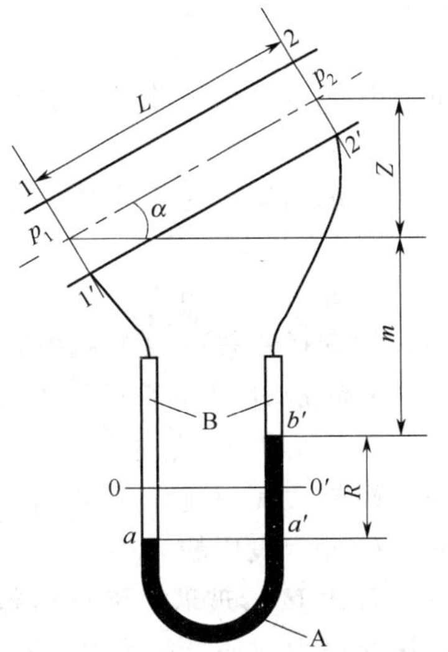

图1-5　普通U形管液柱压差计

首先在指示液与被测流体的交界处寻找等压面，如图中的等压面a-a'，则

$$p_a=p_{a'}$$

其次，由流体静力学基本方程式得

$$p_a=p_1+\rho_B g(m+R)$$

$$p_{a'}=p_{b'}+\rho_A gR=p_2+\rho_B g(m+Z)+\rho_A gR$$

则

$$p_1+\rho_B g(m+R)=p_2+\rho_B g(m+Z)+\rho_A gR$$

即

$$p_1-p_2=(\rho_A-\rho_B)gR+\rho_B gZ$$

所以

$$p_1-p_2=(\rho_A-\rho_B)gR+\rho_B gL\sin\alpha \tag{1-18}$$

对于水平管道［如图1-6(a)所示］，$\alpha=0°$，则式(1-18)可简化为

$$p_1-p_2=(\rho_A-\rho_B)gR \tag{1-19}$$

可见，对于水平管道，(p_1-p_2)仅与R及($\rho_A-\rho_B$)有关。当(p_1-p_2)一定时，($\rho_A-\rho_B$)愈小，R愈大。因此，当(p_1-p_2)较小而导致R过小时，可选取ρ_A与ρ_B相近的指示液，以提高读数R的值。

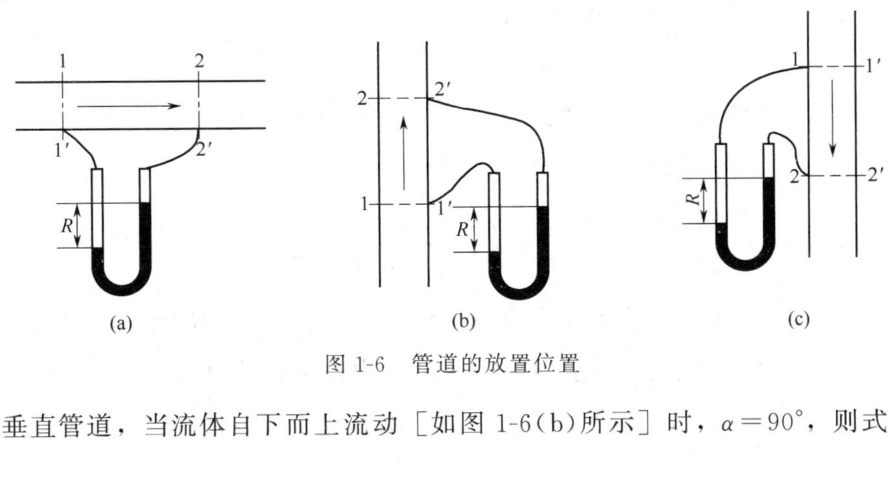

图1-6　管道的放置位置

对于垂直管道，当流体自下而上流动［如图1-6(b)所示］时，$\alpha=90°$，则式(1-18)可

简化为

$$p_1-p_2=(\rho_A-\rho_B)gR+\rho_B gL \tag{1-20}$$

而当流体自上而下流动［如图 1-6(c)所示］时，$\alpha=-90°$，则式(1-18) 可简化为

$$p_1-p_2=(\rho_A-\rho_B)gR-\rho_B gL \tag{1-21}$$

当被测流体为气体时，由于 $\rho_A \gg \rho_B$，故式(1-19) 可简化为

$$p_1-p_2=\rho_A gR \tag{1-22}$$

由式(1-18) 可知，(p_1-p_2)与管径无关。但在实际应用中，管径太细会产生毛细管现象，故管径一般可取 5～10mm。此外，(p_1-p_2)亦与 U 形管至测压口的连接管长度无关，故实际测量时 U 形管可集中布置。

普通 U 形管液柱压差计也可测量表压或真空度。测量时，U 形管的一端与测压口相连，另一端与大气相通，此时 $p_2=p_{大气}$。当 $p_1<p_{大气}$时，R 表示真空度的大小；当 $p_1>p_{大气}$时，R 表示表压的大小。

普通 U 形玻璃管液柱压差计的最大读数 R 一般不超过 1000mm，太长容易折断。因此，当被测压力或压差较大时，可将多个 U 形管压差计串联使用。

【例 1-4】 水在图 1-7 所示的直管内流动。现采用两个 U 形玻璃管水银压差计串联，以测量截面 a-a'与 b-b'之间的压差。测量时，两 U 形玻璃管的连接管内充满了水。若 R_1 和 R_2 的读数分别为 550mm 和 600mm，试计算截面 a-a'与 b-b'之间的压差。已知水银的密度为 13600kg·m^{-3}，水的密度为 1000kg·m^{-3}。

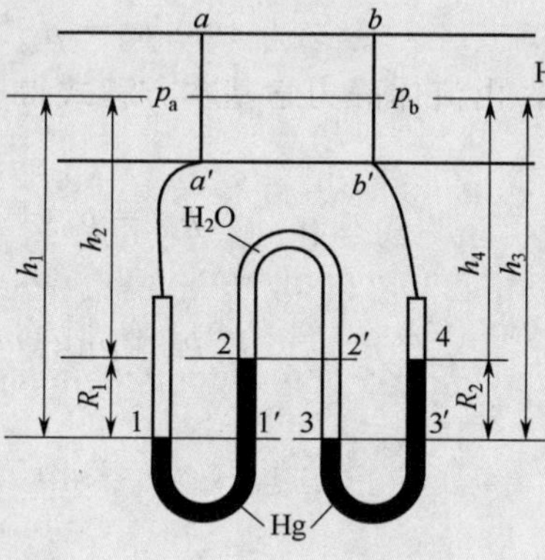

图 1-7 例 1-4 附图

解：首先在指示液（水银）与被测流体（水）的交界处寻找等压面，如图中的等压面 1-1′、2-2′和 3-3′。然后应用流体静力学基本方程式从系统的一端逐段（连续的同一种流体）计算至另一端，或从中间计算至两端。下面以自左向右为例，计算截面 a-a'与 b-b'之间的压差。

$$\begin{aligned}
p_a &= p_1-\rho_{H_2O}gh_1 \\
&= p_{1'}-\rho_{H_2O}gh_1 \\
&= (p_2+\rho_{Hg}gR_1)-\rho_{H_2O}gh_1 \\
&= p_{2'}+\rho_{Hg}gR_1-\rho_{H_2O}gh_1 \\
&= [p_3-\rho_{H_2O}g(h_3-h_2)]+\rho_{Hg}gR_1-\rho_{H_2O}gh_1 \\
&= p_{3'}+\rho_{Hg}gR_1-\rho_{H_2O}g(h_1-h_2+h_3) \\
&= (p_4+\rho_{Hg}gR_2)+\rho_{Hg}gR_1-\rho_{H_2O}g(R_1+h_3) \\
&= p_4+\rho_{Hg}g(R_1+R_2)-\rho_{H_2O}g(R_1+h_3) \\
&= (p_b+\rho_{H_2O}gh_4)+\rho_{Hg}g(R_1+R_2)-\rho_{H_2O}g(R_1+h_3) \\
&= p_b+\rho_{Hg}g(R_1+R_2)-\rho_{H_2O}g(R_1+h_3-h_4) \\
&= p_b+\rho_{Hg}g(R_1+R_2)-\rho_{H_2O}g(R_1+R_2)
\end{aligned}$$

所以

$$p_a-p_b=(\rho_{Hg}-\rho_{H_2O})g(R_1+R_2)$$
$$=(13600-1000)\times9.81\times(0.55+0.6)$$
$$=142146.9\text{Pa}$$

2. 测微小压力或压差的U形管压差计

当被测压力或压差很小时，用普通U形管水银压差计测得的读数将很小，此时可能会产生很大的读数误差。为减小读数误差，可改用密度较小的指示液，也可采用倒U形管压差计或微差压差计，使读数放大。

(1) 倒U形管压差计　当被测流体为液体时，可选用密度比被测液体的密度小的流体（液体或气体）为指示流体，并采用倒U形管压差计进行测量。如图1-8所示，U形管压差计与管道测压口之间的连接管内充满被测液体B，当$p_1>p_2$时，高压端的液面将上升，低压端的液面将下降，从而出现指示液面的高度差R。值得注意的是，当倒U形管压差计上端的指示流体为气体时，由于气体具有可压缩性，因此高压端液面的上升高度并不等于低压端液面的下降高度。

倒U形管压差计上端空气的压力可近似认为相等，则由流体静力学基本方程式得

$$p_1=p_{空气}+\rho_B g(R+m)$$
$$p_2=p_{空气}+\rho_B gm$$

所以

$$p_1-p_2=\rho_B gR \tag{1-23}$$

(2) 微差压差计　如图1-9所示，在普通U形管压差计的顶部加上两个扩大室即成为微差压差计。测量时，在U形管内放置两种互不相溶但密度相近的指示液A和C，且C与B不互溶。由于扩张室的内径远大于U形管的内径，因此，扩张室内的液位可近似认为不变。由流体静力学基本方程式可得

$$p_1-p_2=(\rho_A-\rho_C)gR \tag{1-24}$$

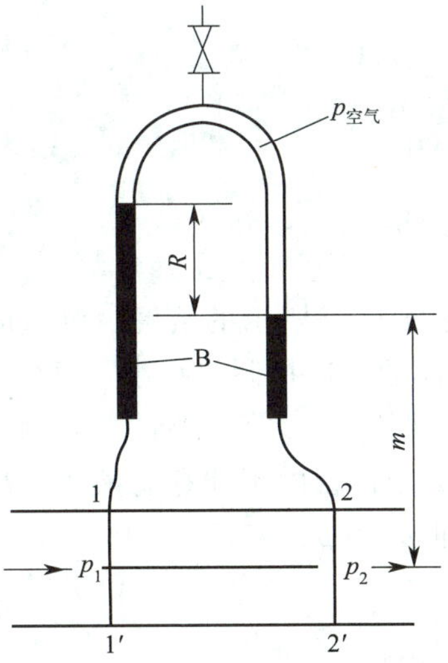

图1-8　倒U形管压差计

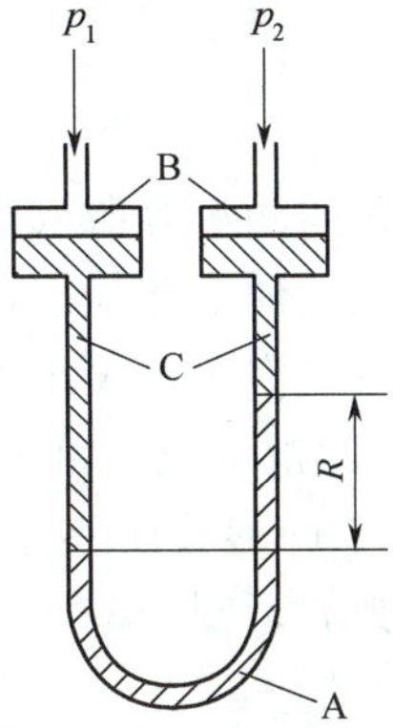

图1-9　微差压差计

显然，（$\rho_A-\rho_C$）愈小，读数 R 愈大。

（二）液位的测量

在制药化工生产中，为了解贮罐、计量罐等容器内的液体贮存量，或控制设备内的液位，常采用液位计对液位进行测量。实际生产中使用的液位计大多是依据流体静力学基本原理进行工作的。

最简单的液位计是在容器底部器壁及液面上方器壁处各开一个小孔，两孔间用玻璃管相连。玻璃管内的液位高度即为容器内的液位高度，此种液位计的缺点是玻璃管易破碎，且不便于远程观测。

图 1-10 是用液柱压差计测量液位的示意图。在容器或设备外设一平衡小室，容器与平衡小室之间用一装有指示液的 U 形管液柱压差计连通起来。平衡小室内所装的液体与容器内的液体相同，其液面高度维持在容器液面允许到达的最大高度处。由于平衡小室的内径远大于 U 形管的内径，因此，平衡小室内的液位可近似认为不变。当容器内的液面升至最大高度时，压差计的读数为零。液面愈低，压差计的读数愈大。

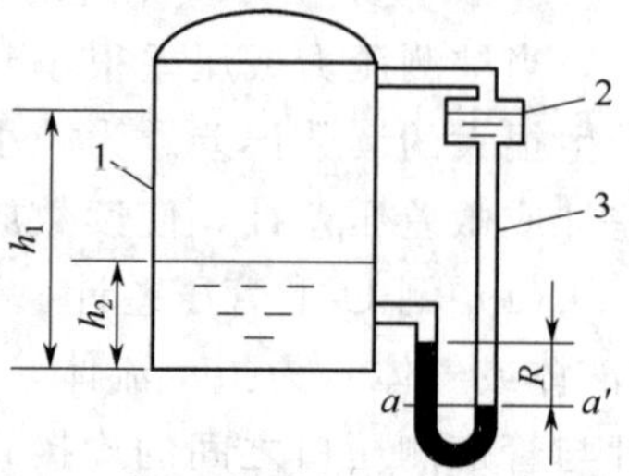

图 1-10 压差法测量液位示意

1—容器；2—平衡小室；3—U 形管液柱压差计

【例 1-5】 在图 1-10 所示的容器内存有密度为 $800\text{kg}\cdot\text{m}^{-3}$ 的油品，其液面允许到达的最大高度 $h_1=5\text{m}$。假设当压差计读数为零时容器底部恰好与水银面相平。若 U 形水银压差计的读数 $R=200\text{mm}$，试计算容器内油品的液面高度 h_2。已知水银的密度为 $13600\text{kg}\cdot\text{m}^{-3}$。

解：图中截面 a-a' 为等压面，故 $p_a=p_{a'}$。则

$$\rho_{油}\,g\left(h_2-\frac{R}{2}\right)+\rho_{水银}\,gR=\rho_{油}\,g\left(h_1+\frac{R}{2}\right)$$

即

$$\rho_{油}\left(h_2-\frac{R}{2}\right)+\rho_{水银}\,R=\rho_{油}\left(h_1+\frac{R}{2}\right)$$

代入数据得

$$800\times\left(h_2-\frac{0.2}{2}\right)+13600\times0.2=800\times\left(5+\frac{0.2}{2}\right)$$

解得

$$h_2=1.8\text{m}$$

当需要远距离测量容器或设备内的液位时，可采用图 1-11 所示的装置。测量时自管口通入压缩氮气或其他惰性气体，通过调节阀 1 将管内气体的流速控制得很小，只要在鼓泡观察器 2 内看出有气泡缓慢逸出即可。管内某截面上的压强用 U 形管压差计 3 来测量，其内装有密度为 ρ_A 的指示液。由于吹气管内气体的流速很小，且管内不能存有液体，故可认为管子出口 a 处与 U 形管压差计 b 处的压强近似相等，即 $p_a\approx p_b$。若贮罐上方与大气相通，压差计的读数为 R，则

$$\rho_B gh=\rho_A gR$$

故贮罐 5 内的液面高度 h 为

$$h=\frac{\rho_A}{\rho_B}R \tag{1-25}$$

式中　ρ_B——贮罐内液体的密度，$kg \cdot m^{-3}$。

（三）液封高度的计算

在制药化工生产中，为防止设备内的气体压力超过规定的数值，常采用图1-12所示的安全液封，即水封。当设备内的气体压力超过规定的数值时，气体就从液封管中排出，从而确保设备的操作安全。若设备内的最高允许操作压力为 p_1（表压），则液封管插入液面下的深度 h 为

$$h=\frac{p_1}{\rho_{H_2O}g} \tag{1-26}$$

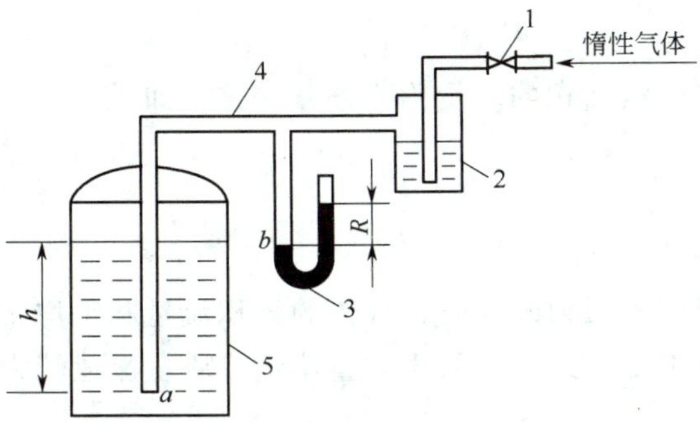

图1-11　远距离测量液位

1—调节阀；2—鼓泡观察器；3—U形管压差计；4—吹气管；5—贮罐

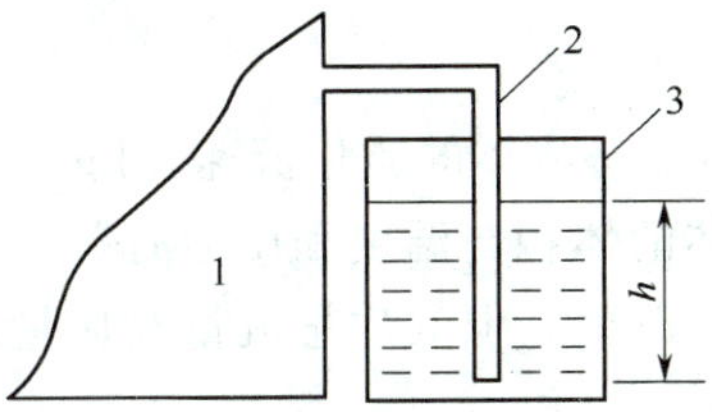

图1-12　安全液封

1—设备；2—液封管；3—水槽

第二节　流体在管内的流动

流体动力学研究的是流体在外力作用下的运动规律，即研究作用于流体上的力与流体运动之间的关系。

流体流动不同于固体运动。流体流动时不仅有宏观的整体运动，而且有内部各部分之间的相对运动。

流体的流动形式主要有管流、射流、绕流和自由流等。在制药化工生产中，流体通常是在密闭的管道内流动的，其流动形式为管流。从宏观的角度，流体在管内的流动是轴向流动，无径向或其他方向的流动，属一维流动问题。本节主要讨论流体在管内的流动规律，并应用这些规律去解决流体输送过程中的有关问题。

一、流量与流速

1. 流量

单位时间内流过管道任一截面的流体量称为**流量**。由于流体量可用体积或质量来表示，因此，流量又分为体积流量和质量流速。

（1）体积流量　单位时间内流过管道任一截面的流体体积称为**体积流量**，以 V_s 表示，单位为 $m^3 \cdot s^{-1}$。

（2）质量流量　单位时间内流过管道任一截面的流体质量称为**质量流量**，以 W_s 表示，

单位为 $kg \cdot s^{-1}$。

由于气体的体积与温度和压力有关，因此使用体积流量时应注明气体的温度和压力（状态）。体积流量与质量流量之间的关系为

$$W_s = \rho V_s \tag{1-27}$$

2. 流速

（1）平均流速　单位时间内流体在流动方向上流过的距离称为**流速**，以 u 表示，单位为 $m \cdot s^{-1}$。研究表明，流体在管内流动时，管道任一截面上各点的流速并不相等。管壁处流体的流速为零，愈接近管中心，流速愈大，在管中心处达到最大。为便于计算，工程上常以整个管截面上的平均流速作为流体在管内的流速，即

$$u = \frac{V_s}{A} \tag{1-28}$$

式中　A——与流动方向相垂直的管道截面积，m^2。

（2）质量流速　单位时间内流体流过管道单位截面积的质量称为**质量流速**，即

$$G = \frac{W_s}{A} \tag{1-29}$$

式中　G——流体的质量流速，$kg \cdot m^{-2} \cdot s^{-1}$。

气体的体积与温度和压力有关。显然，当温度和压力改变时，气体的体积流量和平均流速亦随之改变，但其质量流量和质量流速均保持不变。此时，采用质量流量或质量流速较为方便。

由式(1-27) 至式(1-29) 可知

$$W_s = \rho V_s = \rho u A = GA \tag{1-30}$$

3. 管道直径的估算

对于圆形管道，由 $V_s = uA = \frac{\pi}{4} d^2 u$ 得

$$d = \sqrt{\frac{4V_s}{\pi u}} \tag{1-31}$$

式中　d——管道内径，m。

对于给定的生产任务，流量一般是已知的，选择适宜的流速后即可由式(1-31) 计算出输送管路的内径。

在管路设计中，选择适宜的流速是非常重要的。流速选得越大，管径就越小，则购买管子所需的投资费用就越少，但输送流体所需的动力消耗和操作费用将增大，故适宜的流速应通过经济衡算来确定。如图 1-13 所示，总费用最低时的流速即为适宜流速。一般地，液体的流速可取 $0.5 \sim 3 m \cdot s^{-1}$，气体的流速可取 $10 \sim 30 m \cdot s^{-1}$。制药化工生产中，某些流体的常用流速范围列于附录 20 中。

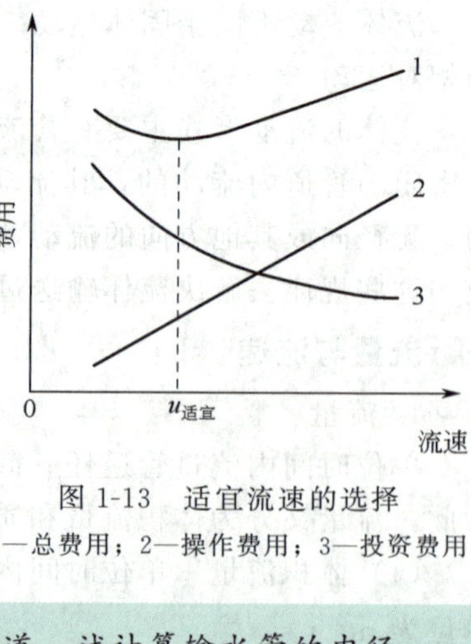

图 1-13　适宜流速的选择

1—总费用；2—操作费用；3—投资费用

由式(1-31) 计算出的管径还应根据管子规格进行圆整。常用管子规格可从手册或附录 19 中查得。

【例 1-6】 某车间需安装一根输水量为 $55 m^3 \cdot h^{-1}$ 的管道，试计算输水管的内径。

解： 由式(1-31)得

$$d=\sqrt{\frac{4V_s}{\pi u}}$$

根据附录20，取水在管内的流速 $u=1.8\text{m}\cdot\text{s}^{-1}$，则

$$d=\sqrt{\frac{4\times55}{3600\times3.14\times1.8}}=0.104\text{m}=104\text{mm}$$

根据附录19中的管子规格，选用 $\phi114\times4\text{mm}$ 的焊接钢管，其内径为

$$d=114-4\times2=106\text{mm}=0.106\text{m}$$

重新核算流速，即

$$u=\frac{4\times55}{3600\times3.14\times0.106^2}=1.73\text{m}\cdot\text{s}^{-1}$$

二、稳态流动与非稳态流动

1. 稳态流动

流体在管内作稳态流动时，任一点处的流速、压力等与流动有关的物理量都不随时间而改变，仅随位置而变化。如图1-14所示，水由进水管连续加入水槽，再由出水管连续排出。水槽上设有溢流装置，使槽内水位维持恒定，则出水管内任一点处的流速、压力等均不随时间而变化，此时水在出水管内的流动即为**稳态流动**。

2. 非稳态流动

流体在管内作非稳态流动时，任一点处的流速、压力等与流动有关的物理量有部分或全部随时间而变化。如图1-15所示，由于水槽上部没有进水管，故当水由出水管连续排出时，水槽中的水位将逐渐下降，出水管内各点的流速、压力等亦随之降低，此时水在出水管内的流动即为**非稳态流动**。

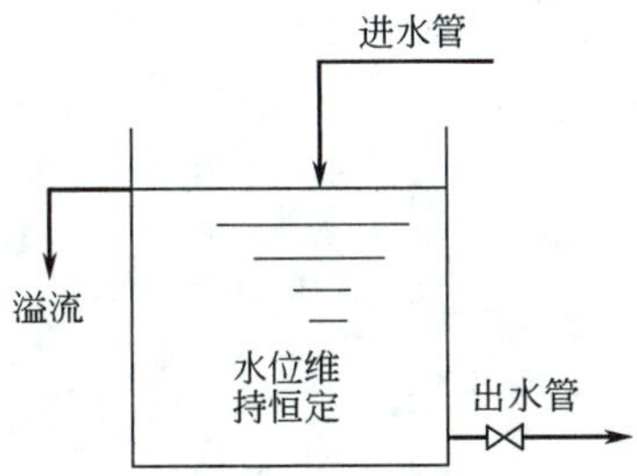

图1-14　稳态流动

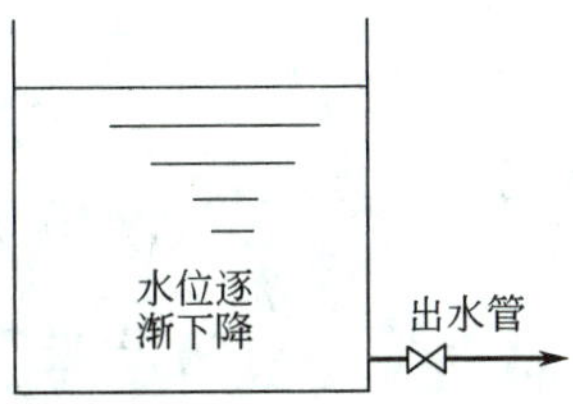

图1-15　非稳态流动

制药化工生产中的流体流动常为稳态流动，故本章仅讨论流体在管内的稳态流动。

三、连续性方程式

在分析制药化工过程时，经常用到物料衡算和能量衡算。连续性方程式就是通过物料衡算方法推导出来的。

流体在流动过程中，本身既不能产生，也不能被消灭，即遵循质量守恒定律。对于稳态流动系统，由于系统内既没有物料累积，也没有物料损失，则输入系统的流体的质量流量必然等于离开系统的流体的质量流量。

设流体在图1-16所示的异径管中作稳态流动，现对该流动系统进行物料衡算。以截面

1-1′、2-2′和管内壁面所包围的区域为衡算范围，并以 1s 为衡算基准，则由截面 1-1′流入的流体的质量流量 W_{s1} 必然等于由截面 2-2′流出的流体的质量流量 W_{s2}，即

$$W_{s1}=W_{s2} \tag{1-32}$$

式(1-32) 可推广至管道的任一截面，即

$$W_s=W_{s1}=W_{s2}=\cdots=\text{常数} \tag{1-33}$$

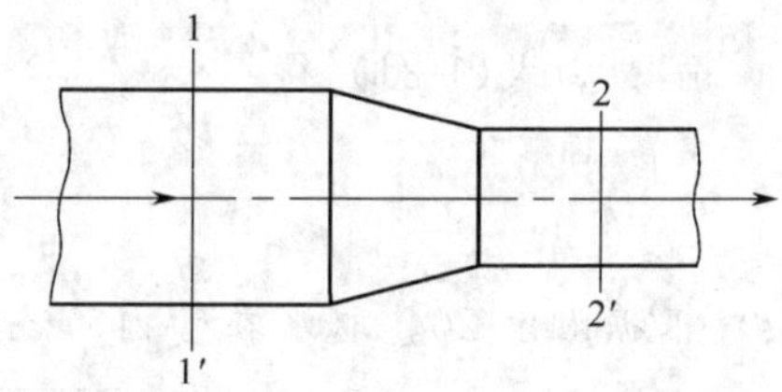

图 1-16 连续性方程式的推导

由式(1-30) 可知，式(1-33) 可改写为

$$W_s=\rho uA=\rho_1u_1A_1=\rho_2u_2A_2=\cdots=\text{常数} \tag{1-34}$$

式(1-34) 即为稳态流动系统的连续性方程式。对于不可压缩流体，$\rho=$常数，则式(1-34) 可简化为

$$V_s=uA=u_1A_1=u_2A_2=\cdots=\text{常数} \tag{1-35}$$

式(1-35) 表明，不可压缩流体作稳态流动时，流速与管道的截面积成反比。例如，对于圆形管道，由 $A=\frac{\pi}{4}d^2$ 和式(1-35) 得

$$\frac{\pi}{4}d_1^2u_1=\frac{\pi}{4}d_2^2u_2$$

即

$$\frac{u_1}{u_2}=\left(\frac{d_2}{d_1}\right)^2 \tag{1-36}$$

01-04 连续性方程式的适用范围

可见，不可压缩流体在圆管中流动时，流速与管内径的平方成反比。

【例 1-7】 水由粗管连续流入细管。已知水在管内的流动为稳态流动，粗管的内径为 50mm，细管的内径为 25mm，水的体积流量为 4.2L·s^{-1}，试分别计算水在粗管和细管内的流速。

解： 以下标 1 和 2 分别表示粗管和细管，则水在粗管内的流速为

$$u_1=\frac{V_s}{A}=\frac{V_s}{\frac{\pi}{4}d_1^2}=\frac{4.2\times10^{-3}}{\frac{3.14}{4}\times0.05^2}=2.14\text{m}\cdot\text{s}^{-1}$$

水在细管内的流速为

$$u_2=\frac{V_s}{A}=\frac{V_s}{\frac{\pi}{4}d_2^2}=\frac{4.2\times10^{-3}}{\frac{3.14}{4}\times0.025^2}=8.56\text{m}\cdot\text{s}^{-1}$$

或由式(1-36) 得

$$u_2=u_1\left(\frac{d_1}{d_2}\right)^2=2.14\times\left(\frac{50}{25}\right)^2=8.56\text{m}\cdot\text{s}^{-1}$$

四、伯努利方程式

流体在流动过程中，能量既不会产生，也不会消失，只能从一种形式转换成另一种形式，即遵循能量守恒定律。根据能量守恒定律，可对任一段管路系统内的流动流体进行能量衡算，从而得出流动系统中流体能量之间的变化关系。

1. 流体在流动过程中所涉及的能量

(1) 内能　物质内部能量的总和称为内能，以 U 表示，它是原子和分子运动及其相互

作用的结果。从宏观的角度来看，内能与流体的状态，即与流体的温度和压力有关。若以1kg流体为基准，则其单位为$J \cdot kg^{-1}$。

(2) 位能　流体处于重力场中所具有的能量称为**位能**。流体所具有的位能与所处的高度有关，其大小一般用相对于某一基准水平面的位能来表示。若质量为m的流体与基准水平面0-0′的距离为Z（基准面以上Z为正值，基准面以下Z为负值），则其位能相当于将质量为m的流体升高至高度Z时所需要的功，即mgZ，单位为J。若以1kg流体为基准，则位能为gZ，单位为$J \cdot kg^{-1}$。

(3) 动能　流体以一定的速度流动时，便具有一定的**动能**。质量为m、流速为u的流体所具有的动能相当于将质量为m的流体从静止加速到流速为u时所需的功，即$\frac{1}{2}mu^2$，单位为J。若以1kg流体为基准，则动能为$\frac{1}{2}u^2$，单位为$J \cdot kg^{-1}$。

(4) 静压能　固体运动时，只需考虑位能和动能。而流体流动时，还需考虑另一种形式的能量——静压能。

如图1-17所示，水以一定的流速在管内流动，其内部任一位置上都有一定的静压强。若在管壁A处开一小孔，并连接一垂直玻璃管，便可观察到水在玻璃管中将升高至一定高度h，此水柱高度表示A点表压力的大小，这是该处流体具有静压强的表现。值得注意的是，流动系统中流体的静压强与静止流体中流体的静压强有显著区别。对于流动系统，同一水平面上不同位置处流体的静压强是不同的。若流体在截面1-1′处的静压强为p，则将液体从截面1-1′处推进系统内需对流体作相应的功，以克服这个压力。这样通过截面1-1′处的流体必然带着与所需功相当的能量进入系统，流体所具有的这种能量称为**静压能**或流动功。

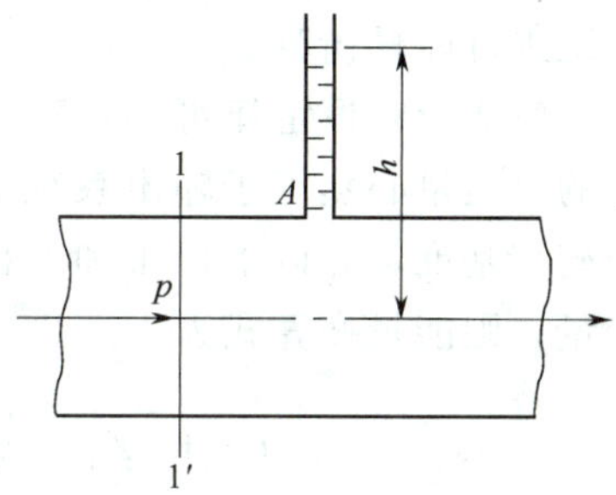

图1-17　流体的静压能

若将质量为m、体积为V的流体通过截面1-1′推入系统，则所需的作用力为pA，而流体通过此截面所走的距离为$\frac{V}{A}$，则流体带入系统的静压能为

$$pA \cdot \frac{V}{A} = pV$$

若以1kg流体为基准，则其静压能为$\frac{pV}{m} = \frac{p}{\rho} = p\upsilon$，单位为$J \cdot kg^{-1}$。

流体的位能、动能和静压能统称为**流体的机械能**，三者之和称为流体的总机械能或总能量。

(5) 热量　若管路系统中存在换热设备，则流体经过换热设备时将获得或失去相应的热量。1kg流体经过换热设备后所获得或失去的热量用Q_e表示，单位为$J \cdot kg^{-1}$。

(6) 外功（净功）　由热力学第二定律可知，流体总是自发地从高处流向低处，从高压处流向低压处，即从能量较高处流向能量较低处。若使流体从能量较低处流向能量较高处，则必须由外界向流体传递机械能。由于这部分能量是从系统外传递至系统内的，故称为外加能量。外界向流体传递机械能一般由流体输送设备，如泵、风机等来完成。1kg流体经过流体输送设备所获得的机械能用W_e表示，称为**外功**或**净功**，有时也称为**有效功**，单位为$J \cdot kg^{-1}$。

流体输送设备对单位质量的流体所作的有效功是选择流体输送设备的重要数据。单位时间内流体输送设备所作的有效功，称为有效功率，以 N_e 表示，单位为 W 或 kW，则

$$N_e = W_e W_s \tag{1-37}$$

应当指出的是，流体输送设备所做的功并非全部为流体所获得，即并非全部都是有效的。以泵为例，若考虑泵的效率 η，则

$$\eta = \frac{N_e}{N} \tag{1-38}$$

式中　N——泵的轴功率，W 或 kW。

2. 稳态流动系统的总能量衡算式

在图 1-18 所示的稳态流动系统中，流体由截面 1-1′流入，由截面 2-2′流出。在截面 1-1′和 2-2′之间有泵 1 对流体作功，有换热器 2 向流体提供或从流体移走热量。现以截面 1-1′、2-2′及设备和管内壁面所包围的区域为衡算范围，以水平面 0-0′为基准水平面，对该稳态流动系统进行能量衡算。

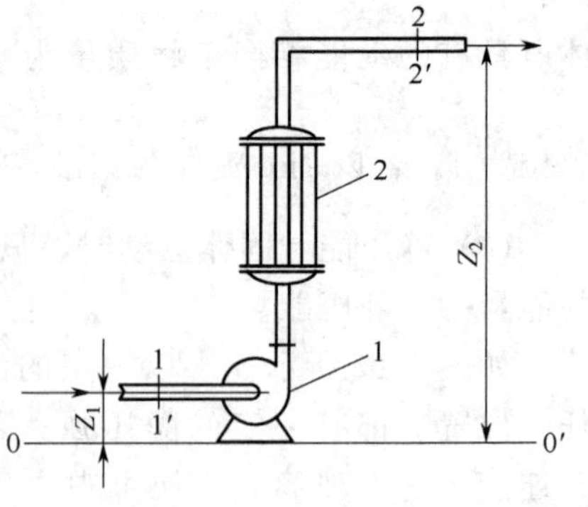

图 1-18　伯努利方程式的推导
1—泵；2—换热器

由能量守恒定律可知，对于稳态流动系统，输入系统的总能量必然等于输出系统的总能量。若取 1kg 流体为衡算基准，并以下标 1 和 2 区分截面 1-1′和 2-2′处的变量，则能量衡算式为

$$U_1 + gZ_1 + \frac{u_1^2}{2} + p_1 v_1 + Q_e + W_e = U_2 + gZ_2 + \frac{u_2^2}{2} + p_2 v_2 \tag{1-39}$$

上式又可改写为

$$\Delta U + g\Delta Z + \frac{\Delta(u^2)}{2} + \Delta(pv) = Q_e + W_e \tag{1-40}$$

式中 $\Delta U = U_2 - U_1$；$\Delta Z = Z_2 - Z_1$；$\Delta(u^2) = u_2^2 - u_1^2$；$\Delta(pv) = p_2 v_2 - p_1 v_1$。

式(1-39) 和式(1-40) 即为稳态流动系统的总能量衡算式，它是流动系统热力学第一定律的表达式。式中所包括的能量项目较多，应用时可根据具体情况进行简化。

3. 流动系统的机械能衡算式与伯努利方程式

在输送流体时，主要考虑的是不同形式机械能之间的相互转换。但由于存在 ΔU 和 Q_e，因此直接应用总能量衡算式来解决流体输送问题并不方便。为便于应用，应设法将总能量衡算式中的 ΔU 和 Q_e 消去。

(1) 流动系统的机械能衡算式　实际流体具有黏性（参见本章第三节），在流动过程中，需要克服内摩擦力等阻力，从而使一部分机械能转变为热能而无法利用，这部分损失掉的机械能称为能量损失。稳态流动时，1kg 流体由截面 1-1′流动至截面 2-2′时的能量损失用 $\sum h_f$ 或 $\sum h_{f,1\text{-}2}$ 表示，单位为 $J \cdot kg^{-1}$。这样，1kg 流体由截面 1-1′流动至截面 2-2′时所获得的热量为

$$Q'_e = Q_e + \sum h_f$$

由热力学第一定律可知

$$\Delta U = Q'_e - \int_{v_1}^{v_2} p\,dv = Q_e + \sum h_f - \int_{v_1}^{v_2} p\,dv \tag{1-41}$$

式中　$\int_{v_1}^{v_2} p\,\mathrm{d}v$ ——1kg 流体由截面 1-1′流动至截面 2-2′时，因被加热而引起体积膨胀所做的功。

将式(1-41) 代入式(1-40) 并整理得

$$g\Delta Z+\frac{\Delta(u^2)}{2}+\Delta(pv)-\int_{v_1}^{v_2} p\,\mathrm{d}v=W_e-\sum h_f \tag{1-42}$$

将 $\Delta(pv)=\int_1^2 \mathrm{d}(pv)=\int_{v_1}^{v_2} p\,\mathrm{d}v+\int_{p_1}^{p_2} v\,\mathrm{d}p$ 代入式(1-42) 得

$$g\Delta Z+\frac{\Delta(u^2)}{2}+\int_{p_1}^{p_2} v\,\mathrm{d}p=W_e-\sum h_f \tag{1-43}$$

式(1-43) 即为稳态流动系统的机械能衡算式，它表示 1kg 流体流动时机械能的变化关系。式(1-43) 既可用于不可压缩流体，又可用于可压缩流体。对于不可压缩流体，式中的 $\int_{p_1}^{p_2} v\,\mathrm{d}p$ 可根据过程的不同（等温、绝热或多变），用热力学方法进行处理。

(2) 伯努利方程式　对于不可压缩流体，比容 v 或密度 ρ 为常数，则

$$\int_{p_1}^{p_2} v\,\mathrm{d}p=\frac{p_2-p_1}{\rho}=\frac{\Delta p}{\rho}$$

代入式(1-43) 得

$$g\Delta Z+\frac{\Delta(u^2)}{2}+\frac{\Delta p}{\rho}=W_e-\sum h_f \tag{1-44}$$

或

$$gZ_1+\frac{u_1^2}{2}+\frac{p_1}{\rho}+W_e=gZ_2+\frac{u_2^2}{2}+\frac{p_2}{\rho}+\sum h_f \tag{1-45}$$

若流体流动时不产生流动阻力，即 $\sum h_f=0$，则这种流体称为**理想流体**。实际上并不存在真正的理想流体，而仅是一种假设，但这种假设对于解决工程实际问题具有重要的意义。对于理想流体且无外功加入时，式(1-45) 可简化为

$$gZ_1+\frac{u_1^2}{2}+\frac{p_1}{\rho}=gZ_2+\frac{u_2^2}{2}+\frac{p_2}{\rho} \tag{1-46}$$

01-05　著名的科学家家族——伯努利家族

式(1-46) 即为伯努利方程式，式(1-45) 可视为伯努利方程式的引申，但习惯上也称为伯努利方程式。

4. 伯努利方程式的讨论

① 由式(1-46) 可知，理想流体作稳态流动且无外功加入时，任一截面上单位质量流体所具有的总机械能均相等，且不同形式的机械能之间可以相互转换，此增彼减，但总机械能保持不变。

【例 1-8】 理想流体在图 1-19 所示的水平异径管内作稳态流动，试分析流体由截面 1-1′流动至截面 2-2′时，其位能、动能和静压能的变化情况。

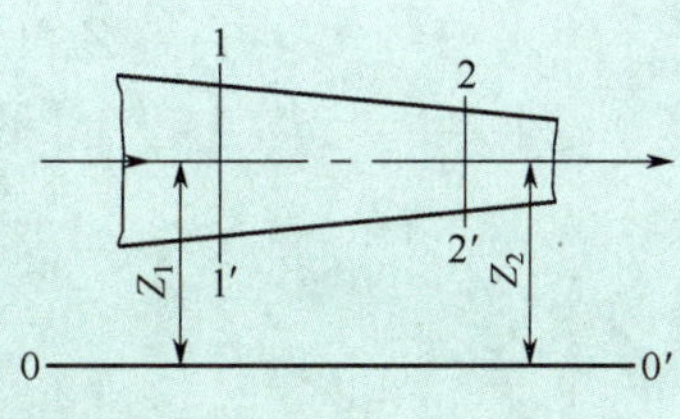

图 1-19　例 1-8 附图

解： 由于是水平管道，故流体由截面 1-1′流动至截面 2-2′时位能保持不变，即

$$gZ_1=gZ_2$$

从而由式(1-46) 得

$$\frac{u_1^2}{2}+\frac{p_1}{\rho}=\frac{u_2^2}{2}+\frac{p_2}{\rho}$$

由图 1-19 可知，截面 1-1′处的流通截面积 A_1 要大于截面 2-2′处的流通截面积 A_2，则由连续性方程式 $u_1A_1=u_2A_2$ 可知

$$u_1<u_2$$

所以

$$\frac{p_1}{\rho}>\frac{p_2}{\rho}$$

可见，当流体由截面 1-1′流动至截面 2-2′时部分静压能转化为动能，即动能增加，静压能减少，而位能保持不变。

② 实际流体具有黏性，因此在流动过程中必然存在能量损失。因此，当无外功加入时，系统的总机械能沿流动方向将逐渐减少，即上游截面的总机械能大于下游截面的总机械能。

③ 由伯努利方程式可知，实际生产中，可采取下列几种方法来输送流体：a. 用压缩空气压送液体，即提高 p_1。b. 利用高位槽输送液体，即提高 Z_1。c. 抽送液体，即降低 p_2。d. 通过泵、风机等输送设备向流体提供能量 W_e。

④ 对于可压缩流体，当截面 1-1′处的压力 p_1 与截面 2-2′处的压力 p_2 满足 $\left|\frac{p_1-p_2}{p_1}\right|<20\%$ 时，则在截面 1-1′和 2-2′之间仍可使用伯努利方程式进行计算，但方程式中的密度 ρ 应用两截面间流体的平均密度 ρ_m 代替，即 $\rho=\rho_m=\frac{\rho_1+\rho_2}{2}$，这种处理方法所造成的误差在工程计算中是允许的。

⑤ 当流体处于静止时，$u_1=u_2=0$，$\sum h_f=0$，$W_e=0$，则由式(1-45) 得

$$gZ_1+\frac{p_1}{\rho}=gZ_2+\frac{p_2}{\rho}$$

上式是流体静力学基本方程式的又一表达形式，它表示流体处于静止时任一截面上的位能和静压能之和为常数。可见，流体的静止只不过是流动状态的一种特殊形式。

⑥ 式(1-45) 和式(1-46) 均是以单位质量的流体为衡算基准而推导出来的。此外，还可以单位质量或单位体积的流体为衡算基准导出相应的伯努利方程式。

a. 以单位质量的流体为衡算基准。将式(1-45) 的两边同除以 g 得

$$Z_1+\frac{u_1^2}{2g}+\frac{p_1}{\rho g}+\frac{W_e}{g}=Z_2+\frac{u_2^2}{2g}+\frac{p_2}{\rho g}+\frac{\sum h_f}{g}$$

令

$$H_e=\frac{W_e}{g};H_f=\frac{\sum h_f}{g}$$

则

$$Z_1+\frac{u_1^2}{2g}+\frac{p_1}{\rho g}+H_e=Z_2+\frac{u_2^2}{2g}+\frac{p_2}{\rho g}+H_f \tag{1-47}$$

式(1-47) 中各项的单位均为$\frac{J}{N}=\frac{N\cdot m}{N}=m$，即单位质量的不可压缩流体所具有的机械能，可理解为将它自身从基准水平面升举的高度。式(1-47) 中的Z称为位压头；$\frac{u^2}{2g}$称为动压头；$\frac{p}{\rho g}$称为静压头；$\left(Z+\frac{u^2}{2g}+\frac{p}{\rho g}\right)$称为总压头；$H_e$称为有效压头，即单位质量流体从输送设备所获得的能量；H_f称为压头损失。因此，式(1-47) 也可理解为进入系统的各项压头之和等于离开系统的各项压头和压头损失之和。

b. 以单位体积的流体为衡算基准。将式(1-45) 的两边同乘以ρ得

$$\rho g Z_1+\frac{\rho u_1^2}{2}+p_1+\rho W_e=\rho g Z_2+\frac{\rho u_2^2}{2}+p_2+\rho\sum h_f \tag{1-48}$$

式(1-48) 中各项的单位均为$\frac{J}{m^3}=\frac{N\cdot m}{m^3}=\frac{N}{m^2}=Pa$，即单位体积的不可压缩流体所具有的机械能。式(1-48) 中的ρW_e称为外加压力，常用Δp_e表示；$\rho\sum h_f$是由流动阻力而引起的压降，简称为压降，常用Δp_f表示。

01-06　船吸现象

【例 1-9】 在图 1-20 所示的高位槽输送硫酸系统中，已知管径为$\phi 38\times 3mm$，硫酸由高位槽流入贮槽的能量损失为$30J\cdot kg^{-1}$（不包括出口能量损失）。已知硫酸的流量为$1.82m^3\cdot h^{-1}$，密度为$1830kg\cdot m^{-3}$，试计算高位槽液面与贮槽进口管间的垂直距离。

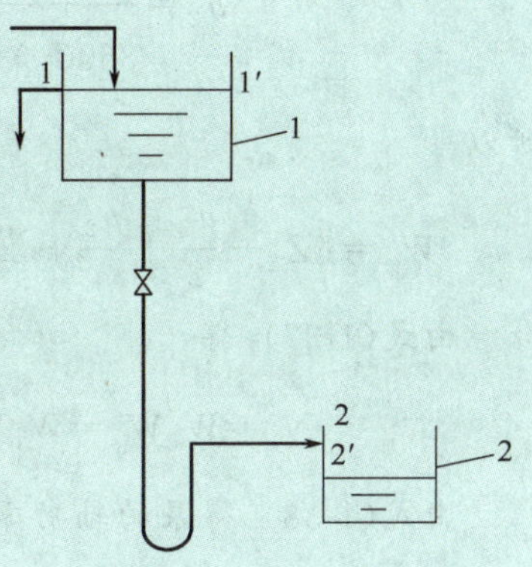

图 1-20　例 1-9 附图
1—高位槽；2—贮槽

解： 取高位槽液面为上游截面 1-1′，贮槽进口管出口内侧为下游截面 2-2′，基准水平面为贮槽进口管轴线所在的水平面，则

$Z_2=0, p_1=0$(表压)$, p_2=0$(表压)$, W_e=0, \sum h_f=30J\cdot kg^{-1}$

与管截面相比，高位槽截面要大得多。因此，在体积流量相同的情况下，槽内流速比管内流速要小得多，故槽内流速可忽略不计，即$u_1\approx 0$。

$$u_2=\frac{V_h}{3600\times\frac{\pi}{4}\times d^2}=\frac{1.82}{3600\times\frac{3.14}{4}\times 0.032^2}=0.629m\cdot s^{-1}$$

在截面 1-1′和 2-2′之间列伯努利方程式得

$$gZ_1+\frac{p_1}{\rho}+\frac{u_1^2}{2}+W_e=gZ_2+\frac{p_2}{\rho}+\frac{u_2^2}{2}+\sum h_f$$

代入数据并化简得

$$9.81Z_1=\frac{0.629^2}{2}+30$$

解得

$$Z_1=3.08m$$

即高位槽液面与贮槽进口管间的垂直距离为 3.08m。

【例 1-10】 如图 1-21 所示，用泵将水槽内的水输送至高处的密闭容器内，输送量为 $15m^3 \cdot h^{-1}$，水的密度为 $1000kg \cdot m^{-3}$。管路为 $\phi 57 \times 3.5mm$ 的钢管，管出口距水槽液面的垂直距离为 20m，密闭容器内的压强为 $2 \times 10^5 Pa$（表压），水流经全部管路的能量损失为 $150J \cdot kg^{-1}$（不包括出口能量损失），泵的效率为 60%，试计算泵的轴功率。

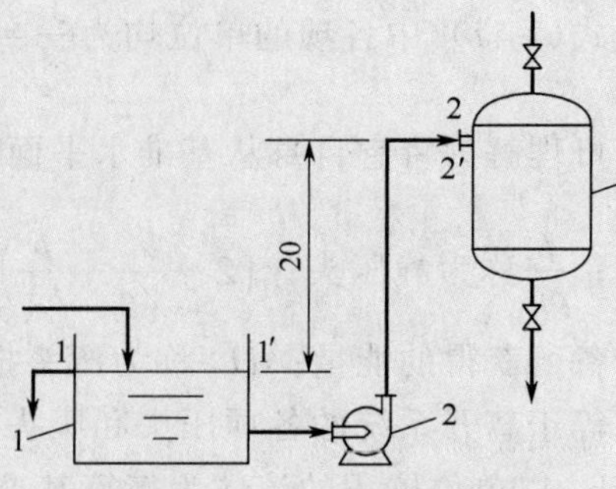

图 1-21 例 1-10 附图

1—水槽；2—泵；3—容器

解：以水槽液面为上游截面 1-1′，泵与容器连接管的出口内侧为下游截面 2-2′，并以截面 1-1′为基准水平面。在截面 1-1′与 2-2′之间列伯努利方程式得

$$gZ_1+\frac{u_1^2}{2}+\frac{p_1}{\rho}+W_e=gZ_2+\frac{u_2^2}{2}+\frac{p_2}{\rho}+\sum h_f$$

式中 $Z_1=0$，$Z_2=20$，$u_1 \approx 0$，$p_1=0$（表压），$p_2=2\times 10^5 Pa$（表压），$\sum h_f=150J \cdot kg^{-1}$

$$u_2=\frac{V_h}{3600\times\frac{\pi}{4}\times d^2}=\frac{15}{3600\times\frac{3.14}{4}\times 0.05^2}=2.12m \cdot s^{-1}$$

所以

$$W_e=gZ_2+\frac{u_2^2}{2}+\frac{p_2}{\rho}+\sum h_f=9.81\times 20+\frac{2.12^2}{2}+\frac{2\times 10^5}{1000}+150=548.45J \cdot kg^{-1}$$

由式(1-37) 得

$$N_e=W_eW_s=W_eV_s\rho=548.45\times\frac{15}{3600}\times 1000=2285.2W\approx 2.29kW$$

由式(1-38) 得泵的轴功率为

$$N=\frac{N_e}{\eta}=\frac{2.29}{0.6}=3.82kW$$

由以上两例可知，应用伯努利方程式解题时应注意以下几点：

(1) 截面的选取 上、下游截面均应与流动方向相垂直，且两截面间的流体应为连续稳态流体。上、下游截面的选取方法很多，但为了计算的方便，上、下游截面应选在已知条件最多的地方，而待求量应在截面上或在两截面之间。此外，上、下游截面的选取还应与两截面间的 $\sum h_f$ 相一致。

(2) 基准水平面的选取 由于伯努利方程式中所反映的是位能差的数值，因此基准水平面可以任意选取。但为了计算的方便，常选取通过上、下游截面中位置较低截面的中点的水平面为基准水平面。

(3) 流速 当上、下游截面的面积相差很大时，可认为大截面处的流速近似等于零。

(4) 压力 伯努利方程式两边的压强应一致，即应同时使用绝压或表压，而不能混用。

第三节 流体在管内的流动现象

实际流体具有黏性，在流动过程中会遇到阻力，为克服流动阻力，就要消耗一定的机械能，伯努利方程式中的$\sum h_f$反映了所消耗的机械能的大小。本节将讨论流动阻力产生的原因及管内流体的速度分布等问题，以便进一步计算能量损失的具体数值。

一、牛顿黏性定律与流体的黏度

流体具有流动性，在外力的作用下其内部质点将产生相对运动。此外，流体在运动状态下还有一种抗拒内在向前运动的特性，称为黏性。流体的黏性越大，其流动性就越小。

1. 牛顿黏性定律

流体在圆管内流动时，管内任一截面上各点的速度并不相同，管中心处的速度最大，愈靠近管壁速度愈小，在管壁处流体质点附着于管壁上，其速度为零。可以想象，流体在圆管内流动时，实际上被分割成无数极薄的圆筒层，一层套着一层，各层以不同的速度向前运动，如图 1-22 所示。由于各层的速度不同，层与层之间发生了相对运动。速度较快的流体层对与之相邻的速度较慢的流体层产生了一个推动其向前运动的力，而同时速度较慢的流体层对与之相邻的速度较快的流体层也产生了一个大小相等、方向相反的力，从而阻碍较快的流体层向前运动。这种在运动着的流体内部相邻两流体层之间产生的相互作用力，称为流体的内摩擦力，这是流体具有黏性的表现。流体流动时必须克服内摩擦力而做功，从而将一部分机械能转化为热能而损失掉，这是流动阻力产生的根本原因。

如图 1-23 所示，设有两块平行放置且面积很大而相距很近的平板，板间充满某种流体。若将下板固定，而对上板施加一个恒定的推力 F，使上板以速度 u 沿 x 方向作缓慢匀速运动。不难想象，两板间的流体将被分割成无数平行的速度不同的薄层。紧贴于上板表面的流体薄层将以同样的速度 u 随上板运动，其下各流体薄层的速度将依次降低，而紧贴于固定板表面的流体层速度为零。

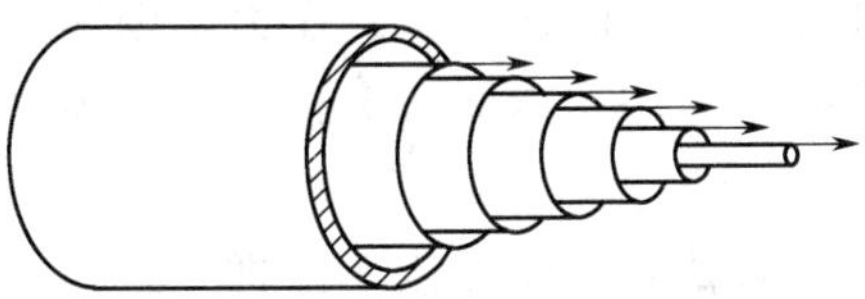

图 1-22　流体在圆管内分层流动示意

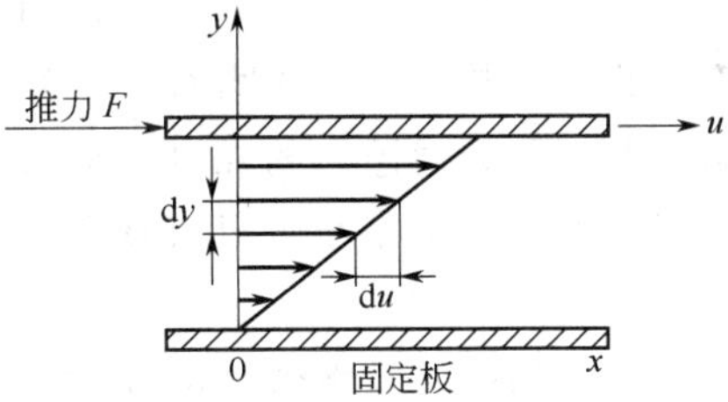

图 1-23　平板间流体速度变化示意

研究表明，对于特定的流体，两相邻流体层之间产生的内摩擦力与两流体层间的速度差成正比，与两流体层间的垂直距离成反比，与两流体层间的接触面积成正比，即

$$F \propto \frac{du}{dy} S$$

或

$$\tau = \frac{F}{S} = \mu \frac{du}{dy} \tag{1-49}$$

式中　F——两相邻流体层之间的内摩擦力，其方向与作用面平行，N；

S——两相邻流体层之间的接触面积，m^2；

τ——单位面积上的内摩擦力称为内摩擦应力或剪应力，$N \cdot m^{-2}$ 或 Pa；

$\frac{du}{dy}$——速度梯度，即与流体流动方向相垂直的 y 方向上流体速度的变化率，s^{-1}；

μ——比例系数，即流体的黏度，Pa·s。

式(1-49)称为牛顿黏性定律，它表明剪应力与速度梯度成正比，而与压力无关。符合牛顿黏性定律的流体，称为**牛顿型流体**，如全部气体及大部分液体；不符合牛顿黏性定律的流体，称为**非牛顿型流体**，如高分子溶液、胶体溶液、发酵液和泥浆等。

2. 流体的黏度

黏度是衡量流体黏性大小的物理量，是流体的重要的物理性质。流体的黏性愈大，其值愈大。

由式(1-49)可知，当$\frac{du}{dy}=1$时，黏度在数值上等于单位面积上的内摩擦力或剪应力。显然，流体的黏度越大，运动时产生的内摩擦力也越大。应当指出的是，黏度总是与速度梯度相联系，只有在运动时才显示出来，所以分析静止流体的规律时不用考虑黏度。

在法定单位制中，黏度的单位为

$$[\mu]=\frac{[\tau]}{\left[\frac{du}{dy}\right]}=\frac{\mathrm{Pa}}{\frac{\mathrm{m\cdot s^{-1}}}{\mathrm{m}}}=\mathrm{Pa\cdot s}$$

在物理单位制中，黏度的单位为

$$[\mu]=\frac{[\tau]}{\left[\frac{du}{dy}\right]}=\frac{\mathrm{dyn\cdot cm^{-2}}}{\frac{\mathrm{cm\cdot s^{-1}}}{\mathrm{cm}}}=\frac{\mathrm{dyn\cdot s}}{\mathrm{cm^2}}=\frac{\mathrm{g\cdot cm\cdot s^{-2}\cdot s}}{\mathrm{cm^2}}=\frac{\mathrm{g}}{\mathrm{cm\cdot s}}=\mathrm{P}(泊)$$

在手册或资料中，黏度的单位常用cP（厘泊）来表示，1cP＝0.01P。

可以导出，在两种不同的单位制中，黏度单位的换算关系为

$$1\mathrm{Pa\cdot s}=1000\mathrm{cP}$$

流体的黏度与温度和压力有关。液体的黏度随温度的升高而减小，气体的黏度随温度的升高而增大。压力对液体的黏度影响很小，一般可忽略不计；而在通常的压力范围内，气体的黏度随压力的变化很小，只有在压力极高或极低的情况下，才需要考虑压力对气体黏度的影响。

在流体力学中，常将流体的黏度与密度之比称为运动黏度，以γ表示，即

$$\gamma=\frac{\mu}{\rho} \tag{1-50}$$

在法定单位制中，运动黏度的单位为$\mathrm{m^2\cdot s^{-1}}$；在物理单位制中，运动黏度的单位为$\mathrm{cm^2\cdot s^{-1}}$，称为斯托克斯，以St表示，它们之间的换算关系为

$$1\mathrm{m^2\cdot s^{-1}}=10^4\mathrm{St}=10^6\mathrm{cSt}(厘斯托克斯)$$

二、流动类型与雷诺数

1883年，英国物理学家雷诺首先通过实验对流体在圆管内的流动状况进行了研究。图1-24为常见的雷诺实验装置。玻璃水箱5内设有溢流装置1，以使其中的水位保持恒定。水箱5的底部安装一根带喇叭口的水平玻璃管6，其内流速可由调节阀7调节。水箱5的上部设有小瓶2，其内装有有色液体，其密度与水的密度基本相同。实验时，有色液体可经玻璃细管4沿水平方向注入水平玻璃管6的中心，其流速可通过小阀3调节，使染色液的流出速度与管内水的流速基本一致。

由实验可知，当水流速度较小时，有色液体在水平玻璃管内成一条很清晰的直线，即不

与周围的水混合，这说明流体质点是沿着与管轴线平行的方向流动的，这种流型称为**层流**或**滞流**，如图 1-25(a)所示。当水流速度逐渐增大至某一数值时，有色液体开始呈现波浪形，但仍能保持较清晰的轮廓。当水流速度继续增大时，有色液体与水流混合，波浪线开始断裂。当水流速度增大至某一数值后，有色液体一进入玻璃管即与水完全混合，呈现均匀的颜色，如图 1-25(b)所示。此时，流体质点已不再呈彼此平行的直线运动，而是作无规则的杂乱无章的运动，质点之间互相碰撞与混合，并产生大大小小的旋涡，这种流型称为**湍流**或**紊流**。

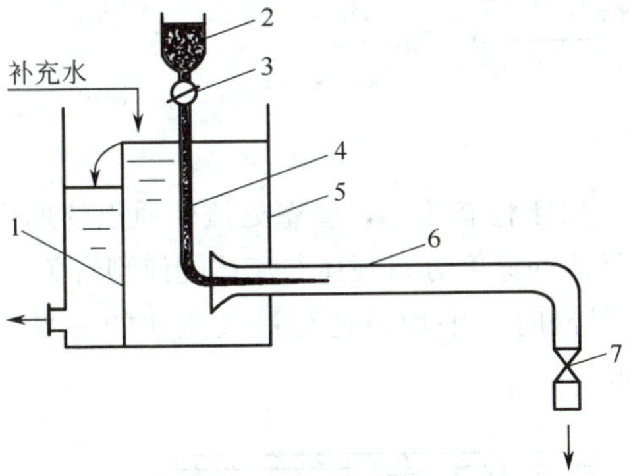

图 1-24　雷诺实验装置

1—溢流装置；2—小瓶；3—小阀；4—玻璃细管；5—玻璃水箱；6—水平玻璃管；7—调节阀

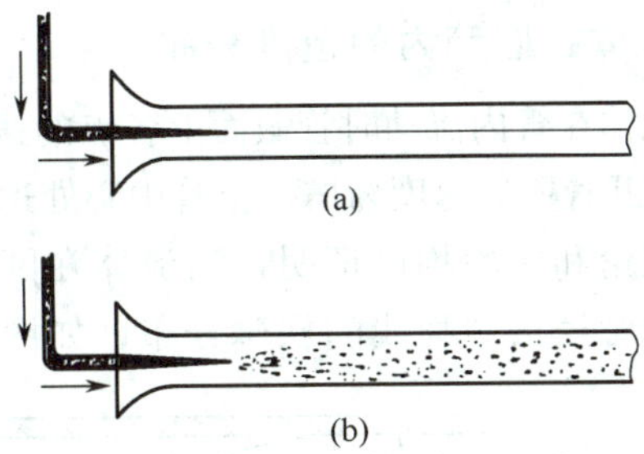

图 1-25　两种流动类型

采用不同的管径或不同的流体分别进行实验，结果表明，不仅流速 u 能引起流动状况的改变，而且管内径 d、流体的黏度 μ 和密度 ρ 也都能引起流动状况的改变，这些影响因素可组合成$\frac{du\rho}{\mu}$的形式，称为雷诺数或雷诺准数，以 Re 表示，即

$$Re=\frac{du\rho}{\mu} \tag{1-51}$$

现以法定单位为例来分析雷诺数的因次。

$$[Re]=\left[\frac{du\rho}{\mu}\right]=\frac{\mathrm{m\cdot(m\cdot s^{-1})\cdot(kg\cdot m^{-3})}}{\mathrm{Pa\cdot s}}=\frac{\mathrm{kg\cdot m^{-1}\cdot s^{-1}}}{\mathrm{(N\cdot m^{-2})\cdot s}}=\frac{\mathrm{kg\cdot(m\cdot s^{-2})}}{\mathrm{N}}=\frac{\mathrm{N}}{\mathrm{N}}=\mathrm{N}^0$$

可见，Re 是一个无因次数群，无论采用何种单位制，只要数群中各物理量的单位一致，计算出的 Re 值就相等。

研究表明，流体在圆形直管内流动时，若 $Re\leqslant2000$，则流体的流动类型为层流，此区域称为**层流区**或**滞流区**；若 $Re\geqslant4000$，则流体的流动类型为湍流，此区域称为**湍流区**或**紊流区**；若 $2000<Re<4000$，则流体的流动类型易受外界的干扰而发生变化，可能是层流，也可能是湍流，这一区域称为**过渡区**。

【例 1-11】 10℃的水以 $2\mathrm{m\cdot s^{-1}}$ 的速度在内径为 50mm 的管内流动，试计算：①Re 的数值，并判断水在管内的流动状态；②水在管内保持层流流动的最大流速。

解： ① 计算 Re 的数值　由附录 2 可知，水在 10℃时 $\rho=999.7\mathrm{kg\cdot m^{-3}}$，$\mu=1.306\times10^{-3}$ Pa·s。又管内径 $d=0.05\mathrm{m}$，流速 $u=2\mathrm{m\cdot s^{-1}}$，则

$$Re=\frac{du\rho}{\mu}=\frac{0.05\times2\times999.7}{1.306\times10^{-3}}=76547$$

因为 $Re>4000$，所以水在管内的流动状态为湍流。

② 确定最大流速　水在管内保持层流流动的最大雷诺数为2000，即

$$Re=\frac{du_{max}\rho}{\mu}=2000$$

所以水在管内保持层流流动的最大流速为

$$u_{max}=\frac{2000\mu}{d\rho}=\frac{2000\times1.306\times10^{-3}}{0.05\times999.7}=0.05\mathrm{m\cdot s^{-1}}$$

三、流体在圆管内的速度分布

流体在管内流动时管截面上各点的速度是不同的。对于稳态流动，管壁处流体质点的速度为零，离开管壁后速度渐增，至管中心处达到最大，但具体的速度分布规律与流体的流型有关。

理论和实验均已证明，当流体在圆管内作稳态层流时，平均流速为最大流速的一半，且速度沿管径按抛物线的规律分布，如图1-26(a)所示。

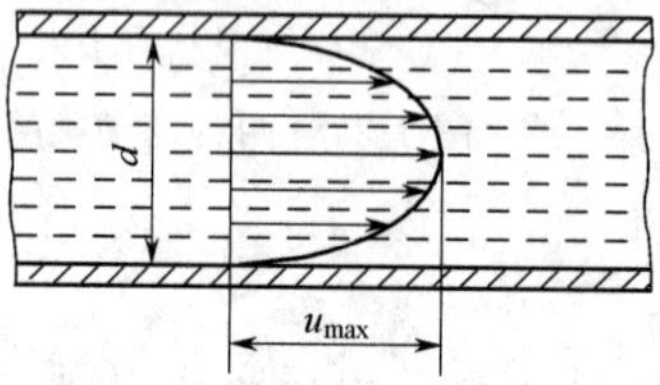

(a) 层流

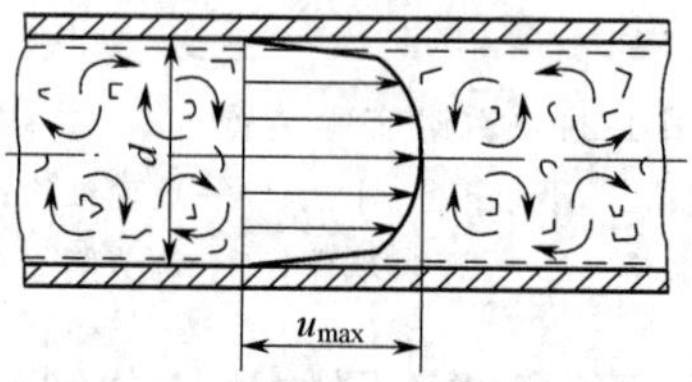

(b) 湍流

图1-26　圆管内的速度分布

湍流时，因流体质点的运动情况非常复杂，目前尚不能完全从理论上导出湍流时的速度分布规律。图1-26(b)是由实验测得的流体在圆管内作稳态湍流时的速度分布规律，可以看出，由于流体质点之间的强烈碰撞与混合，管中心处各点的速度彼此被拉平，速度分布曲线已不再是抛物线型。

四、层流内层

实际流体具有黏性，因此在管内作湍流流动时，无论湍动多么强烈，紧靠管壁处总存在一流体层，其内的流动状态为层流，该流体层称为层流内层，如图1-27所示。自层流内层向管中心推移，流体的速度逐渐增大，经过渡层后，到达湍流主体。

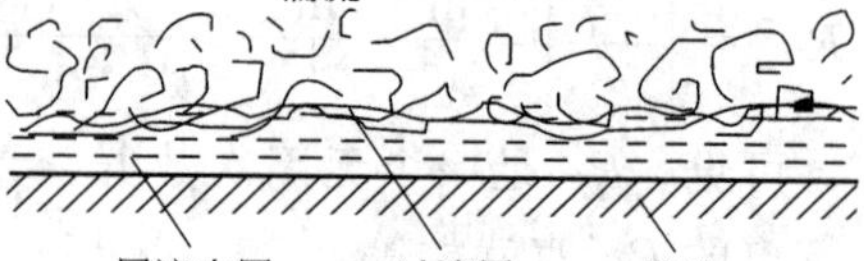

图1-27　湍流流动

层流内层的厚度与 Re 值有关，Re 值越大，层流内层就越薄。在层流内层内，流体质点仅沿管壁平行流动，而无径向碰撞与混合，这对垂直于流动方向上的传热或传质速率的影响很大。为提高传热或传质过程的速率，必须设法减小过程的阻力，即设法减薄层流内层的厚度。

第四节　流体在管内的流动阻力

流体在管路中流动时的阻力可分为直管阻力和局部阻力两部分，其中直管阻力是流体流

经一定管径的直管时，因流体的内摩擦而产生的阻力，以 h_f 表示；**局部阻力**是流体流经管路中的管件、阀门及截面扩大或缩小等局部位置时而引起的阻力，以 h'_f 表示。伯努利方程式中的 $\sum h_f$ 是指所研究的管路系统的总能量损失（也称阻力损失），包括管路系统中的直管阻力损失和局部阻力损失，即

$$\sum h_f = h_f + h'_f \tag{1-52}$$

一、直管阻力

流体流经一定管径的直管时所产生的直管阻力可用下式计算

$$h_f = \lambda \frac{l}{d}\frac{u^2}{2} \tag{1-53}$$

或

$$\Delta p_f = \rho h_f = \lambda \frac{l}{d}\frac{\rho u^2}{2} \tag{1-54}$$

式中　l——直管的长度，m；

λ——摩擦系数，无因次。

式(1-53) 和式(1-54) 是计算直管阻力的通式，也称为范宁公式。显然，应用范宁公式计算直管阻力的关键是确定摩擦系数的具体数值。研究表明，摩擦系数不仅与流体的流动类型有关，而且与管壁的粗糙程度有关。

按照管壁的粗糙程度不同，制药化工生产中所使用的管子大致可分为两大类，即光滑管和粗糙管。玻璃管、黄铜管、塑料管等一般可视为光滑管，而钢管和铸铁管一般可视为粗糙管。实际上，管壁的粗糙程度不仅与材质有关，而且与腐蚀、污垢、使用时间等因素有关。工程上将管壁凸出部分的平均高度称为绝对粗糙度，以 ε 表示。一些工业管道的绝对粗糙度列于表 1-1 中。绝对粗糙度并不能全面反映管壁粗糙程度对流动阻力的影响，如在同一直径下，ε 越大，阻力越大；但在同一 ε 下，直径越小，对阻力的影响就越大。为此，工程上常用绝对粗糙度与管内径的比值即相对粗糙度（ε/d）来表示管壁的粗糙程度。

表 1-1　工业管道的绝对粗糙度

管道类别		绝对粗糙度(ε)/mm
金属管	无缝黄铜管、铜管及铝管	0.01～0.05
	新的无缝钢管或镀锌铁管	0.1～0.2
	新的铸铁管	0.3
	具有轻度腐蚀的无缝钢管	0.2～0.3
	具有显著腐蚀的无缝钢管	0.5 以上
	旧的铸铁管	0.85 以上
非金属管	干净玻璃管	0.0015～0.01
	橡胶软管	0.01～0.03
	陶土排水管	0.45～6.0
	很好整平的水泥管	0.33
	石棉水泥管	0.03～0.8

流体作层流流动时，管壁上凹凸不平的部位被有规则的流体层所覆盖，且流速较小，故流体质点对管壁的凹凸部分不会产生碰撞作用，所以层流时的摩擦系数与管壁粗糙度无关。流体作湍流流动时，管壁处总存在层流内层。如图 1-28(a)所示，当层流内层的厚度 δ 大于管壁的绝对粗糙度，即 $\delta>\varepsilon$ 时，管壁粗糙度对摩擦系数的影响与层流相近。随着 Re 值的增加，层流内层的厚度将逐渐变薄。如图 1-28(b)所示，当 $\delta<\varepsilon$ 时，管壁的凸出部分将伸入

到湍流区内与流体质点发生碰撞，使流体的湍动程度加剧，此时管壁粗糙度对摩擦系数的影响就成为重要因素。Re 值越大，层流内层越薄，这种影响就越显著。可见，对一定粗糙度的管子，它既可表现为光滑管，又可表现为粗糙管，取决于流体的 Re 值。

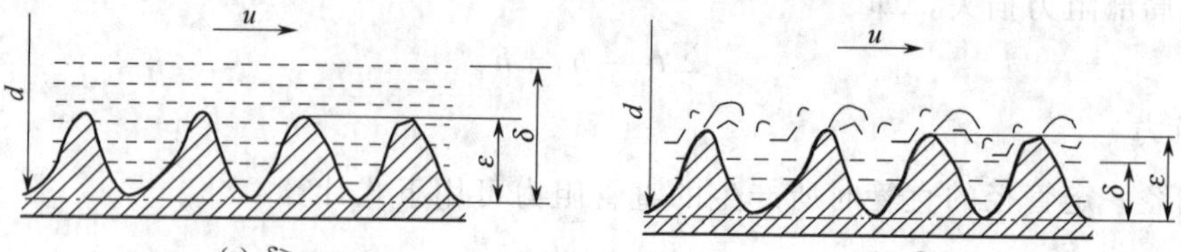

图 1-28　流体流过管壁面的情况

由以上分析可知，流体作层流流动时，摩擦系数仅与雷诺数有关；而作湍流流动时，摩擦系数不仅与雷诺数有关，而且与管壁的粗糙程度有关。摩擦系数与雷诺数及管壁粗糙程度之间的关系可由实验测定，其结果如图 1-29 所示。

按照雷诺数的范围，可将图 1-29 划分成四个不同的区域：

（1）层流区（$Re \leqslant 2\times10^3$）　在该区域，λ 与 Re 的关系为一条向下倾斜的直线（斜率为负值），该直线可回归成下式

$$\lambda=\frac{64}{Re} \tag{1-55}$$

式(1-55) 亦可从理论上导出。值得注意的是，λ 随 Re 的增大而减小，但阻力损失并非减小。将式(1-55) 代入式(1-53) 得

$$h_f=\lambda\frac{l}{d}\frac{u^2}{2}=\frac{64}{Re}\frac{l}{d}\frac{u^2}{2}=\frac{64\mu}{du\rho}\frac{l}{d}\frac{u^2}{2}=\frac{32lu\mu}{\rho d^2} \tag{1-56}$$

可见，层流时的流动阻力与直管长度 l、流速 u 及黏度 μ 成正比，而与密度 ρ 及管内径的平方 d^2 成反比。

由式(1-56) 得

$$\Delta p_f=\rho h_f=\frac{32lu\mu}{d^2} \tag{1-57}$$

式(1-56) 和式(1-57) 均为流体在圆管内作层流流动时的直管阻力计算式，其中式(1-57) 又称为哈根-泊肃叶（Hagon-Poiseuille）公式。

（2）湍流区（$Re \geqslant 4\times10^3$ 及虚线以下的区域）　在该区域，λ 与 Re 及 $\frac{\varepsilon}{d}$ 有关。位于该区域最下面的一条曲线为光滑管的摩擦系数 λ 与 Re 的关系曲线，当 $3\times10^3 \leqslant Re \leqslant 10^5$ 时，该曲线近似于直线，可回归成下式

$$\lambda=\frac{0.3164}{Re^{0.25}} \tag{1-58}$$

上式也称为柏拉修斯方程，将该方程代入式(1-53) 得

$$h_f=\lambda\frac{l}{d}\frac{u^2}{2}=\frac{0.3164}{Re^{0.25}}\frac{l}{d}\frac{u^2}{2}=\frac{0.3164\mu^{0.25}}{d^{0.25}u^{0.25}\rho^{0.25}}\frac{l}{d}\frac{u^2}{2}=\frac{0.1582lu^{1.75}\mu^{0.25}}{\rho^{0.25}d^{1.25}}$$

可见，流动阻力与直管长度 l、流速 u 的 1.75 次方及黏度 μ 的 0.25 次方成正比，而与密度 ρ 的 0.25 次方及管内径 d 的 1.25 次方成反比。

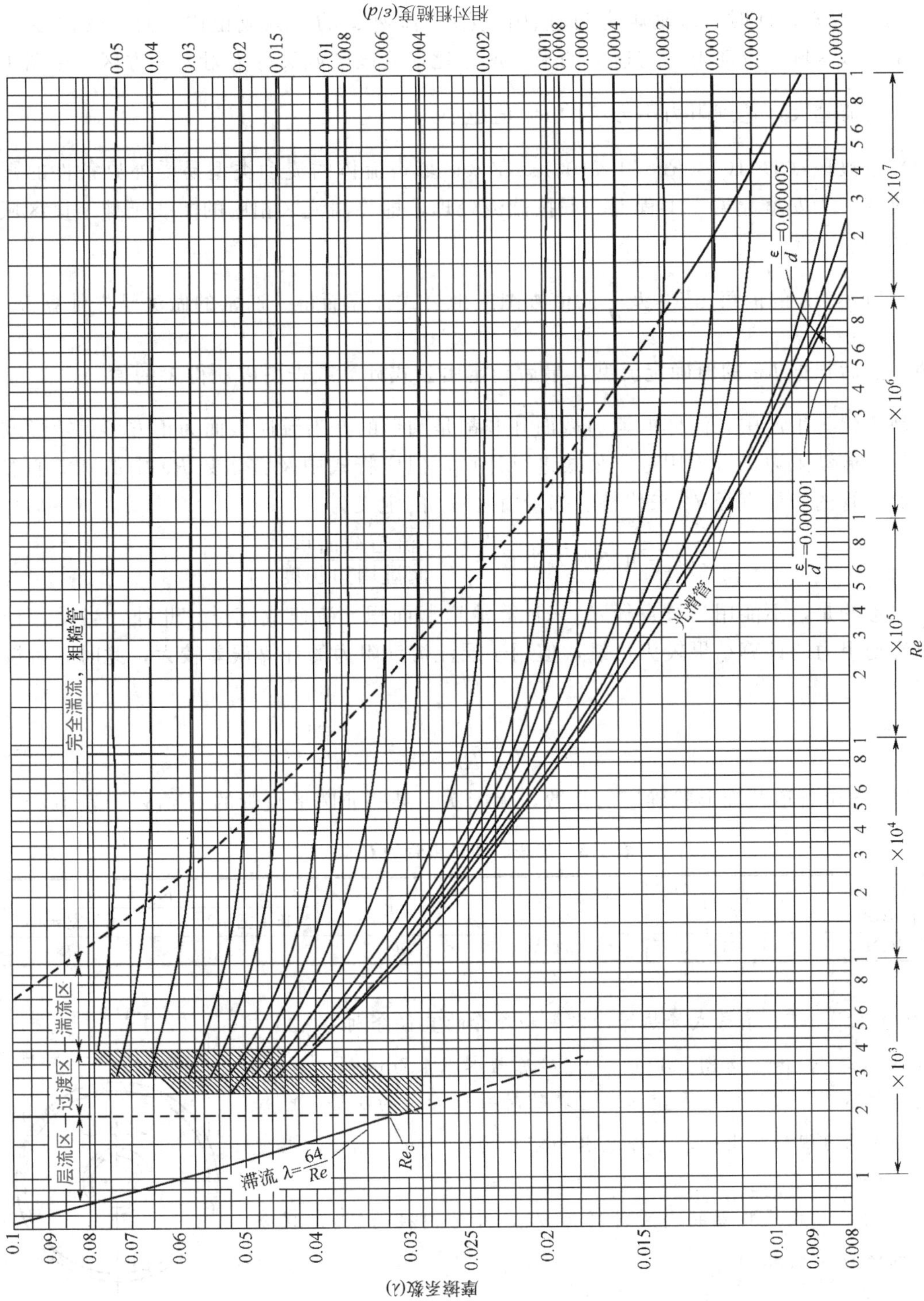

图 1-29　摩擦系数与雷诺数及相对粗糙度之间的关系

（3）完全湍流区（图中虚线以上的区域） 在该区域，λ 与 Re 的关系曲线几乎成水平线，即 λ 仅取决于$\frac{\varepsilon}{d}$的值，而与 Re 无关。对于一定的管路，$\frac{\varepsilon}{d}$可视为定值，故 λ 为常数。由式(1-53) 可知，此时的流动阻力与直管长度 l、流速 u 的平方成正比，而与管内径 d 成反比。由于该区域的流动阻力与速度的平方成正比，故该区域又称为阻力平方区。由图 1-29 可知，$\frac{\varepsilon}{d}$的值越大，达到阻力平方区的 Re 值越小。

（4）过渡区（$2\times10^3<Re<4\times10^3$） 在该区域，流体的流动类型易受外界条件的影响而发生改变。为安全起见，工程上一般按湍流处理，即将湍流区相应的曲线延伸至该区域来查取 λ 的值。

综上所述，λ 的值可由 Re 及$\frac{\varepsilon}{d}$的值查图或由公式计算而得。通常的做法是先计算 Re 及$\frac{\varepsilon}{d}$的值，然后根据 Re 的值确定流型，最后确定由公式计算或查图以获得 λ 的值。

在制药化工生产中，流体的流通截面并非都是圆形的。当流通截面为正方形、矩形或套管环隙时，流动阻力仍可采用范宁公式进行计算，但应将式中及雷诺数 Re 中的圆管直径 d 以非圆形直管的当量直径 d_e 来代替。当量直径 d_e 的定义为

$$d_e=4\times\text{水力半径}=4\times\frac{\text{流道截面积}}{\text{润湿周边长度}} \tag{1-59}$$

应注意的是，不能用当量直径 d_e 来计算流道截面积、流速或流量。此外，当量直径用于湍流流动阻力的计算结果较为可靠，但用于层流流动阻力的计算误差较大，此时 λ 可按下式计算

$$\lambda=\frac{C}{Re} \tag{1-60}$$

式中 C——由管道截面形状确定的常数，无因次。某些非圆形直管的 C 值列于表 1-2 中。

表 1-2 某些非圆形直管的 C 值

非圆形直管的截面形状	正方形	等边三角形	环形	长方形	
				长：宽＝2：1	长：宽＝4：1
常数(C)	57	53	96	62	73

【例 1-12】 有一套管式换热器，内管和外管的直径分别为 $\phi30\times2.5$mm 和 $\phi56\times3$mm（如图 1-30 所示）。冷冻盐水以 $4.7\text{m}^3\cdot\text{h}^{-1}$ 的流量流过套管环隙。试估算冷冻盐水通过环隙时每米管长的压降。已知内管和外管均可视为光滑管，冷冻盐水的密度为 $1150\text{kg}\cdot\text{m}^{-3}$，黏度为 1.2mPa·s。

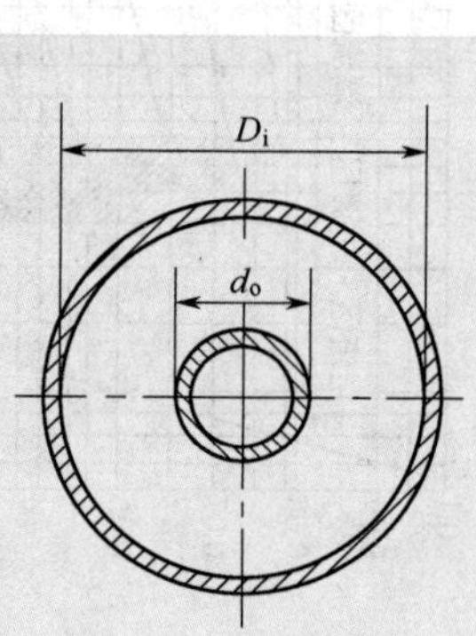

图 1-30 例 1-12 附图

解：设套管式换热器的内管外径为 d_0，外管内径为 D_i，则冷冻盐水的流通截面积为

$$A=\frac{\pi}{4}(D_i^2-d_0^2)=\frac{3.14}{4}\times(0.05^2-0.03^2)=0.00126\text{m}^2$$

套管环隙的当量直径为

$$d_e=4\times\frac{\frac{\pi}{4}(D_i^2-d_0^2)}{\pi(D_i+d_0)}=D_i-d_0=0.05-0.03=0.02\text{m}$$

冷冻盐水通过环隙的流速为

$$u=\frac{V_s}{A}=\frac{4.7}{3600\times0.00126}=1.04\text{m}\cdot\text{s}^{-1}$$

所以

$$Re=\frac{d_e u\rho}{\mu}=\frac{0.02\times1.04\times1150}{1.2\times10^{-3}}=2\times10^4\text{(为湍流)}$$

由图 1-29 中的光滑管所对应的曲线查得此 Re 值下的 λ 为 0.026。由式(1-54) 得

$$\frac{\Delta p_f}{l}=\frac{\lambda}{d_e}\frac{\rho u^2}{2}=\frac{0.026}{0.02}\times\frac{1150\times1.04^2}{2}=808.5\text{Pa}\cdot\text{m}^{-1}$$

二、局部阻力

局部阻力是指流体经过管路中的管件（弯头、三通等）、阀门以及进口、出口、扩大、缩小等局部位置时所产生的阻力。流体从这些局部位置流过时，其流速的大小和方向都可能发生改变，且流体受到干扰或冲击，使湍动现象加剧，从而要消耗更多的机械能。局部阻力的产生原因非常复杂，目前还不能从理论上进行精确计算。工程上，一般采用以下两种方法对湍流时的局部阻力进行估算。

1. 阻力系数法

该法是将克服局部阻力所引起的能量损失表示成动能$\frac{u^2}{2}$的倍数，即

$$h_f'=\zeta\frac{u^2}{2} \tag{1-61}$$

式中　h_f'——局部阻力，$\text{J}\cdot\text{kg}^{-1}$；

ζ——局部阻力系数，无因次。

局部阻力系数一般由实验测定。某些管件和阀门的局部阻力系数列于表 1-3 中。

表 1-3　某些管件和阀门的局部阻力系数

名称		局部阻力系数	名称		局部阻力系数
标准弯头	45°	0.35	底阀		1.5
	90°	0.75	止回阀	升降式	1.2
180°回弯头		1.5		摇板式	2
三通		1	闸阀	全开	0.17
管接头		0.4		3/4 开	0.9
活接头		0.4		1/2 开	4.5
截止阀	全开	6.4		1/4 开	24
	半开	9.5	水表(盘式流量计)		7.0

管路因直径改变而突然扩大或突然缩小时的流动情况如图 1-31 所示，此时的局部阻力系数可分别用下列两式计算

$$\text{突然扩大时，}\zeta=\left(1-\frac{A_1}{A_2}\right)^2 \tag{1-62}$$

$$突然缩小时，\zeta=0.5\left(1-\frac{A_1}{A_2}\right)^2 \tag{1-63}$$

式中 A_1——小管的截面积，m^2；

A_2——大管的截面积，m^2。

图 1-31 突然扩大和突然缩小

在计算突然扩大或突然缩小的局部阻力时，式(1-61）中的流速 u 均应采用小管内的流速。

流体自容器进入管内，可看作流体由很大的截面突然进入很小的截面，此时$\frac{A_1}{A_2}\approx 0$，由式(1-63）得$\zeta=0.5$，此种损失常称为进口损失，相应的阻力系数称为进口阻力系数，以 ζ_c 表示。

流体自管子进入容器或从管子排放到管外空间，可看作流体由很小的截面突然进入很大的截面，此时$\frac{A_1}{A_2}\approx 0$，由式(1-62）得$\zeta=1$，此种损失常称为出口损失，相应的阻力系数称为出口阻力系数，以 ζ_e 表示。

2. 当量长度法

该法是将流体流过管件、阀门所产生的局部阻力折合成相当于流体流过长度为 l_e 的同一管径的直管时所产生的阻力，这样所折合的管道长度 l_e 称为管件、阀门的当量长度，其局部阻力所引起的能量损失可按下式计算

$$h_f'=\lambda\frac{l_e}{d}\frac{u^2}{2} \tag{1-64}$$

管件、阀门的当量长度由实验测定，结果常表示成管道直径的倍数。某些管件和阀门的当量长度列于表 1-4 中。

表 1-4 某些管件和阀门的当量长度

名称		当量长度与管径之比$\left(\frac{l_e}{d}\right)$	名称		当量长度与管径之比$\left(\frac{l_e}{d}\right)$
标准弯头	45°	15	底阀(带滤水器)		420
	90°	35	止回阀	升降式	60
180°回弯头		75		摇板式	100
三通		50	闸阀	全开	7
管接头		2		3/4 开	40
活接头		2		1/2 开	200
截止阀	全开	300		1/4 开	800
	半开	475	水表(盘式流量计)		350

三、管路系统的总能量损失

管路系统中的总能量损失又称为总阻力损失，是管路上全部直管阻力与局部阻力之和，这些阻力可分别用有关公式进行计算。当流体流经直径不变的管路时，若将所有的局部阻力都折合成相应的当量长度，则管路系统的总能量损失为

$$\sum h_f = h_f + h_f' = \lambda \frac{l+\sum l_e}{d}\frac{u^2}{2} \tag{1-65}$$

式中　l——管路系统中各段直管的总长度，m；

$\sum l_e$——管路系统中全部管件、阀门、进口、出口等的当量长度之和，m。

若$\sum l_e$中不包括进、出口损失，则管路系统的总能量损失为

$$\sum h_f = h_f + h_f' = \lambda \frac{l+\sum l_e}{d}\frac{u^2}{2} + (\zeta_c + \zeta_e)\frac{u^2}{2} \tag{1-66}$$

若将所有的局部阻力都以阻力系数的概念来表示，则管路系统的总能量损失为

$$\sum h_f = h_f + h_f' = \left(\lambda \frac{l}{d} + \sum \zeta\right)\frac{u^2}{2} \tag{1-67}$$

式中　$\sum\zeta$——管路系统中全部管件、阀门、进口、出口等的局部阻力系数之和，m。

应当注意的是，式(1-65) 至式(1-67) 中的流速 u 是指管段或管路系统的流速，由于管路直径相同，故流速 u 可按任一管截面来计算。而伯努利方程式中的动能项$\frac{u^2}{2}$中的流速 u 是指相应的衡算截面处的流速。

当管路由若干直径不同的管段组成时，由于各段的流速不同，此时管路系统的总能量损失应分段计算，然后再求其总和。

【例 1-13】 如图 1-32 所示，用泵将 20℃的水从水槽输送至高位槽内，流量为 $20m^3 \cdot h^{-1}$。高位槽液面与水槽液面之间的垂直距离为 10m。泵吸入管用 $\phi 89 \times 4mm$ 的无缝钢管，直管长度为 5m，管路上装有一个底阀、一个 90°标准弯头；泵排出管用 $\phi 57 \times 3.5mm$ 的无缝钢管，直管长度为 20m，管路上装有一个全开的闸阀、一个全开的截止阀和两个 90°标准弯头。高位槽液面及水槽液面上方均为大气压，且液面均维持恒定。试计算泵的轴功率，设泵的效率为 70%。

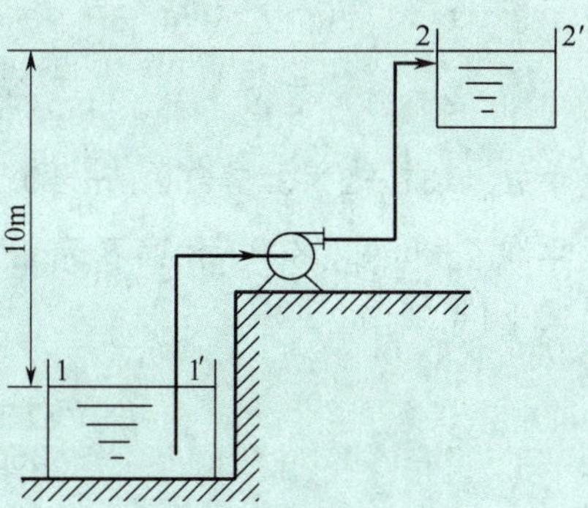

图 1-32　例 1-13 附图

解： 以水槽液面为上游截面 1-1′，高位槽液面为下游截面 2-2′，并以截面 1-1′为基准水平面。在截面 1-1′与 2-2′之间列伯努利方程式得

$$gZ_1 + \frac{u_1^2}{2} + \frac{p_1}{\rho} + W_e = gZ_2 + \frac{u_2^2}{2} + \frac{p_2}{\rho} + \sum h_f$$

式中 $Z_1=0$，$Z_2=10m$，$p_1=p_2=0$（表压）。因水槽和高位槽的截面均远大于管道的截面，故 $u_1\approx 0$，$u_2\approx 0$。所以，伯努利方程式可简化为

$$W_e = gZ_2 + \sum h_f = 9.81\times 10 + \sum h_f = 98.1 + \sum h_f$$

式中的$\sum h_f$是管路系统的总能量损失，包括吸入管路和排出管路的能量损失。而泵的进口、出口及泵体内的能量损失均考虑在泵的效率中。由于吸入管路与排出管路的直径不同，故应分段计算，然后再求其和。

① 吸入管路的能量损失$\sum h_{f,a}$（下标 a 表示吸入管路）

$$\sum h_{f,a}=h_{f,a}+h'_{f,a}=\left(\lambda_a\frac{l_a}{d_a}+\sum\zeta_a\right)\frac{u_a^2}{2}$$

式中$d_a=89-2\times4=81\text{mm}=0.081\text{m}$，$l_a=5\text{m}$。由表 1-3 查得底阀$\zeta=1.5$，90°标准弯头$\zeta=0.75$。又进口阻力系数$\zeta_c=0.5$，则$\sum\zeta_a=1.5+0.75+0.5=2.75$。

吸入管路中的流速为

$$u_a=\frac{20}{3600\times\frac{\pi}{4}\times0.081^2}=1.08\text{m}\cdot\text{s}^{-1}$$

由附录 2 查得水在 20℃时$\rho=998.2\text{kg}\cdot\text{m}^{-3}$，$\mu=1.004\times10^{-3}\text{Pa}\cdot\text{s}$，则

$$Re_a=\frac{d_au_a\rho}{\mu}=\frac{0.081\times1.08\times998.2}{1.004\times10^{-3}}=8.70\times10^4$$

参考表 1-1，取管壁的绝对粗糙度$\varepsilon=0.3\text{mm}$，则$\frac{\varepsilon}{d}=\frac{0.3}{81}=0.0037$，查图 1-29 得$\lambda_a=0.028$。所以

$$\sum h_{f,a}=\left(0.028\times\frac{5}{0.081}+2.75\right)\times\frac{1.08^2}{2}=2.61\text{J}\cdot\text{kg}^{-1}$$

② 排出管路的能量损失$\sum h_{f,b}$（下标 b 表示排出管路）

$$\sum h_{f,b}=\left(\lambda_b\frac{l_b}{d_b}+\sum\zeta_b\right)\frac{u_b^2}{2}$$

式中$d_b=57-2\times3.5=50\text{mm}=0.05\text{m}$，$l_b=20\text{m}$。由表 1-3 查得全开闸阀$\zeta=0.17$，全开截止阀$\zeta=6.4$。又 90°标准弯头$\zeta=0.75$，出口阻力系数$\zeta_e=1$，则$\sum\zeta_b=0.17+6.4+2\times0.75+1=9.07$。

$$u_b=\frac{20}{3600\times\frac{\pi}{4}\times0.05^2}=2.83\text{m}\cdot\text{s}^{-1}$$

$$Re_b=\frac{d_bu_b\rho}{\mu}=\frac{0.05\times2.83\times998.2}{1.004\times10^{-3}}=1.41\times10^5$$

仍取管壁的绝对粗糙度$\varepsilon=0.3\text{mm}$，则$\frac{\varepsilon}{d}=\frac{0.3}{50}=0.006$，查图 1-29 得$\lambda_b=0.0328$。所以

$$\sum h_{f,b}=\left(0.0328\times\frac{20}{0.05}+9.07\right)\times\frac{2.83^2}{2}=88.86\text{J}\cdot\text{kg}^{-1}$$

③ 管路系统的总能量损失

$$\sum h_f=\sum h_{f,a}+\sum h_{f,b}=2.61+88.86=91.47\text{J}\cdot\text{kg}^{-1}$$

所以$W_e=98.1+91.47\approx189.6\text{J}\cdot\text{kg}^{-1}$

由式(1-37) 得泵的有效功率为

$$N_e=W_eW_s=W_eV_s\rho=189.6\times\frac{20}{3600}\times998.2=1051.4\text{W}\approx1.05\text{kW}$$

由式(1-38) 得泵的轴功率为

$$N=\frac{N_e}{\eta}=\frac{1.05}{0.7}=1.5\text{kW}$$

【例 1-14】 有一段内径为 50mm 的管道，各段直管的总长度为 10m，管段内共有 3 个 90°标准弯头、1 个全开的截止阀和 1 个半开的截止阀，管道的摩擦系数为 0.026。若将全开的截止阀拆除，而管道长度以及作用于管道两端的总压头均保持不变，试问管道中流体的体积流量能增加百分之几？

解： 已知 $d=0.05\text{m}$，$l=10\text{m}$，$\lambda=0.026$。查表 1-3 得 90°标准弯头 $\zeta=0.75$，截止阀全开时 $\zeta=6.4$，半开时 $\zeta=9.5$，则该管段在拆除全开截止阀前的总能量损失为

$$\sum h_{f1}=\left(\lambda\frac{l}{d}+\sum\zeta\right)\frac{u_1^2}{2}=\left(0.026\times\frac{10}{0.05}+3\times0.75+6.4+9.5\right)\times\frac{u_1^2}{2}=23.35\times\frac{u_1^2}{2}$$

式中 u_1——拆除全开截止阀前该管段内的流速，$\text{m}\cdot\text{s}^{-1}$。

拆除全开截止阀后该管段的总能量损失为

$$\sum h_{f2}=\left(\lambda\frac{l}{d}+\sum\zeta\right)\frac{u_2^2}{2}=\left(0.026\times\frac{10}{0.05}+3\times0.75+9.5\right)\times\frac{u_2^2}{2}=16.95\times\frac{u_2^2}{2}$$

式中 u_2——拆除全开截止阀后该管段内的流速，$\text{m}\cdot\text{s}^{-1}$。

依题意知全开截止阀拆除前后管道两端的总压头保持不变，则

$$23.35\times\frac{u_1^2}{2}=16.95\times\frac{u_2^2}{2}$$

所以

$$\frac{V_{s2}}{V_{s1}}=\frac{u_2}{u_1}=\sqrt{\frac{23.35}{16.95}}=1.17$$

即流体的体积流量增加了 17%。

四、降低管路系统流动阻力的途径

流体流动过程中所消耗的能量主要用来克服流动阻力，流动阻力越大，输送流体所消耗的动力就越大。因此，流动阻力的大小直接关系到能耗和生产成本。

由式(1-65) 或式(1-67) 可知，为降低管路系统的流动阻力，可从以下方面入手。

① 由于$\sum h_f\propto(l+\sum l_e)$，故在不影响管路布置的情况下，应尽可能缩短管路长度，并减少不必要的管件和阀门。

② 将 $u=\frac{4V_s}{\pi d^2}$代入式(1-65) 并整理得

$$\sum h_f=\lambda(l+\sum l_e)\frac{8V_s^2}{\pi^2}\frac{1}{d^5}$$

可见，流动阻力与管内径的 5 次方成反比。因此，在输送流量不变的情况下，适当增大

管径，可显著降低管路系统的流动阻力。当然，管径增大后，管材消耗量及管路投资均会相应地增加。

③ 根据温度对流动阻力的影响，适当改变流体温度也可能降低管路系统的流动阻力。例如，制药化工生产中的药物或中间体通常为黏性较高的液体，若输送时这些液体在管内保持层流状态，则由式(1-56)可知，流动阻力与黏度成正比。此时，适当提高这些液体的温度，即可降低其黏度，从而可达到降低流动阻力的目的。

第五节 管路计算

根据铺设和连接情况，制药化工生产中的管路可分为简单管路和复杂管路。**简单管路**一般是指直径相同的管路或由直径不同的管路连接而成的串联管路；而**复杂管路**则是由若干条简单管路连接而成的并联管路或分支管路。复杂管路的计算比较繁杂，但它是以简单管路的计算为基础的。下面以简单管路为例介绍管路的计算方法。

管路计算实际上是综合应用连续性方程式、伯努利方程式和能量损失计算式，去解决各种管路问题。在制药化工生产中，对于一定的流体所遇到的管路计算，大致有以下三种类型。

① 已知管径 d、管长 l、管件和阀门的 $\sum l_e$ 及流体的输送量 V_s，计算流体通过管路系统的能量损失 $\sum h_f$，或所需加入的外功 W_e、设备内的压强或设备间的相对位置等。此种类型的管路计算比较容易，如例 1-9、例 1-10、例 1-13 等均属此种类型。

② 已知管径 d、管长 l、管件和阀门的 $\sum l_e$ 及允许的能量损失 $\sum h_f$，计算流体的流速 u 或流量 V_s。

③ 已知管长 l、管件和阀门的当量长度 $\sum l_e$、流体的流量 V_s 及允许的能量损失 $\sum h_f$，计算管径 d。

后两种类型都存在着共同性问题，即流速 u 或管径 d 为未知，因此不能计算 Re 值，所以无法判断流体的流型，因而不能确定摩擦系数 λ 的值。对于此类问题，工程上常采用试差法或其他方法进行求解。下面通过例题介绍试差法在解决此类问题中的应用。

【例 1-15】 氯霉素生产中，乙苯由高位槽加入反应器，如图 1-33 所示。管路为 $\phi 32\times2.5$mm 的钢管，共长 50m（包括管件及阀门的当量长度，但不包括进、出口损失）。高位槽及反应器内液面上方均为常压，且高位槽内液面维持恒定，并高于出料管出口 3m，试计算此管路的输液量。已知乙苯的密度为 870kg·m^{-3}，黏度为 0.7×10^{-3}Pa·s。

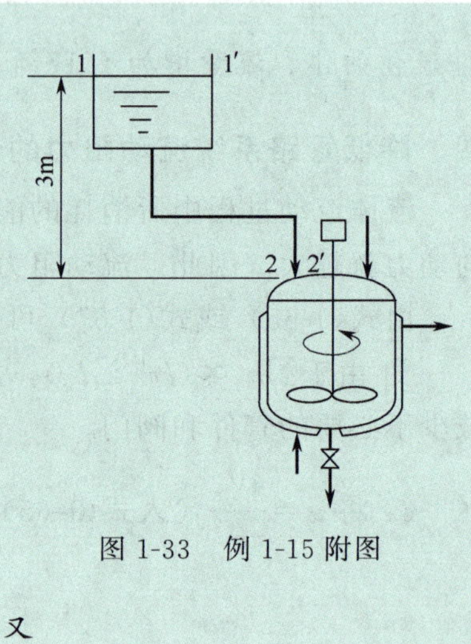

图 1-33 例 1-15 附图

解： 以高位槽内液面为上游截面 1-1′，出料管出口内侧为下游截面 2-2′，并以通过出料管出口截面的水平面为基准水平面。在截面 1-1′与 2-2′之间列伯努利方程式得

$$gZ_1+\frac{u_1^2}{2}+\frac{p_1}{\rho}+W_e=gZ_2+\frac{u_2^2}{2}+\frac{p_2}{\rho}+\sum h_f$$

式中 $Z_1=3$m，$Z_2=0$，$u_1=0$，$u_2=u$，$p_1=p_2$，$W_e=0$，又

$$\sum h_f=\left(\lambda\frac{l+\sum l_e}{d}+\zeta_c\right)\frac{u^2}{2}=\left(\lambda\frac{50}{0.027}+0.5\right)\frac{u^2}{2}$$

代入伯努利方程式并整理得

$$u=\sqrt{\frac{2\times9.81\times3}{\lambda\frac{50}{0.027}+1.5}}=\sqrt{\frac{1.59}{50\lambda+0.04}} \tag{a}$$

在制药化工生产中，黏度不大的流体在管内流动时大多为湍流，此时

$$\lambda=f\left(Re,\frac{\varepsilon}{d}\right)=\phi(u) \tag{b}$$

式(a)和式(b)中虽然只含两个未知数λ与u，但却不能直接对u进行求解。这是因为式(b)的具体函数关系与流体的流型有关。而流速u为待求量，故不能计算Re值，也就无法判断流型，所以无法确定式(b)的具体函数关系。此类问题的求解，一般采用试差法。试差的方法有两种：①根据λ的取值范围，先假设一个λ值，代入式(a)求出u后，再计算Re值。根据计算出的Re值和$\frac{\varepsilon}{d}$值，由图1-29查出相应的λ值。若查得的λ值与假设的λ值相等或相近，则假设合理，流速u即为所求。若不相符，则重新设λ值，重复上述计算，直至查得的λ值与所设的λ值相等或相近为止。②根据流速u的常用取值范围，先假设一个流速u，再计算出Re值，然后根据Re值和$\frac{\varepsilon}{d}$值，由图1-29查出相应的λ值。若查得的λ值与由式(a)解得的λ值相等或相近，则假设合理，流速u即为所求。若不相符，则重新设u值，重复上述计算，直至查得的λ值与由式(a)解得的λ值相等或相近为止。下面以方法②为例对本题进行求解。

设$u=1.14\text{m}\cdot\text{s}^{-1}$，则

$$Re=\frac{du\rho}{\mu}=\frac{0.027\times1.14\times870}{0.7\times10^{-3}}=3.8\times10^4$$

取管壁的绝对粗糙度ε为0.2mm，则

$$\frac{\varepsilon}{d}=\frac{0.2}{27}=0.0074$$

由图1-29查得$\lambda=0.036$。

将$u=1.14\text{m}\cdot\text{s}^{-1}$代入式(a)，解得$\lambda=0.024$。比较查得的$\lambda$值和由式(a)解得的$\lambda$值，发现两者相差较大，故应进行第二次试差。

重设$u=0.92\text{m}\cdot\text{s}^{-1}$，则$Re=3.1\times10^4$，由图1-29查得$\lambda=0.0365$。将$u=0.92\text{m}\cdot\text{s}^{-1}$代入式(a)，解得$\lambda=0.0368$。比较查得的$\lambda$值和由式(a)解得的$\lambda$值，发现两者基本相符。根据第二次试算的结果知$u=0.92\text{m}\cdot\text{s}^{-1}$，所以

$$V_h=3600\times\frac{\pi}{4}d^2u=3600\times\frac{3.14}{4}\times0.027^2\times0.92=1.90\text{m}^3\cdot\text{h}^{-1}$$

试差法是制药化工过程中的常用计算方法。为减少计算量，在试差之前，应对所需解决的问题进行认真的分析和研究，尤其要注意待求量的适宜取值范围。例如，对于管路计算，流速u可参考附录20中的数据来选定，而摩擦系数λ一般在0.02～0.04内选取。

第六节　流速与流量的测量

制药化工生产中，经常需要测量流体的流速或流量，以对生产过程进行控制。测量流量的仪表型式很多，下面介绍几种以流体机械能守恒原理为基础，利用动能与静压能之间的转换关系来测量流速或流量的装置。

一、测速管（皮托管）

测速管又称皮托管，它是由两根弯成直角的同心套管所组成，其内管的前端敞开，测量时正对流体流动方向。而两管之间环隙的端点则是封闭的，但在外管前端壁面的四周开有若干个测压小孔。为减小测量误差，测速管的前端经常做成半球形以减少涡流。测量时，测速管的内管和套管环隙分别与U形管压差计的两端相连，如图1-34所示。当流体以一定流速流向测速管前段时间，内管所测的是流体在管口处的局部动能和静压能之和，称之为冲压能。由于外管壁面上的测压小孔与流体流动方向平行，所以外管测的是流体的静压能，即 p/ρ，而U形管压差计反映的则是内管冲压能和外管静压能之差，即该位置的局部动能 $u_r^2/2$。

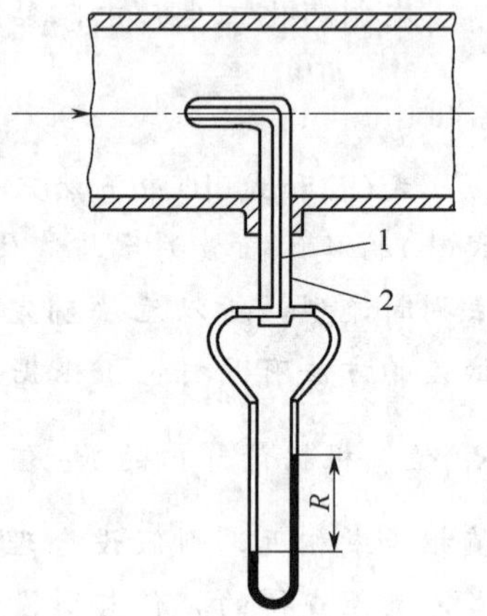

图1-34　测速管
1—内管；2—外管

若U形管压差计的读数为 R，则

$$\frac{u_r^2}{2}=(\rho_A-\rho)gR \tag{1-68}$$

$$u_r=\sqrt{\frac{2gR(\rho_A-\rho)}{\rho}} \tag{1-69}$$

式中　u_r——距管中心线距离为 r 处流体的轴向线速度，$m\cdot s^{-1}$。

ρ——被测流体的密度，$kg\cdot m^{-3}$；

ρ_A——指示液的密度，$kg\cdot m^{-3}$。

当被测流体为气体时，$\rho_A\gg\rho$，则式(1-69)可简化为

$$u_r=\sqrt{\frac{2gR\rho_A}{\rho}} \tag{1-70}$$

测速管测量的是管截面上某一点的轴向线速度，因此，可用测速管测量管截面上的速度分布。若将测速管的管口对准管道中心线，则可测出U形管压差计的最大读数 R_{max}，代入式(1-69)可求出管截面中心处的最大流速 u_{max}，然后可计算 $Re_{max}=\frac{du_{max}\rho}{\mu}$的值，再利用图1-35，即可求出流体在管截面上的平均流速，从而可进一步计算出流体在该管道内的流量。

为保证测量精度，测量点应处于管路的稳定段内。若管道的内径为 D_i，则通常要求测量点前的直管长度不小于 $50D_i$，测量点后的直管长度不小于（8～12）D_i。此外，为减少测速管对流体流动状态的干扰，测速管的外径不应超过管道内径的1/50。

测速管的优点是对流体产生的阻力较小，常用于大直径气体管路中的流量测量，但不适用于含固体颗粒的流体。

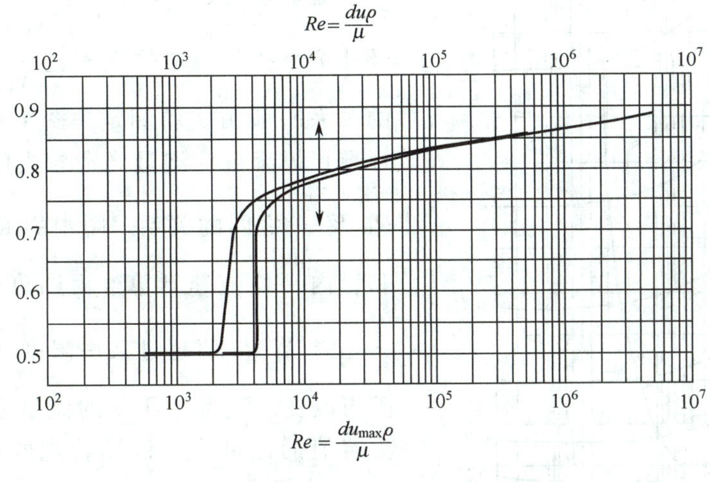

图 1-35 $\frac{u}{u_{max}}$ 与 Re 及 Re_{max} 之间的关系

01-07 皮托管测量飞机速度

二、孔板流量计

孔板流量计的核心部件是一块中央开有圆孔的金属薄板，该板的孔口经精密加工呈刀口状，在厚度方向以 45°角扩大，常称为孔板或锐孔板，如图 1-36 所示。将孔板用法兰固定于管道中，并使孔板中心位于管道的中心线上，即成为孔板流量计，如图 1-37 所示。

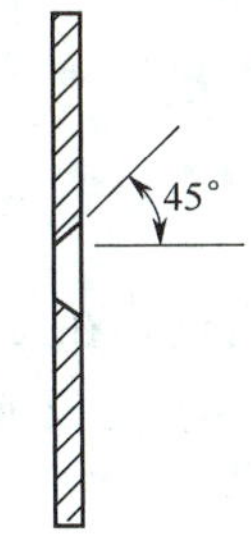

图 1-36 孔板结构

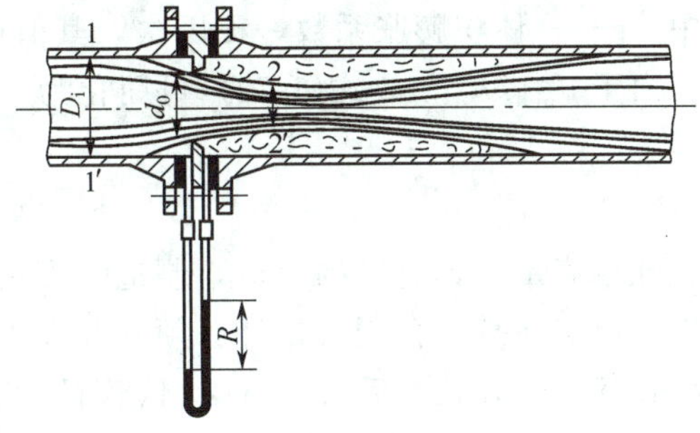

图 1-37 孔板流量计

当流体流过孔板时，因通道突然缩小，故流体的流速增大而压强下降。由于惯性，流体经孔口流出后，流动截面并不立即扩大至整个管截面，而是继续收缩，经一定距离后，才逐渐扩大至整个管截面。流体流过孔板后截面收缩至最小时的位置（如图 1-37 中的截面 2-2′），常称为缩脉。

流体流过孔板的压降可由液柱压差计来测量。一般是在靠近孔板前后的位置上分别设有上、下游测压口，并将压差计的两端分别与上、下游测压口相连，这种取压方法称为**角接取压法**，如图 1-37 所示。对于不可压缩流体，当 U 形管压差计的读数为 R 时，被测流体的体积流量为

$$V_s=C_0A_0\sqrt{\frac{2gR(\rho_A-\rho)}{\rho}} \tag{1-71}$$

式中 A_0——孔板小孔的截面积，m^2；

C_0——流量系数或孔流系数，无因次。

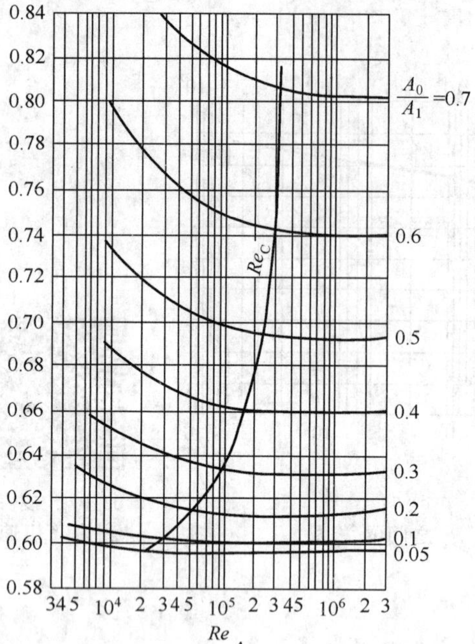

图 1-38 C_0 与 Re 及 $\frac{A_0}{A_1}$ 之间的关系曲线

流量系数 C_0 与取压方式、管壁粗糙度、Re 及孔板小孔与管道的面积比 $\frac{A_0}{A_1}$ 有关，它们之间的关系一般由实验测定。图 1-38 是用角接取压标准孔板流量计测量光滑管内的流量时，C_0 与 Re 及 $\frac{A_0}{A_1}$ 之间的关系，图中的 Re 值应以管内径和管内平均流速计算。由图可知，对于一定的 $\frac{A_0}{A_1}$ 值，当 Re 值超过某一限度值 Re_C 后，C_0 就不再改变。流量计所测的流量范围最好处于 C_0 为定值的区域内。设计合理的孔板流量计，其 C_0 值一般为 0.6～0.7，且处于定值区域内。

在测量气体或蒸汽的流量时，若孔板前后流体压强的变化超过 20%，则应考虑气体密度的变化，此时可用流体的平均密度 ρ_m 代替式(1-71)中的密度 ρ，并引入校正系数 ε，即

$$V_s=\varepsilon C_0 A_0\sqrt{\frac{2gR(\rho_A-\rho_m)}{\rho_m}} \tag{1-72}$$

式中 ε——体积膨胀系数，无因次，其值可从有关仪表手册中查得。

由于 $\rho_m \ll \rho_A$，故式(1-72) 可简化为

$$V_s=\varepsilon C_0 A_0\sqrt{\frac{2gR\rho_A}{\rho_m}} \tag{1-73}$$

孔板流量计具有结构简单，制造、安装和使用都比较方便等优点，在工程上已得到广泛应用。但应注意，孔板流量计必须安装在管路的稳定段内，通常要求孔板前有 40～50 倍管径的直管长度，孔板后有 10～20 倍管径的直管长度。

三、文丘里流量计

流体流过孔板流量计的小孔时，先产生一次突然缩小，然后又产生一次突然扩大，从而产生较大的能量损失。为此，可用一段渐缩渐扩管代替孔板，这样构成的流量计称为文丘里流量计，其最小流通截面处常称为文氏喉，如图 1-39 所示。

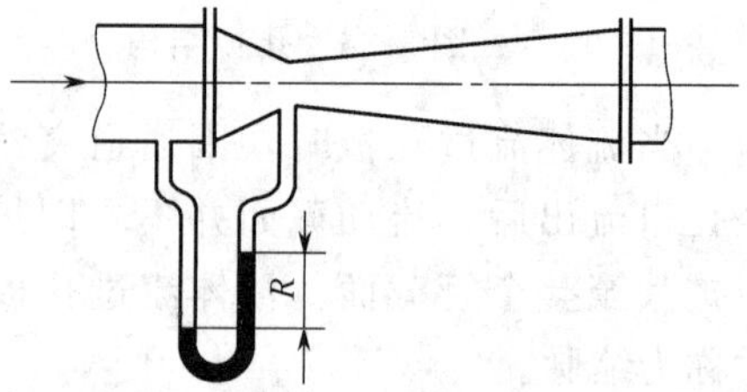

图 1-39 文丘里流量计

流体流过文丘里流量计的压降可用液柱压差计来测量。测量时，上游测压口距管径开始收缩的距离不能少于管径的 1/2，下游测压口应设在文氏喉处。

文丘里流量计的流量计算公式与孔板流量计的相类似，即

$$V_s=C_V A_0\sqrt{\frac{2gR(\rho_A-\rho)}{\rho}} \tag{1-74}$$

式中 C_V——流量系数，无因次，其值可由实验测定或从仪表手册中查得；

A_0——喉管处的截面积，m^2。

与孔板流量计相比，文丘里流量计有渐缩段和渐扩段，流体在其内的流速变化较为平缓，涡流较少，喉管处增加的动能可于其后渐扩的过程中大部分转回成静压能，因而能量损失大为减少，这是文丘里流量计的优点。但文丘里流量计的尺寸要求比较严格，需要精细加工，所以造价较高。

四、转子流量计

转子流量计的结构如图 1-40 所示，在一个自下而上截面积逐渐扩大的玻璃管内装有一个由金属或其他材料制成的浮子，浮子的上端表面上常刻有斜槽，在流体作用下可旋转，故常称为转子。

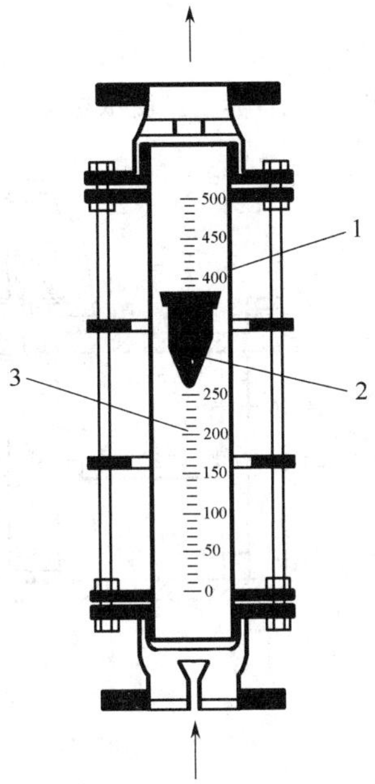

图 1-40　转子流量计
1—锥形玻璃管；2—转子；3—刻度

当流体自下而上流动时，转子受到两个力的作用：一是垂直向上的上升力，它等于流体流经转子与锥管间的环形截面所产生的压力差；另一是垂直向下的净重力，它等于转子所受的重力减去流体对转子的浮力。当流量增大，使转子所受到的上升力大于转子的净重力时，转子就上升；当流量减小，使转子所受到的上升力小于转子的净重力时，转子就下沉。当转子所受到的上升力等于转子的净重力时，转子就处于平衡状态，即停留在一定的位置上。在玻璃管的外表面上刻有读数，根据转子的停留位置，即可读出被测流体的流量。

转子流量计的流量计算公式为

$$V_s = C_R A_R \sqrt{\frac{2gV_f(\rho_f-\rho)}{A_f\rho}} \tag{1-75}$$

式中　A_R——转子与玻璃管的环形截面积，m^2；

C_R——流量系数，无因次，其值可由实验测定或从仪表手册中查得；

V_f——转子的体积，m^3；

A_f——转子最大部分的截面积，m^2；

ρ_f——转子材料的密度，$kg \cdot m^{-3}$；

ρ——被测流体的密度，$kg \cdot m^{-3}$。

当用特定的转子流量计测量某流体的流量时，V_f、A_f、ρ_f、ρ 均为定值，若在所测量的流量范围内，流量系数 C_R 为常数，则流量仅随环形截面积 A_R 而变。由于玻璃管是上大下小的锥体，因此，环形面积 A_R 的大小与锥体的高度成正比，即可用转子所处位置的高低来反映流量的大小。

转子流量计在出厂前常用某种流体对其刻度进行标定。对于液体转子流量计，常用 20℃的水进行标定；而对于气体转子流量计，则用 20℃、1.013×10^5 Pa 的空气进行标定。当被测流体与标定流体不同时，应对原有的流量刻度进行校正。对于液体转子流量计，若被测液体的黏度与标定液体的相差不大，则流量系数 C_R 可视为常数，相应的刻度校正公式为

$$\frac{V_{s2}}{V_{s1}} = \sqrt{\frac{\rho_1(\rho_f-\rho_2)}{\rho_2(\rho_f-\rho_1)}} \tag{1-76}$$

式中　下标 1 表示标定液体，下标 2 表示被测液体。

对于气体转子流量计，由于转子材料的密度远大于气体的密度，则式(1-76) 可简化为

$$\frac{V_{s2}}{V_{s1}}=\sqrt{\frac{\rho_{g1}}{\rho_{g2}}} \tag{1-77}$$

式中　下标 g1 表示标定气体，下标 g2 表示被测气体。

转子流量计必须垂直安装，而且流体必须下进上出。转子的最大截面所对应的刻度即为流量计的读数。

转子流量计阻力损失较小，且读数方便，测量范围广，具有很强的适应能力，能用于腐蚀性流体的测量。缺点是玻璃管不能承受高温或高压，在安装和使用过程中玻璃管容易破碎。此外，对于气体转子流量计，在调节流量时应缓缓启闭调节阀，以防金属转子砸坏玻璃管。

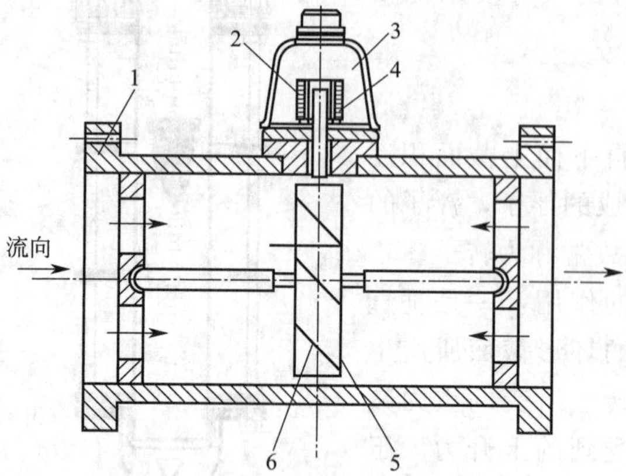

图 1-41　涡轮流量计
1—壳体；2—线圈；3—脉冲信号放大器；4—磁钢；5—叶轮；6—叶片

五、涡轮流量计

涡轮流量计结构如图 1-41 所示。感应线圈和磁铁一起固定在壳体上，壳体内部是铁磁性涡轮叶片。当有流体流经涡轮流量计时，叶轮受力旋转，其转速与管道平均流速成正比，叶片周期性地切割电磁铁产生的磁力线，改变线圈的磁通量，根据电磁感应原理，在线圈内将感应出脉冲的电信号，即电脉冲信号，此电脉冲信号的频率与被测流体的流量成正比。脉冲信号经过放大和整形，通过仪表显示出流量数据。

01-08　流量计的发展

第七节　管子、管件、阀门及管道

一、公称压力和公称直径

公称压力和公称直径是管子、阀门及管件尺寸标准化的两个基本参数。

1. 公称压力

公称压力是管子、阀门或管件在规定温度下的最大许用工作压力（表压）。公称压力常用符号 P_g 表示，可分为 12 级，如表 1-5 所示。

表 1-5　公称压力等级

序号		1	2	3	4	5	6	7	8	9	10	11	12
公称压力	$kgf\cdot cm^{-2}$	2.5	6	10	16	25	40	64	100	160	200	250	320
	MPa	0.25	0.59	0.98	1.57	2.45	3.92	6.28	9.8	15.7	19.6	24.5	31.4

2. 公称直径

公称直径是管子、阀门或管件的名义内直径，常用符号 D_g 表示，如公称直径为 100mm 可表示为 D_g100。

公称直径并不一定就是实际内径。例如，管子的公称直径既不是它的外径，也不是它的内径，而是小于管子外径的一个数值。管子的公称直径一定，其外径也就确定了，但内径随

壁厚而变。

对法兰或阀门而言，公称直径是指与其相配的管子的公称直径。如 D_g100 的管法兰或阀门，指的是连接公称直径为 100mm 的管子用的管法兰或阀门。

各种管路附件的公称直径一般都等于其实际内径。

二、管子

1. 钢管

钢管包括焊接（有缝）钢管和无缝钢管两大类，常见规格见附录 19。

焊接钢管通常由碳钢板卷焊而成，以镀锌管最为常见。焊接钢管的强度低、可靠性差，常用作水、压缩空气、蒸汽、冷凝水等流体的输送管道。

无缝钢管可由普通碳素钢、优质碳素钢、普通低合金钢、合金钢等的管坯热轧或冷轧（冷拔）而成，其中冷轧无缝钢管的外径和壁厚尺寸较热轧的精确。无缝钢管品质均匀、强度较高，常用于高温、高压以及易燃、易爆和有毒介质的输送。

2. 有色金属管

在药品生产中，铜管和黄铜管、铅管和铅合金管、铝管和铝合金管都是常用的有色金属管。例如，铜管和黄铜管可用作换热管或真空设备的管道，铅管和铅合金管可用来输送 15%～65%的硫酸，铝管和铝合金管可用来输送浓硝酸、甲酸、乙酸等物料。

3. 非金属管

非金属管包括无机非金属管和有机非金属管两大类。玻璃管、搪玻璃管、玻璃钢管、陶瓷管等都是常见的无机非金属管，橡胶管、聚丙烯管、硬聚氯乙烯管、聚四氟乙烯管、耐酸酚醛塑料管、不透性石墨管等都是常见的有机非金属管。

非金属管通常具有良好的耐腐蚀性能，在药品生产中有着广泛的应用。在使用中应注意非金属管的机械性能和热稳定性。

三、管件

管件是管与管之间的连接部件，延长管路、连接支管、堵塞管道、改变管道直径或方向等均可通过相应的管件来实现，如利用法兰、活接头、内牙管等管件可延长管路，利用各种弯头可改变管路方向，利用三通或四通可连接支管，利用异径管（大小头）或内外牙（管衬）可改变管径，利用管帽或管堵可堵塞管道等。图 1-42 为常用管件示意图。

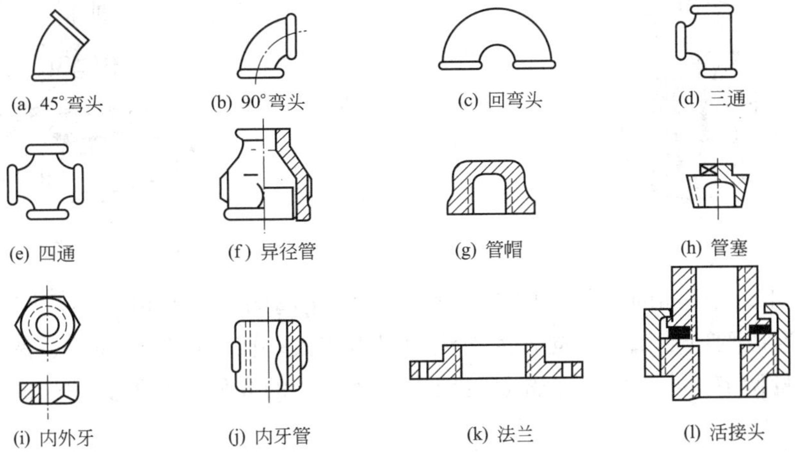

图 1-42　常用管件

四、阀门

1. 常用阀门

（1）旋塞阀　旋塞阀的结构如图 1-43 所示。旋塞阀具有结构简单、启闭方便快捷、流动阻力较小等优点。旋塞阀常用于温度较低、黏度较大的介质以及需要迅速启闭的场合，但一般不适用于蒸汽和温度较高的介质。由于旋塞很容易铸上或焊上保温夹套，因此可用于需要保温的场合。此外，旋塞阀配上电动、气动或液压传动机构后，可实现遥控或自控。

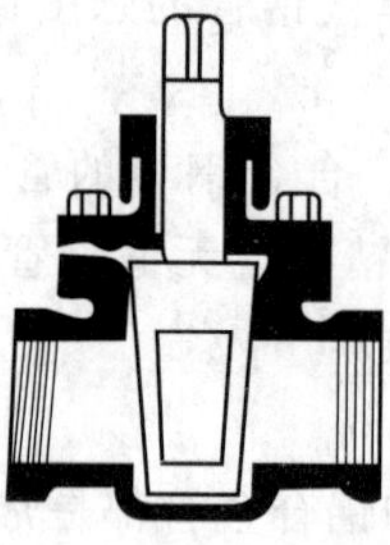

图 1-43　旋塞阀

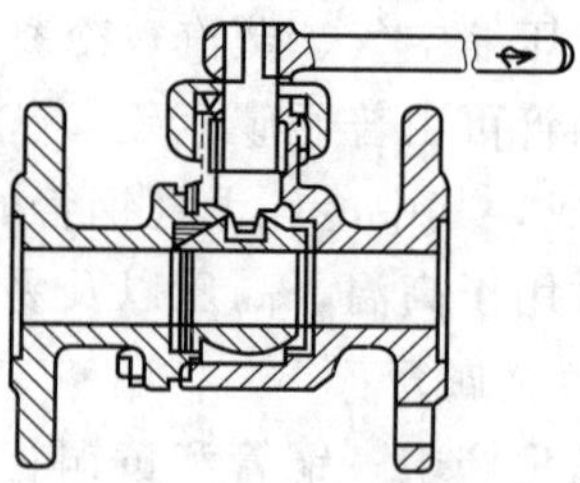

图 1-44　球阀

（2）球阀　球阀的结构如图 1-44 所示。球阀体内有一可绕自身轴线作 90°旋转的球形阀瓣，阀瓣内设有通道。球阀结构简单、操作方便，旋转 90°即可启闭。球阀的使用压力比旋塞阀高，密封效果较好，且密封面不易擦伤，可用于浆料或黏稠介质。

（3）闸阀　闸阀的结构如图 1-45 所示。闸阀体内有一个与介质的流动方向相垂直的平板阀芯，利用阀芯的升起或落下可实现阀门的启闭。闸阀的优点是不改变流体的流动方向，因而流动阻力较小。闸阀主要用作切断阀，常用作放空阀或低真空系统的阀门。闸阀一般不用于流量调节，也不适用于含固体颗粒的介质。闸阀的缺点是密封面易磨损，且不易修理。

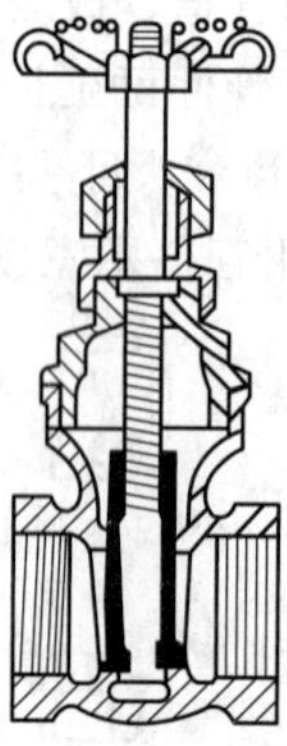

图 1-45　闸阀

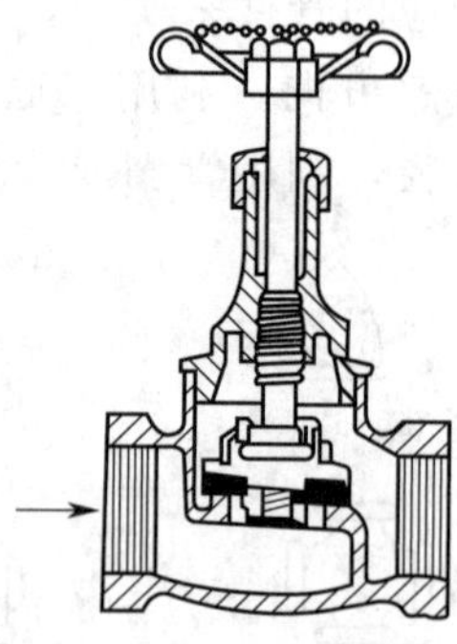

图 1-46　截止阀

（4）截止阀　截止阀的结构如图 1-46 所示。截止阀的阀座与流体的流动方向垂直，流体向上流经阀座时要改变流动方向，因而流动阻力较大。截止阀结构简单、调节性能好，常用于流体的流量调节，但不宜用于高黏度或含固体颗粒的介质，也不宜用作放空阀或低真空系统的阀门。

（5）止回阀　止回阀的结构如图 1-47 所示。止回阀的阀体内有一个圆盘或摇板，当介质顺流时，阀盘或摇板即升起打开；当介质倒流时，阀盘或摇板即自动关闭。因此，止回阀是一种自动启闭的单向阀门，用于防止流体逆向流动的场合，如在离心泵吸入管路的入口处常装有止回阀。止回阀一般不宜用于高黏度或含固体颗粒的介质。

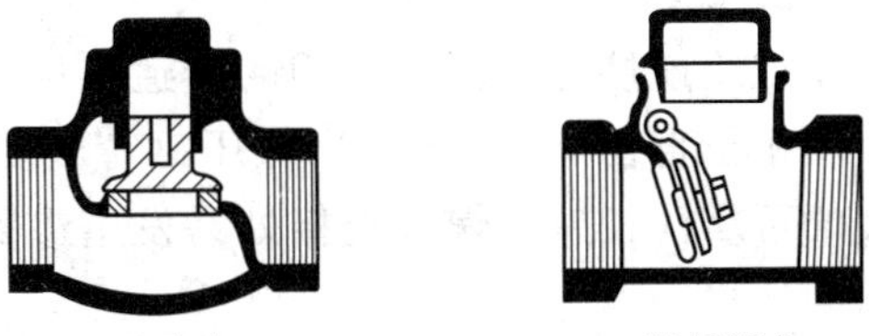

(a) 升降式　(b) 摇板式

图 1-47　止回阀

（6）疏水阀　疏水阀的作用是自动排除设备或管道中的冷凝水、空气及其他不凝性气体，同时又能阻止蒸汽的大量逸出。因此，凡需蒸汽加热的设备以及蒸汽管道等都应安装疏水阀。

（7）减压阀　减压阀的阀体内设有膜片、弹簧、活塞等敏感元件，利用敏感元件的动作可改变阀瓣与阀座的间隙，从而达到自动减压的目的。

减压阀仅适用于蒸汽、空气、氮气、氧气等清净介质的减压，但不能用于液体的减压。此外，在选用减压阀时还应注意其减压范围，不能超范围使用。

（8）安全阀　安全阀内设有自动启闭装置。当设备或管道内的压力超过规定值时阀即自动开启以泄出流体，待压力恢复后阀又自动关闭，从而达到保护设备或管道的目的。

01-09　阀门的发展

安全阀的种类很多，以弹簧式安全阀最为常用。当流体可直接排放到大气中时，可选用全启式安全阀；若流体不允许直接排放，则应选用封闭式安全阀，将流体排放到总管中。

2. 阀门的选择

阀门是管路系统的重要组成部件，流体的流量、压力等参数均可用阀门来调节或控制。阀门的种类很多，结构和特点各异。根据操作工况的不同，可选用不同结构和材质的阀门。一般情况下，阀门可按以下步骤进行选择。

① 根据被输送流体的性质以及工作温度和工作压力选择阀门材质。阀门的阀体、阀杆、阀座、压盖、阀瓣等部位既可用同一材质制成，也可用不同材质分别制成，以达到经济、耐用的目的。

② 根据阀门材质、工作温度及工作压力，确定阀门的公称压力。

③ 根据被输送流体的性质以及阀门的公称压力和工作温度，选择密封面材质。密封面材质的最高使用温度应高于工作温度。

④ 确定阀门的公称直径。一般情况下，阀门的公称直径可采用管子的公称直径，但应校核阀门的阻力对管路是否合适。

⑤ 根据阀门的功能、公称直径及生产工艺要求，选择阀门的连接形式。

⑥ 根据被输送流体的性质以及阀门的公称直径、公称压力和工作温度等，确定阀门的类别、结构形式和型号。

五、管道连接

1. 卡套连接

卡套连接是小直径（≤40mm）管道、阀门及管件之间的一种常用连接方式，具有连接简单、拆装方便等优点，常用于仪表、控制系统等管道的连接。

2. 螺纹连接

螺纹连接也是一种常用的管道连接方式，具有连接简单、拆装方便、成本较低等优点，常用于小直径（≤50mm）低压钢管或硬聚氯乙烯管道、管件、阀门之间的连接。缺点是连接的可靠性较差，螺纹连接处易发生渗漏，因而不宜用作易燃、易爆和有毒介质输送管道之间的连接。

3. 焊接

焊接是药品生产中最常用的一种管道连接方法，具有施工方便、连接可靠、成本较低的优点。凡是不需要拆装的地方，应尽可能采用焊接。所有的压力管道，如煤气、蒸汽、空气、真空等管道应尽量采用焊接。

4. 法兰连接

法兰连接常用于大直径、密封性要求高的管道连接，也可用于玻璃管、塑料管、阀门、管件或设备之间的连接。法兰连接的优点是连接强度高、密封性能好、拆装比较方便。缺点是成本较高。

5. 承插连接

承插连接常用于埋地或沿墙敷设的给排水管，如铸铁管、陶瓷管、石棉水泥管等与管或管件、阀门之间的连接。连接处可用石棉水泥、水泥砂浆等封口，用于工作压力不高于0.3MPa、介质温度不高于60℃的场合。

6. 卡箍连接

该法是将金属管插入非金属软管，并在插入口外，用金属箍箍紧，以防介质外漏。卡箍连接具有拆装灵活、经济耐用等优点，常用于临时装置或洁净物料管道的连接。

习　题

本章目标检测题

1. 某设备上真空表的读数为 4.8×10^4 Pa，试计算设备内的绝对压力和表压。已知该地区的大气压力为 1.01×10^5 Pa。（-4.8×10^4 Pa，5.3×10^4 Pa）

2. 在图 1-48 所示的敞口容器内盛有油和水，已知水的密度为 $1000\text{kg}\cdot\text{m}^{-3}$，油的密度为 $820\text{kg}\cdot\text{m}^{-3}$，$h_1=400$mm，$h_2=600$mm，试计算 h 的值，以 mm 为单位。（892mm）

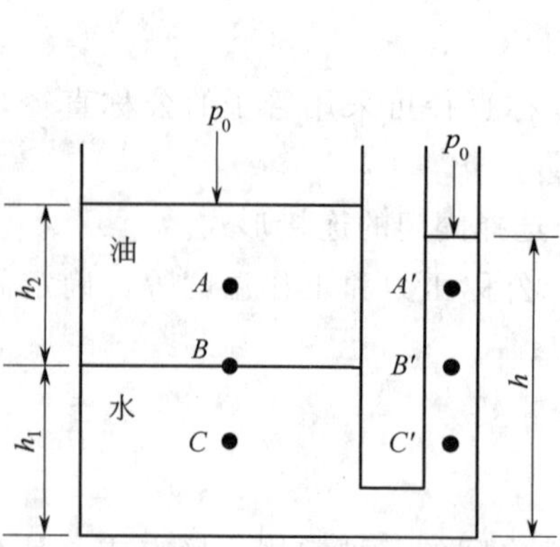

图 1-48

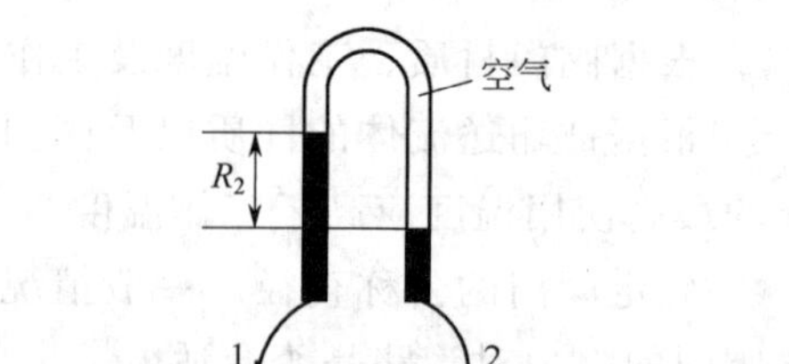

图 1-49

3. 如图 1-49 所示，常温下水在水平等径管内以一定的流量流过。截面 1-1′与 2-2′之间的压差为 2.472kPa，试问当分别采用正 U 形管水银压差计和倒 U 形管压差计测量时，两者的读数各为多少？已知水银的密度为 $13600\text{kg}\cdot\text{m}^{-3}$，水的密度为 $1000\text{kg}\cdot\text{m}^{-3}$。(20mm，252mm)

4. 在图 1-50 所示的密闭容器 A 和 B 内，分别盛有密度为 $1000\text{kg}\cdot\text{m}^{-3}$ 的水和密度为 $810\text{kg}\cdot\text{m}^{-3}$ 的溶液，A、B 间由一水银 U 形管压差计相连。

① 当 $p_A=29\times10^3\text{Pa}$（表压）时，U 形管压差计的读数 $R=0.25\text{m}$，$h=0.8\text{m}$，试计算容器 B 内的压强 p_B。[−845.9Pa（表压）]

② 当容器 A 内液面上方的压强减小至 $p'_A=20\times10^3\text{Pa}$（表压），而 p_B 保持不变时，U 形管压差计的读数 R'为多少？已知两容器内的液面处于同一水平面上，水银的密度为 $13600\text{kg}\cdot\text{m}^{-3}$。(0.178m)

5. 在图 1-10 所示的液位测量装置中，已知容器内装有密度为 $860\text{kg}\cdot\text{m}^{-3}$ 的油品，其液面允许到达的最大高度 $h_1=4\text{m}$，压差计内的指示液为水银，密度为 $13600\text{kg}\cdot\text{m}^{-3}$。试计算当压差计的读数 $R=200\text{mm}$ 时，容器内的液位高度 h_2。(1.04m)

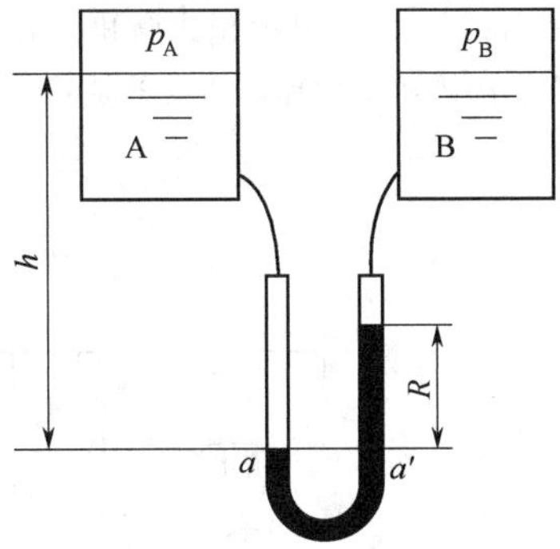

图 1-50

6. 为排除气体管道中的少量积水，采用图 1-51 所示的液封装置，水由气体管道中的垂直支管排出。若气体的压力为 10kPa（表压），试计算水封管插入液面下的最小高度 h。已知水的密度为 $1000\text{kg}\cdot\text{m}^{-3}$。(1.02m)

7. 用管径为 $\phi57\times3.5\text{mm}$ 的管道输送密度为 $1840\text{kg}\cdot\text{m}^{-3}$ 的硫酸，若硫酸在管内的流速为 $0.8\text{m}\cdot\text{s}^{-1}$，试分别计算硫酸的体积流量、质量流量和质量流速。($1.57\times10^{-3}\text{m}^3\cdot\text{s}^{-1}$，$2.89\text{kg}\cdot\text{s}^{-1}$，$1472\text{kg}\cdot\text{m}^{-2}\cdot\text{s}^{-1}$)

8. 水在图 1-52 所示的虹吸管内作稳态流动，管路直径均相同，水流经管路的能量损失可忽略不计，试计算管内截面 2-2′、3-3′、4-4′和 5-5′处的压强。已知大气压强为 $1.013\times10^5\text{Pa}$。($1.209\times10^5\text{Pa}$，$0.915\times10^5\text{Pa}$，$0.866\times10^5\text{Pa}$，$0.915\times10^5\text{Pa}$)

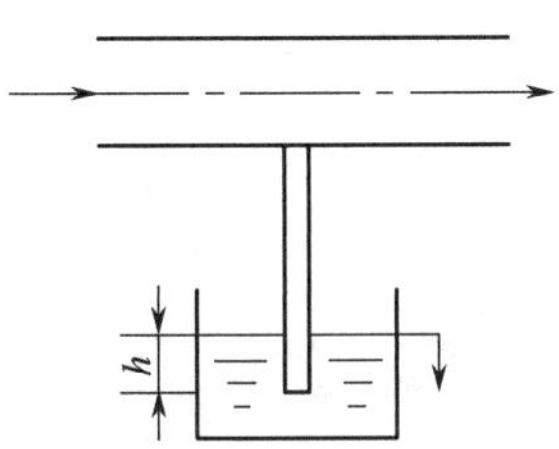

图 1-51

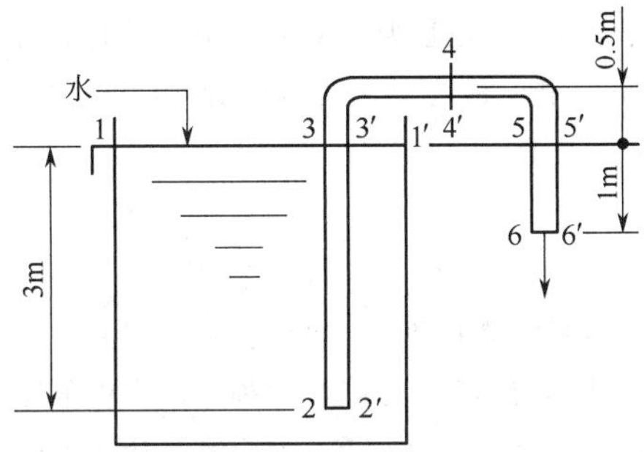

图 1-52

9. 在图 1-53 所示的输水系统中，管径为 $\phi57\times3.5\text{mm}$。已知水在管内流动的能量损失为 $\sum h_f=40\dfrac{u^2}{2}$（包括进口损失，但不包括出口损失），式中 u 为管内流速，单位为 $\text{m}\cdot\text{s}^{-1}$。试问水的流量是多少（以 $\text{m}^3\cdot\text{h}^{-1}$ 表示）？欲使水的流量增加 25%，应将水箱再升高多少米？($1.55\text{m}\cdot\text{s}^{-1}$，$10.95\text{m}^3\cdot\text{h}^{-1}$，2.86m)

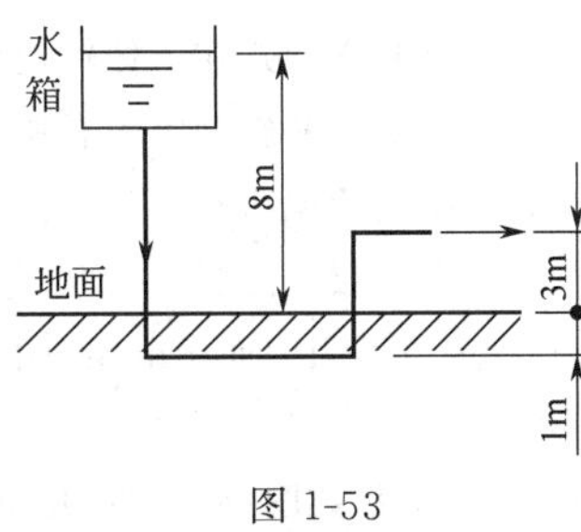

图 1-53

10. 在图 1-54 所示的楼顶水箱进水系统中，管道直径为 $\phi60\times3.5\text{mm}$，绝对粗糙度为 0.2mm，水的密度为 $1000\text{kg}\cdot\text{m}^{-3}$，黏度为 1cP。已知楼顶水箱敞口，埋地水管距水箱液面的垂直距离为 24m，压力表处计起的管长和管件、阀门的当量长度之和为 100m（不含管路的出口损失），试问压力表的读数为多少时，才能满足进水量为 $8m^3 \cdot h^{-1}$ 的需要？(0.265MPa)

11. 用泵将连续釜式反应器内的物料输送至敞口高位槽内，如图 1-55 所示。物料密度为 $1050kg \cdot m^{-3}$，黏度为 $6 \times 10^{-4} Pa \cdot s$。反应器内物料上方的压强保持在 $2.5 \times 10^4 Pa$（真空度），物料的输送量为 $2 \times 10^4 kg \cdot h^{-1}$。管道直径为 $\phi 76 \times 4mm$，总长为 50m，管壁的绝对粗糙度为 0.3mm。管路中有一个全开的闸阀、一个半开的截止阀和 3 个 90°标准弯头。反应器内的液面与管路出口的垂直距离为 15m。若泵的效率为 70%，试计算泵所需的轴功率。(1.66kW)

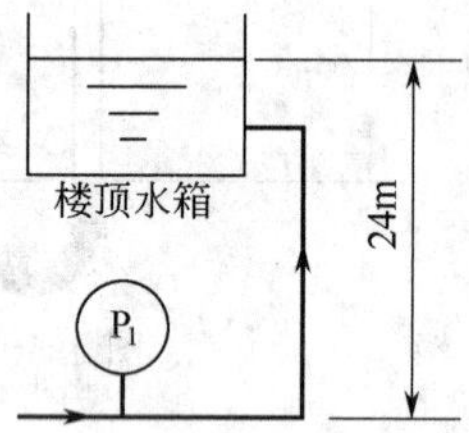

图 1-54

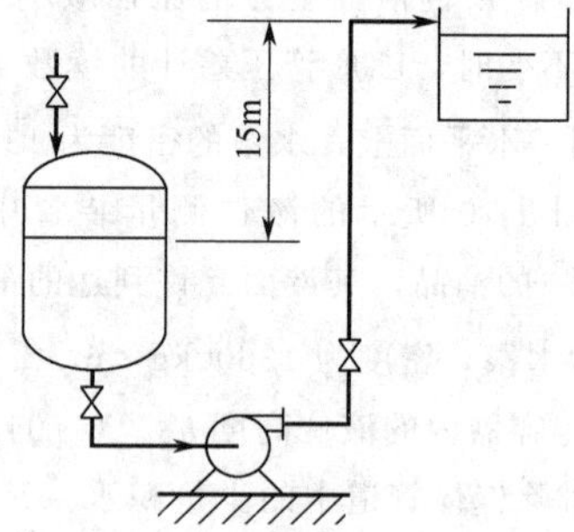

图 1-55

12. 在图 1-56 所示的高位槽输水系统中，管道直径为 $\phi 57 \times 3.5mm$，全部直管长度为 20m，管壁的绝对粗糙度为 0.5mm。高位槽液面上方的压强为大气压，液面距管路出口的垂直距离为 4m。管路中有一个截止阀和一个 90°标准弯头。若水温为 20℃，试计算当截止阀半开时该输水系统的输水量，以 $m^3 \cdot h^{-1}$ 表示。($11.73m^3 \cdot h^{-1}$)

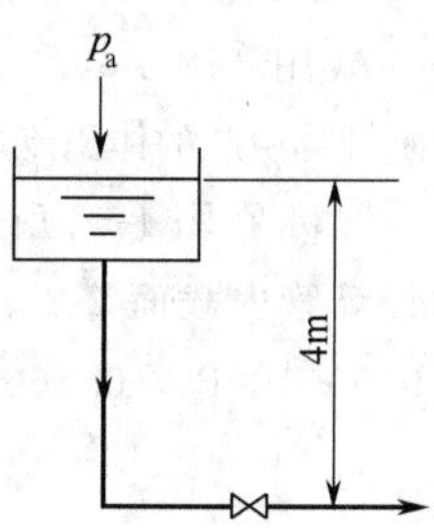

图 1-56

13. 在内径为 500mm 的管道中心安装一皮托管，以测量管内的空气流量。空气的温度为 50℃，压强为 $9.81 \times 10^3 Pa$（表压）。测压装置为 U 形管液柱压差计，读数为 15mm，指示液为水，其密度为 $1000kg \cdot m^{-3}$。试计算管道中的空气流量，以 $m^3 \cdot s^{-1}$ 表示。($2.55m^3 \cdot s^{-1}$)

思 考 题

1. 压强有哪几种表示方法？它们与大气压之间有什么关系？

2. 简述流体静力学基本方程式的应用条件及表达形式。

3. 什么是等压面？等压面应满足什么条件？

4. 举例说明什么是稳态流动？什么是非稳态流动？

5. 气体和液体在管内的常用流速范围是多少？

6. 伯努利方程式在流体输送中的应用有哪些？

7. 流体黏度的影响因素有哪些？

8. 雷诺实验说明什么问题？如何根据 *Re* 值的大小来判断流体在圆形直管内的流动状态？

9. 什么是层流内层？其厚度与哪些因素有关？层流内层对传热和传质过程有何影响？

10. 因流动阻力而引起的压降与两截面间的压差是否为同一概念？若不是，两者在什么条件下数值相等？

11. 摩擦系数图可分为哪几个区域？在每个区域中，摩擦系数 λ 与哪些因素有关？

12. 简述直管阻力和局部阻力的计算方法。流体在直管中作层流流动时的摩擦系数如何计算？

13. 当量直径和当量长度分别指什么？

14. 测速管、孔板流量计、文丘里流量计和转子流量计的测量原理是什么？分别简述它们在安装时应注意的问题。

15. 什么是公称压力？什么是公称直径？公称直径与实际内径是否为同一概念？

16. 常用管子有哪几类？管道连接方式有哪几种？

17. 简述常用阀门的结构和特点。

第二章　流体输送设备

学习要求

1. 掌握：离心泵的工作原理，离心泵的工作点与流量调节，离心泵的气蚀现象与安装高度。

2. 熟悉：离心泵的主要性能参数与特性曲线，离心泵的类型与选用方法，离心泵的操作与注意事项，往复泵、旋转泵和旋涡泵的流量调节方法，磁力驱动泵和蠕动泵的特点。

3. 了解：离心式通风机的结构、工作原理、性能参数、特性曲线及选用，典型鼓风机、压缩机和真空泵的结构和特点。

本章课件

由伯努利方程式可知，在无外功加入的情况下，流体只能从高能状态向低能状态流动，如流体由高位流向低位，由高压处流向低压处等。然而，在实际生产中，经常需要将流体由低能状态输送至高能状态，这就需要向流体提供一定的外加能量，即向流体提供所需的机械能，以克服流动阻力。

向流体提供能量的装置称为**流体输送设备**。通常情况下，输送液体的设备称为泵，输送气体的设备则按产生压强的高低分别称为通风机、鼓风机、压缩机和真空泵。

由于气体具有可压缩性，且气体的密度和黏度都较液体的低，因此输送气体和液体的设备在结构和性能上存在显著差异。本章将结合制药化工过程的特点，讨论流体输送设备的工作原理、基本结构、主要性能及相关计算，以达到正确选择和使用的目的。

第一节　液体输送设备

一、离心泵

（一）离心泵的工作原理

图 2-1 是从贮槽内吸入液体的离心泵装置示意图。由若干向后弯曲的叶片组成的叶轮 6，安装于具有蜗牛壳形通道的泵壳 7 内，叶轮紧固于泵轴 8 上，泵轴由马达驱动。泵的吸入口位于泵壳中央并与吸入管 1 连接，液体通过吸入管由槽内吸入泵内。吸入管路底部装有底阀 9。排出口与泵壳相切并与排出管 4 连接。排出管上设出口阀 3，液体由此输出。离心泵输送液体的过程可分为排液和吸液两个过程。

1. 排液过程

该过程是将液体由泵内排至泵外。启动前，必须用被输送液体灌满吸入管路及泵内，并排尽气体，这种操作称为灌泵。电机启动后，泵轴带动叶轮高速旋转，迫使叶片间的液体旋转，产生了离心力。在离心力的作用下，液体由叶轮中心被甩向外周，这样液体便从叶轮得

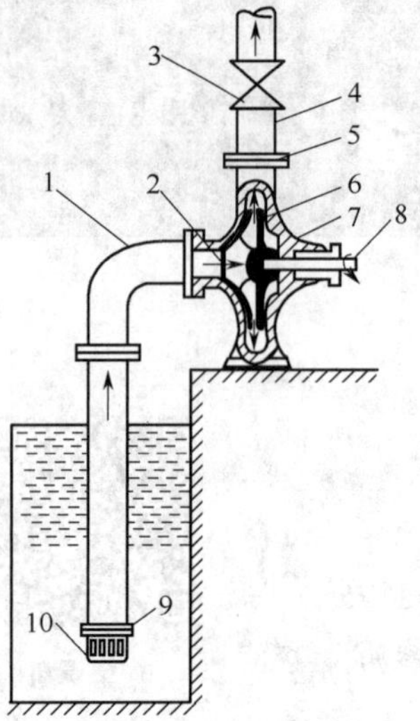

图 2-1　离心泵装置示意

1—吸入管；2—吸入口；3—出口阀；4—排出管；5—排出口；6—叶轮；7—泵壳；8—泵轴；9—底阀；10—滤网

到了机械能。当液体到达叶轮边缘时，动能和静压能均增大，流速可达 15～25m·s^{-1}。液体离开叶轮外缘后将进入逐渐扩大的蜗牛壳形通道，此时流速减小，部分动能转换为静压能，最终液体将以一定的流速和较高的压力沿切向进入排出管道，被输送至所需要的场所。该装置的排液过程主要依靠离心力来完成，所以称为离心泵。

2. 吸液过程

当液体自叶轮中心被甩向外周时，在叶轮中心产生了低压区。由于贮槽液面上方的压强大于泵吸入口处的压强，致使液体被吸入叶轮中心，以填补被排出液体的位置。因此，只要叶轮不停地转动，离心泵就不停地吸入和排出液体，完成输送液体的任务。

3. 气缚现象

离心泵启动时，若泵内存有空气，由于空气的密度远小于液体的密度，因此叶轮旋转所产生的离心力较小，使叶轮中心所形成的低压区不足以将贮槽内的液体吸入泵内，此时虽启动离心泵也不能输送液体，这种现象称为气缚现象。因此，离心泵启动前泵体及吸入管路内必须充满被输送液体。安装时，若将离心泵的吸入口置于液体贮槽的液位之下，液体将自动流入泵内，从而可避免每次启动前都需要灌泵的麻烦。

底阀是一种单向阀，其作用是防止启动前灌入的液体从泵内排出。滤网可阻挡液体中的固体杂质被吸入而堵塞管道和泵壳。出口阀主要供开车、停车及调节流量时使用。

（二）离心泵的主要部件

离心泵的主要部件包括叶轮、泵壳和轴封。

1. 叶轮

叶轮是离心泵的核心部件，其作用是将机械能传递给液体，使液体的静压能和动能均有所提高。

叶轮通常由 6～12 片叶片构成。由于叶片的弯曲方向与叶轮的旋转方向相反，所以常称为后弯叶片。采用后弯叶片可减少能量损失，提高泵的效率。

叶轮按结构可分为闭式、半闭式和开式三种类型，如图 2-2 所示。闭式叶轮的叶片两侧均设有盖板，因而效率较高，适用于输送不含固体颗粒的清洁液体，缺点是结构比较复杂。开式叶轮的叶片两侧均无盖板，具有结构简单、清洗方便等优点，适用于输送含较多固体悬浮物的液体，缺点是效率较低。半闭式叶轮仅在叶片的一侧设有盖板（后盖板），其性能介于闭式和开式之间。

叶轮按吸液方式可分为单吸和双吸两种类型，如图 2-3 所示。单吸叶轮的优点是结构简单，缺点是液体仅从一侧吸入，吸液量较小，且会产生轴向推力。双吸叶轮的优点是两侧均能吸入液体，吸液量较大，且可消除轴向推力，缺点是结构比较复杂。

2. 泵壳

泵壳通常为蜗壳形，与叶轮之间形成一个截面逐渐扩大的通道，如图 2-4 所示。叶轮甩出的高速液体沿蜗壳形通道流动时，流速逐渐降低，因而可减少能量损失，且使部分动能转换成静压能。可见，泵壳的作用是汇集和导出液体，同时转换能量。

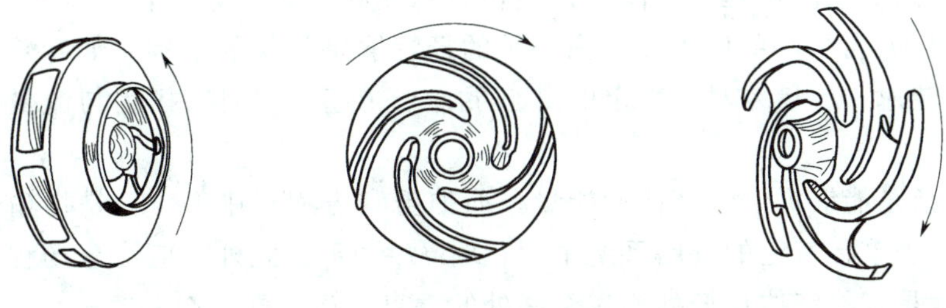

(a) 闭式叶轮　　(b) 半闭式叶轮　　(c) 开式叶轮

图 2-2　叶轮的类型

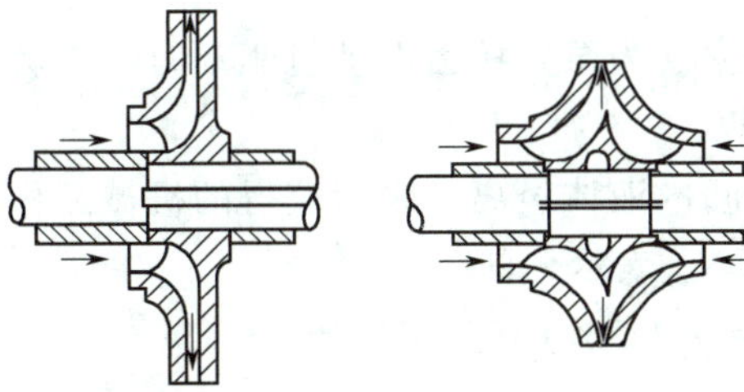

(a) 单吸叶轮　　(b) 双吸叶轮

图 2-3　吸液方式

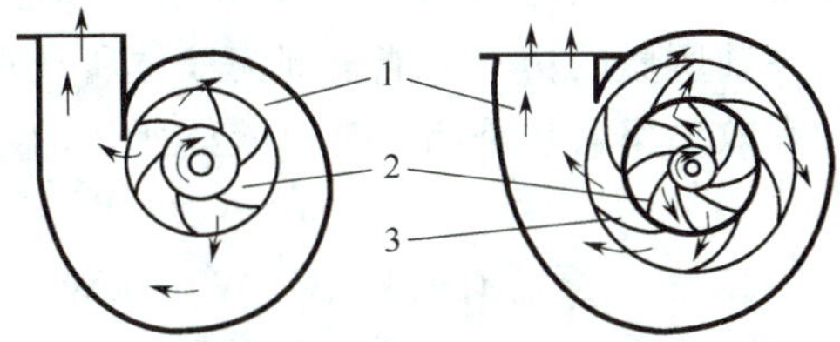

图 2-4　泵壳与导轮

1—泵壳；2—叶轮；3—导轮

为减少叶轮甩出的高速液体与泵壳之间的碰撞而产生的能量损失，可在叶轮与泵壳之间安装一个导轮，它是一个固定不动且带有叶片的圆盘。液体由叶轮甩出后沿导轮与叶片间的通道逐渐发生能量转换，因而可减少能量损失。

3. 轴封

泵轴与泵壳之间的密封称为轴封，它既要防止高压液体沿轴向外漏，又要防止外界空气反向漏入泵的低压区。常用的轴封装置有填料密封和机械密封两种。对易燃、易爆、有毒的介质，密封要求较高，通常采用机械密封。

02-01　离心泵的出现

（三）离心泵的主要性能参数与特性曲线

1. 离心泵的性能参数

要正确选择和使用离心泵，必须了解离心泵的工作性能。离心泵的主要性能参数有流量、扬程、轴功率、效率和气蚀余量等。离心泵出厂时，泵上均附有铭牌，注明泵在最高效率时的主要性能参数。表 2-1 为 IS100-80-125 型离心泵铭牌上标注的参数。

表 2-1　IS100-80-125 型离心泵铭牌上标注的参数

型号 IS100-80-125	流量 $60m^3 \cdot h^{-1}$	扬程 24m	气蚀余量 4.0m
转速 $2900r \cdot min^{-1}$	效率 67%	轴功率 5.86kW	质量 50kg

（1）流量　**离心泵的流量**是指离心泵在单位时间内能够排入到管路系统内的液体体积，以 Q 表示，单位为 $m^3 \cdot h^{-1}$、$m^3 \cdot s^{-1}$ 或 $L \cdot h^{-1}$、$L \cdot s^{-1}$。

离心泵的流量与泵的结构、尺寸（叶轮直径和宽度）及转速等因素有关。此外，离心泵总是在特定的管路系统中运行，因此，离心泵的实际流量还与管路特性有关。

（2）扬程　离心泵的扬程是指离心泵能够向单位重量（1N）的液体提供的有效机械能，又称为压头，以 H 表示，单位为 m。离心泵的扬程取决于泵的结构（如叶轮直径、叶片的弯曲情况等）、转速和流量。对于特定的离心泵，当转速一定时，扬程与流量之间存在一定的关系。

扬程 H 是指泵能够提供给液体的能量，而伯努利方程式中的 H_e 是指输送液体时要求泵提供的能量。当泵在特定的管路系统中运行时 $H=H_e$。此外，应注意扬程与升举高度的区别。升举高度是指将液体从低处输送至高处的垂直距离，即 $\Delta Z=Z_2-Z_1$，而扬程是指泵能够提供给液体的能量，这里包括了升举高度，即

$$H=\Delta Z+\frac{\Delta p}{\rho g}+\frac{\Delta(u^2)}{2g}+H_f \tag{2-1}$$

（3）轴功率　离心泵的轴功率是指泵轴所需的功率。当泵直接由电动机驱动时，它就是电动机传给泵轴的功率，以 N 表示，单位为 W 或 kW。

泵轴所做的功不可能全部为液体所获得。单位时间内液体经离心泵所获得的机械能称为泵的有效功率，它是离心泵对液体所作的净功率，以 N_e 表示，即

$$N_e=W_eW_s=H_egQ\rho=HgQ\rho \tag{2-2}$$

式中　N_e——泵的有效功率，W 或 kW。

（4）效率　外界能量传递到液体时，不可避免地会有能量损失，如容积损失（因泵泄漏而产生的能量损失）、水力损失（因液体在泵内流动而产生的能量损失）和机械损失（因机械摩擦而产生的能量损失）等，故泵轴所做的功不可能全部为液体所获得。离心泵运转时机械能损失的大小可用效率来表示，即

$$\eta=\frac{N_e}{N}\times 100\% \tag{2-3}$$

式中　η——离心泵的效率，无因次。

显然，效率越高，能量损失就越小。一般小型离心泵的效率为 50%～70%，大型离心泵可达 90%左右。

由式(2-2) 和式(2-3) 得

$$N=\frac{N_e}{\eta}=\frac{HgQ\rho}{1000\eta}=\frac{HQ\rho}{102\eta} \tag{2-4}$$

式中　N——泵的轴功率，kW；

N_e——泵的有效功率，kW。

轴功率 N 是选择电机功率的主要依据。由于离心泵启动或运行时的负荷可能会超过正常负荷，且原动机通过轴传送时也会有功率损失，因此，所选电机的功率应比轴功率的计算值大一些。

2. 离心泵的特性曲线

离心泵的扬程、轴功率、效率都与流量有关，这些关系一般难以定量计算，通常由实验测定。离心泵出厂前，在规定条件下测得的 H、N、η 与 Q 之间的关系曲线称为离心泵的特性曲线，该曲线一般由制造商提供，并附于泵样本或说明书中，供用户选泵或操作时参考。图 2-5 是 IS100-80-125 型离心水泵的特性曲线。

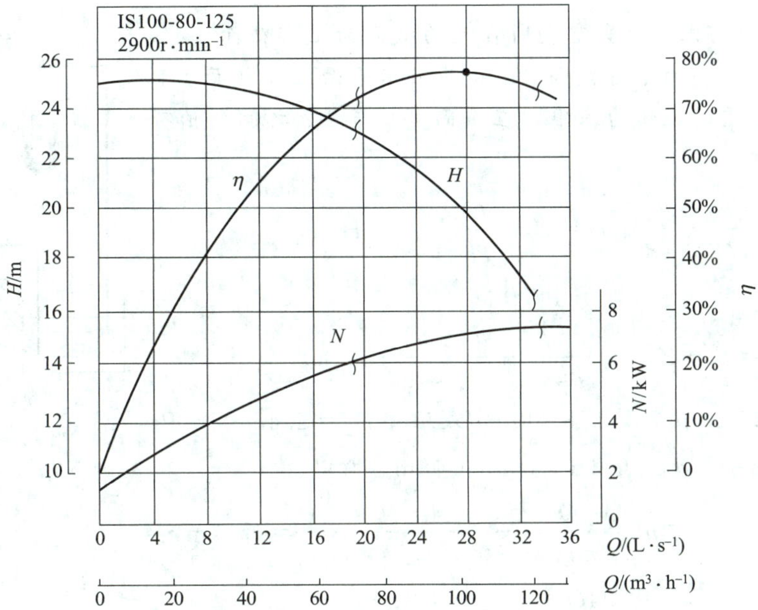

图 2-5 IS100-80-125 型离心水泵的特性曲线

离心泵的特性曲线与转速有关，因此，图上应注明测定时的转速。离心泵的型号不同，其特性曲线一般也不同，但它们具有下列共同点。

(1) H-Q 曲线 该曲线表示离心泵的扬程与流量之间的关系。一般情况下，离心泵的扬程随流量的增加而下降，仅在流量极小时可能有例外。由图 2-5 可知，当 $Q=0$ 时，$H\neq0$，这相当于出口阀关闭，液体只能在泵内循环而不能排出。此时液体仍在消耗能量，但都是无用功，不过泵的出口压力不会显著升高。

(2) N-Q 曲线 该曲线表示离心泵的轴功率与流量之间的关系。离心泵的轴功率随流量的增加而增大。显然，$Q=0$ 时，N 的值最小。由于常用电机的启动电流是正常运转时的 4～5 倍以上，因此，离心泵启动前，应先关闭出口阀，这样可使电机的启动电流减小至最小，以免电机因启动电流过大而烧毁。待电机运转正常时，即可缓缓打开出口阀，调节所需要的流量。

(3) η-Q 曲线 该曲线表示离心泵的效率与流量之间的关系。由图 2-5 可知，当 $Q=0$ 时，$\eta=0$。随着 Q 的增加，η 逐渐上升，并达到一个最大值。当 Q 继续增加时，η 又逐渐下降。可见，离心泵在一定的转速下运行时有一最高效率点，称为**泵的设计点**。离心泵在设计点运行时最经济。离心泵铭牌上标明的性能参数，都是该泵在最高效率点运行时的参数。在选择离心泵时，都希望泵能在最高效率点工作，但实际上很难做到。一般认为，只要泵正常运行时的效率不低于该泵最高效率的 92%，即是合理的。图 2-5 中用波浪线（ʃ）表示出效率不低于 92%的区域，选择离心泵时，应尽可能使泵在该区域内工作。

【例 2-1】 采用图 2-6 所示的实验装置测量离心泵的性能。吸入管的内径为 100mm，排出管的内径为 80mm，两测压口间的垂直距离为 0.5m，泵由电动机直接带动，传动效率可视为 100%，电机的效率为 93%，泵的转速为 $2900\mathrm{r\cdot min^{-1}}$。以 20℃ 的清水为介质测得泵的实际流量为 $50\mathrm{m^3\cdot h^{-1}}$，泵出口处压力表的读数为 $2.45\times10^5\mathrm{Pa}$，泵入口处真空表的读数为 $2.58\times10^4\mathrm{Pa}$，功率表测得电机所消耗的功率为 5.8kW。试计算该泵在输送条件下的扬程、轴功率和效率。

解：① 泵的扬程　以真空表所在处的截面为上游截面1-1′，压力表所在处的截面为下游截面2-2′，基准水平面经过截面1-1′的中心。以单位重量流体为基准，在截面1-1′与2-2′之间列伯努利方程式得

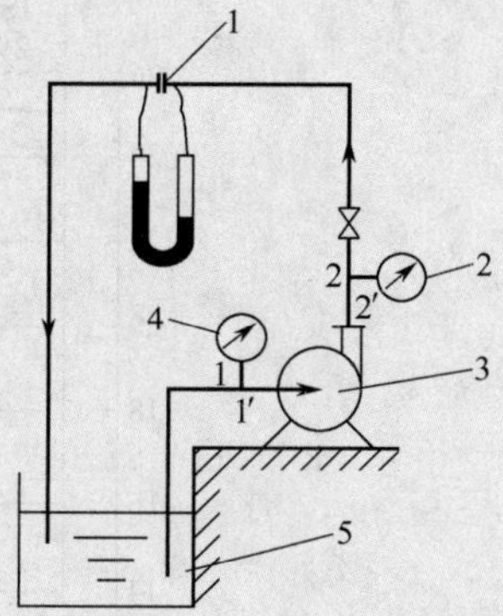

图 2-6　例 2-1 附图

1—流量计；2—压力表；3—离心泵；4—真空表；5—水槽

$$Z_1+\frac{p_1}{\rho g}+\frac{u_1^2}{2g}+H=Z_2+\frac{p_2}{\rho g}+\frac{u_2^2}{2g}+H_{f,1\text{-}2}$$

则

$$H=Z_2-Z_1+\frac{p_2-p_1}{\rho g}+\frac{u_2^2-u_1^2}{2g}+H_{f,1\text{-}2}$$

式中 $Z_2-Z_1=0.5\text{m}$，$p_1=-2.58\times10^4\text{Pa}$(表压)，$P_2=2.45\times10^5\text{Pa}$(表压)。依题意知，$d_1=0.1\text{m}$，$d_2=0.08\text{m}$，所以

$$u_1=\frac{4Q}{\pi d_1^2}=\frac{4\times50}{3600\times3.14\times0.1^2}=1.77\text{m}\cdot\text{s}^{-1}$$

$$u_2=\frac{4Q}{\pi d_2^2}=\frac{4\times50}{3600\times3.14\times0.08^2}=2.76\text{m}\cdot\text{s}^{-1}$$

由附录2查得清水在20℃时的密度 $\rho=999.7\text{kg}\cdot\text{m}^{-3}\approx1000\text{kg}\cdot\text{m}^{-3}$。此外，由于流体在泵的进口、出口及泵体内的能量损失已计入泵的效率中，故 $H_{f,1\text{-}2}$ 中不包括这些能量损失。由于截面1-1′与2-2′之间的管路很短，故其间的管路阻力可忽略不计，即 $H_{f,1\text{-}2}=0$。所以泵的扬程为

$$H=0.5+\frac{2.45\times10^5+2.58\times10^4}{1000\times9.81}+\frac{2.76^2-1.77^2}{2\times9.81}+0=28.3\text{m}$$

② 泵的轴功率　功率表测得的功率为电机的输入功率。依题意知，泵由电机直接驱动，其传动效率 $\eta_{传}$ 可视为100%，所以电机的输出功率等于泵的轴功率。当然，电机本身要消耗部分功率，其效率 $\eta_{电机}$ 为93%，则泵的轴功率为

$$N=N_{输入}\times\eta_{电机}\times\eta_{传}=5.8\times0.93\times100\%=5.4\text{kW}$$

③ 泵的效率　由式(2-4)得

$$\eta=\frac{HQ\rho}{102N}=\frac{28.3\times50\times1000}{3600\times102\times5.4}\times100\%=71.4\%$$

（四）离心泵性能的改变与换算

制造商所提供的离心泵特性曲线通常是在常压和一定的转速下，以20℃的清水为物系而测得的。在制药化工生产中，所输送的液体是多种多样的，即使采用同一台泵输送不同的液体，由于液体物理性质的不同，泵的性能将发生改变。此外，改变泵的转速或叶轮直径，泵的性能也要发生改变。因此在实际使用中，常需对制造商提供的特性曲线进行换算。

1. 液体物性的影响

(1) 密度的影响　理论研究表明，离心泵的流量、扬程、效率均与液体的密度无关，所以离心泵特性曲线中的 H-Q 及 η-Q 曲线保持不变。但泵的轴功率与液体的密度有关，因此，当被输送液体的密度与常温下清水的密度不同时，原制造商提供的 N-Q 曲线将不再适

用，此时，应用式(2-4) 重新计算。

(2) 黏度的影响　当被输送液体的黏度大于常温下清水的黏度时，液体在泵体内的能量损失将增大，因此泵的流量、扬程都要减小，效率下降，而轴功率增大，即泵的特性曲线将发生改变。一般情况下，当被输送液体的运动黏度大于 $20\times10^{-6}m^2\cdot s^{-1}$ 时，应对离心泵的特性曲线进行换算，具体换算方法可参阅有关手册或说明书。

2. 转速的影响

离心泵的特性曲线都是在一定的转速下测定的。对于特定的离心泵和同一种液体，当转速由 n_1 变化至 n_2，且 $\left|\frac{n_2-n_1}{n_1}\right|<20\%$时，泵的效率可视为不变，而流量、扬程、轴功率与转速之间的近似关系为

$$\frac{Q_2}{Q_1}=\frac{n_2}{n_1},\frac{H_2}{H_1}=\left(\frac{n_2}{n_1}\right)^2,\frac{N_2}{N_1}=\left(\frac{n_2}{n_1}\right)^3 \tag{2-5}$$

式中　Q_1、H_1、N_1——转速为 n_1 时泵的性能数据；

Q_2、H_2、N_2——转速为 n_2 时泵的性能数据。

式(2-5) 统称为比例定律。

3. 叶轮直径的影响

同一型号的泵，换用较小的叶轮，而其他尺寸保持不变，这种现象称为叶轮切割。

对于特定的离心泵和同一种液体，当转速不变，而使叶轮直径由 D_1 减小至 D_2，且 $\frac{D_1-D_2}{D_1}<20\%$时，泵的效率可视为不变，而流量、扬程、轴功率与叶轮直径之间的近似关系为

$$\frac{Q_2}{Q_1}=\frac{D_2}{D_1},\frac{H_2}{H_1}=\left(\frac{D_2}{D_1}\right)^2,\frac{N_2}{N_1}=\left(\frac{D_2}{D_1}\right)^3 \tag{2-6}$$

02-02　离心泵的发展

式中　Q_1、H_1、N_1——叶轮直径为 D_1 时泵的性能数据；

Q_2、H_2、N_2——叶轮直径为 D_2 时泵的性能数据。

式(2-6) 统称为切割定律。

(五) 离心泵的气蚀现象与允许安装高度

1. 离心泵的气蚀现象

当液体自叶轮中心被甩向外周时，在叶轮中心（叶片入口）附近产生了低压区，从而与贮槽液面上方的压力之间形成了压力差，正是在这个压力差的推动下，离心泵将液体吸入叶轮中心。如图 2-7 所示，当贮槽液面上方的压强一定时，叶轮中心附近低压区的压强愈低，则吸上高度就愈高。但这种低压是有限度的，当叶片入口附近的最低压强等于或小于输送温度下液体的饱和蒸气压时，液体将在该处汽化并产生气泡，它随同液体从低压区流向高压区。气泡在高压作用下迅速凝结或破裂，此时周围的液体将以极高的速度冲向原气泡所占据的空间，在冲击点处产生几万千帕的压强，冲击频率高达每秒数千次。若气泡在金属表面附近凝结或破裂，则液体质点就像无数小弹头一样，连续打击在金属表面上，使泵体产生震动和噪声。在压力很大、频率很高的连续打击下，金属表面逐渐因疲劳而破坏，这种现象称为**气蚀现象**。离心泵在严重气蚀状态下运行时，发生气蚀的部位很快就被破坏成蜂窝状或海绵状，使泵的寿命大为缩短。

2. 离心泵的允许安装高度

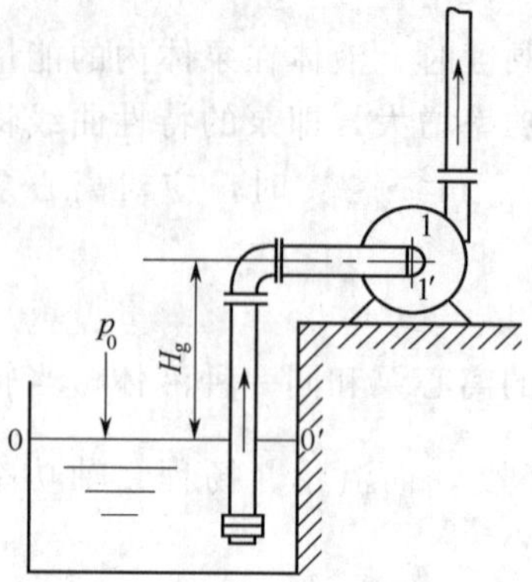

图 2-7　离心泵吸液示意

离心泵的允许安装高度是指泵的吸入口与贮槽液面之间的最大垂直距离，又称为允许吸上高度。显然，叶轮中心附近低压区的压强愈低，离心泵的允许安装高度就愈大。但即使叶轮中心处达到绝对真空，吸液高度也不会超过相当于当时当地大气压的液柱高度，且由于存在气蚀现象，这种情况也是不允许出现的。

为保证离心泵能正常工作，避免气蚀现象的发生，泵的安装高度不能太高，以保证泵吸入口处的压强高于输送温度下液体的饱和蒸气压。

如图 2-7 所示，以贮槽液面为上游截面 0-0′，泵入口截面为下游截面 1-1′，并以截面 0-0′为基准水平面。以单位重量流体为基准，在截面 0-0′与 1-1′之间列伯努利方程式得

$$Z_0+\frac{p_0}{\rho g}+\frac{u_0^2}{2g}=Z_1+\frac{p_1}{\rho g}+\frac{u_1^2}{2g}+H_{f,0\text{-}1} \tag{2-7}$$

式中　$H_{f,0\text{-}1}$——液体流经吸入管路时所损失的压头，m。

将 $u_0=0$ 及 $H_g=Z_1-Z_0$ 代入式(2-7) 得

$$H_g=\frac{p_0-p_1}{\rho g}-\frac{u_1^2}{2g}-H_{f,0\text{-}1} \tag{2-8}$$

为确定离心泵的允许安装高度，在国产离心泵标准中，采用两种指标来表示泵的抗气蚀能力，现分述如下。

(1) 允许吸上真空度　对于敞口贮槽，p_0 即为大气压强 $p_{大气}$，则式(2-8) 可改写为

$$H_g=\frac{p_{大气}-p_1}{\rho g}-\frac{u_1^2}{2g}-H_{f,0\text{-}1} \tag{2-9}$$

为确定离心泵的允许安装高度，式(2-9) 中的 p_1 应为泵入口处不发生气蚀现象的最低绝对压强，所以（$p_{大气}-p_1$）即为真空度。而$\frac{p_{大气}-p_1}{\rho g}$则是以被输送液体的液柱高度表示的真空度，常称为离心泵在操作条件下的允许吸上真空度，以 H_s 表示，即

$$H_s=\frac{p_{大气}-p_1}{\rho g} \tag{2-10}$$

代入式(2-9) 得

$$H_g=H_s-\frac{u_1^2}{2g}-H_{f,0\text{-}1} \tag{2-11}$$

显然，允许吸上真空度 H_s 的值越大，泵在特定操作条件下的抗气蚀性能就越好，泵的允许安装高度 H_g 的值就越大。由式(2-11) 可知，为提高泵的允许安装高度，应尽量减小$\frac{u_1^2}{2g}$及 $H_{f,0\text{-}1}$ 的值。为减小$\frac{u_1^2}{2g}$，在同一流量下，应选用直径稍大的吸入管路。为减小 $H_{f,0\text{-}1}$，除应选用直径稍大的吸入管路外，还应尽可能缩短吸入管路的长度，并减少不必要的管件和阀门。

由于每台泵的使用条件不同，吸入管路的布置情况也各异，因而有不同的$\frac{u_1^2}{2g}$和$H_{f,0\text{-}1}$的值，故制造商一般不能直接给出泵的H_g值。使用单位应根据泵的具体使用条件和吸入管路的布置情况，由计算确定泵的H_g值。

泵样本或说明书中所给的允许吸上真空度的值是指大气压为10mH_2O、水温为20℃时的实验数据，如图2-8所示。若泵的使用条件与该状态不同，则应将说明书上所给的允许吸上真空度换算成操作状态下的允许吸上真空度，其换算公式为

$$H_s=[H_s'+(H_a-10)-(H_v-0.24)]\times\frac{1000}{\rho} \tag{2-12}$$

式中　H_s——操作状态下输送液体的允许吸上真空度，mH_2O；

H_s'——实验条件下输送水时的允许吸上真空度，即泵样本或说明书中的允许吸上真空度，mH_2O；

H_a——泵工作点处的大气压，mH_2O；

H_v——操作温度下液体的饱和蒸气压，mH_2O；

10——实验条件下的大气压强，mH_2O；

0.24——20℃时水的饱和蒸气压，mH_2O；

1000——20℃时水的密度，kg·m^{-3}；

ρ——操作温度下液体的密度，kg·m^{-3}。

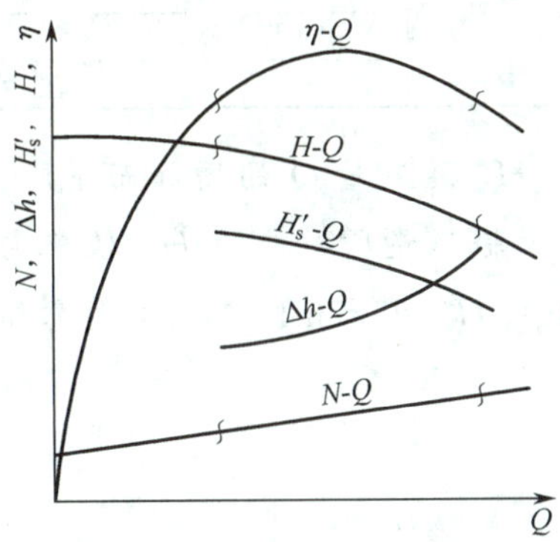

图2-8　H_s'-Q及Δh-Q关系曲线示意

由图2-8可知，Q越大，H_s'的值就越小，则泵的允许吸上真空度就越小。所以，应以操作过程中可能出现的最大流量确定H_s'的值。

泵工作点处的大气压与海拔高度有关。海拔高度越高，大气压力就越低，泵的允许吸上真空度就越小。

液体的饱和蒸气压与温度有关。被输送液体的温度越高，所对应的饱和蒸气压就越高，泵的允许吸上真空度就越小。

（2）气蚀余量　由上面的讨论可知，离心泵的允许吸上真空度与被输送液体的性质、温度及泵安装地区的大气压有关，使用时不太方便。为此，常采用另一个抗气蚀性能参数，即允许气蚀余量。

允许气蚀余量是指为防止气蚀现象的发生，在离心泵入口处液体的静压头$\frac{p_1}{\rho g}$与动压头$\frac{u_1^2}{2g}$之和必须大于液体在输送温度下的饱和蒸气压头$\frac{p_v}{\rho g}$某一最小值，即

$$\Delta h=\frac{p_1}{\rho g}+\frac{u_1^2}{2g}-\frac{p_v}{\rho g} \tag{2-13}$$

式中　Δh——离心泵的允许气蚀余量，m液柱；

p_v——操作温度下液体的饱和蒸气压，Pa。

由式(2-8)和式(2-13)得

$$H_g=\frac{p_0}{\rho g}-\frac{p_v}{\rho g}-\Delta h-H_{f,0\text{-}1} \tag{2-14}$$

式(2-14) 中的 p_0 为液面上方的压强。若为敞口贮槽，p_0 即为当时当地的大气压 $p_{大气}$。

由图 2-8 可知，Q 越大，Δh 的值就越大，则泵的允许安装高度 H_g 就越小。所以，应以操作过程中可能出现的最大流量确定 Δh 的值。

离心泵的允许气蚀余量 Δh 的值也是按 20℃的清水测定出来的。当输送其他液体时，Δh 应乘以校正系数予以校正。由于一般情况下的校正系数小于 1，故常将它作为外加的安全余量而不再校正。

由式(2-11) 或式(2-14) 计算出泵的允许安装高度后，为安全起见，离心泵的实际安装高度一般应比允许安装高度低 0.5～1m。

【例 2-2】 某水泵的部分性能如表 2-2 所示，现用该泵将敞口贮槽中的水输送至冷却器内。已知贮槽中的水位保持恒定，输水量为 20～30$m^3 \cdot h^{-1}$，在最大流量下吸入管路的压头损失为 1.5m，液体流经吸入管路的动压头可忽略不计。试计算：①输送 20℃的水时泵的安装高度；②输送 80℃的水时泵的安装高度。泵安装地区的大气压为 9.81×10^4Pa。

表 2-2 某水泵的部分性能

流量(Q)/($m^3 \cdot h^{-1}$)	压头(H)/m	转速(n)/($r \cdot min^{-1}$)	允许吸上真空度(H_s')/mH_2O
10	34.5	2900	8.7
20	30.8		7.2
30	24.0		5.7

解：① 输送 20℃的水时泵的安装高度 由表 2-2 可知，H_s' 随流量 Q 的增加而下降。因此，为保证离心泵能正常运转而不发生气蚀现象，应以最大输送量所对应的 H_s' 值确定泵的安装高度。由于泵的操作条件与实验条件相同，所以 $H_s=H_s'=5.7mH_2O$。依题意知 $\frac{u_1^2}{2g}\approx0$，$H_{f,0\text{-}1}=1.5m$，故由式(2-11) 得

$$H_g=H_s-\frac{u_1^2}{2g}-H_{f,0\text{-}1}=5.7-0-1.5=4.2m$$

为安全起见，泵的实际安装高度应小于 4.2m。

② 输送 80℃的水时泵的安装高度 由于泵的操作条件与实验条件不同，因此应将泵性能表中的 H_s' 值换算成操作条件下的 H_s 值。

由 $p_{大气}=9.81\times10^4$Pa 得

$$H_a=\frac{p_{大气}}{\rho_{H_2O}g}=\frac{9.81\times10^4}{1000\times9.81}=10mH_2O$$

由附录 2 查出 80℃时水的饱和蒸气压 $p_v=4.736\times10^4$Pa，密度 $\rho=971.8kg \cdot m^{-3}$，则

$$H_v=\frac{p_v}{\rho_{H_2O}g}=\frac{4.736\times10^4}{1000\times9.81}=4.83mH_2O$$

所以由式(2-12) 得

$$H_s=[H_s'+(H_a-10)-(H_v-0.24)]\times\frac{1000}{\rho}$$

$$=[5.7+(10-10)-(4.83-0.24)]\times\frac{1000}{971.8}=1.14\text{mH}_2\text{O}$$

故由式(2-11)得

$$H_g=H_s-\frac{u_1^2}{2g}-H_{f,0\text{-}1}=1.14-0-1.5=-0.36\text{m}$$

H_g 为负值，表示泵应安装在水面以下，且至少应比贮槽水面低0.36m。

【例 2-3】 用离心油泵将贮罐内的洗油输送至洗涤塔内，贮罐内洗油的液位保持恒定，其上方压强为 1.2×10^5Pa。泵位于贮罐液面以下2m处，吸入管路的全部压头损失为1.2m。输送条件下洗油的密度为 $815\text{kg}\cdot\text{m}^{-3}$，饱和蒸气压为 1.01×10^5Pa。已知泵在输送流量下的允许气蚀余量为3.5m，试确定该泵能否正常工作。

解： 此题实际上是核算泵的安装高度是否合适。由式(2-14)得

$$H_g=\frac{p_0}{\rho g}-\frac{p_v}{\rho g}-\Delta h-H_{f,0\text{-}1}$$

式中 $p_0=1.2\times10^5$Pa；$p_v=1.01\times10^5$Pa，$\rho=815\text{kg}\cdot\text{m}^{-3}$，$\Delta h=3.5$m，$H_{f,0\text{-}1}=1.2$m。所以

$$H_g=\frac{(1.2-1.01)\times10^5}{815\times9.81}-3.5-1.2=-2.32\text{m}$$

已知泵的实际安装高度为−2m，大于上面的计算结果，说明泵的安装位置太高，在输送过程中会发生气蚀现象，使泵不能正常工作。

由以上两例可以看出，当被输送液体的温度较高或沸点较低时，则其饱和蒸气压较高，此时应特别注意泵的安装高度。若泵的允许安装高度较低，则可采取下列措施：

① 尽可能降低吸入管路的压头损失，如适当增加吸入管路的直径，缩短吸入管路的长度，并省去不必要的管件和阀门等。

② 将泵安装于液面之下，可利用位差将液体自动灌入泵体内。

（六）离心泵的工作点与调节

1. 管路特性曲线

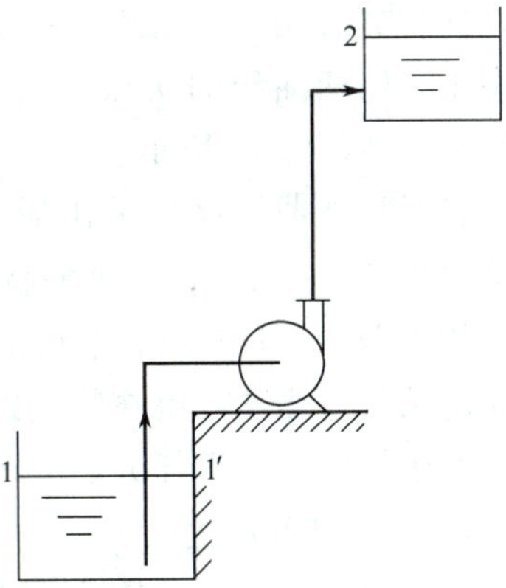

图 2-9　管路输送系统示意

离心泵在特定的管路系统中运行时，实际工作流量和扬程不仅与离心泵本身的性能有关，而且与管路特性有关。如图2-9所示，若贮槽和高位槽的液面维持恒定，则在截面1-1′与2-2′之间列伯努利方程式得

$$H_e=\Delta Z+\frac{\Delta p}{\rho g}+\frac{\Delta u^2}{2g}+H_{f,1\text{-}2} \tag{2-15}$$

式中　H_e——液体流经管路所需的压头，即要求泵提供的能量，m。

对于特定的管路系统，在输液高度和压力不变的情况下，$\left(\Delta Z+\dfrac{\Delta p}{\rho g}\right)$ 为定值，以符号 K 表示。

与管道截面相比，贮槽和高位槽截面均为大截面，其流速可忽略不计，即 $\dfrac{\Delta u^2}{2g}\approx 0$。所以，式(2-15) 可简化为

$$H_e=K+H_{f,1\text{-}2} \tag{2-16}$$

若泵的吸入管路与排出管路的直径相同，则管路系统的压头损失可表示为

$$H_{f,1\text{-}2}=\left(\lambda\frac{l+\sum l_e}{d}+\zeta_c+\zeta_e\right)\frac{u^2}{2g}=\left(\lambda\frac{l+\sum l_e}{d}+\zeta_c+\zeta_e\right)\frac{1}{2g}\left(\frac{4Q_e}{\pi d^2}\right)^2 \tag{2-17}$$

式中　Q_e——管路系统的输送量，$m^3\cdot s^{-1}$；

对于特定的管路系统，式(2-17) 中的 d、l、$\sum l_e$、ζ_c 和 ζ_e 均为定值，湍流时摩擦系数 λ 的变化也很小，故式(2-17) 中的 $\left(\lambda\dfrac{l+\sum l_e}{d}+\zeta_c+\zeta_e\right)\dfrac{1}{2g}\left(\dfrac{4}{\pi d^2}\right)^2$ 可视为定值，以符号 B 表示，则式(2-17) 可改写为

$$H_{f,1\text{-}2}=BQ_e^2$$

代入式(2-16) 得

$$H_e=K+BQ_e^2 \tag{2-18}$$

式(2-18) 称为管路特性方程，它表明在特定的管路系统中输送液体时，管路所需的压头 H_e 随液体流量 Q_e 的平方而变化。若将此关系标绘在直角坐标纸上，即得管路特性曲线，如图 2-10 所示。管路特性曲线的形状取决于管路的布局与操作条件，而与泵的性能无关。

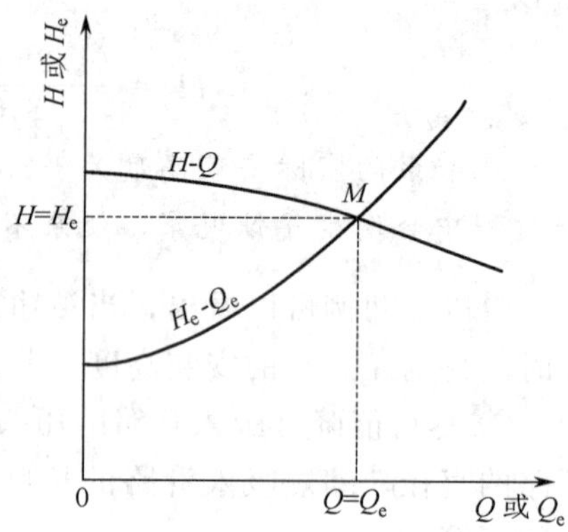

图 2-10　管路特性曲线与泵的工作点

2. 工作点

离心泵总是在特定的管路系统中以一定的转速运行，若将离心泵特性曲线与管路特性曲线标绘于同一坐标图中，则两曲线的交点 M 称为泵在该管路系统中的工作点，如图 2-10 所示。

管路特性曲线反映了在某流量 Q_e 下，管路系统需要泵提供的压头 H_e；而泵的特性曲线反映了在某流量 Q 下，泵能够提供的压头。因此，泵的工作点 M 所对应的流量和压头既能满足管路系统的要求，又为泵能力所提供，是需要与可能的结合。当离心泵在特定的管路系统中以一定的转速运行时，只能在工作点处工作。所以，对于给定的输送任务，应选择工作点位于高效率区的离心泵。

3. 离心泵的流量调节

实际生产中，生产任务往往会发生改变，使泵的工作流量与生产要求不相适应；或已有的泵在特定的管路系统中运行时，提供的流量不符合生产要求，此时需要对泵的流量进行调节。调节离心泵的流量，实质上就是设法改变其工作点。因此，改变管路特性曲线或泵的特性曲线，均能达到调节流量的目的。

(1) 改变管路特性曲线　离心泵的出口管路上常装有流量调节阀，改变该阀门的开度即可改变管路特性曲线，从而达到调节流量的目的。如图 2-11 所示，若在原阀门开度下离心

泵的工作点为 M，现将阀门关小，即使 $\sum l_e$ 增大，则管路特性曲线的斜率 B 将增大，工作点将上移至 M_1，从而使流量由 Q_M 减小至 Q_{M1}；反之，若将阀门开大，即使 $\sum l_e$ 减小，则管路特性曲线的斜率 B 将减小，工作点将下移至 M_2，从而使流量由 Q_M 增加至 Q_{M2}。

通过改变出口阀门的开度来调节流量非常方便，且流量可连续变化，因此在生产中经常采用。缺点是当流量减小时，一部分能量将额外消耗在所增加的局部阻力上，从而导致管路系统的能量损失增大。

(2) 改变泵的特性曲线　对于特定的离心泵，改变转速或叶轮直径均可改变泵的特性曲线，从而使泵的流量发生改变，此法的优点是不增加流动阻力。

改变叶轮直径不如改变转速方便，且直径改变不当会使泵和电机的效率下降，幅度也很有限。

如图 2-12 所示，泵的原转速为 n，工作点为 M。当转速提高至 n_1 时，泵的特性曲线将上移，工作点将由 M 上移至 M_1，从而使流量由 Q_M 增大至 Q_{M1}。反之，当转速下降至 n_2 时，泵的特性曲线将下移，工作点将由 M 下移至 M_2，从而使流量由 Q_M 减小至 Q_{M2}。

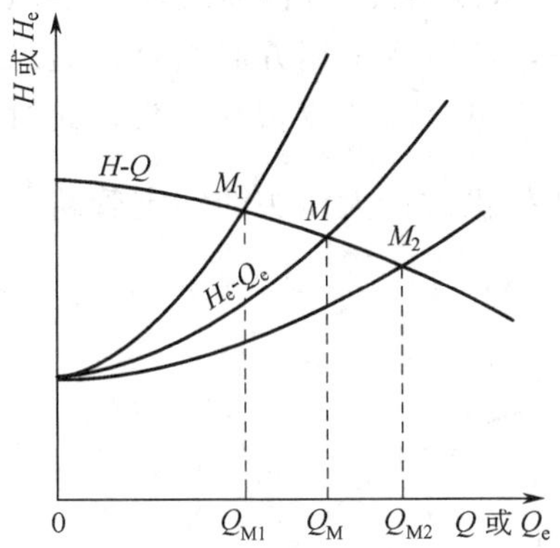

图 2-11　改变阀门开度时的流量变化

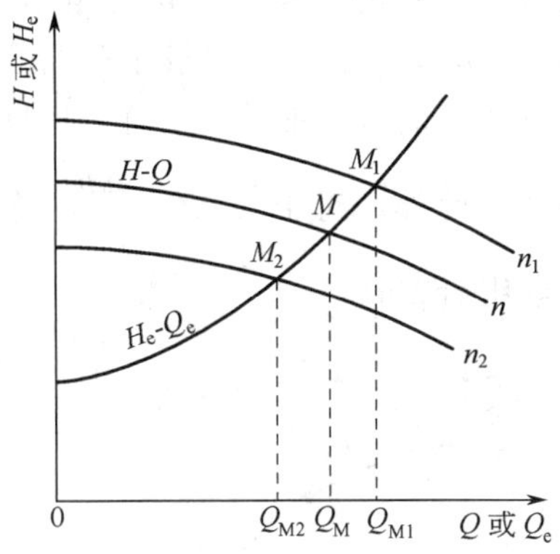

图 2-12　改变泵转速时的流量变化

应当指出的是，从降低动力消耗的角度来看，通过改变转速的办法来调节流量比较合理，但改变转速需要价格较高的变速装置，故实际生产中也很少采用。

4. 离心泵的组合操作

在实际生产中，当单台离心泵不能满足输送要求时，可将两台或两台以上的离心泵以并联或串联的方式组合起来操作。

(1) 并联操作　两台型号相同的离心泵并联操作时，若各自的吸入管路完全相同，则两台泵的流量和压头必各自相同，且同一压头下，两台泵并联操作时的流量为单台泵的两倍。根据这一原理，可绘出两台泵并联操作后的合成特性曲线。如图 2-13 所示，依据单台泵特性曲线Ⅰ上的一系列坐标点，保持其纵坐标 H 不变，使横坐标 Q 加倍，由此得到一系列对应的坐标点，将这些点连接起来即得两台泵并联操作后的合成特性曲线Ⅱ。

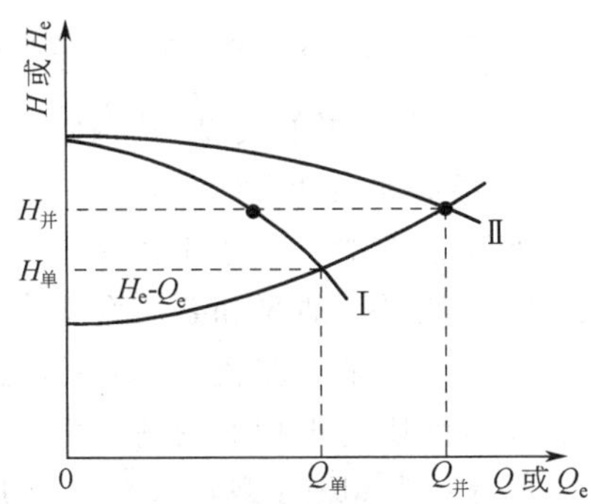

图 2-13　离心泵的并联

离心泵并联操作后的流量和压头可由合成特性曲线与管路特性曲线的交点来决定。由图 2-13 可知，两台泵

并联操作后的扬程 $H_{并}$ 要高于单台泵操作时的扬程 $H_{单}$，流量 $Q_{并}$ 要大于单台泵操作时的流量 $Q_{单}$，但达不到 $Q_{单}$ 的两倍。显然，管路特性曲线越平坦，并联后的流量 $Q_{并}$ 就越接近于 $Q_{单}$ 的两倍。

（2）串联操作　两台型号相同的离心泵串联操作时，若各自的吸入管路完全相同，则两台泵的流量和压头必各自相同，且同一流量下，两台泵串联操作时的压头为单台泵的两倍。根据这一原理，可绘出两台泵串联操作后的合成特性曲线。如图 2-14 所示，依据单台泵特性曲线Ⅰ上的一系列坐标点，保持其横坐标 Q 不变，而将纵坐标 H 加倍，由此得到一系列对应的坐标点，将这些点连接起来即得两台泵串联操作后的合成特性曲线Ⅱ。

同样，离心泵串联操作后的流量和压头也是由合成特性曲线与管路特性曲线的交点决定的。由图 2-14 可知，两台泵串联操作后的流量 $Q_{串}$ 要大于单台泵操作时的流量 $Q_{单}$，扬程 $H_{串}$ 要高于单台泵操作时的扬程 $H_{单}$，但达不到 $H_{单}$ 的两倍。显然，管路特性曲线越陡峭，串联后的扬程 $H_{串}$ 就越接近于 $H_{单}$ 的两倍。

（3）组合方式的选择　实际生产中，当需要采用多台泵组合操作时，应根据管路特性曲线的具体形状确定是采用并联还是串联。如图 2-15 所示，当管路特性曲线较为平坦（如曲线 1）时，并联组合可获得较串联组合高的流量和压头，此时宜采用并联组合；而当管路特性曲线较为陡峭（如曲线 2）时，串联组合可获得较并联组合高的流量和压头，此时宜采用串联组合。此外，对于 $\left(\Delta Z+\dfrac{\Delta p}{\rho g}\right)$ 值高于单台泵所能提供的最大压头的特定管路，则必须采用串联组合方式。

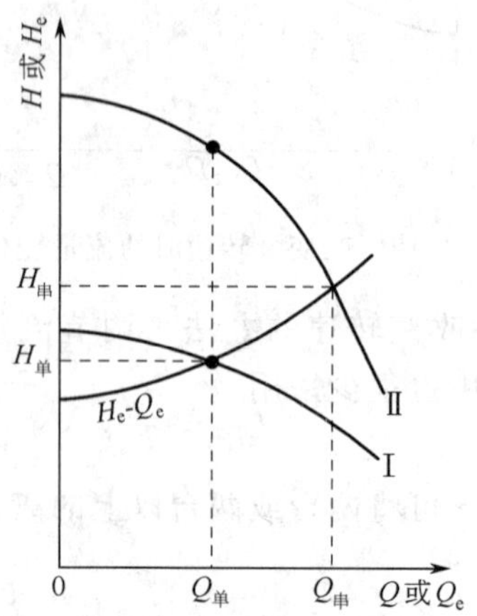

图 2-14　离心泵的串联

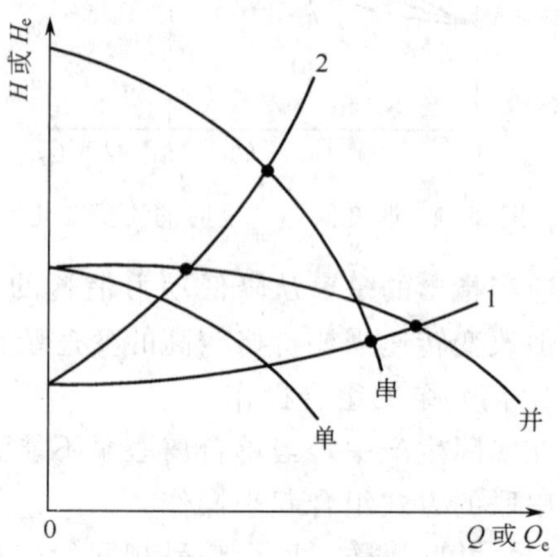

图 2-15　组合方式的选择

（七）离心泵的类型与选择

1. 离心泵的类型

实际生产中，为适应各种不同的输送要求，离心泵的类型是多种多样的，常用的有清水泵、耐腐蚀泵、油泵和杂质泵等。

（1）清水泵　在化工与制药生产中，清水泵的应用非常广泛，适用于输送清水以及物理、化学性质与水相似的清洁液体。

① IS 型（原 B 型）水泵　这是我国按国际标准（ISO）研制开发的单级单吸式系列水泵，其结构如图 2-16 所示。目前，IS 型水泵共有 29 个规格，流量范围为 6.3～400$m^3 \cdot h^{-1}$，扬程范围为 5～125m，进口直径为 40～200mm。此类水泵常用于输送 80℃以下的清水以及

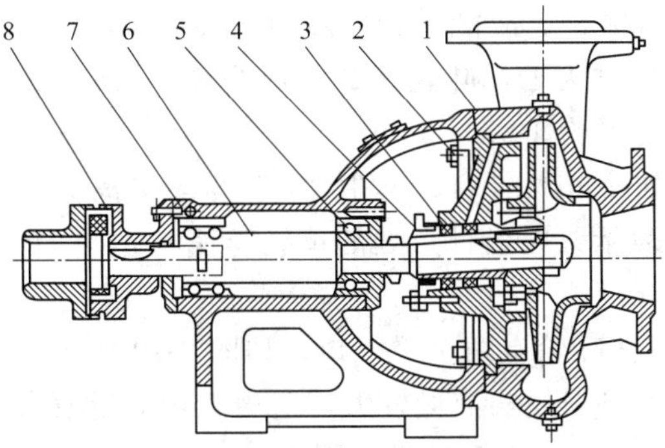

图 2-16　IS 型水泵的结构图

1—泵体；2—叶轮；3—密封环；4—护轴套；5—后盖；6—泵轴；7—机架；8—联轴器部件

性质与水相似的清洁液体。

IS 型水泵的型号由字母和数字组合而成，如 IS65-40-200，其中“IS”为单级单吸清水离心泵的国际标准代号；“65”表示泵吸入口的直径，mm；“40”表示泵排出口的直径，mm；“200”表示泵叶轮的名义直径，mm。

在选择 IS 型泵时，可以通过离心泵的型谱图来确定所需型号。将一系列的泵的合理工作范围（流量和扬程）绘制在一张图中即为该系列泵的型谱图。图 2-17 是国产 IS 型水泵的型谱图，根据所选泵的额定流量和压头，可从图中查得 IS 型水泵的具体规格。

若没有找到刚好与需要的流量和压头匹配的泵，则可在邻近的型号中选择 H 和 Q 都稍大的泵；若有多个泵都能满足 H 和 Q 的要求，则应考虑哪个型号的泵的效率在此条件下更高一些，也要参考其他因素，如泵的价格等。

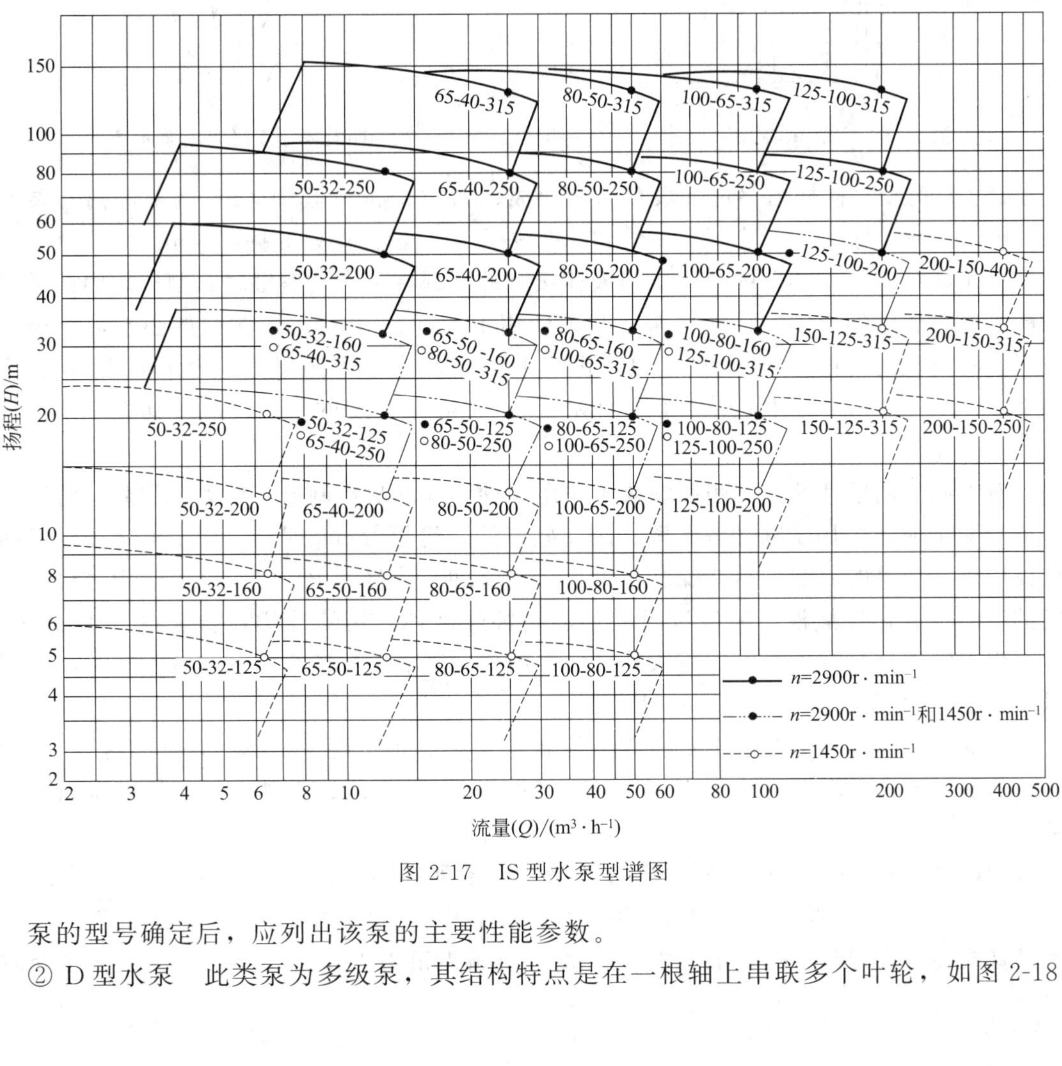

图 2-17　IS 型水泵型谱图

泵的型号确定后，应列出该泵的主要性能参数。

② D 型水泵　此类泵为多级泵，其结构特点是在一根轴上串联多个叶轮，如图 2-18 所

示。液体进入泵体后，将依次通过各个叶轮并获得能量，故能达到较高的压头，适用于所需压头较高而流量并不太大的场合。国产多级泵的代号为D，叶轮级数一般为2～9级，最多可达14级，全系列扬程范围为14～351m，流量范围为10.8～850$m^3 \cdot h^{-1}$。

D型水泵的型号亦由字母和数字组合而成，如100D45×4，其中“D”为多级离心泵的代号；“100”表示泵吸入口的直径，mm；“45”表示泵在设计点处的单级扬程，m；“4”表示叶轮级数，则该多级泵的总扬程为45×4＝180m。

③ S型（原Sh型）水泵　此类泵为双吸泵，其叶轮有两个吸入口，如图2-19所示。由于双吸泵叶轮的宽度与直径之比加大，且有两个入口，故输液量较大，适用于输液量较大而所需压头并不高的场合。国产双吸泵的系列代号为S，全系列扬程范围为9～140m，流量范围为120～12500$m^3 \cdot h^{-1}$。

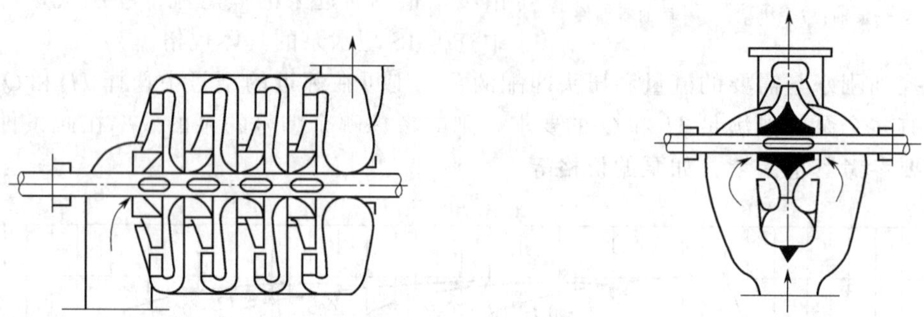

图2-18　多级离心泵示意　　　　图2-19　双吸离心泵示意

S型水泵的型号同样由字母和数字组合而成，如100S90，其中“S”为双吸离心泵的代号；“100”表示泵吸入口的直径，mm；“90”表示泵在设计点处的扬程，m。

（2）耐腐蚀泵　此类泵的特点是与液体接触的泵部件采用耐腐蚀材料制成，因此适用于输送酸、碱等腐蚀性液体。长期以来，我国使用F型单级单吸式耐腐蚀离心泵，近年来又开发出多种新型耐腐蚀泵，如IH型泵。国产F型泵的全系列扬程范围为15～105m、流量范围为2～400$m^3 \cdot h^{-1}$。IH型泵是按国际标准（ISO）开发的节能产品，其效率要高于F型泵。

针对不同的腐蚀性液体，耐腐蚀泵可采用多种不同的材料制造。例如，用灰口铸铁（代号为H）制造时，可用于输送浓硫酸；用高硅铸铁（代号为G）时，可用于输送压强不高的硫酸或以硫酸为主的混酸；用铬镍合金钢（1Cr18Ni9，代号为B）时，可用于输送常温下低浓度的硝酸、氧化性酸液、碱液以及其他弱腐蚀性液体；用铬镍钼钛合金钢（代号为M）时，可用于输送硝酸及常温下的高浓度硝酸；用聚三氟氯乙烯塑料（代号为S）时，可用于输送90℃以下的硫酸、硝酸、盐酸和碱液。

（3）油泵　此类泵主要用于石油产品的输送。由于油品具有易燃、易爆的特点，因此，此类泵的密封要求很高。当输送200℃以上的油品时，轴封装置、轴承等部件还需用冷却水冷却。

长期以来，我国一直使用Y型离心油泵，全系列扬程范围为60～603m，流量范围为6.25～500$m^3 \cdot h^{-1}$。近年来，我国又引进生产出石油化工流程泵系列产品，如SJA型单级单吸悬臂式离心流程泵，扬程范围为17～220m，流量范围为5～900$m^3 \cdot h^{-1}$，输送介质温度为－196～450℃。

(4) 杂质泵　此类泵主要用于输送悬浮液及稠厚的浆液等，其系列代号为P，又可细分为污水泵（PW）、砂泵（PS）和泥浆泵（PN）等。

2. 离心泵的选择

在满足生产工艺要求的前提下，应按照经济合理的原则选择适宜的离心泵。

① 根据被输送液体的性质确定泵的类别　例如，输送清水时可选用清水泵，并确定是IS型，还是D型或Sh型；输送腐蚀性液体时可选用相应的耐腐蚀泵；输送油类液体时可选用油泵等。

② 确定管路系统的流量 Q_e 和压头 H_e　液体的输送量一般为生产任务所规定，选泵时应以生产过程中可能出现的最大流量作为 Q_e 的值。而 H_e 可根据管路系统的具体布置情况，由伯努利方程式确定。

③ 选择泵的型号　根据泵的类型及已确定的流量 Q_e 和压头 H_e，从泵样本或产品目录中选择适宜的型号。为确保泵能安全可靠地运行，所选泵在要求的流量下提供的扬程应稍大一些，但在该条件下所对应的泵效率应比较高，即点（Q_e，H_e）的坐标位置应靠在泵的高效率范围所对应的 H-Q 线下方。

泵的型号确定后，应列出该泵的主要性能参数。

④ 校核泵的轴功率　若被输送液体的密度大于常温下清水的密度，应用式(2-4) 校核泵的轴功率是否够用。

【例 2-4】 若某输水管路系统所要求的流量为 $50\text{m}^3\cdot\text{h}^{-1}$，压头为 28m，试选择一台适宜的离心泵，并确定该泵在实际运行时所需的轴功率及因用阀门调节流量而多消耗的轴功率。已知水的密度为 $1000\text{kg}\cdot\text{m}^{-3}$。

解： ① 确定泵的类型　由于被输送液体为清水，故选用清水泵。由IS型、D型及S型水泵的流量范围和扬程范围可知，IS型和D型水泵都可满足所要求的流量和压头，但D型水泵的结构比较复杂，价格也较高，所以选用IS型水泵。

② 确定泵的型号　根据 $Q_e=50\text{m}^3\cdot\text{h}^{-1}$ 及 $H_e=28\text{m}$，由附录21查得IS80-65-160型水泵较为适宜，该泵的转速为 $2900\text{r}\cdot\text{min}^{-1}$，在最高效率点下的主要性能参数为

$$Q=50\text{m}^3\cdot\text{h}^{-1},H=32\text{m},N=5.97\text{kW},\eta=73\%,\Delta h=2.5\text{m}$$

③ 该泵实际运行时所需的轴功率　该泵实际运行时所需的轴功率实际上是泵工作点所对应的轴功率。当该泵在 $Q=50\text{m}^3\cdot\text{h}^{-1}$ 下运行时，所需的轴功率为5.97kW。

④ 因用阀门调节流量而多消耗的功率　由该泵的主要性能参数可知，当 $Q=50\text{m}^3\cdot\text{h}^{-1}$ 时，$H=32\text{m}$ 及 $\eta=73\%$。而管路系统要求的流量为 $Q_e=50\text{m}^3\cdot\text{h}^{-1}$，压头为 $H_e=28\text{m}$。为保证达到要求的输水量，应改变管路特性曲线，即用泵出口阀来调节流量。操作时，可关小出口阀，增加管路的压头损失，使管路系统所需的压头也为32m。

因用阀门调节流量而多消耗的压头为

$$\Delta H=32-28=4\text{m}$$

所以由式(2-4) 得多消耗的轴功率为

$$\Delta N=\frac{\Delta HQ\rho}{102\eta}=\frac{5\times50\times1000}{3600\times102\times0.73}=0.75\text{kW}$$

二、其他类型泵

1. 往复泵

（1）工作原理 往复泵是依靠活塞的往复运动依次开启吸入阀和排出阀，从而吸入和排出液体的流体输送设备，其结构如图 2-20 所示。往复泵的主要部件有泵缸、活塞（或柱塞）、活塞杆、吸入阀和排出阀。往复泵的吸入阀和排出阀都是单向阀。在传动机构的作用下，活塞杆带动活塞在泵缸内作往复运动。泵缸内活塞与阀门间的空间称为工作室。当活塞自左向右运动时，工作室容积扩大，压强下降，使吸入管内的液体经吸入阀流入工作室，而排出阀则在排出管内液体压力的作用下关闭。当活塞运动至右端点时，工作室的容积达到最大，吸入的液体也最多。此后，活塞便自右向左作反方向运动，导致室内液体压强上升，从而使吸入阀关闭，并顶开排出阀将液体排出。当活塞运动至左端点时，排液完毕，完成一个工作循环。此后活塞又向右运动，开始一个新的工作循环。活塞在泵缸内左右两端点间运动的距离称为冲程。

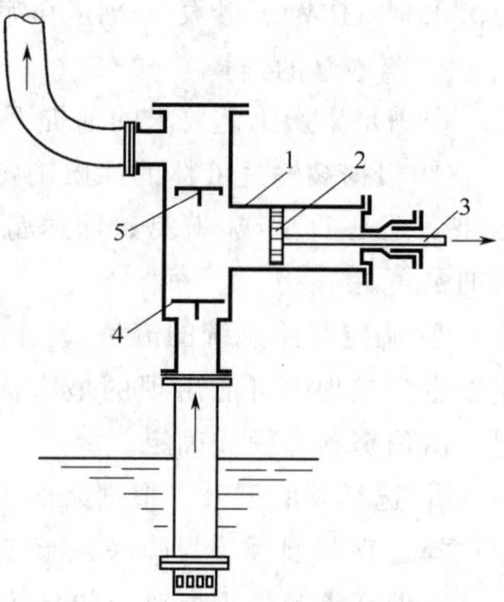

图 2-20 往复泵装置简图

1—泵缸；2—活塞；3—活塞杆；4—吸入阀；5—排出阀

由于往复泵内的低压是依靠工作室的扩张来实现的，因此启动前无须先向泵内灌满液体，即往复泵具有自吸作用。但在实际操作中，最好还是灌满液体为好，这样可以排除泵内的空气，缩短启动时间。

往复泵的吸上高度也有一定的限制。此外，往复泵的自吸能力与泵的转速有关。若转速太大，使工作室内的压力低于输送温度下液体的饱和蒸气压时，液体将发生汽化，造成泵的吸液能力下降，甚至失去吸液能力。往复泵的安装高度一般为 4～5m，转速一般为 80～200r·min^{-1}。

（2）类型 根据活塞往返一次泵的吸液和排液次数，往复泵可分为单动泵、双动泵和三联泵等类型。

活塞往复一次，只吸入和排出液体各一次的泵，称为单动泵。单动泵的吸液和排液过程不能同时进行，即吸液时就不能排液，所以排液是不连续的。此外，活塞的往复运动是依靠曲柄连杆机构将圆周运动转变成往复运动而实现的，因此，活塞在泵缸内的往复运动也不是等速的，所以排液量也是不均匀的。单动泵的流量曲线如图 2-21(a)所示。

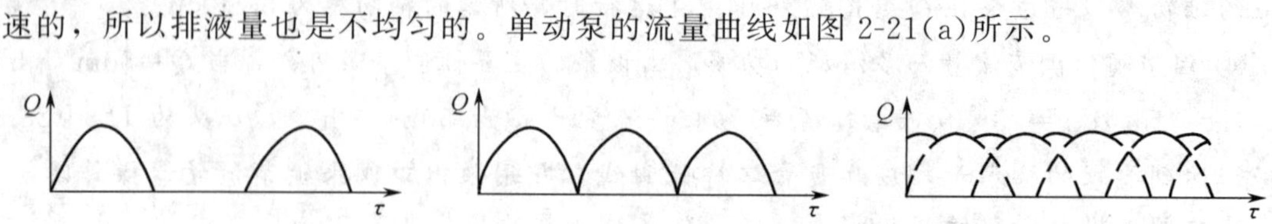

图 2-21 往复泵的流量曲线

为改善单动泵的流量不均匀性，常采用双动泵或三联泵。双动泵的工作原理如图 2-22 所示，由于活塞两侧泵体内均装有吸入阀和排出阀，所以无论活塞向哪一侧运动，总有一个吸入阀和排出阀打开，即活塞往复运动一次，吸液和排液各两次，从而使吸入管路和排出管路中总有液体流过，即排液是连续的，但流量仍不很均匀，其流量曲线如图 2-21(b)所示。

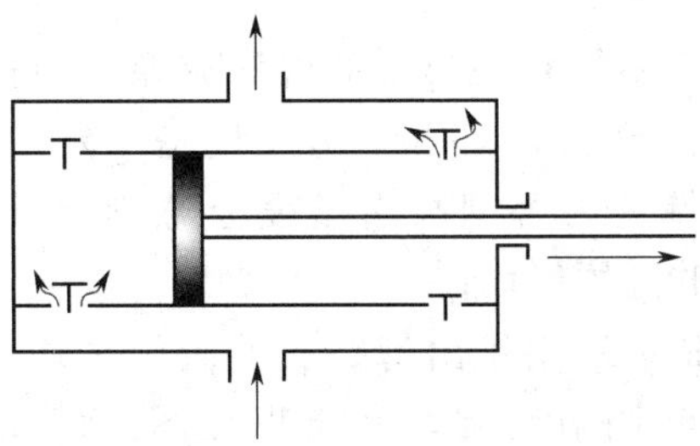

图 2-22　双动泵的工作原理

三联泵实质上是由三台单动泵组合而成，其特点是在同一曲轴上安装三个互成 120°角的曲柄，这样曲轴每旋转一周，三台单动泵将各完成一次吸液和排液过程，从而使排液量较为均匀，其流量曲线如图 2-21(c)所示。此外，在排出阀上方装一空气室（缓冲室），可使流量更为均匀。

(3) 主要性能

① 流量　往复泵的流量仅取决于泵的几何尺寸和活塞的往复次数，而与泵的压头及管路情况无关，即无论在什么压头下工作，只要活塞往复运动一次，泵就排出一定体积的液体，所以往复泵又称为正位移泵或容积式泵。

对于单动泵，其理论流量可按下式计算

$$Q_T = ASn = \frac{\pi}{4} D^2 Sn \tag{2-19}$$

式中　Q_T——单动泵的理论流量，$m^3 \cdot min^{-1}$；

A——活塞的截面积，m^2；

D——活塞的直径，m；

S——活塞的冲程，m；

n——活塞每分钟的往复次数，min^{-1}。

对于双动泵，其理论流量可按下式计算

$$Q_T = (2A - a)Sn = \frac{\pi}{4}(2D^2 - d^2)Sn \tag{2-20}$$

式中　a——活塞杆的截面积，m^2；

d——活塞杆的直径，m。

实际操作中，由于活塞衬填不严、吸入阀和排出阀启闭不及时等原因，往复泵的实际流量小于理论流量，即

$$Q = \eta_v Q_T \tag{2-21}$$

式中　Q——往复泵的实际流量，$m^3 \cdot min^{-1}$；

η_v——往复泵的容积效率，一般为 0.9～0.97。

② 压头　往复泵的压头取决于原动机的功率和泵的机械强度，而与泵的几何尺寸无关。理论上，输送系统需要多大的压头，往复泵就能提供多大的压头，而与泵的流量无关，其 H-Q 曲线如图 2-23 中的曲线 1 所示。但在实际操作中，由于活塞环、轴封、吸入阀和排出阀等处的泄漏，降低了往复泵可能达到的压头，其实际 H-Q 曲线如图 2-23 中的曲线 2 所示。往复泵的工作点仍由管路特性曲线与泵特性曲线的交点确定，如图 2-23 中的 M 点所示。

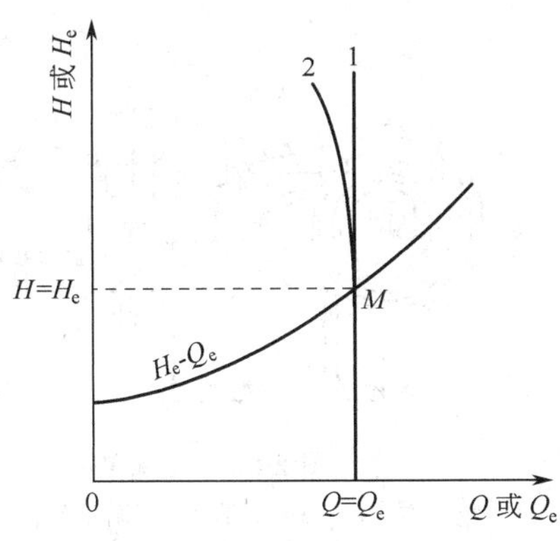

图 2-23　往复泵的特性曲线与工作点

1—理论上泵的 H-Q 曲线

2—实际上泵的 H-Q 曲线

③ 功率和效率　往复泵功率和效率的计算方法与离心泵相同。一般情况下，往复泵的效率比离心泵要高，

通常为72%～93%。

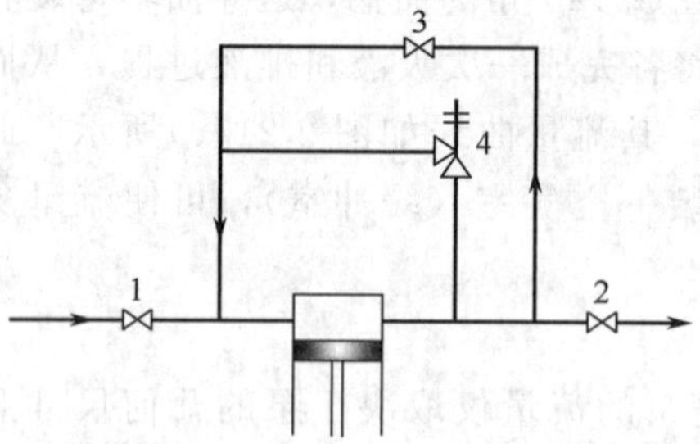

图 2-24　正位移泵的流量调节

1—吸入管路上的阀；2—排出管路上的阀；3—回路阀；4—安全阀

（4）流量调节　往复泵是典型的容积式泵，也是正位移泵，此类泵在单位时间内的排液量是一定的，故运行时出口不能堵死，否则泵内压强会急剧上升，造成泵体、管路和电机的损坏。

正位移泵不能简单地用排出管路上的阀门来调节流量，一般采用回路调节装置，其流程如图 2-24 所示。液体经吸入管路上的阀门 1 进入泵内，经排出管路上的阀门 2 排出，并有部分液体经回路阀门 3 流回吸入管路。排出液体的流量由阀门 2 和 3 配合调节，且泵在运转过程中，这两个阀门至少有一个是开启的，以保证泵送出的液体有去处。当下游压强超过规定值时，安全阀 4 即自动开启，泄回部分液体，以减轻泵及管路所承受的压力。

此外，改变电机的转速或活塞的冲程也能达到调节流量的目的，其中改变转速需要价格较高的调速装置，故不太常用。通过改变活塞的冲程以调节流量的一个典型应用就是计量泵。计量泵是往复泵的一种，其结构如图 2-25 所示，它是通过偏心轮将电机的旋转运动转变为柱塞的往复运动。当转速一定时，调节偏心轮的偏心距即可改变柱塞的冲程，从而可实现流量的精确调节，常用于要求输液量十分准确而又便于调整的场合，如向反应器内输送液体等。若用一台电机带动几台计量泵，则不仅可使各股液体的流量保持稳定，而且彼此之间还能保持一定的比例。

隔膜泵也是往复泵的一种，它适用于输送腐蚀性液体或悬浊液，其结构如图 2-26 所示。其弹性隔膜 5 将活塞 3 与被输送液体隔开，这样活塞和缸体均可避免腐蚀和磨损。隔膜泵工作时，活塞往复运动使得隔膜右侧缸体容积改变，隔膜随之向两侧交替弯曲，从而使得左侧液体吸入和排出。

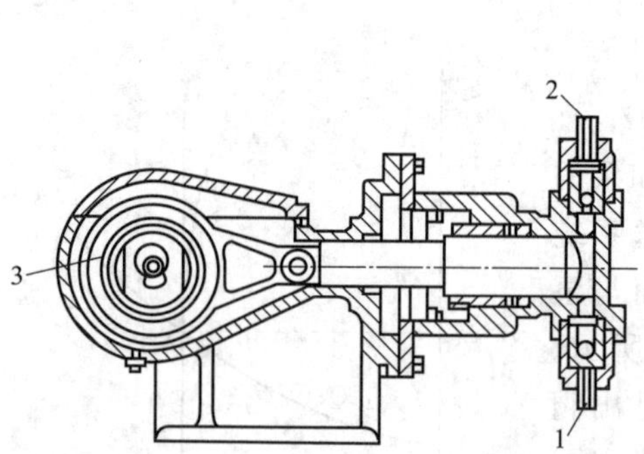

图 2-25　计量泵

1—吸入口；2—排出口；3—可调整的偏心轮装置

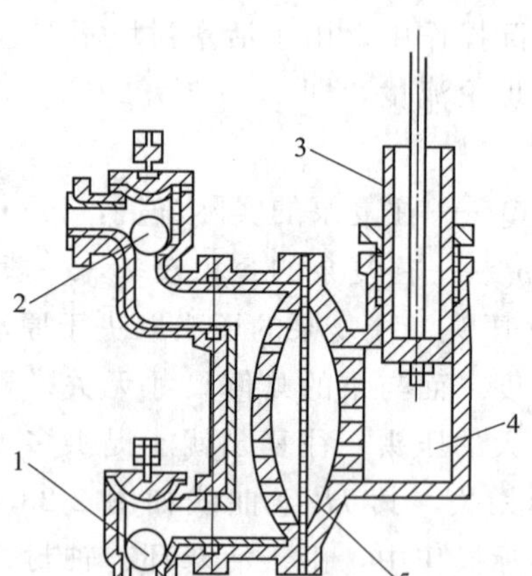

图 2-26　隔膜泵

1—吸入活门；2—压出活门；3—活塞；4—水（或油）缸；5—隔膜

2. 旋转泵

此类泵的泵体内装有一个或一个以上的转子，利用转子的旋转运动可实现液体的吸入和排出，故又称为转子泵。旋转泵的形式很多，常见的有齿轮泵、螺杆泵等，其工作原理大同小异。

(1) 齿轮泵 齿轮泵的结构如图 2-27 所示。泵壳内有一对相互啮合的齿轮，其中一个齿轮由电机直接带动，称为主动轮；另一个则为从动轮。两齿轮与泵壳间形成吸入和排出两个空间。当齿轮按箭头方向转动时，吸入空间内两轮的齿互相分开，然后分为两路沿泵内壁将液体嵌住，并将其带至排出空间，同时吸入空间内形成低压将液体吸入。排出空间内两轮的齿互相合拢，并形成高压将液体压出。

齿轮泵因其齿缝空间有限，故流量较小，但可产生较大的压头，常用于黏稠液体或膏状物的输送，但不能输送含固体颗粒的悬浮液。

(2) 螺杆泵 螺杆泵主要由泵壳和一根或一根以上的螺杆构成。图 2-28 是双螺杆泵的结构示意图，其中一根螺杆由电机直接带动。螺杆泵的工作原理与齿轮泵十分相似，它利用两根相互啮合的螺杆来吸入和排送液体。当所需的压头较高时，可采用较长的螺杆。

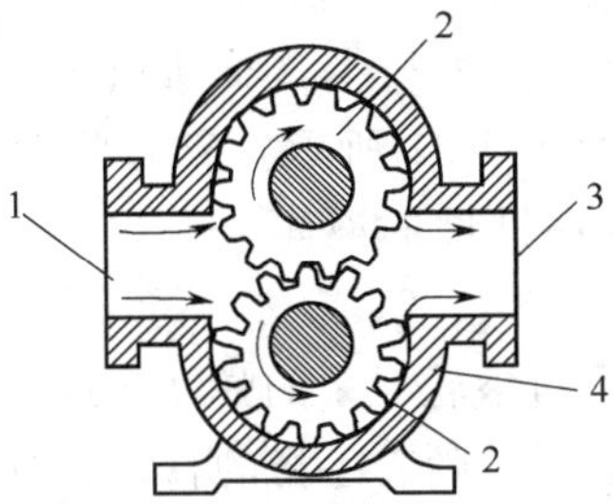

图 2-27 齿轮泵

1—吸入口；2—齿轮；3—压出口；4—泵壳

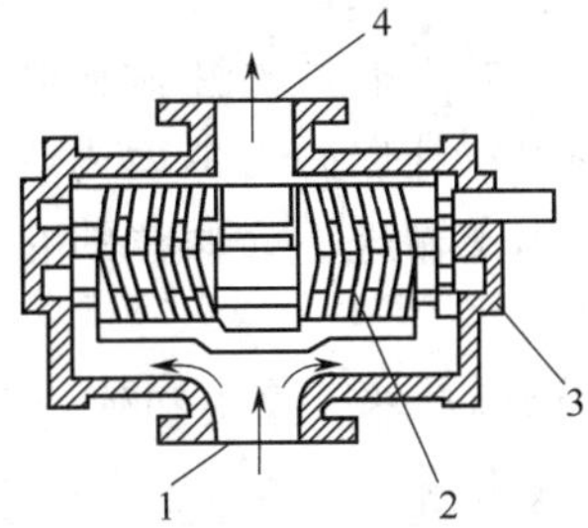

图 2-28 双螺杆泵

1—吸入口；2—螺杆；3—泵壳；4—排出口

螺杆泵具有压头大、效率高、噪声低等特点，常用于高压黏稠性液体的输送。

旋转泵也是正位移泵，只要转子以一定的速度旋转，泵就要排出一定体积流量的液体，因此与往复泵一样，旋转泵也要采用图 2-24 所示的方法来调节流量。

3. 旋涡泵

旋涡泵是一种特殊类型的离心泵，主要由泵壳、叶轮、引液道、间壁等组成，其结构如图 2-29(a)所示。叶轮是旋涡泵的核心部件，它实际上是一个圆盘，其四周铣有数十个凹槽，呈辐射状排列而构成叶片，如图 2-29(b)所示。工作时，叶片随同叶轮在泵壳内高速旋转，并带动泵内液体一起旋转。泵内液体在随叶轮旋转的同时，又在引液道与叶片间反复运动，因而被叶片拍击多次，可获得较多的能量。由于液体在叶片与引液道之间的反复运动是依靠离心力来实现的，因此旋涡泵与离心泵一样，启动前必须向泵内灌满液体。

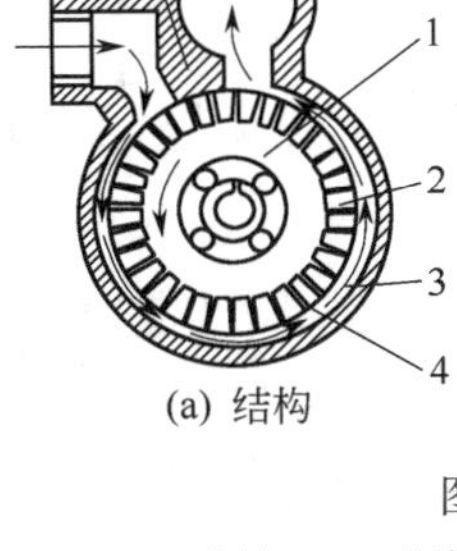

(a) 结构

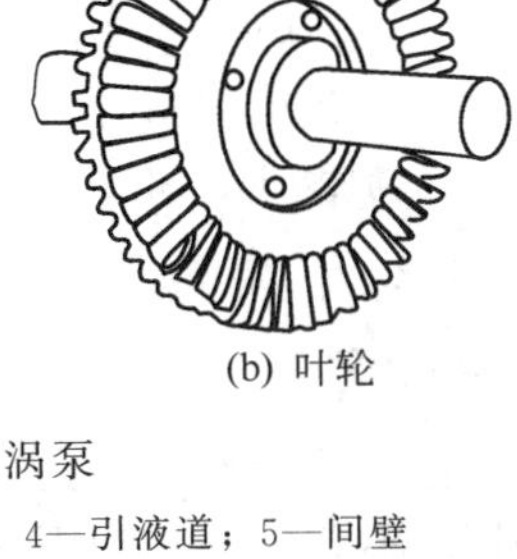

(b) 叶轮

图 2-29 旋涡泵

1—叶轮；2—叶片；3—泵壳；4—引液道；5—间壁

液体在叶片间的反复运动，加剧了流体质点之间的碰撞与混合，从而使能量损失增大，因此旋涡泵的效率较低，一般仅为15%～45%，其特性曲线如图2-30所示。由图2-30可知，当流量减小时，压头升高很快，且轴功率也增大，因此旋涡泵应避免在太小的流量或出口阀关闭的情况下长时间运行，以保证泵和电机的安全。旋涡泵的流量调节方法与正位移泵的相同。由于流量为零时，泵的轴功率最大，因此启动旋涡泵前应将出口阀全开，以减小电机的启动电流。

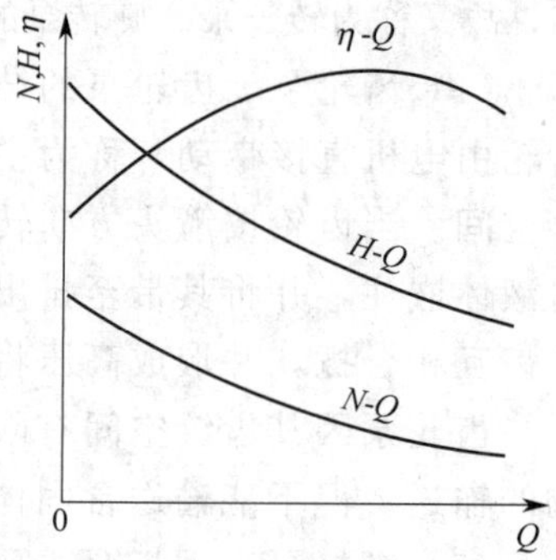

图2-30　旋涡泵特性曲线示意

旋涡泵具有流量小、扬程高、体积小、加工容易等特点，常用于流量小、压头高且黏度不大的液体的输送。

4. 磁力驱动泵

磁力驱动泵由泵体、磁力耦合器和电动机三部分组成。磁力耦合器的一半（从动磁铁）装于泵轴上，并以非铁磁性材料制成的隔离罩密封在泵体内；另一半（驱动磁铁）装于电机轴上，在隔离罩外以磁力带动内磁铁旋转驱动泵工作，如图2-31所示。磁力驱动泵属于无泄漏泵，适用于输送不含颗粒的有毒有害、易燃易爆、强腐蚀性的液体。

5. 蠕动泵

蠕动泵由驱动器、泵头和软管三部分组成。工作时，通过滚轮对泵的弹性输送软管交替进行挤压和释放来输送流体，这类似于用两根手指夹挤软管一样，随着手指的移动，管内形成负压，液体随之流动，如图2-32所示。蠕动泵具有双向同等流量输送能力，无液体空运转情况下不会对泵的任何部件造成损害，能产生达98%的真空度。由于没有阀、机械密封和填料密封装置，因而也没有这些产生泄漏和维护的因素，仅软管为需要替换的部件，更换操作极为简单。蠕动泵能轻松地输送固液或气液混合相流体，允许流体内所含固体直径达到管状元件内径的40%，可输送各种具有研磨、腐蚀、氧敏感特性的物料。缺点是流量范围比较窄。

02-03　各类泵的比较

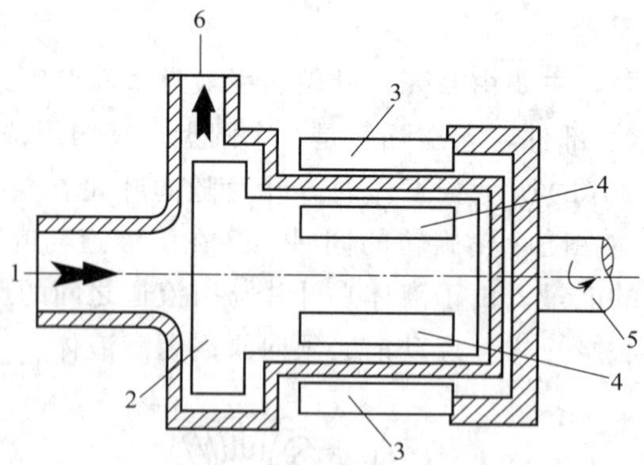

图2-31　磁力驱动泵

1—吸入口；2—叶轮；3—驱动磁铁；4—从动磁铁；5—电机轴；6—排出口

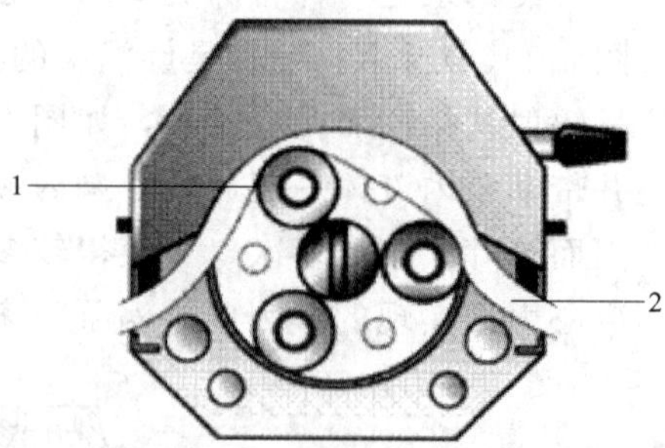

图2-32　蠕动泵工作工程

1—滚轮；2—软管

第二节　气体输送设备

在制药化工生产中，不仅大量使用液体输送设备，而且还广泛使用气体输送设备。

气体具有可压缩性，在压送过程中，其温度、压强和体积都会发生改变。气体温度、压强和体积变化的大小，对气体输送设备的结构和形状有很大影响。按终压（出口气体的压强）和压缩比（出口气体的绝压与进口气体的绝压之比）的大小，气体输送设备可分为四类：

① 通风机 出口气体的表压不大于15kPa，压缩比不大于1.15。

② 鼓风机 出口气体的表压为15～300kPa，压缩比小于4。

③ 压缩机 出口气体的表压大于300kPa，压缩比大于4。

④ 真空泵 用于减压，终压为当时当地的大气压，压缩比由真空度决定。

此外，气体输送设备还可按其结构与工作原理分为离心式、往复式、旋转式和流体作用式等，其中以离心式和往复式最为常用。

一、离心式通风机

（一）结构和工作原理

离心式通风机的结构和工作原理均与离心泵的相似，图2-33是低压离心式通风机的结构示意图。离心式通风机也有一个蜗壳形的机壳，其内也装有叶轮。但气体流通截面有方形和圆形两种，出口压强较低时多采用方形，较高时则采用圆形。工作时，高速旋转的叶轮将能量传递给气体，使气体的静压能和动能均有所提高。当气体进入蜗壳形通道后，流速逐渐减小，使部分动能转化为静压能。于是，气体便以一定的流速和较高的压强由风机出口进入排出管路。与此同时，在叶轮中心附近形成低压区，将气体源源不断地吸入壳内。

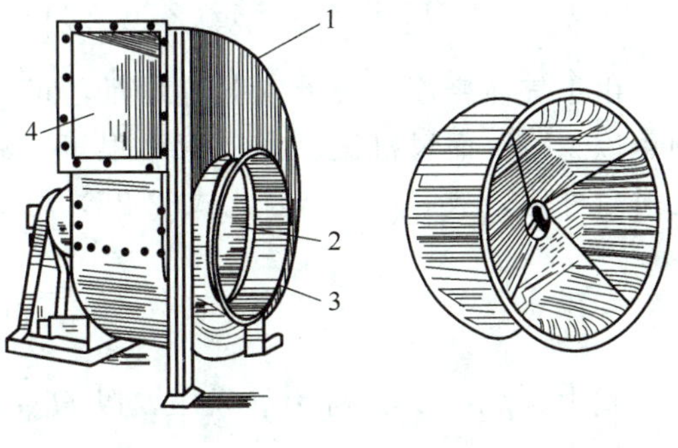

(a) 结构　(b) 叶轮

图2-33 低压离心式通风机

1—机壳；2—叶轮；3—吸入口；4—排出口

根据风机出口压强的大小，离心式通风机可分为三类，即低压、中压和高压离心式通风机。其中低压离心式通风机的出口表压不超过1kPa；中压离心式通风机的出口表压为1～2.94kPa；高压离心式通风机的出口表压为2.94～14.7kPa。离心式通风机的终压较低，所以一般都是单级的。低、中压离心式通风机常用于车间的通风换气，高压离心式通风机常用于气体的输送。

（二）性能参数与特性曲线

1. 性能参数

离心式通风机的主要性能参数有风量、风压、轴功率和效率。

（1）风量 **风量**即流量，是指单位时间内由风机出口排出的气体体积（以风机进口处的气体状态计），以Q表示，单位为$m^3\cdot s^{-1}$、$m^3\cdot min^{-1}$或$m^3\cdot h^{-1}$。

离心式通风机性能表上所列的风量是指空气在20℃和1.013×10^5Pa下的实验值。当实际操作条件与该条件不同时，可用下式进行换算

$$Q_0=\frac{\rho}{\rho_0}Q \tag{2-22}$$

式中 Q_0——实验条件下的风量，$m^3\cdot s^{-1}$、$m^3\cdot min^{-1}$或$m^3\cdot h^{-1}$；

Q——操作条件下的风量，$m^3 \cdot s^{-1}$、$m^3 \cdot min^{-1}$ 或 $m^3 \cdot h^{-1}$；

ρ_0——实验条件下的空气密度，可取 $1.2kg \cdot m^{-3}$；

ρ——操作条件下的空气密度，$kg \cdot m^{-3}$。

（2）风压 风压是指单位体积的气体流过风机时所获得的总机械能，以 H_T 表示，单位为 $J \cdot m^{-3}$ 或 Pa。

离心式通风机的风压取决于风机的结构、叶轮尺寸、转速和风机入口处气体的密度，目前还不能完全从理论上计算出离心式通风机的风压。通常的做法是，首先测出风机进、出口处气体的流速和压强，然后用伯努利方程式计算出风压。

气体经过通风机时的压强变化较小，可近似按不可压缩流体处理。现以风机进口外侧截面为上游截面 1-1′，出口截面内侧为下游截面 2-2′。在截面 1-1′与 2-2′之间，以单位体积流体为基准列伯努利方程式得

$$H_T=\rho W_e=\rho g(Z_2-Z_1)+(p_2-p_1)+\frac{\rho(u_2^2-u_1^2)}{2}+\rho\sum h_{f,1\text{-}2} \tag{2-23}$$

由于气体密度 ρ 及上、下游截面之间的位差（Z_2-Z_1）的值均很小，故 ρg（Z_2-Z_1）项可以忽略；而风机进、出口管路很短，故 $\rho\sum h_{f,1\text{-}2}$ 项亦可忽略不计；又截面 1-1′位于风机进口外侧，故 $u_1=0$，因此式(2-23) 可简化为

$$H_T=(p_2-p_1)+\frac{\rho u_2^2}{2} \tag{2-24}$$

式中（p_2-p_1）称为静风压，以 H_{st} 表示；$\frac{\rho u_2^2}{2}$称为动风压。而静风压与动风压之和称为全风压。通风机性能表上所列的风压均指全风压。由于通风机性能表上所列的风压是空气在 20℃和 1.013×10^5 Pa 下的实验值，因此，当实际操作条件与该条件不同时，应按下式将操作条件下的风压 H_T 换算成实验条件下的风压 H_{T0}，然后按 H_{T0} 的值来选择风机。

$$H_{T0}=H_T\frac{\rho_0}{\rho}=H_T\frac{1.2}{\rho} \tag{2-25}$$

式中 H_{T0}——实验条件下的全风压，Pa；

H_T——操作条件下的全风压，Pa；

ρ_0——实验条件下的空气密度，可取 $1.2kg \cdot m^{-3}$；

ρ——操作条件下的空气密度，$kg \cdot m^{-3}$。

（3）轴功率与效率 离心式通风机的轴功率可用下式计算

$$N=\frac{H_TQ}{1000\eta} \tag{2-26}$$

式中 N——轴功率，kW；

H_T——全风压，Pa；

Q——风量，$m^3 \cdot s^{-1}$；

η——效率或全压效率，无因次。

值得注意的是，应用式(2-26) 计算轴功率时，式中的 Q 与 H_T 必须是同一状态下的数值。

2. 特性曲线

离心式通风机在一定转速下的特性曲线如图 2-34 所示。图中共有四条曲线，分别表示

全风压 H_{T0}、静风压 H_{st}、轴功率 N 及效率 η 与风量 Q 之间的关系。

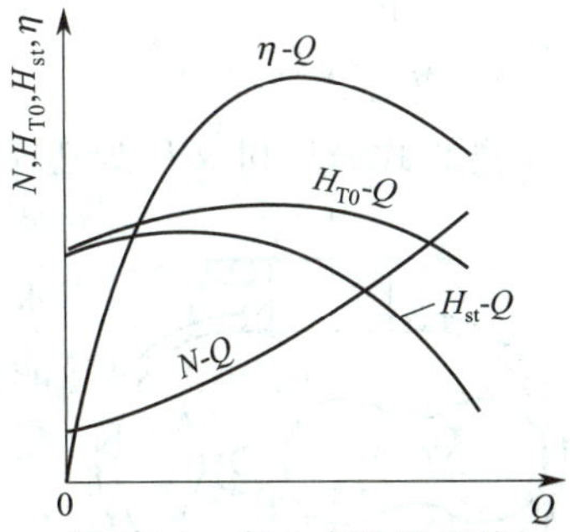

图 2-34　离心式通风机的特性曲线示意

（三）离心式通风机的选择

离心式通风机的选择与离心泵的相似，具体步骤如下：

① 根据伯努利方程式，计算出输送系统所需的实际全风压 H_T，然后用式(2-25) 将 H_T 换算成实验条件下的全风压 H_{T0}。

② 根据被输送气体的性质（主要是易燃、易爆、腐蚀以及是否清洁等）和全风压范围，确定风机的类型。当被输送气体为清洁空气或是与空气性质相近的气体时，可选用一般类型的离心式通风机。

③ 根据实验条件下的全风压 H_{T0} 以及按风机进口状态计的实际风量，从风机样本中的特性曲线或性能表来选择适宜的型号。

④ 当被输送气体的密度大于 $1.2kg \cdot m^{-3}$ 时，应用式(2-26) 重新计算风机的轴功率。

02-04　风机的发展

【例 2-5】 拟用风机将 20℃、$36000kg \cdot h^{-1}$ 的空气送入加热器加热至 100℃，然后再经管路输送至常压反应器内，输送系统所需的全风压为 1150Pa（按 60℃、常压计）。现有一台 4-72-11NO. 10C 型离心式通风机，其性能如表 2-3 所示，试确定：①该风机是否合适；②若将该风机（转速不变）置于加热器之后，能否完成输送任务。

表 2-3　4-72-11NO. 10C 型离心式通风机的主要性能

转速/$(r \cdot min^{-1})$	全风压/Pa	风量/$(m^3 \cdot h^{-1})$	效率/%	功率/kW
1000	1422	32700	94.3	16.5

解： ① 确定现有风机是否合适　空气在 20℃、常压下的密度为 $1.2kg \cdot m^{-3}$，则风量为

$$Q=\frac{36000}{1.2}=30000m^3 \cdot h^{-1}<32700m^3 \cdot h^{-1}$$

由附录 9 查得空气在 60℃、常压下的密度为 $1.06kg \cdot m^{-3}$。由式(2-25) 可知，实验条件下的风压为

$$H_{T0}=H_T\frac{1.2}{\rho}=1150\times\frac{1.2}{1.06}=1302Pa<1422Pa$$

可见，现有风机可以满足输送要求。

② 确定将风机（转速不变）置于加热器之后，能否完成输送任务　若将现有风机置于加热器之后，则风量发生明显变化。依题意，管路系统所需的全风压为 1150Pa，此压力远低于大气压强，故风机入口处的压强仍可按常压处理。

由附录 9 查得空气在 100℃、常压下的密度为 $0.946kg \cdot m^{-3}$，故风量为

$$Q=\frac{36000}{0.946}=38055m^3 \cdot h^{-1}>32700m^3 \cdot h^{-1}$$

可见，若将风机（转速不变）置于加热器之后，则不能完成输送任务。

二、鼓风机

1. 离心式鼓风机

离心式鼓风机又称为透平鼓风机，其工作原理与离心式通风机的相同。但离心式鼓风机的终压较高，所以都是多级的，其结构类似于多级离心泵（D型水泵）。气体进入风机后，将依次通过各级叶轮和导轮，并获得能量。

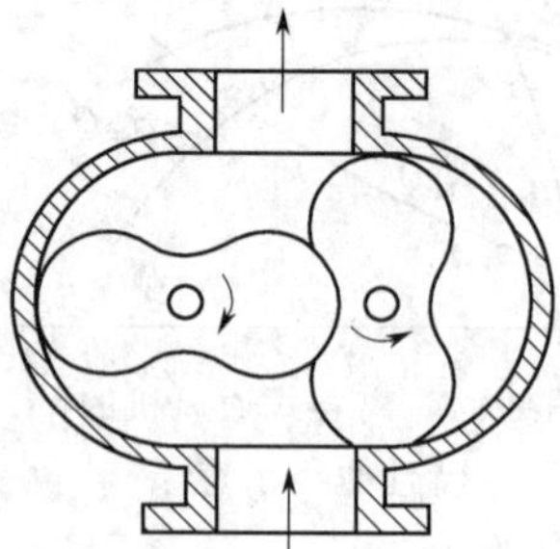

图 2-35 罗茨鼓风机

离心式鼓风机的送风量较大，但所产生的风压仍不太高，出口表压强一般不超过 300kPa。由于压缩比不高，所以离心式鼓风机无需设置冷却装置，各级叶轮的尺寸也大致相等。

2. 旋转式鼓风机

罗茨鼓风机是典型的旋转式鼓风机，其结构与工作原理均与齿轮泵的相似。如图 2-35 所示，罗茨鼓风机的机壳内有两个特殊形状（如腰形或三星形等）的转子，转子之间以及转子与机壳之间的缝隙很小，但可确保转子能自由转动。工作时，两转子的旋转方向相反，从而在机壳内形成一个低压区和一个高压区，气体从低压区吸入，从高压区排出。若改变转子的旋转方向，则吸入口和排出口可以互换。

02-05 离心式压缩机的发展

罗茨鼓风机的风量与转速成正比，而且几乎不受出口压强变化的影响。因此，风机出口应安装稳压气柜和安全阀，并采用回路调节装置调节流量，其出口阀不能完全关闭。此外，操作温度不能超过 85℃，以免转子因受热膨胀而卡住。

罗茨鼓风机常用于气体流量较大而压强不高的场合。

三、压缩机

1. 离心式压缩机

离心式压缩机又称为透平压缩机，其结构与工作原理均与离心式鼓风机的相似，但叶轮级数更多，通常可达 10 级以上，转速也较高，故能产生更高的压强。由于气体的压缩比较高，体积变化较大，故温度升高比较显著。因此，离心式压缩机的叶轮尺寸逐级缩小，且需设置中间冷却器，以免气体温度过高。

离心式压缩机具有体积小、质量轻、流量大、供气均匀、运行平稳、维修方便、无润滑油污染等优点。近年来，除压强要求很高外，离心式压缩机的应用已日趋广泛。

2. 旋转式压缩机

液环式压缩机是典型的旋转式压缩机，又称为纳氏泵，其结构如图 2-36 所示。液环式压缩机的外壳近似于椭圆形，其内装有叶轮和适量的液体。工作时，叶片带动壳内液体随叶轮一起旋转。在离心力的作用下，液体被抛向壳壁，并在壳壁表面形成一椭圆形液环。这样，在椭圆形长轴的两端便形成两个月牙形空间，每个月牙形空间又被叶片分隔成若干个小室。当叶轮旋转一周时，月牙形空间内的小室逐渐变大和变小各两次，因此气体从两个吸入口进入壳内，而从两个排出口排出。

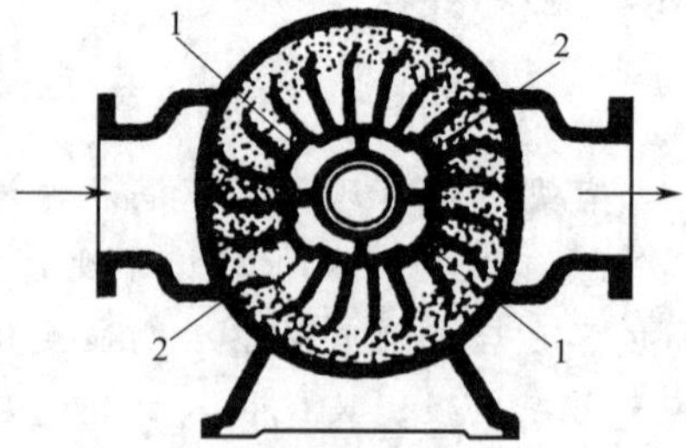

图 2-36 液环式压缩机

1—吸入口；2—排出口

液环式压缩机中的液体不能与被输送气体发生化学反应，如输送空气时，壳内可灌入适量的水；输送氯气时，壳内可灌入适量的硫酸。由于壳内液体可将被输送气体与壳内壁分隔开来，故输送腐蚀性气体时，仅需叶轮材料抗腐蚀即可。

液环式压缩机所产生的表压强可达 490～588kPa，亦可作真空泵使用，称为液环式真空泵。

3. 往复式压缩机

往复式压缩机是依靠活塞的往复运动而吸入和排出气体的，其主要部件包括气缸、活塞、吸气阀和排气阀等。虽然往复式压缩机的结构和工作原理与往复泵的比较相似，但由于气体具有可压缩性，被压缩后压强增大，体积缩小，温度上升，故往复式压缩机的工作过程与往复泵的有所不同。

图 2-37 是往复式压缩机的工作原理示意图。当活塞位于气缸的最右端时，缸内气体的压强为 p_1，体积为 V_1，其状态相当于 p-V 图上的点 1。随后，活塞自右向左运动。由于吸气阀和排气阀都是关闭的，故气体的体积逐渐缩小，压强逐渐上升，当活塞运动至截面 2 时，气体体积被压缩至 V_2，压强上升至 p_2，其状态相当于 p-V 图上的点 2，该过程称为压缩过程，气体状态沿 p-V 图上的曲线 1-2 而变化。

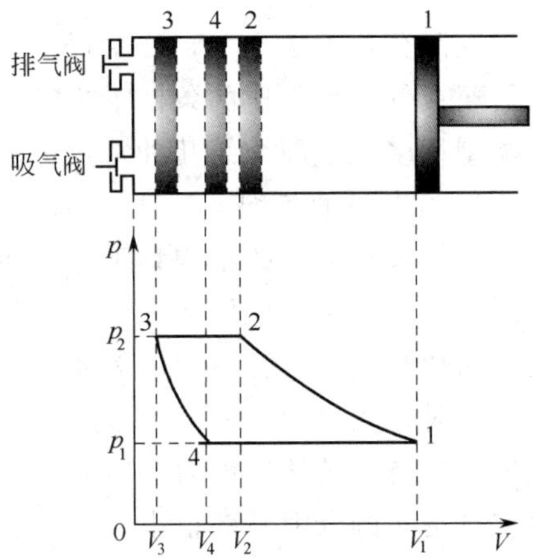

图 2-37　往复式压缩机的工作原理

当气体压强达到 p_2 时，排气阀被顶开，随着活塞继续向左运动，气体在压强 p_2 下排出。由于活塞与气缸盖之间必须留有一定的空隙或余隙，所以活塞不能到达气缸的最左端，即缸内气体不能排尽。当活塞运动至截面 3 时，排气过程结束，该过程称为恒压下的排气过程，气体状态沿 p-V 图上的水平线 2-3 而变化。

排气过程结束时，活塞与气缸端盖之间仍残存有压强为 p_2、体积为 V_3 的气体。此后，活塞自左向右运动，使缸内容积逐渐扩大，残留气体的压强因体积膨胀而逐渐下降，当压强降至与吸入压强 p_1 相等时为止，该过程称为余隙气体的膨胀过程，气体状态沿 p-V 图上的曲线 3-4 而变化。

当活塞继续向右运动时，吸气阀被打开，气体在恒定压强 p_1 下被吸入缸内，直至活塞回复到气缸的最右端截面为止，该过程称为恒定压强下的吸气过程，气体状态沿 p-V 图上的水平线 4-1 而变化。至此，完成一个工作循环。此后活塞又向左运动，开始一个新的工作循环。

可见，往复式压缩机的压缩循环由吸气、压缩、排气和膨胀四个过程所组成。在每一个工作循环中，活塞在气缸内扫过的体积为 (V_1-V_3)，但吸入气体的体积只有 (V_1-V_4)。显然，余隙越大，吸气量就越小。余隙体积与活塞扫过的体积之比，称为余隙系数，即

$$\varepsilon=\frac{V_3}{V_1-V_3} \tag{2-27}$$

式中　ε——余隙系数，无因次。

当余隙系数一定时，压缩比越高，余隙气体膨胀后所占气缸的体积就越大，每一循环的吸气量下降得就越多。当压缩比超过某一数值时，每一循环的吸气量可能下降为零，即当活塞向右运动时，残留在余隙中的高压气体膨胀后完全充满气缸，以致不能再吸入新的气体。

一般地，当压缩比大于8时，应采用多级压缩，并设置中间冷却器以降低气体的温度，同时设置油水分离器以除去气体中夹带的油水。但级数也不宜过多，否则会使设备投资和操作费用显著增加。实际生产中，级数与终压之间的经验关系如表2-4所示。

表2-4 级数与终压之间的经验关系

终压/kPa	<500	500～1000	1000～3000	3000～10000	10000～30000	30000～65000
级数	1	1～2	2～3	3～4	4～6	5～7

往复式压缩机的排出压力范围很广，从低压至高压都适用，常用于中、小流量及压力较高的场合。缺点是体积大，结构复杂，维修费用高。

四、真空泵

在制药化工生产中，许多操作过程，如减压蒸馏、减压浓缩、真空抽滤、真空干燥等，都需要在低于大气压的条件下进行，此时需要使用真空泵从设备或系统中抽出气体。真空泵的类型很多，下面介绍几种常用的真空泵。

1. 往复式真空泵

往复式真空泵的结构和工作原理与往复式压缩机的基本相同，但真空泵在低压下工作，气缸内外的压差很小，故其吸气阀和排气阀更轻巧、更灵敏。此外，当所需达到的真空度较大时，压缩比较高，可达20以上，此时余隙中的残留气体对真空泵的抽气能力影响很大。为降低余隙的影响，除要求真空泵的余隙系数很小外，还可像图2-38那样在气缸两端之间设一平衡气道，这样当排气终了时，平衡气道可短时间连通，使余隙中的残留气体从一侧流向另一侧，从而降低了余隙中残留气体的压强。

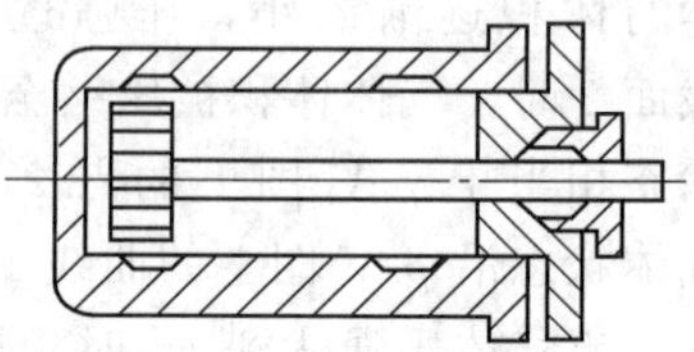

图2-38 平衡气道

往复式真空泵只能从设备或系统中抽出气体。操作时应采取有效措施，以免所抽吸气体中含有液体，否则可能会造成严重的设备事故。

往复式真空泵的排气量不均匀，且结构复杂、维修费用高，近年来已逐渐被其他型式的真空泵所取代。

2. 液环式真空泵

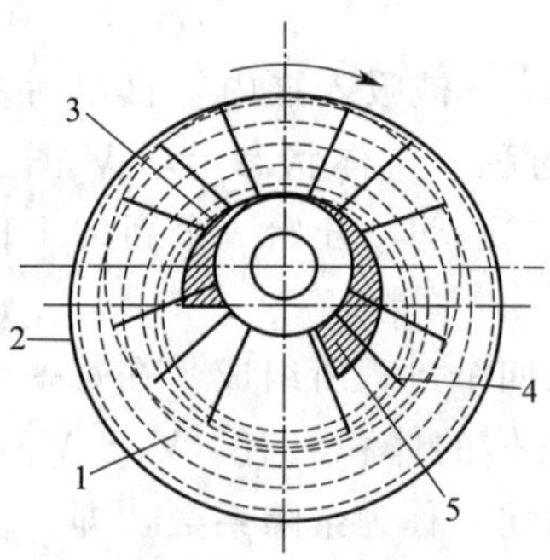

图2-39 液环式真空泵

1—液环；2—外壳；3—排出口；4—叶片；5—吸入口

液环式真空泵的泵体呈圆形，其内有一个偏心安装的叶轮，叶轮上有辐射状的叶片，如图2-39所示。液环式真空泵的工作原理与液环式压缩机（纳氏泵）的相同。工作时，先向泵壳内加入适量的液体，装入量约为泵体容积的一半。当叶轮带动叶片高速旋转时，液体被甩向壳壁，从而形成旋转液环。液环兼有液封和活塞的双重作用，与叶片之间形成许多大小不同的密闭小室。当叶轮按图示方向旋转时，右侧小室的空间逐渐增大，气体由吸入口吸入；而左侧小室的空间逐渐缩小，气体由排出口排出。

液环式真空泵内的液体通常为水，称为水环式真空泵。当被抽吸的气体不宜与水接触时，可向泵体内充入其他液体。液环式真空泵具有结构简单紧凑、造价低、维修方便、排气量大而均匀、旋转部分无机械摩擦、操作可靠等特点，适用于抽吸含有液体的气体，尤其在抽吸有腐蚀性或爆炸性气体时更为适宜。但由于泵体内总存在液体，故所产生的真空度必然受到泵体内液体饱和蒸气压的限制。

3. 喷射式真空泵

此类泵属于流体作用泵，是利用流体流动时动能与静压能之间的相互转换来吸入和排出流体的，它既能输送液体，又能输送气体。在制药化工生产中，此类泵主要用作真空泵，称为喷射式真空泵。

喷射式真空泵的工作流体一般为水蒸气或高压水，图 2-40 是水蒸气喷射泵的工作原理示意图。工作时，高压水蒸气经喷嘴以超音速喷出。在喷射过程中，部分静压能转化为动能，从而在吸入口处形成低压区，将被输送流体吸入。被吸入流体随同蒸气一起进入混合室，随后进入扩大管。混合流体流经扩大管时，流速逐渐下降，压强逐渐上升，即部分动能转化为静压能，最后经排出口排出。

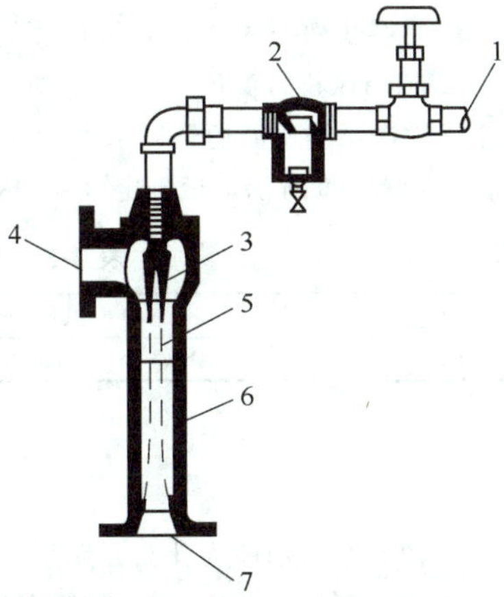

图 2-40　水蒸气喷射泵的工作原理

1—水蒸气入口；2—过滤器；3—喷嘴；4—吸入口；5—混合室；6—扩大管；7—排出口

单级水蒸气喷射泵一般只能达到 90%左右的真空度。为达到更高的真空度，可采用多级水蒸气喷射泵。若所要求的真空度不高，常采用具有一定压力的水为工作流体的水喷射泵。水喷射泵不仅可以产生一定的真空度，而且可与被吸入气体直接混合冷凝，可用作混合器、冷却器和吸收器等。

喷射式真空泵具有结构简单、制造方便、无运动部件、维修工作量小等优点，可用于含固体颗粒的流体以及高温或腐蚀性流体的输送。缺点是效率较低，一般仅为 25%～30%。

习　题

本章目标检测题

1. 在图 2-6 所示的实验装置中，吸入管和排出管的内径相同，两测压口间的垂直距离为 0.4m，泵的转速为 $2900\mathrm{r\cdot min^{-1}}$。以 20℃的清水为介质测得泵的实际流量为 $70\mathrm{m^3\cdot h^{-1}}$，泵出口处压力表的读数为 $4.7\times10^5\mathrm{Pa}$，泵入口处真空表的读数为 $1.9\times10^4\mathrm{Pa}$。若泵的效率为 70%，试计算该泵在输送条件下的扬程和轴功率。(50.34m，13.7kW)

2. 某离心泵输水系统，当阀门全开时的输水量为 $100\mathrm{m^3\cdot h^{-1}}$，离心泵的转速为 $2900\mathrm{r\cdot min^{-1}}$。现要求输水量下降为 $80\mathrm{m^3\cdot h^{-1}}$，并采用另一台基本型号与上述泵相同，但叶轮经切削 5%的泵，试问如何调整转速才能满足所要求的流量？($2442\mathrm{r\cdot min^{-1}}$)

3. 用离心水泵将敞口贮槽中的水输送至冷却器内。已知贮槽中的水位保持恒定，在最大流量下吸入管路的压头损失为 2.5m，泵在输送流量下的允许气蚀余量为 3.0m。试计算：①输送 20℃的水时泵的安装高度；②输送 85℃的水时泵的安装高度。泵安装地区的大气压为 $9.81\times10^4\mathrm{Pa}$。(4.28m，−1.27m)

4. 用离心油泵从贮罐向反应器输送液态异丁烷。贮罐内异丁烷液面恒定，其上方压强为 $6.6\times10^5\mathrm{Pa}$。泵位于贮罐液面以下 1.5m 处，吸入管路的全部压头损失为 1.6m。异丁烷在输送条件下的密度为 $530\mathrm{kg\cdot m^{-3}}$，饱和蒸气压为 $6.45\times10^5\mathrm{Pa}$。已知输送流量下泵的允许气蚀余量为 3.5m。试确定该泵能否正常工作。(不能)

5. 拟采用两台同型号的离心泵并联或串联操作，以将贮槽中的液体输送至高位槽。已知单台泵的特性曲线方程为 $H=26-9\times10^5Q^2$（式中 H 的单位为 m，Q 的单位为 $\mathrm{m^3\cdot s^{-1}}$），管路特性曲线方程为 $H_e=10+1\times10^5Q^2$（式中符号意义同上式）。试问哪一种组合方式的输液量较大？(并联)

6. 在图 2-9 所示的输水系统中，若要求的输水量为 $100\mathrm{m^3\cdot h^{-1}}$，高位槽液面比贮槽液面高 10m，管路系统的总能量损失为 6.9×10^4Pa。试选择一台适宜的离心泵，并确定该泵实际运行时所需的轴功率及因用阀门调节流量而多消耗的轴功率。已知水的密度为 $1000\text{kg}\cdot\text{m}^{-3}$。(7.0kW，1.05kW)

7. 有一双动往复泵，其流量为 $88\text{m}^3\cdot\text{h}^{-1}$，活塞和活塞杆的直径分别为 300mm 和 50mm，冲程为 200mm，容积效率为 0.94，试计算活塞每分钟的往复次数。(56 次)

8. 拟用风机将温度为 40℃、真空度为 196Pa、流量为 $14500\text{kg}\cdot\text{h}^{-1}$ 的空气输送至某设备内，在最大风量下输送系统所需的全风压为 1600Pa（以风机进口状态计）。现有一台 4-72-11NO. 6C 型离心式通风机，其性能如表 2-5 所示，试确定该风机是否合适。(合适)

表 2-5 4-72-11NO. 6C 型离心式通风机的主要性能

转速/($\text{r}\cdot\text{min}^{-1}$)	风压/Pa	风量/($\text{m}^3\cdot\text{h}^{-1}$)	效率/%	所需功率/kW
2000	1941	14100	91	10

思 考 题

1. 离心泵启动前为什么要灌泵？
2. 离心泵特性曲线反映了哪些量之间的关系？
3. 哪些因素可以改变离心泵的性能？
4. 什么是气蚀现象？怎样避免气蚀现象的发生？
5. 如何改变离心泵的工作点？
6. 简述离心泵的选型。
7. 如何调节往复泵的流量？

第三章 液体搅拌

学习要求

1. 掌握：常见搅拌器及其特点，搅拌器选型，均相液体搅拌功率的计算。
2. 熟悉：打旋现象及其危害，全挡板条件，导流筒的安装方式。
3. 了解：非均相液体及非牛顿型液体搅拌功率的计算。

本章课件

搅拌在药品生产中的应用非常广泛，原料药生产的许多过程都是在有搅拌器的釜式反应器中进行的。通过搅拌，可以加速物料之间的混合，提高传热和传质速率，促进反应的进行或加快物理变化过程。例如，在液相催化加氢反应中，搅拌既能使固体催化剂颗粒处于悬浮状态，又能使气体均匀地分散于液相中，从而提高化学反应速度。同时，搅拌还能提高传热速率，有利于反应热的及时移除。

搅拌操作可分为机械搅拌和气流搅拌。机械搅拌是依靠搅拌器在容器中转动对液体进行搅拌，一般用多级变速或无级变速的电动机驱动，也可采用磁力驱动。气流搅拌是利用气体在液体层中鼓泡，从而对液体产生搅拌作用，或使气泡群以密集状态在液体层中上升，促使液体产生对流循环。机械搅拌是制药化工生产中将气体、液体或固体颗粒分散于液体中的常用方法。与机械搅拌相比，气流搅拌的作用比较弱，尤其对于高黏度液体，气流搅拌很难适用。但气流搅拌不用搅拌器，因而对物料没有机械损伤，所以在某些特殊情况下也采用气流搅拌。例如，用离子交换剂交换被吸附物料时，为避免机械搅拌对树脂的破坏作用，即可采用气流搅拌。

03-01 磁力搅拌

第一节 搅拌器及其选型

一、常见搅拌器

1. 小直径高转速搅拌器

(1) 推进式搅拌器 图 3-1 是常见的三叶推进式搅拌器的结构示意。此类搅拌器实质上是一个无外壳的轴流泵，叶轮直径一般为釜径的 0.2～0.5 倍，常用转速为 $100\sim500\mathrm{r\cdot min^{-1}}$，叶端圆周速度可达 $5\sim15\mathrm{m\cdot s^{-1}}$。高速旋转的搅拌器使釜内液体产生轴向和切向运动。液体的轴向分速度可使液体形成如图 3-2 所示的总体循环流动，起到混合液体的作用；而切向分速度使釜内液体产生圆周运动，并形成旋涡，不利于液体的混合，且当物料为多相体系时，还会产生分层或分离现象，因此，应采取措施予以抑制。推进式搅拌器产生的湍动程度不高，但液体循环量较大，常用于低黏度（$<2\mathrm{Pa\cdot s}$）液体的传热、反应以及固液比较小的悬浮、溶解等过程。

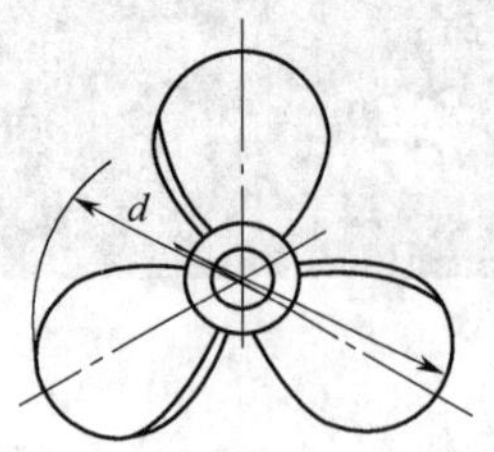

图 3-1　推进式搅拌器

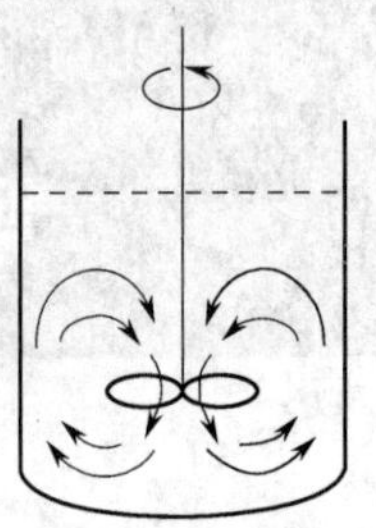

图 3-2　推进式搅拌器的总体循环流动

（2）涡轮式搅拌器　图 3-3 是几种常见涡轮式搅拌器的结构示意。此类搅拌器实质上是一个无外壳的离心泵，叶轮直径一般为釜径的 0.2～0.5 倍，常用转速为 10～500r·min^{-1}，叶端圆周速度可达 4～10m·s^{-1}。高速旋转的搅拌器使釜内液体产生切向和径向运动，并以很高的绝对速度沿叶轮半径方向流出。流出液体径向运动使液体流向壁面，然后形成上、下两条回路流入搅拌器，其总体循环流动如图 3-4 所示。流出液体切向运动使釜内液体产生圆周运动，同样应采取措施予以抑制。与推进式搅拌器相比，涡轮式搅拌器不仅能使釜内液体产生较大的循环量，而且对桨叶外缘附近的液体产生较强的剪切作用，常用于黏度小于 50Pa·s 的液体的传热、反应以及固液悬浮、溶解和气体分散等过程。

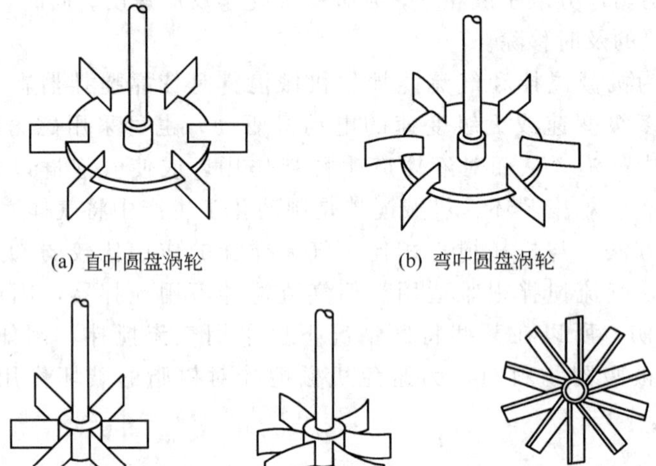

(a) 直叶圆盘涡轮　(b) 弯叶圆盘涡轮

(c) 直叶涡轮　(d) 弯叶涡轮　(e) 折叶涡轮

图 3-3　涡轮式搅拌器

2. 大直径低转速搅拌器

液体的流速越大，流动阻力就越大；而在达到完全湍流区之前，随着液体黏度的增大，流动阻力也随之增大。因此，当小直径高转速搅拌器用于中高黏度的液体搅拌时，其总体流动范围会因巨大的流动阻力而大为缩小。例如，当涡轮式搅拌器用于与水相近的低黏度液体搅拌时，其轴向所及范围约为釜径的 4 倍；但当液体的黏度增大至 50Pa·s 时，其所及范围将缩小为釜径的一半。此时，距搅拌器较远的液体流速很慢，甚至是静止的。研究表明，对于中高黏度液体的搅拌，宜采用大直径低转速搅拌器。

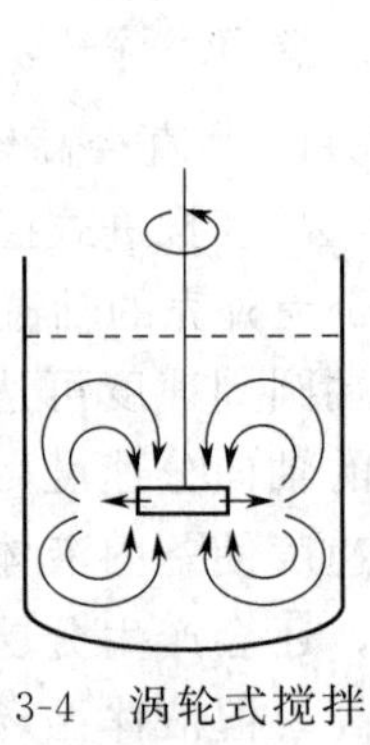

图 3-4　涡轮式搅拌器的总体循环流动

（1）桨式搅拌器　图 3-5 为几种桨式搅拌器的结构示意。桨式搅拌器的旋转直径一般为釜径的 0.35～0.8 倍，用于高黏度液体时可达釜径的 0.9 倍以上，桨叶宽度为旋转直径的 1/10～1/4，常用转速为 $1\sim100\mathrm{r\cdot min^{-1}}$，叶端圆周速度为 $1\sim5\mathrm{m\cdot s^{-1}}$。平桨式搅拌器可使液体产生切向和径向运动，可用于简单的固液悬浮、溶解和气体分散等过程。但是，即使是斜桨式搅拌器，所造成的轴向流动范围也不大，故当釜内液位较高时，应采用多斜桨式搅拌器，或与螺旋桨配合使用。当旋转直径达到釜径的 0.9 倍以上，并设置多层桨叶时，可用于较高黏度液体的搅拌。

03-02　物料的黏度

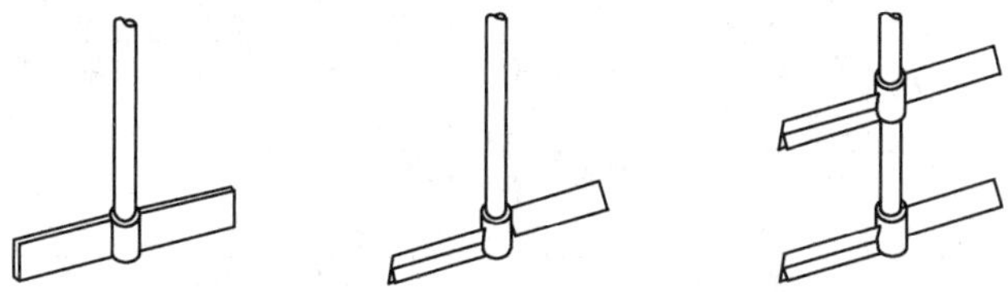

(a) 平桨式　(b) 斜桨式　(c) 多斜桨式

图 3-5　桨式搅拌器

（2）锚式和框式搅拌器　当液体黏度更大时，可根据釜底的形状，将桨式搅拌器做成锚式或框式，如图 3-6 所示。此类搅拌器的旋转直径较大，一般可达釜径的 0.9～0.98 倍，常用转速为 $1\sim100\mathrm{r\cdot min^{-1}}$，叶端圆周速度为 $1\sim5\mathrm{m\cdot s^{-1}}$。此类搅拌器一般在层流状态下操作，主要使液体产生水平环向流动，基本不产生轴向流动，故难以保证轴向混合均匀。但此类搅拌器的搅动范围很大，且可根据需要在桨上增加横梁和竖梁，以进一步增大搅拌范围，所以一般不会产生死区。此外，由于搅拌器与釜内壁的间隙很小，故可防止固体颗粒在釜内壁上的沉积现象。锚式和框式搅拌器常用于中、高黏度液体的混合、传热及反应等过程。

（3）螺带式搅拌器　为进一步提高轴向混合效果，可采用螺带式搅拌器。图 3-7 为螺带式搅拌器的结构示意。此类搅拌器一般具有 1～2 条螺带，其旋转直径亦为釜径的 0.9～0.98 倍，常用转速为 $0.5\sim50\mathrm{r\cdot min^{-1}}$，叶端圆周速度小于 $2\mathrm{m\cdot s^{-1}}$。此类搅拌器亦在层流状态下操作，但在螺带的作用下，液体将沿着螺旋面上升或下降，从而形成轴向循环流动，故混合效果比锚式或框式的好，常用于中、高黏度液体的混合、传热及反应等过程。

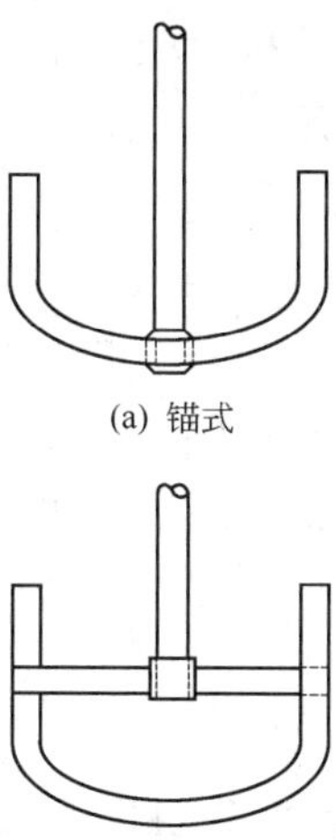

(a) 锚式

(b) 框式

图 3-6　锚式和框式搅拌器

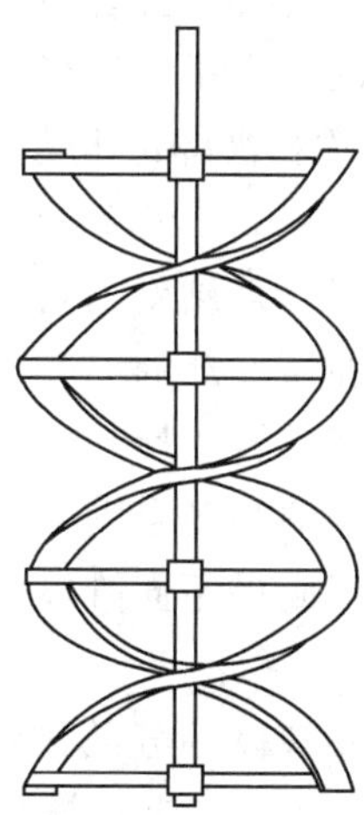

图 3-7　螺带式搅拌器

二、搅拌器选型

不同的搅拌操作对搅拌的要求常具有共性，而不同类型的搅拌器亦具有一定的共性，因此，同一搅拌操作往往可选用几种类型的搅拌器。反之，同一搅拌器也可用于多种搅拌操作。目前，对搅拌器的选型主要是根据实践经验，也可根据小试数据，采用适当方法进行放大设计。根据搅拌过程的特点和主要控制因素，可按表 3-1 中的方法选择适宜型式的搅拌器。

表 3-1 搅拌器选型表

搅拌过程	主要控制因素	搅拌器型式
混合(低黏度均相液体)	循环流量	推进式、涡轮式，要求不高时用桨式
混合(高黏度均相液体)	①循环流量 ②低转速	涡轮式、锚式、框式、螺带式
分散(非均相液体)	①液滴大小(分散度) ②循环流量	涡轮式
溶液反应(互溶体系)	①湍流强度 ②循环流量	涡轮式、推进式、桨式
固体悬浮	①循环流量 ②湍流强度	按固体颗粒的粒度、含量及比重决定采用桨式、推进式或涡轮式
固体溶解	①剪切作用 ②循环流量	涡轮式、推进式、桨式
气体吸收	①剪切作用 ②循环流量 ③高转速	涡轮式
结晶	①循环流量 ②剪切作用 ③低转速	按控制因素采用涡轮式、桨式或桨式的变形
传热	①循环流量 ②传热面上高流速	桨式、推进式、涡轮式

1. 低黏度均相液体的混合

这是难度很小的一种搅拌过程，只有当容积很大且要求快速混合时才比较困难。由于推进式的循环流量较大且动力消耗较少，所以是最适用的。涡轮式的剪切作用较强，但对于此种混合过程不太需要，且动力消耗较大，故不太合理。桨式的结构比较简单，在小容量液体混合中有着广泛的应用，但当液体容量较大时，其循环流量不足。

2. 高黏度均相液体的混合

当液体黏度在 0.1～1Pa·s 时，可采用锚式搅拌器。当液体黏度在 1～10Pa·s 时，可采用框式搅拌器，且黏度越高，横、竖梁就越多。当液体黏度在 2～500Pa·s 时，可采用螺带式搅拌器。在需冷却的夹套釜的内壁上易形成一层黏度更高的膜层，其传热热阻很大，此时宜选用大直径低转速搅拌器，如锚式或框式搅拌器，以减薄膜层厚度，提高传热效果。若反应过程中物料的黏度会发生显著变化，且反应对搅拌强度又很敏感，可考虑采用变速装置或分釜操作，以满足不同阶段的需要。

3. 分散

对于非均相液体的分散过程，由于涡轮式搅拌器具有较强的剪切作用和较大的循环流量，所以最为合适，尤其是平直叶的剪切作用比折叶和弯叶的大，则更为合适。当液体的黏度较大时，为减少动力消耗，宜采用弯叶涡轮。

4. 固体悬浮

在低黏度液体中悬浮易沉降的固体颗粒时，由于开启涡轮没有中间圆盘，不致阻碍桨叶上下的液相混合，所以最为合适，尤其是弯叶开启涡轮，桨叶不易磨损，则更为合适。推进式的使用范围较窄，当固液密度差较大或固液比超过 50%时不适用。桨式或锚式的转速较低，仅适用于固液比较大（>50%）或沉降速度较小的固体悬浮。

5. 固体溶解

此类操作要求搅拌器具有较强的剪切作用和较大的循环流量，所以涡轮式最为合适。推进式的循环流量较大，但剪切作用较小，所以用于小容量的固体溶解过程比较合理。桨式需借助挡板来提高循环能力，因此一般用于易悬浮固体的溶解操作。

6. 气体吸收

此类操作以各种圆盘涡轮式搅拌器最为适宜，此类搅拌器不仅有较强的剪切作用，而且圆盘下面可存住一些气体，使气体的分散更趋平稳，而开启涡轮则没有这一优点，故效果不好。推进式和桨式一般不适用于气体吸收操作。

7. 结晶

带搅拌的结晶过程比较复杂，尤其是需要严格控制晶体大小和形状时更是如此。一般情况下，小直径高转速搅拌器，如涡轮式，适用于微粒结晶，但晶体形状不易一致；而大直径低转速搅拌器，如桨式，适用于大颗粒定形结晶，但釜内不宜设置挡板。

8. 传热

传热量较小的夹套釜可采用桨式搅拌器；中等传热量的夹套釜亦可采用桨式搅拌器，但釜内应设置挡板；当传热量很大时，釜内可用蛇管传热，采用推进式或涡轮式搅拌器，并在釜内设置挡板。

三、提高搅拌效果的措施

1. 打旋现象及其消除

如图 3-8 所示，当搅拌器置于容器中心搅拌低黏度液体时，若叶轮转速足够高，液体就会在离心力的作用下涌向釜壁，使釜壁处的液面上升，而中心处的液面下降，结果形成了一个大旋涡，这种现象称为**打旋**。叶轮的转速越大，形成的旋涡就越深，但各层液体之间几乎不发生轴向混合，且当物料为多相体系时，还会发生分层或分离现象。更为严重的是，当液面下凹至一定深度后，叶轮的中心部位将暴露于空气中，并吸入空气，使被搅拌液体的表观密度和搅拌效率下降。此外，打旋还会引起功率波动和异常作用力，加剧搅拌器的振动，甚至使其无法工作。因此，必须采取措施抑制或消除打旋现象。

(1) 装设挡板　在釜内装设挡板，既能提高液体的湍动程度，又能使切向流动变为轴向和径向流动，抑制打旋现象的发生。图 3-9 是装设挡板后釜内液体的流动情况。可见，装设挡板后，釜内液面的下凹现象基本消失，从而使搅拌效果显著提高。

挡板的安装方式与液体的黏度有关。对于黏度小于 7Pa・s 的液体，可将挡板垂直纵向地安装于釜的内壁上，上部伸出液面，下部到达釜底。对于黏度为 7～10Pa・s 的液体或固液体系，应使挡板离开釜壁，以防液体在挡板后形成较大的流动死区或固体在挡板后积聚。对于黏度大于 10Pa・s 的液体，应使挡板离开釜壁并与壁面倾斜。由于液体的黏性力可抑制打旋，所以当液体黏度为 5～12Pa・s 时，可减小挡板的宽度；而当黏度大于 12Pa・s 时，则无需安装挡板。挡板的常见安装方式如图 3-10 所示。

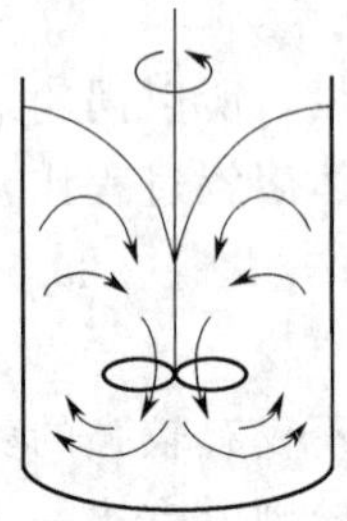

图 3-8 打旋现象

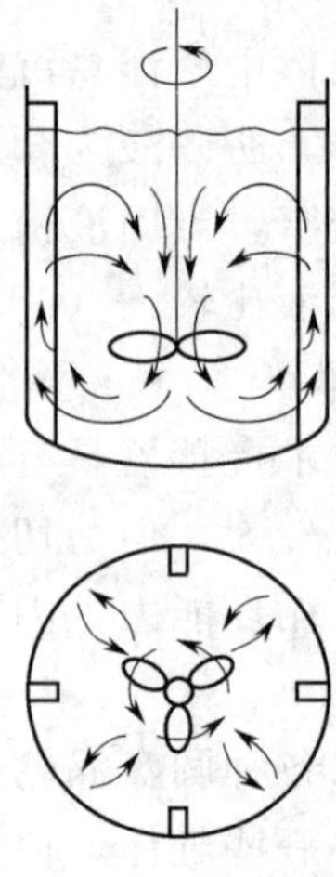

图 3-9 有挡板时的流动情况

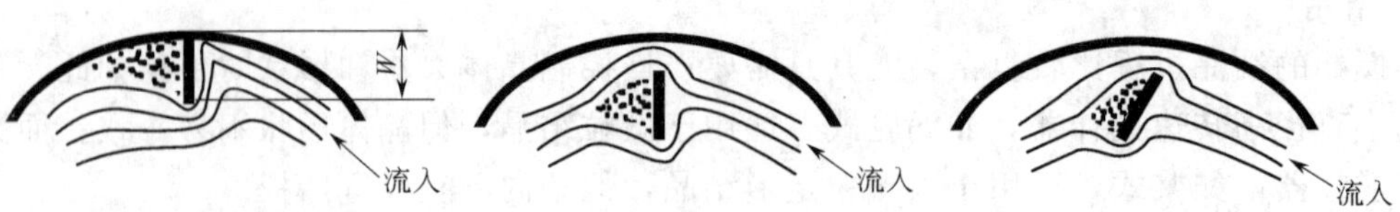

(a) 低黏度液体 (b) 中等黏度液体 (c) 高黏度液体

图 3-10 挡板的安装方式

若挡板符合下列条件，则称为全挡板条件，即

$$\frac{W\times N}{D}\approx 0.4 \tag{3-1}$$

式中 W——挡板宽度，m；

D——釜内径，m；

N——挡板数。

研究表明，当挡板符合式(3-1) 时，可获得很好的挡板效果，此时即使再增加附件，搅拌器的功率也不再增大。例如，当挡板数为 4，挡板宽度为釜径的 1/10 时，即可近似认为符合全挡板条件。

(2) 偏心安装 将搅拌器偏心或偏心且倾斜地安装，不仅可以破坏循环回路的对称性，有效地抑制打旋现象，而且可增加流体的湍动程度，从而使搅拌效果得到显著提高。搅拌器的典型偏心安装方式如图 3-11 所示。

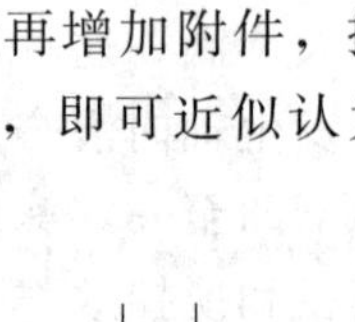

图 3-11 搅拌器的偏心安装

2. 设置导流筒

导流筒为圆筒体，其作用是使桨叶排出的液体在导流筒内部和外部形成轴向循环流动。导流筒可限定釜内液体的流动路线，迫使釜内液体通过导流筒内的强烈混合区，既提高了循环流量和混合效果，又有助于消除短路与流动死区。导流筒的安装方式如图 3-12 所示。应注意，对于推进式搅拌器，导流筒应套在叶轮外部；而对涡轮式搅拌器，则应安装在叶轮上方。

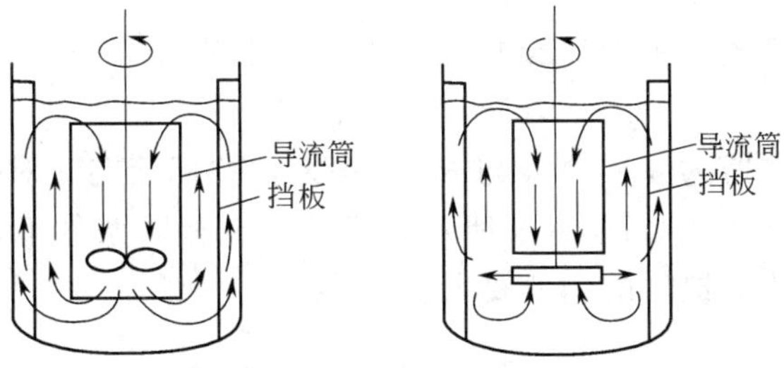

图 3-12　导流筒的安装方式

第二节　搅拌功率

一、均相液体的搅拌功率

1. 功率曲线和搅拌功率的计算

搅拌器工作时，旋转的叶轮将能量传递给液体。搅拌器所需的功率取决于釜内物料的流型和湍动程度，它是叶轮形状、大小、转速、位置以及液体性质、反应釜尺寸与内部构件的函数。

研究表明，均相液体的功率准数关联式可表示为

$$N_P = KRe^a Fr^b \tag{3-2}$$

$$N_P = \frac{P}{\rho n^3 d^5} \tag{3-3}$$

$$Re = \frac{d^2 n\rho}{\mu} \tag{3-4}$$

$$Fr = \frac{dn^2}{g} \tag{3-5}$$

式中　N_P——功率准数，是反映搅拌功率的准数；

Re——搅拌雷诺数，是反映物料流动状况对搅拌功率影响的准数；

Fr——弗劳德数，即流体的惯性力与重力之比，是反映重力对搅拌功率影响的准数；

K——系统的总形状系数，反映系统的几何构型对搅拌功率的影响；

P——功率消耗，W；

n——叶轮转速，$r \cdot s^{-1}$；

d——叶轮直径，m；

ρ——液体密度，$kg \cdot m^{-3}$；

μ——液体黏度，$Pa \cdot s$；

g——重力加速度，$9.81 m \cdot s^{-2}$；

a、b——指数，其值与物料流动状况及搅拌器型式和尺寸等因素有关，一般由实验确定，无因次。

式(3-2) 亦可改写为

$$\Phi = \frac{N_P}{Fr^b} = KRe^a \tag{3-6}$$

式中　Φ——功率因数，无因次。

对于不打旋的搅拌系统，重力的影响可以忽略，即 $b=0$，则式(3-6) 可简化为

$$\Phi=N_{\mathrm{P}}=KRe^{a} \tag{3-7}$$

由实验测出各种搅拌器的 Φ 或 N_{P} 与 Re 的关系，并标绘在双对数坐标纸上，即得功率曲线。几种搅拌器的功率曲线如图 3-13 所示。显然，在相同条件下，径向型的涡轮式搅拌器比轴流型的推进式搅拌器提供的功率要大。

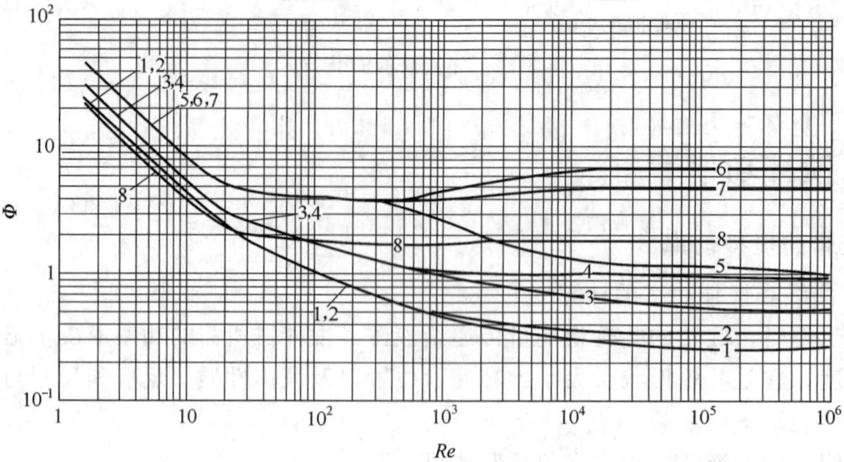

图 3-13　搅拌器的功率曲线

1—三叶推进式，$s=d$，无挡板；2—三叶推进式，$s=d$，全挡板；
3—三叶推进式，$s=2d$，无挡板；4—三叶推进式，$s=2d$，全挡板；
5—六叶直叶圆盘涡轮，无挡板；6—六叶直叶圆盘涡轮，全挡板；
7—六叶弯叶圆盘涡轮，全挡板；8—双叶平桨，全挡板
（全挡板：$N=4$，$W=0.1D$；各曲线：$d/D\approx1/3$，$b/d=1/4$；$H_{\mathrm{L}}/D=1$
s—桨叶螺距，N—挡板数，W—挡板宽度，D—釜内径，d—旋转直径，b—桨叶宽度，H_{L}—液层深度）

根据 Re 的大小，亦可将搅拌釜内的流动情况分为层流、过渡流和湍流。当然，搅拌器的型式不同，划分层流区与湍流区的 Re 值不完全相同。

由图 3-13 可知，在层流区（$Re<10$），不同型式搅拌器的功率曲线均为直线，直线的斜率均为-1，且同一型式几何相似的搅拌器，不论是否装有挡板，功率曲线均相同，即挡板对搅拌功率没有影响。而在完全湍流区（$Re>10^4$），同一种桨叶，有挡板时比无挡板时提供的功率要大。

对于给定的搅拌系统，可先由功率曲线查出功率因数或功率准数，然后再经计算得出所需的搅拌功率。此外，对于特定的搅拌器，还可按流动状况对功率曲线进行回归，得到计算搅拌功率的经验关联式。例如，由层流区（$Re<10$）的功率曲线可得搅拌功率的计算式为

$$P=K_{1}\mu n^{2}d^{3} \tag{3-8}$$

式中　K_1——与搅拌器结构型式有关的常数，常见搅拌器的 K_1 值如表 3-2 所示。

又如，由完全湍流区（$Re>10^4$）的功率曲线可得有挡板时的搅拌功率计算式为

$$P=K_{2}\rho n^{3}d^{5} \tag{3-9}$$

式中　K_2——与搅拌器结构型式有关的常数，常见搅拌器的 K_2 值如表 3-2 所示。

表 3-2 搅拌器的 K_1、K_2 值

搅拌器型式		K_1	K_2	搅拌器型式		K_1	K_2
三叶推进式	$s=d$	41.0	0.32	双叶单平桨式	$d/b=4$	43.0	2.25
	$s=2d$	43.5	1.0		$d/b=6$	36.5	1.60
四叶直叶圆盘涡轮		70.0	4.5		$d/b=8$	33.0	1.15
六叶直叶涡轮		70.0	3.0	四叶双平桨式 $d/b=6$		49.0	2.75
六叶直叶圆盘涡轮		71.0	6.1	六叶三平桨式 $d/b=6$		71.0	3.82
六叶弯叶圆盘涡轮		70.0	4.8	螺带式		$340h/d$	
六叶斜叶涡轮		70.0	1.5	搪瓷锚式		245	

注：s—桨叶螺距；d—旋转直径；b—桨叶宽度；h—螺带高度。

对于无挡板且 $Re>300$ 的搅拌系统，重力的影响不能忽略，此时式(3-6) 中的 b 可按下式计算

$$b=\frac{\alpha-\lg Re}{\beta} \tag{3-10}$$

式(3-10) 中 α、β 的值取决于物料的流动状况及搅拌器的型式和尺寸。常见搅拌器的 α、β 值如表 3-3 所示。

表 3-3 搅拌器的 α 和 β 值（$Re>300$）

$\frac{d}{D}$	三叶推进式					六叶弯叶涡轮	六叶直叶涡轮
	0.48	0.37	0.33	0.30	0.20	0.30	0.33
α	2.6	2.3	2.1	1.7	0	1.0	1.0
β	18.0	18.0	18.0	18.0	18.0	40.0	40.0

【例 3-1】 某釜式反应器的内径为 1.5m，装有六叶直叶圆盘涡轮式搅拌器，搅拌器的直径为 0.5m，转速为 $150\mathrm{r\cdot min^{-1}}$，反应物料的密度为 $960\mathrm{kg\cdot m^{-3}}$，黏度为 $0.2\mathrm{Pa\cdot s}$。试计算搅拌功率。

解： ① 计算 Re 由式(3-4) 得

$$Re=\frac{d^2n\rho}{\mu}=\frac{0.5^2\times\left(\frac{150}{60}\right)\times960}{0.2}=3000>300$$

② 计算搅拌功率 P 由图 3-13 中的曲线 5 查得 $\Phi=1.8$；由表 3-3 查得 $\alpha=1.0$，$\beta=40.0$。由式(3-5) 和式(3-10) 得

$$Fr=\frac{dn^2}{g}=\frac{0.5\times\left(\frac{150}{60}\right)^2}{9.81}=0.319$$

$$b=\frac{\alpha-\lg Re}{\beta}=\frac{1.0-\lg3000}{40.0}=-0.0619$$

由式(3-3) 和式(3-6) 得

$$P=\Phi Fr^b\rho n^3d^5=1.8\times0.319^{-0.0619}\times960\times\left(\frac{150}{60}\right)^3\times0.5^5=906\mathrm{W}$$

2. 搅拌功率的校正

功率曲线都是以一定型式、尺寸的搅拌器进行实验而测得的，利用功率曲线计算搅拌功

率，搅拌器的型式、尺寸应符合功率曲线的测定条件。然而，在实际生产中，搅拌器的型式、尺寸是多种多样的，其功率曲线往往不能从手册或资料中直接查到。此时，若已知各种参数对搅拌功率的影响，则可按构型相似的搅拌器的功率曲线计算出搅拌功率，然后再加以校正，估算出装置实际的搅拌功率。

（1）桨叶数量的影响　对圆盘涡轮式搅拌器，可先利用图 3-13 计算出搅拌功率，再按下式进行校正

$$P'=P\left(\frac{n_b}{6}\right)^{m_1} \tag{3-11}$$

式中　P'——校正后的搅拌功率，W 或 kW；

P——按 6 片桨叶由图 3-33 求出的搅拌功率，W 或 kW；

n_b——实际桨叶数；

m_1——与桨叶数有关的常数。当 $n_b=2$、4、6 时，$m_1=0.8$；当 $n_b=8$、10、12 时，$m_1=0.7$。

（2）桨叶直径的影响　当桨叶直径不符合 $d/D=1/3$ 时，可先利用图 3-13 计算出搅拌功率，再按下式进行校正

$$P'=P\left(\frac{D}{3d}\right)^{m_2} \tag{3-12}$$

式中　m_2——与搅拌器型式有关的常数。对推进式或涡轮式搅拌器，$m_2=0.93$；对桨式搅拌器，$m_2=1.1$。

（3）桨叶宽度的影响　当桨叶宽度不符合 $b/d=1/4$ 时，可先利用图 3-13 计算出搅拌功率，再按下式进行校正

$$P'=P\left(\frac{4b}{d}\right)^{m_3} \tag{3-13}$$

式中　m_3——与搅拌器型式、尺寸及物料流动状况有关的常数。湍流状态下，对径向流叶轮（平桨、开启涡轮），$m_3=0.3\sim0.4$；对六叶圆盘涡轮，当 $b/d=0.2\sim0.5$ 时，$m_3=0.67$。

（4）液层深度的影响　当液层深度不符合 $H_L/D=1$ 时，可先利用图 3-13 计算出搅拌功率，再按下式进行校正

$$P'=P\left(\frac{H_L}{D}\right)^{0.6} \tag{3-14}$$

（5）桨叶层数及层间距的影响　若液层过高，即使是低黏度液体，也要考虑设置多层桨叶。一般情况下，当$\frac{H_L}{D}>1.25$时，应考虑采用多层桨叶，各层桨叶之间的距离可取桨径的 1.0～1.5 倍。

图 3-14 为开启涡轮的层间距对搅拌功率的影响，从中可以看出，当层间距 s_1 大于 $1.5d$ 时，双层直叶的功率约为单层直叶的 2 倍，直叶和折叶组合的功率约为单层直叶的 1.5 倍，而双层折叶的功率与单层直叶的功率基本相当。

对于推进式搅拌器，在层流区，双层推进式的功率约为单层的 2 倍；而在湍流区，双层推进式的功率随层间距的增大而线性增大，如图 3-15 所示。

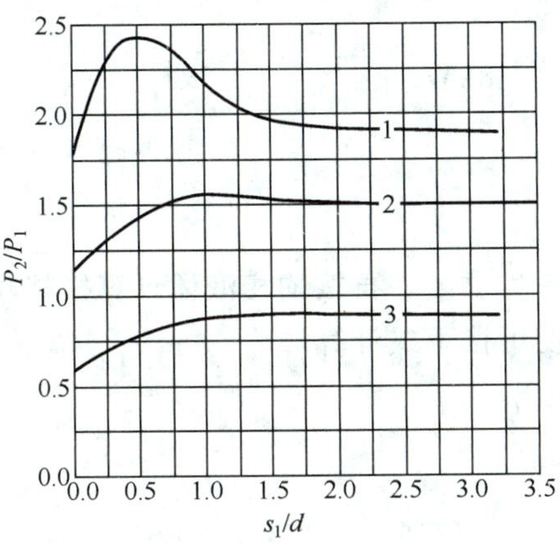

图 3-14　开启涡轮的层间距对功率的影响

1—双层直叶；2—直叶与折叶；3—双层折叶

（P_1—单层直叶的功率，P_2—双层涡轮的功率）

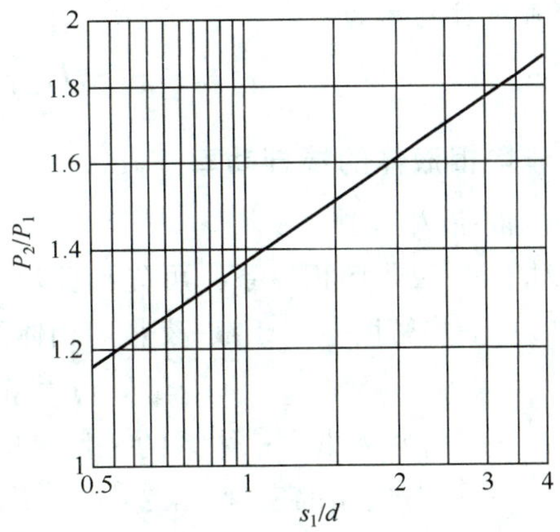

图 3-15　推进式的层间距对功率的影响

P_1—单层时的功率，P_2—双层时的功率

【例 3-2】 某釜式反应器的内径为 1.5m，装有单层 8 叶直叶圆盘涡轮式搅拌器，搅拌器的直径为 0.4m，转速为 150r·min^{-1}，叶片宽度约为叶轮直径的 1/5。釜内装有挡板，并符合全挡板条件。装液深度为 2m，物料密度为 1000kg·m^{-3}，黏度为 0.004Pa·s。试计算搅拌功率。

解： 以图 3-13 中的曲线 6 为依据进行计算。曲线 6 所对应的搅拌器为单层六叶直叶圆盘涡轮式搅拌器，其几何尺寸为 $d/D=1/3$、$b/d=1/4$、$H_L/D=1$，并符合全挡板条件。

① 由图 3-13 中的曲线 6 计算搅拌功率　由式(3-4) 得

$$Re=\frac{d^2 n\rho}{\mu}=\frac{0.4^2\times\left(\frac{150}{60}\right)\times1000}{0.004}=1.0\times10^5$$

由图 3-13 中的曲线 6 查得 $\Phi=N_P=6.4$。由式(3-3) 得

$$P_1=N_P\rho n^3 d^5=6.4\times1000\times\left(\frac{150}{60}\right)^3\times0.4^5=1024\text{W}$$

② 校正桨叶数量的影响　由式(3-11) 得

$$P_2=P_1\left(\frac{n_b}{6}\right)^{m_1}=1024\times\left(\frac{8}{6}\right)^{0.7}=1252.4\text{W}$$

③ 校正桨叶直径的影响　由式(3-12) 得

$$P_3=P_2\left(\frac{D}{3d}\right)^{m_2}=1252.4\times\left(\frac{1.5}{3\times0.4}\right)^{0.93}=1541.2\text{W}$$

④ 校正桨叶宽度的影响　由式(3-13) 得

$$P_4=P_3\left(\frac{4b}{d}\right)^{m_3}=1541.2\times\left(4\times\frac{1}{5}\right)^{0.67}=1327.2\text{W}$$

⑤ 校正液层深度的影响　由式(3-14) 得

$$P_5=P_4\left(\frac{H_L}{D}\right)^{0.6}=1327.2\times\left(\frac{2}{1.5}\right)^{0.6}=1577.2\text{W}$$

故所求搅拌功率为

$$P=P_5=1577.2\text{W}\approx 1.58\text{kW}$$

二、非均相液体的搅拌功率

1. 液-液相搅拌

对于液-液非均相体系，可先计算出平均密度和平均黏度，再按均相液体计算搅拌功率。

（1）平均密度　对于液-液非均相体系，平均密度可按下式计算

$$\bar{\rho}=\phi_d\rho_d+(1-\phi_d)\rho_c \tag{3-15}$$

式中　$\bar{\rho}$——液-液非均相体系的平均密度，$\text{kg}\cdot\text{m}^{-3}$；

ρ_d——分散相的密度，$\text{kg}\cdot\text{m}^{-3}$；

ρ_c——连续相的密度，$\text{kg}\cdot\text{m}^{-3}$；

ϕ_d——分散相的体积分数。

（2）平均黏度　对于液-液非均相体系，当两相液体的黏度均较低时，平均黏度可按下式计算

$$\bar{\mu}=\mu_d^{\phi_d}\mu_c^{(1-\phi_d)} \tag{3-16}$$

式中　$\bar{\mu}$——液-液非均相体系的平均黏度，$\text{Pa}\cdot\text{s}$；

μ_d——分散相的黏度，$\text{Pa}\cdot\text{s}$；

μ_c——连续相的黏度，$\text{Pa}\cdot\text{s}$。

对常用的水-有机溶剂体系，当水的体积分数小于40%时，平均黏度可按下式计算

$$\bar{\mu}=\frac{\mu_o}{\phi_o}\left(1+\frac{1.5\phi_w\mu_w}{\mu_w+\mu_o}\right) \tag{3-17}$$

式中　μ_w——水相的黏度，$\text{Pa}\cdot\text{s}$；

μ_o——有机溶剂相的黏度，$\text{Pa}\cdot\text{s}$；

ϕ_w——水相的体积分数；

ϕ_o——有机溶剂相的体积分数。

当水的体积分数大于40%时，平均黏度可按下式计算

$$\bar{\mu}=\frac{\mu_w}{\phi_w}\left[1+\frac{6\phi_o\mu_o}{\mu_w+\mu_o}\right] \tag{3-18}$$

2. 气-液相搅拌

通入气体后，搅拌器周围液体的表观密度将减小，从而使搅拌所需的功率显著降低。

对于涡轮式搅拌器，通气搅拌功率可用下式计算

$$\lg\left(\frac{P_g}{P}\right)=-192\left(\frac{d}{D}\right)^{4.38}\left(\frac{d^2n\rho}{\mu}\right)^{0.115}\left(\frac{dn^2}{g}\right)^{\frac{1.96d}{D}}\left(\frac{Q}{nd^3}\right) \tag{3-19}$$

式中　P_g——通入气体时的搅拌功率，W或kW；

P——不通入气体时的搅拌功率，W或kW；

Q——操作状态下的通气量，$\text{m}^3\cdot\text{s}^{-1}$。

【例3-3】　若向例3-2的釜式反应器中通入空气，操作状态下的通气量为$2\text{m}^3\cdot\text{min}^{-1}$，试计算所需的搅拌功率。

解： 由式(3-19)得

$$\lg\left(\frac{P_g}{P}\right)=-192\left(\frac{d}{D}\right)^{4.38}\left(\frac{d^2n\rho}{\mu}\right)^{0.115}\left(\frac{dn^2}{g}\right)^{\frac{1.96d}{D}}\left(\frac{Q}{nd^3}\right)$$

$$=-192\times\left(\frac{0.4}{1.5}\right)^{4.38}\times\left(\frac{0.4^2\times\frac{150}{60}\times1000}{0.004}\right)^{0.115}\times\left[\frac{0.4\times\left(\frac{150}{60}\right)^2}{9.81}\right]^{\frac{1.96\times0.4}{1.5}}\times\left(\frac{\frac{2}{60}}{\frac{150}{60}\times0.4^3}\right)$$

$$=-0.225$$

则

$$P_g=10^{-0.225}P=10^{-0.225}\times1.58=0.94\text{kW}$$

3. 固-液相搅拌

当固体颗粒的量不大时，可近似看成均一的悬浮状态。此时可先计算出平均密度和平均黏度，然后再按均相液体计算搅拌功率。

(1) 平均密度　对于固-液非均相体系，平均密度可按下式计算

$$\bar{\rho}=\phi\rho_s+(1-\phi)\rho \tag{3-20}$$

式中　$\bar{\rho}$——固-液非均相体系的平均密度，$kg \cdot m^{-3}$；

ρ_s——固体颗粒的密度，$kg \cdot m^{-3}$；

ρ——液相的密度，$kg \cdot m^{-3}$；

ϕ——固体颗粒所占的体积分数。

(2) 平均黏度　对于固-液非均相体系，当固液体积比不大于1时，平均黏度可按下式计算

$$\bar{\mu}=\mu(1+2.5\phi') \tag{3-21}$$

式中　$\bar{\mu}$——固-液非均相体系的平均黏度，$Pa \cdot s$；

μ——液相的黏度，$Pa \cdot s$；

ϕ'——固体颗粒与液体的体积比。

当固液体积比大于1时，平均黏度可按下式计算

$$\bar{\mu}=\mu(1+4.5\phi') \tag{3-22}$$

应当指出的是，固-液相的搅拌功率与固体颗粒的大小有很大关系。当颗粒尺寸大于200目时，粒子与桨叶接触时的阻力将增大，按上述算法所求得的搅拌功率将偏小。

三、非牛顿型液体的搅拌功率

牛顿型液体符合牛顿黏性定律，非牛顿型液体不符合牛顿黏性定律。搅拌牛顿型液体时，釜内液体的黏度处处相等，即不存在黏度分布。而搅拌非牛顿型液体时，釜内液体难以混合均匀，即存在黏度分布。一般地，在搅拌非牛顿型液体时，桨叶附近的液体黏度最小，离桨叶愈远，液体的黏度愈大，至釜壁附近处液体的黏度达到最大。由于釜壁附近处液体的黏度较大，因而层流边界层较厚，这对传热是十分不利的。此时采用锚式、框式、螺带式等大直径低转速搅拌器，可以刮薄附着在釜内壁上的物料层，减薄层流边界层的厚度，从而使

传热膜系数显著提高。

计算非牛顿型液体的搅拌功率仍可采用牛顿型液体搅拌功率的计算方法，但应将 $Re=\frac{d^2 n\rho}{\mu}$ 中的 μ 改为非牛顿型液体的表观黏度。表观黏度可按下式计算

$$\mu_a = K(Bn)^{m-1} \tag{3-23}$$

03-03 搅拌器的放大

式中 μ_a——非牛顿型液体的表观黏度，Pa·s；

K——稠度系数，取决于流体的温度和压力；

m——流变指数，反映与牛顿型流体的差异程度。对于牛顿型流体，$m=1$；

B——与搅拌器结构有关的常数。

某些液体的 K 和 m 值以及搅拌器的 B 值分别列于表 3-4 和 3-5 中。

表 3-4 某些液体的 *K* 和 *m* 值（20℃）

聚合物	质量分数/%	溶剂	K	m
羟甲基纤维素	23	水	800	0.38
	20	水＋甘油(1∶1)	1500	0.50
聚乙烯醇	30	水	440	0.75
	20	水＋甘油(1∶1)	800	0.65
聚甲基硅氧烷	100		1000	0.98
异戊二烯合成橡胶	20	汽油	50	0.58
乙丙合成橡胶	21	汽油	7.0	0.92
丁苯合成橡胶	25	庚烷	42	0.91
丁二烯合成橡胶	25	庚烷	45	0.97
聚戊烷合成橡胶	20	甲苯	700	0.47
250℃的聚乙烯熔体	100		1800	0.65

表 3-5 搅拌器的 *B* 值

推进式	三叶及六叶开启涡轮	弯叶开启涡轮	桨式	锚式 ($d/D=0.95$)	双螺带式 ($d/D=0.95, s/D=1$)
10.0	11～12	7.1	10.5～11	22～25	30

注：d—旋转直径；D—釜式反应器内径；s—螺带螺距。

【例 3-4】 在 20℃时用双螺带式搅拌器搅拌聚乙烯醇水溶液（质量分数为 30%），已知釜内物料流动为层流，釜内径 $D=1.5\text{m}$，搅拌器直径 $d=1.42\text{m}$，搅拌器高度 $h=1.5\text{m}$，转速 $n=10\text{r}\cdot\text{min}^{-1}$，试计算搅拌器的功率。

解：由表 3-4 查得聚乙烯醇水溶液的 K 为 440、m 为 0.75；由表 3-5 查得双螺带式搅拌器的 B 为 30。由式(3-23) 得

$$\mu_a = K(Bn)^{m-1} = 440\times\left(30\times\frac{10}{60}\right)^{0.75-1} = 294.25\text{Pa}\cdot\text{s}$$

因釜内物料的流动状态为层流，则由式(3-8) 和表 3-2 得搅拌器的搅拌功率为

$$P = K_1\mu_a n^2 d^3 = 340\frac{h}{d}\mu_a n^2 d^3$$

$$=340\times\frac{1.5}{1.42}\times 294.25\times\left(\frac{10}{60}\right)^2\times 1.42^3 = 8405\text{W}\approx 8.41\text{kW}$$

习 题

本章目标检测题

1. 某釜式反应器的内径为 1.5m，装有三叶推进式搅拌器，其螺距和直径均为 0.5m，转速为 $180r \cdot min^{-1}$。釜内装有挡板，并符合全挡板条件。反应物料的密度为 $1000kg \cdot m^{-3}$，黏度为 $0.2Pa \cdot s$。试计算搅拌功率。(360W)

2. 某釜式反应器的内径为 1.5m，装有单层八叶弯叶圆盘涡轮式搅拌器，搅拌器的直径为 0.4m，转速为 $120r \cdot min^{-1}$，叶片宽度约为叶轮直径的 1/5。釜内装有挡板，并符合全挡板条件。装液深度为 2m，物料密度为 $1000kg \cdot m^{-3}$，黏度为 $0.002Pa \cdot s$。试计算搅拌功率。(606W)

3. 若向上题的釜式反应器内通入空气，操作状态下的通气量为 $4m^3 \cdot min^{-1}$，试计算所需的搅拌功率。(205W)

4. 在 20℃时用搪瓷锚式搅拌器搅拌羟甲基纤维素水溶液（质量分数为 23%）。已知釜内物料流动为层流，釜内径 $D=1.5m$，搅拌器直径 $d=1.42m$，搅拌器高度 $h=1.5m$，转速 $n=20r \cdot min^{-1}$，试计算搅拌器的功率。(6.97kW)

思 考 题

1. 分别简述推进式搅拌器和涡轮式搅拌器的结构和搅拌特点。

2. 分别简述桨式、锚式、框式和螺带式搅拌器的结构和搅拌特点。

3. 什么是打旋现象？如何抑制或消除打旋现象？

4. 推进式搅拌器和涡轮式搅拌器的导流筒安装方式有何不同？

5. 简述下列过程的搅拌器选型。①低黏度均相液体的混合；②高黏度均相液体的混合；③非均相液体的混合；④固体悬浮；⑤固体溶解；⑥气体吸收；⑦传热；⑧结晶。

第四章　沉降与过滤

学习要求

1. 掌握：重力沉降速度的计算，恒压过滤的计算，过滤常数的测定。

2. 熟悉：降尘室，离心沉降原理，旋风分离器的工作原理，过滤操作的基本概念，板框压滤机的结构与工作原理，滤饼的洗涤，过滤机的生产能力，空气净化专用过滤器及其特点。

3. 了解：沉降槽，旋液分离器，管式离心机，碟式离心机，三足式离心机，叶滤机，转筒真空过滤机，袋式除尘器，填料式洗涤除尘器。

本章课件

制药化工生产中所遇到的混合物可分为均相和非均相混合物两大类。凡内部物料性质均匀且不存在相界面的物系称为**均相物系**或**均相混合物**。如完全互溶的液体及混合气体都属于均相物系。凡内部存在两相界面且界面两侧的物理性质不同的物系称为**非均相物系**或**非均相混合物**。非均相物系根据连续相的状态又可分为气态非均相物系和液态非均相物系。如含尘气体、含雾气体均属于气态非均相物系，此类混合物可以用沉降、静电分离或湿洗分离等操作达到气固、气液间的分离；悬浮液、乳浊液、泡沫液都属于液态非均相物系，分离这一类型的混合物常用方法有过滤、沉降、静置分层等。

非均相物系由分散相（分散物质）和连续相（分散介质）构成。处于分散状态的物质称为**分散相**，如悬浮液中的固体颗粒、乳浊液中的微滴、泡沫液中的气泡；处于连续状态的物质或流体称为**连续相**，如气态非均相物系中的气体、液态非均相物系中的连续液体。

由于分散相和连续相的密度和黏度存在明显差异，因而可用机械方法促使两相之间产生相对运动而分离开来。常用的非均相物系的分离方法有重力沉降、离心沉降和过滤等。

非均相物系分离的目的是回收分散物质或净化分散介质。非均相物系的分离在制药化工生产中有着广泛的应用。如制药化工生产中的液固分离、洁净室中空气的净化以及含尘气流中的药粉回收等。

第一节　重力沉降

重力沉降和离心沉降都是非均相物系的常用沉降分离方法。在地球引力的作用下而发生的沉降分离过程称为**重力沉降**。在惯性离心力的作用下而发生的沉降分离过程称为**离心沉降**。本节首先讨论重力沉降，而离心沉降将在下一节中讨论。

一、重力沉降速度

1. 球形颗粒的自由沉降

单个颗粒在流体中的沉降过程，或颗粒群在流体中分散得较好且颗粒之间互不接触和碰撞的沉降过程均称为自由沉降。当单个球形颗粒处于静止流体介质中，且颗粒密度 ρ_s 大于流体密度 ρ 时，则颗粒将在重力作用下作沉降运动。此时，颗粒受到重力 F_g、浮力 F_b 和阻力 F_d 三个力的作用，其中重力的方向向下，浮力和阻力的方向向上。

如图 4-1 所示，当颗粒直径为 d 时，有

$$F_g = mg = \frac{\pi}{6} d^3 \rho_s g$$

$$F_b = \frac{\pi}{6} d^3 \rho g$$

$$F_d = \zeta A \frac{\rho u^2}{2} = \zeta \frac{\pi d^2}{4} \frac{\rho u^2}{2}$$

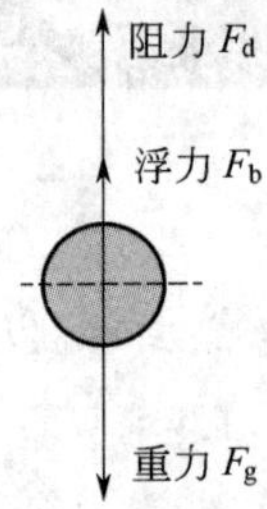

图 4-1 沉降颗粒的受力情况

式中 m——颗粒的质量，kg；

ζ——阻力系数，无因次；

A——颗粒在垂直于运动方向的平面上的投影面积，m^2；

u——颗粒与流体间的相对运动速度，$m \cdot s^{-1}$。

根据牛顿第二定律，颗粒重力沉降运动的基本方程式为

$$F_g - F_b - F_d = ma$$

即

$$\frac{\pi}{6} d^3 \rho_s g - \frac{\pi}{6} d^3 \rho g - \zeta \frac{\pi d^2}{4} \frac{\rho u^2}{2} = \frac{\pi}{6} d^3 \rho_s a \tag{4-1}$$

式中 a——重力沉降加速度，$m \cdot s^{-2}$。

当颗粒开始沉降的瞬间，$u=0$，故阻力为零，所以加速度 a 具有最大值。开始沉降后，F_d 随 u 值的增大而增加，故 a 值逐渐减小。当 u 增大至某一数值 u_t 时，阻力、浮力与重力达到平衡，即合力为零，此时颗粒的加速度为零，开始作匀速沉降运动。可见，颗粒的重力沉降过程可分为两个阶段。对于小颗粒，加速阶段较短，可忽略不计。在匀速沉降阶段，颗粒相对于流体的运动速度称为沉降速度或终端速度，以 u_t 表示，单位为 $m \cdot s^{-1}$。

当 $a=0$ 时，$u=u_t$，代入式(4-1) 可导出颗粒沉降速度 u_t 的计算式为

$$u_t = \sqrt{\frac{4gd(\rho_s - \rho)}{3\zeta\rho}} \tag{4-2}$$

2. 阻力系数

由式(4-2) 计算沉降速度 u_t 时，首先需确定阻力系数 ζ 的值。研究表明，颗粒的阻力系数与颗粒相对于流体运动时的雷诺数及颗粒的形状有关。重力沉降时，颗粒相对于流体运动时的雷诺数的定义式为

$$Re = \frac{d u_t \rho}{\mu} \tag{4-3}$$

式中 μ——流体的黏度，$Pa \cdot s$。

颗粒的形状可用球形度来表示，其定义为

$$\Phi = \frac{S_P}{S} \tag{4-4}$$

式中 Φ——颗粒的球形度，无因次；

S——颗粒的外表面积，m^2；

S_P——与颗粒体积相等的一个圆球的表面积，m^2。

对于球形颗粒，$\Phi=1$，颗粒形状偏离球形的程度越大，球形度就越小，沉降时的阻力系数就越大。

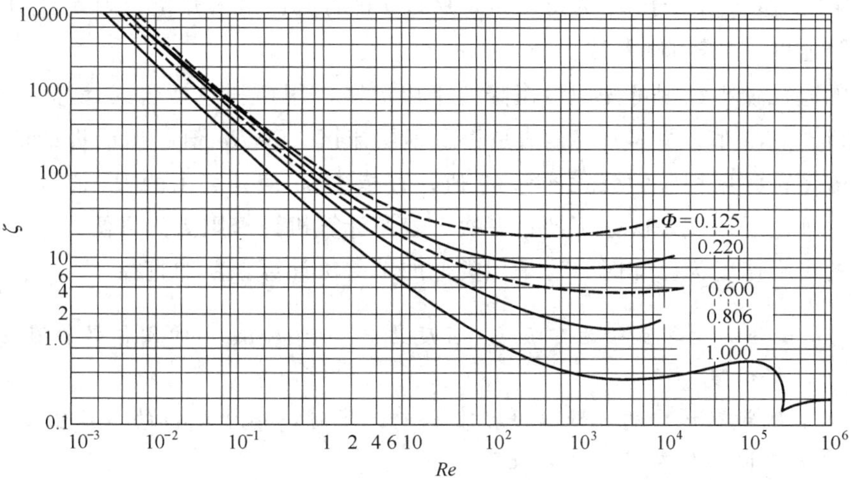

图 4-2　颗粒的 ζ 与 Re 及 Φ 之间的关系

由实验测得的 ζ 与 Re 及 Φ 之间的关系曲线如图 4-2 所示。根据 Re 的大小，可将球形颗粒的曲线划分为三个区域，即

(1) 层流区（$10^{-4}<Re\leqslant 2$）　该区域又称为斯托克斯（Stokes）定律区，此区域内的曲线为一条向下倾斜的直线（斜率为负值），该直线可回归成下式

$$\zeta=\frac{24}{Re} \tag{4-5}$$

由式(4-2)、式(4-3) 和式(4-5) 得

$$u_t=\frac{gd^2(\rho_s-\rho)}{18\mu} \tag{4-6}$$

04-01　从亚里士多德到斯托克斯

式(4-6) 又称为斯托克斯公式。

(2) 过渡区（$2<Re\leqslant 500$）　该区域又称为艾伦（Allen）定律区，此区域内的曲线可回归成下式

$$\zeta=\frac{18.5}{Re_t^{0.6}} \tag{4-7}$$

由式(4-2) 和式(4-7) 得

$$u_t=0.27\sqrt{\frac{gd(\rho_s-\rho)}{\rho}Re_t^{0.6}} \tag{4-8}$$

式(4-8) 又称为艾伦公式。

(3) 湍流区（$500<Re\leqslant 2\times 10^5$）　该区域又称为牛顿（Newton）定律区，此区域内 ζ 与 Re 的关系曲线几乎成水平线，即

$$\zeta=0.44 \tag{4-9}$$

代入式(4-2) 并整理得

$$u_t=1.74\times\sqrt{\frac{gd(\rho_s-\rho)}{\rho}} \tag{4-10}$$

式(4-10) 又称为牛顿公式。

3. 沉降速度的计算

计算球形颗粒的沉降速度时，首先要知道 Re 的值以判断流型，然后才能选用相应的关系式来计算 u_t 的值。但由于 u_t 为待求量，所以 Re 的值也是未知量。因此已知球形颗粒的直径计算沉降速度 u_t 需用试差法。

若颗粒的直径较小，则可先假设沉降位于层流区，用斯托克斯公式计算 u_t 值，然后用所得的 u_t 值计算 Re 值，并检验 Re 值是否属于层流区。若 Re 值超出所设的流型范围，则应重新假设流型，并用相应的公式计算 u_t 值，直至按 u_t 值计算出的 Re 值符合所假设的流型范围为止。理论上，试差次数不超过三次，若用计算机计算则更为方便。

当颗粒的沉降速度为已知时，可采用类似的试差法计算颗粒的直径。

【例 4-1】 试分别计算直径为 90μm、密度为 3000kg・m^{-3} 的固体颗粒在 20℃的水和空气中的自由沉降速度。

解：①计算颗粒在水中的沉降速度　在水中沉降时，由于颗粒的粒径较小且液体的黏度较大，故可先假设颗粒在层流区内沉降。

由附录 2 查得，水在 20℃时的密度为 998.2kg・m^{-3}，黏度为 1.004×10^{-3}Pa・s。由式(4-6) 得

$$u_t=\frac{gd^2(\rho_s-\rho)}{18\mu}=\frac{9.81\times(90\times10^{-6})^2\times(3000-998.2)}{18\times1.004\times10^{-3}}=8.80\times10^{-3}\,\mathrm{m\cdot s^{-1}}$$

核算流型：

$$Re=\frac{du_t\rho}{\mu}=\frac{90\times10^{-6}\times8.80\times10^{-3}\times998.2}{1.004\times10^{-3}}=0.787<2$$

可见，颗粒沉降位于层流区，即原假设成立，故颗粒在水中的沉降速度为 8.80×10^{-3}m・s^{-1}。

② 计算颗粒在空气中的沉降速度　由于气体的黏度较小，故假设颗粒在过渡区内沉降。由附录 9 查得，空气在 20℃时的密度为 1.2kg・m^{-3}，黏度为 1.81×10^{-5}Pa・s。由式(4-8) 得

$$u_t=\frac{0.154g^{\frac{1}{1.4}}d^{\frac{1.6}{1.4}}(\rho_s-\rho)^{\frac{1}{1.4}}}{\rho^{\frac{0.4}{1.4}}\mu^{\frac{0.6}{1.4}}}=\frac{0.154\times9.81^{\frac{1}{1.4}}\times(90\times10^{-6})^{\frac{1.6}{1.4}}\times(3000-1.2)^{\frac{1}{1.4}}}{1.2^{\frac{0.4}{1.4}}\times(1.81\times10^{-5})^{\frac{0.6}{1.4}}}=0.583\,\mathrm{m\cdot s^{-1}}$$

核算流型：

$$Re_t=\frac{du_t\rho}{\mu}=\frac{90\times10^{-6}\times0.583\times1.2}{1.81\times10^{-5}}=3.479$$

可见，颗粒沉降位于过渡区，即原假设成立，故颗粒在空气中的自由沉降速度为 0.583m・s^{-1}。

上述讨论都是基于表面光滑、刚性球形颗粒在流体中作自由沉降的简单情况。但多数实际情况中，当分散相的体积分数较高，颗粒之间有显著的相互作用时所发生的沉降过程称为干扰沉降。如液态非均相物系中，往往分散相浓度较高，一般为干扰沉降。此外，容器壁面能增加颗粒沉降时的曳力，使颗粒的实际沉降速度较自由沉降速度低，这种现象称为器壁效

应。当容器尺寸远远大于颗粒尺寸时，器壁效应可忽略，否则需加以考虑。

二、降尘室

降尘室是利用重力沉降原理将颗粒从气流中分离出来的设备，常用于含尘气体的预处理。典型的水平流动型降尘室如图 4-3 所示。

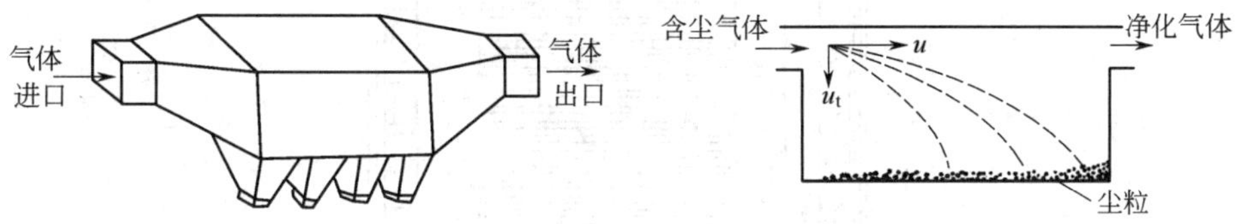

(a) 降尘室　　(b) 颗粒在降尘室内的运动

图 4-3 降尘室及其内的颗粒运动

含尘气体进入降尘室后，其流速因流道截面积扩大而降低。只要颗粒能够在气体通过降尘室的时间内降至室底，即能从气流中分离出来。位于降尘室内最高点的颗粒沉降至室底所需的时间为

$$\tau_t=\frac{H}{u_t} \tag{4-11}$$

式中 τ_t——沉降时间，s；

H——降尘室的高度，m；

u_t——颗粒的沉降速度，$m\cdot s^{-1}$。

气体通过降尘室的时间，即停留时间为

$$\tau=\frac{L}{u} \tag{4-12}$$

式中 τ——气体通过降尘室的时间，即停留时间，s；

L——降尘室的长度，m；

u——气体在降尘室内水平通过的流速，$m\cdot s^{-1}$。

颗粒能够从气流中分离出来的必要条件是气体在降尘室内的停留时间不小于颗粒的沉降时间，即

$$\tau\geqslant\tau_t \quad 或 \quad \frac{L}{u}\geqslant\frac{H}{u_t} \tag{4-13}$$

气体通过降尘室的水平流速为

$$u=\frac{V_s}{Hb} \tag{4-14}$$

式中 V_s——含尘气体的体积流量，即降尘室的生产能力，$m^3\cdot s^{-1}$；

b——降尘室的宽度，m。

将式(4-14) 代入式(4-13) 并整理得

$$V_s\leqslant bLu_t \tag{4-15}$$

式(4-15) 表明，降尘室的生产能力仅取决于沉降面积 bL 和颗粒的沉降速度 u_t，而与降尘室的高度 H 无关，故降尘室常设计成多层，如图 4-4 所示。

对于多层降尘室，若水平隔板将室内分隔成 N 层［隔板数为 $(N-1)$］，则各层的层高即隔板间距为

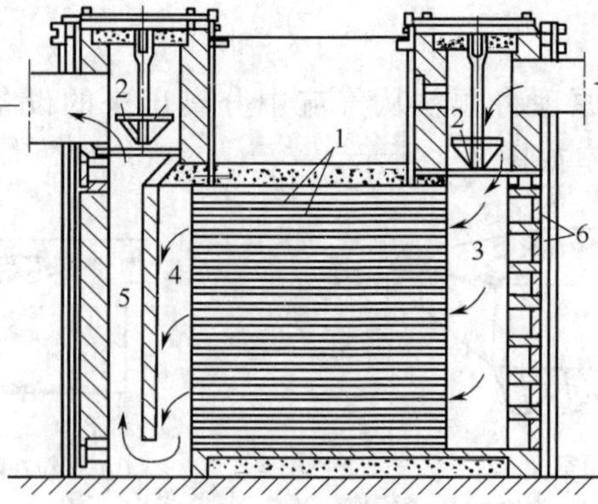

图 4-4 多层降尘室

1—隔板；2—调节阀；3—气体分配道；4—气体聚集道；5—气道；6—清灰口

$$h=\frac{H}{N} \tag{4-16}$$

式中 h——多层降尘室的层高，m；

N——多层降尘室的层数。

将式(4-16) 代入式(4-14) 得气体通过各层的水平流速为

$$u=\frac{V_s}{Hb}=\frac{V_s}{Nhb} \tag{4-17}$$

将式(4-17) 代入式(4-13) 并整理得

$$V_s \leqslant NbLu_t \tag{4-18}$$

显然，多层降尘室可提高含尘气体的处理量即生产能力。但操作时气体通过隔板的气速不能太大，否则会将沉降下来的尘粒重新卷起。一般情况下，气体通过隔板时的流速可取 $0.5 \sim 1\text{m}\cdot\text{s}^{-1}$。

对于特定的降尘室，若某粒径的颗粒在沉降时能满足 $\tau=\tau_t$ 的条件，则该粒径为该降尘室能完全除去的最小粒径，称为**临界粒径**，以 d_c 表示。对于单层降尘室，与临界粒径相对应的临界沉降速度为

$$u_{tc}=\frac{V_s}{bL} \tag{4-19}$$

式中 u_{tc}——与临界粒径相对应的临界沉降速度，$\text{m}\cdot\text{s}^{-1}$。

若颗粒的沉降位于层流区，则将式(4-19) 代入式(4-6) 即得临界粒径的计算式为

$$d_c=\sqrt{\frac{18\mu u_{tc}}{g(\rho_s-\rho)}}=\sqrt{\frac{18\mu}{g(\rho_s-\rho)}\frac{V_s}{bL}} \tag{4-20}$$

降尘室的优点是结构简单、阻力小。缺点是体积庞大、分离效率较低。普通降尘室仅能分离粒径在 50μm 以上的粗颗粒。

【例 4-2】 某药厂采用降尘室回收气体中所含的球形固体颗粒。已知降尘室的底面积为 10m^2，宽和高均为 2m；气体在操作条件下的密度为 $0.75\text{kg}\cdot\text{m}^{-3}$，黏度为 $2.6\times10^{-5}\text{Pa}\cdot\text{s}$；

固体的密度为 $3000\text{kg}\cdot\text{m}^{-3}$；若降尘室的生产能力为 $4\text{m}^3\cdot\text{s}^{-1}$，试确定：①理论上能完全收集下来的最小颗粒直径；②粒径为 40μm 的颗粒的回收率；③若要完全回收直径为 15μm 的颗粒，对原降尘室应采取何种措施？

解：① 理论上能完全收集下来的最小颗粒直径　由式(4-19) 得降尘室能完全分离出来的最小颗粒的沉降速度为

$$u_{\text{tc}}=\frac{V_{\text{s}}}{bL}=\frac{4}{10}=0.4\text{m}\cdot\text{s}^{-1}$$

设颗粒的沉降位于层流区，则由式(4-20) 得

$$d_{\text{c}}=\sqrt{\frac{18\mu u_{\text{tc}}}{g(\rho_{\text{s}}-\rho)}}=\sqrt{\frac{18\times2.6\times10^{-5}\times0.4}{9.81\times(3000-0.75)}}=8\times10^{-5}\text{m}$$

核算流型：

$$Re_{\text{c}}=\frac{d_{\text{c}}u_{\text{tc}}\rho}{\mu}=\frac{8\times10^{-5}\times0.4\times0.75}{2.6\times10^{-5}}=0.92<2$$

可见，颗粒沉降位于层流区，即原假设成立，故理论上能完全收集下来的最小颗粒直径等于临界粒径，即

$$d_{\min}=d_{\text{c}}=8\times10^{-5}\text{m}=80\mu\text{m}$$

② 粒径为 40μm 的颗粒的回收率　由①的计算结果可知，直径为 40μm 的颗粒，其沉降区域必为层流区。由式(4-6) 得

$$u_{\text{t}}'=\frac{gd^2(\rho_{\text{s}}-\rho)}{18\mu}=\frac{9.81\times(40\times10^{-6})^2\times(3000-0.75)}{18\times2.6\times10^{-5}}=0.1006\text{m}\cdot\text{s}^{-1}$$

对于粒径小于临界粒径的颗粒，其回收率等于颗粒的沉降速度与临界粒径下颗粒的沉降速度之比，故粒径为 40μm 的颗粒的回收率为

$$\frac{u_{\text{tc}}'}{u_{\text{tc}}}=\frac{0.1006}{0.4}=0.2515=25.15\%$$

③ 完全回收直径为 15μm 的颗粒应采取的措施　要完全回收直径为 15μm 的颗粒，则可在降尘室内设置水平隔板，即将单层降尘室改为多层降尘室。下面通过计算来确定多层降尘室内的隔板层数 N 和隔板间距 h。

由①的计算结果可知，直径为 15μm 的颗粒，其沉降区域必为层流区，则由式(4-6) 得其沉降速度为

$$u_{\text{t}}=\frac{gd^2(\rho_{\text{s}}-\rho)g}{18\mu}=\frac{9.81\times(15\times10^{-6})^2\times(3000-0.75)}{18\times2.6\times10^{-5}}=0.0141\text{m}\cdot\text{s}^{-1}$$

由式(4-18) 得多层降尘室的层数为

$$N=\frac{V_{\text{s}}}{bLu_{\text{t}}}=\frac{4}{10\times0.0141}=28.3$$

现取 29 层，则隔板间距为

$$h=\frac{H}{N}=\frac{2}{29}=0.069\text{m}$$

可见，在原降尘室内设置 28 层隔板，理论上可完全回收直径为 15μm 的颗粒。

三、沉降槽

沉降槽为一种重力沉降设备，可用于提高悬浮液的浓度或获取澄清的液体，又称为增浓器或澄清器。沉降槽有间歇式沉降槽和连续式沉降槽之分。

1. 间歇式沉降槽

该类沉降槽的外形通常为带锥底的圆槽。操作时，料浆被置于槽内，静置足够长的时间，待料浆出现分级后，清液即可由槽上部的出液口抽出，增浓后的沉渣则从底部的出料口排出。

2. 连续式沉降槽

如图 4-5 所示，连续式沉降槽为一大口径的浅槽，其底部略呈锥形。操作时，料浆经中央加料口送至液面以下约 0.3～1.0m 处，并迅速地分散于槽内。随后，在密度差的推动下，清液将向槽的上部流动，并由顶端的溢流口连续流出，称为溢流；与此同时，颗粒将下沉至槽的底部，形成沉淀层，并由缓慢转动的耙将其聚拢至锥底的排渣口排出。

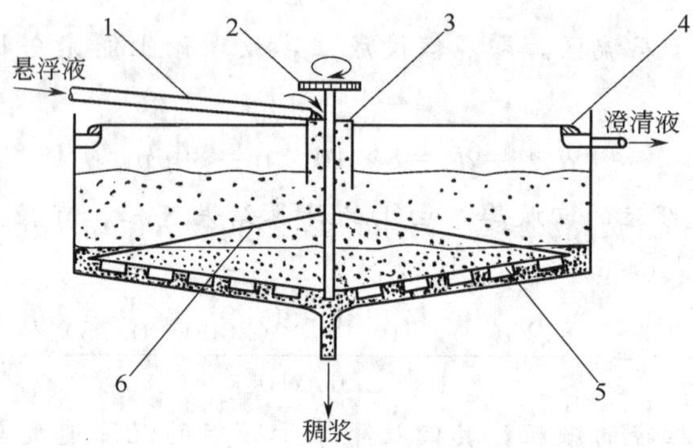

图 4-5 连续式沉降槽

1—进料槽道；2—转动机构；3—料井；4—溢流槽；5—叶片；6—转耙

连续式沉降槽适于处理量大但浓度不高的大颗粒悬浮料浆的分离，分离后的沉渣中通常仍含有 50%左右的液体。

为强化重力沉降槽的分离效果，合理地设计沉降槽的结构十分必要。沉降槽有增浓悬浮液和获取澄清液的双重作用。其中，为顺利获取清液，沉降槽必须有足够大的横截面积，以保证任何瞬间液体向上的流动速度均小于颗粒的沉降速度；其次，为将沉渣增浓至指定稠度，沉降槽加料口以下的增浓段应保留足够高度，以确保颗粒在槽内的停留时间大于转耙压紧沉渣所需的时间。

为提高重力沉降槽的操作效率，生产中一般还需对料液进行适当的预处理，如通过添加少量的电解质或表面活性剂即絮凝剂，以促进料液中细粒产生“凝聚”或“絮凝”，从而使分散相从分散介质中分离出絮状沉淀。常用的絮凝剂有无机盐类絮凝剂、有机高分子絮凝剂、天然改性高分子絮凝剂、微生物絮凝剂等。此外，生产中也可通过改变一些物理操作条件，如加热、冷却或震动等，使得料液中颗粒的粒度或相界面积发生改变，进而有利于沉降。

04-02 水力分级机

第二节 离心沉降

依靠惯性离心力的作用，使流体中的颗粒产生沉降运动的过程称为离心沉降。离心沉降适用于两相密度差较小或颗粒直径较小的非均相物系的分离。

一、惯性离心力作用下的沉降速度和分离因数

离心沉降原理如图 4-6 所示。当流体围绕某中心轴作圆周运动时，便形成了惯性离心力场。在离中心轴距离为 R、切向速度为 u_T 的位置上，惯性离心力场的加速度为$\frac{u_T^2}{R}$。显然，惯性离心力场的加速度不是常数，与位置和转速有关，其方向沿旋转半径由中心指向外周。

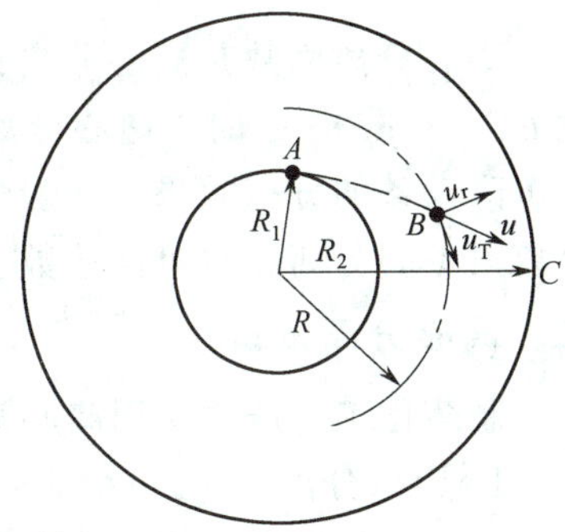

图 4-6 颗粒在离心力场中的运动

当流体带着颗粒旋转时，若颗粒的密度大于流体的密度，则惯性离心力将使颗粒在径向上与流体发生相对运动而飞离中心。与颗粒在重力场中的受力情况相似，在惯性离心力场中颗粒在径向上也受到三个力的作用，即惯性离心力、向心力和阻力，其中向心力与重力场中的浮力相当，方向沿半径指向旋转中心；阻力与颗粒的径向运动方向相反，方向沿半径指向旋转中心。若流体的密度为 ρ，球形颗粒的直径为 d、密度为 ρ_s、与中心轴的距离为 R、切向分速度为 u_T，则

$$惯性离心力=\frac{\pi}{6}d^3\rho_s\frac{u_T^2}{R}$$

$$向心力=\frac{\pi}{6}d^3\rho\frac{u_T^2}{R}$$

$$阻力=\zeta\frac{\pi}{4}d^2\rho\frac{u_r^2}{2}$$

式中 u_r——颗粒与流体在径向上的相对速度，$m \cdot s^{-1}$。

当上述三个力的合力为零时，即达到平衡，此时颗粒在径向上相对于流体的运动速度 u_r 称为该颗粒在该位置处的离心沉降速度。

由$\frac{\pi}{6}d^3\rho_s\frac{u_T^2}{R}-\frac{\pi}{6}d^3\rho\frac{u_T^2}{R}-\zeta\frac{\pi}{4}d^2\rho\frac{u_r^2}{2}=0$ 解得

$$u_r=\sqrt{\frac{4d(\rho_s-\rho)u_T^2}{3\zeta\rho R}} \tag{4-21}$$

比较式(4-21) 与式(4-2) 可知，颗粒的离心沉降速度 u_r 与重力沉降速度 u_t 具有相似的关系式，只是在式(4-21) 中用离心加速度$\frac{u_T^2}{R}$代替了式(4-2) 中的重力加速度 g。但应注意离心沉降速度 u_r 不是颗粒运动的绝对速度 u，而是绝对速度在径向上的分量，且方向不是向下而是向外。此外，在一定条件下，u_t 是恒定的，而 u_r 则随颗粒的位置而变。

离心沉降时，若颗粒与流体间的相对运动为层流，则阻力系数可用式(4-5) 表示。将式(4-3) 和式(4-5)代入式(4-21)并整理得

$$u_r=\frac{d^2(\rho_s-\rho)u_T^2}{18\mu}\frac{}{R} \tag{4-22}$$

同一颗粒在同种流体中的离心沉降速度与重力沉降速度之比称为**离心分离因数**，以 K_C 表示。由式(4-22) 和式(4-6) 得

$$K_C=\frac{u_r}{u_t}=\frac{u_T^2}{gR} \tag{4-23}$$

离心分离因数是离心分离设备的重要性能指标。例如，当旋转半径 $R=0.3\text{m}$、切向速度 $u_T=20\text{m}\cdot\text{s}^{-1}$时，离心分离因数 $K_C=136$。可见，离心分离设备的分离效果要远高于重力沉降设备的分离效果。一般情况下，离心分离设备的分离因数为 5～2500，某些高速离心分离设备的分离因数可高达数十万。

二、离心分离设备

制药化工生产中所用离心分离设备主要有旋风分离器、旋液分离器和沉降离心机等。

1. 旋风分离器

(1) 工作原理　旋风分离器是利用惯性离心力的作用从气流中分离出含尘颗粒的设备。它是一种气固分离设备，具有结构简单、制造方便和分离效率高等优点。

标准型旋风分离器的结构如图 4-7 所示，其主体上部为圆筒形，下部为圆锥形。工作时，含尘气体由圆筒上部的长方形切线进口处进入，然后沿圆筒内壁旋转向下作螺旋形运动。由于惯性离心力的作用，颗粒被甩向器壁而与气流分开，再沿壁面落至锥底排灰口。净化后的气体运动至圆锥底部附近时，转变为轴中心处的上升气流，最后由上部出口管排出。

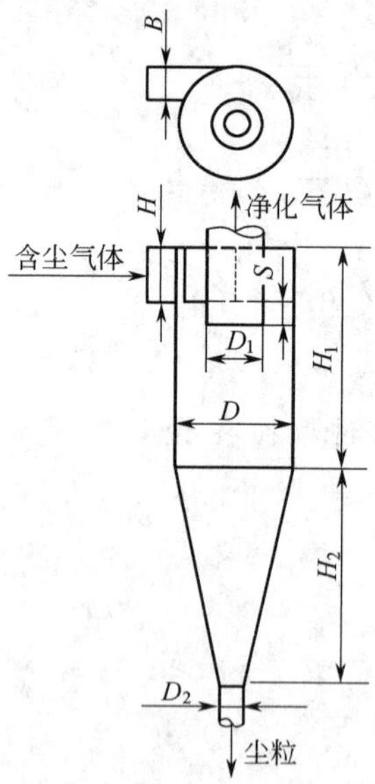

(a) 标准型旋风分离器

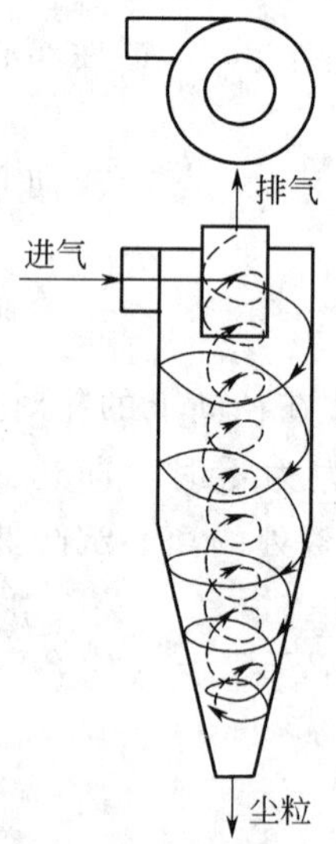

(b) 气体在旋风分离器内的运动

图 4-7　旋风分离器

$$H=\frac{D}{2};S=\frac{D}{8};B=\frac{D}{4};D_1=\frac{D}{2};D_2=\frac{D}{4};H_1=2D;H_2=2D$$

下行的螺旋形气流称为外旋流，上行的螺旋形气流称为内旋流。内、外旋流气体的旋转方向相同，而除尘区主要集中于外旋流区的上部。旋风分离器内压强的大小是不同的，器壁附近压强最大，愈靠近中心轴，压强愈低，中心轴处为负压气芯（由排气管入口至底部出灰

口）。因此，若出灰口密封不严，则会漏入气体，使粉尘重新卷起，严重降低分离效率。

旋风分离器常用于去除气流中直径大于 5μm 的颗粒。当气体的固含量大于 $0.2kg \cdot m^{-3}$ 时，由于颗粒之间的聚结作用，旋风分离器也能除去直径小于 3μm 的颗粒。

（2）主要性能指标　旋风分离器的主要性能指标有临界粒径、分离效率和压降。

① 临界粒径　指旋风分离器能完全除去的最小颗粒的直径，是衡量旋风分离器分离效率高低的重要依据。

临界粒径可近似用下式计算

$$d_c = \sqrt{\frac{9\mu B}{\pi N_e u_i \rho_s}} \tag{4-24}$$

式中　d_c——临界粒径，m；

u_i——含尘气体的进口气速（切向速度），$m \cdot s^{-1}$；

B——旋风分离器的进气口宽度，m；

μ——气体的黏度，Pa·s；

ρ_s——固体颗粒的密度，$m^3 \cdot s^{-1}$；

N_e——气流在旋风分离器内向下运行的圈数。对于标准型旋风分离器，可取 $N_e=5$。

旋风分离器一般都以圆筒直径 D 为参数，其他尺寸都与直径 D 成正比。由式(4-24) 可知，临界粒径随分离器尺寸的增加而增大，因此分离效率随分离器尺寸的增加而下降。当气体处理量较大时，可将多台小尺寸分离器并联使用，以维持较高的除尘效率。

② 分离效率　又称为除尘效率，是衡量旋风分离器分离效果的一个重要指标。分离效率有总效率和粒级效率两种表示方法。

总效率是指被分离出来的颗粒质量占进入旋风分离器的颗粒质量的百分比，即

$$\eta_0 = \frac{C_1 - C_2}{C_1} \times 100\% \tag{4-25}$$

式中　η_0——旋风分离器的总效率；

C_1——进口气体中的含尘浓度，$kg \cdot m^{-3}$；

C_2——出口气体中的含尘浓度，$kg \cdot m^{-3}$。

总效率可反映旋风分离器的总除尘效果，且易于测定，因而在工程上较为常用。但总效率不能表明旋风分离器对各种尺寸粒子的不同分离效果。

粒级效率是指各种尺寸的颗粒被分离下来的质量分数。通常是将气流中所含颗粒的尺寸范围等分成若干个小段，其中第 i 个小段范围内颗粒（平均粒径为 d_i）的粒级效率为

$$\eta_{pi} = \frac{C_{1i} - C_{2i}}{C_{1i}} \times 100\% \tag{4-26}$$

式中　η_{pi}——第 i 个小段范围内颗粒的粒级效率；

C_{1i}——进口气体中粒径在第 i 个小段范围内颗粒的浓度，$kg \cdot m^{-3}$；

C_{2i}——出口气体中粒径在第 i 个小段范围内颗粒的浓度，$kg \cdot m^{-3}$。

若含尘气体中某直径颗粒的粒级效率刚好等于 50%，则该颗粒的直径称为**分割粒径**。对于标准型旋风分离器，其分割粒径可用下式估算

$$d_{50} \approx 0.27\sqrt{\frac{\mu D}{u_i(\rho_s - \rho)}} \tag{4-27}$$

式中 d_{50}——旋风分离器的分割粒径，m；

D——旋风分离器的圆筒直径，m。

对于标准型旋风分离器，其粒级效率 η_p 与粒径比$\frac{d}{d_{50}}$之间的关系曲线如图 4-8 所示。

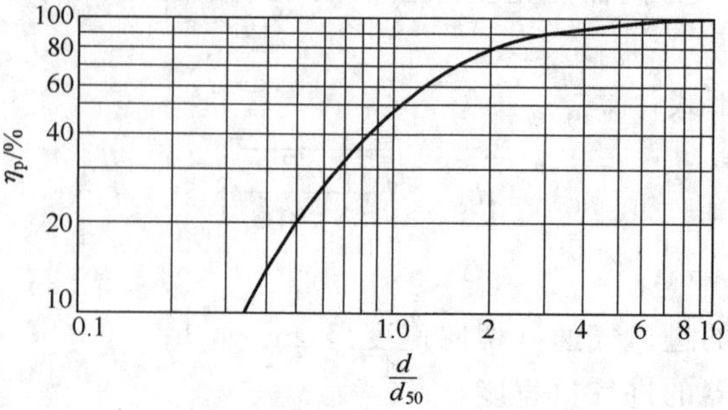

图 4-8 标准型旋风分离器的粒级效率 η_p 与粒径比$\frac{d}{d_{50}}$之间的关系曲线

根据不同粒径范围内的粒级效率，可按下式估算出总效率

$$\eta_o=\sum_{i=1}^{n}x_i\eta_{pi} \tag{4-28}$$

式中 x_i——粒径在第 i 个小段范围内的颗粒占全部颗粒的质量分数。

③ 压降 气流通过旋风分离器的压降可表示成进口气体动能的函数，即

$$\Delta p=\zeta\frac{\rho u_i^2}{2} \tag{4-29}$$

式中 ζ——阻力系数，无因次。

对于同一结构型式及尺寸比例的旋风分离器，阻力系数 ζ 可视为常数。例如，对于标准型旋风分离器，阻力系数 $\zeta=8$。旋风分离器的压降一般为 0.5～2kPa。

【例 4-3】 某气流干燥器送出的含尘空气量为 $10000m^3\cdot h^{-1}$，空气温度为 80℃。现用直径为 1m 的标准型旋风分离器收集空气中的粉尘，粉尘的密度为 $1500kg\cdot m^{-3}$，试计算：①分割粒径；②直径为 15μm 的颗粒的粒级效率；③压降。

解：①计算分割粒径 由附录 9 查得，80℃时空气的黏度为 $2.11\times10^{-5}Pa\cdot s$，密度为 $1.0kg\cdot m^{-3}$。旋风分离器进口的截面积为

$$BH=\frac{D}{4}\times\frac{D}{2}=\frac{D^2}{8}$$

所以进口气速为

$$u_i=\frac{V_s}{BH}=\frac{8V_s}{D^2}=\frac{8\times10000}{3600\times1^2}=22.2m\cdot s^{-1}$$

对于标准型旋风分离器，分割粒径可用式(4-27) 估算，即

$$d_{50}\approx0.27\sqrt{\frac{\mu D}{u_i(\rho_s-\rho)}}=0.27\times\sqrt{\frac{2.11\times10^{-5}\times1}{22.2\times(1500-1.0)}}=6.8\times10^{-6}m$$

②计算直径为 15μm 的颗粒的粒级效率 由 $d=15\mu m$ 得

$$\frac{d}{d_{50}}=\frac{15\times10^{-6}}{6.8\times10^{-6}}=2.2$$

由图 4-8 查得 $\eta_p=0.83=83\%$。

③ 计算压降　由式(4-29)得

$$\Delta p=\zeta\frac{\rho u_i^2}{2}=8\times\frac{1.0\times22.2^2}{2}=1971\text{Pa}$$

2. 旋液分离器

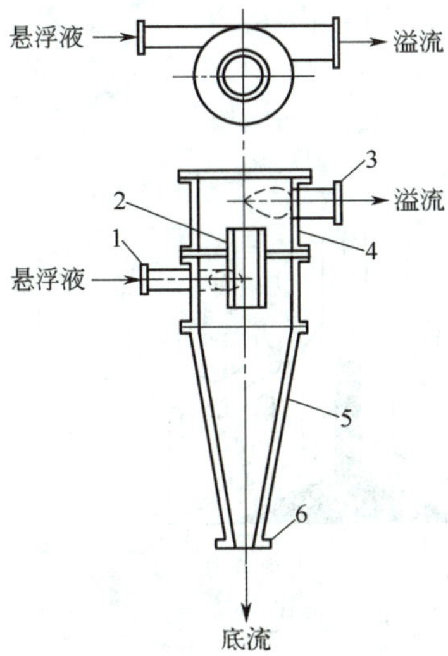

图 4-9　旋液分离器

1—悬浮液进口；2—中心溢流管；3—溢流出口；4—圆筒；5—锥形筒；6—底流出口

04-03　旋风分离器

旋液分离器是利用离心力的作用，使悬浮液中固体颗粒增稠或使粒径不同及密度不同的颗粒分级。旋液分离器的结构和工作原理均与旋风分离器的相似。如图 4-9 所示，旋液分离器也由圆筒和圆锥两部分构成。工作时，悬浮液由圆筒上部的切向进口进入器内，然后向下作旋转流动。在离心力的作用下，悬浮液中的颗粒沉降至器壁，并随外旋流下降至锥形底的出口，成为较稠的悬浮液而排出，称为底流。澄清的液体或含有较小、较轻颗粒的液体，则形成向上的内旋流，经上部中心溢流管排出，称为溢流。

旋液分离器的结构特点是直径较小而圆锥部分较长。采用较小的直径可增大惯性离心力，从而可提高沉降速度；增加圆锥部分的长度可增大液流的行程，从而可延长悬浮液在器内的停留时间，有利于分离。

旋液分离器的圆筒直径一般为 75～300mm，悬浮液的进口速度一般为 5～15m·s^{-1}，压力损失一般为 50～200kPa，可分离粒径为 5～200μm 的颗粒。

在制药化工生产中，旋液分离器常用于悬浮液的增浓或分级操作，也可用于不互溶液体的分离、气液分离以及传热、传质和雾化等操作中。

3. 沉降离心机

沉降离心机是利用离心沉降原理来分离悬浮液或乳浊液的设备，常见的有管式离心机和碟式离心机等。

(1) 管式离心机　管式离心机是一种能产生高强度离心力场的离心机，其结构如图 4-10 所示。管式离心机的核心构件是一个内径为 0.075～0.15m、长为 1.5m 的管式转鼓。工作时，转鼓由转轴带动旋转，其工作转速可达 8000～50000r·min^{-1}。管式离心机的离心分离因数可达 15000～60000，但生产能力较小，一般仅为 0.2～2m^3·h^{-1}，常用于小批量的乳浊液及含小颗粒的稀悬浮液的分离。

分离乳浊液时，料液由加料管连续进入转鼓，然后在转鼓内自下而上运动。由于两种液体的密度不同，因而在离心力场的作用下，液体被分成内、外两层，其中外层为重液层，内层为轻液层。当液体运动至转鼓顶部时，轻、重液体即由各自的溢流口排出。

分离悬浮液时的情况稍有不同。当悬浮液在转鼓内自下而上运动时，固相将沉积于鼓壁上，而液体则由转鼓上部的溢流口排出。当固体在转鼓上积累至一定数量时即停止运行，然后卸下转鼓进行清理。实际生产中常将两台管式离心机交替使用，一台运转，另一台除渣清洗。

（2）碟式离心机　碟式离心机的结构如图 4-11 所示，其转鼓内装有多层倒锥形碟片。碟片直径一般为 0.2～1.0m，锥角一般在 35°～50°，碟片数一般为 30～150 片，相邻碟片的间隙为 0.15～1.25mm。转鼓的工作转速为 4000～7000r · min^{-1}，分离因数可达 4000～100000。碟式离心机可用于乳浊液中轻、重液相的分离，也可用于含少量细小固体颗粒的悬浮液的分离，以获得澄清液体。

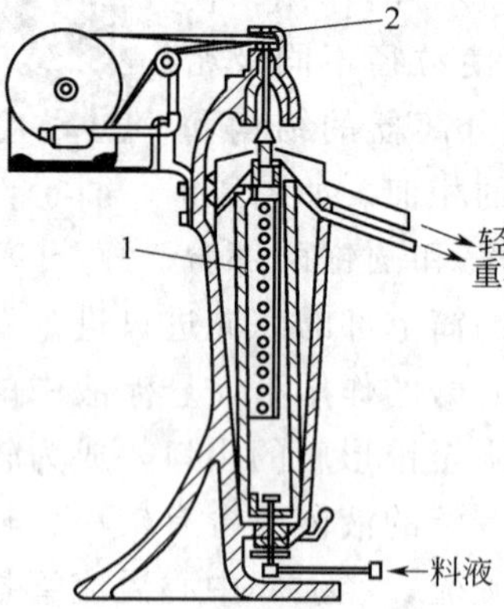

图 4-10　管式离心机

1—转鼓；2—传动装置

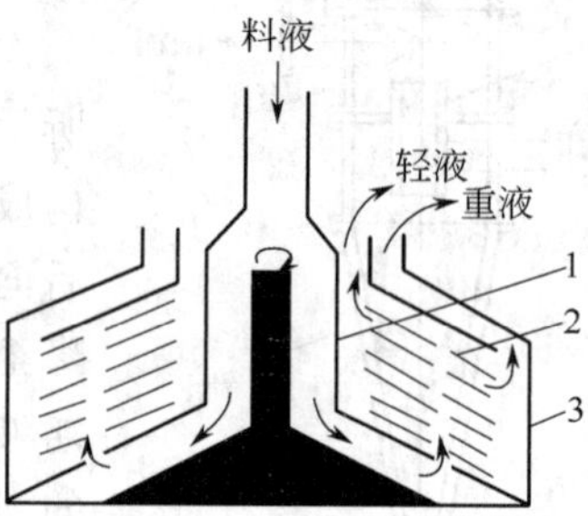

图 4-11　碟式离心机

1—中心管；2—碟片；3—转鼓

分离乳浊液的碟式离心机，其碟片上开有小孔。工作时，料液由中心管加入，经小孔流至碟片的间隙。在离心力的作用下，重液沿各碟片的斜面沉降，并向转鼓内壁移动，由重液出口连续排出；而轻液则沿各碟片的斜面向上移动，汇集后由轻液出口排出。

分离悬浮液的碟式离心机，其碟片上不开孔，且仅设一个清液排出口。工作时，固体颗粒沉积于转鼓内壁上，澄清液由清液排出口排出。

碟式离心机在制药化工生产中有着广泛的应用。例如，中药煎煮液经一次粗过滤后，可直接进入碟式离心机分离除杂，分离后的药液随即进入浓缩设备浓缩，从而可实现生产过程的连续化。此外，碟式离心机的分离时间较短，整个生产过程可在密闭的管道和容器内进行，可避免重力沉降过程中的热气散失，并防止细菌污染，从而可降低过程能耗，改善环境卫生，提高药品质量。

（3）三足式离心机　此类离心机的壳体内设有可高速旋转的转鼓，鼓壁上开有诸多小孔，内侧衬有一层或多层滤布。操作时，将悬浮液注入转鼓内，随着转鼓的高速旋转，液体便在离心力的作用下依次穿过滤布及壁上的小孔而排出，与此同时颗粒将被截留于滤布表面。

图 4-12 为工业上常见的三足式离心机的结构示意。为减轻转鼓的摆动以及便于安装与拆卸，该机的转鼓、外壳和传动装置均被固定于下方的水平支座上，而支座则借助于拉杆被悬挂于三根支柱上，故称为三足式离心机。工作时，转鼓的高速旋转是由下方的三角带所驱动，相应的摆动则由拉杆上的弹簧所承受。

三足式离心机的分离因数一般可达 500～1000，分离粒径约为 0.05～5 mm，主要缺点为劳动强度大及间歇操作的生产效率低。

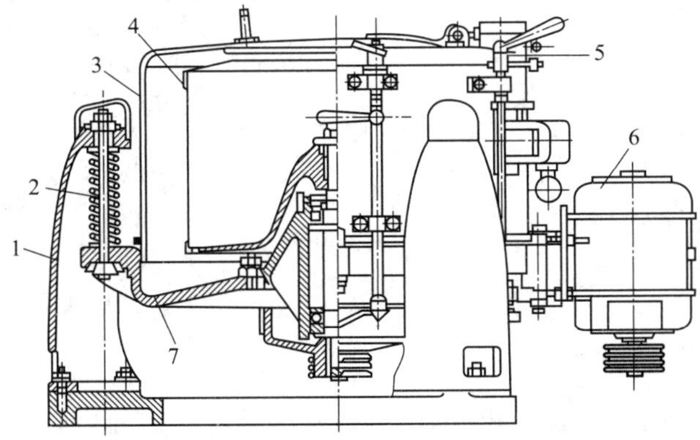

图 4-12　三足式过滤离心机

1—支柱；2—拉杆；3—外壳；4—转鼓；5—制动器；6—电动机；7—机座

04-04　离心机

第三节　过滤

在制药化工生产中，过滤是分离悬浮液的常用单元操作之一，其目的是获得清净的液体或固体产品，常作为沉降、结晶、固液反应等操作的后续操作。过滤也属于机械分离操作，与蒸发、干燥等非机械分离操作相比，其分离速度较快，能量消耗较低。

04-05　中国古代将过滤技术用于造纸

过滤是以布、网、膜等多孔材料为介质，在外力的作用下，使悬浮液中的液体通过介质的孔道而固体颗粒被截留于介质上，从而实现固、液分离的操作。

一、基本概念

过滤操作所处理的悬浮液称为料浆或滤浆，所用的多孔材料称为过滤介质，截留于过滤介质之上的固体物质称为滤饼或滤渣，通过过滤介质的液体称为滤液。最简单的过滤操作如图 4-13 所示。

过滤操作中的外力可以是重力、压差或惯性离心力，其中以压差为推动力的过滤操作最为常见。

1. 过滤方式

工业上的过滤操作有饼层过滤和深层过滤两种操作方式。

（1）饼层过滤　饼层过滤时，将悬浮液置于过滤介质的一侧，固体被过滤介质截留形成滤饼层，而液体则通过过滤介质形成滤液。由于悬浮液中部分颗粒的直径可能小于过滤介质中的微细孔径，因此过滤之初悬浮液中的部分细小颗粒可能会通过过滤介质而使滤液出现混浊。但随着过滤的继续进行，细小颗粒会在通道中迅速发生“架桥现象”，如图 4-14 所示。由于架桥现象，使小于过滤介质孔径的细小颗粒也能被截留，从而在过滤介质上形成滤饼层。滤饼一旦形成，滤液即变清。此后，过滤即可有效地进行。可见，在饼层过滤中，真正起分离作用的是滤饼层，而不是过滤介质。在实际操作中，常将过滤之初形成的悬浮液返回滤浆槽重新处理。

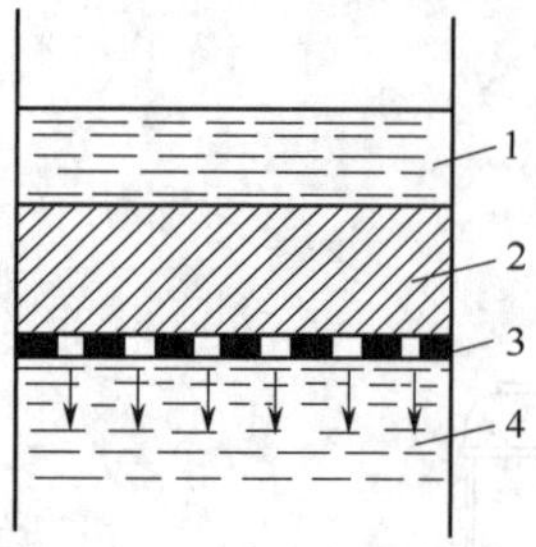

图 4-13 过滤操作示意

1—悬浮液；2—滤饼；3—过滤介质；4—滤液

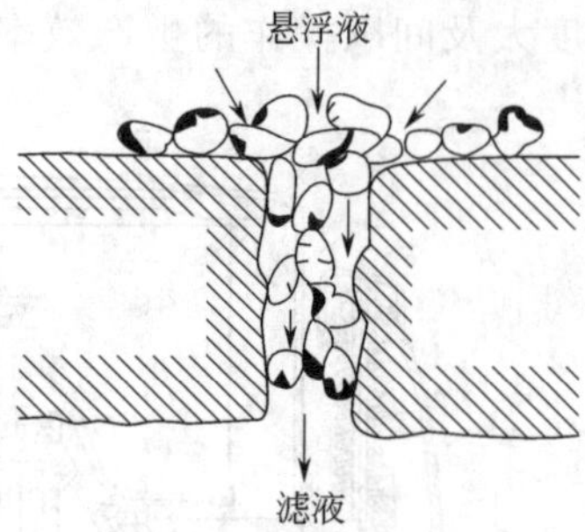

图 4-14 架桥现象

饼层过滤适用于颗粒含量较高（固相体积分数>1%）的悬浮液的分离。

(2) 深层过滤　对于颗粒较小且含量很低的悬浮液，可用较厚的粒状床层（固定床）作为过滤介质进行过滤。由于悬浮液中的颗粒尺寸小于过滤介质中的孔道直径，因此当颗粒随液体进入床层内细长而弯曲的孔道时，在静电及分子间引力的作用下，颗粒将被吸附于孔道壁面上，而在过滤介质床层之上并不形成滤饼层，这种过滤方式称为深层过滤。可见，在深层过滤中，真正起过滤作用的不再是滤饼层，而是过滤介质。

深层过滤适用于颗粒很小、含量很低（固相体积分数<0.1%）且处理量较大的悬浮液的分离，如自来水的净化、污水处理、浑浊药液的澄清以及分子筛脱色等。

过滤的两种操作方式在制药化工生产中均有应用，但以饼层过滤最为普遍。因此，下面主要讨论饼层过滤。

2. 过滤介质

过滤介质是滤饼的支承体，因此它应具有足够的机械强度和尽可能小的流动阻力。此外，针对不同的物系和工艺条件，过滤介质还应具有相应的耐腐蚀性和耐热性。

04-06 过滤技术应用于制酒

工业上常用的过滤介质主要有织物介质、粒状介质和多孔性固体介质。其中织物介质又称为滤布，包括由棉、毛、丝、麻等天然纤维和各种合成纤维制成的织物以及由玻璃丝、金属丝等织成的网，可截留颗粒的最小直径为5～65μm。粒状介质包括砂、木炭、分子筛等细小而坚硬的颗粒状物质，一般堆积成固定床层，多用于深层过滤。多孔性固体介质包括由多孔陶瓷、多孔塑料及多孔金属等制成的管或板，可截留颗粒的最小直径为1～3μm。

3. 滤饼的压缩性和助滤剂

滤饼是由被截留下来的颗粒堆积而成的床层，随着操作过程的进行，滤饼的厚度与流动阻力均逐渐增加。若构成滤饼的颗粒是不易变形的坚硬固体（如碳酸钙、硅藻土等），则当滤饼两侧的压差增大时，颗粒的形状和颗粒间的空隙均不会发生明显变化，因而单位厚度的滤饼层所具有的流动阻力可视为恒定，这种滤饼称为**不可压缩滤饼**。若滤饼是由类似于氢氧化物的胶体物质所构成，则当滤饼两侧的压差增大时，颗粒的形状和颗粒间的空隙都将发生明显改变，因而单位厚度的滤饼层所具有的流动阻力随过滤压差的增加而增大，这种滤饼称为**可压缩滤饼**。

对于可压缩滤饼，当过滤压差增大时颗粒间的孔道将变窄，流动阻力将增大。为减小可压缩滤饼的流动阻力，可将某种质地坚硬而能形成疏松饼层的另一种固体颗粒混入悬浮液中或预涂于过滤介质之上，以形成较为疏松的饼层，这种预混或预涂的粒状物质称为**助滤剂**。常用的助滤剂有硅藻土、珍珠岩、石棉和活性炭等，使用量一般不超过固体颗粒质量的0.5%。由于混入滤饼中的助滤剂难以去除，因此，一般以回收清净液体为目的的过滤，使用助滤剂才是合适的。

二、过滤基本方程式

1. 滤液通过饼层的流动

滤饼内的孔道细小曲折，且互相交联，形成不规则的网状结构。为此，可将不规则的流道简化为长度与滤饼厚度 L 相同的一组平行细管，细管的当量直径可根据床层的空隙率和颗粒的比表面积来计算。

单位体积的床层所具有的空隙体积称为**空隙率**，以 ε 表示，即

$$\varepsilon=\frac{\text{空隙体积}}{\text{床层体积}} \tag{4-30}$$

式中 ε——床层的空隙率，$m^3 \cdot m^{-3}$。

单位体积的颗粒所具有的表面积称为**比表面积**，以 a 表示，即

$$a=\frac{\text{颗粒表面积}}{\text{颗粒体积}} \tag{4-31}$$

式中 a——颗粒的比表面，$m^2 \cdot m^{-3}$。

由式(1-59) 得床层流道的当量直径为

$$d_e=4\times\frac{\text{流道截面积}}{\text{润湿周边长度}}=4\times\frac{\text{流道截面积}\times\text{流道长度}}{\text{润湿周边长度}\times\text{流道长度}}=4\times\frac{\text{流道容积}}{\text{流道表面积}}$$

式中 d_e——床层流道的当量直径，m。

所以

$$d_e \propto \frac{\text{流道容积}}{\text{流道表面积}}$$

现以面积为 $1m^2$、厚为 1m 的滤饼为基准，则床层的体积为 $1m^3$。若细管的全部流动空间等于床层的空隙体积，则

$$\text{流道容积}=1\times\varepsilon=\varepsilon\, m^3$$

若忽略床层中因颗粒相互接触而彼此覆盖的表面积，则

$$\text{流道表面积}=\text{颗粒体积}\times\text{颗粒比表面积}=1\times(1-\varepsilon)\times a=(1-\varepsilon)a\ m^2$$

所以床层流道的当量直径为

$$d_e \propto \frac{\varepsilon}{(1-\varepsilon)a} \tag{4-32}$$

滤液通过饼层的流动与流体在管内的流动相似，且由于流动阻力很大，流速很低，因而滤液通过饼层的流动一般为层流。由哈根-泊肃叶公式即式（1-57）得

$$u_1 \propto \frac{d_e^2 \Delta p_c}{\mu L} \tag{4-33}$$

式中 u_1——滤液在床层孔道中的流速，$m \cdot s^{-1}$；

L——滤饼厚度，m；

μ——滤液的黏度，Pa·s；

Δp_c——滤液通过滤饼层的压降，Pa。

滤液在床层孔道中的流速与按整个床层截面积计算的滤液流速之间的关系为

$$u_1=\frac{u}{\varepsilon} \tag{4-34}$$

式中 u——过滤速度，即按整个床层截面积计算的滤液流速，$m \cdot s^{-1}$。

将式(4-32) 及式(4-34) 代入式(4-33)，并写成等式得

$$u=\frac{1}{K'}\frac{\varepsilon^3}{a^2(1-\varepsilon)^2}\frac{\Delta p_c}{\mu L} \tag{4-35}$$

式中 K'——比例常数，其值与滤饼的空隙率、粒子形状、排列及粒度范围有关，无因次。

研究表明，当滤液在颗粒床层内作层流流动时，$K'\approx 5$。将 K'值代入式(4-35) 得

$$u=\frac{\varepsilon^3}{5a^2(1-\varepsilon)^2}\frac{\Delta p_c}{\mu L} \tag{4-36}$$

2. 过滤速率

按整个床层截面积计算的滤液流速可表示为

$$u=\frac{dV}{A\,d\tau} \tag{4-37}$$

式中 V——滤液体积，m^3；

A——过滤面积，m^2；

τ——过滤时间，s。

由式(4-37) 可知，按整个床层截面积计算的滤液流速也可理解为单位时间内通过单位过滤面积的滤液体积，习惯上称为过滤速度。而过滤速率是指单位时间内获得的滤液体积，单位为 $m^3 \cdot s^{-1}$。由式(4-36) 和式(4-37) 可得任一瞬间的过滤速度为

$$u=\frac{dV}{A\,d\tau}=\frac{\varepsilon^3}{5a^2(1-\varepsilon)^2}\times\frac{\Delta p_c}{\mu L} \tag{4-38}$$

而过滤速率为

$$\frac{dV}{d\tau}=\frac{\varepsilon^3}{5a^2(1-\varepsilon)^2}\times\frac{A\Delta p_c}{\mu L} \tag{4-39}$$

3. 滤饼的阻力

对于不可压缩滤饼，颗粒的比表面积及床层的空隙率均可视为常数，此时$\frac{\varepsilon^3}{5a^2\ (1-\varepsilon)^2}$为定值。令

$$r=\frac{5a^2(1-\varepsilon)^2}{\varepsilon^3} \tag{4-40}$$

则

$$u=\frac{dV}{A\,d\tau}=\frac{\Delta p_c}{\mu rL}=\frac{\Delta p_c}{\mu R} \tag{4-41}$$

式中 r——滤饼的比阻，m^{-2}；

$R=rL$——滤饼的阻力，m^{-1}；

比阻 r 是单位厚度的滤饼所具有的阻力，其数值反映了颗粒形状、大小及床层空隙率对滤液流动的影响。

4. 过滤介质的阻力

过滤介质的阻力与其厚度及致密程度有关，一般可视为常数。滤液穿过过滤介质的速度

关系式可仿照式(4-41)写出，即

$$\frac{\mathrm{d}V}{A\,\mathrm{d}\tau}=\frac{\Delta p_m}{\mu r L_e}=\frac{\Delta p_m}{\mu R_m} \tag{4-42}$$

式中　Δp_m——过滤介质两侧的压差，Pa；

L_e——虚拟滤饼厚度或当量滤饼厚度，即与过滤介质阻力相当的滤饼层厚度，m；

$R_m=rL_e$——过滤介质的阻力，m^{-1}。

通常，滤饼与过滤介质的面积相同，所以两层中的过滤速度应相等。由式(4-41)和式(4-42)得

$$u=\frac{\mathrm{d}V}{A\,\mathrm{d}\tau}=\frac{\Delta p_c}{\mu R}=\frac{\Delta p_m}{\mu R_m}=\frac{\Delta p_c+\Delta p_m}{\mu(R+R_m)}=\frac{\Delta p}{\mu r(L+L_e)} \tag{4-43}$$

式中　Δp——滤饼与过滤介质两侧的总压降，即总推动力或过滤压差，$\Delta p=\Delta p_c+\Delta p_m$，Pa。

式(4-43)表明，过滤的总推动力为滤液通过串联的滤饼与过滤介质的总压降，总阻力为两层的阻力之和。过滤时，若一侧处于大气压下，则过滤压差 Δp 即为另一侧表压的绝对值，故 Δp 又称为过滤表压强。

对于饼层过滤，多数情况下，过滤介质的阻力可忽略不计，但有时也不能忽略，尤其在过滤初始滤饼尚薄的期间。

【例 4-4】 拟用过滤法分离某悬浮液，已知悬浮液中的颗粒直径为 0.2mm，固相的体积分数为 15%，所形成的滤饼为不可压缩滤饼，其空隙率为 60%，试计算：①滤饼的比阻；②每平方米过滤面积上获得 $1m^3$ 滤液时的滤饼阻力。

解：①滤饼的比阻　由式(4-31)得颗粒的比表面积为

$$a=\frac{颗粒表面积}{颗粒体积}=\frac{\pi d^2}{\frac{\pi}{6}d^3}=\frac{6}{d}=\frac{6}{0.2\times10^{-3}}=3\times10^4\,m^2\cdot m^{-3}$$

由式(4-40)得滤饼的比阻

$$r=\frac{5a^2(1-\varepsilon)^2}{\varepsilon^3}=\frac{5\times(3\times10^4)^2\times(1-0.6)^2}{0.6^3}=3.333\times10^9\,m^{-2}$$

② 每平方米过滤面积上获得 $1m^3$ 滤液时的滤饼阻力　设每平方米过滤面积上获得 $1m^3$ 滤液时的滤饼厚度为 L，对滤饼、滤液及滤浆中的水分进行物料衡算得

滤液体积＋滤饼中水的体积＝料浆中水的体积

即

$$1+1\times L\times0.6=(1+1\times L)\times(1-0.15)$$

解得

$$L=0.6m$$

则滤饼的阻力为

$$R=rL=3.333\times10^9\times0.6=2\times10^9\,m^{-1}$$

5. 过滤基本方程式

设每获得 $1m^3$ 滤液所形成的滤饼体积为 ν，则任一瞬间的滤饼厚度 L 与当时已经获得的滤液体积 V 之间的关系为

$$LA=\nu V$$

则

$$L=\frac{\nu V}{A} \tag{4-44}$$

式中 ν——滤饼体积与相应的滤液体积之比，$m^3 \cdot m^{-3}$。

类似地，若生成厚度为 L_e 的滤饼层所获得的滤液体积为 V_e，则

$$L_e=\frac{\nu V_e}{A} \tag{4-45}$$

式中 V_e——过滤介质的虚拟滤液体积或当量滤液体积，m^3。

将式(4-44) 和式(4-45) 代入式(4-43) 并整理得

$$\frac{dV}{d\tau}=\frac{A\Delta p}{\mu(R+R_m)}=\frac{A\Delta p}{\mu r(L+L_e)}=\frac{A^2\Delta p}{\mu r\nu(V+V_e)} \tag{4-46}$$

式(4-46) 称为不可压缩滤饼的过滤基本方程式，它表示过滤过程中任一瞬间的过滤速率与各影响因素之间的关系。

对于可压缩滤饼，情况则比较复杂。一般情况下，可压缩滤饼的比阻与过滤压差之间的关系可表示为

$$r=r_o(\Delta p)^s \tag{4-47}$$

式中 r_o——单位压差下滤饼的比阻，m^{-2}；

s——滤饼的压缩性指数，其值与滤饼的可压缩程度有关，无因次。一般情况下，$s=0\sim1$。对于不可压缩滤饼，$s=0$。

将式(4-47) 代入式(4-46) 得

$$\frac{dV}{d\tau}=\frac{A\Delta p^{1-s}}{\mu r_o(L+L_e)}=\frac{A^2\Delta p^{1-s}}{\mu r_o\nu(V+V_e)} \tag{4-48}$$

式(4-48) 称为过滤基本方程式，它是过滤过程计算及强化的基本依据。对于不可压缩滤饼，将 $s=0$ 代入式(4-48) 即得式(4-46)。

应用式(4-48) 时，还需根据具体的操作情况进行积分。过滤有两种典型的操作方式，即恒压过滤和恒速过滤，其中以恒压过滤最为常见。此外，为避免过滤初期因压差过高而引起滤液浑浊或滤布堵塞，也可采用先恒速后恒压的复合操作方式，即在过滤开始时以较低的恒定速率操作，当表压升至设定数值后，再转入恒压操作。

三、恒压过滤及恒压过滤常数的测定

1. 恒压过滤

恒压过滤的特征是过滤过程中的推动力即过滤压差保持恒定。连续过滤机上进行的过滤都是恒压过滤，间歇过滤机上进行的过滤也多为恒压过滤。恒压过滤时，滤饼不断增厚致使过滤阻力逐渐增大，因而过滤速率逐渐下降。

对于特定的悬浮液，μ、r_0 及 ν 一般可视为常数。令

$$k=\frac{1}{\mu r_o\nu} \tag{4-49}$$

代入式(4-48) 得

$$\frac{dV}{d\tau}=\frac{kA^2\Delta p^{1-s}}{V+V_e} \tag{4-50}$$

恒压过滤时，Δp 为定值，k、s、A 及 V_e 也都是常数，故式(4-50)的积分形式为

$$\int (V+V_e)\mathrm{d}V = kA^2\Delta p^{1-s}\int \mathrm{d}\tau \tag{4-51}$$

习惯上将获得体积为 V_e 的滤液所需的时间称为虚拟过滤时间，以 τ_e 表示，则式(4-51)的积分条件为

过滤时间	滤液体积
$0\rightarrow\tau_e$	$0\rightarrow V_e$
$\tau_e\rightarrow\tau_e+\tau$	$V_e\rightarrow V_e+V$

结合式(4-51)得

$$\int_0^{V_e}(V+V_e)\mathrm{d}(V+V_e) = kA^2\Delta p^{1-s}\int_0^{\tau_e}\mathrm{d}(\tau+\tau_e)$$

及

$$\int_{V_e}^{V_e+V}(V+V_e)\mathrm{d}(V+V_e) = kA^2\Delta p^{1-s}\int_{\tau_e}^{\tau_e+\tau}\mathrm{d}(\tau+\tau_e)$$

积分以上两式，并令

$$K = 2k\Delta p^{1-s} \tag{4-52}$$

得

$$V_e^2 = KA^2\tau_e \tag{4-53}$$

及

$$V^2+2V_eV = KA^2\tau \tag{4-54}$$

将以上两式相加并整理得

$$(V+V_e)^2 = KA^2(\tau+\tau_e) \tag{4-55}$$

式(4-53)至式(4-55)统称为恒压过滤方程式，它表明恒压过滤时的滤液体积与过滤时间的关系为抛物线方程，如图4-15所示。图中曲线的 OB 段表示实在的过滤时间 τ 与实在的滤液体积 V 之间的关系，而 $O'O$ 段则表示与介质阻力相对应的虚拟过滤时间 τ_e 与虚拟滤液体积 V_e 之间的关系。

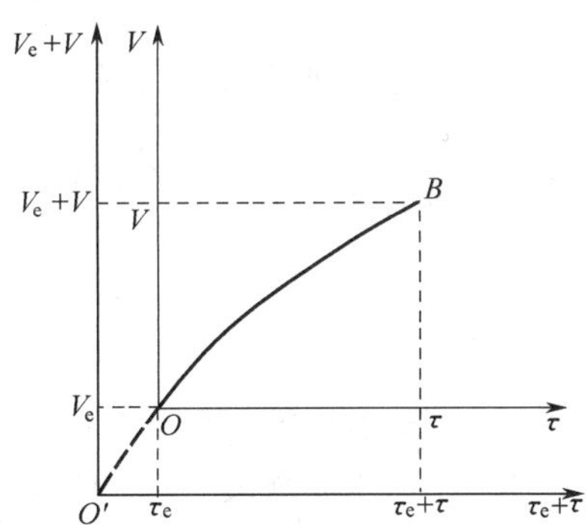

图 4-15　恒压过滤时滤液体积与过滤时间的关系

令 $q=\dfrac{V}{A}$ 及 $q_e=\dfrac{V_e}{A}$，则式(4-53)至式(4-55)可分别改写为

$$q_e^2 = K\tau_e \tag{4-56}$$

$$q^2+2q_eq = K\tau \tag{4-57}$$

$$(q+q_e)^2 = K(\tau+\tau_e) \tag{4-58}$$

式(4-56)至式(4-58)也称为恒压过滤方程式。

恒压过滤方程式中的 K 是由物料特性及过滤压差所决定的常数，称为过滤常数，其单位为 $\mathrm{m^2\cdot s^{-1}}$；q_e 和 τ_e 均为反映过滤介质阻力大小的常数，称为介质常数，其单位分别为 $\mathrm{m^3\cdot m^{-2}}$ 及 s。习惯上，将 K、q_e 及 τ_e 统称为过滤常数。对于可压缩滤饼，K、q_e 及 τ_e 均随 Δp 而变化；而对于不可压缩滤饼，K 和 τ_e 随 Δp 而变化，但 q_e 不变。

若过滤介质的阻力可以忽略，则 $q_e=0$，$\tau_e=0$。代入式(4-58)得

$$q^2 = K\tau \tag{4-59}$$

【例 4-5】 某悬浮液中固相的体积分数为 15%，在 9.81×10^3Pa 的恒定压差下过滤时得不可压缩滤饼，其空隙率为 0.6，滤饼的比阻为 $4\times10^9\text{m}^{-2}$。已知水的黏度为 1×10^{-3}Pa·s，过滤介质的阻力可以忽略，试计算：①每平方米过滤面积上获得 1.5m^3 滤液所需的过滤时间；②过滤时间延长一倍所增加的滤液量；③在与①相同的过滤时间下，过滤压差增大一倍时每平方米过滤面积上所获得的滤液量。

解：①过滤时间　设每平方米过滤面积上获得 1.5m^3 滤液时的滤饼厚度为 L，对滤饼、滤液及滤浆中的水分进行物料衡算得

滤液体积＋滤饼中水的体积＝料浆中水的体积

即

$$1.5+1\times L\times0.6=(1.5+1\times L)\times(1-0.15)$$

解得

$$L=0.9\text{m}$$

则每获得 1m^3 滤液所形成的滤饼体积为

$$\nu=\frac{1\times0.9}{1.5}=0.6\text{m}^3\cdot\text{m}^{-3}$$

由于是不可压缩滤饼，因此 $s=0$，$r_o=r$。由式(4-49) 和式(4-52) 得

$$K=\frac{2\Delta p}{\mu r\nu}=\frac{2\times9.81\times10^3}{1\times10^{-3}\times4\times10^9\times0.6}=8.175\times10^{-3}\text{m}^2\cdot\text{s}^{-1}$$

依题意知，$q=1.5\text{m}^3\cdot\text{m}^{-2}$。由式(4-59) 得

$$\tau=\frac{q^2}{K}=\frac{1.5^2}{8.175\times10^{-3}}=275\text{s}$$

② 过滤时间延长一倍所增加的滤液量　过滤时间延长一倍，则

$$\tau'=2\tau=2\times275=550\text{s}$$

由式(4-59) 得

$$q'=\sqrt{K\tau'}=\sqrt{8.175\times10^{-3}\times550}=2.12\text{m}^3\cdot\text{m}^{-2}$$

$$q'-q=2.12-1.5=0.62\text{m}^3\cdot\text{m}^{-2}$$

即每平方米过滤面积上将再获得 0.62m^3 的滤液。

③ 过滤压差增大一倍所增加的滤液量　由式(4-52) 得

$$\frac{K'}{K}=\frac{\Delta p'}{\Delta p}=2$$

则

$$K'=2K$$

所以

$$q'=\sqrt{K'\tau}=\sqrt{2K\tau}=\sqrt{2\times8.175\times10^{-3}\times275}=2.12\text{m}^3\cdot\text{m}^{-2}$$

即每平方米过滤面积上所获得的滤液量为 2.12m^3。

2. 过滤常数的测定

(1) 恒压过滤常数的测定　恒压过滤常数 K、q_e 及 τ_e 可通过恒压过滤实验来测定。将

式(4-58) 两边微分得

$$2(q+q_e)\mathrm{d}q=K\mathrm{d}\tau$$

或

$$\frac{\mathrm{d}\tau}{\mathrm{d}q}=\frac{2}{K}q+\frac{2}{K}q_e \tag{4-60}$$

由式(4-60) 可知，在直角坐标系中，以 q 为横坐标，$\frac{\mathrm{d}\tau}{\mathrm{d}q}$为纵坐标作图，可得一条直线，直线的斜率为$\frac{2}{K}$，截距为$\frac{2}{K}q_e$。

为便于根据测量数据计算过滤常数，可用增量比$\frac{\Delta\tau}{\Delta q}$代替式(4-60) 中的$\frac{\mathrm{d}\tau}{\mathrm{d}q}$，即

$$\frac{\Delta\tau}{\Delta q}=\frac{2}{K}q+\frac{2}{K}q_e \tag{4-61}$$

用被测悬浮液进行恒压过滤实验，可测出一系列不同时刻 τ 时的累积滤液量 V，由此可计算出一系列的 $q\left(=\frac{V}{A}\right)$值，从而可得一系列相互对应的$\Delta\tau$ 与Δq 的值。在直角坐标系中标绘出$\frac{\Delta\tau}{\Delta q}$与 q 之间的函数关系，可得一条直线。根据直线的斜率和截距即可求得 K 和 q_e 的值，然后再用式(4-56) 求得 τ_e 的值，从而可得该悬浮液在特定的过滤介质及压差下的恒压过滤常数。

实际上，恒压过滤方程中仅有两个独立的过滤常数。因此，只要已知两组过滤时间与滤液量的实验数据，即可计算出过滤常数，但所得过滤常数的准确性完全依赖于这两组数据，可靠程度往往较差。

(2) 滤饼压缩性指数的测定　将式(4-52) 两边取对数得

$$\lg K=(1-s)\lg(\Delta p)+\lg(2k) \tag{4-62}$$

若在过滤压强的变化范围内，滤饼的空隙率保持不变，则 k 和 s 均可视为常数。此时，将 K 与Δp 的关系标绘在双对数坐标纸上可得一条直线，直线的斜率为 $(1-s)$，截距为 $2k$，由此可得滤饼的压缩性指数 s 及物料特性常数 k 的值。

【例 4-6】 在 25℃下对某药品悬浮液进行恒压过滤实验。已知该悬浮液中的固相体积分数为 2.5%，过滤压差为 46kPa，实验测得的滤液量与过滤时间之间的关系如表 4-1 所示，试确定该悬浮液在实验条件下的过滤常数。

表 4-1　滤液量与过滤时间之间的关系

单位面积滤液量$(q)\times10^3/(\mathrm{m^3\cdot m^{-2}})$	0	11.35	22.70	34.05	45.40	56.75	68.10
过滤时间(τ)/s	0	17.3	41.4	72.0	108.4	152.3	201.8

解： 根据表 4-1 中的数据整理各段时间间隔的$\frac{\Delta\tau}{\Delta q}$与相应的 q 值，结果列于表 4-2 中。

表 4-2　例 4-6 附表

$q\times10^3/(\mathrm{m^3\cdot m^{-2}})$	0	11.35	22.70	34.05	45.40	56.75	68.10
$\Delta q\times10^3/(\mathrm{m^3\cdot m^{-2}})$		11.35	11.35	11.35	11.35	11.35	11.35

续表

τ/s	0	17.3	41.4	72.0	108.4	152.3	201.8
$\Delta\tau$/s		17.3	24.1	30.6	36.4	43.9	49.3
$\left(\frac{\Delta\tau}{\Delta q}\right)$/(s·m^{-1})		1.524	2.123	2.696	3.207	3.868	4.344

根据表 4-2 中的数据，在直角坐标纸上以$\frac{\Delta\tau}{\Delta q}$为纵坐标、$q$ 为横坐标，标绘出$\frac{\Delta\tau}{\Delta q}$与 q 之间的阶梯形函数关系，再经各阶梯水平线段的中点作直线，如图 4-16 所示。

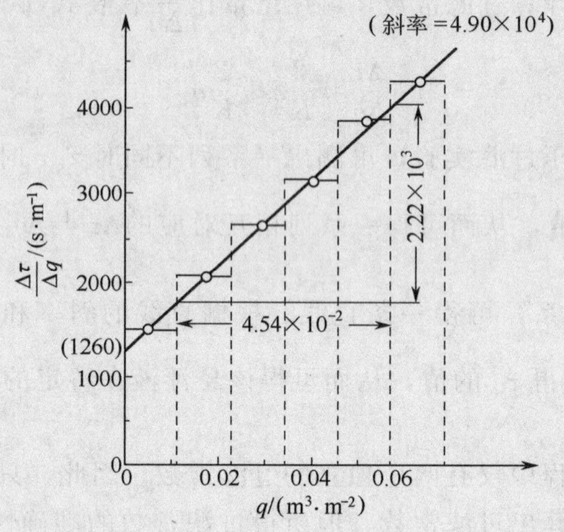

图 4-16　例 4-6 附图

由图 4-16 可知，直线的斜率为

$$\frac{2}{K}=\frac{2.22\times10^{3}}{4.54\times10^{-2}}=4.9\times10^{4}\text{s}\cdot\text{m}^{-2} \tag{a}$$

截距为

$$\frac{2}{K}q_{\text{e}}=1260\text{s}\cdot\text{m}^{-1} \tag{b}$$

由式(a)得

$$K=\frac{2}{4.9\times10^{4}}=4.08\times10^{-5}\text{m}^{2}\cdot\text{s}^{-1}$$

由式(b)得

$$q_{\text{e}}=\frac{1260K}{2}=\frac{1260\times4.08\times10^{-5}}{2}=0.0257\text{m}^{3}\cdot\text{m}^{-2}$$

由式(4-56)得

$$\tau_{\text{e}}=\frac{q_{\text{e}}^{2}}{K}=\frac{0.0257^{2}}{4.08\times10^{-5}}=16.2\text{s}$$

四、过滤设备

过滤悬浮液的设备统称为过滤机。按操作方法的不同，过滤机可分为间歇式和连续式两大类。按过滤压差的不同，过滤机又可分为压滤、吸滤和离心三种类型。目前，制药化工生产中广泛采用的板框压滤机和叶滤机均为典型的间歇式压滤型过滤机，而三足式离心机则是典型的间歇式离心型过滤机。此外，转筒真空过滤机是典型的连续式吸滤型过滤机。

1. 板框压滤机

板框压滤机由若干块带凹凸纹路的滤板和滤框交替排列并组装于机架上而构成，其结构如图 4-17 所示。

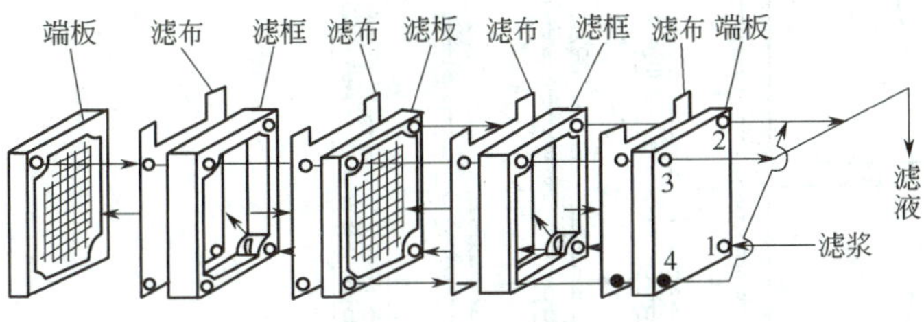

图 4-17　板框压滤机

1—滤浆通道；2、3、4—滤液通道

04-07　板框式压滤机的起源

04-08　聚丙烯滤板

板和框一般制成正方形，其角端均开有圆孔，组装、压紧后即构成供滤浆、滤液或洗涤液流动的通道。框的两侧复以四角开孔的滤布，空框与滤布围成容纳滤浆及滤饼的空间。除最外侧两端板的外侧表面外，滤板两侧表面均设有纵横交错的沟槽，从而形成许多凹槽。滤板又分为洗涤板和过滤板，其中洗涤板两侧表面有暗孔与通道 3 相通，过滤板两侧表面（端板外侧表面除外）有暗孔与通道 2 和 4 相通。为区分不同的板及框，常在板和框的外侧铸有小钮或其他标志。通常，过滤板为一钮，洗涤板为三钮，而框则为二钮。组装时按钮数以 1—2—3—2—1—2……的顺序排列板与框。

过滤时，滤浆在指定压强下沿通道 1 流动，经滤框的暗孔进入滤框。固体被截留于框内形成滤饼，而滤液则分别穿过两侧的滤布，再经邻板板面的暗孔进入通道 2、4 或 3 排走。当滤饼充满滤框后，即停止过滤。

若滤饼需要洗涤，则先将滤浆通道 1 切断，然后将洗涤液压入通道 3。板框压滤机内的洗涤通道如图 4-18 所示，洗涤液由洗涤板两侧的暗孔进入板面与滤布之间，并在压差的推动下穿过一层滤布及整个厚度的滤饼，然后再穿过另一层滤布，最后由过滤板面的暗孔排走。由于洗涤液穿过整个滤饼层，故称为横穿洗涤法，其洗涤效果较好。

洗涤结束后，旋开压紧装置并将板框拉开，卸出滤饼，清洗滤布，重新组装，进入下一个操作循环。

板框压滤机每块板或框的边长均为 320～1000mm，框厚为 25～50mm，板和框的数量可根据生产任务自行调节，一般为 10～60 块，所提供的过滤面积为 2～80m^2。板和框可用铸铁、碳钢、不锈钢、铝、塑料及木材等材料制造，操作表压一般为(3×10^5)～(8×10^5)Pa，有时可高达 15×10^5Pa。

板框压滤机的优点是结构简单、价格低廉，占地面积小而过滤面积大，并可根据需要调节板与框的数量，因而具有很强的适应能力。缺点是间歇操作、劳动强度大、生产能力低。

2. 叶滤机

图 4-19 是常见的加压叶滤机的结构示意，其核心部件为滤叶。滤叶通常用金属多孔板或网制造，内部具有空间，外部覆盖滤布。过滤时，将滤叶安装于能承受内压的密闭机壳

内，然后用泵将滤浆压入机壳。在压差的推动下，滤液穿过滤布进入叶内，汇集至总管后排出机外，而颗粒则被截留于滤布外侧形成滤饼。

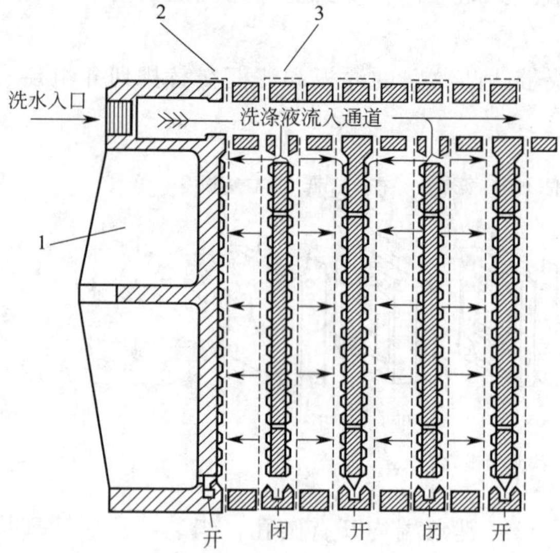

图 4-18 板框压滤机内的洗涤通道

1—机头；2—过滤板；3—洗涤板

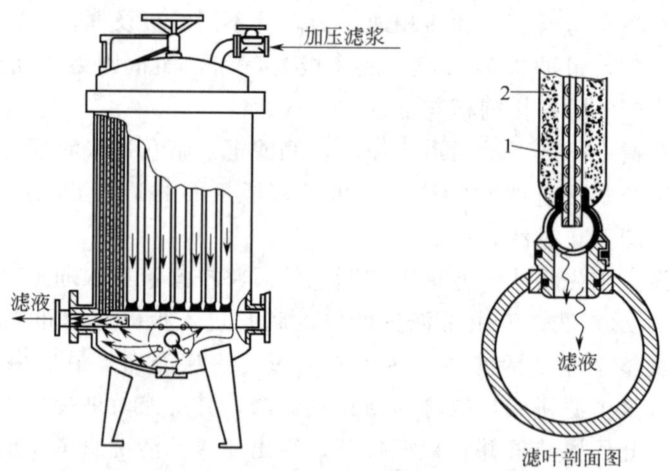

图 4-19 加压叶滤机

1—滤叶；2—滤饼

若滤饼需要洗涤，则可在过滤完毕后向机壳内通入洗涤液。由于洗涤液的路径与滤液完全相同，故这种洗涤方法称为置换洗涤法。洗涤结束后，打开机壳上盖并将滤叶拨出，卸出滤饼，清洗滤布，重新组装，进入下一个操作循环。

加压叶滤机的优点是密闭操作、劳动条件较好、过滤速度快、洗涤效果好。缺点是造价较高、更换滤布比较麻烦。

3. 转筒真空过滤机

转筒真空过滤机是一种连续操作的过滤设备，其主体是一个能连续转动的水平圆筒，称为转鼓，其结构如图 4-20(a)所示。转鼓表面有一层金属网，其上覆盖滤布。转鼓内用纵向隔板分隔成若干个扇形小室，每个小室均通过一根管子与转鼓侧面中心部位圆盘的一个端孔相通，该圆盘是转鼓的一部分，随转鼓转动，称为转动盘，其结构如图 4-20(b)所示。转动盘与另一静止的圆盘相配合，该盘上开有三个圆弧形凹槽和孔道，分别与滤液排出管（真空管）、洗水排出管（真空管）及空气吹入管相通，因该盘静止不动，故称为固定盘，其结构如图 4-20(c)所示。当转动盘与固定盘的表面紧密接触在一起时，转动盘上的小孔将有几个与固定盘上连接滤液排出管的凹槽相通，有几个则与连接洗水排出管的凹槽相通，而其余的则与连接空气吹入管的凹槽相通，从而使转鼓内的各扇形小室分别与滤液排出管、洗水排出管及空气吹入管相通。习惯上，将转动盘与固定盘的这种配合称为分配头。

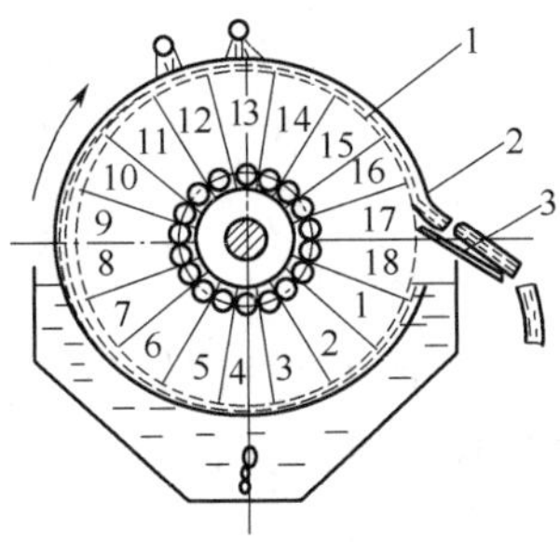

(a) 转鼓

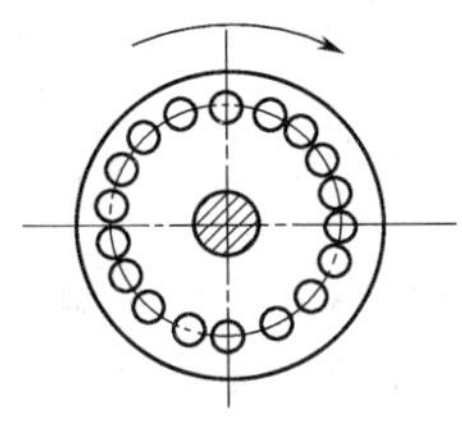
(b) 转动盘

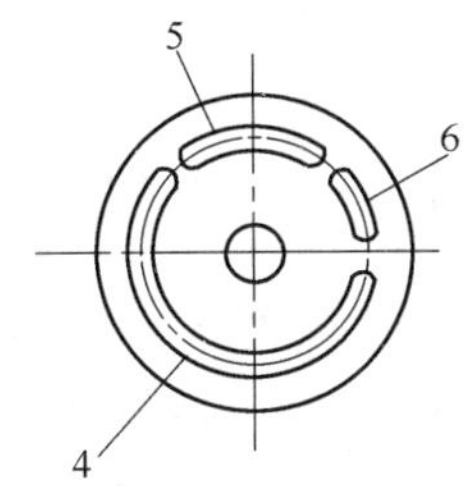

(c) 固定盘

图 4-20　转鼓、转动盘及固定盘的结构

1—转筒；2—滤饼；3—刮刀；4—吸走滤液的真空凹槽；5—吸走洗水的真空凹槽；6—通入压缩空气的凹槽

工作时，转鼓的下部浸入滤浆槽中，转动盘随转鼓一起旋转，从而使转鼓上的各扇形小室依次分别与滤液排出管、洗液排出管及空气吹入管相通。这样，在转鼓旋转一周的过程中，各扇形小室依次进行过滤、洗涤、吸干和吹松卸渣等操作。在图 4-20(a)中，扇形小室 1～7 所处的位置称为过滤区，8～10 为吸干区，11 为不工作区，12～13 为洗涤区，14 为吸干区，15 为不工作区，16～17 为吹松区及卸料区，18 为不工作区。只要圆筒连续转动，过滤过程即可连续进行。

转鼓的过滤面积一般为 $5\sim41m^2$，浸没部分约占圆筒总面积的 30%～40%，转速一般为 $0.1\sim0.3r\cdot min^{-1}$。滤饼厚度一般保持在 40mm 以内，其液体含量一般大于 10%，常可达 30%左右。

转筒真空过滤机可连续自动操作，因而劳动强度较小，生产能力较大，特别适用于处理量较大且容易过滤的料浆。若采用预涂助滤剂等措施，也可用于胶体物系以及含细微颗粒的悬浮液的过滤。缺点是附属设备较多，投资费用较高，过滤面积较小，且由于是真空操作，因而过滤推动力有限，导致滤饼中的液体含量较高，滤饼的洗涤也不够充分。此外，转筒真空过滤机不能过滤温度较高（饱和蒸气压高）的滤浆。

五、滤饼的洗涤

滤饼是由固体颗粒堆积而成的床层，其空隙中仍滞留一定量的滤液。为回收这些滤液或净化滤饼颗粒，需采用适当的洗涤液对滤饼进行洗涤。由于洗涤液中不含固体，因此滤饼厚度在洗涤过程中保持不变。若洗涤过程中的推动力保持恒定，则洗涤液的体积流量亦保持恒定。

洗涤速率可用单位时间内所消耗的洗涤液体积来表示，即

$$\left(\frac{dV}{d\tau}\right)_W=\frac{V_W}{\tau_W} \tag{4-63}$$

式中 $\left(\frac{dV}{d\tau}\right)_W$——洗涤速率，$m^3 \cdot s^{-1}$；

V_W——洗涤过程中所消耗的洗涤液体积，m^3；

τ_W——洗涤时间，s。

若洗涤液与滤液的黏度相近，洗涤推动力与过滤终了时的推动力相同，则洗涤速率与过滤终了时的过滤速率之间存在一定的关系。由式(4-55) 可得恒压过滤终了时的过滤速率为

$$\left(\frac{dV}{d\tau}\right)_E=\frac{KA^2}{2(V+V_e)} \tag{4-64}$$

式中 $\left(\frac{dV}{d\tau}\right)_E$——过滤终了时的过滤速率，$m^3 \cdot s^{-1}$；

V——过滤终了时所得的滤液体积，m^3。

板框压滤机采用横穿洗涤法，洗涤液需横穿两层滤布及整个厚度的滤饼层，其流径长度约为过滤终了时滤液流径长度的两倍，而洗涤液的流通面积仅为过滤面积的一半，即

$$(L+L_e)_W=2(L+L_e)_E \tag{4-65}$$

$$A_W=\frac{1}{2}A_E \tag{4-66}$$

式中下标 W、E——分别表示洗涤操作和过滤终了操作。

将式(4-65) 和式(4-66) 代入式(4-48)，并结合式(4-64) 得

$$\left(\frac{dV}{d\tau}\right)_W=\frac{1}{4}\left(\frac{dV}{d\tau}\right)_E=\frac{KA^2}{8(V+V_e)} \tag{4-67}$$

式(4-67) 表明，板框压滤机的洗涤速率约为过滤终了时的过滤速率的四分之一。将式(4-67) 代入式(4-63) 得板框压滤机的洗涤时间为

$$\tau_W=\frac{8(V+V_e)V_W}{KA^2} \tag{4-68}$$

叶滤机等采用置换洗涤法，洗涤液与过滤终了时的滤液流径基本相同，且洗涤面积与过滤面积也相同，即

$$(L+L_e)_W=(L+L_e)_E \tag{4-69}$$

$$A_W=A_E \tag{4-70}$$

将式(4-69) 和式(4-70) 代入式(4-48)，并结合式(4-64) 得

$$\left(\frac{dV}{d\tau}\right)_W=\left(\frac{dV}{d\tau}\right)_E=\frac{KA^2}{2(V+V_e)} \tag{4-71}$$

式(4-71) 表明，叶滤机的洗涤速率大致等于过滤终了时的过滤速率。将式(4-71)代入式(4-63)得叶滤机的洗涤时间为

$$\tau_W=\frac{2(V+V_e)V_W}{KA^2} \tag{4-72}$$

六、过滤机的生产能力

过滤机的生产能力一般可用单位时间内所获得的滤液体积来表示，少数情况下，也可采用滤饼量来表示。

1. 间歇式过滤机的生产能力

间歇式过滤机的每一操作循环包括过滤、洗涤、卸渣、清洗和重装等步骤，其生产能力可按下式计算

$$Q=\frac{V}{T}=\frac{V}{\tau+\tau_W+\tau_D} \tag{4-73}$$

式中 Q——生产能力，$m^3 \cdot s^{-1}$；

V——一个操作循环所得的滤液体积，m^3；

T——一个操作循环所需的时间，即操作周期，s；

τ_W——一个操作循环内的洗涤时间，s；

τ_D——一个操作循环内的辅助操作（卸渣、清洗和重装等）时间，s。

【例 4-7】 用具有 26 个框的 BMS20/635-25 型（框的边长为 635mm，厚度为 25mm）板框压滤机过滤某悬浮液，已知过滤压差为 3.39×10^5Pa；洗涤液为清水，其消耗量为滤液体积的 8%；每一操作循环内的辅助操作时间为 15min；每获得 $1m^3$ 滤液所得的滤饼体积为 $0.018m^3$。若恒压过滤方程为 $(q+0.0217)^2=1.678\times10^{-4}(\tau+2.81)$，试计算该板框压滤机的生产能力。

解： 依题意可知，该板框压滤机的总过滤面积 $A=0.635^2\times2\times26=21m^2$，滤饼总体积 $V_{饼}=0.635^2\times0.025\times26=0.262m^3$，则滤框全部充满滤饼时的滤液体积为

$$V=\frac{V_{饼}}{\nu}=\frac{0.262}{0.018}=14.56m^3$$

所以

$$q=\frac{V}{A}=\frac{14.56}{21}=0.693m^3 \cdot m^{-2}$$

代入恒压过滤方程得

$$(0.693+0.0217)^2=1.678\times10^{-4}(\tau+2.81)$$

解得

$$\tau=3041s$$

由式(4-64) 得过滤终了时的过滤速率为

$$\left(\frac{dV}{d\tau}\right)_E=\frac{KA^2}{2(V+V_e)}=\frac{KA}{2(q+q_e)}=\frac{1.678\times10^{-4}\times21}{2\times(0.693+0.0217)}=0.00247m^3 \cdot s^{-1}$$

依题意知，洗涤水的用量 $V_W=0.08V=0.08\times14.56=1.165m^3$，则由式(4-63) 和式(4-67) 得洗涤时间为

$$\tau_W=\frac{V_W}{\left(\frac{dV}{d\tau}\right)_W}=\frac{V_W}{\frac{1}{4}\left(\frac{dV}{d\tau}\right)_E}=\frac{1.165}{\frac{1}{4}\times0.00246}=1894s$$

由式(4-73) 得该过滤机的生产能力为

$$Q=\frac{V}{\tau+\tau_W+\tau_D}=\frac{14.56}{3041+1894+15\times60}=0.0025m^3 \cdot s^{-1}=8.98m^3 \cdot h^{-1}$$

2. 连续式过滤机的生产能力

对于转筒真空过滤机，其特点是过滤、洗涤和卸渣等操作均在转鼓表面的不同区域内同

时进行，任何时刻总有一部分表面浸没在滤浆中进行过滤，任何一块表面在转鼓回转一周的过程中都仅有部分时间进行过滤操作。

转筒表面浸入滤浆中的部分所占的分数称为浸没度，即

$$\psi=\frac{\text{浸没角度}}{360^{\circ}} \tag{4-74}$$

式中 ψ——浸没度，无因次。

工作时，转筒匀速转动，因此浸没度实际上就是转筒表面任一小块过滤面积每次浸入滤浆中的时间即过滤时间与转筒回转一周所用的时间之比。对于特定的转速，转筒回转一周所需的时间为

$$T=\frac{60}{n} \tag{4-75}$$

式中 T——转筒回转一周所用的时间，s；

n——转筒的转速，$r \cdot min^{-1}$。

在转筒回转一周的过程中，转筒表面任一小块过滤面积所经历的过滤时间为

$$\tau=\psi T=\frac{60\psi}{n} \tag{4-76}$$

式中 τ——转筒回转一周时，其表面任一小块过滤面积所经历的过滤时间，s。

综上所述，一台总过滤面积为 A、浸没度为 ψ、转速为 n 的转筒真空过滤机的生产能力，与一台在同样条件下操作的过滤面积为 A、操作周期为 $T=\frac{60}{n}$、过滤时间为 $\tau=\frac{60\psi}{n}$ 的间歇式板框压滤机的生产能力是相同的。由式(4-55) 得转筒每旋转一周所得的滤液体积为

$$V=\sqrt{KA^2(\tau+\tau_e)}-V_e=\sqrt{KA^2\left(\frac{60\psi}{n}+\tau_e\right)}-V_e \tag{4-77}$$

则每小时所得的滤液体积，即生产能力为

$$Q=60nV=60\left[\sqrt{KA^2(60n\psi+n^2\tau_e)}-nV_e\right] \tag{4-78}$$

若滤布的阻力可以忽略，则 $\tau_e=0$，$V_e=0$。代入式(4-77) 得

$$Q=60n\sqrt{KA^2\frac{60\psi}{n}}=465A\sqrt{Kn\psi} \tag{4-79}$$

可见，转速越快，转筒旋转一周所得的滤液体积就越小，但生产能力越大。实际操作中，转筒的转速不能过高，否则，每一周期内的过滤时间太短，使滤饼太薄，难于卸除，也不利于洗涤，且功率消耗增大。适宜的转速一般可通过实验来决定。

第四节 气体净化

为保证药品质量，药品必须在严格控制的洁净环境中生产。凡送入洁净区（室）的空气都要经过一系列的净化处理，使其与洁净室（区）的洁净等级相适应。此外，药品生产中的工艺用气体也要经过一系列的净化处理，使其与药品的生产工艺要求相适应。

洁净空气来源于环境空气，环境空气中所含的尘埃和细菌是空气中的主要污染物，应采取适当措施将其去除或将其降至规定值之下。除去空气中数量较多且较大的尘埃可采用机械除尘、洗涤除尘和过滤除尘等方法，较小的尘埃和细菌可用洁净空气净化系统专用过滤器予

以去除。

一、机械除尘

机械除尘是利用机械力（重力、惯性力、离心力）将固体悬浮物从气流中分离出来。常用的机械除尘设备有重力沉降室、惯性除尘器、旋风分离器等。

重力沉降室是利用粉尘与气体的密度不同，依靠粉尘自身的重力从气流中自然沉降下来，从而达到分离或捕集气流中含尘粒子的目的。沉降室通常是一个断面较大的空室，如图 4-21 所示，当含尘气体从入口进入比管道横截面积大得多的沉降室的时候，气体的流速大大降低，粉尘便在重力作用下向下沉降，净化气体从沉降室的另一端排出。

惯性除尘器是利用粉尘与气体在运动中的惯性力不同，使含尘气流方向发生急剧改变，气流中的尘粒因惯性较大，不能随气流急剧转弯，便从气流中分离出来。图 4-22 是常见的反转式惯性除尘器。

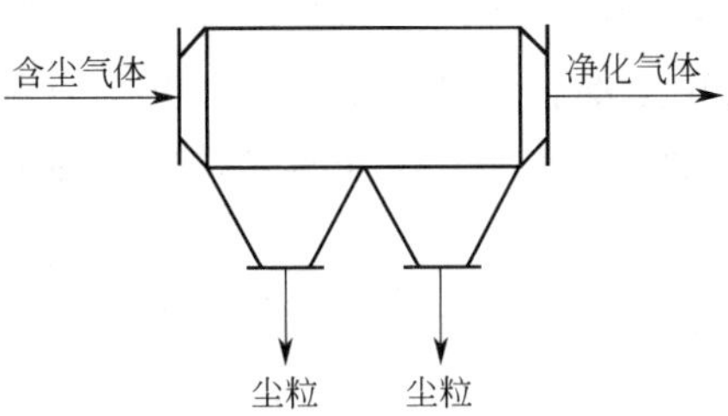

图 4-21　单层水平气流重力沉降室

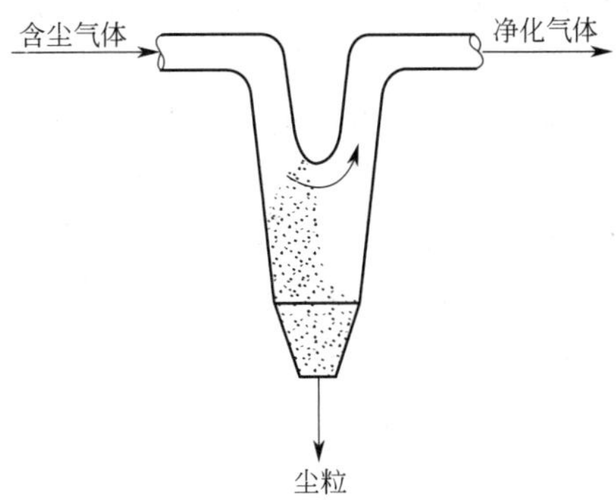

图 4-22　反转式惯性除尘器

机械除尘设备具有结构简单、易于制造、阻力小和运转费用低等特点，但此类除尘设备只对大粒径粉尘的去除效率较高，而对小粒径粉尘的捕获率很低。为了取得较好的分离效率，可采用多级串联的形式，或将其作为一级除尘使用。

二、过滤除尘

过滤除尘是使含尘气体通过多孔材料，将气体中的尘粒截留下来，使气体得到净化。目前，我国使用较多的是袋式除尘器，其基本结构是在除尘器的集尘室内悬挂若干个圆形或椭圆形的滤袋，当含尘气流穿过这些滤袋的袋壁时，尘粒被袋壁截留，在袋的内壁或外壁聚集而被捕集。常见的袋式除尘器如图 4-23 所示。

袋式除尘器在使用一段时间后，滤布的孔隙可能会被尘粒堵塞，从而使气体的流动阻力增大。因此袋壁上聚集的尘粒需要连续或周期性地被清除下来。图 4-23 所示的袋式除尘器是利用机械装置的运动，周期性地振打布袋而使积尘脱落。此外，利用气流反吹袋壁而使灰尘脱落，也是常用的清灰方法。

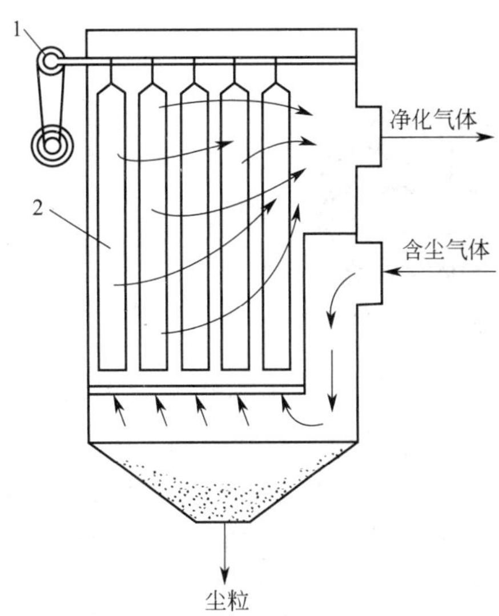

图 4-23　袋式除尘器

1—振动装置；2—滤袋

04-09　中国袋式除尘器的发展

袋式除尘器结构简单，使用灵活方便，可以处理不同类型的颗粒污染物，尤其对直径在 0.1～20μm 范围内的细粉有很强的捕集效果，除尘效率可达 90%～99%，是一种高效除尘设备。但袋式除尘器的应用要受到滤布的耐温和耐腐蚀等性能的限制，一般不适用于高温、高湿或强腐蚀性废气的处理。

各种除尘装置各有其优缺点。对于那些粒径分布范围较广的尘粒，常将两种或多种不同性质的除尘器组合使用。

三、洗涤除尘

洗涤除尘又称湿式除尘，它是用水（或其他液体）洗涤含尘气体，利用形成的液膜、液滴或气泡捕获气体中的尘粒，尘粒随液体排出，气体得到净化。洗涤除尘设备形式很多，图 4-24 为常见的填料式洗涤除尘器。

洗涤除尘器可以除去直径在 0.1μm 以上的尘粒，且除尘效率较高，一般为 80%～95%，高效率的装置可达 99%。洗涤除尘器的结构比较简单，设备投资较少，操作维修也比较方便。洗涤除尘过程中，水与含尘气体可充分接触，有降温增湿和净化有害有毒废气等作用，尤其适合高温、高湿、易燃、易爆和有毒废气的净化。洗涤除尘的明显缺点是除尘过程中要消耗大量的洗涤水，而且从废气中除去的污染物全部转移到水中，因此必须对洗涤后的水进行净化处理，并尽量回用，以免造成水的二次污染。此外，洗涤除尘器的气流阻力较大，因而运转费用较高。

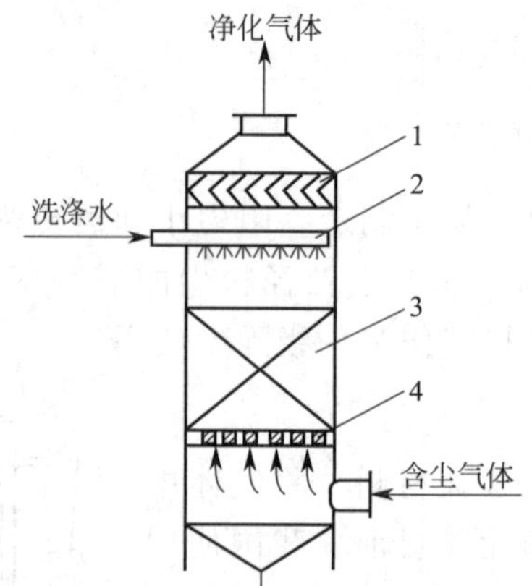

图 4-24　填料式洗涤除尘器

1—除沫器；2—分布器；3—填料；4—填料支承

04-10　其他除尘器

四、洁净空气净化流程及专用过滤器

1. 洁净空气净化流程

送入洁净室（区）的空气要与洁净室（区）的洁净等级、温度和湿度相适应，因此，空气不仅要经过一系列的净化处理，而且要经过加热、冷却或加湿、去湿处理。图 4-25 是典型的洁净空气净化流程。

图 4-25 所示的流程采用了一级初效、二级中效和三级高效过滤器，可用于任何洁净等级的洁净室。净化流程中的初效和中效过滤器一般集中布置在空调机房，而三级高效过滤器

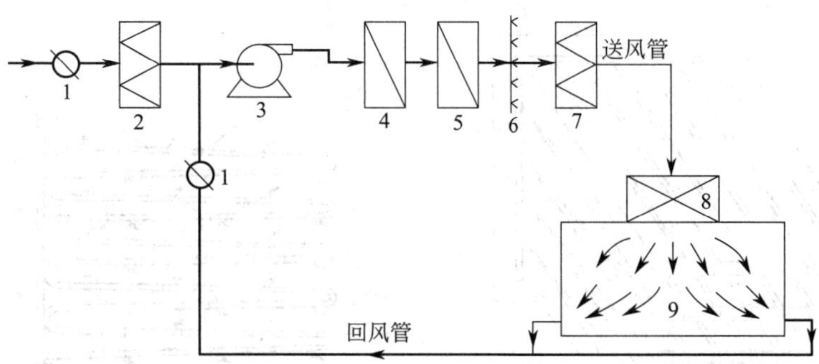

图 4-25　洁净空气净化流程

1—调节阀；2—初效（一级）过滤器；3—风机；4—冷却器；5—加热器；6—增湿器；7—中效（二级）过滤器；8—高效（三级）过滤器；9—洁净室

常布置在净化流程的末端，如洁净室的顶棚上，以防送入洁净室的洁净空气再次受到污染。若洁净室内存在易燃易爆气体或粉尘，则净化流程不能采用回风，以防易燃易爆物质的积聚。

2. 洁净空气净化专用过滤器

性能优良的空气过滤器应具有分离效率高、穿透率低、压降小和容尘量大等特点。按性能指标的高低，空气过滤器可分为四大类，如表 4-3 所示。

表 4-3　空气过滤器的分类

类型	效率级别	代号	效率(E)/%		初阻力/Pa	终阻力/Pa
粗效过滤器	粗效 1	C1	标准试验尘计重效度	$20\leqslant E<50$	≤50	100～200
	粗效 2	C2		$E\geqslant 50$		
	粗效 3	C3	标准试验计数效率(粒径≥2μm)	$10\leqslant E<50$		
	粗效 4	C4		$E\geqslant 80$		
中效过滤器	中效 1	Z1	标准试验计数效率(粒径≥0.5μm)	$20\leqslant E<40$	≤80	250～300
	中效 2	Z2		$40\leqslant E<60$		
	中效 3	Z3		$60\leqslant E<70$		
	高中效	GZ		$70\leqslant E<95$	≤100	300～400
亚高效过滤器	亚高效	YG		$95\leqslant E<99.9$	≤120	400～450
高效过滤器	高效	G	标准试验计数效率(粒径 0.1～0.3μm)	$E\geqslant 99.95$	≤220	400～600
	超高效	CG		$E\geqslant 99.999$		

(1) 粗效过滤器　对粗效过滤器的基本要求是结构简单、容尘量大和压降小。粗效过滤器一般采用易于清洗和更换的粗、中孔泡沫塑料、涤纶无纺布、金属丝网或其他滤料，通过滤料的气速宜控制在 $0.8\sim1.2\mathrm{m\cdot s^{-1}}$。

粗效过滤器常用作净化空调系统的一级过滤器，用于新风过滤，以滤除粒径大于 5μm 的尘粒和各种异物，并起到保护中、高效过滤器的作用。此外，粗效过滤器也可单独使用。常用的 M 型粗效空气过滤器的结构如图 4-26 所示。

(2) 中效过滤器　对中效过滤器的要求和粗效过滤器的基本相同。中效过滤器一般采用

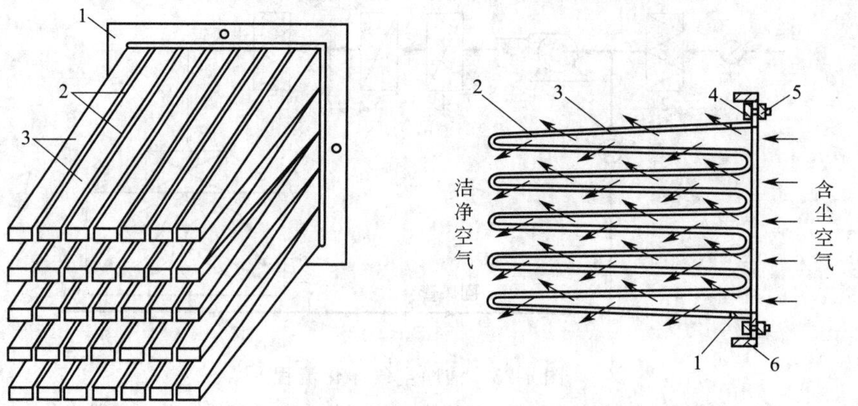

图 4-26　M 型粗效空气过滤器

1—25mm×25mm×3mm 角钢边框；2—ϕ3mm 铅丝支撑；3—无纺布过滤层；4—ϕ8mm 固定螺栓；5—螺帽；6—40mm×40mm×4 mm 安装框架

中、细孔泡沫塑料、玻璃纤维、涤纶无纺布、丙纶无纺布或其他滤料，通过滤料的气速宜控制在 $0.2 \sim 0.3 \mathrm{m \cdot s^{-1}}$。

中效过滤器常用作净化空调系统的二级过滤器，用于新风及回风过滤，以滤除粒径在 $1 \sim 5\mu m$ 范围内的尘粒，适用于含尘浓度在 $(1\times10^{-7}) \sim (6\times10^{-7}) \mathrm{kg \cdot m^{-3}}$ 范围内的空气的净化，其容尘量为 $0.3 \sim 0.8 \mathrm{kg \cdot m^{-3}}$。在高效过滤器之前设置中效过滤器，可延长高效过滤器的使用寿命。常用的 WD 型中效空气过滤器的结构如图 4-27 所示。

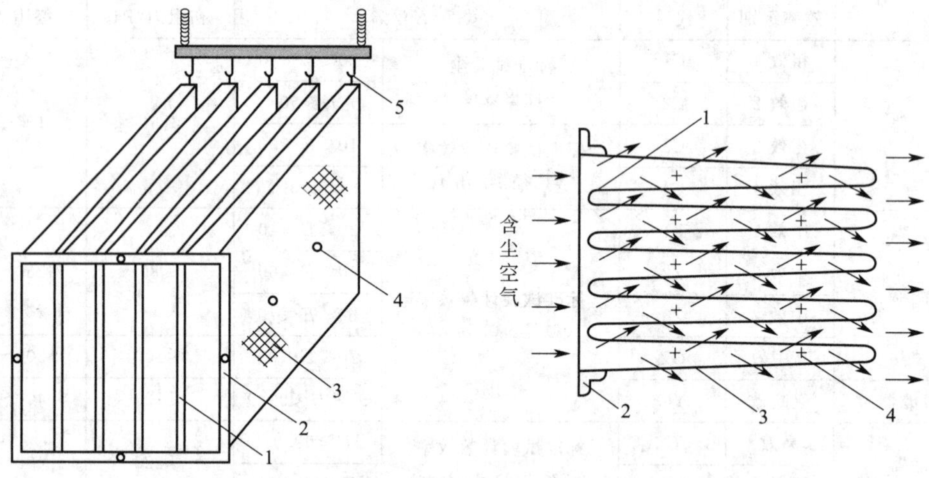

图 4-27　WD 型中效空气过滤器

1—滤框；2—角钢边框 25mm×25mm×3mm；3—无纺布滤料；4—限位扣 ϕ4.5mm 圆钢；5—吊钩

（3）亚高效过滤器　亚高效过滤器应以达到 D 级洁净度为主要目的，其滤料可用玻璃纤维滤纸、过氯乙烯纤维滤布、聚丙烯纤维滤布或其他纤维滤纸，通过滤料的气速宜控制在 $0.01 \sim 0.03 \mathrm{m \cdot s^{-1}}$。

亚高效过滤器具有运行压降低、噪声小、能耗少和价格便宜等优点，常用于空气洁净度为 D 级或低于 D 级的工业和生物洁净室中，作为最后一级过滤器使用，以滤除粒径在 $0.3 \sim 1\mu m$ 范围内的尘粒。常用的 PF 型亚高效空气过滤器的结构如图 4-28 所示。

（4）高效过滤器 高效过滤器的滤料一般采用超细玻璃纤维滤纸或超细过氯乙烯纤维滤布的折叠结构，通过滤料的气速宜控制在 $0.01 \sim 0.03 m \cdot s^{-1}$。

高效过滤器常用于空气洁净度高于 C 级的工业和生物洁净室中，作为最后一级过滤器使用，以滤除粒径小于 $0.3 \mu m$ 的尘粒。

04-11 空气过滤器的发展

高效过滤器的特点是效率高、压降大、不能再生。高效过滤器对细菌的滤除效率接近 100%，即通过高效空气过滤器后的空气可视为无菌空气。此外，高效过滤器的安装方向不能装反。高效空气过滤器的结构如图 4-29 所示。

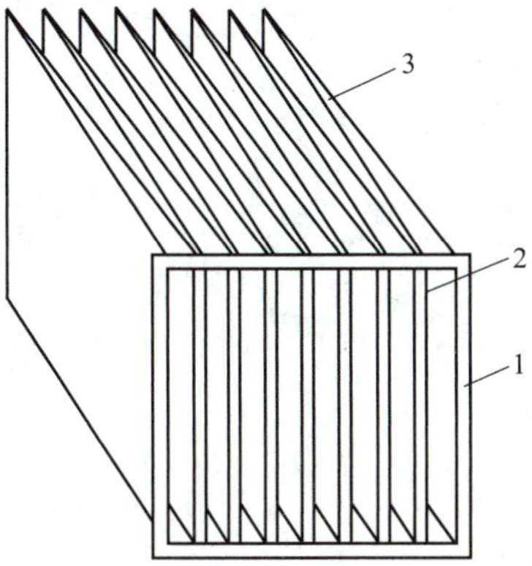

图 4-28 PF 型亚高效空气过滤器

1—型材外框；2—薄板小框；3—滤袋

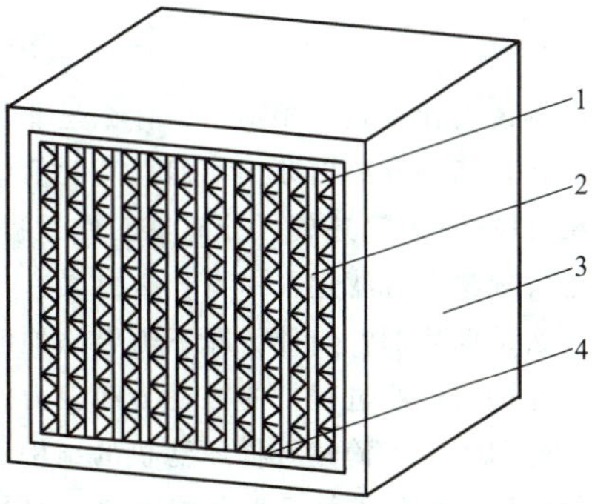

图 4-29 高效空气过滤器结构

1—过滤介质；2—分隔板；3—框体；4—密封树脂

高效过滤器对维护管理有较高的要求。当出现下列任何一种情况时，应及时更换高效过滤器。①气流速度降至最低限度，且更换粗效和中效过滤器后，气流速度仍不能增大。②高效过滤器的阻力达到初始阻力的 1.5～2.0 倍。③高效过滤器出现无法修补的渗漏。

习 题

本章目标检测题

1. 试计算密度为 $1030 kg \cdot m^{-3}$、直径为 $40 \mu m$ 的球形颗粒在 140℃ 的常压热空气中的沉降速度。（$0.0379 m \cdot s^{-1}$）

2. 用底面积为 $40 m^2$ 的降尘室回收气体中的球形固体颗粒。已知气体的处理量为 $3600 m^3 \cdot h^{-1}$，固体密度 $\rho_s = 3000 kg \cdot m^{-3}$，气体在操作条件下的密度 $\rho = 1.06 kg \cdot m^{-3}$、黏度 $\mu = 2 \times 10^{-5} Pa \cdot s$，试计算理论上能完全除去的最小颗粒的直径。（$1.75 \times 10^{-5} m$）

3. 用一多层降尘室除去气体中的粉尘。已知粉尘的最小粒径为 $8 \mu m$，密度为 $4000 kg \cdot m^{-3}$；降尘室的长、宽和高分别为 4.1m、1.8m 和 4.2m；气体的温度为 427℃，黏度为 $3.4 \times 10^{-5} Pa \cdot s$，密度为 $0.5 kg \cdot m^{-3}$。若每小时处理的含尘气体量为 $2160 m^3$（标准状态），试确定降尘室内隔板的间距及层数。（0.082m，51 层）

4. 在实验室内用过滤面积为 $0.1 m^2$ 的过滤器，对某种药品颗粒在水中的悬浮液进行过滤试验。若过滤 5min 得滤液 1L，又过滤 5min 得滤液 0.6L，试确定再过滤 5min 所增加的滤液量。（0.47L）

5. 以单只滤框的板框压滤机对某物料的水悬浮液进行过滤分离，滤框的尺寸为 200mm×200mm×25mm。已知悬浮液中每 $1 m^3$ 水带有 45kg 固体，固体密度为 $1820 kg \cdot m^{-3}$。当过滤得到 20L 滤液，测得滤饼总厚度为 24.3mm，试估算滤饼的含水率。[0.336kg(水)/kg(滤饼)]

6. 在 $3 \times 10^5 Pa$ 的压差下，对某药品颗粒在水中的悬浮液进行过滤试验，实验测得过滤常数 $K = 5 \times 10^{-5} m^2 \cdot s^{-1}$、$q_e = 0.01 m^3 \cdot m^{-2}$，每获得 $1 m^3$ 滤液所得的滤饼体积为 $0.08 m^3$。现用具有 38 个框的 BMY50/810-25（框的边长为 810mm，厚度为 25mm）型板框压滤机处理此悬浮液，过滤推动力及所用滤布与试验的相同。若滤饼为不可压缩滤饼，试确定：①过滤至框内全部充满滤饼时所需的时间；②若过滤结束后用相当于滤液体积10%的清水进行洗涤，洗涤时间为多少？③若每次卸滤饼和重装等全部辅助操作的时间为15min，则过滤机的生产能力为多少（以滤饼体积表示）？④若将过滤压差提高一倍，则过滤至框内全部充满滤饼时所需的时间为多少？（549s，417s，$1.2m^3 \cdot h^{-1}$，275s）

7. 在压差为0.4MPa的操作条件下，采用板框压滤机对某药物悬浮液进行间歇恒压过滤，得到不可压缩滤饼。已知该压滤机的滤框数为26个，框尺寸为635mm×635mm×25mm，过滤得到的滤饼与滤液的体积之比0.016。在其他操作工况相同的实验条件下，当过滤压差为0.1MPa时，测得该压滤机的过滤常数$q_e=0.0227m^3 \cdot m^{-2}$，$\tau_e=2.76s$。试计算当滤框内全部充满滤饼时，所获得的滤液体积及所需的过滤时间。（$16.375m^3$，864s）

思 考 题

1. 举例说明什么是均相物系？什么是非均相物系？
2. 什么是离心分离因数？如何提高此值？
3. 结合图4-8，简述旋风分离器工作过程。
4. 架桥现象在过滤过程中有什么意义？
5. 什么是助滤剂？何种情况下需要添加助滤剂？
6. 简述饼层过滤过程中的推动力和阻力。
7. 结合图4-18，简述板框压滤机的结构和操作过程。
8. 板框压滤机的洗涤速率与过滤终了时的过滤速率有何关系。
9. 影响板框压滤机生产能力的因素有哪些？如何提高板框压滤机的生产能力？
10. 简述空气净化专用过滤器的类型及特点。

第五章 传热

学习要求

1. 掌握：稳态热传导过程的计算，定性温度，传热当量直径，对流传热过程的计算。

2. 熟悉：传热基本方式，换热器的主要性能指标，导热系数及其意义，对流传热过程及其温度分布，牛顿冷却定律，对流传热系数的一般准数关联式，影响蒸汽冷凝和液体沸腾传热的因素，污垢热阻，典型间壁式换热器的结构及特点，选用列管式换热器应考虑的问题，传热过程的强化途径。

3. 了解：稳态传热与非稳态传热，温度场和温度梯度，傅里叶定律，设备热损失的计算。

本章课件

第一节 概述

由于物体内部或物体之间存在着温度差而引起的能量转移过程，称为**热量传递**。由热力学第二定律可知，只要有温度差存在，热就会自发地由高温处向低温处传递，因此传热是自然界和工程技术领域中极其普遍的一类传递现象。在制药化工生产中，几乎所有的化学反应过程都需要控制在一定的温度下进行，许多典型的单元操作，如蒸馏、蒸发、干燥和结晶等过程，通常也有一定的温度要求，因此，经常需要向系统输入或从系统输出热量，以维持过程所需要的温度。此外，在制药化工生产中，设备的保温、热能的合理利用以及余热的回收等问题，都要涉及传热过程。可见，传热过程普遍存在于制药化工生产中，且具有非常重要的意义。

制药化工生产中所遇到的传热问题可分为两类。一类是强化传热过程，如换热设备中的传热。此类过程要求热量传递的速率越快越好，这样可使完成特定换热任务的设备紧凑，以降低设备的费用。另一类是削弱传热过程，如高温设备及管道的保温、低温设备及管道的绝热等。此类过程要求热量传递的速率越慢越好，以减少过程的能耗。

本章研究的传热过程是指热量自发地由高温向低温传递的过程，而对于消耗外功，使热量由低温向高温传递的过程，则属于冷冻单元操作。

一、传热基本方式

根据传热机理的不同，传热方式有热传导、热对流和辐射传热三种基本方式。

1. 热传导

若物体内部或两个直接接触的物体之间存在着温度差，则热能将从高温部分自发地向低温部分传递，直至各部分的温度相等为止，这种传热方式称为**热传导**或导热。

热传导是借助于分子、原子和自由电子等微观粒子的热运动而进行的，常发生于固体或静止的流体内部。在热传导过程中，没有物质的宏观位移。

2. 热对流

流体各部分之间产生相对位移而引起的热量传递过程，称为热对流或对流。热对流仅发生于流体中。在对流过程中，流体质点之间产生了宏观运动，在运动过程中发生碰撞和混合，从而引起热量传递。若流体的宏观运动是由于各部分之间的温度不同所产生的密度差异而引起的（密度小的部分上浮，大的部分下沉），则称为自然对流。若流体的宏观运动是由于受到外力的作用（如风机、水泵或其他外界压力等）而引起的，则称为强制对流。

热对流过程中往往伴随着热传导，且两者很难区分。工程上常将流体与固体壁面间的传热称为对流传热，其特点是靠近壁面附近的流体层中主要依靠热传导方式传热，而在流体主体中则主要依靠对流方式传热。虽然热对流是一种基本的传热方式，但由于热对流时总伴有热传导，要将两者分开处理是困难的，因此一般并不讨论单纯的热对流，而是讨论具有实际意义的对流传热。

3. 辐射传热

辐射能是一种通过电磁波来传递的能量。任何物体，只要其温度在绝对零度以上，都会不停地向外发射辐射能，同时又会不断地吸收来自其他物体的辐射能，并将其转变为热能。由于高温物体发射的能量比吸收的多，而低温物体则相反，从而使净热量由高温物体传递至低温物体，这种传热方式称为辐射传热。

辐射传热时不仅有能量数量的传递，而且有能量形式的转换，即在放热处，热能转变为辐射能，以电磁波的形式向空间传送；当遇到另一个能吸收辐射能的物体时，即被其部分或全部吸收，并转变为热能。

在传热的三种基本方式中，热传导和热对流都要依靠介质来传递热能，而辐射传热不需要任何介质，仅以电磁波的形式在空间传递能量。

对于实际传热过程，上述三种基本传热方式很少单独存在，而往往是两种或三种传热方式的结合。当传热所涉及的温度低于 300℃时，辐射传热与其他传热方式相比常可忽略不计。

二、典型换热器结构

制药化工生产中所涉及的传热过程，绝大多数是两流体之间的热交换过程。为防止污染和混合，一般不允许两流体直接接触，而要用固体壁面（间壁）将其隔开，冷、热流体分别在壁面两侧流动，此类传热设备最为典型，称为间壁式换热器。

1. 间壁式换热器中的传热过程

图 5-1 是间壁两侧流体间的传热过程示意。由于壁面两侧流体间存在着温度差，因此，热量将从热流体通过壁面传递给冷流体。整个传热过程可看成由下列三个传热过程串联而成。

① 热流体以对流传热方式将热量传递至壁面一侧。

② 热量以热传导方式从固体壁面一侧传递至另一侧。

③ 间壁另一侧以对流传热方式将热量传递至冷流体。

在上述传热过程中，热流体的温度由 T_1 下降至 T_2，放出热量以加热冷流体；而冷流体的温度由 t_1 上升至 t_2，吸收热量以冷却热流体。参与传热的两流体统称为载热体，其中热流体又称为加热剂或热载热体，冷流体又称为冷却剂或冷载热体。

在间壁式换热器中，热量垂直通过间壁进行传递，与热流方向相垂直的间壁表面称为传热面。根据传热面形状的不同，换热器有管式和板式之分。

2. 典型间壁式换热器

(1) 套管式换热器　套管式换热器是由直径不同的两根管子同心套合在一起而构成的，其结构如图 5-2 所示。当温度不同的两流体分别在内管和套管环隙内流动时，热流体放出的热量将通过内管壁面传递给冷流体。

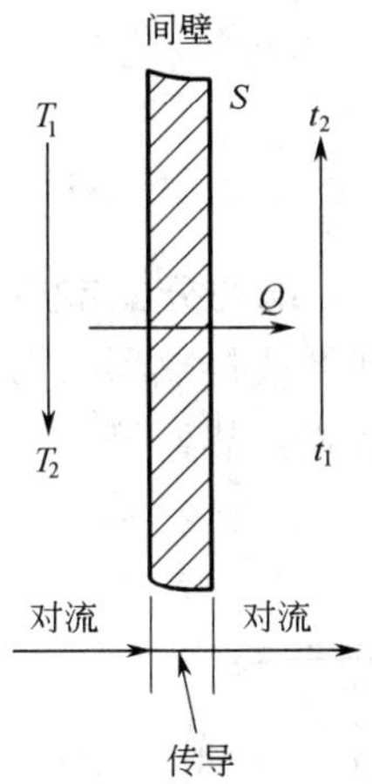

图 5-1　间壁两侧流体间的传热过程

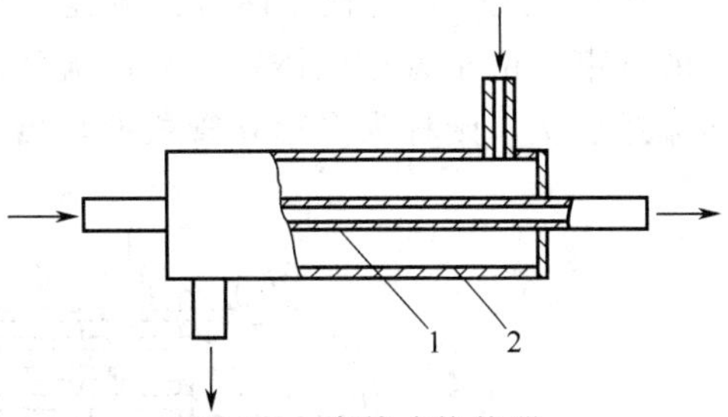

图 5-2　套管式换热器

1—内管；2—外管

由于两流体间的传热是通过内管壁面进行的，因此内管壁面面积即为传热面积。对于特定的套管式换热器，传热面积可按下式计算

$$S=\pi dL \tag{5-1}$$

式中　S——传热面积，m^2；

d——内管直径，m；

L——管长，m。

当式(5-1) 中的管径 d 采用管内径 d_i 时，所得传热面积称为管内侧面积，以 S_i 表示；当采用管外径 d_o 时，所得传热面积称为管外侧面积，以 S_o 表示；当采用平均直径 d_m，即 $\frac{d_o+d_i}{2}$ 时，所得传热面积称为平均面积，以 S_m 表示。对于一定的传热任务，确定换热器的传热面积是设计换热器的主题，本章将主要围绕此问题进行讨论。

(2) 列管式换热器　套管式换热器的传热面积仅限于一根内管的表面积，当所需的传热面积较大时，套管的长度将会很长。为克服这一缺点，可用一束小管代替内管，即构成列管式换热器。

图 5-3 是单程列管式换热器的结构，其列管固定于管板上，管板固定于壳体上，管板两侧分别设有封头，壳体内还装有折流板。工作时，一流体由接管 1 进入换热器内，经封头与管板间的空间（分配室）分配至各管内，流过管束 4 后，由接管 7 流出。另一流体由接管 8 进入换热器的管间，在折流板的作用下作折流运动，最后由接管 2 流出。通常将流体流经管束称为流经管程，该流体称为管程流体；而将流体流经管间环隙称为流经壳程，该流体称为壳程流体。由于管程流体在管束内只流过一次，故称为单程列管式换热器。

若用隔板将单程列管式换热器的一个分配室等分为二，即构成双程列管式换热器，如

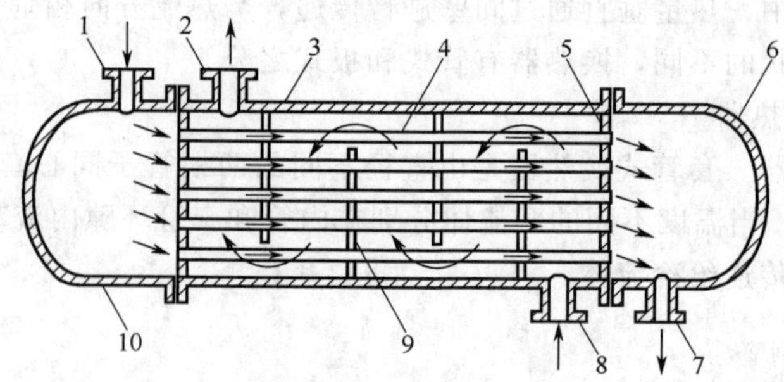

图 5-3　单程列管式换热器的结构

1、2、7、8—接管；3—管壳；4—管束；5—管板；6、10—封头；9—折流板

图 5-4 所示。此时，管程流体首先流经一半的管束，待流至另一端的分配室后再折回流经另一半的管束。由于管程流体在管束内流经两次，故称为双程列管式换热器。若流体在管束内来回流过多次，则称为多程列管式换热器，如四程、六程列管式换热器等。

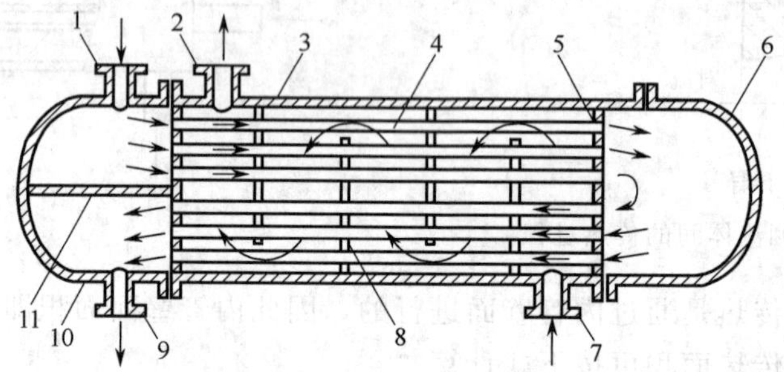

图 5-4　双程列管式换热器的结构

1、2、7、9—接管；3—管壳；4—管束；5—管板；6、10—封头；8—折流板；11—隔板

在列管式换热器中，热量沿径向垂直穿过列管表面进行传递，故列管表面为传热面。对于特定的列管式换热器，其传热面积可按下式计算

$$S=n\pi dL \tag{5-2}$$

式中　n——管子数。

与式(5-1) 类似，式(5-2) 中的管径 d 也可分别采用管内径 d_i、管外径 d_o 或平均直径 d_m 进行计算，所得传热面积分别为管内侧面积 S_i、管外侧面积 S_o 或平均面积 S_m。

三、换热器的主要性能指标

评价换热器性能的主要指标有传热速率和热通量。

1. 传热速率

传热速率是指单位时间内通过传热面的热量，以 Q 表示，单位为 W。传热速率是反映换热器换热能力大小的性能指标。

2. 热通量

热通量，也称热流密度，是指单位时间内通过单位传热面积的热量，也可理解为单位面积上的传热速率，以 q 表示，单位为 $W\cdot m^{-2}$，即

$$q=\frac{Q}{S} \tag{5-3}$$

对于管式换热器而言，当换热器的传热面积分别采用管内侧面积、管外侧面积或平均面积时，所得热通量的数值各不相同。因此，计算时应注明所选择的基准面积。由式(5-3)可知，当传热速率一定时，热通量越大，所需换热器的传热面积就越小。

四、稳态传热和非稳态传热

根据传热系统中的温度变化情况，传热过程有稳态传热和非稳态传热之分。

稳态传热时，传热系统中各点的温度仅随位置而变化，但均不随时间而变化。对于冷、热流体在间壁式换热器中通过管壁进行的一维稳态传热过程，沿径向各点的传热速率必相等。

非稳态传热时，传热系统中各点的温度不仅随位置而变化，而且随时间而变化。

在制药化工生产中，连续生产过程所涉及的传热多为稳态传热，而间歇生产过程以及连续生产过程在开车、停车阶段所涉及的传热均属于非稳态传热。本章主要讨论在间壁式换热器中进行的稳态传热过程。

第二节　热传导

一、基本概念和傅里叶定律

1. 温度场和温度梯度

（1）温度场　物体或系统内任一点的温度是该点位置和时间的函数，即

$$t=f(x,y,z,\tau) \tag{5-4}$$

式中　t——温度，℃或K；

x、y、z——任一点的空间坐标；

τ——时间，s。

某一瞬间，物体或系统内各点的温度分布称为**温度场**。非稳态传热时，温度场内各点的温度随时间而变，相应的温度场称为**非稳态温度场**。而稳态传热时，温度场内各点的温度不随时间而变，相应的温度场称为**稳态温度场**，此时

$$t=f(x,y,z) \tag{5-5}$$

若温度场中的温度仅沿一个坐标方向而变化，则此温度场称为**一维温度场**，即

$$t=f(x,\tau) \tag{5-6}$$

若一维温度场中的温度不随时间而变化，则此一维温度场称为**一维稳态温度场**，即

$$t=f(x) \tag{5-7}$$

同一时刻，由温度场中温度相同的各点所组成的连续面称为**等温面**。由于空间任一点在同一时刻不可能具有两个不同的温度，因此，同一时刻温度不同的等温面不能相交。

（2）温度梯度　如图5-5所示，等温面Ⅰ和Ⅱ的温度分别为t和$t+\Delta t$（$\Delta t>0$）。在等温面Ⅰ上任取一点C，过C点作该等温面的法线，其方向指向温度升高的方向。

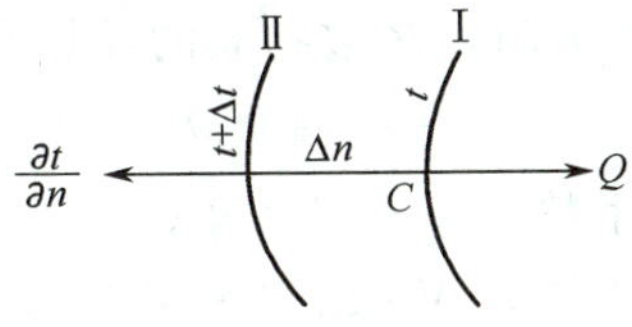

图5-5　温度梯度

若沿此法线方向两等温面之间的距离为Δn，则C点处的温度梯度可表示为

$$\text{grad}t=\lim_{\Delta n\to 0}\frac{\Delta t}{\Delta n}=\frac{\overrightarrow{\partial t}}{\partial n} \tag{5-8}$$

可见，温度梯度是温度场内沿等温面上某点法线方向的温度变化率。温度梯度是向量，其方向垂直于等温面，并指向温度增加的方向。因此，温度梯度的方向与传热的方向正好相反。习惯上，将温度梯度的标量$\frac{\partial t}{\partial n}$也称为温度梯度。对于一维稳态温度场，温度梯度可简化为

$$\text{grad}t=\frac{\mathrm{d}t}{\mathrm{d}x} \tag{5-9}$$

2. 傅里叶定律

傅里叶定律是热传导的基本定律，它表示由热传导所引起的传热速率与温度梯度及垂直于热流方向的截面积成正比，即

$$\mathrm{d}Q=-\lambda\,\mathrm{d}S\,\frac{\partial t}{\partial n} \tag{5-10}$$

式中 λ——比例系数，称为导热系数，$W\cdot m^{-1}\cdot K^{-1}$ 或 $W\cdot m^{-1}\cdot ℃^{-1}$；

S——导热面积，即垂直于热流方向的截面积，m^2。

05-01 著名的数学家和物理学家——傅里叶

式(5-10) 中的负号表示温度梯度的方向与传热的方向相反。

对于一维稳态热传导，式(5-10) 可简化为

$$\mathrm{d}Q=-\lambda\,\mathrm{d}S\,\frac{\mathrm{d}t}{\mathrm{d}x} \tag{5-11}$$

3. 导热系数

由式(5-10) 得

$$\lambda=-\frac{\mathrm{d}Q}{\mathrm{d}S\frac{\partial t}{\partial n}} \tag{5-12}$$

可见，导热系数在数值上等于单位温度梯度下，在单位时间内通过单位导热面积传导的热量，所以导热系数是表征物质导热能力大小的一个参数，是物质的物理性质之一。导热系数在实际应用中具有重要的意义。例如，对于间壁式换热器，间壁材料的导热速率要快，故宜选用钢、铜、铝等导热系数较大的金属材料。此外，非金属材料石墨的导热系数较大(见附录 12)，且具有良好的耐腐蚀性能，因而也常用作间壁的材料。再如，对于水蒸气管道，保温材料的导热速率要慢，故宜选用石棉、软木等导热系数较小的材料。

导热系数的数值与物质的组成、结构及状态（温度、压力和相态）有关，通常由实验测定。一般情况下，纯金属的导热系数最大，合金次之，其后依次为建筑材料、液体、绝热材料，而气体的导热系数最小。常见固体、液体及气体的导热系数分别列于附录 12 至附录 14 中。

研究表明，当温度变化范围不大时，多数物质的导热系数大致与温度呈线性关系，即

$$\lambda=\lambda_0(1+\alpha t) \tag{5-13}$$

式中 λ——物质在t℃时的导热系数，$W\cdot m^{-1}\cdot ℃^{-1}$；

λ_0——物质在0℃时的导热系数，$W\cdot m^{-1}\cdot ℃^{-1}$；

α——温度系数，$℃^{-1}$。对于大多数金属材料和液体，α为负值；而对于大多数非金属

材料和气体，α 为正值。

液体中水的导热系数与温度不呈线性关系。水的导热系数在 120℃时达到最大。当温度低于 120℃时，其导热系数随温度的升高而增大；当温度高于 120℃时，其导热系数随温度的升高而下降。此外，甘油的温度系数为正值，即甘油的导热系数随温度的升高而增大。

由式(5-13) 可知，气体的导热系数随温度的升高而增大。此外，在通常的压力范围内，气体的导热系数随压力的变化很小，一般可忽略压力对气体导热系数的影响。

气体的导热系数很小，对导热不利，但对保温有利。软木、玻璃棉等固体材料的导热系数很小，就是因为其空隙中存在大量的空气所致。寒冷地区常采用双层玻璃窗对房屋进行保温，也是这个道理。

二、平壁的稳态热传导

1. 单层平壁的稳态热传导

单层平壁的热传导如图 5-6 所示。已知平壁的面积为 S，厚度为 b。为简化分析过程，现提出如下假设。

① 平壁的材料完全均匀，其导热系数不随温度而变（或取平均导热系数）。

② 平壁两侧的温度分别为 t_1、t_2，且 $t_1>t_2$，并保持恒定。

③ 平壁内的温度仅沿垂直于壁面的 x 方向而变化，故等温面为垂直于 x 轴的平面。

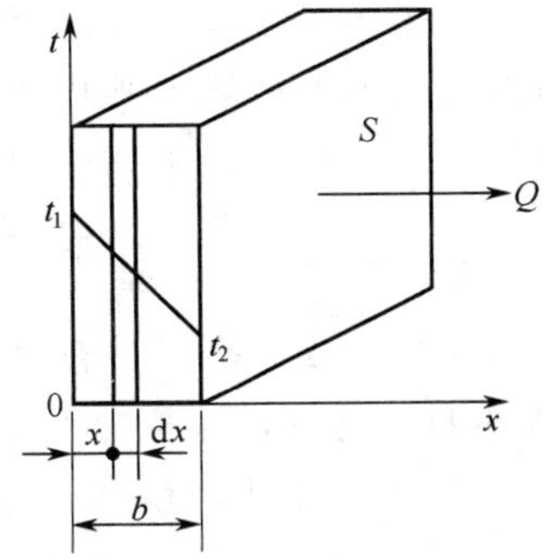

图 5-6 单层平壁的热传导

④ 平壁面积很大，厚度很薄，即平壁面积远大于侧表面积，故从壁的边缘处损失的热量可以忽略不计。

根据上述假设，图 5-6 所示的传热过程为一维稳态热传导过程，且导热速率和传热面积均为定值。由式(5-11) 得

$$Q=-\lambda S\frac{\mathrm{d}t}{\mathrm{d}x} \tag{5-14}$$

式(5-14) 的边界条件为

$$x=0, t=t_1$$
$$x=b, t=t_2$$

将式(5-14) 分离变量并积分得

$$\int_{t_1}^{t_2}\mathrm{d}t=-\frac{Q}{\lambda S}\int_0^b\mathrm{d}x$$

则

$$t_2-t_1=-\frac{Q}{\lambda S}b$$

所以

$$Q=\frac{\lambda}{b}S(t_1-t_2)=\frac{t_1-t_2}{\dfrac{b}{\lambda S}}=\frac{\Delta t}{R}=\frac{\text{导热推动力}}{\text{导热热阻}} \tag{5-15}$$

式(5-15) 表明，导热速率 Q 与导热推动力 Δt 成正比，与导热热阻 R 成反比，这也符合自然界中传递过程的普遍规律，即

$$过程的传递速率=\frac{过程的推动力}{过程的阻力} \tag{5-16}$$

式(5-15) 也可改写为

$$q=\frac{Q}{S}=\frac{\lambda}{b}(t_1-t_2)=\frac{t_1-t_2}{\frac{b}{\lambda}}=\frac{\Delta t}{R'}=\frac{导热推动力}{导热热阻} \tag{5-17}$$

$R=\frac{b}{\lambda S}$及$R'=\frac{b}{\lambda}$均称为导热热阻，但两者的单位不同，其中R的单位为℃·W^{-1}，R'的单位为m^2·℃·W^{-1}。

在热传导过程中，物体内部不同位置处的温度是不同的，因而导热系数也不同。工程上，对于各处温度不同的固体，常取固体两侧温度下导热系数的算术平均值为其导热系数，或取两侧温度的算术平均值作为定性温度，并以其确定固体的导热系数。采用平均导热系数进行热传导计算，不会引起太大的误差，可以满足一般工程计算的需要。

【例 5-1】 某平壁的面积为 $20m^2$，厚度为 400mm，内表面温度为 800℃，外表面温度为 120℃。已知平壁材料的导热系数为 $1.2W \cdot m^{-1} \cdot ℃^{-1}$，试分别计算通过该平壁的导热速率和热通量，并确定平壁内的温度分布。

解：①计算导热速率Q　由式(5-15) 得

$$Q=\frac{\lambda}{b}S(t_1-t_2)=\frac{1.2}{0.4}\times20\times(800-120)=40800W$$

② 计算热通量q　由式(5-3) 得

$$q=\frac{Q}{S}=\frac{40800}{20}=2040W \cdot m^{-2}$$

③ 确定平壁内的温度分布　设壁厚为x处的温度为t，则由式(5-15) 得

$$Q=\frac{\lambda}{x}S(t_1-t)=\frac{1.2}{x}\times20\times(800-t)=40800$$

所以

$$t=800-\frac{40800}{1.2\times20}x=800-1700x$$

可见，当导热系数为常数时，平壁内的温度t与壁厚x之间呈线性关系。

2. 多层平壁的稳态热传导

现以图 5-7 所示的三层平壁的稳态热传导为例。假设层与层之间接触良好，故接触界面处的温度相等，即不存在附加热阻。已知各层的厚度分别为b_1、b_2、b_3，导热系数分别为λ_1、λ_2、λ_3，表面温度分别为t_1、t_2、t_3、t_4，且$t_1>t_2>t_3>t_4$。

稳态热传导时，通过各层的导热速率必相等，即

$$Q=Q_1=Q_2=Q_3 \tag{5-18}$$

或

$$Q=\frac{\lambda_1 S(t_1-t_2)}{b_1}=\frac{\lambda_2 S(t_2-t_3)}{b_2}=\frac{\lambda_3 S(t_3-t_4)}{b_3} \tag{5-19}$$

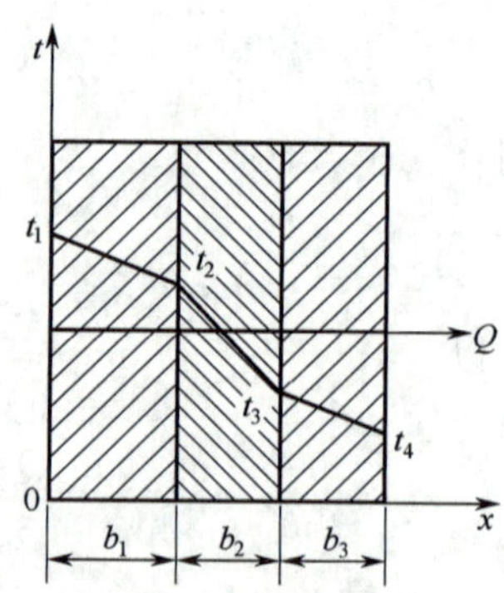

图 5-7　三层平壁的热传导

则

$$\Delta t_1 = t_1 - t_2 = Q\frac{b_1}{\lambda_1 S} \tag{5-20}$$

$$\Delta t_2 = t_2 - t_3 = Q\frac{b_2}{\lambda_2 S} \tag{5-21}$$

$$\Delta t_3 = t_3 - t_4 = Q\frac{b_3}{\lambda_3 S} \tag{5-22}$$

将式(5-20)至式(5-22)相加并整理得

$$Q = \frac{\Delta t_1 + \Delta t_2 + \Delta t_3}{\dfrac{b_1}{\lambda_1 S} + \dfrac{b_2}{\lambda_2 S} + \dfrac{b_3}{\lambda_3 S}} = \frac{t_1 - t_4}{R_1 + R_2 + R_3} = \frac{\text{总推动力}}{\text{总导热热阻}} \tag{5-23}$$

式(5-23) 即为三层平壁稳态热传导时的传热速率方程式。类似地，对于 n 层平壁的稳态热传导，其传热速率方程式为

$$Q = \frac{t_1 - t_{n+1}}{\sum\limits_{i=1}^{n}\dfrac{b_i}{\lambda_i S}} = \frac{\sum\limits_{i=1}^{n}\Delta t_i}{\sum\limits_{i=1}^{n} R_i} = \frac{\text{总推动力}}{\text{总导热热阻}} \tag{5-24}$$

对于多层平壁的稳态热传导，不仅各层的传热速率相等，而且各层的热通量也相等。

【例 5-2】 燃烧炉的平壁由三种材料构成。最内层为耐火砖，厚度 $b_1=160\text{mm}$，导热系数 $\lambda_1=1.05\text{W}\cdot\text{m}^{-1}\cdot℃^{-1}$；中间层为绝热砖，厚度 $b_2=300\text{mm}$，导热系数 $\lambda_2=0.15\text{W}\cdot\text{m}^{-1}\cdot℃^{-1}$；最外层为普通砖，厚度 $b_3=220\text{mm}$，导热系数 $\lambda_3=0.72\text{W}\cdot\text{m}^{-1}\cdot℃^{-1}$。已知炉内壁表面温度 $t_1=1015℃$，外壁表面温度 $t_4=35℃$，试计算耐火砖与绝热砖之间的界面温度以及最外层的温度差。假设各层接触良好。

解： 设 t_2 为耐火砖与绝热砖之间的界面温度，t_3 为绝热砖与普通砖之间的界面温度。由式(5-3) 和式(5-23) 得

$$q = \frac{Q}{S} = \frac{t_1 - t_4}{\dfrac{b_1}{\lambda_1} + \dfrac{b_2}{\lambda_2} + \dfrac{b_3}{\lambda_3}} = \frac{1015-35}{\dfrac{0.16}{1.05} + \dfrac{0.30}{0.15} + \dfrac{0.22}{0.72}} = 398.7\text{W}\cdot\text{m}^{-2}$$

由式(5-20) 得

$$\Delta t_1 = Q\frac{b_1}{\lambda_1 S} = \frac{b_1}{\lambda_1}q = \frac{0.16}{1.05}\times 398.7 = 60.8℃$$

所以

$$t_2 = t_1 - \Delta t_1 = 1015 - 60.8 = 954.2℃$$

由式(5-22) 得

$$\Delta t_2 = Q\frac{b_2}{\lambda_2 S} = \frac{b_2}{\lambda_2}q = \frac{0.30}{0.15}\times 398.7 = 797.4℃$$

所以

$$t_3 = t_2 - \Delta t_2 = 954.2 - 797.4 = 156.8℃$$

故最外层的温度差为

$$\Delta t_3 = t_3 - t_4 = 156.8 - 35 = 121.8℃$$

现将例 5-2 中各层的温度差及热阻的数值列于表 5-1 中。

表 5-1 例 5-2 附表

材料	导热系数/($W \cdot m^{-1} \cdot ℃^{-1}$)	热阻($\frac{b}{\lambda}$)/($m^2 \cdot ℃ \cdot W^{-1}$)	温度差/℃
耐火砖	1.05	0.15	60.8
绝热砖	0.15	2.00	797.4
普通砖	0.72	0.31	121.8

由表 5-1 可知，各层的热阻越大，温度差也越大。绝热砖的导热系数最小，其热阻最大，故分配于该层的温度差亦大，即温度差与热阻成正比。由于大部分温度差落在绝热层内，从而降低了燃烧炉的外壁温度，使热损失大为减少。

三、圆筒壁的稳态热传导

在制药化工生产中，所用设备及管道通常为圆筒形，因此通过圆筒壁的热传导非常普遍。圆筒壁的热传导与平壁的热传导存在着显著差异，其原因是圆筒壁的传热面积和温度均随半径而变，传热面积不是常量。

1. 单层圆筒壁的稳态热传导

单层圆筒壁的热传导如图 5-8 所示。已知圆筒壁材料的导热系数 λ 为定值，圆筒的长度为 L，内、外半径分别为 r_1、r_2，内、外壁面温度分别为 t_1、t_2，且 $t_1 > t_2$，并保持恒定。若从圆筒壁两端边缘处损失的热量可忽略不计，则图 5-8 所示的传热过程为稳态热传导过程，且沿径向的导热速率为定值。

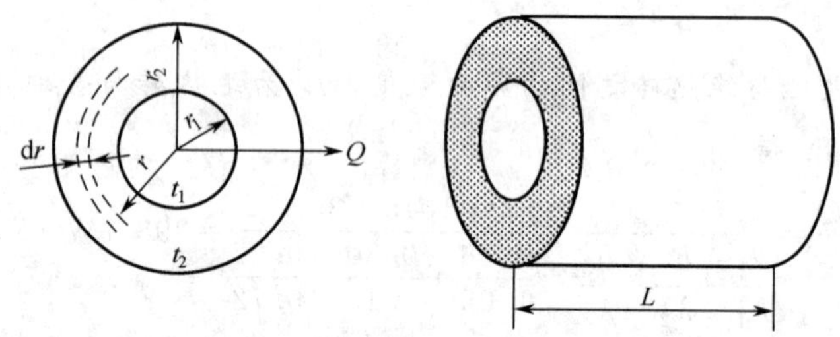

图 5-8 单层圆筒壁的热传导

在圆筒半径 r 处沿半径方向取厚度为 dr 的薄壁圆筒，其传热面积为 $2\pi rL$，并可视为常量。若沿薄壁圆筒厚度方向的温度变化为 dt，则通过该薄壁圆筒的导热速率可表示为

$$Q = -\lambda S \frac{dt}{dr} = -\lambda(2\pi rL)\frac{dt}{dr} \tag{5-25}$$

式(5-25) 的边界条件为

$$r = r_1, t = t_1$$

$$r = r_2, t = t_2$$

将式(5-25) 分离变量并积分得

$$Q\int_{r_1}^{r_2} \frac{dr}{r} = -2\pi L\lambda \int_{t_1}^{t_2} dt$$

则

$$Q=\frac{2\pi L\lambda(t_1-t_2)}{\ln\frac{r_2}{r_1}} \tag{5-26}$$

式(5-26) 即为单层圆筒壁稳态热传导时的传热速率方程式，该式也可改写成与平壁热传导速率方程式相类似的形式。由式(5-26) 得

$$Q=\frac{2\pi L(r_2-r_1)\lambda(t_1-t_2)}{(r_2-r_1)\ln\frac{2\pi r_2 L}{2\pi r_1 L}}=\frac{(S_2-S_1)\lambda(t_1-t_2)}{(r_2-r_1)\ln\frac{S_2}{S_1}} \tag{5-27}$$

令 $b=r_2-r_1, S_m=\frac{S_2-S_1}{\ln\frac{S_2}{S_1}}$，代入式(5-27) 得

$$Q=\lambda S_m\frac{t_1-t_2}{b}=\frac{t_1-t_2}{\frac{b}{\lambda S_m}} \tag{5-28}$$

式中　b——圆筒壁的厚度，m；

S_m——圆筒壁内、外表面的对数平均面积，m^2。

对于圆筒壁，内、外表面的对数平均面积亦可写成

$$S_m=\frac{S_2-S_1}{\ln\frac{S_2}{S_1}}=2\pi r_m L=2\pi L\frac{r_2-r_1}{\ln\frac{r_2}{r_1}} \tag{5-29}$$

式中　r——圆筒壁的对数平均半径，$r_m=\frac{r_2-r_1}{\ln\frac{r_2}{r_1}}$，m。

工程计算中，经常采用两个变量的对数平均值。当两个变量的比值不超过 2 时，常采用算术平均值代替对数平均值进行计算，以简化计算过程，由此造成的误差不超过 4%，可以满足一般工程计算的精度要求。

2. 多层圆筒壁的稳态热传导

现以图 5-9 所示的三层圆筒壁的稳态热传导为例。假设层与层之间接触良好，故接触界面处的温度相等，即不存在附加热阻。已知各层的厚度分别为 $b_1=r_2-r_1$、$b_2=r_3-r_2$、$b_3=r_4-r_3$，导热系数分别为 λ_1、λ_2、λ_3，表面温度分别为 t_1、t_2、t_3、t_4，且 $t_1>t_2>t_3>t_4$。

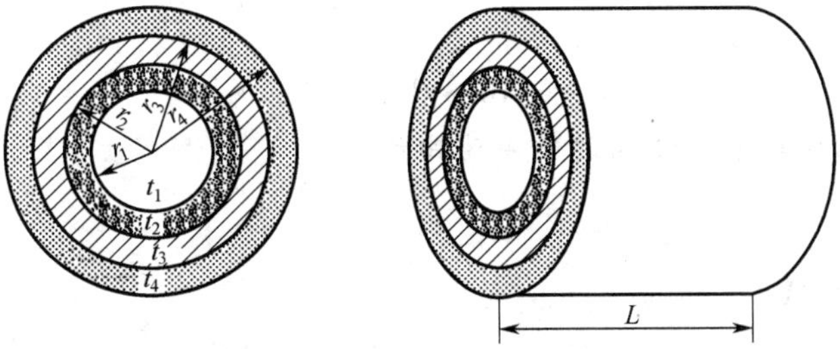

图 5-9　三层圆筒壁的热传导

对于多层圆筒壁的稳态热传导，单位时间内通过各传热面的热量均相等，即

$$Q=Q_1=Q_2=Q_3 \tag{5-30}$$

所以，由式（5-26）得

$$Q=\frac{2\pi L\lambda_1(t_1-t_2)}{\ln\frac{r_2}{r_1}}=\frac{2\pi L\lambda_2(t_2-t_3)}{\ln\frac{r_3}{r_2}}=\frac{2\pi L\lambda_3(t_3-t_4)}{\ln\frac{r_4}{r_3}} \tag{5-31}$$

与式(5-23）的推导方法相似，由式(5-31）可导出三层圆筒壁稳态热传导时的传热速率方程式为

$$Q=\frac{2\pi L(t_1-t_4)}{\frac{1}{\lambda_1}\ln\frac{r_2}{r_1}+\frac{1}{\lambda_2}\ln\frac{r_3}{r_2}+\frac{1}{\lambda_3}\ln\frac{r_4}{r_3}} \tag{5-32}$$

类似地，对于 n 层圆筒壁的稳态热传导，其传热速率方程式为

$$Q=\frac{2\pi L(t_1-t_{n+1})}{\sum_{i=1}^{n}\frac{1}{\lambda_i}\ln\frac{r_{i+1}}{r_i}} \tag{5-33}$$

05-02 日常生活中的导热现象

对于多层圆筒壁的稳态热传导，通过各层的传热速率均相等，但热通量随半径而变。

【例 5-3】 在外径为 108mm 的蒸气管道外包扎保温材料，以减少热损失。已知蒸气管的外壁温度为 390℃；保温层的厚度为 60mm，导热系数为 0.15W·m^{-1}·℃$^{-1}$，外表面温度为 40℃。试计算：①每米管长的热损失；②保温层中的温度分布。假设蒸气管外壁与保温层之间接触良好。

解： 此题实际上是双层圆筒壁的稳态热传导问题。已知：$r_2=0.054$m，$r_3=r_2+0.06=0.114$ m，$\lambda_2=0.15$W·m^{-1}·℃$^{-1}$，$t_2=390$°C，$t_3=40$℃。

① 计算每米管长的热损失　由式(5-31）得

$$\frac{Q}{L}=\frac{2\pi\lambda_2(t_2-t_3)}{\ln\frac{r_3}{r_2}}=\frac{2\times3.14\times0.15\times(390-40)}{\ln\frac{0.114}{0.054}}=441\text{W}\cdot\text{m}^{-1}$$

即每米管长的热损失为 441W·m^{-1}。

② 保温层中的温度分布　设保温层中半径为 r 处的温度为 t，则由式(5-31）得

$$\frac{Q}{L}=\frac{2\pi\lambda_2(t_2-t)}{\ln\frac{r}{r_2}}=\frac{2\times3.14\times0.15\times(390-t)}{\ln\frac{r}{0.054}}=441$$

解得

$$t=-468.2\ln r-976.4$$

可见，圆筒壁内的温度与半径之间的关系为曲线。

第三节　对流传热

一、对流传热分析

对流传热是指流体与固体壁面间的传热过程，即流体将热量传给壁面，或由壁面将热量

传给流体的过程，它在制药化工生产中最具有实际意义。由于对流传热主要是依靠流体质点的移动与混合来完成的，因此对流传热与流体的流动状况密切相关。

当流体作层流流动时，各层流体均沿壁面作平行流动，在与流动方向相垂直的方向上，其热量传递方式为热传导。

当流体作湍流流动时，无论流体主体的湍动程度有多大，紧邻壁面处总存在一层流内层（参见图 1-27）。在层流内层内，流体仅沿壁面作平行流动，因而在与流动方向相垂直的方向上，热量传递方式为热传导。由于多数流体的导热系数较小，因而热传导时的热阻很大，所以层流内层中的温度差较大，即温度梯度较大。在层流内层与湍流主体之间存在着一个过渡层，其内的温度发生较缓慢的变化，而热量传递则是对流与热传导共同作用的结果。在湍流主体中，由于流体质点的强烈碰撞与混合，因而温度差极小，即基本没有温度梯度，可以认为没有传热热阻。工程上，将有温度梯度存在的区域称为**传热边界层**。

冷、热流体分别沿间壁两侧平行流动时，传热方向与流动方向垂直。如图 5-10 所示，在与流动方向相垂直的任一截面上，从热流体到冷流体必存在一个温度分布，其中热流体从其湍流主体温度 T 经过渡区、层流内层降温至该侧的壁面温度 T_W，再经间壁降温至另一侧的壁面温度 t_W，又经冷流体的层流内层、过渡区降温至冷流体的主体温度 t。由于冷、热流体之间不断通过间壁进行热交换，故不同截面上各对应点的温度值可能不同，但温度分布规律是类似的。

由图 5-10 可知，流体与壁面之间的对流传热推动力应为流体主体与壁面之间的温度差，其中热流体侧的推动力为 $(T-T_W)$，而冷流体侧的推动力为 (t_W-t)。

综上所述，对流传热是集对流与热传导于一体的综合传热现象，而传热热阻主要集中于层流内层中，因此减薄层流内层的厚度是强化对流传热的主要途径。

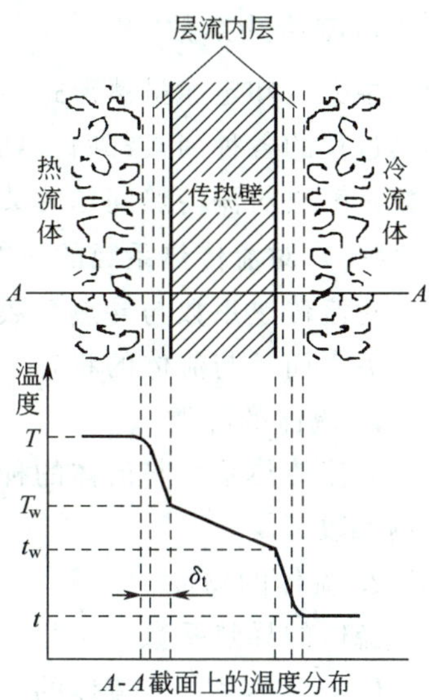

图 5-10　对流传热的温度分布

二、对流传热速率方程

对流传热是一类非常复杂的传热过程，其影响因素很多。目前，对流传热的计算仍采用半理论半经验的方法进行处理。

如图 5-10 所示，假设流体的全部温度差集中于壁面附近厚度为 δ_t 的有效膜层内，且该层内的热量传递方式为热传导。根据傅里叶定律，流体与壁面间的对流传热速率方程可表示为

$$dQ=-\lambda dS\frac{dt}{dx}=\lambda dS\frac{\Delta t}{\delta_t}$$

式中　Δt——对流传热温度差，℃。对于热流体，$\Delta t=T-T_W$；对于冷流体，$\Delta t=t_W-t$。

由于有效膜层的厚度 δ_t 难以测定，所以在处理上用 α 代替$\frac{\lambda}{\delta_t}$，则

$$dQ=\alpha\Delta t dS \tag{5-34}$$

式中　α——局部对流传热系数，$W\cdot m^{-2}\cdot ℃^{-1}$。

式(5-34) 即为对流传热速率方程式，又称为牛顿冷却定律。

在换热器中，局部对流传热系数随管长而变，但在工程计算中，常采用平均对流传热系数和平均温度差，此时牛顿冷却定律可表示为

$$Q=\alpha S\Delta t \tag{5-35}$$

式中　α——平均对流传热系数，应注意它与局部对流传热系数的区别，$W\cdot m^{-2}\cdot ℃^{-1}$；

S——总传热面积，m^2。

对于管式换热器，传热面积可用管内侧面积 S_i 或管外侧面积 S_o 表示。例如，若冷流体在换热器的管内流动，热流体在管间流动，则对流传热速率方程式可分别表示为

$$dQ=\alpha_i(t_W-t)dS_i \tag{5-36}$$

$$dQ=\alpha_o(T-T_W)dS_o \tag{5-37}$$

式中　α_i、α_o——分别为管内侧和外侧流体的局部对流传热系数，$W\cdot m^{-2}\cdot ℃^{-1}$；

t、T——换热器内与传热面垂直的任一截面上冷、热流体的平均温度，℃；

t_W、T_W——换热器内与传热面垂直的任一截面上与冷、热流体相接触一侧的壁温，℃。

式(5-36) 和式(5-37) 表明，对流传热系数总是与传热面积和温度差相对应。

三、对流传热系数

牛顿冷却定律虽然形式简单，但它并未揭示对流传热过程的本质，而仅仅是将影响对流传热过程的各种因素都归入到对流传热系数中。因此，如何确定各种具体情况下的对流传热系数是解决对流传热问题的关键。

（一）对流传热系数的影响因素

对流传热系数与导热系数不同，它不是流体的物性参数。对流传热系数不仅与流体的物性有关，而且与流体的状态、流动状况以及传热面的结构等因素有关。

1. 流体的种类

对流传热系数与流体的种类有关。一般情况下，液体的对流传热系数要大于气体的对流传热系数。

2. 流体的物性

流体的导热系数、密度、比热、黏度及体积膨胀系数对对流传热系数有较大的影响。

(1) 导热系数　流体的导热系数越大，传热边界层的热阻就越小，因而对流传热系数就越大。

(2) 密度和比热　ρC_p 表示单位体积流体所具有的热容量，流体的密度或比热越大，流体携带热量的能力就越大，因而对流传热的强度就越大。

(3) 黏度　流体的黏度越小，其 Re 值就越大，即湍动程度越大，相应的传热边界层的厚度就越薄，因而对流传热系数就越大。

(4) 体积膨胀系数　自然对流时，流体的体积膨胀系数越大，所产生的密度差就越大，相应的自然对流的强度就越大，因而对流传热系数就越大。由于流体在传热过程中的流动多为变温流动，因此即使在强制对流的情况下，也存在附加的自然对流，所以流体的体积膨胀系数对强制对流时的对流传热系数也有一定的影响。

3. 流体的相变情况

传热过程中，有相变流体的对流传热系数要远大于无相变流体的对流传热系数。例如，在套管式换热器中用水蒸气加热管内的空气，则环隙中蒸汽冷凝时的对流传热系数要远大于管内空气的对流传热系数。

4. 流体的流动状态

流体作层流流动时，由于在传热方向上无质点运动，因而对流传热系数较小。而流体作

湍流流动时，由于质点之间的强烈碰撞与混合，因而对流传热系数较大。且流体的 Re 值越大，层流内层就越薄，对流传热系数就越大。

5. 对流情况

一般情况下，强制对流时的流速较大，自然对流时的流速较小。因此，强制对流时的对流传热系数一般大于自然对流时的对流传热系数。

6. 传热面的结构

传热面的形状（如管、板、环隙、管束等）、位置（如管子排列方式、垂直放置或水平放置）及流道尺寸（如管径、管长等）等都直接影响对流传热系数，这些都将反映在对流传热系数的计算公式中。

（二）对流传热系数的一般准数关联式

由于影响对流传热系数的因素很多，因此要从理论上建立一个计算对流传热系数的通式是极其困难的。由理论分析和实验研究可知，影响对流传热系数的因素有流体的密度 ρ、黏度 μ、定压比热 C_p、导热系数 λ、流速 u 以及传热设备的尺寸等，这些影响因素可组合成 Nu、Re、Pr 和 Gr 四个无因次数群，它们之间的关系为

$$Nu=f(Re,Pr,Gr) \tag{5-38}$$

式中　$Nu=\frac{\alpha l}{\lambda}$——努塞特数，是表示对流传热系数的准数；

$Re=\frac{lu\rho}{\mu}$——雷诺数，是反映流动状态对对流传热系数影响的准数；

$Pr=\frac{C_p\mu}{\lambda}$——普兰特数，是反映流体物性对对流传热系数影响的准数；

$Gr=\frac{l^3\rho^2\beta g\Delta t}{\mu^2}$——格拉斯霍夫数，是反映自然对流对对流传热系数影响的准数；

α——对流传热系数，$W\cdot m^{-2}\cdot ℃^{-1}$；

l——传热面的特征尺寸，可以是管内径、管外径或平板高度等，m；

λ——流体的导热系数，$W\cdot m^{-1}\cdot ℃^{-1}$；

μ——流体的黏度，Pa·s；

C_p——流体的定压比热，$J\cdot kg^{-1}\cdot ℃^{-1}$；

u——流体的流速，$m\cdot s^{-1}$；

β——流体的体积膨胀系数，$℃^{-1}$；

Δt——温度差，℃；

g——重力加速度，$9.81m\cdot s^{-2}$。

对于无相变的强制对流传热，表示自然对流影响的 Gr 可以忽略，则式(5-38) 可简化为

$$Nu=f(Re,Pr) \tag{5-39}$$

对于无相变的自然对流传热，表示流动状态影响的 Re 可以忽略，则式(5-38) 可简化为

$$Nu=f(Pr,Gr) \tag{5-40}$$

一般地，影响对流传热系数的几个数群之间的关系可表示成幂指数的形式，如强制对流时可表示为

$$Nu=CRe^aPr^k \tag{5-41}$$

式中　C、a、k——常数，可通过实验确定。

对流传热系数的准数关联式是一种半理论半经验公式，使用时应注意以下几点。

（1）定性温度　确定各准数中流体的 C_p、μ、ρ、λ 等物性参数所依据的温度，称为定性温度。定性温度通常取流体进、出口温度的算术平均值，也可取壁面的平均温度或流体与壁面的平均温度（称为膜温）作为定性温度。不同关联式确定定性温度的方法不同，使用时应注意公式中的说明。

05-03　对流传热的早期研究

（2）特征尺寸　通常选取对流体的流动和传热有决定性影响的尺寸作为 Nu、Re 及 Gr 中的特征尺寸。例如，流体在管内进行对流传热时，特征尺寸取管内径；流体在非圆形管内进行对流传热时，特征尺寸取当量直径。

（3）适用范围　各准数应根据建立关联式时的实验数据来确定其适用范围，使用时不能超出适用范围。

（三）流体无相变时的对流传热系数

1. 流体在管内作强制对流

在传热计算中，一般规定 $Re<2300$ 为层流，$Re>10000$ 为湍流，而 $2300<Re<10000$ 则为过渡流，这与流体力学中的情况有所不同。

（1）流体在圆形直管内作强制湍流

① 低黏度流体　当流体的黏度低于 2×10^{-3}Pa·s 时，其对流传热系数的准数关联式为

$$Nu=0.023Re^{0.8}Pr^{n} \tag{5-42}$$

式中　n——与热流方向有关的常数，无因次。当流体被加热时，$n=0.4$；被冷却时，$n=0.3$。

- 定性温度　流体进、出口温度的算术平均值。
- 特征尺寸　管内径 d_i。
- 适用范围　$Re>10^4$；$0.7<Pr<120$；管长与管径之比 $\frac{L}{d_i}\geqslant60$，若 $\frac{L}{d_i}<60$，则用式(5-42) 求得的 α 应乘以 $\left[1+\left(\frac{d_i}{L}\right)^{0.7}\right]$ 进行校正。

② 高黏度流体　当流体的黏度高于 2×10^{-3}Pa·s 时，其对流传热系数的准数关联式为

$$Nu=0.027Re^{0.8}Pr^{1/3}\left(\frac{\mu}{\mu_W}\right)^{0.14} \tag{5-43}$$

- 定性温度　除黏度 μ_W 取壁温外，其余取流体进、出口温度的算术平均值。
- 特征尺寸　管内径 d_i。
- 适用范围　$0.7<Pr<16700$，其余同式(5-42)。

当壁温未知时，应用式(5-43) 进行计算需采用试差法。为避免试差，工程上可按下述方法进行近似处理。当液体被加热时，取 $\left(\frac{\mu}{\mu_W}\right)^{0.14}=1.05$；被冷却时，取 $\left(\frac{\mu}{\mu_W}\right)^{0.14}=0.95$。对于气体，不论是被加热还是被冷却，均取 $\left(\frac{\mu}{\mu_W}\right)^{0.14}=1.0$

（2）流体在圆形直管内作强制层流　当管径较小，流体与壁面间的温度差不大，流体的 $\frac{\mu}{\rho}$ 值较大，从而使 $Gr<2.5\times10^4$ 时，自然对流的影响可以忽略，此时对流传热系数的准数关联式为

$$Nu=1.86Re^{1/3}Pr^{1/3}\left(\frac{d_i}{L}\right)^{1/3}\left(\frac{\mu}{\mu_W}\right)^{0.14} \tag{5-44}$$

- 定性温度　除黏度 μ_W 取壁温外，其余取流体进、出口温度的算术平均值。
- 特征尺寸　管内径 d_i。
- 适用范围　$Re<2300$；$0.6<Pr<6700$；$\left(RePr\frac{d_i}{L}\right)>10$。

当 $Gr>2.5\times10^4$ 时，自然对流的影响不能忽略，此时可先用式(5-44) 计算出对流传热系数，然后再乘以校正系数 f，f 的计算式为

$$f=0.8\times(1+0.015Gr^{1/3}) \tag{5-45}$$

(3) 流体在圆形直管内作过渡流　当 Re 为 2300～10000 时，可根据流体的黏度，先用式(5-42) 或式(5-43) 计算出对流传热系数，然后再乘以校正系数 f，f 的计算式为

$$f=1-\frac{6\times10^5}{Re^{1.8}} \tag{5-46}$$

(4) 流体在圆形弯管内作强制对流　流体在圆形弯管内的流动情况如图 5-11 所示。在惯性离心力的作用下，流体的湍动程度加剧，从而使对流传热系数较直管内的大，此时对流传热系数可用下式计算

$$\alpha'=\alpha\left(1+1.77\frac{d_i}{R}\right) \tag{5-47}$$

式中　α'——流体在弯管内作强制对流时的对流传热系数，$W\cdot m^{-2}\cdot ℃^{-1}$；

α——流体在直管内作强制对流时的对流传热系数，$W\cdot m^{-2}\cdot ℃^{-1}$；

R——弯管轴的弯曲半径，m。

(5) 流体在非圆形管内作强制对流　流体在非圆形管内作强制对流时仍可采用上述各关联式计算对流传热系数，但应将特征尺寸由管内径改为相应的当量直径。

传热计算中，有关非圆形管的当量直径除可采用流动当量直径 d_e 外，还可采用传热当量直径 d_e'，其定义为

$$d_e'=\frac{4\times 流道截面积}{传热周边长度} \tag{5-48}$$

传热当量直径与流动当量直径的定义是不同的。例如，对于图 5-12 所示的套管环隙，流动当量直径为

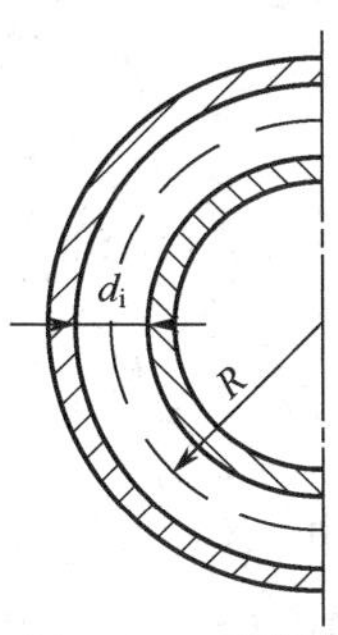

图 5-11　弯管

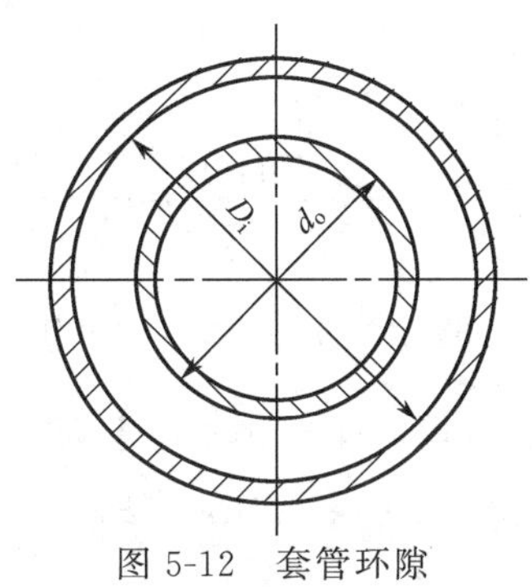

图 5-12　套管环隙

$$d_e=\frac{4\times\frac{\pi}{4}(D_i^2-d_o^2)}{\pi(D_i+d_o)}=D_i-d_o \tag{5-49}$$

而传热当量直径为

$$d'_e=\frac{4\times\frac{\pi}{4}(D_i^2-d_o^2)}{\pi d_o}=\frac{D_i^2-d_o^2}{d_o} \tag{5-50}$$

传热计算中，流动当量直径和传热当量直径都有可能被采用，但究竟采用哪一种，应由具体的关联式决定。

利用当量直径来计算非圆形管内的对流传热系数，方法简便，但计算结果误差较大。对于常用的非圆形管道，也可通过实验得出计算对流传热系数的关联式。例如，对于套管环隙内的水或空气，由实验得出的对流传热系数的经验关联式为

$$\alpha_i=0.02\frac{\lambda}{d_e}\left(\frac{D_i}{d_o}\right)^{0.53}Re^{0.8}Pr^{1/3} \tag{5-51}$$

- 定性温度　流体进、出口温度的算术平均值。
- 特征尺寸　流动当量直径 d_e，由式(5-49) 确定。
- 适用范围　$Re=12000\sim220000$，$1.65<\frac{D_i}{d_o}<17$。

【例 5-4】 常压下，空气在套管换热器的内管中流动。已知内管的长度为 6m，管径为 $\phi57\times3.5$mm；空气在进口处的体积流量为 $90\text{m}^3\cdot\text{h}^{-1}$，温度由 50℃升高至 150℃，试计算空气侧的对流传热系数。

解： 定性温度 $t=\frac{t_1+t_2}{2}=\frac{50+150}{2}=100$℃。由附录 9 查得空气在 100℃时的物性数据为：$\rho=0.946\text{kg}\cdot\text{m}^{-3}$，$\lambda=3.21\times10^{-2}\text{W}\cdot\text{m}^{-1}\cdot℃^{-1}$，$\mu=2.19\times10^{-5}\text{Pa}\cdot\text{s}$，$Pr=0.688$。

空气在进口处的流速为

$$u=\frac{V_s}{\frac{\pi}{4}d_i^2}=\frac{90}{3600\times\frac{3.14}{4}\times0.05^2}=12.74\text{m}\cdot\text{s}^{-1}$$

由式(1-8) 得空气在进口处的密度为

$$\rho=\frac{M}{22.4}\times\frac{p}{p_o}\times\frac{T_o}{T}=\frac{29}{22.4}\times\frac{101.3}{101.3}\times\frac{273}{273+50}=1.094\text{kg}\cdot\text{m}^{-3}$$

所以

$$Re=\frac{d_i u\rho}{\mu}=\frac{0.05\times12.74\times1.094}{2.19\times10^{-5}}=3.18\times10^4>10^4\text{（湍流）}$$

可见，Re 和 $Pr(\approx0.7)$ 的值均在式（5-42）的应用范围内。又 $\frac{L}{d_i}=\frac{6}{0.05}=120>60$，故可用式(5-42) 进行计算。本题中空气被加热，故 $n=0.4$。由式(5-42) 得

$$Nu=0.023Re^{0.8}Pr^{0.4}=0.023\times(3.18\times10^4)^{0.8}\times0.688^{0.4}=79.20$$

所以

$$\alpha_i=\frac{\lambda Nu}{d_i}=\frac{3.21\times10^{-2}\times79.20}{0.05}=50.85\text{W}\cdot\text{m}^{-2}\cdot℃^{-1}$$

2. 流体在管外作强制对流

流体垂直流过单根圆管时，沿管子圆周各点的局部对流传热系数是不同的。但在一般的传热计算中，只需要通过整个圆管的平均对流传热系数。

(1) 流体垂直流过管束　流体垂直流过管束时的对流传热系数与管子的排列方式有关。管子的常见排列方式有直列和错列两种，其中错列又有正方形和正三角形两种，如图 5-13 所示。对于第 1 排管子，直列和错列时的流体流动情况相同，故对流传热系数亦相同。但从第 2 排开始，流体从错列管束间通过时，其湍动程度因受到阻拦而加剧，故错列时的对流传热系数要大于直列时的对流传热系数。而从第 3 排开始，对流传热系数将不再改变。

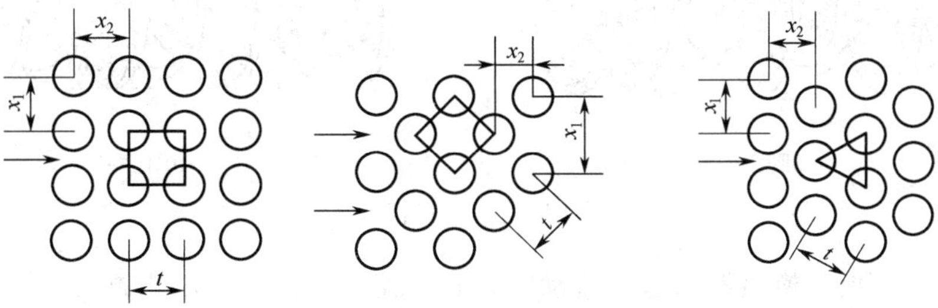

(a) 直列　(b) 正方形错列　(c) 正三角形错列

图 5-13　管子的排列方式

流体在管束外垂直流过时，各排的对流传热系数可用下列准数关联式计算

$$Nu = C\varepsilon Re^{n} Pr^{0.4} \tag{5-52}$$

式中 C、ε 及 n 的值均由实验确定，其值列于表 5-2 中。

表 5-2　式(5-52)中 C、ε 及 n 的值

管排数	直列		错列		C
	n	ε	n	ε	
1	0.6	0.171	0.6	0.171	当 $\frac{x_1}{d_o}=1.2\sim3$ 时，$C=1+\frac{0.1x_1}{d_o}$；当 $\frac{x_1}{d_o}>3$ 时，$C=1.3$
2	0.65	0.157	0.6	0.228	
3	0.65	0.157	0.6	0.290	
4	0.65	0.157	0.6	0.290	

- 定性温度　流体进、出口温度的算术平均值。
- 特征尺寸　管外径 d_o。
- 特征流速　流体在流动方向上最窄通道处的流速，其中错列管距最狭处的距离为 (x_1-d_o) 及 $2(t-d_o)$ 中的较小者。
- 适用范围　$Re=5\times10^3\sim7\times10^4$，$\frac{x_1}{d_o}=1.2\sim5$，$\frac{x_2}{d_o}=1.2\sim5$。

由式(5-52)求出各排管子的对流传热系数后，管束的平均对流传热系数可用下式计算

$$\alpha = \frac{\alpha_1 A_1 + \alpha_2 A_2 + \cdots + \alpha_n A_n}{A_1 + A_2 + \cdots + A_n} = \frac{\sum_{i=1}^{n}\alpha_i A_i}{\sum_{i=1}^{n} A_i} \tag{5-53}$$

式中　α——整个管束的平均对流传热系数，$W \cdot m^{-2} \cdot ℃^{-1}$；

α_i——管束中第 i 排管子的对流传热系数，$W \cdot m^{-2} \cdot ℃^{-1}$；

A_i——管束中第 i 排管子的传热面积，m^2；

n——管束中的管排数。

（2）流体在有折流板的换热器的管间流动　列管式换热器所用的折流板主要有圆缺形和圆盘形两种，如图 5-14 所示。

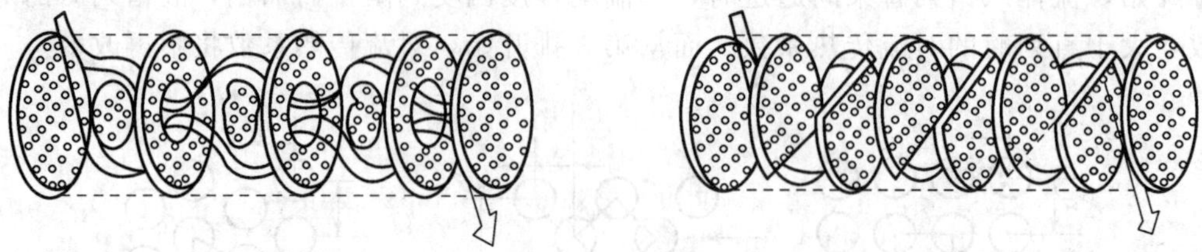

(a) 圆盘形　　(b) 圆缺形

图 5-14　折流板

流体在有折流板的换热器的管间流动时，其对流传热系数可用凯恩公式计算，即

$$Nu=0.36Re^{0.55}Pr^{1/3}\left(\frac{\mu}{\mu_W}\right)^{0.14} \tag{5-54}$$

• 定性温度　除黏度 μ_W 取壁温外，其余取流体进、出口温度的算术平均值。

• 特征尺寸　传热当量直径 d'_e。若管子按如图 5-15(a)所示的正方形排列，则传热当量直径 d'_e的计算公式为

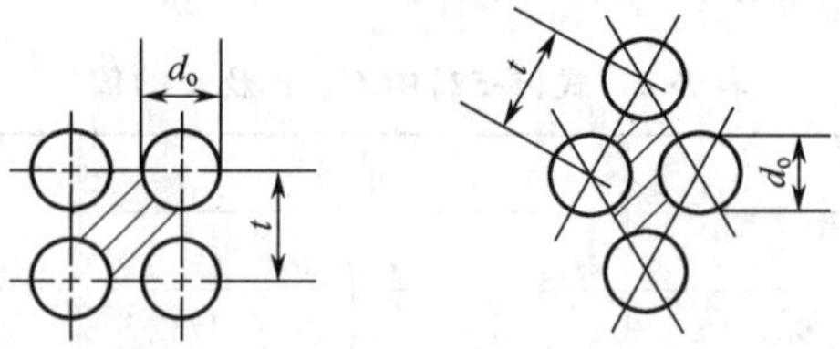

(a) 正方形排列　　(b) 正三角形排列

图 5-15　管间当量直径的推导

$$d'_e=\frac{4\left(t^2-\frac{\pi}{4}d_o^2\right)}{\pi d_o} \tag{5-55}$$

式中　t——相邻两管之中心距，m；

d_o——管外径，m。

若管子按如图 5-15(b)所示的正三角形排列，则当量直径 d'_e的计算公式为

$$d'_e=\frac{4\left(\frac{\sqrt{3}}{2}t^2-\frac{\pi}{4}d_o^2\right)}{\pi d_o} \tag{5-56}$$

• 特征流速　根据流体流过管间最大截面积 A 计算，即

$$A=hD\left(1-\frac{d_o}{t}\right) \tag{5-57}$$

式中　h——相邻折流板之间的距离，m；

D——换热器外壳的内径，m。

- 适用范围　$Re=2\times10^3\sim1\times10^6$。

【例 5-5】 在预热器内将压强为 101.33kPa 的空气从 10℃加热到 50℃。预热器由一束长为 1.5m、直径为 $\phi89\times1.5$mm 的错列垂直钢管组成，沿流动方向共有 15 排，每排有 15 列管子，排间与列间管子的中心距均为 120mm。空气在管外垂直流过，通过管间最狭窄通道处的流速为 $8\text{m}\cdot\text{s}^{-1}$。试计算管壁对空气的平均对流传热系数。

解： 空气的定性温度 $t=\dfrac{10+50}{2}=30℃$。由附录 9 查得空气在 30℃时的物性数据为：$\mu=1.86\times10^{-5}\text{Pa}\cdot\text{s}$，$\rho=1.165\text{kg}\cdot\text{m}^{-3}$，$\lambda=2.67\times10^{-2}\text{W}\cdot\text{m}^{-1}\cdot℃^{-1}$，$C_p=1.005\text{kJ}\cdot\text{kg}^{-1}\cdot℃^{-1}$，$Pr=0.701$。则

$$Re=\frac{d_o u\rho}{\mu}=\frac{0.089\times8\times1.165}{1.86\times10^{-5}}=44596$$

$$\frac{x_1}{d_o}=\frac{x_2}{d_o}=\frac{0.12}{0.089}=1.35$$

显然，Re、$\dfrac{x_1}{d_o}$及$\dfrac{x_2}{d_o}$的值均符合式(5-52) 的要求。查表 5-2 得

$$C=1+\frac{0.1x_1}{d_o}=1+0.1\times1.35=1.135$$

$$n_1=n_2=n_3=0.6,\varepsilon_1=0.171,\varepsilon_2=0.228,\varepsilon_3=0.290$$

由式(5-52) 得

$$\alpha_1=\frac{\lambda Nu_1}{d_o}=\frac{\lambda C\varepsilon_1 Re^{n_1}Pr^{0.4}}{d_o}$$

$$=\frac{2.67\times10^{-2}\times1.135\times0.171\times44596^{0.6}\times0.701^{0.4}}{0.089}=31.12\text{W}\cdot\text{m}^{-2}\cdot℃^{-1}$$

$$\alpha_2=\frac{\varepsilon_2}{\varepsilon_1}\alpha_1=\frac{0.228}{0.171}\times31.12=41.49\text{W}\cdot\text{m}^{-2}\cdot℃^{-1}$$

$$\alpha_3=\frac{\varepsilon_3}{\varepsilon_1}\alpha_1=\frac{0.290}{0.171}\times31.12=52.78\text{W}\cdot\text{m}^{-2}\cdot℃^{-1}$$

从第 3 排开始，对流传热系数将不再改变，且每根管子的外表面积均相等，所以由式(5-53) 得管壁对空气的平均对流传热系数为

$$\alpha=\frac{\alpha_1A_1+\alpha_2A_2+\cdots+\alpha_nA_n}{A_1+A_2+\cdots+A_n}=\frac{(\alpha_1+\alpha_2+13\alpha_3)A}{15A}$$

$$=\frac{31.12+41.49+13\times52.78}{15}=50.58\text{W}\cdot\text{m}^{-2}\cdot℃^{-1}$$

3. 大空间自然对流传热

若传热壁面位于很大的空间内，且四周无阻碍自然对流的物体存在，则壁面与周围流体间因温度不同而引起的自然对流，称为**大空间自然对流传热**。例如，管道或设备表面与周围大气之间因温度不同而引起的自然对流，即属于大空间自然对流传热。

对于大空间自然对流传热，传热系数的准数关联式为

$$Nu = C(GrPr)^n \tag{5-58}$$

式中 C 和 n 的值由实验测定，列于表 5-3 中。

表 5-3 式(5-58) 中 C 和 n 的值

壁面形状	$GrPr$	C	n
水平圆管（$d<0.2$m）	$1 \sim 10^4$	1.09	1/5
	$10^4 \sim 10^9$	0.53	1/4
	$10^9 \sim 10^{12}$	0.13	1/3
垂直管或板（$L<1$m）	$<10^4$	1.36	1/5
	$10^4 \sim 10^9$	0.59	1/4
	$10^9 \sim 10^{12}$	0.10	1/3

- 定性温度 取壁面温度与流体平均温度的算术平均值。
- 特征尺寸 对于水平管，取管外径 d_o；对于垂直管或板，取垂直高度 L。

【例 5-6】 车间内有一蒸汽管道，管径为 $\phi159 \times 4.5$mm，水平部分长度为 10m，垂直部分高度为 2.0m。若管道外壁的平均温度为 120℃，周围空气的温度为 20℃，试计算该蒸汽管道因自然对流而引起的散热速率。

解：此题所涉及的传热过程属于大空间自然对流传热过程。

空气的定性温度 $t=\dfrac{120+20}{2}=70$℃，由附录 9 查得空气在 70℃时的物性数据为：$\rho=1.029\text{kg}\cdot\text{m}^{-3}$，$\lambda=2.96\times10^{-2}\text{W}\cdot\text{m}^{-1}\cdot℃^{-1}$，$\mu=2.06\times10^{-5}\text{Pa}\cdot\text{s}$，$Pr=0.694$。

① 水平管道的散热速率 Q_1 体积膨胀系数 β 为

$$\beta=\frac{1}{T}=\frac{1}{70+273}=2.92\times10^{-3}\text{K}^{-1}$$

所以

$$Gr=\frac{l^3\rho^2\beta g\Delta t}{\mu^2}=\frac{d_o^3\rho^2\beta g\Delta t}{\mu^2}=\frac{0.159^3\times1.029^2\times2.92\times10^{-3}\times9.81\times(120-20)}{(2.06\times10^{-5})^2}=2.87\times10^7$$

$$GrPr=2.87\times10^7\times0.694=1.99\times10^7$$

由表 5-3 查得：$C=0.53$，$n=1/4$，则

$$\alpha=\frac{\lambda Nu}{l}=\frac{\lambda C(GrPr)^n}{d_o}=\frac{2.96\times10^{-2}\times0.53\times(1.99\times10^7)^{1/4}}{0.159}=6.59\text{W}\cdot\text{m}^{-2}\cdot℃^{-1}$$

$$Q_1=\alpha(\pi d_o L)\Delta t=6.59\times3.14\times0.159\times10\times(120-20)=3290\text{W}$$

② 垂直管道的散热量 Q_2

$$Gr=\frac{l^3\rho^2\beta g\Delta t}{\mu^2}=\frac{L^3\rho^2\beta g\Delta t}{\mu^2}=\frac{2^3\times1.029^2\times2.92\times10^{-3}\times9.81\times(120-20)}{(2.06\times10^{-5})^2}=5.72\times10^{10}$$

$$GrPr=5.72\times10^{10}\times0.694=3.97\times10^{10}$$

由表 5-3 查得：$C=0.1$，$n=1/3$，则由式(5-58) 得

$$\alpha=\frac{\lambda Nu}{l}=\frac{\lambda C(GrPr)^n}{L}=\frac{2.96\times10^{-2}\times0.1\times(3.97\times10^{10})^{1/3}}{2}=5.05\mathrm{W\cdot m^{-2}\cdot ℃^{-1}}$$

$$Q_2=\alpha(\pi d_o L)\Delta t=5.05\times3.14\times0.159\times2\times(120-20)=504\mathrm{W}$$

所以，蒸汽管道因自然对流而引起的总散热速率为

$$Q=Q_1+Q_2=3290+504=3794\mathrm{W}$$

（四）流体有相变时的对流传热系数

蒸汽冷凝和液体沸腾都是典型的伴有相变化的对流传热过程。此类传热过程的特点是相变流体要吸收或放出大量的潜热，但流体的温度不发生改变。流体在相变时产生气、液两相流动，搅拌剧烈，仅在壁面附近的流体层中存在较大的温度梯度，因而对流传热系数要远大于无相变时的对流传热系数。例如，水沸腾或水蒸气冷凝时的对流传热系数较单相水流的对流传热系数要大得多。

1. 蒸汽冷凝

（1）蒸汽冷凝方式　饱和水蒸气冷凝是制药化工生产中的常见过程之一。当饱和水蒸气与低于其温度的壁面接触时，即发生冷凝，释放出的热量等于其潜热。当冷凝过程达到稳态时，压力可视为恒定，故气相中不存在温差，即不存在热阻。显然，饱和蒸汽冷凝时的热阻主要集中于壁面上的冷凝液中。

蒸汽在壁面上冷凝成液体的方式有两种，即膜状冷凝和滴状冷凝。

① 膜状冷凝　膜状冷凝时冷凝液能润湿壁面，因而能在壁面上形成一层完整的液膜。在整个冷凝过程中，由于壁面始终被液膜所覆盖，因此壁面与冷凝蒸汽之间的对流传热必须通过液膜才能进行，从而增大了传热热阻。壁面越高或水平管的直径越大，冷凝液向下流动形成的液膜的平均厚度就越大，整个壁面的平均对流传热系数也就越小。

② 滴状冷凝　当冷凝液不能润湿壁面时，由于表面张力的作用，冷凝液在壁面上将形成许多液滴，并沿壁面落下，此种冷凝方式称为滴状冷凝。滴状冷凝时部分壁面直接暴露于蒸汽中，可供蒸汽冷凝。与膜状冷凝相比，由于滴状冷凝不存在液膜所形成的附加热阻，因而对流传热系数要大几倍至十几倍。

实际生产中所遇到的冷凝过程多为膜状冷凝过程，即使是滴状冷凝，也因大部分表面在可凝性蒸汽中暴露一段时间后会被蒸汽所润湿，很难维持滴状冷凝，所以工业冷凝器的设计均按膜状冷凝处理。

（2）膜状冷凝时的对流传热系数

① 蒸汽在垂直管或板外冷凝　蒸汽在竖直壁面上冷凝时，冷凝液的流动状态如图 5-16 所示。

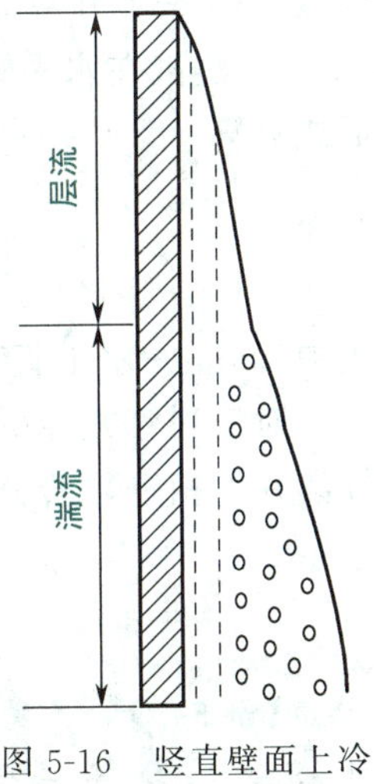

图 5-16　竖直壁面上冷凝液的流动状态

设冷凝液沿壁面流动的横截面积为 A，则流动当量直径为

$$d_e=\frac{4A}{b} \tag{5-59}$$

式中　b——润湿周边长度，m。对于垂直管，$b=\pi d_o$；对于垂直板，b 为板的宽度。

单位时间内流过单位长度润湿周边的冷凝液量，称为**冷凝负荷**，即

$$M=\frac{W_s}{b}=\frac{u\rho A}{b} \tag{5-60}$$

式中 M——冷凝负荷，$kg\cdot m^{-1}\cdot s^{-1}$；

W_s——冷凝液的质量流量，$kg\cdot s^{-1}$。

则冷凝液沿壁面流动时的 Re 为

$$Re=\frac{d_e u\rho}{\mu}=\frac{\frac{4A}{b}\frac{Mb}{A}}{\mu}=\frac{4M}{\mu} \tag{5-61}$$

对于垂直管或板，冷凝液膜先以层流方式沿壁面自上而下流动，愈向下，液膜愈厚，局部对流传热系数则愈小。若壁面高度足够，且冷凝液量较大，则壁面下部的冷凝液膜将呈湍流流动，此时局部对流传热系数反而增大。研究表明，冷凝液膜由层流变为湍流的临界 Re 值为 1800。

若液膜流动为层流，则平均对流传热系数可用下式计算

$$\alpha=1.13\left[\frac{gr\rho^2\lambda^3}{\mu L(T_s-T_w)}\right]^{\frac{1}{4}} \tag{5-62}$$

式中 L——垂直管或板的高度，m；

r——饱和温度下，蒸汽的冷凝潜热，$J\cdot kg^{-1}$；

ρ——冷凝液的密度，$kg\cdot m^{-3}$；

λ——冷凝液的导热系数，$W\cdot m^{-1}\cdot ℃^{-1}$；

μ——冷凝液的黏度，$Pa\cdot s$；

T_s——饱和蒸汽温度，℃；

T_w——壁面温度，℃。

式(5-62) 中定性温度为壁面温度与饱和蒸汽温度的算术平均值。

若液膜流动已达湍流，则包括层流区域在内沿整个高度的平均对流传热系数可用下式计算

$$\alpha=0.0077\left(\frac{g\rho^2\lambda^3}{\mu^2}\right)^{\frac{1}{3}}Re^{0.4} \tag{5-63}$$

式(5-63) 中特征尺寸取垂直管或板的高度，定性温度及其余各量同式(5-62)。

② 蒸汽在水平管外冷凝 由于管径较小，膜层常呈层流流动，此时对流传热系数可用下式计算

$$\alpha=0.725\left[\frac{gr\rho^2\lambda^3}{n^{\frac{2}{3}}\mu d_o(T_s-T_w)}\right]^{\frac{1}{4}} \tag{5-64}$$

式中 n——水平管束在垂直列上的管子数。对于单根水平管，$n=1$。

对于列管式冷凝器，其管束由相互平行的 Z 列管子组成，则各列管子在垂直方向上的排数并不相等，若分别为 n_1、n_2、…、n_Z，则平均管排数可用下式计算

$$n_m=\frac{n_1+n_2+\cdots+n_Z}{n_1^{0.75}+n_2^{0.75}+\cdots+n_Z^{0.75}} \tag{5-65}$$

【例 5-7】 温度为 120℃的饱和水蒸气，在外径为 40mm、长为 1m 的单根圆管外表面上冷凝。已知管外壁温度为 100℃，试计算：①管子垂直放置时，每小时的蒸汽冷凝量。②管子水平放置时，每小时的蒸汽冷凝量。

解：由附录 7 查得 120℃时饱和水蒸气的冷凝潜热为 $2205\text{kJ}\cdot\text{kg}^{-1}$。

冷凝水的定性温度 $T=\dfrac{T_s+T_w}{2}=\dfrac{120+100}{2}=110℃$，由附录 2 查得水在 110℃时的物性数据为：$\rho=951\text{kg}\cdot\text{m}^{-3}$，$\lambda=0.685\text{W}\cdot\text{m}^{-1}\cdot℃^{-1}$，$\mu=2.59\times10^{-4}\text{Pa}\cdot\text{s}$。

① 管子垂直放置　先假设冷凝液膜呈层流流动，则由式(5-62) 得

$$\alpha=1.13\left[\frac{gr\rho^2\lambda^3}{\mu L(T_s-T_w)}\right]^{\frac{1}{4}}=1.13\times\left[\frac{9.81\times2205\times10^3\times951^2\times0.685^3}{2.59\times10^{-4}\times1\times(120-100)}\right]^{1/4}$$
$$=6670\text{W}\cdot\text{m}^{-2}\cdot℃^{-1}$$

由式(5-35) 得蒸汽冷凝时的对流传热速率为

$$Q=\alpha S\Delta t=\alpha\pi d_oL(T_s-T_w)=6670\times3.14\times0.04\times1\times(120-100)=16755\text{W}$$

所以每小时的蒸汽冷凝量为

$$W=\frac{Q}{r}=\frac{16755}{2205\times10^3}=0.0076\text{kg}\cdot\text{s}^{-1}=27.36\text{kg}\cdot\text{h}^{-1}$$

校核流型：由式(5-60) 和式(5-61) 得冷凝液膜流动时的 Re 值为

$$Re=\frac{4M}{\mu}=\frac{4W_s}{b\mu}=\frac{4W_s}{\pi d_o\mu}=\frac{4\times0.0076}{3.14\times0.04\times2.59\times10^{-4}}=934.5<1800$$

可见，冷凝液膜的流动状态为层流，即假设正确。

② 管子水平放置　对于单根水平管，$n=1$。设冷凝液膜呈层流流动，则由式(5-64) 得

$$\alpha'=0.725\left[\frac{gr\rho^2\lambda^3}{n^{\frac{2}{3}}\mu d_o(T_s-T_w)}\right]^{\frac{1}{4}}=0.725\left[\frac{gr\rho^2\lambda^3}{\mu d_o(T_s-T_w)}\right]^{\frac{1}{4}}$$

又

$$\alpha=1.13\left[\frac{gr\rho^2\lambda^3}{\mu L(T_s-T_w)}\right]^{\frac{1}{4}}$$

所以

$$\frac{\alpha'}{\alpha}=\frac{0.725}{1.13}\left(\frac{L}{d_o}\right)^{\frac{1}{4}}=\frac{0.725}{1.13}\times\left(\frac{1}{0.04}\right)^{\frac{1}{4}}=1.43$$

所以

$$\alpha'=1.43\alpha=1.43\times6670=9538\text{W}\cdot\text{m}^{-2}\cdot℃^{-1}$$
$$Q'=1.43Q=1.43\times16755=23960\text{W}$$
$$W'=1.43W=1.43\times27.36=39.1\text{kg}\cdot\text{h}^{-1}$$

校核流型：

$$Re'=1.43Re=1.43\times934.5=1336.3<1800$$

可见，冷凝液膜的流动状态为层流，即假设正确。

(3) 影响冷凝传热的因素

① 不凝性气体的影响　水在锅炉中形成蒸汽时，水中溶解的空气也同时释放至蒸汽中。当蒸汽在冷凝器中冷凝时，空气等不凝性气体将聚集在液膜外并形成一层气膜。由于气体的

导热系数比液体的小，因而使传热热阻增大。研究表明，蒸汽中若含有1%的不凝性气体，对流传热系数可下降60%。因此，用蒸汽加热的换热器，在蒸汽侧的上方应设排气阀，以定期排放不凝性气体。

② 冷凝水的影响　未及时排放出去的冷凝水会占据一部分传热面，由于水的对流传热系数比蒸汽冷凝时的对流传热系数要小，从而导致部分传热面的传热效率下降。因此，用蒸汽加热的换热器，其下部应设疏水阀，以及时排放冷凝水，并避免逸出过量的蒸汽。

③ 液膜两侧温度差的影响　当液膜呈层流流动时，液膜两侧的温度差越大，蒸汽的冷凝速率就越大，相应的液膜厚度也越大，对流传热系数则越小。因此，用蒸汽加热时，蒸汽的温度应适当。

④ 蒸汽流速和流向的影响　当蒸汽与液膜间的相对速度小于$10m \cdot s^{-1}$时，其影响可忽略不计。当蒸汽与液膜间的相对速度大于$10m \cdot s^{-1}$时，则会影响液膜的流动。此时若蒸汽与液膜的流向一致，则将加速冷凝液的流动，使液膜厚度减小，对流传热系数将增大；反之，对流传热系数将减小。因此，用蒸汽加热的换热器，其蒸汽进口一般设在换热器的上部，以避免逆向流动。

⑤ 冷凝壁面的影响　冷凝壁面的形状和布置方式对膜状冷凝时的液膜厚度有一定的影响。例如，冷凝壁面的粗糙度增加，液膜的厚度将增大，对流传热系数将下降。又如，对于水平布置的管束，从上部各排管子流下的冷凝液将使下部管排的液膜厚度增大，使对流传热系数下降。因此，设法减少垂直方向上的管排数，或将管束旋转一定的角度，使冷凝液沿下一根管子的切向流过，均可减小液膜的平均厚度，使对流传热系数增大。

2. 液体沸腾

液体与高温壁面接触被加热汽化并产生气泡的过程，称为沸腾。液体沸腾有两种情况，一种是液体在管内流动的过程中被加热沸腾，称为管内沸腾；另一种是将加热面浸入大容器的液体中，液体被壁面加热而引起的无强制对流的沸腾现象，称为大容器内沸腾。下面主要讨论液体在大容器内的沸腾。

（1）沸腾过程　当液体被加热面加热至沸腾时，首先在加热面上某些粗糙不平的点上产生气泡，这些产生气泡的点称为汽化中心。气泡形成后，由于壁温高于气泡温度，因此，热量将由壁面传入气泡，并将气泡周围的液体汽化，从而使气泡长大。气泡长大至一定尺寸后，便脱离壁面自由上升。气泡在上升过程中所受的静压力逐渐下降，因而气泡将进一步膨胀，膨胀至一定程度后便发生破裂。当一批气泡脱离壁面后，另一批新气泡又不断形成。由于气泡的不断产生、长大、脱离、上升、膨胀和破裂，从而使加热面附近的液体层受到强烈扰动。因此，沸腾传热时的对流传热系数比没有沸腾时的大得多。

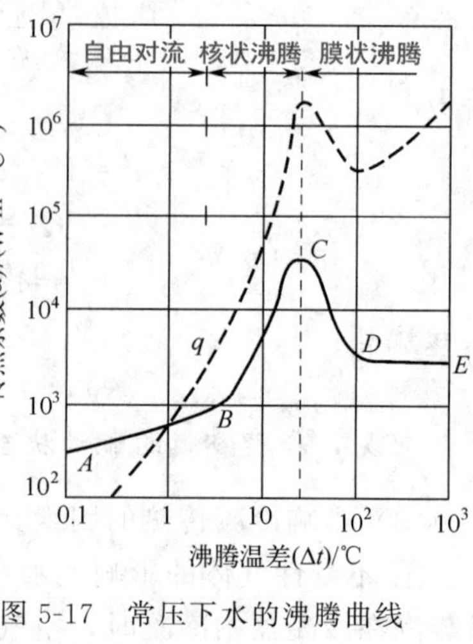

图 5-17　常压下水的沸腾曲线

（2）沸腾曲线　研究表明，随着沸腾温度差的变化，大容器内饱和液体的沸腾会出现不同的状态。图5-17是常压下水在大容器内沸腾时，传热系数α随沸腾温度差$\Delta t = t_w - t_s$的关系曲线，称为沸腾曲线。根据Δt的大小，可将图5-17分为三个区域。

① 自然对流区　即沸腾曲线AB段所对应的区域。

由于该区域内的沸腾温度差较小（$\Delta t<5℃$），因而气泡的生长速度很慢，故加热面附近的液体受到的扰动不大，热量传递方式主要是自然对流。在该区域内，α 和 q 均随Δt 的增加而略有增大，但都比较低。在自然对流区，汽化仅在液体表面进行，且无气泡从液面中逸出。

② 核状沸腾区　即沸腾曲线 BC 段所对应的区域，又称为泡状沸腾区。该区域内的沸腾温度差较大（$\Delta t=5\sim25℃$），且气泡的生成速度随沸腾温度差的增大而迅速增大。此时，气泡对液体产生强烈的搅拌作用，所以 α 和 q 均随Δt 的增大而迅速增大。

③ 膜状沸腾区　即沸腾曲线 CDE 段所对应的区域。该区域内的沸腾温度差更大（$\Delta t>25℃$），使气泡的生成速度过快，导致气泡脱离壁面的速度远远跟不上气泡的生成速度，结果气泡在壁面处破裂并连成一片，形成一层不稳定的蒸汽膜覆盖于加热面上。由于蒸汽的导热系数很小，所以 α 和 q 均随Δt 的增大而急剧减小。但 D 点以后，随着Δt 的增大，加热面的温度将进一步提高，此时辐射传热的影响越来越显著，因此 α 和 q 又随Δt 的增大而增大。

图 5-17 中的 C 点是核状沸腾转变为膜状沸腾的转折点，称为临界点。临界点所对应的温度差、传热系数和热通量分别称为临界温度差Δt_c、临界沸腾传热系数 α_c 和临界热通量 q_c。实际生产中的沸腾传热一般应维持在核状沸腾区操作，并控制Δt 不大于Δt_c。否则，一旦转变为膜状沸腾，不仅传热系数会急剧下降，而且会造成壁温过高，导致传热管寿命缩短，甚至会烧毁传热管。例如，水在常压下沸腾时的Δt_c 约为 25℃，一般取 90%Δt_c 即 22.5℃作为设计或操作的依据。

（3）沸腾传热系数　沸腾传热过程极其复杂，传热系数的经验公式很多，但都不够完善，且计算结果相差也较大。在间壁式换热器中，沸腾的一侧一般不是控制热阻，因此其对流传热系数对总的结果影响不大。沸腾传热系数一般可根据经验数据选取，如水沸腾时的对流传热系数为 $1500\sim45000\mathrm{W\cdot m^{-2}\cdot ℃^{-1}}$。

（4）影响沸腾传热的因素

① 液体物性　一般情况下，沸腾传热系数随液体导热系数和密度的增大而增大，随黏度和表面张力的增大而减小。

② 温度差　温度差是控制沸腾传热的重要参数，适宜的温度差应使沸腾传热维持在核状沸腾区操作。

③ 操作压力　提高操作压力相当于提高液体的饱和温度，从而使液体的表面张力和黏度均下降，有利于气泡的生成和脱离，因此适当提高操作压力可提高沸腾传热系数。

④ 加热壁面　一般情况下，新的或清洁的加热壁面，其沸腾传热系数较高。当壁面被油脂沾污后，沸腾传热系数将急剧下降。壁面越粗糙，汽化中心就越多，对沸腾传热也就越有利。此外，加热面的布置情况，对沸腾传热也有明显的影响。

第四节　传热计算

生产中大量存在的间壁传热过程是由间壁内部的热传导过程及间壁两侧流体与固体壁面间的对流传热过程组合而成的。在详细讨论了热传导和对流传热的基础上，下面讨论间壁传热全过程的计算，以解决间壁式换热器的设计与校核等问题。

一、能量衡算

对间壁式换热器进行能量衡算时，因系统内无外功加入，且位能和动能一般可忽略不计，故能量衡算可简化为热量衡算。

冷、热流体在间壁式换热器中进行热交换时，若热损失可以忽略，则单位时间内热流体所放出的热量必然等于冷流体所吸收的热量，即

$$Q_h=Q_c \tag{5-66}$$

式中 Q_h——单位时间内热流体放出的热量，W 或 kW；

Q_c——单位时间内冷流体吸收的热量，W 或 kW。

当热损失可以忽略时，单位时间内热流体所放出的热量或冷流体所吸收的热量，即为换热器的热负荷。若冷、热流体均无相变化，则热流体由温度 T_1 下降至 T_2 所放出的热量为

$$Q_h=W_hC_{ph}(T_1-T_2) \tag{5-67}$$

式中 W_h——热流体的质量流量，$kg \cdot s^{-1}$；

C_{ph}——热流体的平均定压比热，$kJ \cdot kg^{-1} \cdot ℃^{-1}$。

冷流体由温度 t_1 升高至 t_2 所吸收的热量为

$$Q_c=W_cC_{pc}(t_2-t_1) \tag{5-68}$$

式中 W_c——冷流体的质量流量，$kg \cdot s^{-1}$；

C_{pc}——冷流体的平均定压比热，$kJ \cdot kg^{-1} \cdot ℃^{-1}$。

定压比热随温度而变。工程上常采用流体进出口温度的算术平均值作为定性温度，并以定性温度下的定压比热代替平均定压比热进行计算，由此而引起的误差很小，可以满足一般工程计算的需要。

若冷、热流体进行热交换时均发生相变化，则热流体因相变而放出的热量为

$$Q_h=W_hr_h \tag{5-69}$$

式中 r_h——饱和蒸汽的冷凝潜热，$kJ \cdot kg^{-1}$。

冷流体因相变而吸收的热量为

$$Q_c=W_cr_c \tag{5-70}$$

式中 r_c——饱和液体的汽化潜热，$kJ \cdot kg^{-1}$。

冷、热流体进行热交换时吸收或放出的热量也可根据焓值来计算，其中热流体由温度 T_1 下降至 T_2 所放出的热量为

$$Q_h=W_h(H_{h1}-H_{h2}) \tag{5-71}$$

式中 H_{h1}、H_{h2}——分别为热流体在温度为 T_1 和 T_2 时的焓值，$kJ \cdot kg^{-1}$。

冷流体由温度 t_1 升高至 t_2 所吸收的热量为

$$Q_c=W_c(H_{c2}-H_{c1}) \tag{5-72}$$

式中 H_{c1}、H_{c2}——分别为冷流体在温度为 t_1 和 t_2 时的焓值，$kJ \cdot kg^{-1}$。

05-04 显热与潜热

【例 5-8】 试计算压力为 200kPa、流量为 $100kg \cdot h^{-1}$ 的饱和水蒸气冷凝至 90℃ 的水时所放出的热量。

解：由附录 8 查得，饱和水蒸气在压力为 200kPa 时的温度为 $T_s=120.2℃$，冷凝潜热为 $r_h=2205kJ \cdot kg^{-1}$。显然，该蒸汽冷凝为 90℃ 的水时，既要放出潜热，又要放出显热。

依题意知，冷凝水由 120.2℃ 降温至 90℃，则定性温度为 $T=\frac{120.2+90}{2}=105.1℃$。由附录 2 查得水在 105.1℃ 时的定压比热为 $C_{ph}=4.227kJ \cdot kg^{-1} \cdot ℃^{-1}$。所以

$$Q_h=W_h[r_h+C_{ph}(T_1-T_2)]=W_h[r_h+C_{ph}(T_s-T_2)]$$

$$=100\times[2205+4.227\times(120.2-90)]=2.33\times10^5\text{kJ}\cdot\text{h}^{-1}=64.7\text{kW}$$

本题也可用水蒸气在冷凝前后的焓值进行计算。由附录 8 查得饱和水蒸气在压力为 200kPa 时的焓为 2709.2kJ · kg^{-1}。由附录 2 查得，水在 90℃时的焓为 377kJ · kg^{-1}。所以

$$Q_h=W_h(H_{h1}-H_{h2})=100\times(2709.2-377)=2.33\times10^5\text{kJ}\cdot\text{h}^{-1}=64.7\text{kW}$$

显然，用焓值计算冷、热流体吸收或放出的热量非常方便，但除水之外，其他流体的焓值数据较少，因而限制了该法的应用。

二、总传热速率微分方程和总传热速率方程

1. 总传热速率微分方程

在间壁式换热器中，冷、热流体分别沿间壁两侧平行流动（图 5-1）。现沿流动方向在间壁上任取一面积为 dS 的微元传热面，若冷、热流体在微元传热面两侧的平均温度分别为 t 和 T，则传热推动力为 $\Delta t=T-t$。仿照式(5-36) 或式(5-37)，可写出间壁两侧的传热速率为

$$dQ=K(T-t)dS=K\Delta t dS \tag{5-73}$$

式中　K——局部总传热系数，W · m^{-2} · ℃$^{-1}$。

式(5-73) 称为总传热速率微分方程。若间壁为圆筒壁，则传热面积可用管内侧面积 S_i、管外侧面积 S_o 或平均面积 S_m 表示，相应的总传热速率微分方程为

$$dQ=K_i(T-t)dS_i \tag{5-74}$$

$$dQ=K_o(T-t)dS_o \tag{5-75}$$

$$dQ=K_m(T-t)dS_m \tag{5-76}$$

式中　K_i、K_o、K_m——分别为以管内侧面积、外侧面积及平均面积为基准的局部总传热系数，W · m^{-2} · ℃$^{-1}$。

2. 总传热速率方程

式(5-73) 中的 K 为间壁式换热器内任一截面上的局部总传热系数，($T-t$) 为任一截面上冷、热流体的温度差，K 与 ($T-t$) 的值均可能沿管长而变。

在间壁式换热器的设计计算中，局部总传热系数 K 常按常数处理，或用整个换热器的平均值；而 ($T-t$) 常用间壁两侧流体的平均传热温度差 Δt_m 代替。对于给定的传热过程，Δt_m 为常数。由式(5-73) 积分得

$$Q=KS\Delta t_m \tag{5-77}$$

式中　K——平均总传热系数，简称为总传热系数，W · m^{-2} · ℃$^{-1}$；

Δt_m——间壁两侧流体的平均传热温度差,℃。

式(5-77) 称为总传热速率方程。若间壁为圆筒壁，则以不同传热面积为基准的总传热速率方程为

$$Q=K_iS_i\Delta t_m \tag{5-78}$$

$$Q=K_oS_o\Delta t_m \tag{5-79}$$

$$Q=K_mS_m\Delta t_m \tag{5-80}$$

由式(5-74)至式(5-76)及式(5-78)至式(5-80)可知，总传热系数总是与传热面积相对应。对于稳态传热过程，由式(5-78)至式(5-80)得

$$Q=K_iS_i\Delta t_m=K_mS_m\Delta t_m=K_oS_o\Delta t_m$$

由于 $S_i<S_m<S_o$，所以 $K_i>K_m>K_o$。

在传热计算中，选择何种面积为基准，计算结果是相同的，但习惯上常以外表面积为基准。在以后的讨论中，如无特别说明，总传热系数均以外表面积为基准。

三、总传热系数

1. 总传热系数的计算

冷、热流体通过间壁的对流传热过程是由间壁两侧的对流传热以及间壁的热传导三个过程串联而成。在与流动方向相垂直的任一截面上，从热流体到冷流体的温度分布如图 5-10 所示。因此，热流体一侧的对流传热速率为

$$dQ_1=\alpha_1 dS_1(T-T_W)=\frac{\Delta t_1}{\dfrac{1}{\alpha_1 dS_1}} \tag{5-81}$$

通过间壁的热传导速率为

$$dQ_2=\frac{\lambda}{b}dS_m(T_W-t_W)=\frac{\Delta t_2}{\dfrac{b}{\lambda dS_m}} \tag{5-82}$$

冷流体一侧的对流传热速率为

$$dQ_3=\alpha_2 dS_2(t_W-t)=\frac{\Delta t_3}{\dfrac{1}{\alpha_2 dS_2}} \tag{5-83}$$

式中 α_1、α_2——分别为热、冷流体的对流传热系数，$W\cdot m^{-2}\cdot ℃^{-1}$；

dS_1、dS_2——分别为与热、冷流体接触的微元传热面积，m^2；

λ——间壁材料的导热系数，$W\cdot m^{-1}\cdot {}^\circ C^{-1}$；

b——间壁的厚度，m；

dS_m——间壁的平均传热面积，m^2。

稳态传热时，$dQ_1=dQ_2=dQ_3=dQ$。分别由式(5-81)至式(5-83)求出 Δt_1、Δt_2、Δt_3，并相加得

$$\Delta t=T-t=dQ\left(\frac{1}{\alpha_1 dS_1}+\frac{b}{\lambda dS_m}+\frac{1}{\alpha_2 dS_2}\right) \tag{5-84}$$

以传热面积 S_1 为基准的总传热速率微分方程为

$$dQ=K_1\Delta t dS_1$$

即

$$\Delta t=dQ\left(\frac{1}{K_1 dS_1}\right) \tag{5-85}$$

比较式(5-84) 和式(5-85) 得

$$\frac{1}{K_1}=\frac{1}{\alpha_1}+\frac{b}{\lambda}\frac{dS_1}{dS_m}+\frac{1}{\alpha_2}\frac{dS_1}{dS_2} \tag{5-86}$$

式(5-86) 即为计算总传热系数的通式，它表明传热过程的总热阻等于各串联热阻的叠加。虽然式(5-86) 是根据微元传热面积 dS 推导出来的，但该式对整个间壁传热面积均是适用的。

若传热面为平壁，则式(5-86) 可改写为

$$\frac{1}{K}=\frac{1}{\alpha_1}+\frac{b}{\lambda}+\frac{1}{\alpha_2} \tag{5-87}$$

对于圆筒壁，若以管外表面积为基准，则由式(5-86) 得

$$\frac{1}{K_o}=\frac{1}{\alpha_o}+\frac{b}{\lambda}\frac{dS_o}{dS_m}+\frac{1}{\alpha_i}\frac{dS_o}{dS_i}=\frac{1}{\alpha_o}+\frac{b}{\lambda}\frac{d_o}{d_m}+\frac{1}{\alpha_i}\frac{d_o}{d_i} \tag{5-88}$$

同理，若以管内表面积为基准，则由式(5-86) 可得

$$\frac{1}{K_i}=\frac{1}{\alpha_o}\frac{d_i}{d_o}+\frac{b}{\lambda}\frac{d_i}{d_m}+\frac{1}{\alpha_i} \tag{5-89}$$

2. 污垢热阻

实际生产中，换热器操作一段时间后，其传热表面常会产生污垢，从而对传热产生附加热阻，使总传热系数下降。因此，在计算总传热系数 K 时，一般不能忽略污垢热阻。由于污垢层的厚度及其导热系数难以准确估计，因此常采用污垢热阻的经验值。常见流体的污垢热阻列于附录 24 中。

对于平壁，若壁面两侧的污垢热阻分别为 R_{S1} 和 R_{S2}，则式(5-87) 应改写为

$$\frac{1}{K}=\frac{1}{\alpha_1}+R_{S1}+\frac{b}{\lambda}+R_{S2}+\frac{1}{\alpha_2} \tag{5-90}$$

类似地，对于圆筒壁，式(5-88) 和式(5-89) 应分别改写为

$$\frac{1}{K_o}=\frac{1}{\alpha_o}+R_{So}+\frac{b}{\lambda}\frac{d_o}{d_m}+R_{Si}\frac{d_o}{d_i}+\frac{1}{\alpha_i}\frac{d_o}{d_i} \tag{5-91}$$

$$\frac{1}{K_i}=\frac{1}{\alpha_o}\frac{d_i}{d_o}+R_{So}\frac{d_i}{d_o}+\frac{b}{\lambda}\frac{d_i}{d_m}+R_{Si}+\frac{1}{\alpha_i} \tag{5-92}$$

式中　R_{Si}、R_{So}——分别圆筒壁内、外表面的污垢热阻，$m^2 \cdot ℃ \cdot W^{-1}$。

由于污垢热阻随换热器操作时间的延长而增大，因此应根据实际操作情况定期对换热器进行清洗，这是换热器设计和操作中应予考虑的问题。

3. 总传热系数的数值范围

换热器的总传热系数 K 值主要取决于流体的物性、传热过程的操作条件以及换热器的类型，因而 K 值的变化范围很大。对于列管式换热器，某些情况下总传热系数 K 的经验值列于表 5-4 中。此外，还可通过实验测定不同条件下总传热系数 K 的值。

表 5-4　列管式换热器总传热系数 K 的经验值

冷流体	热流体	$K/(W \cdot m^{-2} \cdot ℃^{-1})$
水	水	850～1700
水	气体	17～280
水	有机溶剂	280～850
水	轻油	340～910
水	重油	60～280
水	低沸点烃类冷凝	455～1140
水	水蒸气冷凝	1420～4250
气体	水蒸气冷凝	30～300
气体	气体	10～40
有机溶剂	有机溶剂	115～340
水沸腾	水蒸气冷凝	2000～4250
轻油沸腾	水蒸气冷凝	455～1020

【例 5-9】 某列管式换热器的管束由 $\phi25\times2.5$mm 的钢管组成。已知热空气流经管程，冷却水在管间与热流体呈逆流流动；管内空气侧的对流传热系数 $\alpha_i=40\mathrm{W\cdot m^{-2}\cdot ℃^{-1}}$，管外水侧的对流传热系数 $\alpha_o=1500\mathrm{W\cdot m^{-2}\cdot ℃^{-1}}$，钢的导热系数 $\lambda=45\mathrm{W\cdot m^{-1}\cdot ℃^{-1}}$；空气侧的污垢热阻 $R_{si}=5\times10^{-4}\mathrm{m^2\cdot ℃\cdot W^{-1}}$，水侧的污垢热阻 $R_{so}=2\times10^{-4}\ \mathrm{m^2\cdot ℃\cdot W^{-1}}$。试计算以管外表面积为基准的总传热系数 K_o 以及按平壁计的总传热系数 K。

解：① 以管外表面积为基准的总传热系数 K_o　由式(5-91) 得

$$\frac{1}{K_o}=\frac{1}{\alpha_o}+R_{So}+\frac{b}{\lambda}\frac{d_o}{d_m}+R_{Si}\frac{d_o}{d_i}+\frac{1}{\alpha_i}\frac{d_o}{d_i}$$

$$=\frac{1}{1500}+2\times10^{-4}+\frac{0.0025\times0.025}{45\times0.0225}+5\times10^{-4}\times\frac{0.025}{0.02}+\frac{0.025}{40\times0.02}$$

$$=0.0328$$

解得

$$K_o=30.5\mathrm{W\cdot m^{-2}\cdot ℃^{-1}}$$

② 按平壁计的总传热系数 K　由式(5-90) 得

$$\frac{1}{K}=\frac{1}{\alpha_1}+R_{S1}+\frac{b}{\lambda}+R_{S2}+\frac{1}{\alpha_2}=\frac{1}{1500}+2\times10^{-4}+\frac{0.0025}{45}+5\times10^{-4}+\frac{1}{40}=0.0264$$

解得

$$K=37.9\mathrm{W\cdot m^{-2}\cdot ℃^{-1}}$$

计算结果表明，当管径较小时，若按平壁计算总传热系数，误差较大。如本例

$$\frac{K-K_o}{K_o}\times100\%=\frac{37.9-30.5}{30.5}\times100\%=24.3\%$$

【例 5-10】 在例 5-9 中，若管壁热阻和污垢热阻均可忽略。现保持其他条件不变，分别提高不同流体的对流传热系数，以提高总传热系数。试计算：①将 α_i 提高一倍时的 K_o 值；②将 α_o 提高一倍时的 K_o 值。

解：① 将 α_i 提高一倍时的 K_o 值　此时 $\alpha_i=2\times40=80\mathrm{W\cdot m^{-2}\cdot ℃^{-1}}$，则

$$\frac{1}{K_o}=\frac{1}{\alpha_o}+\frac{1}{\alpha_i}\frac{d_o}{d_i}=\frac{1}{1500}+\frac{0.025}{80\times0.02}=0.0163$$

解得

$$K_o=61.3\mathrm{W\cdot m^{-2}\cdot ℃^{-1}}$$

② 将 α_o 提高一倍时的 K_o 值　此时 $\alpha_o=2\times1500=3000\mathrm{W\cdot m^{-2}\cdot ℃^{-1}}$，则

$$\frac{1}{K_o}=\frac{1}{\alpha_o}+\frac{1}{\alpha_i}\frac{d_o}{d_i}=\frac{1}{3000}+\frac{0.025}{40\times0.02}=0.0316$$

解得

$$K_o=31.6\mathrm{W\cdot m^{-2}\cdot ℃^{-1}}$$

以上两例表明，总传热系数小于任一侧流体的对流传热系数，但总接近于热阻较大即对

流传热系数较小的流体侧的对流传热系数。因此，欲提高 K 值，必须对影响 K 值的各项进行分析，如在例 5-10 的条件下，应设法提高空气侧的 α 值，才能显著提高 K 值。

四、平均温度差

根据参与热交换的两流体沿传热壁面流动时各点的温度变化情况，可将传热分为恒温传热和变温传热两大类。为简化计算，提出如下假设。

① 传热过程为稳态过程。

② 冷、热流体的定压比热均为常量，或以冷、热流体的平均定压比热计算。

③ 总传热系数 K 为常数。

④ 换热器的热损失可忽略不计。

1. 恒温传热

冷、热流体在间壁两侧均发生相变时，其温度将不随管长而变，因而两者的传热温度差处处相等，即 $\Delta t_m = T - t$。例如，蒸发器中饱和蒸汽和沸腾液体间的传热就是典型的恒温传热。显然，恒温传热时，流体的流动方向对 Δt_m 没有影响。由式(5-77) 得

$$Q = KS\Delta t_m = KS(T - t) \tag{5-93}$$

应用式(5-93) 时，要注意 K 与 S 的对应关系。

2. 变温传热

变温传热时，间壁的一侧或两侧流体的温度将沿管长而变化，且传热平均温度差与两流体的流向有关。实际生产中，两流体在换热器内的流动方向大致有四种情况，如图 5-18 所示。并流时两流体在传热面两侧以相同的方向流动。逆流时两流体在传热面两侧以相对的方向流动。错流时两流体在传热面两侧彼此呈垂直方向流动。而折流又分为简单折流和复杂折流。若一种流体在传热面的一侧仅沿一个方向流动，而另一种流体在传热面的另一侧先沿一个方向流动，然后折回以相反的方向流动，如此反复地作折流，则为简单折流。若两流体在传热面两侧均作折流或既有折流又有错流，则为复杂折流。

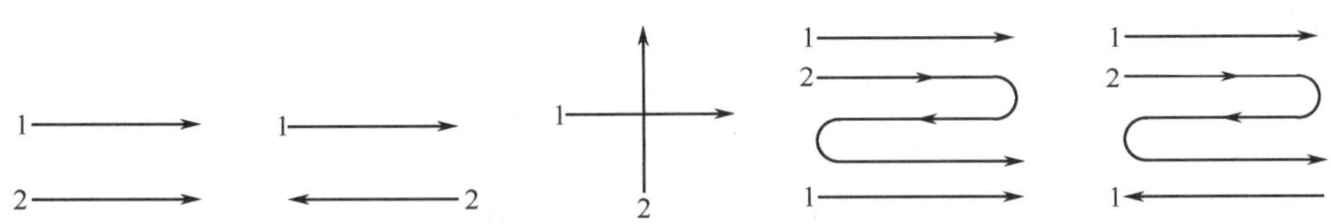

图 5-18　换热器中两流体的流向示意

(1) 逆流和并流时的平均温度差　逆流和并流传热时的温度差变化情况，如图 5-19 所示。现以逆流为例，导出平均温度差的计算通式。

设热流体的质量流量为 W_h，定压比热为 C_{ph}，进、出口温度分别为 T_1 和 T_2；冷流体的质量流量为 W_c，定压比热为 C_{pc}，进、出口温度分别为 t_1 和 t_2。现沿换热器管长方向任取一微元段作为研究对象，其传热面积为 dS。在微元段内热流体放热，温度下降 dT；冷流体吸热，温度上升 dt，则微元段内的热量衡算式为

$$dQ = W_h C_{ph} dT = W_c C_{pc} dt$$

则

$$\frac{dQ}{dT} = W_h C_{ph} = \text{常量}；\frac{dQ}{dt} = W_c C_{pc} = \text{常量}$$

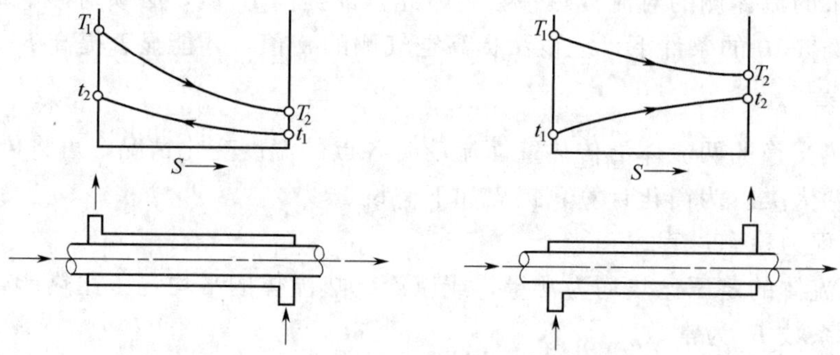

(a) 逆流　　(b) 并流

图 5-19　逆流和并流传热时的温度差变化

所以 Q 与 T 及 t 均呈线性关系，可分别表示为

$$T=mQ+k;t=m'Q+k'$$

两式相减得

$$\Delta t=T-t=(m-m')Q+(k-k')$$

可见，Δt 与 Q 亦呈线性关系。将上述诸直线定性标绘于图 5-20 中。

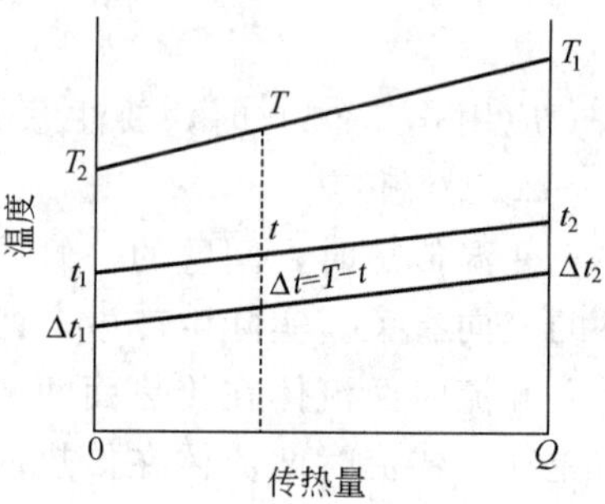

图 5-20　平均温度差的计算

由图可知，当 $Q=0$ 时，$\Delta t=\Delta t_1$；当 $Q=Q$ 时，$\Delta t=\Delta t_2$，则 Δt 与 Q 线的斜率为

$$\frac{d(\Delta t)}{dQ}=\frac{\Delta t_2-\Delta t_1}{Q}$$

将式(5-73) 代入上式得

$$\frac{d(\Delta t)}{K\Delta t\,dS}=\frac{\Delta t_2-\Delta t_1}{Q}$$

分离变量并积分得

$$\frac{1}{K}\int_{\Delta t_1}^{\Delta t_2}\frac{d(\Delta t)}{\Delta t}=\frac{\Delta t_2-\Delta t_1}{Q}\int_0^S dS$$

即

$$\frac{1}{K}\ln\frac{\Delta t_2}{\Delta t_1}=\frac{\Delta t_2-\Delta t_1}{Q}S$$

所以

$$Q=KS\frac{\Delta t_2-\Delta t_1}{\ln\dfrac{\Delta t_2}{\Delta t_1}}$$

将上式与式 (5-77) 比较，得

$$\Delta t_m=\frac{\Delta t_2-\Delta t_1}{\ln\dfrac{\Delta t_2}{\Delta t_1}} \tag{5-94}$$

可见，逆流变温传热的平均温度差为换热器两端温度差的对数平均值。式(5-94) 虽然是根据逆流操作推导出来的，但也适用于下列变温传热。①间壁一侧流体恒温，此时，逆流操作与并流操作的对数平均温度差相同。②并流，当两流体的进、出口温度相同时，逆流操作时的 Δt_m 较并流时的大。例如，逆流和并流操作时，热流体的温度均是从 100℃ 下降至

60℃，冷流体的温度均是从30℃升温至50℃，则两种操作的Δt_m分别为

逆流		并流	
T	100℃⟶60℃	T	100℃⟶60℃
t	50℃⟵30℃	t	30℃⟶50℃
	50℃　30℃		70℃　10℃

$$\Delta t_m=\frac{\Delta t_2-\Delta t_1}{\ln\dfrac{\Delta t_2}{\Delta t_1}}=\frac{50-30}{\ln\dfrac{50}{30}}=39.2℃ \qquad \Delta t_m=\frac{\Delta t_2-\Delta t_1}{\ln\dfrac{\Delta t_2}{\Delta t_1}}=\frac{70-10}{\ln\dfrac{70}{10}}=30.8℃$$

由以上分析可知，当其他条件相同时，逆流操作的平均温度差较大。因此，当传热量Q和总传热系数K相同时，采用逆流操作可节省传热面积。此外，逆流操作还可节省加热介质或冷却介质的用量。因此，实际生产中所使用的换热器多采用逆流操作。但在某些特殊情况下也采用并流操作。例如，加热高黏度液体时，可利用并流初温差较大的特点，使液体迅速升温，降低黏度，以提高对流传热系数。又如，若工艺要求冷流体被加热时不得超过某一温度，或热流体被冷却时不得低于某一温度，则宜采用并流操作。

应用式(5-94)时，常取换热器两端Δt中的较大者为Δt_2，较小者为Δt_1，这样计算Δt_m较为简便。若$\dfrac{\Delta t_2}{\Delta t_1}\leqslant 2$，则可用算术平均值代替对数平均值进行计算，由此造成的误差不超过4%。此外，若Δt_1或Δt_2等于零，则对数平均值也为零，即$\Delta t_m=0$；若$\dfrac{\Delta t_2}{\Delta t_1}=1$，则用算术平均值进行计算，即$\Delta t_m=\dfrac{\Delta t_1+\Delta t_2}{2}$。

（2）错流或折流时的平均温度差　错流或折流时的平均温度差可用下式计算

$$\Delta t_m=\varphi_{\Delta t}\Delta t'_m \tag{5-95}$$

式中　Δt_m——错流或折流时的平均温度差，℃；

$\Delta t'_m$——按纯逆流计算的平均温度差，℃；

$\varphi_{\Delta t}$——校正系数，无因次。

校正系数$\varphi_{\Delta t}$与两流体的温度变化有关，是P和R的函数，即

$$\varphi_{\Delta t}=f(P,R) \tag{5-96}$$

式中

$$P=\frac{t_2-t_1}{T_1-t_1}=\frac{冷流体的温升}{两流体的最初温度差} \tag{5-97}$$

$$R=\frac{T_1-T_2}{t_2-t_1}=\frac{热流体的温降}{冷流体的温升} \tag{5-98}$$

错流或折流时的$\varphi_{\Delta t}$值可从附录22中查得。由于$\varphi_{\Delta t}$值恒小于1，故错流或折流时的平均温度差总小于逆流。设计换热器时，应使$\varphi_{\Delta t}\geqslant 0.8$，否则经济上不合理。若$\varphi_{\Delta t}<0.8$，应考虑增加壳程数，或将多台换热器串联使用，使传热过程更接近于逆流。

【例5-11】 某列管式换热器，管束由$\phi 25\times 2.5$mm的钢管组成。CO_2在管内流动，流量为5kg·s^{-1}，温度由60℃冷却至25℃。冷却水走管间，与CO_2呈逆流流动，流量为3.8kg·s^{-1}，进口温度为20℃。已知管内CO_2的定压比热$C_{ph}=0.653$kJ·kg^{-1}·℃$^{-1}$，对流传热系数$\alpha_i=260$W·m^{-2}·℃$^{-1}$；管间水的定压比热$C_{pc}=4.2$kJ·kg^{-1}·℃$^{-1}$，对

流传热系数 $\alpha_o=1500\text{W}\cdot\text{m}^{-2}\cdot℃^{-1}$。若热损失、管壁及污垢热阻均可忽略不计，试计算换热器的传热面积。

解：①计算冷却水的出口温度

$$W_h C_{ph}(T_1-T_2)=W_c C_{pc}(t_2-t_1)$$

则

$$t_2=\frac{W_h C_{ph}}{W_c C_{pc}}(T_1-T_2)+t_1=\frac{5\times0.653}{3.8\times4.2}\times(60-25)+20=27.2℃$$

② 计算平均温度差

$$\begin{array}{rl} T & 60℃\longrightarrow25℃ \\ t & 27.2℃\longleftarrow20℃ \\ \hline & 32.8℃ \quad\quad 5℃ \end{array}$$

$$\Delta t_m=\frac{\Delta t_2-\Delta t_1}{\ln\dfrac{\Delta t_2}{\Delta t_1}}=\frac{32.8-5}{\ln\dfrac{32.8}{5}}=14.8℃$$

③ 计算总传热系数

$$\frac{1}{K_o}=\frac{1}{\alpha_o}+\frac{1}{\alpha_i}\frac{d_o}{d_i}=\frac{1}{1500}+\frac{1}{260}\times\frac{0.025}{0.02}=0.005474$$

$$K_o=182.7\text{W}\cdot\text{m}^{-2}\cdot℃^{-1}$$

④ 计算传热面积　由式(5-67) 得

$$Q=W_h C_{ph}(T_1-T_2)=5\times0.653\times(60-25)=114.28\text{kW}$$

由式(5-79) 得

$$S_o=\frac{Q}{K_o\Delta t_m}=\frac{114.28\times1000}{182.7\times14.8}=42.26\text{m}^2$$

五、设备热损失的计算

实际生产中，当设备或管道的外壁温度高于周围环境（介质）的温度时，热量将从壁面以对流和辐射两种方式向环境传递热量。设备的热损失即为以对流和辐射两种方式传递至环境的热量之和。为便于计算，常采用与对流传热速率方程相似的公式进行计算，即

$$Q_L=\alpha_T S_W(t_W-t) \tag{5-99}$$

式中　Q_L——设备的热损失速率，W；

α_T——对流-辐射联合传热系数，$\text{W}\cdot\text{m}^{-2}\cdot℃^{-1}$；

S_W——与周围环境直接接触的设备外表面积，m^2；

t_W——与周围环境直接接触的设备外表面温度，℃；

t——周围环境的温度，℃。

对于有保温层的设备或管道，其外壁向周围环境散热的联合传热系数可用下列经验公式估算。

(1) 空气在保温层外作自然对流，且 $t_W<150℃$　在平壁保温层外，α_T 可按下式估算

$$\alpha_T=9.8+0.07(t_W-t) \tag{5-100}$$

在圆筒壁保温层外，α_T 可按下式估算

$$\alpha_T=9.4+0.052(t_W-t) \quad (5\text{-}101)$$

（2）空气沿粗糙壁面作强制对流　当空气流速不大于 $5m \cdot s^{-1}$ 时，α_T 可按下式估算

$$\alpha_T=6.2+4.2u \quad (5\text{-}102)$$

式中　u——空气流速，$m \cdot s^{-1}$。

当空气流速大于 $5m \cdot s^{-1}$ 时，α_T 可按下式估算

$$\alpha_T=7.8u^{0.78} \quad (5\text{-}103)$$

第五节　换热器

05-05　换热器的发展

05-06　夹套式换热器的进出口接管

换热器的种类很多，在制药化工生产中尤以间壁式换热器的应用最为普遍。下面以间壁式换热器为例，介绍制药化工生产中常用的换热器。

一、间壁式换热器

1. 夹套式换热器

夹套式换热器的结构如图 5-21 所示。夹套安装在容器外部，与容器壁形成一个密闭空间作为载热体的通道，另一个空间即为容器内部。虽然夹套式换热器的体积较大，但由于传热面仅为夹套所包围的容器器壁，因而传热面积受到限制。有时为增加传热面积，可在釜内装设蛇管。由于容器内物料的对流传热系数较小，故常在釜内安装搅拌装置，使物料作强制对流，以提高对流传热系数。由于夹套内难以清洗，因此只能通入不易结垢的清洁流体。当夹套内通入水蒸气等压力较高的流体时，其表压一般不能超过 0.5MPa，以免在外压作用下容器发生变形（失稳）。

夹套式换热器具有结构简单、造价低廉、适应性强等特点，常用于釜式反应器内物料的加热或冷却。当用水蒸气加热时，蒸汽应从上部接管进入夹套，冷凝水则从下部的疏水阀排出。当用冷却水或冷冻盐水冷却时，冷却介质应从下部接管进入夹套，以排尽夹套内的不凝性气体。

2. 套管式换热器

套管式换热器由直径不同的直管同心套合而成，其结构如图 5-22 所示。内管以及内管与外管构成的环隙作为载热体的通道，内管表面为传热面。每一段套管称为一程，总程数可根据所需的传热面积确定。相邻程的内管之间用 U 形管连接，而外管之间则用管子连接。

套管式换热器的优点是结构简单、制造容易、能耐高压、传热面积易增减、传热系数较大，并可实现纯逆流操作。缺点是单位长度所具有的传热面积较小，且接头较多，易产生泄漏，环隙也不易清洗，故一般用于所需传热面积不大及压力较高的场合。

3. 蛇管式换热器

根据换热方式的不同，蛇管式换热器有沉浸式和喷淋式两种。

（1）沉浸式　沉浸式蛇管换热器的结构如图 5-23 所示。将金属管绕成各种各样与容器相适应的形状，并沉浸于容器内的液体中，从而构成管内及管外空间，传热面为蛇管表面。

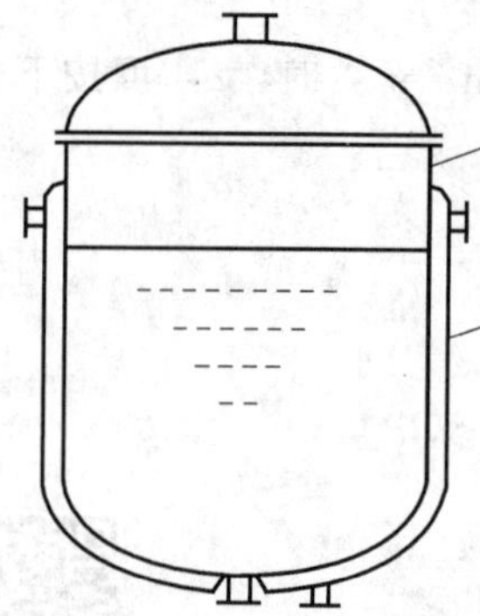

图 5-21 夹套式换热器

1—容器；2—夹套

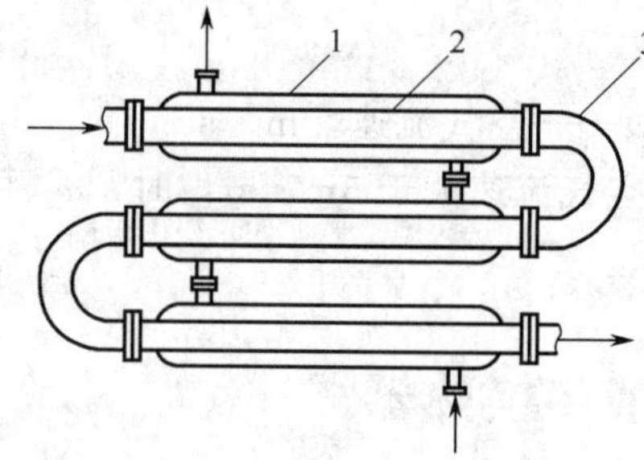

图 5-22 套管式换热器

1—外管；2—内管；3—U 形管

05-07 蛇管式换热器的操作特点与设计加工

蛇管式换热器的优点是结构简单、制造容易，管内能耐高压，可选择管材以防腐，管外易清洗。缺点是管内不易清洗，管外流体的流动情况较差，因而对流传热系数较小，为此可缩小容器体积，或在容器内增设搅拌装置。蛇管式换热器常用于釜式反应器内物料的加热或冷却，以及高压或强腐蚀性介质的传热。

（2）喷淋式 喷淋式蛇管换热器的结构如图 5-24 所示。蛇管固定于支架上，并排列在同一垂直面上，从而构成管内及管外空间，传热面为蛇管表面。喷淋式蛇管换热器多用于流体的冷却或冷凝，冷却介质一般为水。工作时，水由最上面的多孔管中喷洒而下，被冷却流体自下部管进口流入，上部管出口排出。

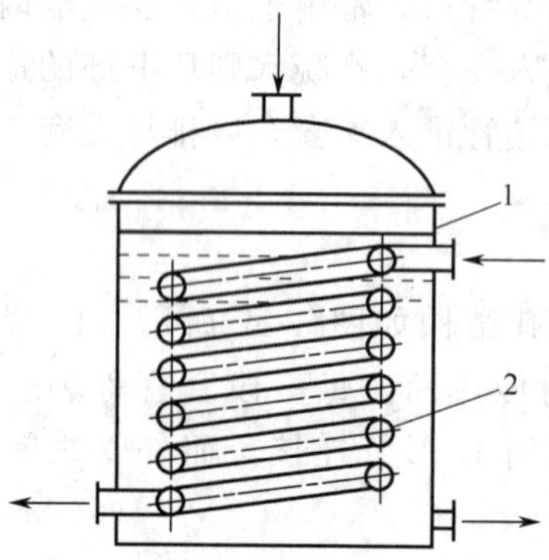

图 5-23 沉浸式蛇管换热器

1—容器；2—蛇管

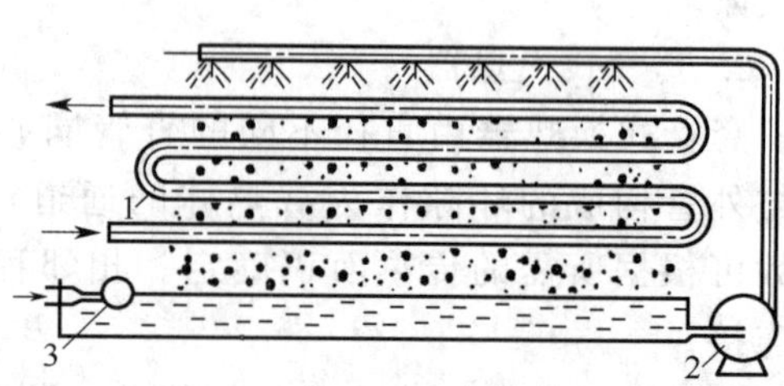

图 5-24 喷淋式蛇管换热器

1—蛇管；2—循环泵；3—控制阀

由于冷却水可在蛇管外表面上部分汽化，因而喷淋式蛇管换热器的对流传热系数较大，传热效果较好。此外，与沉浸式相比，清洗和检修也比较容易。缺点是占地面积较大，喷淋不易均匀，并可能造成部分干管。

4．板式换热器

板式换热器的核心部件是长方形的薄金属板，又称为板片。为增加流体的湍动程度和传热面积，每块金属板的表面均被冲压成凹凸规则的波纹，如图 5-25(a)所示。将一组金属板平行排列起来，并在相邻两板的边缘之间衬以垫片，用框架夹紧，即成为板式换热器。由于每块板的四个角上均有一个圆孔，因此当板片叠合时，这些圆孔就形成了冷、热流体进出的四个通道。如图 5-25(b)所示，左侧为流体Ⅰ的通道，上为入口通道，下为出口通道；右侧为流体Ⅱ的通道，下为入口通道，上为出口通道。由于 1#、3#、5# 金属板右侧设有导流槽，而左侧没有导流槽，故右侧的流体Ⅱ可进入 A、C、E 空间，而左侧的流体Ⅰ则不能进入 A、C、E 空间。同理，由于 2#、4# 金属板的左侧设有导流槽，而右侧没有导流槽，故左侧的流体Ⅰ可进入 B、D 空间，而右侧的流体Ⅱ则不能进入 B、D 空间。可见，在板式换热器内，流体Ⅰ和Ⅱ分别在每块板的两侧流动，进行对流传热。

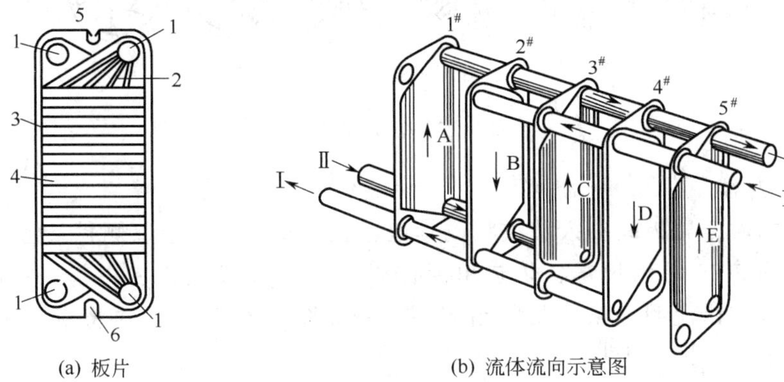

(a) 板片　　(b) 流体流向示意图

图 5-25　板式换热器

1—角孔（流体进出孔）；2—导流槽；3—密封槽；4—水平波纹；5—挂钩；6—定位缺口

板式换热器的优点是结构紧凑，单位体积内的传热面积较大，总传热系数较高，可根据需要调节传热面积，易于清洗和检修。缺点是处理量不大，操作压力较低，操作温度也不能过高。因此，板式换热器常用于所需传热面积不大及压力较低的场合。

5. 翅片管式换热器

翅片管式换热器的结构如图 5-26 所示，其特征是换热管的内表面或外表面上装有径向或轴向翅片，常见翅片如图 5-27 所示。

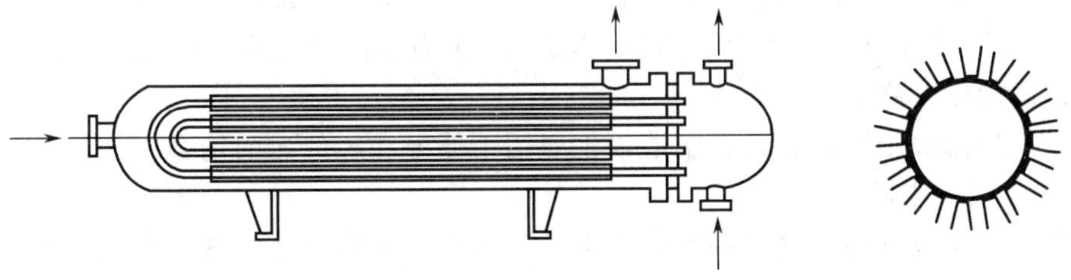

(a) 翅片管式换热器　　(b) 翅片管断面

图 5-26　翅片管式换热器

采用翅片管既能增加传热面积，又能加剧流体的湍动程度，从而可显著提高对流传热系数。但应注意翅片与管的连接应紧密、无间隙。否则，连接处的附加热阻可能很大，导致传热效果下降。

翅片管式换热器常用于两种流体的对流传热系数相差较大的场合，如空气冷却器、空气加热器等。

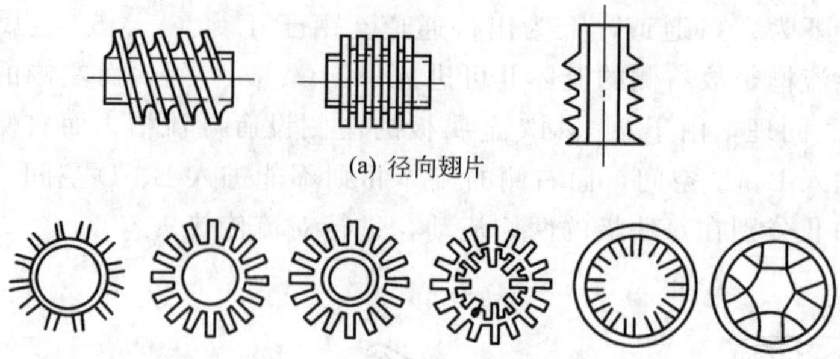

(a) 径向翅片

(b) 轴向翅片

图 5-27　常见翅片

6. 板翅式换热器

在两块平行的薄金属板间夹入波纹状或其他形状的翅片，两边以侧封条密封即构成一个传热单元体，如图 5-28 所示。将各传热单元体以不同的方式组合在一起，并用钎焊固定，可制成逆流、并流或错流型板束，其中错流型板束如图 5-29 所示。再将带有进口、出口的集流箱焊接到板束上，即成为板翅式换热器。

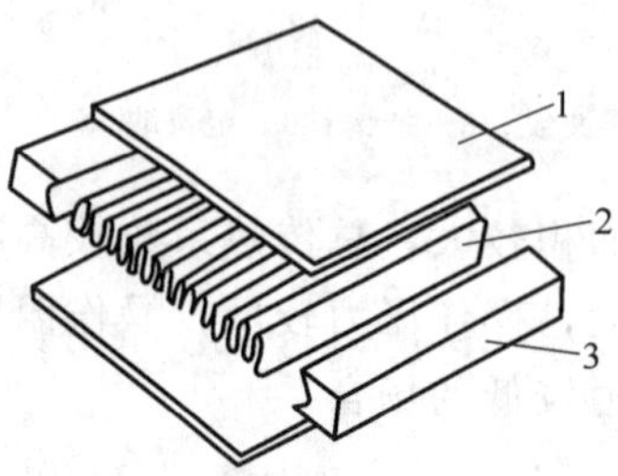

图 5-28　传热单元体

1—平板；2—翅片；3—封条

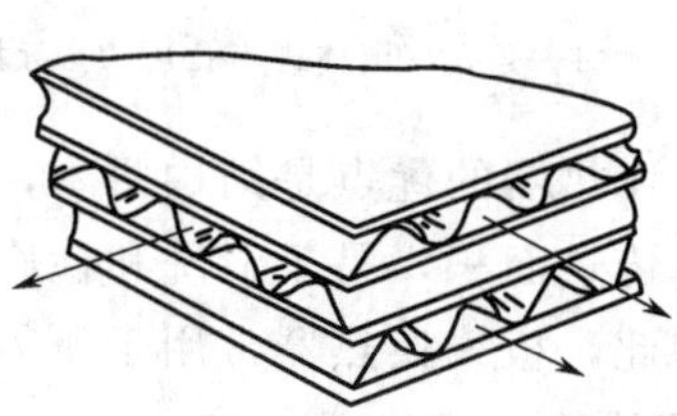

图 5-29　错流型板束

板翅式换热器的主要优点是结构紧凑，每 $1m^3$ 体积内的传热面积一般可达 2500～$4300m^2$，总传热系数较高，能承受高达 5MPa 的压力。缺点是制造工艺复杂、阻力较大、清洗困难、内漏难以修复。

板翅式换热器常用铝合金材料制造，主要用于低温和超低温的场合。

7. 螺旋板式换热器

将两张薄金属板分别焊接在一块分隔板的两端并卷成螺旋体，从而形成两个互相隔开的螺旋形通道，再在两侧焊上盖板和接管，即成为螺旋板式换热器，如图 5-30 所示。为保持通道的间距，两板之间常焊有定距柱。工作时，冷、热流体分别在两个螺旋形通道内流动，通过螺旋板进行热量传递。

螺旋板式换热器的优点是结构紧凑、单位体积内的传热面积较大，可实现纯逆流操作，总传热系数较高，具有自冲刷作用，不易结垢和堵塞。缺点是流动阻力较大，操作压力和温度不能太高，一旦发生内漏则很难检修。

螺旋板式换热器常用于热源温度较低或需精密控制温度的场合。

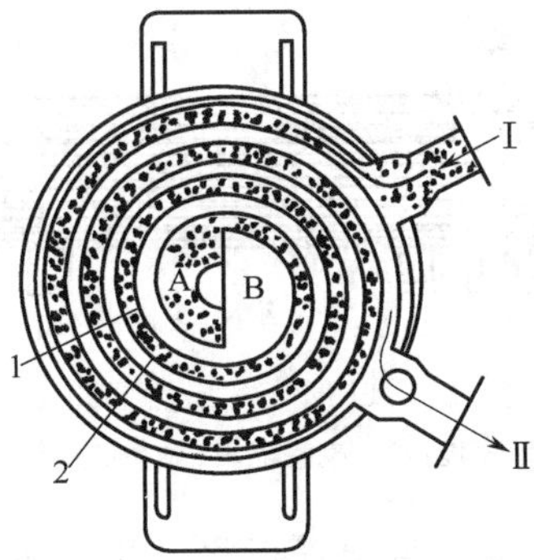

图 5-30　螺旋板式换热器

1、2—金属板；Ⅰ—冷流体进口；Ⅱ—热流体出口；
A—冷流体出口；B—热流体进口

05-08　螺旋板式换热器的结构优势

8. 列管式换热器

列管式换热器又称为管壳式换热器，其优点是单位体积内所具有的传热面积较大，结构简单坚固，选材广泛，制造容易，传热效果较好，并具有较大的操作弹性，因而在制药化工生产中有着广泛的应用。

（1）常见类型　在列管式换热器内，由于冷、热流体的温度不同，因而管束和壳体的热膨胀程度也不同。若两流体的温差较大（50℃以上），产生的热应力可能造成设备的变形，甚至弯曲或破裂。因此，应采取相应的热补偿措施，以消除或减少热膨胀的影响。根据热补偿方法的不同，列管式换热器有下列三种常见类型。

① 固定管板式换热器　对于列管式换热器，若将两端的管板与壳体焊接成一体，则称为固定管板式换热器。图 5-31 是具有补偿圈的固定管板式换热器的结构示意。当管束与壳体的热膨胀程度不同时，补偿圈可发生相应的弹性变形（拉伸或压缩），此种热补偿方法较为简单，但补偿能力有限，且不能完全消除热应力，可用于温差不大（<70℃）及壳程压力不高（<600kPa）的场合。此外，固定管板式换热器的结构简单、造价较低，但壳程不易清洗和检修。

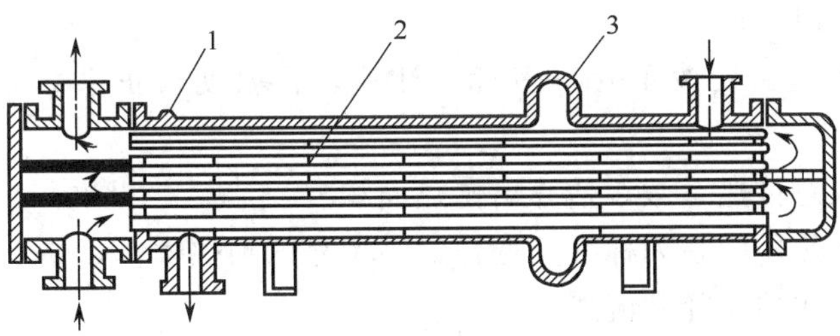

图 5-31　具有补偿圈的固定管板式换热器

1—放气嘴；2—折流板；3—补偿圈

② U 形管式换热器　若将每根换热管均弯成 U 形，并将两端固定于同一管板上，即成为 U 形管式换热器，如图 5-32 所示。由于每根换热管都能在壳体内自由伸缩，因而可完全消除热应力，可用于高温高压的场合。U 形管式换热器的结构简单，重量较轻，但管内不易清洗，且管子需一定的弯曲半径，因而降低了管板的利用率。

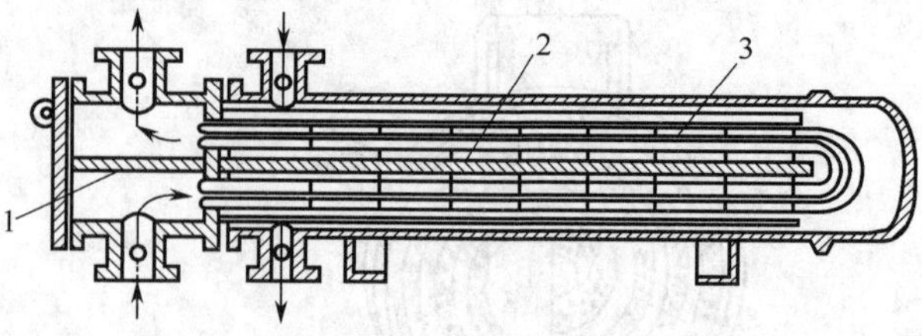

图 5-32 U 形管式换热器
1—管程隔板；2—壳程隔板；3—U 形管

③ 浮头式换热器　浮头式换热器的两端管板之一不与外壳固定连接，该端称为浮头，如图 5-33 所示。当管子受热或受冷时，管束连同浮头可在壳体内自由伸缩。虽然浮头式换热器的结构比较复杂，造价也较高，但由于可完全消除热应力，且清洗或检修时整个管束可从壳体中抽出，因而在制药化工生产中有着广泛的应用。

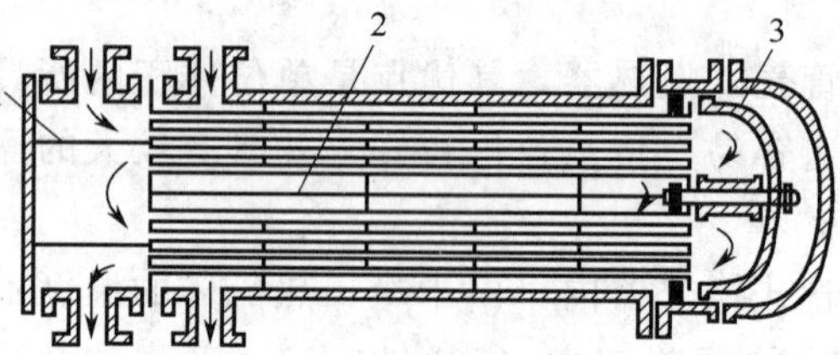

图 5-33 浮头式换热器
1—管程隔板；2—壳程隔板；3—浮头

（2）选用步骤　常见的列管式换热器都已实现标准化，一般情况下，可按下列步骤进行选择。

① 根据传热任务和工艺要求，收集冷、热流体的物性数据和工艺数据。

② 根据冷、热流体的压强、温度及腐蚀性等情况，选择换热器的材料。常用的金属材料有碳钢、不锈钢、低合金钢、铜和铝等；常用的非金属材料有石墨、玻璃和聚四氟乙烯等。

③ 计算换热器的热负荷。

④ 计算平均温度差。先按单壳程多管程计算，若温度校正系数 $\varphi_{\Delta t}<0.8$，应增加壳程数。

⑤ 根据经验选取总传热系数，估算出传热面积。

⑥ 根据列管式换热器的系列标准，选择适当型号的换热器。

⑦ 确定冷、热流体的流径和流速。

⑧ 分别计算管程和壳程流体的对流传热系数，确定污垢热阻，计算出总传热系数，并与选取的总传热系数进行比较。若两者相差较大，应重新选取总传热系数。

⑨ 根据计算的总传热系数和平均温度差，计算传热面积，并与选定的换热器进行比较，其传热面积应有 10%～25%的裕量。

（3）选用列管式换热器应考虑的问题

① 流体流径的选择　对于列管式换热器，流体走壳程还是走管程，一般由经验确定。例如，对于固定管板式换热器，需提高流速以增大对流传热系数的流体，以及腐蚀性、

不清洁、易结垢、有毒或高压的流体，宜走管程。而饱和蒸汽宜走壳程，这样易于排除不凝性气体和冷凝水；黏度较大或流量较小的流体宜走壳程，这样流体在有折流板的壳程中流动时，可在较低的雷诺数（$Re>100$）下达到湍流；需冷却的流体也宜走壳程，这样有利于散热。

在选择流体流径时，应视具体情况，抓主要矛盾。通常情况下，应首先考虑流体在压力、防腐蚀及清洗等方面的要求，然后再校核对流传热系数和压降，以便作出较恰当的选择。

② 流体流速的选择　流速增大，既能提高对流传热系数，又能减少结垢，从而可提高总传热系数，减少换热器的传热面积。但流速越大，流动阻力就越大，动力消耗就越多。适宜的流速可通过经济衡算来确定，也可根据经验数据来选取，但所选流速应尽可能避免流体在层流状态下流动。列管式换热器中常用的流速范围列于表 5-5～表 5-7 中。

表 5-5　列管式换热器中常用的流速范围/（$m \cdot s^{-1}$）

流体种类	低黏度液体	易结垢液体	气体
管程	0.5～3	>1	5～30
壳程	0.2～1.5	>0.5	3～15

表 5-6　列管式换热器中易燃、易爆液体的安全允许流速

液体名称	乙醚、二硫化碳、苯	甲醇、乙醇、汽油	丙酮
安全允许流速/($m \cdot s^{-1}$)	<1	<2	<10

表 5-7　列管式换热器中不同黏度液体的常用流速

液体黏度×10^3/(Pa·s)	>1500	1500～500	500～100	100～35	35～1	<1
最大流速/($m \cdot s^{-1}$)	0.6	0.75	1.1	1.5	1.8	2.4

③ 冷却介质终温的选择　若冷、热流体的温度均由工艺条件所规定，则不存在确定流体温度的问题。若其中的一个流体仅已知进口温度，则出口温度需由设计者来确定。例如，用水冷却热流体时，水的进口温度可根据当地的气候条件确定，但其出口温度需通过经济衡算来确定。为节约用水，可提高水的出口温度，但传热面积将增大；反之，为减小传热面积，冷却水的用量将增加。一般情况下，冷却水两端的温度差可取 5～10℃。水源充足的地区，可选较小的温差；水源不足的地区，可选较大的温差。

④ 换热管的规格和排列方式　在我国现行的列管式换热器系列标准中，管径仅有 $\phi 25\times 2.5$mm 和 $\phi 19\times 2$mm 两种规格。管长有 1.5m、2m、3m 和 6m 四种规格，其中以 3m 和 6m 最为普遍。

管子的排列方式有直列和错列两种，其中错列又有正方形和正三角形两种，如图 5-13 所示。

⑤ 管程和壳程数的确定　当流体的流量较小或因传热面积较大而导致管数很多时，管内的流速可能很低，因而对流传热系数较小。为提高管内流体的流速，可采用多管程。但程数也不宜过多，因为程数越多，管程流体的阻力就越大，动力消耗也就越多。在列管式换热器的系列标准中，管程数有 1、2、4、6 四种规格。

当温度校正系数 $\varphi_{\Delta t}<0.8$ 时，可增加壳程数。但由于多壳程换热器的分程隔板在制造、安装和维修方面比较困难，因而一般不采用多壳程换热器，而将多台换热器串联使用。

05-09 新型热管式换热器

⑥ 折流挡板　安装折流挡板的目的是提高壳程流体的对流传热系数。为取得良好的换热效果，挡板的形状和间距必须设计适当。例如，对于圆缺形挡板，若弓形缺口过大或过小，都易产生“死角”，从而既不利于传热，又可能会增加流动阻力。同样，挡板的间距对壳程中的流体流动也有重要影响。过大的间距难以保证流体垂直通过管束，从而使管外流体的对流传热系数减小；相反，若间距过小，则流动阻力将增大，同时也不便于制造和维修。因此，一般情况下，挡板间距多选取壳体内径的 0.2～1.0 倍。

二、传热过程的强化

传热过程的强化就是力求用较小的传热面积或较小体积的传热设备来完成给定的传热任务，以提高传热过程的经济性。由总传热速率方程式(5-77) 可知，增大 K、S 或 Δt_m 的值，均能提高传热速率 Q 的值。

1. 增大传热面积（S）

增大传热面积，可提高传热速率。但增大传热面积不应靠加大设备的尺寸来实现，而应从改进设备的结构，提高其紧凑性入手，即提高单位体积设备所具有的传热面积。例如，用螺纹管、波纹管代替光滑管；或采用紧凑型换热器，如板式、板翅式、翅片管式及螺旋板式换热器等，均能提高单位体积设备所具有的传热面积。

2. 增大平均温度差（Δt_m）

增大平均温度差，可提高传热速率，但传热平均温度差的大小主要取决于两流体的温度条件，一般由生产工艺所规定，可调范围有限。当两流体进行变温传热时，可采用逆流操作，以获得较大的传热温度差。如套管式换热器和螺旋板式换热器都能使冷、热流体实现纯逆流操作。

05-10 常用加热剂与冷却剂

3. 提高总传热系数（K）

前已述及，要提高总传热系数的值，必须设法降低传热热阻，尤其是控制热阻的值。一般情况下，金属壁的热阻和相变热阻不会成为传热的控制因素，因此应着重考虑无相变流体侧的热阻和污垢热阻。例如，提高流速或对设备的结构进行改进（如安装折流板等），以提高流体的湍动程度，均可提高无相变流体的对流传热系数。又如，选用具有自冲刷作用的螺旋板式换热器，可防止结垢，或选用易清洗的换热器，并定期清除污垢等，均能降低污垢热阻的值。

习　题

本章目标检测题

1. 某平壁的厚度为 500mm，内壁温度为 800℃，外壁温度为 120℃。已知平壁材料的导热系数为 $1.1W \cdot m^{-1} \cdot ℃^{-1}$，试计算通过每平方米壁面的导热速率。($1496\ W \cdot m^{-2}$)

2. 某燃烧炉的平壁由三种材料构成。最内层为耐火砖，厚度 $b_1=200mm$，导热系数 $\lambda_1=1.07W \cdot m^{-1} \cdot ℃^{-1}$；中间层为绝热砖，厚度 $b_2=100mm$，导热系数 $\lambda_2=0.14W \cdot m^{-1} \cdot ℃^{-1}$；最外层为普通钢板，厚度 $b_3=6mm$，导热系数 $\lambda_3=45W \cdot m^{-1} \cdot ℃^{-1}$。已知炉内壁表面温度 $t_1=1000℃$，钢板外表面温度 $t_4=30℃$，试计算：①通过燃烧炉平壁的热通量；②耐火砖与绝热砖以及绝热砖与普通钢板之间的界面温度。假设各层接触良好。($1076.2W \cdot m^{-2}$；798.8℃，30.1℃)

3. 在直径为 $\phi 89 \times 4.5mm$ 的蒸汽管道外包扎有两层绝热材料。已知管壁材料的导热系数为

$45W \cdot m^{-1} \cdot ℃^{-1}$；内层绝热材料的厚度为40mm，导热系数为$0.07W \cdot m^{-1} \cdot ℃^{-1}$；外层绝热材料的厚度为20mm，导热系数为$0.15W \cdot m^{-1} \cdot ℃^{-1}$。现测得蒸汽管的内壁温度为180℃，最外层绝热材料的外表面温度为50℃。试计算每米管长的热损失及两绝热层间的界面温度。（$77.16W \cdot m^{-1}$，67.45℃）

4. 水在套管式换热器的内管中流动。已知内管的直径为$\phi25 \times 2.5mm$，长度为6m；水的流量为$2m^3 \cdot h^{-1}$，温度由15℃升高至35℃，试计算管壁对水的对流传热系数。若水的流量下降为$0.4m^3 \cdot h^{-1}$，则管壁对水的对流传热系数又为多少？（$6848.9W \cdot m^{-2} \cdot ℃^{-1}$，$1784.1W \cdot m^{-2} \cdot ℃^{-1}$）

5. 质量流量均取$1kg \cdot s^{-1}$，试计算：①120℃的饱和水蒸气冷凝为120℃的水时所放出的热量。②120℃的饱和水蒸气冷凝为60℃的水时所放出的热量。③常压下，空气由20℃升温至80℃时所吸收的热量。（2205kW，2457.5kW，60.3kW）

6. 在列管式换热器中用水冷却油。已知换热管的直径为$\phi19 \times 2mm$，管壁的导热系数$\lambda = 45W \cdot m^{-1} \cdot ℃^{-1}$；水在管内流动，对流传热系数$\alpha_i = 3500W \cdot m^{-2} \cdot ℃^{-1}$；油在管间流动，对流传热系数$\alpha_o = 250W \cdot m^{-2} \cdot ℃^{-1}$；水侧的污垢热阻$R_{si} = 2.5 \times 10^{-4} m^2 \cdot ℃ \cdot W^{-1}$，油侧的污垢热阻$R_{so} = 1.8 \times 10^{-4} m^2 \cdot ℃ \cdot W^{-1}$。试计算：①以管外表面为基准的总传热系数。②因污垢热阻而使总传热系数下降的百分数。（$203.74\ W \cdot m^{-2} \cdot ℃^{-1}$，10.12%）

7. 苯在逆流换热器内流动，流量为$2000kg \cdot h^{-1}$，温度由70℃下降至30℃。已知换热器的传热面积为$6m^2$，热损失可忽略不计；总传热系数为$300\ W \cdot m^{-2} \cdot ℃^{-1}$；冷却介质为20℃的水，定压比热为$4.18kJ \cdot kg^{-1} \cdot ℃^{-1}$；苯的定压比热为$1.79kJ \cdot kg^{-1} \cdot ℃^{-1}$。试计算：①冷却水的出口温度；②冷却水的消耗量，以$m^3 \cdot h^{-1}$表示。（28.6℃，$3984kg \cdot h^{-1}$）

8. 在逆流换热器内，用20℃的水将流量为$4500kg \cdot h^{-1}$的液体由80℃冷却至30℃。已知换热管由直径为$\phi25 \times 2.5mm$的钢管组成，管壁的导热系数$\lambda = 45W \cdot m^{-1} \cdot ℃^{-1}$；液体走壳程，对流传热系数为$1700\ W \cdot m^{-2} \cdot ℃^{-1}$，定压比热为$1.9kJ \cdot kg \cdot ℃^{-1}$，密度为$850kg \cdot m^{-3}$；水走管程，对流传热系数为$850W \cdot m^{-2} \cdot ℃^{-1}$。若水的出口温度不超过50℃，换热器的热损失及污垢热阻均可忽略不计，试计算换热器的传热面积。（$13.8m^2$）

9. 在一油冷却器中，水以单管$100g \cdot s^{-1}$的流量流过$\phi19 \times 2mm$的钢管，油以每管$75g \cdot s^{-1}$的流量在管外逆向流动。若管长2m，油和水的进口温度分别为97℃和7℃，试计算油的出口温度。已知油侧的对流传热系数为$1700\ W \cdot m^{-2} \cdot ℃^{-1}$，水侧的对流传热系数为$2500W \cdot m^{-2} \cdot ℃^{-1}$，油的定压比热为$1.9\ kJ \cdot kg^{-1} \cdot ℃^{-1}$，水的定压比热为$4.18kJ \cdot kg^{-1} \cdot C^{-1}$。（52℃）

思考题

1. 简述传热的三种基本方式及特点。
2. 对于多层平壁的稳态热传导，各层的热阻与温度差之间有什么关系？
3. 简述冷、热流体分别在固体壁面的两侧流动时，热量如何进行传递。
4. 简述影响蒸汽冷凝传热的主要因素。
5. 简述导热系数、对流传热系数和总传热系数的物理意义。
6. 逆流传热有何优点？何时宜采用并流传热？
7. 列举列管式换热器的几种常见的热补偿方式。
8. 简述传热过程的强化途径。

第六章　蒸发

学习要求

1. 掌握：单效蒸发的计算，多效蒸发原理，蒸发操作的节能措施。

2. 熟悉：单效蒸发流程，多效蒸发流程及特点，典型蒸发设备的结构及特点。

3. 了解：蒸发过程的特点及分类，蒸发过程的温度差损失，蒸发器的总传热系数，多效蒸发的计算，蒸发操作的生产能力、生产强度和效数的限制。

本章课件

蒸发是指采用加热方法，使含有不挥发性溶质的溶液沸腾，以汽化并移除部分溶剂，从而提高溶液浓度的过程。简单地说蒸发是一种浓缩溶液的单元操作，它在制药化工生产中有着广泛的应用，如在制剂与中草药的提纯生产中，蒸发通常是一道重要的操作工序。

第一节　概述

一、蒸发过程的特点

蒸发操作的目的是将溶剂与溶质分离开来，但其过程的实质是热量传递而非质量传递。溶剂的汽化量和汽化速率均受传热速率和传热量的控制，因此蒸发应属于传热操作的范畴。但因传热对象的特殊性，蒸发传热过程又不同于一般的传热过程。

① 对于含有不挥发性溶质的溶液，由拉乌尔定律可知，溶液的蒸气压要低于同温度下纯溶剂的蒸气压，故在相同的压强下，溶液的沸点要高于纯溶剂的沸点。因此，当加热蒸汽的温度一定时，蒸发操作的传热温度差要小于加热纯溶剂时的温度差，且溶液的浓度越大，这种现象就越明显。

② 溶液在蒸发沸腾的过程中，可能会在加热表面上析出溶质而结垢，从而使传热系数减小，传热速率下降。为此，在进行蒸发器的结构设计时，应确保加热表面易于清洗。

③ 许多药品具有热敏性，不宜在高温下过久停留，因此应设法减少溶液在蒸发器中的停留时间。此外，在蒸发操作中，还应考虑某些溶液可能因浓缩而出现黏度和腐蚀性增大的现象，故蒸发器的结构还应具有良好的适应性。

④ 通常蒸发时溶剂的汽化量较大，能耗较高。因此，如何充分利用加热蒸汽带入的热量，将对蒸发操作费用产生很大的影响。

⑤ 蒸发过程中，传热壁面两侧的流体均有相变化，即加热侧的蒸汽冷凝和受热侧的溶剂汽化。

蒸发过程的上述特点，也是生产实践中需要关注的问题。

二、蒸发的分类

在蒸发操作中，用于加热的热源多为饱和或过热的水蒸气，而被蒸发的物料也多为水溶液，汽化后的溶剂亦形成水蒸气。习惯上将用于加热的水蒸气称为加热蒸汽或生蒸汽，而将溶剂汽化产生的水蒸气称为二次蒸汽。加热蒸汽与二次蒸汽的区别在于两者的温度不同，即加热蒸汽的温度相对较高，二次蒸汽的温度相对较低，故蒸发操作是一个由高温蒸汽向低温蒸汽转化的过程。因此，温度较低的二次蒸汽的再利用率必将对整个蒸发操作的能耗产生重要的影响。

根据二次蒸汽是否被重新用作另一蒸发器的加热蒸汽，蒸发操作可分为单效蒸发和多效蒸发。在单效蒸发中，蒸发产生的二次蒸汽将不再被蒸发系统重新利用，通常二次蒸汽经冷凝后直接排出，所含热能未予回收。而在多效蒸发中，二次蒸汽将被继续引入另一压强较低的蒸发器中用作加热蒸汽，以提高热能的利用率。一般情况下，当生产规模不大时，宜采用单效蒸发；而当生产规模较大时，则宜采用多效蒸发。

按操作方式的不同，蒸发可分为间歇蒸发和连续蒸发两大类。而按操作压强的高低，蒸发又可分为加压、常压和减压蒸发三种。其中减压蒸发又称为真空蒸发，它是根据溶液沸点随操作压强的减小而下降的特性，来降低蒸发操作的温度，从而在加热蒸汽一定的条件下，增大管壁两侧的传热温度差，并减少系统的热损失。由于减压蒸发的温度较低，故对热敏性物系尤为适宜。

06-01　蒸发的早期应用——盐田法制盐

在制药化工生产中，以水溶液的蒸发过程最为常见。因此本章将针对溶剂为水的蒸发过程，重点介绍蒸发操作的工艺流程、工艺计算、典型设备及其选型。

第二节　单效蒸发

一、单效蒸发流程

单效蒸发流程如图 6-1 所示。蒸发器主要由加热室和蒸发室两部分组成，加热室设有蛇管、列管或夹套等加热装置。蒸发室又称为分离室，它是溶液与二次蒸汽分离的场所。在加热室内，通入的加热蒸汽冷凝放热，促使溶液升温沸腾，汽化出的溶剂将在分离室中与溶液主体分离，并以二次蒸汽的形式进入冷凝器与冷却水直接混合，混合液由冷凝器底部排出，不凝性气体则从顶部排出。当蒸发器中的溶液达到规定浓度时即由蒸发器底部排出，此时的溶液又称为完成液。

二、单效蒸发的计算

对于单效蒸发，通过对蒸发器进行物料衡算、热量衡算，并结合传热速率方程式，即可计算出溶剂蒸发量、加热蒸汽消耗量以及蒸发器的传热面积。

1. 溶剂蒸发量

对于如图 6-2 所示的稳态蒸发过程，由于原料液和完成液中的溶质质量相等，故

$$Fw_0=(F-W)w_1 \tag{6-1}$$

式中　F——原料液流量，$kg \cdot s^{-1}$；

W——溶剂蒸发量，$kg \cdot s^{-1}$；

w_0、w_1——分别为原料液和完成液中溶质的质量分数，无因次。

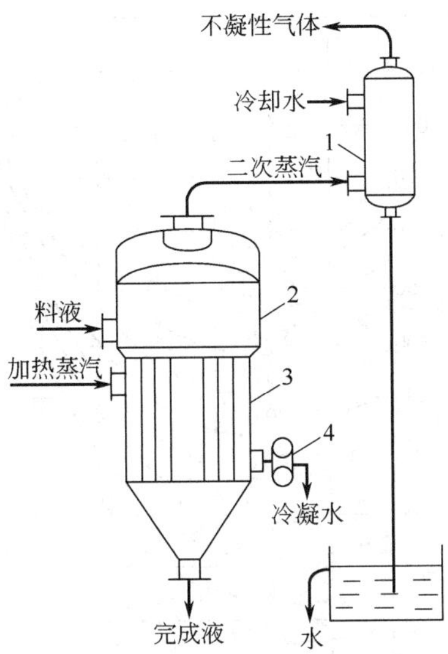

图 6-1　单效蒸发流程

1—直接混合冷凝器；2—蒸发室；3—加热室；4—疏水阀

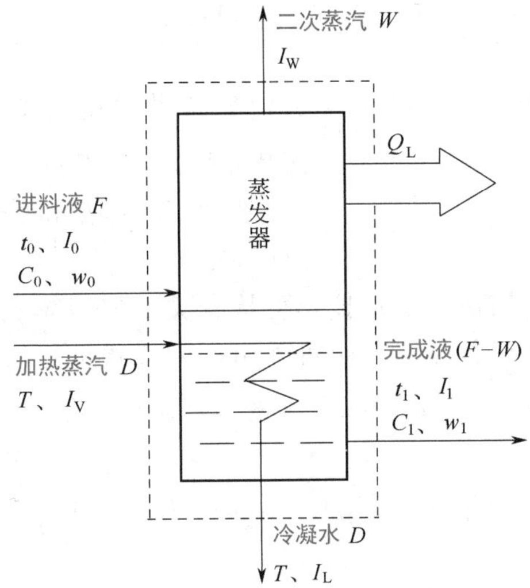

图 6-2　单效蒸发的计算

由式(6-1) 得溶剂的蒸发量为

$$W=F\left(1-\frac{w_0}{w_1}\right) \tag{6-2}$$

2. 加热蒸汽消耗量

如图 6-2 所示，若加热蒸汽冷凝为同温度下的饱和液体，则对蒸发器进行热量衡算得

$$FI_0+DI_V=(F-W)I_1+DI_L+WI_W+Q_L \tag{6-3}$$

则

$$D(I_V-I_L)=Dr=(F-W)I_1+WI_W-FI_0+Q_L \tag{6-4}$$

所以

$$D=\frac{(F-W)I_1+WI_W-FI_0+Q_L}{r} \tag{6-5}$$

式中　I_0、I_1——分别为原料液和完成液的焓，$kJ \cdot kg^{-1}$；

I_V、I_L——分别为加热蒸汽及其冷凝液的焓，$kJ \cdot kg^{-1}$；

I_W——二次蒸汽的焓，$kJ \cdot kg^{-1}$；

D——加热蒸汽的消耗量，$kg \cdot s^{-1}$；

r——加热蒸汽的汽化潜热，$kJ \cdot kg^{-1}$；

Q_L——蒸发器的热损失，kW。

在蒸发操作中，由于溶剂的部分汽化使得溶液浓缩，而浓缩过程本身也需要吸收一定的热量，称为浓缩热。实际上，浓缩热是一种浓度变化热。但除了某些酸、碱水溶液的浓缩热较大外，大多数物质水溶液的浓缩热并不大。由于溶液的浓缩热已被合并计算到溶液的热焓变化中，因此若已知该溶液在对应温度和浓度下的热焓值，即可由式（6-5）直接计算出加热蒸汽的消耗量。图 6-3 为 NaOH 水溶液的焓浓图，基准温度为 0℃，横坐标为浓度，纵坐标为热焓值，图中每条曲线表示某一温度下 NaOH 水溶液的焓值与浓度之间的对应关系。

当溶液的浓缩热不大时，溶液的焓值可采用定压比热进行近似计算。若以 0℃ 为基准温

度，则式(6-5) 可改写为

$$D=\frac{(F-W)C_1t_1+WI_W-FC_0t_0+Q_L}{r} \quad (6\text{-}6)$$

式中　C_0、C_1——分别为原料液和完成液的定压比热，$kJ \cdot kg^{-1} \cdot ℃^{-1}$；

t_0、t_1——分别为原料液和完成液的温度，℃。

溶液的定压比热可从有关手册或资料中查得。当缺乏数据时，也可采用下列公式进行估算

$$C_0=C_Bw_0+C_W(1-w_0)=C_W-(C_W-C_B)w_0 \quad (6\text{-}7)$$

$$C_1=C_Bw_1+C_W(1-w_1)=C_W-(C_W-C_B)w_1 \quad (6\text{-}8)$$

式中　C_B、C_W——分别为溶质和溶剂的定压比热，$kJ \cdot kg^{-1} \cdot ℃^{-1}$。

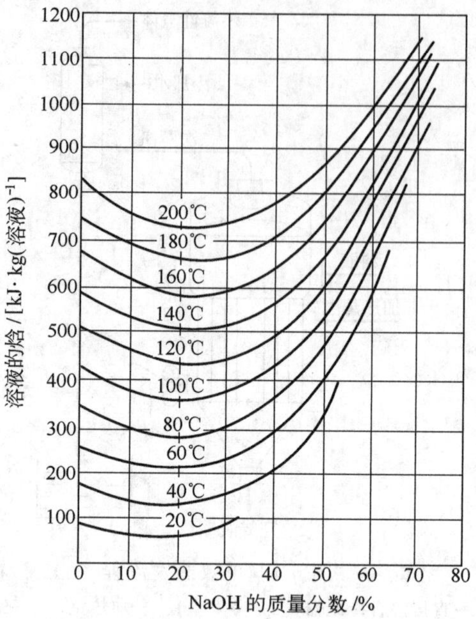

图 6-3　NaOH 水溶液的焓浓图

由式(6-7) 和式(6-8) 得

$$(C_0-C_W)w_1=(C_1-C_W)w_0 \quad (6\text{-}9)$$

由式(6-1) 得

$$w_1=\frac{Fw_0}{F-W} \quad (6\text{-}10)$$

将式(6-10) 代入式(6-9) 得

$$(F-W)C_1=FC_0-WC_W \quad (6\text{-}11)$$

将式(6-11) 代入式(6-6) 并整理得

$$D=\frac{FC_0(t_1-t_0)+W(I_W-C_Wt_1)+Q_L}{r} \quad (6\text{-}12)$$

又由于

$$I_W-C_Wt_1\approx r' \quad (6\text{-}13)$$

式中　r'——二次蒸汽的汽化潜热，$kJ \cdot kg^{-1}$。

故

$$D=\frac{FC_0(t_1-t_0)+Wr'+Q_L}{r} \quad (6\text{-}14)$$

对于生产任务和操作条件给定的单效蒸发，当加热蒸汽为饱和蒸汽且溶液的浓缩热可以忽略时，由式（6-14）即可计算出加热蒸汽的消耗量。经验表明，每蒸发 1kg 水分，约需 1kg 的加热蒸汽，即$\frac{D}{W}\approx1$。

3. 传热面积

蒸发操作中，加热蒸汽在传热壁面的一侧冷凝放热，溶液在另一侧受热沸腾，两者均有相变化。当加热蒸汽为饱和蒸汽时，加热蒸汽侧的温度可看作近似不变，另一侧中溶液的沸点虽因位置而异，但也可采用平均值代替，故传热速率可表示为

$$Q=Dr=KS\Delta t_m=KS(T-t) \quad (6\text{-}15)$$

式中　Q——蒸发器的传热速率或热负荷，W；

K——总传热系数，$W \cdot m^{-2} \cdot ℃^{-1}$；

S——传热面积，m^2；

Δt_m——传热平均温度差，℃；

T——加热蒸汽的饱和温度，℃；

t——溶液的平均沸点，℃。

由式(6-15) 可知，当加热蒸汽的压强一定，即蒸汽的饱和温度一定时，蒸发传热的平均温度差仅取决于溶液的平均沸点值。在蒸发计算中，常用完成液的沸点来代替溶液的平均沸点，则传热面积为

$$S=\frac{Dr}{K(T-t_1)} \tag{6-16}$$

【例 6-1】 在单效蒸发器中，每小时将 10000kg、60%（质量分数）的某种水溶液浓缩至 80%。已知加热蒸汽为饱和水蒸气，绝对压强为 705kPa；蒸发器中的平均绝对压强为 40kPa，溶液沸点可取 80℃；原料液的温度为 50℃，定压比热为 $3.77kJ \cdot kg^{-1} \cdot ℃^{-1}$，溶液的浓缩热可以忽略；蒸发器的热损失为 12kW，总传热系数为 $1400W \cdot m^{-2} \cdot ℃^{-1}$。试计算水分蒸发量、加热蒸汽消耗量以及蒸发器的传热面积。

解： 由式(6-2) 得水分蒸发量为

$$W=F\left(1-\frac{w_0}{w_1}\right)=10000\times\left(1-\frac{0.60}{0.80}\right)=2500kg \cdot h^{-1}$$

由附录 8 查得，绝对压强为 705kPa 的饱和水蒸气，其温度和汽化潜热分别为

$$T=165℃, r=2071kJ \cdot kg^{-1}$$

由附录 7 查得，温度为 80℃的二次蒸汽的汽化潜热为

$$r'=2307kJ \cdot kg^{-1}$$

故当溶液的浓缩热可以忽略时，由式(6-14) 得加热蒸汽的消耗量为

$$D=\frac{FC_0(t_1-t_0)+Wr'+Q_L}{r}$$

$$=\frac{10000\times3.77\times(80-50)+2500\times2307+12\times3600}{2071}$$

$$=3352kg \cdot h^{-1}$$

由式(6-16) 得蒸发器的传热面积为

$$S=\frac{Dr}{K(T-t_1)}=\frac{3352\times2071\times1000}{1400\times3600\times(165-80)}=16.2m^2$$

第三节　温度差损失与总传热系数

一、蒸发过程的温度差损失

1. 溶液蒸气压下降而引起的温度差损失

由于溶液中含有非挥发性溶质，从而导致溶液的蒸气压下降而沸点升高，溶液的沸点与同压强下纯水的沸点之差称为因溶液蒸气压下降而引起的温度差损失，以 Δ' 表示。

对于不同性质的溶液，Δ'值差别很大。通常有机溶液的Δ'值较小，无机溶液的Δ'值较大。此外，Δ'还与溶液的浓度和压强等因素有关。一般情况下，稀溶液的Δ'值不大，但随着浓度的增加，Δ'值将增大。在蒸发过程中，由于溶液浓度不断提高，故Δ'值将逐渐增大，至完成液时达到最大值。

溶液的沸点一般由实验测定，某些常见溶液在常压下的沸点也可由手册或资料中查得，部分无机盐水溶液在常压下的沸点列于附录 6 中。对于蒸发过程，尤其是多效蒸发过程，分离室中的压力一般不是常压，因而溶液的沸点较难确定。为估算溶液的沸点，人们总结出许多经验规律，其中以杜林规则最为常用。杜林规则表明，在相当宽的压强范围内，一定浓度的某种溶液的沸点与同压强下另一标准液体的沸点呈线性关系。换言之，当压强改变时，溶液的沸点变化值与标准液体的沸点变化值之比为一常数，即

$$\frac{t'_A - t_A}{t'_W - t_W} = k \tag{6-17}$$

式中　t'_A、t_A——分别为压强 p'和 p 下溶液的沸点，℃；

t'_W、t_W——分别为压强 p'和 p 下标准液体的沸点，℃；

k——杜林直线的斜率，无因次。

杜林规则中的标准液体一般采用纯水，其沸点可由水蒸气表查得。由杜林规则可知，若已知某浓度的溶液和纯水在两个不同压强下的沸点，即可在直角坐标系中标绘出一条直线，该直线称为溶液的杜林直线。溶液在不同浓度下的杜林直线组成杜林直线群。根据杜林直线可确定不同浓度的溶液在相应压强下的沸点值。

图 6-4 为 NaOH 水溶液的杜林直线。图中每条杜林直线均与 NaOH 水溶液的某一浓度（质量分数）相对应，该直线与浓度为零的杜林直线之间的垂直距离即为该浓度的溶液在相应压强下的沸点升高。由图 6-4 可知，NaOH 溶液在浓度不太高时的杜林直线均近似平行于浓度为零时的杜林直线，故在任意压强下同一浓度溶液的沸点升高值近乎相同。

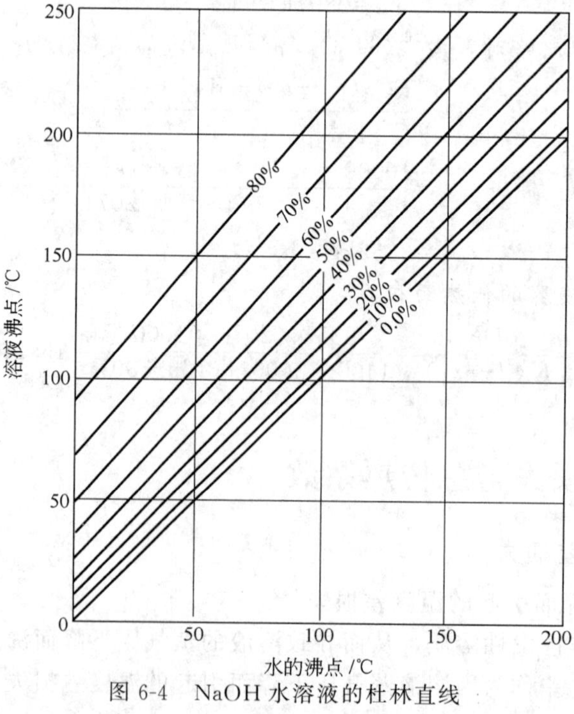

图 6-4　NaOH 水溶液的杜林直线

【例 6-2】 某浓度的 KOH 溶液在绝对压强为 6.2kPa 和 85.2kPa 时的沸点分别为 40℃和 100℃。试计算该溶液在绝对压强为 39.9kPa 时的沸点值和沸点升高。

解： 由附录 8 查得，当绝对压强为 6.2kPa 和 85.2kPa 时，纯水的沸点分别为 36.2℃和 94.9℃，则由式（6-17）得

$$k=\frac{t'_A-t_A}{t'_W-t_W}=\frac{100-40}{94.9-36.2}=1.022$$

同样由附录 8 查得，当绝对压强为 39.9kPa 时，纯水的沸点为 74.9℃，则溶液的沸点为

$$t_A=100-1.022\times(94.9-74.9)=79.6℃$$

所以，沸点升高为

$$\Delta'=79.6-74.9=4.7℃$$

2. 由液柱静压强而引起的温度差损失

对于大多数蒸发器，在操作时都需维持一定的液位，这使得上下层溶液所受到的压强并不相等。液面上的溶液只承受分离室中的操作压强，即二次蒸汽的压强，下部溶液则额外承受来自上部液体所产生的静压强，故下部溶液的沸点要高于上部溶液的沸点，从而产生温度差损失。因液柱静压强而引起的温度差损失常用 Δ''表示，显然，Δ''随液位而变。实际计算中常采用中部液位处溶液的沸点升高值作为 Δ''的值，即以中部液位处的液体压强来近似表示溶液的平均压强，从而有

$$p_m=p+\frac{\rho_m gL}{2} \tag{6-18}$$

式中　p_m——液层内溶液的平均压强，Pa；

p——液面上方二次蒸汽的压强，Pa；

ρ_m——溶液的平均密度，$kg\cdot m^{-3}$；

g——重力加速度，$9.81m\cdot s^{-2}$；

L——液层深度，m。

在压强 p_m 和 p 下，蒸汽的饱和温度可由水蒸气表查得，两饱和温度之差即为因液柱静压强而引起的温度差损失 Δ''。

【例 6-3】 已知某蒸发器中二次蒸汽的绝对压强为 40kPa，被蒸发溶液的平均密度为 $1250kg\cdot m^{-3}$，加热管内的液层深度为 2.5m。试计算因液柱静压强而引起的温度差损失。

解： 由式(6-18) 得液层内溶液的平均压强为

$$p_m=p+\frac{\rho_m gL}{2}=40\times10^3+\frac{1250\times9.81\times2.5}{2}$$
$$=55328Pa$$
$$\approx55.33kPa$$

由附录 8 查得，当绝对压强为 40kPa 和 55.33kPa 时，饱和蒸汽的温度分别为 75℃和 83.5 ℃，故因液柱静压强而引起的温度差损失为

$$\Delta''=83.5-75=8.5℃$$

3. 因管路阻力而引起的温度差损失

在蒸发计算中，二次蒸汽的饱和温度一般由冷凝器中的操作压强来确定。由于二次蒸汽在从分离室流向冷凝器的过程中需克服管路阻力，因而分离室中的蒸汽压强要高于冷凝器中的蒸汽压强，相应的蒸汽温度也要高于冷凝器中的蒸汽温度。换言之，纯水在分离室中的沸点要高于在冷凝器中的沸点，两者之差即为因二次蒸汽的流动阻力而引起的温度差损失，以Δ'''表示。Δ'''的计算较为繁琐，其经验值为1～1.5℃。

综上所述，蒸发过程的温度差损失主要源于三个方面，即溶液蒸气压下降、加热管内液柱静压强以及二次蒸汽的流动阻力。若假设蒸汽在冷凝器压强下的饱和温度为t°，则加热室内溶液的平均沸点为

$$t=t^\circ+\Delta'+\Delta''+\Delta'''=t^\circ+\Delta \tag{6-19}$$

式中 t°——水蒸气在冷凝器压强下的饱和温度,℃；

Δ'——因溶液蒸气压下降而引起的温度差损失,℃；

Δ''——因液柱静压强而引起的温度差损失,℃；

Δ'''——因管路阻力而引起的温度差损失,℃；

Δ——总温度差损失，$\Delta=\Delta'+\Delta''+\Delta'''$,℃。

所以，传热平均温度差为

$$\Delta t_m=T-t=(T-t^\circ)-\Delta \tag{6-20}$$

式中 Δt_m——传热平均温度差,℃。

式(6-20) 中的（$T-t^\circ$）可理解为在冷凝器的操作压强下，采用同样的加热蒸汽来蒸发纯水时可得到的传热温度差，即没有Δ存在时的传热温度差，称为溶液蒸发的理想传热温度差或最大可能温度差。

二、蒸发器的总传热系数

为提高蒸发过程的传热速率，应设法减小加热管的内外侧传热热阻，亦即增大蒸发器的总传热系数。对于蒸发器，基于传热外表面积的总传热系数为

$$K_o=\frac{1}{\frac{1}{\alpha_i}\frac{d_o}{d_i}+R_{si}\frac{d_o}{d_i}+\frac{bd_o}{\lambda d_m}+R_{so}+\frac{1}{\alpha_o}} \tag{6-21}$$

式中 K_o——基于传热外表面积的总传热系数，$W\cdot m^{-2}\cdot ℃^{-1}$；

α_i——管内溶液沸腾的对流传热系数，$W\cdot m^{-2}\cdot ℃^{-1}$；

α_o——管间蒸汽冷凝的对流传热系数，$W\cdot m^{-2}\cdot ℃^{-1}$；

R_{si}——管内侧的污垢热阻，$m^2\cdot ℃\cdot W^{-1}$；

R_{so}——管外侧的污垢热阻，$m^2\cdot ℃\cdot W^{-1}$；

d_i——管内径，m；

d_m——平均管径，m；

d_o——管外径，m；

b——管壁厚度，m；

λ——管壁导热系数，$W\cdot m^{-1}\cdot ℃^{-1}$。

管间蒸汽冷凝的对流传热系数可按膜状冷凝传热系数公式（参见第五章）进行计算，其值一般较大，相应的热阻值在总热阻中所占的比例不高，但操作中应防止管间不凝性气体的累积。

管外侧的污垢热阻可按经验值估算。管壁的热阻一般较小，常可忽略不计。管内侧的污垢热阻则与溶液的性质、流动状况以及加热温度等因素有关，其值也常依据经验数据选取。对于大多数蒸发过程，尤其当溶液易于结晶或结垢时，管内侧的污垢热阻常是蒸发总热阻的主要组成部分，对总传热系数有着重要的影响。因此，在蒸发操作时，除应定期清洗和提高溶液循环速度外，有时还需在溶液中添加适量的阻垢剂以减缓垢层的形成，或加入晶种，使析出的溶质在晶种表面而非管壁处沉积。

管内溶液沸腾的对流传热系数是影响总传热系数的又一个重要因素，其值与溶液的性质、蒸发器的型式、沸腾传热方式以及操作条件等因素有关，其精确计算比较困难，一般可按经验值估算。

总传热系数是蒸发器设计和操作的重要依据，表 6-1 列出了几种常见蒸发器的总传热系数值的大致范围。

表 6-1　常见蒸发器的总传热系数值

蒸发器的型式	总传热系数/($W \cdot m^{-2} \cdot ℃^{-1}$)
标准式(自然循环)	600～3000
标准式(强制循环)	1200～6000
悬筐式	600～3000
外热式(自然循环)	1200～6000
外热式(强制循环)	1200～7000
升膜式	1200～6000
降膜式	1200～3500

第四节　多效蒸发

一、多效蒸发原理

在蒸发生产中，二次蒸汽的产量一般较大，且含有大量的潜热，因此应将其回收并加以利用。若将二次蒸汽通入另一蒸发器的加热室，只要后者的操作压强和溶液沸点低于原蒸发器中的操作压强和溶液沸点，则通入的二次蒸汽仍能起到加热作用，这种操作方式即为多效蒸发。

在多效蒸发中，每一蒸发器都称为一效，第一个生成二次蒸汽的蒸发器称为第一效，利用第一效的二次蒸汽来加热的蒸发器称为第二效，依此类推，最后一个蒸发器常称为末效。其中，仅第一效需要从外界引入加热蒸汽即生蒸汽，此后的各效均是利用前一效的二次蒸汽，因而与单效蒸发相比，当生蒸汽量相同时，多效蒸发可蒸发出更多的溶剂，即提高了生蒸汽的经济性。由于多效蒸发可显著提高蒸发过程的热利用率，因而在工业上有着广泛的应用，尤其适用于浓缩程度较大的溶液蒸发。

二、多效蒸发流程

根据溶液与二次蒸汽之间的流向关系，多效蒸发主要有并流加料、逆流加料和平流加料三种流程。

1. 并流加料蒸发流程

图 6-5 为三效并流加料蒸发流程示意。该流程中溶液与二次蒸汽的流向一致，两者均由第一效流入第二效，再流入第三效。在并流加料操作中，溶液可凭借前后两效之间的操作压差，自动地由前效流入后效，无需动力输送。此外，由于前效溶液的沸点高于后效的沸点，

因而当溶液进入后效时，一般会因过热而自行蒸发，从而可减轻后效的操作负荷。多数情况下，并流加料蒸发流程的末效中的压强为负压，相应的溶液沸点较低，因而完成液带走的热量较少。但并流加料流程也有不足之处，由于各效中的溶液浓度依次升高，而操作温度依次降低，故容易导致后几效中的溶液黏度偏高，引起传热状况的恶化。

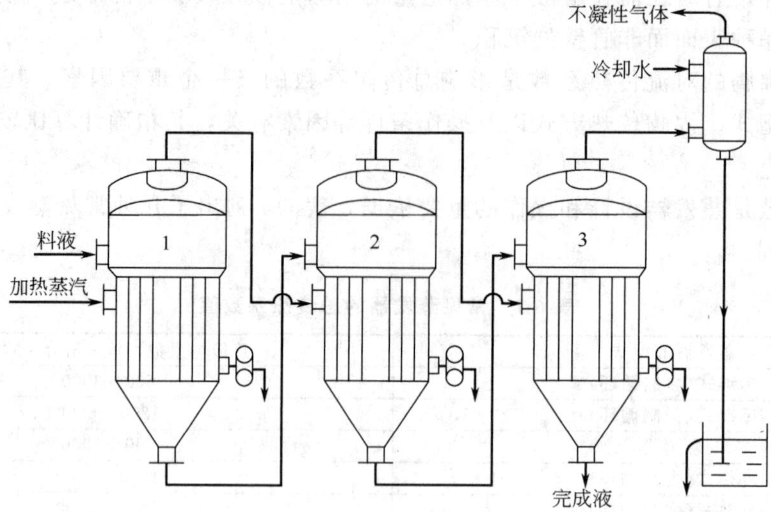

图 6-5　并流加料蒸发流程

2. 逆流加料蒸发流程

图 6-6 为三效逆流加料蒸发流程示意。该流程中溶液与二次蒸汽的流向相反。在溶液流向上，各效蒸发器中的压强和温度将依次升高，溶液不能在蒸发器之间自动流动，只能采用泵输送，且各效中必须对流入的溶液再次加热才能使其沸腾，因此，逆流加料流程一般不适用于热敏性物料的蒸发。但在逆流加料操作中，溶液浓度沿流动方向逐渐升高，相应的温度亦随之升高，故各效间溶液黏度的变化并不明显，因而各效间的传热系数变化不大，所以逆流加料流程比较适宜于黏度随温度和浓度变化较大的溶液的蒸发。

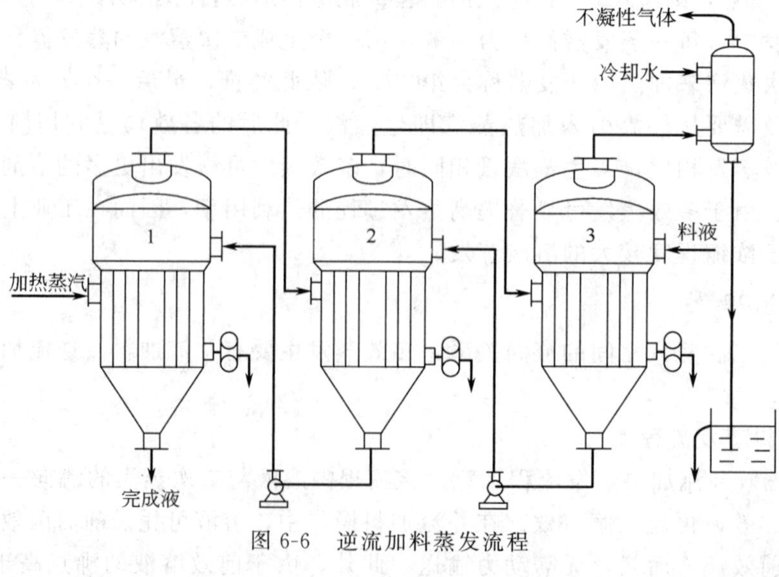

图 6-6　逆流加料蒸发流程

3. 平流加料蒸发流程

图 6-7 为三效平流加料蒸发流程示意。平流加料的特点是溶液不在效间流动，而仅在各效中单独进出。对于在蒸发过程中易于结晶的物料，为避免溶液夹带着晶体在各效之间流动，一般采用平流加料蒸发流程。

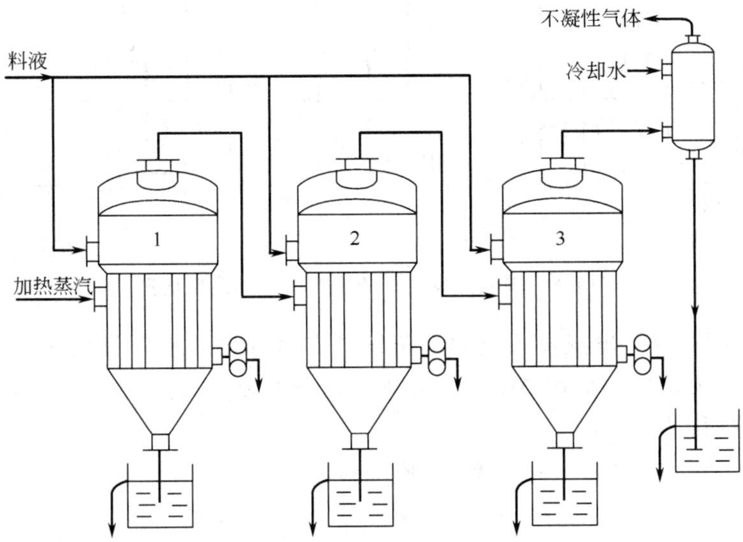

图 6-7　平流加料蒸发流程

综上所述，多效蒸发的三种加料流程都有各自的特点。在实际生产中，应根据被蒸发溶液的具体物性及浓缩要求，灵活选择，亦可将几种加料方式组合使用，以便发挥各自的优点。

三、多效蒸发的计算

随着蒸发器效数的增加，蒸发计算所涉及的变量数目亦随之增加，故与单效蒸发相比，多效蒸发的计算过程更为复杂。与单效蒸发相似，通过对多效蒸发器进行物料衡算、热量衡算，并结合传热速率方程式，即可计算出第一效加热蒸汽（生蒸汽）的消耗量以及各效蒸发器的传热面积和溶剂蒸发量。

下面以并流加料流程为例，来讨论多效蒸发过程的计算。

1. 物料衡算

对于如图 6-8 所示的并流蒸发过程，溶剂的总蒸发量应为各效的蒸发量之和，即

$$W=W_1+W_2+\cdots W_i+\cdots+W_n \tag{6-22}$$

式中　W——溶剂的总蒸发量，$kg \cdot s^{-1}$；

W_i——第 i 效中溶剂的蒸发量，$kg \cdot s^{-1}$。

对整个蒸发系统中的溶质进行物料衡算得

$$Fw_0=(F-W)w_n \tag{6-23}$$

则

$$W=F\left(1-\frac{w_0}{w_n}\right) \tag{6-24}$$

式中　F——原料液流量，$kg \cdot s^{-1}$；

w_0、w_n——分别为原料液和末效完成液中溶质的质量分数，无因次。

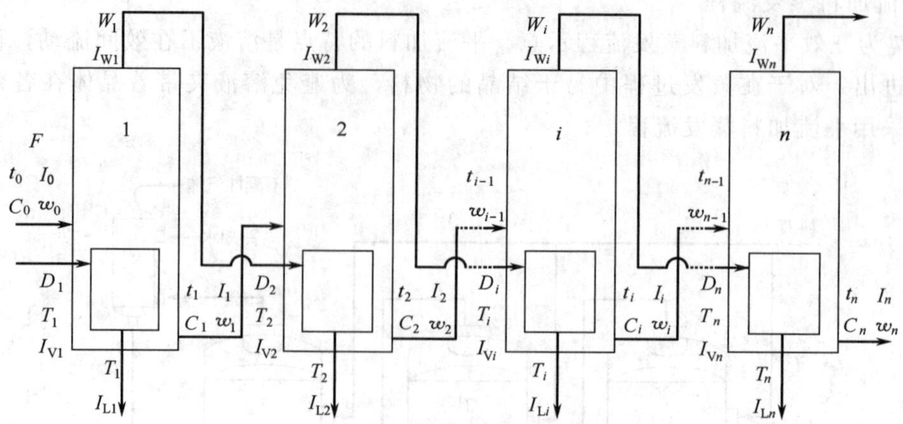

图 6-8　多效蒸发过程的物料衡算和热量衡算

由式(6-24) 即可计算出蒸发系统的总蒸发量。而各效的水分蒸发量可参照生产经验数据估算，也可按总蒸发量的平均值估算。此外，对于并流加料蒸发流程，各效的水分蒸发量常采用下列公式进行估算，即

双效：

$$W_1 : W_2 = 1 : 1.1 \tag{6-25}$$

三效：

$$W_1 : W_2 : W_3 = 1 : 1.1 : 1.2 \tag{6-26}$$

对第一效至第 i 效之间的溶质进行物料衡算得

$$Fw_0 = (F - W_1 - W_2 - \cdots - W_i) w_i \qquad i \geqslant 2 \tag{6-27}$$

则

$$w_i = \frac{Fw_0}{F - W_1 - W_2 - \cdots - W_i} \tag{6-28}$$

式中　w_i——第 i 效完成液中溶质的质量分数，无因次。

在多效蒸发计算中，一般仅已知原料液和末效完成液的浓度，而中间各效完成液的浓度均为未知，故根据物料衡算仅能求出溶剂的总蒸发量。为计算各效的溶剂蒸发量以及各效的完成液浓度，还需对蒸发系统进行热量衡算。

2. 热量衡算

如图 6-8 所示，若忽略蒸发系统的热损失，则对第一效进行热量衡算得

$$FI_0 + D_1 I_{V1} = (F - W_1) I_1 + D_1 I_{L1} + W_1 I_{W1} \tag{6-29}$$

式中　I_0、I_1——分别为原料液和第一效完成液的焓，$kJ \cdot kg^{-1}$；

I_{V1}、I_{L1}——分别为第一效加热蒸汽及其冷凝液的焓，$kJ \cdot kg^{-1}$；

I_{W1}——第一效蒸发器中二次蒸汽的焓，$kJ \cdot kg^{-1}$；

D_1——第一效加热蒸汽的消耗量，$kg \cdot s^{-1}$。

若加热蒸汽被冷凝为同温度下的饱和液体，则

$$I_{V1} - I_{L1} = r_1 \tag{6-30}$$

式中　r_1——第一效加热蒸汽的汽化潜热，$kJ \cdot kg^{-1}$。

当溶液的浓缩热不大时，其焓值可近似采用定压比热进行计算。若以 0 ℃为基准温度，则

$$I_0 = C_0 t_0 \tag{6-31}$$

$$I_1=C_1t_1 \tag{6-32}$$

式中　C_0、C_1——分别为原料液和第一效完成液的定压比热，$kJ \cdot kg^{-1} \cdot ℃^{-1}$；

t_0、t_1——分别为原料液和第一效完成液的温度,℃。

将式(6-30)至式(6-32)代入式(6-29) 并整理得

$$D_1r_1=(F-W_1)C_1t_1+W_1I_{W1}-FC_0t_0 \tag{6-33}$$

由式(6-11) 可知

$$(F-W_1)C_1=FC_0-W_1C_W \tag{6-34}$$

式中　C_W——溶剂的定压比热，$kJ \cdot kg^{-1} \cdot ℃^{-1}$。

由式(6-13) 可知

$$I_{W1}-C_Wt_1 \approx r_1' \tag{6-35}$$

式中　r_1'——第一效中二次蒸汽的汽化潜热，$kJ \cdot kg^{-1}$。

由式(6-33)至式(6-35)联立求解得

$$Q_1=D_1r_1=FC_0(t_1-t_0)+W_1r_1' \tag{6-36}$$

则

$$W_1=\frac{Q_1-FC_0(t_1-t_0)}{r_1'}=D_1\frac{r_1}{r_1'}-FC_0\frac{(t_1-t_0)}{r_1'} \tag{6-37}$$

式中　Q_1——第一效中的传热速率，W。

类似地，对第 i 效进行热量衡算得

$$Q_i=D_ir_i=(FC_0-W_1C_W-W_2C_W-\cdots-W_{i-1}C_W)(t_i-t_{i-1})+W_ir_i' \tag{6-38}$$

则

$$W_i=D_i\frac{r_i}{r_i'}-(FC_0-W_1C_W-W_2C_W-\cdots-W_{i-1}C_W)\frac{t_i-t_{i-1}}{r_i'} \tag{6-39}$$

第 i 效的加热蒸汽即为第 $i-1$ 效的二次蒸汽，若忽略效间温度差损失对蒸汽汽化潜热的影响，则有

$$D_i=W_{i-1} \tag{6-40}$$

$$r_i=r_{i-1}' \tag{6-41}$$

$$Q_i=W_{i-1}r_{i-1}' \tag{6-42}$$

式中　Q_i——第 i 效中的传热速率，kW；

D_i——第 i 效加热蒸汽的消耗量，$kg \cdot s^{-1}$；

r_i——第 i 效加热蒸汽的汽化潜热，$kJ \cdot kg^{-1}$；

r_{i-1}'、r_i'——分别为第 $i-1$ 效和第 i 效中二次蒸汽的汽化潜热，$kJ \cdot kg^{-1}$；

t_{i-1}、t_i——分别为第 $i-1$ 效和第 i 效完成液的温度,℃。

当溶液的浓缩热及蒸发系统的热损失不能忽略，且又缺乏溶液的焓浓数据时，对式（6-39）可校正后使用，即

$$W_i=\eta_i\left[D_i\frac{r_i}{r_i'}-(FC_0-W_1C_W-W_2C_W-\cdots-W_{i-1}C_W)\frac{t_i-t_{i-1}}{r_i'}\right] \tag{6-43}$$

式中　η_i——热损失系数，无因次。

一般情况下，η_i 的值可取 0.96～0.98。此外，若溶液的浓缩热较大，η_i 还与溶液的浓度变化有关。例如，对于 NaOH 水溶液，η_i 与溶液浓度的关系为

$$\eta_i = 0.98 - 0.7\Delta w_i \tag{6-44}$$

式中　Δw_i——各效中溶质质量分数的变化量，无因次。

3. 各效的有效温度差及传热面积

在多效蒸发器的设计中，有效温度差在各效中的合理分配十分重要，并直接影响着各效传热面积的取值。

为便于蒸发器的制造、安装和检修，通常要求各效蒸发器均采用相同大小的传热面积。例如，对于三效蒸发，有

$$S_1 = S_2 = S_3 = S \tag{6-45}$$

式中　S_1、S_2、S_3、S——分别为各效的传热面积，m^2。

当各效的传热面积相等时，各效的有效温度差应符合下列关系式，即

$$S\Delta t'_{m1} = \frac{Q_1}{K_1} \tag{6-46}$$

$$S\Delta t'_{m2} = \frac{Q_2}{K_2} \tag{6-47}$$

$$S\Delta t'_{m3} = \frac{Q_3}{K_3} \tag{6-48}$$

式中　$\Delta t'_{m1}$、$\Delta t'_{m2}$、$\Delta t'_{m3}$——分别为传热面积相等时各效的有效温度差，℃；

K_1、K_2、K_3——分别为各效的总传热系数，$W \cdot m^{-2} \cdot ℃^{-1}$。

由于设计时一般不知道各效的传热面积，因此各效的有效温度差并不能由上述公式直接求出。通常的做法是采用试差法，即先预设各效的有效温度差，然后再进行校正的方法来确定各效的传热面积。

根据预设的有效温度差，由传热速率方程式得各效的传热面积为

$$S_1 = \frac{Q_1}{K_1\Delta t_{m1}} \tag{6-49}$$

$$S_2 = \frac{Q_2}{K_2\Delta t_{m2}} \tag{6-50}$$

$$S_3 = \frac{Q_3}{K_3\Delta t_{m3}} \tag{6-51}$$

式中　Δt_{m1}、Δt_{m2}、Δt_{m3}——分别为各效的有效温度差，℃。

若由式(6-49)至式(6-51)求得的各效传热面积相差较大，则应按下述方法对有效温度差进行重新分配。

分别将式(6-49)至式(6-51)与(6-46)至式(6-48)相除并整理得

$$\Delta t'_{m1} = \frac{S_1}{S}\Delta t_{m1} \tag{6-52}$$

$$\Delta t'_{m2} = \frac{S_2}{S}\Delta t_{m2} \tag{6-53}$$

$$\Delta t'_{m3} = \frac{S_3}{S}\Delta t_{m3} \tag{6-54}$$

由式(6-52)至式(6-54)得

$$\sum\Delta t_m = \Delta t'_{m1} + \Delta t'_{m2} + \Delta t'_{m3} = \frac{S_1\Delta t_{m1} + S_2\Delta t_{m2} + S_3\Delta t_{m3}}{S} \tag{6-55}$$

即

$$S=\frac{S_1\Delta t_{m1}+S_2\Delta t_{m2}+S_3\Delta t_{m3}}{\sum\Delta t_m} \tag{6-56}$$

其中

$$\sum\Delta t_m=(T_1-t^{\circ})-(\Delta_1+\Delta_2+\Delta_3) \tag{6-57}$$

式中　$\sum\Delta t_m$——传热的总有效温度差，℃；

T_1——第一效加热蒸汽的饱和温度，℃；

t°——冷凝器中蒸汽的饱和温度，℃；

Δ_1、Δ_2、Δ_3——分别为各效的温度差损失，℃。

由式(6-56) 求得传热面积后，分别代入式(6-52) 至式(6-54)，即可求得各效重新分配后的有效温度差。若利用此有效温度差求得的各效传热面积还不相等，则应对有效温度差再进行一次分配，直到各效的传热面积相等或近似相等为止。

有效温度差除可按各效传热面积相等的原则进行分配外，有时还可根据传热面积的总和为最小的原则进行分配。

【例 6-4】 在各效传热面积近似相等的双效并流蒸发器中，每小时将 11000kg、10%（质量分数）的 NaOH 水溶液浓缩至 50%。原料液经预热后，于第一效溶液的沸点下进料。第一效加热蒸汽为饱和水蒸气，绝对压强为 588kPa，第二效蒸发室中的绝对压强为 14.7kPa，各效的冷凝液均在饱和温度下排出。已知原料液的定压比热为 $3.77kJ\cdot kg^{-1}\cdot ℃^{-1}$；第一效和第二效的总传热系数分别为 $1350W\cdot m^{-2}\cdot ℃^{-1}$ 和 $750W\cdot m^{-2}\cdot ℃^{-1}$；两效溶液的平均密度依次为 $1120kg\cdot m^{-3}$ 和 $1460kg\cdot m^{-3}$；两效加热管中的液层深度均可视为 1.5m。若第一效与第二效之间因管路阻力而引起的温度差损失为 1℃，系统的热损失可忽略不计，试计算水分蒸发量、加热蒸汽消耗量以及蒸发器各效的传热面积。

解：①计算水分蒸发量　由式(6-24) 得

$$W=F\left(1-\frac{w_0}{w_2}\right)=11000\times\left(1-\frac{0.1}{0.5}\right)=8800kg\cdot h^{-1}$$

② 估算第一效完成液的浓度　由式(6-25) 得

$$W_1:W_2=1:1.1$$

所以

$$W=W_1+W_2=W_1+1.1W_1=2.1W_1$$

解得

$$W_1=\frac{W}{2.1}=\frac{8800}{2.1}=4190kg\cdot h^{-1}$$

$$W_2=1.1W_1=1.1\times4190=4609kg\cdot h^{-1}$$

由式(6-28) 得第一效完成液的浓度为

$$w_1=\frac{Fw_0}{F-W_1}=\frac{11000\times0.1}{11000-4190}=0.162=16.2\%$$

应当指出的是，由于此处的各效蒸发量均为估算值，因此所得完成液的浓度也仅是估算值，还有待于进一步校正。

③ 估算各效溶液的沸点和有效温度差

假设各效的蒸汽压强按等压降分配，即蒸汽通过各效的压降均为

$$\Delta p=\frac{588-14.7}{2}=286.7\text{kPa}$$

故各效二次蒸汽的压强分别为

$$p_1=588-286.7=301.3\text{kPa}$$

$$p_2=14.7\text{kPa}$$

a. 计算Δ'　当绝对压强分别为301.3kPa和14.7kPa时，二次蒸汽的温度及汽化潜热可由附录8查得，结果列于表6-2。

表6-2　二次蒸汽的温度及汽化潜热

效数	二次蒸汽的压强/kPa	二次蒸汽的温度/℃	二次蒸汽的汽化潜热/$(kJ\cdot kg^{-1})$
一	301.3	133.4	2167.6
二	14.7	53	2371.1

根据各效完成液的浓度和二次蒸汽的温度（即相同压强下水的沸点），由图6-4查得第一效和第二效完成液的沸点分别为

$$t_{A1}=145℃$$

$$t_{A2}=91.5℃$$

所以，各效因溶液蒸气压下降而引起的温度差损失分别为

$$\Delta_1'=145-133.4=11.6℃$$

$$\Delta_2'=91.5-53=38.5℃$$

b. 计算Δ''　由式(6-18)得各效液层内溶液的平均压强分别为

$$p_{m1}=p_1+\frac{\rho_{m1}gL_1}{2}=301.3+\frac{1120\times9.81\times1.5}{2\times1000}=309.5\text{kPa}$$

$$p_{m2}=p_2+\frac{\rho_{m2}gL_2}{2}=14.7+\frac{1460\times9.81\times1.5}{2\times1000}=25.4\text{kPa}$$

由附录8查得，当绝对压强分别为309.5kPa和25.4kPa时，二次蒸汽的温度分别为134.3℃和63.6℃，故各效因液柱静压强而引起的温度差损失分别为

$$\Delta_1''=134.3-133.4=0.9℃$$

$$\Delta_2''=63.6-53=10.6℃$$

c. 计算各效溶液的沸点和有效温度差　由上面的计算可知，各效溶液的实际沸点分别为

$$t_1=133.4+11.6+0.9=145.9℃$$

$$t_2=53+38.5+10.6=102.1℃$$

依题意知，第一效与第二效之间因管路阻力而引起的温度差损失为$\Delta'''=1℃$，则蒸发系统的总温度差损失为

$$\sum\Delta=\Delta_1'+\Delta_2'+\Delta_1''+\Delta_2''+\Delta'''=11.6+38.5+0.9+10.6+1=62.6℃$$

由第一效二次蒸汽的温度和Δ'''值，可确定出第二效加热蒸汽的温度，即

$$T_2=133.4-1=132.4℃$$

由附录7和附录8可查得第一效的加热蒸汽温度以及各效加热蒸汽的汽化潜热，结果列于表6-3中。

表 6-3　各效的加热蒸汽温度及汽化潜热

效数	加热蒸汽压强/kPa	加热蒸汽温度/℃	加热蒸汽的汽化潜热/(kJ·kg^{-1})
一	588	157.9	2093.6
二	290.8	132.4	2170.8

所以，蒸发系统的总有效温度差以及分配至各效中的有效温度差分别为

$$\sum \Delta t_{m}=157.9-53-62.6=42.3℃$$

$$\Delta t_{m1}=157.9-145.9=12℃$$

$$\Delta t_{m2}=132.4-102.1=30.3℃$$

④ 各效的热量衡算　由式(6-43) 得第一效的热量衡算式为

$$W_1=\eta_1\left(D_1\frac{r_1}{r_1'}-FC_0\frac{t_1-t_0}{r_1'}\right)$$

其中 η_1 可用式(6-44) 计算，即

$$\eta_1=0.98-0.7\Delta w_1=0.98-0.7(w_1-w_0)=0.98-0.7\times(0.162-0.1)=0.937$$

且由于是沸点进料，故

$$t_0=t_1$$

所以

$$W_1=0.937\times D_1\times\frac{2093.6}{2167.6}=0.905D_1 \tag{a}$$

第二效的热量衡算式为

$$W_2=\eta_2\left[D_2\frac{r_2}{r_2'}-(FC_0-W_1C_W)\frac{t_2-t_1}{r_2'}\right]$$

式中

$$\eta_2=0.98-0.7\Delta w_2=0.98-0.7(w_2-w_1)=0.98-0.7\times(0.5-0.162)=0.743$$

$$C_W=4.187\text{kJ}\cdot\text{kg}^{-1}\cdot℃^{-1}$$

且

$$D_2=W_1$$

所以

$$W_2=0.743\times\left[\frac{2170.8}{2371.1}W_1-(11000\times3.77-4.187W_1)\times\frac{102.1-145.9}{2371.1}\right] \tag{b}$$

又

$$W_2=W-W_1=8800-W_1 \tag{c}$$

由式(a)、式(b)和式(c)联立求解得

$$D_1=5604\text{kg}\cdot\text{h}^{-1}$$

$$D_2=W_1=5072\text{kg}\cdot\text{h}^{-1}$$

$$W_2=3728\text{kg}\cdot\text{h}^{-1}$$

⑤ 计算各效的传热面积　由式(6-49) 和式(6-50) 得

$$S_1=\frac{Q_1}{K_1\Delta t_{m1}}=\frac{D_1r_1}{K_1\Delta t_{m1}}=\frac{5604\times2093.6\times1000}{3600\times1350\times12}=201.2\text{m}^2$$

$$S_2=\frac{Q_2}{K_2\Delta t_{m2}}=\frac{D_2r_2}{K_2\Delta t_{m2}}=\frac{5072\times2170.8\times1000}{3600\times750\times30.3}=134.6\text{m}^2$$

可见，两效的传热面积相差较大，故应重新分配各效的有效温度差，并重复上述计算步骤。

⑥ 重新分配各效的有效温度差　由式(6-56) 得

$$S=\frac{S_1\Delta t_{m1}+S_2\Delta t_{m2}}{\sum\Delta t_m}=\frac{201.2\times12+134.6\times30.3}{42.3}=153.5\text{m}^2$$

由式(6-52) 和式(6-53) 重新分配各效的有效温度差，即

$$\Delta t'_{m1}=\frac{S_1}{S}\Delta t_{m1}=\frac{201.2}{153.5}\times12=15.7℃$$

$$\Delta t'_{m2}=\frac{S_2}{S}\Delta t_{m2}=\frac{134.6}{153.5}\times30.3=26.6℃$$

⑦ 重新计算

a. 计算第一效完成液的浓度　由步骤④算得的第一效水分蒸发量，重新计算第一效的完成液浓度，即

$$w_1=\frac{Fw_0}{F-W_1}=\frac{11000\times0.1}{11000-5072}=0.186=18.6\%$$

b. 计算各效溶液的沸点和有效温度差　与上次计算相比，由于第二效蒸发室中的压强及完成液浓度均未发生变化，故第二效中的溶液沸点以及各种温度差损失仍保持不变。但因第二效中的有效温度差被重新分配，故第二效加热蒸汽的温度将发生改变，其值为

$$T_2=t_2+\Delta t'_{m2}=102.1+26.6=128.7℃$$

此外，第一效中因液柱静压强和管路阻力而引起的温度差损失一般可视为不变，即

$$\Delta''_1=0.9℃$$

$$\Delta'''=1℃$$

故第一效中二次蒸汽的温度为

$$t_{w1}=T_2+\Delta'''=128.7+1=129.7℃$$

根据各效加热蒸汽及二次蒸汽的温度，由附录 7 可查得对应的汽化潜热，结果列于表 6-4 中。

表 6-4　二次蒸汽的温度及汽化潜热（第 2 次计算）

效数	加热蒸汽温度 /℃	加热蒸汽的汽化潜热 /(kJ・kg⁻¹)	二次蒸汽温度 /℃	二次蒸汽的汽化潜热 /(kJ・kg⁻¹)
一	157.9	2093.6	129.7	2178.8
二	128.7	2181.4	53	2371.1

根据第一效完成液的浓度和二次蒸汽的温度，由图 6-4 查得第一效完成液的沸点为

$$t_{A1}=139.4℃$$

所以，第一效中因溶液蒸气压下降而引起的温度差损失为

$$\Delta'_1=139.4-129.7=9.7℃$$

故第一效中溶液的实际沸点为

$$t_1=129.7+9.7+0.9=140.3℃$$

由于蒸发系统中溶液的各种温度差损失变化不大，故总有效温度差仍为

$$\sum \Delta t_m=157.9-53-62.6=42.3℃$$

c. 各效的热量衡算　对第一效进行热量衡算得

$$\eta_1=0.98-0.7\Delta w_1=0.98-0.7\times(0.186-0.1)=0.92$$

$$W_1=\eta_1\left(D_1\frac{r_1}{r_1'}-FC_0\frac{t_1-t_0}{r_1'}\right)=0.92\times D_1\times\frac{2093.6}{2178.8}=0.884D_1 \tag{d}$$

对第二效进行热量衡算得

$$\eta_2=0.98-0.7\Delta w_2=0.98-0.7\times(0.5-0.186)=0.76$$

$$W_2=8800-W_1=\eta_2\left[D_2\frac{r_2}{r_2'}-(FC_0-W_1C_W)\frac{t_2-t_1}{r_2'}\right]$$

$$=0.76\times\left[\frac{2181.4}{2371.1}W_1-(11000\times3.77-4.187W_1)\times\frac{102.1-140.3}{2371.1}\right] \tag{e}$$

由式(d)和式(e)联立求解得

$$D_1=5692\text{kg}\cdot\text{h}^{-1}$$

$$D_2=W_1=5032\text{kg}\cdot\text{h}^{-1}$$

$$W_2=3768\text{kg}\cdot\text{h}^{-1}$$

d. 计算各效的传热面积　各效的传热面积分别为

$$S_1=\frac{Q_1}{K_1\Delta t'_{m1}}=\frac{D_1r_1}{K_1\Delta t'_{m1}}=\frac{5692\times2093.6\times1000}{3600\times1350\times15.7}=156.2\text{m}^2$$

$$S_2=\frac{Q_2}{K_2\Delta t'_{m2}}=\frac{D_2r_2}{K_2\Delta t'_{m2}}=\frac{5032\times2181.4\times1000}{3600\times750\times26.6}=152.8\text{m}^2$$

由于两效的传热面积已十分接近，故蒸发器的各效传热面积可统一取为

$$S=160\text{m}^2$$

⑧ 计算结果　本题的计算结果列于表 6-5 中。

表 6-5　例 6-4 计算结果

计算项目	总蒸发量 /(kg·h^{-1})	第一效蒸发量 /(kg·h^{-1})	第二效蒸发量 /(kg·h^{-1})	第一效加热蒸汽量 /(kg·h^{-1})	各效传热面积 /m^2
计算结果	8800	5032	3768	5692	160

由例 6-4 可知，多效蒸发过程的计算较为繁琐，通常需借助于试差法。但由于溶液沸点、温度差损失等因素对溶剂蒸发量的影响不大，故重复计算的次数也不会太多。

第五节　蒸发器的生产能力、生产强度和效数的限制

一、生产能力和生产强度

蒸发器的生产能力是指单位时间内被蒸发的溶剂的质量，即 W 值。如前所述，溶剂的蒸发速率受到传热速率的控制，因此，蒸发器的生产能力也可采用传热速率来衡量。由于多

效蒸发中的传热速率一般要小于单效蒸发中的传热速率，因此多效蒸发的生产能力一般要低于单效蒸发的生产能力，且蒸发器的效数越多，其生产能力将越低。下面以单效、双效和三效蒸发过程为例来说明蒸发器的生产能力。

假设单个蒸发器的传热系数和传热面积均相等，并分别等于 K 和 S；生蒸汽的温度和冷凝器中的压力均已给定，即蒸发器的最大可能温度差（$T-t^{\circ}$）为定值。由于溶液的沸点升高、液柱静压强的影响以及二次蒸汽的流阻损失，导致每个蒸发器中均存在温度差损失。一般情况下，单效、双效和三效蒸发之间的有效温度差存在下列关系

$$(\Delta t_m)_{单}>(\Delta t_m)_{双}>(\Delta t_m)_{三} \tag{6-58}$$

所以

$$Q_{单}=KS(\Delta t_m)_{单}>Q_{双}=KS(\Delta t_m)_{双}>Q_{三}=KS(\Delta t_m)_{三} \tag{6-59}$$

式(6-59) 表明，单效、双效和三效蒸发的生产能力依次下降。由此可知，随着蒸发器效数的增加，蒸发器的生产能力将逐渐下降。

蒸发器的生产强度是衡量蒸发操作的又一个重要指标，其定义为单位时间内单位传热面积上被蒸发的溶剂质量，即

$$U=\frac{W}{S} \tag{6-60}$$

式中 U——蒸发器的生产强度，$kg \cdot m^{-2} \cdot s^{-1}$。

在相同条件下，由于多效蒸发的生产能力小于单效蒸发的生产能力，而传热面积又大于后者，因而多效蒸发的生产强度要低于单效蒸发的生产强度。

二、效数的限制

多效蒸发虽可提高生蒸汽的经济性，节约操作费用，但需装设更多的蒸发器，故而增加了设备的投资费用。此外，随着效数的增加，一方面蒸发过程的温度差损失将增大，蒸发器的生产强度将下降，甚至会出现不能维持正常操作的现象；另一方面，随着效数的增加，效数对提高生蒸汽经济性的影响程度逐渐下降，因此蒸发器的效数并不是越高越好，即对效数应加以限制。

对于给定的蒸发任务，最佳蒸发效数一般由经济衡算来确定，其确定原则是使单位生产能力下的设备投资费用和操作费用之和为最小。

第六节 蒸发过程的其他节能方法

蒸发是一个能耗较大的单元操作，其能耗高低直接影响着产品的生产成本，因此，对于蒸发操作，如何节能尤其是如何利用二次蒸汽，历来都是一个十分重要的研究课题。

一、额外蒸汽的引出

前已述及，若将单效蒸发的二次蒸汽用作另一蒸发器的加热蒸汽，即将单效蒸发改为多效蒸发，可大幅提高生蒸汽的经济性。此外，若将单效乃至多效蒸发中的二次蒸汽引出，并用作其他加热设备的热源，同样能提高生蒸汽的热能利用率，此种节能方法称为额外蒸汽的引出。

与单效蒸发不同，多效蒸发中的各效均会产生二次蒸汽，但其中包含的汽化潜热各不相同，因此额外蒸汽的利用效果将与引出蒸汽的效数有关。在多效蒸发中，不论蒸汽由第几效

引出，均需对第一效中的生蒸汽进行适当补充，以确保给定蒸发任务的顺利完成。

蒸发是蒸汽由高温向低温不断转化的过程。若额外蒸汽是从第 i 效引出，则当生蒸汽的热量传递至额外蒸汽时，已在前 i 效蒸发器中反复利用。因此，在引出蒸汽的温度能够满足加热设备需要的前提下，应尽可能从效数较高的蒸发器中引出额外蒸汽，从而保证蒸汽在引出前已得到充分利用，且此时需补充的生蒸汽量也较少。

二、热泵蒸发

在蒸发操作中，虽然二次蒸汽含有较高的热能，其热焓值一般并不比加热蒸汽低太多，但由于二次蒸汽的压力和温度不及加热蒸汽，故限制了二次蒸汽的用途。为此，工业上常采用热泵蒸发的处理方法。

热泵蒸发是指通过对二次蒸汽的绝热压缩，以提高蒸汽的压力，从而使蒸汽的饱和温度有所提高，然后再将其引至加热室用作加热蒸汽，以实现二次蒸汽的再利用，其流程如图 6-9 所示。热泵蒸发可大幅节约生蒸汽的用量，操作时仅需在蒸发的启动阶段通入一定量的加热生蒸汽，一旦操作达到稳态，就无须再补充生蒸汽。因此，对于沸点升高较小的溶液蒸发，即所需传热温度差不大的蒸发过程，采用热泵蒸发的节能方法是较为经济的。反之，若溶液的沸点升高较大，而压缩机的压缩比又不宜太高，即热泵蒸发中二次蒸汽的温升有限，则容易引起传热推动力偏小，甚至不能满足操作要求。

06-02　热泵蒸发的适用性探讨

三、冷凝水自蒸发的利用

加热室排出的冷凝水温度较高，其中含有一定的热能，应适当加以利用。通常，温度较高的冷凝水可用于其他物料的加热或蒸发料液的预热。此外，也可将冷凝水减压，使其饱和温度低于现有温度，此时冷凝水会因过热而出现自蒸发，然后将汽化出的蒸汽与二次蒸汽混合并一起送入后一效的加热室，即用于后一效的蒸发加热，其操作流程如图 6-10 所示。

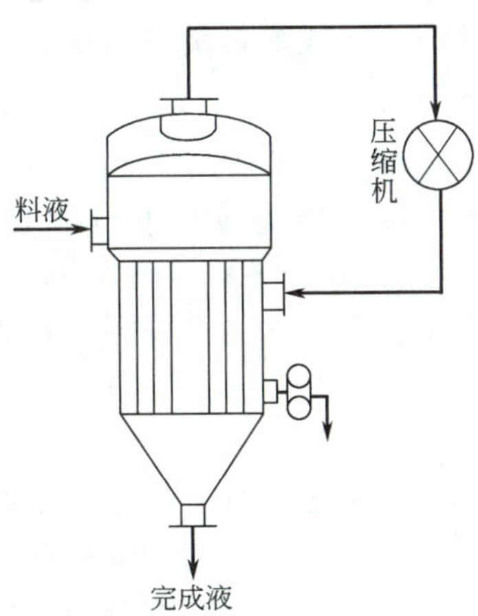

图 6-9　热泵蒸发流程

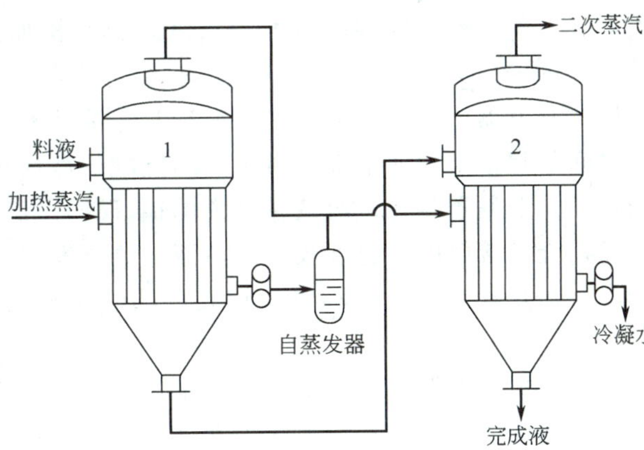

图 6-10　冷凝水自蒸发的利用

第七节　蒸发设备

蒸发设备实为传热设备，其主体是蒸发器，它是料液受热并形成二次蒸汽的场所。根据溶液在器内流动情况的不同，蒸发器可分为循环型和单程型两大类，其加热方式有直接热源加热和间接热源加热两种，其中尤以间接热源加热方式最为常用。

一、蒸发设备的结构

1. 循环型蒸发器

对于循环型蒸发器，由于溶液在蒸发器中作循环流动，器内的存液量通常较大，溶液的平均停留时间也较长，因此蒸发器中的溶液浓度普遍偏高，并接近于完成液浓度，从而导致传热温度差损失的增大。根据引起循环的原因不同，此类蒸发器又可分为自然循环型和强制循环型两大类。对于自然循环型，溶液循环是由于溶液的受热程度不同所产生的密度差而引起的；而对于强制循环型，溶液循环则是因外力的作用而引起。

（1）中央循环管式蒸发器　中央循环管式蒸发器属于自然循环类型，也称为标准式蒸发器，是目前工业上应用较为广泛的一种蒸发器，其结构如图 6-11 所示。蒸发器的加热室由垂直排列的加热管束组成，中间一根管径较大的管子即为中央循环管，其余管径较小的加热管称为沸腾管，中央循环管的截面积与所有沸腾管的总截面积之比约为 0.4～1.0。由于中央循环管的直径较大，其内单位体积溶液所能占有的传热面积较沸腾管中的小，相应地，其管内溶液的相对汽化率亦较小，结果导致中央循环管内气液混合液的密度要高于沸腾管中的混合液密度，并由此推动溶液在蒸发器中作循环流动，即溶液在中央循环管内下降、在沸腾管中上升，此种循环作用可提高蒸发器的传热效果和生产强度。

中央循环管式蒸发器的结构简单、制造方便，且操作相对稳定，对于黏度较大或在浓缩过程中易于结晶的蒸发操作均能适用。当有晶体析出时，可将底部设计成锥形，以便排出晶体。在中央循环管式蒸发器中，溶液的循环速度并不是很高，一般只有 $0.4\sim0.5m \cdot s^{-1}$，故相比于其他类型的循环型蒸发器，此种蒸发器的传热系数偏小。此外，此种蒸发器也不便于日常的清洗和维护。

（2）悬筐式蒸发器　悬筐式蒸发器是标准式蒸发器的改进型，其加热室呈筐状，被悬挂在蒸发器壳体的下部，需要时可取出清洗，其结构如图 6-12 所示。在悬筐式蒸发器中，引起溶液循环的推动力与标准式蒸发器的相似，都是因密度差的不同而引起。但与后者不同的是，悬筐式蒸发器中并没有装设中央循环管，溶液经过沸腾管上升后，将沿着加热室与蒸发器壳体之间的环形空隙而下降。由于环形空隙的截面积约为沸腾管总截面积的 1.0～1.5 倍，因此与标准式蒸发器相比，溶液在管内的循环速度较大，可达 $1.0\sim1.5m \cdot s^{-1}$。此外，由于与蒸发器壳壁接触的是温度较低的溶液，故蒸发器的热损失较低。但悬筐式蒸发器的设备耗材较多、加热管内溶液的滞留量较大。悬筐式蒸发器常用于易结晶或易结垢溶液的蒸发过程。

（3）列文式蒸发器　列文式蒸发器的结构如图 6-13 所示。此种蒸发器的主要特点是在加热室上部增设了一段直管作为沸腾室，故加热管中的溶液将受到来自沸腾室附加液柱的作用，从而使溶液的沸点进一步升高，以至于不会在加热管中沸腾。只有当溶液上升至沸腾室中时，才会因压力降低而开始沸腾。由于沸腾室中没有装设传热面，因而可减轻加热管内的结晶或结垢现象。此外，由于循环管不受热且管的截面积较大，约为加热管总截面积的 2～3 倍，即溶液的循环阻力小，因而溶液可获得较大的循环速度，可达 $2\sim3m \cdot s^{-1}$，这不仅可进一步减少管内结晶或结垢的概率，而且可保证较高的传热系数。但列文式蒸发器的体积较大，需建设高大的厂房；且由于附加液柱的存在，传热的温度差损失也将增大，为此需适当提高加热蒸汽的压力。

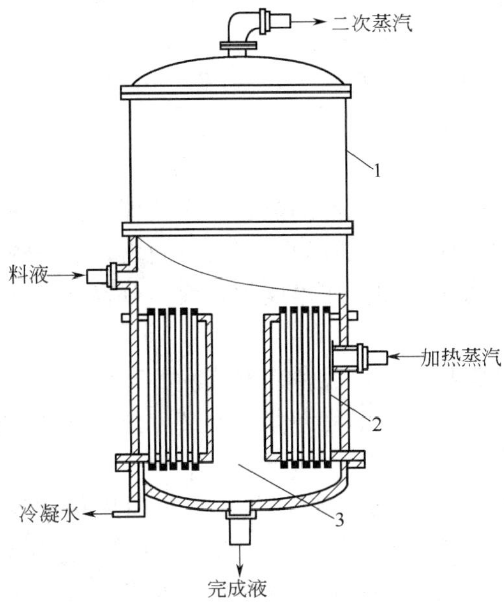

图 6-11　中央循环管式蒸发器

1—蒸发室；2—加热室；3—中央循环管

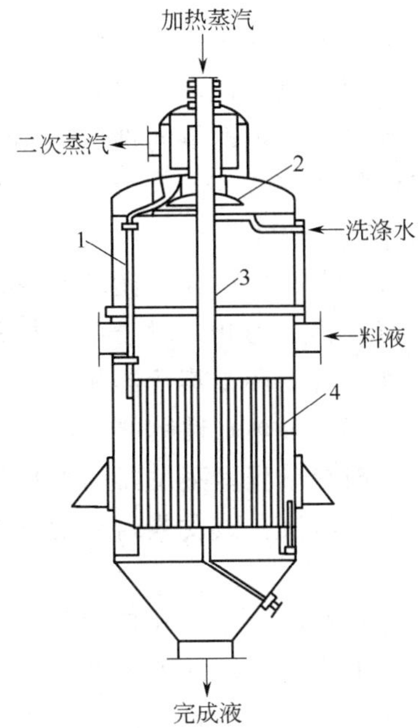

图 6-12　悬筐式蒸发器

1—液沫回流管；2—除沫器；3—加热蒸汽管；4—加热室

(4) 外热式蒸发器　外热式蒸发器的结构如图 6-14 所示。此种蒸发器的加热室与蒸发室相分离，因而清洗或更换比较方便。外热式蒸发器的加热管较长，一般可达直径的 50～100 倍，同时液体的下降管（循环管）并未受热，其内溶液的密度相对较高，因此溶液的循环速度较大，可达 $1.5m \cdot s^{-1}$。外热式蒸发器的生产强度较大，且适应性较强，缺点是热损失较高。

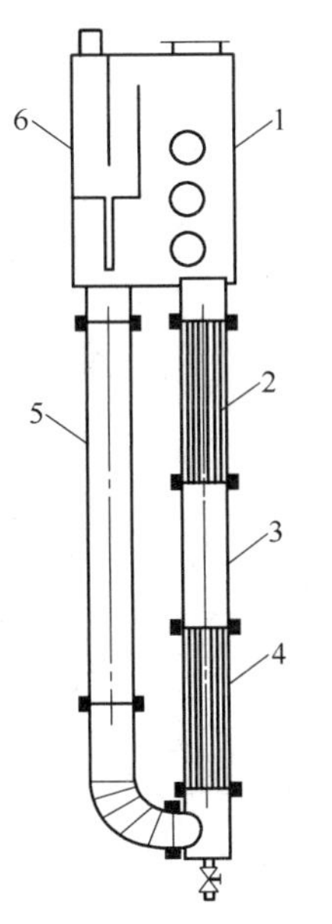

图 6-13　列文式蒸发器

1—蒸发室；2—挡板；3—沸腾室；4—加热室；5—循环管；6—除沫器

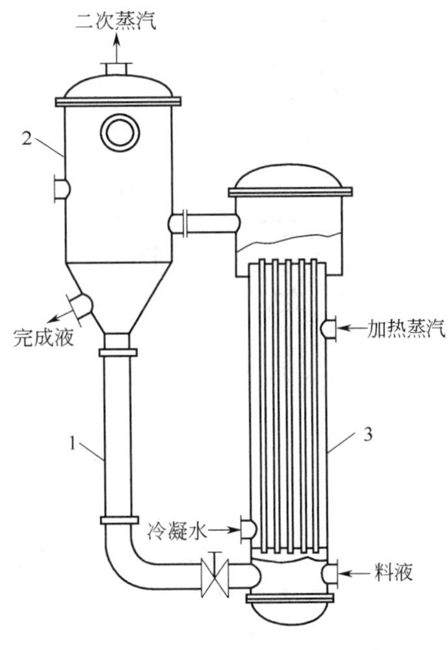

图 6-14　外热式蒸发器

1—循环管；2—蒸发室；3—加热室

(5) 强制循环式蒸发器　强制循环式蒸发器是在外热式蒸发器的循环管路上增设一台循环泵，以获得较自然循环蒸发器更高的溶液循环流速，流速一般可达 1.5～3.5m·s^{-1}，且溶液的流动具有一定的方向性。强制循环式蒸发器的动力消耗较大，宜用于处理高黏度、易结晶或易结垢的料液。

2. 单程型蒸发器

单程型蒸发器也称为非循环型蒸发器，其特点是溶液只流经加热管一次，即以完成液的形式排出蒸发器。为此，对于单程型蒸发器，必须确保溶液在较短的停留时间内，能够浓缩至预定浓度。与循环型蒸发器相比，单程型蒸发器的设计和操作难度均较大。单程型蒸发器较适用于中草药等热敏性物料的蒸发。

由于溶液在单程型蒸发器的加热管壁上一般呈膜状流动，故单程型蒸发器又称为液膜式蒸发器。根据料液在蒸发器内流动方向和成膜机理的不同，单程型蒸发器又可分为下列几种型式。

(1) 升膜式蒸发器　升膜式蒸发器的结构如图 6-15 所示。此种蒸发器的加热室由多根垂直的长管组成，每根管子的直径约为 25～50mm，管长约为管径的 100～150 倍。操作时，首先将料液预热至沸点附近，再由蒸发器底部送入加热管。在加热管内，溶液将继续受热而沸腾汽化，汽化出的二次蒸汽将向蒸发室高速流动，并带动溶液沿加热管壁呈膜状上升，液膜在上升过程中被快速蒸发。在蒸发室内，二次蒸汽将与完成液脱离并由顶部排出，而完成液则由底部排出。为使溶液在加热管中能够顺利成膜，二次蒸汽的流速不能过低。对于常压和减压操作，二次蒸汽在加热管出口处的流速一般应分别控制在 20～50m·s^{-1} 和 100～160m·s^{-1}。因此，升膜式蒸发器一般不适用于处理浓度较高的溶液，因为其中的溶剂量少而难以形成上述要求的蒸汽流速。此外，升膜式蒸发器一般也不适用于处理高黏度、易结晶或易结垢的料液。

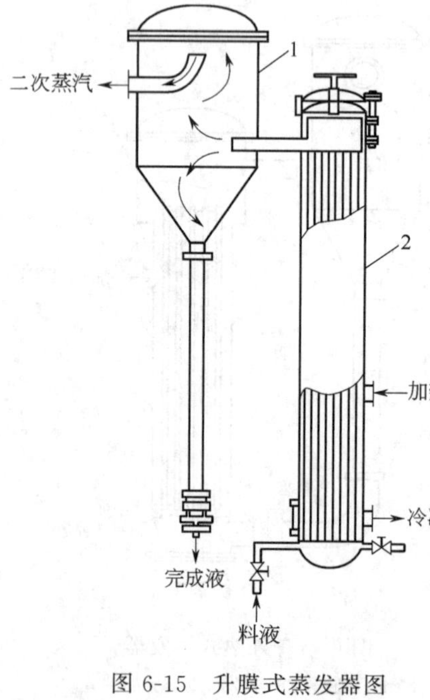

图 6-15　升膜式蒸发器图

1—蒸发室；2—加热室

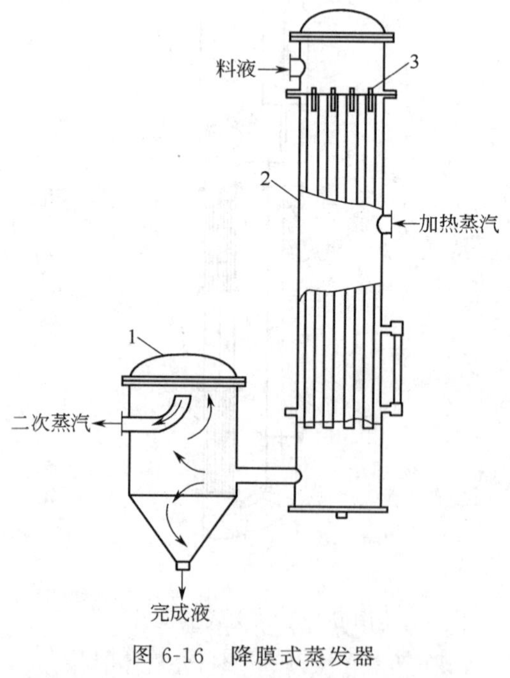

图 6-16　降膜式蒸发器

1—蒸发室；2—加热室；3—液体分布器

（2）降膜式蒸发器　降膜式蒸发器的结构如图 6-16 所示。对于降膜式蒸发器，料液由蒸发器的顶部加入，液体在自身重力的作用下沿加热管内壁呈膜状向下流动。液膜在向下流动的过程中因受热而蒸发，产生的二次蒸汽随同液体一起由加热管底部进入蒸发室，然后分别排出。与升膜式蒸发器不同，降膜式蒸发器的成膜关键在于液体流动的初始分布，为此需在每根加热管的顶部安装性能良好的液体分布器。降膜式蒸发器可用于处理浓度或黏度较高的料液，但仍不能处理易结晶、易结垢或黏度特大的料液。

实际生产中，有时为了降低液膜式蒸发器的高度，常将升膜式蒸发器与降膜式蒸发器组合起来使用，即形成升-降膜式蒸发器。此种蒸发器中的成膜及操作情况分别与升膜式和降膜式蒸发器的情况类似。

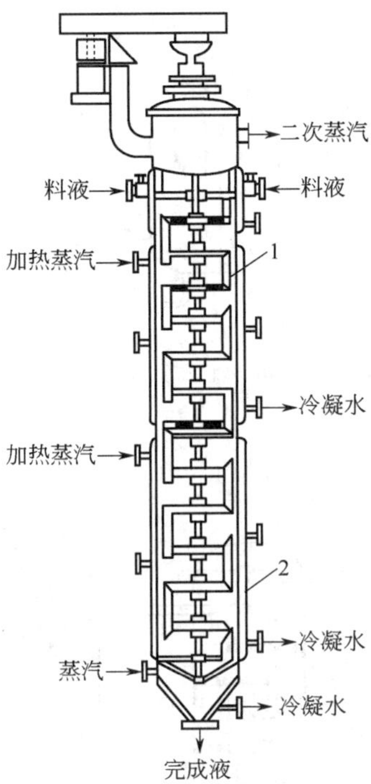

图 6-17　刮板式蒸发器

1—刮板；2—夹套

（3）刮板式蒸发器　刮板式蒸发器的结构如图 6-17 所示。刮板式蒸发器的加热管是一根垂直安装的空心圆管，管外设有加热蒸汽夹套，内部装有可旋转的刮板。刮板有固定式和活动式之分，但与管内壁之间均留有较小的空隙。当料液由蒸发器顶部沿切线方向进入后，将被刮板带动旋转，并在管内壁形成下旋的液膜，使溶液被快速蒸发和浓缩。浓缩后的溶液由蒸发器底部流出，产生的二次蒸汽则由顶部排出。刮板式蒸发器的结构复杂，能耗较大，处理量一般不高，但对于高黏度、易结晶或易结垢的料液具有良好的适应性。

06-03　实验室常用小仪器——旋转蒸发仪

3. 蒸发器的附属设备

（1）除沫器　在蒸发器的蒸发室中，二次蒸汽将与溶液主体分离，但由于分离空间有限，蒸汽中常挟带有大量的液滴。这部分液滴通常需予以回收，否则将造成产品的损失或污染二次蒸汽及其冷凝液，甚至导致管道结垢和堵塞。为此，一般需在二次蒸汽的出口处加装除沫器，以截留蒸汽中的液滴。除沫器主要是利用液滴运动的惯性来撞击金属物或壁面，从而将液滴捕集在被撞物的表面。常见除沫器的类型如图 6-18 所示，其中图 6-18(a)～图 6-18(e)适合安装在蒸汽出口的内侧，而图 6-18(f)～图 6-18(h)则应安装在蒸汽出口的外侧。

（2）冷凝器　由蒸发器排出的二次蒸汽，若其潜热不需要重新利用，则可将其通入冷凝器进行冷却。蒸发生产中的冷凝器通常有两种类型，即间壁式冷凝器和直接混合式冷凝器。若二次蒸汽含有有价值的组分或有毒有害的污染物，则应选择间壁式冷凝器来冷凝。反之，对于大多数工业蒸发过程，由于蒸发对象多为水溶液，水蒸气是二次蒸汽的主要成分，因此宜采取直接与冷却水相混合的方法冷凝二次蒸汽，即选择直接混合式冷凝器进行冷却。

图 6-19 为干式逆流高位冷凝器的结构示意。干式逆流高位冷凝器是直接混合式冷凝器中的一种，其内设有若干块带孔的淋水板，板边缘设有凸起的溢流挡板，称为溢流堰。冷却水由顶部喷洒而下，依次穿过各淋水板，而二次蒸汽由下部引入，并自下而上与冷

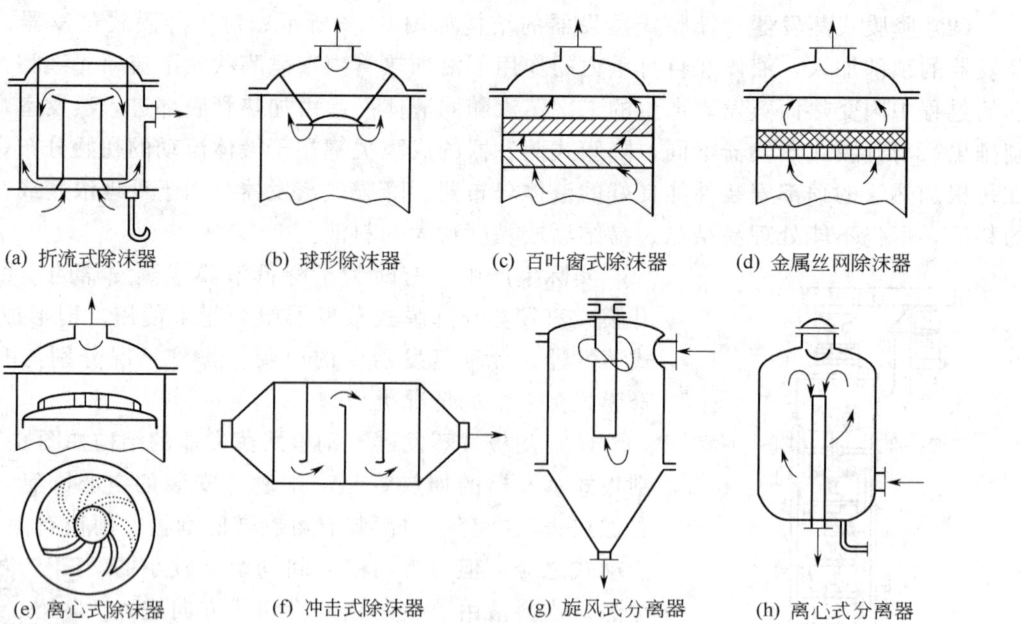

(a) 折流式除沫器 (b) 球形除沫器 (c) 百叶窗式除沫器 (d) 金属丝网除沫器

(e) 离心式除沫器 (f) 冲击式除沫器 (g) 旋风式分离器 (h) 离心式分离器

图 6-18 常见除沫器的类型

却水呈逆流流动，如此两者可充分地混合与传热，从而使二次蒸汽不断冷凝，冷凝水与冷却水一起沿气压管排走，而不凝性气体则经分离室分离出液滴后由真空泵抽出。由于气、液两相是经过不同的路径排出，故此种冷凝器称为干式。为使水分能够自动下流，此种冷凝器均设有气压管，其高度一般不低于10m，故此种冷凝器又称为高位式冷凝器。

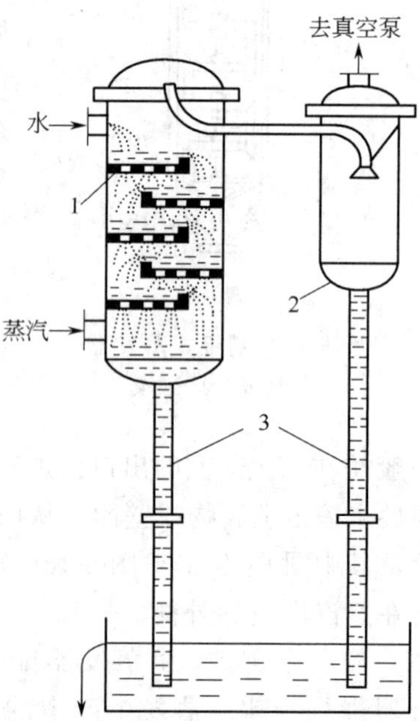

图 6-19 干式逆流高位冷凝器

1—淋水板；2—分离室；3—气压管

二、蒸发器的选型

蒸发器的种类很多，型式各异，每种蒸发器均具有一定的适应性和局限性。因此，在设计蒸发器前，应重点考虑对蒸发器的选型和操作有重要影响的因素。

（1）料液的黏度 蒸发过程中，随着料液的不断浓缩，其黏度也会相应增加。但对不同的料液或不同的浓缩要求，黏度的增加量存在很大的差异，因而对蒸发设备的动力及传热应有不同的要求。黏度是蒸发器选型时的一个重要依据，也可以说是首要依据。

（2）料液的腐蚀性 若被蒸发料液的腐蚀性较强，则应对蒸发器尤其是加热管的材质提出相应的要求。

（3）料液的热敏性 具有热敏性的料液不宜进行长时间的高温蒸发，故在蒸发器选型时，应优先选择单程型蒸发器。

（4）料液是否容易起泡 由于易起泡料液在蒸发过程中会产生大量的泡沫，以至充满整个分离室，使二次蒸汽和溶液的流动阻力增大，故需选择强制循环式蒸发器或升膜式蒸发器。

（5）料液是否容易结晶或易结垢　对于易结晶或易结垢的料液，应优先选择溶液流速较高的蒸发器，如强制循环式蒸发器等。

此外，料液处理量及初始浓度等均是蒸发器选型时应考虑的因素。表 6-6 综合比较了几种常见蒸发器的性能及对被处理料液的适应性。

表 6-6　常见蒸发器的性能及对被处理料液的适应性

蒸发器的类型	料液在管内的流速/$(m \cdot s^{-1})$	造价	停留时间	传热系数	处理量	完成液浓度能否控制	对被处理料液的适应性					
							稀溶液	高黏度	热敏性	易起泡	易结垢	有晶体析出
标准式	0.1～0.5	最低	长	一般	一般	能	适应	适应	尚适应	适应	尚适应	稍适应
悬筐式	～1.0	低	长	稍高	一般	能	适应	适应	尚适应	适应	尚适应	稍适应
列文式	1.5～2.5	高	较长	较高	大	能	适应	尚适应	尚适应	较好	适应	稍适应
外热式	0.4～1.5	低	较长	较高	较大	能	适应	尚适应	尚适应	较好	尚适应	稍适应
强制循环式	2.0～3.5	高	较长	高	大	能	适应	好	尚适应	好	适应	适应
升膜式	0.4～1.0	低	短	高	大	较难	适应	尚适应	良好	好	尚适应	不适应
降膜式	0.4～1.0	低	短	高	较大	尚能	较适应	好	良好	适应	不适应	不适应
刮板式	—	最高	短	高	小	尚能	较适应	好	良好	较好	适应	适应

习　题

本章目标检测题

1. 在单效蒸发器中，每小时将 8000kg、30%（质量分数）的某种水溶液浓缩至 40%。已知加热蒸汽为饱和水蒸气，绝对压强为 190kPa；蒸发器中的平均绝对压强为 50kPa，溶液沸点可取 85℃；原料液的温度为 60℃，定压比热为 $4.17kJ \cdot kg^{-1} \cdot ℃^{-1}$，溶液的浓缩热可忽略；蒸发器的热损失为 10kW，总传热系数为 $1600W \cdot m^{-2} \cdot ℃^{-1}$，试计算水分蒸发量、加热蒸汽消耗量以及蒸发器的传热面积。（$2000kg \cdot h^{-1}$，$2472.8kg \cdot h^{-1}$，$28.4m^2$）

2. 在传热面积为 $85m^2$ 的单效蒸发器中，每小时蒸发 1500kg、15%（质量分数）的某种水溶液。已知加热蒸汽为饱和水蒸气，绝对压强为 200kPa；在蒸发器的操作条件下，已估计出传热的有效温度差约为 12℃，二次蒸汽的汽化潜热可取 $2258kJ \cdot kg^{-1}$；原料液的温度为 30℃，定压比热为 $3.7kJ \cdot kg^{-1} \cdot ℃^{-1}$，溶液的浓缩热可忽略；蒸发器的热损失为传热量的 3%，总传热系数为 $900W \cdot m^{-2} \cdot ℃^{-1}$，试计算完成液的质量分数。(0.826)

3. 某浓度的 NaOH 溶液在绝对压强为 100kPa 和 20kPa 时的沸点分别为 107℃ 和 67℃，试计算此溶液在绝对压强为 50kPa 时的沸点值和沸点升高值。(87.3℃，6.1℃)

4. 已知某蒸发器中二次蒸汽的绝对压强为 15kPa，被蒸发溶液的平均密度为 $1230kg \cdot m^{-3}$，加热管内的液层深度为 1.7m，试计算因液柱静压强而引起的温度差损失。(10℃)

5. 在三效并流蒸发器中，每小时将 1000kg、15%（质量分数）的某种水溶液浓缩至 45%。若后一效的水分蒸发量是前一效水分蒸发量的 1.2 倍，试计算各效的完成液浓度和水分蒸发量。（0.18，$183.15kg \cdot h^{-1}$；0.25，$219.78kg \cdot h^{-1}$；0.45，$263.74kg \cdot h^{-1}$）

6. 在各效传热面积近似相等的双效并流蒸发器中，每小时将 10000kg、10%（质量分数）的 NaOH 水溶液浓缩至 50%。原料液经预热后，于第一效溶液的沸点下进料。第一效加热蒸汽为饱和水蒸气，绝对压强为 500kPa，冷凝器中的绝对压强为 15kPa，各效的冷凝液均在饱和温度下排出。已知原料液的定压比热为 $3.77kJ \cdot kg^{-1} \cdot ℃^{-1}$；第一效和第二效的总传热系数分别为 $1170W \cdot m^{-2} \cdot ℃^{-1}$ 和 $700W \cdot m^{-2} \cdot ℃^{-1}$；两效溶液的平均密度依次为 $1120kg \cdot m^{-3}$ 和 $1460kg \cdot m^{-3}$；两效加热管中的液层深度均可视为 1.2m。若第一效与第二效、第二效与冷凝器间因管路阻力而引起的温度差损失均为 1℃，系统的热损失可忽略不计，试计算水分蒸发量、加热蒸汽消耗量以及蒸发器各效的传热面积。（$4576kg \cdot h^{-1}$，$3424kg \cdot h^{-1}$；$5147kg \cdot h^{-1}$，$157m^2$，$157m^2$）

思 考 题

1. 蒸发为什么属于传热操作的范畴，它与一般的传热操作有何不同？
2. 试比较单效蒸发与多效蒸发的优缺点。
3. 提高蒸发操作经济性的措施有哪些？
4. 为什么要限制多效蒸发的效数？
5. 简述提高蒸发器内液体循环速度的意义。
6. 简述蒸发器选型时应考虑的因素。

第七章 结晶

学习要求

1. 掌握：溶液溶解度与过饱和度，结晶过程的物料衡算。

2. 熟悉：结晶操作的性能指标，结晶方式，结晶操作方式，结晶操作的控制，常见的工业结晶设备。

3. 了解：结晶过程的特点，结晶动力学，结晶过程的热量衡算。

本章教案

结晶是指从溶液、蒸汽或熔融物中析出固态晶体的分离过程。结晶在制药化工生产中有着广泛的应用，大量的固体药物都是以晶体形态存在或是由结晶法分离而得。例如，青霉素和红霉素等抗生素类药物的精制、氨基酸和尿苷酸等生物产品的纯化等，一般都离不开结晶操作。

与其他分离过程相比，结晶过程具有一系列优点。①结晶过程的选择性较高，可获得高纯或超高纯（≥99.9%色谱纯）的晶体制品。②与精馏过程相比，结晶过程的能耗较低，结晶热一般仅为精馏过程能耗的1/7～1/3。③结晶过程特别适用于同分异构体、共沸或热敏性物系的分离。④结晶过程的操作温度一般较低，对设备的腐蚀及对环境的污染均较小。

结晶过程一般可分为溶液结晶、熔融结晶、升华结晶和沉淀结晶四大类。其中溶液结晶在制药化工生产中的应用最为广泛，它是通过降温或浓缩的手段使溶液达到过饱和状态，进而析出溶质。溶液结晶历来都是结晶学界关注的重点领域，通常也是研究其他类型结晶的重要突破口之一。因此，本章将围绕溶液结晶技术，从结晶的基本概念入手，重点介绍成核和生长动力学、结晶过程的控制、工艺计算及典型结晶设备。

第一节 基本概念

溶液结晶发生于固液两相之间，与溶液的溶解度和过饱和度有着密切的联系。

一、溶解度

根据相似相溶原理，溶质能够溶解于与之结构相似的溶剂中，即极性分子溶质与极性分子溶剂、非极性分子溶质与非极性分子溶剂之间均可实现互溶，但不同溶质或溶剂所表现出的溶解程度存在差异。在一定温度下，某溶质在某溶剂中的最大溶解能力，称为该溶质在该溶剂中的**溶解度**，单位表示为 kg（溶质）·kg（溶剂）$^{-1}$，简写为 kg·kg^{-1}。

溶解度是一个相平衡参数。因为当溶质被添加进溶剂之后，溶质分子一方面由固相向液相扩散溶解，另一方面又由液相向固相表面析出并沉积。只有当溶解和析出速率相等，即达到动态平衡时，溶液的浓度才能达到饱和且维持恒定，此时的溶液浓度即为溶解度。因此，溶解度又称为平衡浓度或饱和浓度，相应的溶液称为饱和溶液。

07-01 相律与自由度数

溶解度同时又是一个状态函数，其数值随操作温度的变化而变化。对于固液溶解的相平衡体系，由相率可知，只需两个独立参数，即可确定体系的状态。压力通常作为一个独立参数，研究表明压力对溶解度的影响很小；另一个独立参数可以是温度也可以是溶解度，两者只要确定其中的一个，另一个也就随之确定，即温度与溶解度之间存在着一一对应的函数关系。因此，可将溶解度与温度之间的关系用曲线关联起来，所得曲线称为溶解度曲线。

物质的溶解度数据一般由实验测定。图 7-1 是实验测得的几种物质在水中的溶解度曲线。研究表明，绝大多数物质的溶解度随温度的升高而增大，只有极少数物质（如螺旋霉素等）的溶解度随温度的升高而下降。对于溶解度随温度升高而下降的物质，在结晶过程中不能采用降温的方法来使溶液达到过饱和状态，而应采取蒸发溶剂的方法来实现晶体的析出。

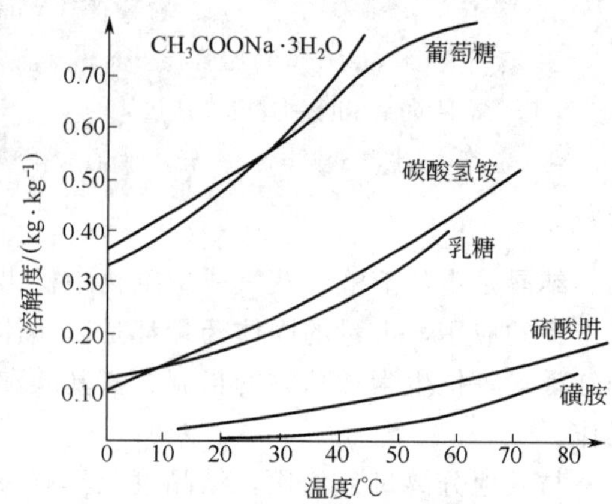

图 7-1 几种物质在水中的溶解度曲线

此外，溶液的 pH 值和离子强度等因素也可能对物质的溶解度产生一定的影响。例如，在氨基酸和抗生素类产品的生产中，常采用改变体系 pH 值和离子强度的办法，对结晶过程进行调控，且效果显著。

物质的溶解度数据是结晶操作的重要基础数据，结合结晶操作的具体控温区间，可对晶体的产量进行预测。

【例 7-1】 已知 0℃和 100℃时 KNO_3 在水中的溶解度分别为 $0.135kg \cdot kg^{-1}$ 和 $2.470kg \cdot kg^{-1}$。现将 400kg、100℃的 KNO_3 饱和水溶液，降温至 0℃，试计算理论上能析出的 KNO_3 晶体的量？

解：设 100℃时 400kg 的 KNO_3 饱和水溶液中含 KNO_3 的量为 x_1，则

$$\frac{x_1}{400-x_1}=2.470$$

即

$$x_1=\frac{400\times 2.470}{1+2.470}=284.7\text{kg}$$

设冷却至 0℃时，溶液中仍含 KNO_3 的量为 x_2，则

$$\frac{x_2}{400-x_1}=0.135$$

所以

$$x_2=0.135\times(400-x_1)=0.135\times(400-284.7)=15.6\text{kg}$$

于是理论上能析出的 KNO_3 晶体的量为

$$284.7-15.6=269.1\text{kg}$$

二、过饱和度

在一定的温度 t 下，将溶质缓慢地加入溶剂，可得到最大浓度等于溶解度的饱和溶液。此后，即使再添加溶质，溶液的浓度也不会增加。但是若通过降温的方法，将浓度稍高于溶解度的溶液由较高温度冷却至温度 t 时，溶液中并不会析出晶体。这表明溶质仍完全溶解于溶液中，即溶液的浓度要高于该温度下的溶解度，这种现象称为溶液的**过饱和现象**。处于过饱和状态的溶液，其浓度与对应温度下的溶解度之差即为该溶液的**过饱和度**，即

$$\Delta C = C - C^{*} \tag{7-1}$$

式中　ΔC——溶液的过饱和度，$kg \cdot kg^{-1}$；

C——过饱和溶液的浓度，$kg \cdot kg^{-1}$；

C^{*}——相同温度下饱和溶液的浓度，即溶解度，$kg \cdot kg^{-1}$。

一定温度下，某溶液的过饱和度与溶解度之比称为该溶液的**相对过饱和度**，即

$$S = \frac{\Delta C}{C^{*}} = \frac{C - C^{*}}{C^{*}} \tag{7-2}$$

式中　S——相对过饱和度，无因次。

处于过饱和状态的溶液，只要过饱和度值不是很大，晶体一般不会自动析出。只有当溶液浓度超过某一限度，使溶液的过饱和度值过大时，溶液才会自发结晶，这个限度就是图 7-2 中所示的超溶解度曲线。与物质的溶解度曲线不同，超溶解度曲线会受到多种因素的干扰，如冷却或蒸发的速率、搅拌强度以及溶液纯度等。因此，对于特定的结晶物系，通常会具有一条确定的溶解度曲线，而不存在唯一的超溶解度曲线。超溶解度曲线的位置经常发生变化，但大致会与溶解度曲线保持平行状。

如图 7-2 所示，溶解度曲线与超溶解度曲线将溶液浓度划分为三个区域。在溶解度曲线的下方，由于溶液处于不饱和状态，因而不可能发生结晶现象，故该区域称为**稳定区**。当溶液浓度高于超溶解度曲线所对应的浓度时，溶液会立即发生大规模的自发结晶现象，故该区域称为**不稳定区**。而溶解度曲线与超溶解度曲线之间的区域，常称为**介稳区**。在介稳区内，溶液虽已处于过饱和状态，但由于过饱和度值不是很高，溶液仍不能轻易地形成结晶。在靠近溶解度曲线的介稳区内，通常还存在一个极不易发生自发结晶的区域，位于该区域中的溶液即使其内存在晶种（晶体颗粒），溶质也只会在晶种的表面沉积生长，而不会产生新的晶核，该区域习惯上称为**第一介稳区**，而此外的介稳区则称为**第二介稳区**。在第二介稳区内，若向溶液中添加晶种，则不仅会有晶种的生长，而且还会诱发产生新的晶核，只是晶核的形成过程要稍微滞后一段时间。习惯上，将溶解度曲线和超溶解度曲线之间的垂直或水平间距称为介稳区宽度，它是指导结晶操作的又一个重要的基础数据。

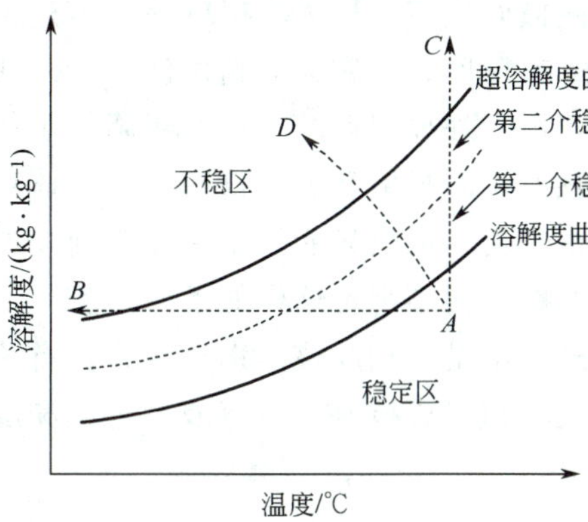

图 7-2　溶液状态图

显然，溶液处于过饱和状态是结晶过程得以实现的必要条件。通常情况下，采用降温冷却或蒸发浓缩的方法均可使溶液进入过饱和状态。降温冷却过程对应于图 7-2 中的 AB 线，对于溶解度和超溶解度曲线的曲率较大的物系，宜采用该法来获取过饱和度。蒸发浓缩过程

对应于图 7-2 中的 AC 线，对于溶解度和超溶解度曲线的曲率较小的物系，宜采用该法来获取过饱和度。此外，也可将两种方法结合起来使用，如采取图 7-2 中 AD 线所示的绝热蒸发操作，可同时起到降温和浓缩的效果，由于该法所用的设备通常为真空式结晶器，故该法又称为真空结晶法。

第二节 结晶动力学

溶质从溶液中的结晶析出通常要经历晶核形成和晶体生长两个步骤。**晶核形成**是指在过饱和溶液中生成一定数量的结晶微粒；而在晶核的基础上成长为晶体，则为**晶体生长**。结晶动力学就是研究结晶过程中的晶核形成和晶体生长的规律，包括成核动力学和生长动力学两部分内容。

一、晶核的形成

在过饱和溶液中新生成的结晶微粒称为**晶核**。按成核机理的不同，晶核形成可分为初级成核和二次成核两种类型，如图 7-3 所示。

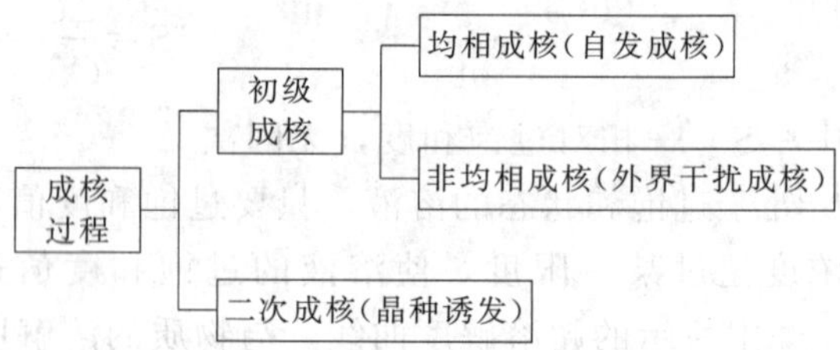

图 7-3 晶体成核机理

1. 初级成核

与溶液中存在的其他悬浮晶粒无关的新核形成过程，称为**初级成核**。初级成核通常有两种不同的起因。若纯净溶液本身存在较高的过饱和度，则因溶质分子、原子或离子间的相互碰撞而成核，称为**均相成核**；若过饱和溶液因受到一些外界因素（固体杂质颗粒、容器界面的粗糙度、电磁场、超声波、紫外线等）的干扰而成核，则称为**非均相成核**。非均相成核时，由于外界因素的干扰作用降低了体系的成核壁垒，因而成核所需的过饱和度要低于均相成核所需的过饱和度，这对于部分体系的结晶分离是有利的。

由于均相成核只能发生在较为纯净的过饱和溶液中，且不能有任何大的外界干扰，因而生产实践中很难满足这样的条件。实际上，对于大多数物系的工业结晶过程，晶核形成的主要方式并不是均相成核。迄今为止，有关均相和非均相成核机理的研究都不很充分。通常的做法是将初级成核速率与溶液的过饱和度相关联，即

$$r=k_{p}\Delta C^{\alpha} \tag{7-3}$$

或

$$r=k'_{p}S^{\beta} \tag{7-4}$$

式中 r——初级成核速率，粒·m^{-3}·s^{-1}；

k_p、k'_p——初级成核动力学参数，粒·m^{-3}·s^{-1}；

α、β——初级成核动力学参数，无因次。

初级成核通常是爆发式的，其成核速率难以控制，因而容易引起晶体粒度分布指标的较大波动。因此，除超细粒子制造业外，一般工业结晶过程均要尽量避免初级成核现象的发生，以获得粒度较为均匀的晶体。

2. 二次成核

二次成核是由于晶种的诱发作用而引起的，因而所需的过饱和度要低于初级成核所需的

过饱和度。对于溶解度较大的物质的结晶过程，二次成核通常起着非常重要的作用。有关二次成核的过程机理，目前尚无统一的认识。一般认为，二次成核速率与晶浆（结晶器中析出的晶体与剩余溶液所构成的混合物）中的晶体悬浮密度有关，即

$$r = k_b \Delta C^m M_T^p \tag{7-5}$$

或

$$r = k_b' S^n M_T^q \tag{7-6}$$

式中　r——二次成核速率，粒·m^{-3}·s^{-1}；

k_b、k_b'——二次成核动力学参数，粒·m^{-3}·s^{-1}；

m、n、p、q——二次成核动力学参数，无因次；

M_T——晶体悬浮密度，即单位体积晶浆中所包含的晶体体积，m^3·m^{-3}。

二次成核是绝大多数工业结晶过程的主要成核方式，它在很大程度上决定着最终产品的粒度分布等指标。

二、晶体的生长

晶体生长及其过程机理是结晶动力学研究的又一个重要内容。按照两步学说，晶体生长要经历两个步骤：第一步是溶质由溶液主体向晶体表面的转移扩散过程；第二步是溶质由晶体表面嵌入晶面的表面反应过程。这两个步骤均可能成为晶体生长的控制步骤。研究表明，若溶液的过饱和度较高，晶体生长过程多为扩散控制；反之则可能为表面反应控制。

光滑晶体的表面是一个二维平面结构，新的溶质分子首先在这些表面上迁移，以找到有利于晶体生长的位置。晶体生长的可能位置如图 7-4 所示，在位置 A 处，溶质分子只能与晶体的一个表面进行结合；而台阶位置 B 和扭折位置 C 可分别为溶质分子提供两个和三个可供结合的表面，因此更有利于晶体的生长。表面吸附、表面扩散以及晶体的表面位置决定了溶质分子是沉积于晶体表面还是重新溶解于溶液主体。

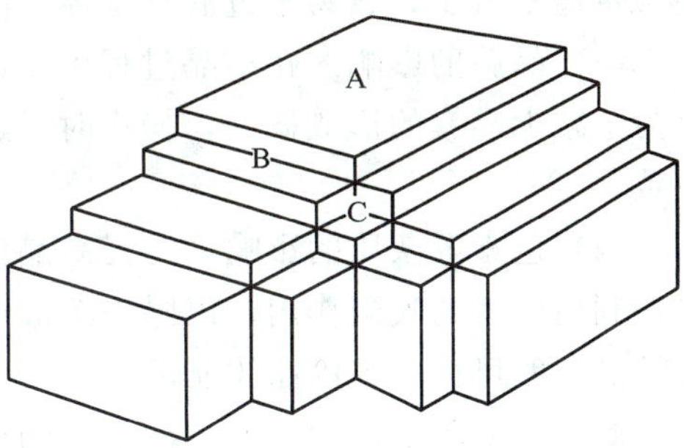

图 7-4　溶质分子与晶体表面的结合位置

A—平面；B—台阶；C—扭折位置

晶体生长过程的机理也非常复杂。对于大多数结晶体系，晶体的生长速率可近似看作与晶体的粒度大小无关，这种现象称为 ΔL 定律。符合 ΔL 定律的体系，其晶体生长速率与体系的过饱和度一般可关联成幂指数的形式，即

$$r = k_g \Delta C^g \tag{7-7}$$

或

$$r = k_g' S^l \tag{7-8}$$

式中　r——晶体生长速率，m·s^{-1}；

k_g、k_g'——晶体生长动力学参数，m·s^{-1}；

g、l——晶体生长动力学参数，无因次。

此外，对于实际结晶过程，即使结晶器内的条件维持恒定，也不能使所有晶体都以相同或恒定的速率生长，这种现象称为**生长速率分散现象**。生长速率分散现象常会导致较宽的晶体粒度分布，这是结晶操作中值得注意的问题。

第三节 结晶操作与控制

一、结晶操作的性能指标

工业生产中，不同的结晶操作有着不同的性能评价指标，如产品的粒度及其分布、颗粒的变异系数及超分子结构等。其中，晶体产品的纯度和结晶物产量是两个最为常见的生产考察指标。

1. 晶体产品的纯度

结晶操作一般均追求较高的产品纯度，通常纯度越高，产品的附加值越大。就工业结晶过程而言，影响晶体产品纯度的因素主要有母液、晶体粒度、晶簇、杂质等。

07-02 晶体纯度的初步判定

07-03 重结晶

（1）母液的影响 晶体从溶液中析出后，可采用沉降、过滤、离心分离等方法使其与溶液分离。结晶出来的晶体与剩余的溶液所构成的混合物称为晶浆，分离出晶体后剩余的溶液称为母液。母液中通常含有诸多的杂质，若处理不净，易降低产品的纯度，故对于多数结晶操作，当操作结束后，除对晶浆进行离心分离外，一般还应运用少量的纯净溶剂对晶粒加以洗涤，以除去残留于空隙间的母液及杂质。

（2）晶体粒度的影响 相比粒度小而参差不齐的晶粒，粒度大而均匀的晶粒之间的母液夹带量通常较少，且易于过滤和洗涤，故操作中应设法制得粒度大而均匀的晶体产品。

（3）晶簇的影响 在结晶过程中，由于晶粒易凝聚于一起而形成晶簇，进而包藏母液，故为了减少晶簇的形成概率，操作时可适当对体系加以搅拌，以确保各处的操作温度尽可能一致。

（4）色素等杂质的影响 为提高晶体的纯度，通常在结晶前需向体系中添加适量的活性炭，利用后者的吸附作用，以除去溶液中的色素等杂质。在此基础上，过滤除去活性炭，再次结晶一般可得高纯的晶体制品。

此外，实际生产中，若一次结晶的产品纯度达不到指定要求，还可进行重结晶。

2. 晶体的产量

晶体的产量取决于溶液的初始浓度和结晶后母液的浓度，而后者多由操作的终了温度所决定。

对于溶质溶解度随温度变化敏感的物系结晶，当操作温度降低时，通常溶质的溶解度将减小，母液浓度降低，产量可得以提高。但与此同时，当操作温度降低时，其他杂质的溶解度也将随之降低，即杂质的析出量相应增大，故易导致晶体纯度的下降。此外，较低的温度也将引起母液稠度的增加，从而影响晶核的活动，导致微细晶粒的大量涌现，易造成晶体粒度分布的不均。对于通过蒸发浓缩而析出溶质的结晶操作，同样需注意此类问题。因此，在实际生产中，不可一味地追求晶体产量，以免降低晶体的其他品质指标。

此外，为提高结晶操作的产量，通常还对结晶后的母液加以回收与再利用，即实现母液的循环套用，如对母液进行再次结晶，就可适当提高溶质的析出量。

二、结晶方式

同一种物质的晶体，采用不同的结晶方法生产，可以获得完全不同的晶形，并能影响晶体的其他品质。实际生产中，常用的结晶方式主要有三种，即自然结晶、搅拌结晶和外加晶种结晶。

1. 自然结晶

在没有搅拌和外加晶种的条件下，过饱和溶液自然生成晶体的方式称为**自然结晶**。自然结晶得到的晶体颗粒较大，比表面积较小，且不容易潮解，一般适用于熔点低、有潮解性的晶体产品。例如，对于 $NiCl_2 \cdot 6H_2O$ 晶体，自然结晶可获得晶莹无色的针状晶体，而搅拌结晶只能获得细粉末晶体。

2. 搅拌结晶

对于那些熔点较高、潮解性较低的产品，搅拌结晶可使晶体均匀、松散、不易潮解。若采用自然结晶，则可能产生晶体外观不整齐、硬度大、易结块的现象。例如，硫酸亚铁铵和硫酸高铁铵必须用搅拌结晶才能获得含量均匀的合格产品。此外，某些采用自然结晶的产品，也可通过改变结晶条件而采用搅拌结晶，以提高生产效率。

3. 外加晶种结晶

某些物料的溶液，特别是许多有机化合物溶液所形成的过饱和状态相当稳定，若不加晶种，则很长时间都不会产生结晶或虽能产生结晶，但其晶体形状、含量等常达不到要求。例如，对于 $Na_2SiO_3 \cdot 5H_2O$ 晶体，有晶种的结晶为粗砂样白色松散晶体，而无晶种的结晶则为冰糖样的坚硬块状物。

添加晶种时应注意选择合适的温度，温度高了会使添加的晶种溶解，而温度太低以至结晶体系已经产生晶种时，再添加晶种则作用不大。

07-04 晶体的晶形

三、结晶的操作方式

1. 结晶的操作方式

根据生产要求和特点的不同，结晶操作大致有连续、半连续和间歇式三种操作方式。

连续结晶操作的优点主要在于产量大、成本低、劳动强度低、母液的再利用率高等，缺点主要为换热面及与自由液面相接触的容器壁面处易结垢，且晶体产品的平均粒度小、操作的波动性大、控制要求高等。目前，连续结晶操作主要用于产量大、附加值相对较低的产品处理。

与连续结晶操作相比，间歇结晶操作的生产成本相对较高、生产重复性较差，但通常不需要苛刻的稳定操作周期，也不会产生类似于前者所固有的晶体粒度分布的周期性振荡问题。此外，间歇结晶也便于对设备的批间清洗，可有效防止产品的批间污染，故尤为适合于制药行业的生产，符合 GMP 要求。近年来，随着小批量、高纯度、高附加值的精细药物中间体及高新技术产品的不断涌现，间歇结晶在制药、化工、材料等生产领域中的应用日益广泛。

除连续结晶和间歇结晶外，生产中也可采用半连续的结晶操作方式。半连续结晶实为连续结晶和间歇结晶的组合，同时具有两者的某些优点，故工业应用也十分广泛。

2. 操作方式的选用

有关结晶操作方式的选用，需考虑的因素很多，如体系的特性、过饱和度、料液的处理量、产品的质量与产量等。其中，料液的处理量是最为重要的选择依据。一般情况下，对于料液的处理量小于 $100kg \cdot h^{-1}$ 的结晶过程，宜选用间歇操作方式；而当处理量大于 $20m^3 \cdot h^{-1}$ 时，则宜选用连续操作方式。此外，对于某些指定粒度分布或纯度要求甚高的结晶过程，则只能选用间歇操作方式。

四、结晶操作的控制

1. 连续结晶的控制

由于粒度分布不均的晶体易结块或形成晶簇，其内包藏的母液不易清除，进而影响纯度，故晶体产品应具有适宜的粒度及较窄的粒度分布。为此，对于连续结晶的操作过程，一般需采取“过饱和度控制”和“细晶消除”等措施，以改善晶体的小粒度和宽分布等缺陷。

研究表明，过饱和度是结晶过程中应加以严格控制的一个重要参数，其值一般宜维持在介稳区范围内。除超细粒子制造等少数领域外，对于大多数工业结晶过程，为提高晶体产品的粒度及其分布指标，通常宜采取抑制初次成核、维持适量二次成核和促进晶体生长的操作策略。

由于连续结晶的操作稳定性较差，操作参数的波动十分频繁，故即便采取了过饱和度控制方案，体系的成核速率通常也不能得到有效控制，从而易造成体系中的细小晶粒数目过多，不利于晶体平均粒度的增大和粒度分布的均匀。因此，在实际的结晶生产中，常于结晶装置的内部设置一澄清区，以便当晶浆缓慢地向上涌动时，粒度较大的晶体可直接沉至容器的主体继续生长，而粒度较小的细晶将随着晶浆一起由澄清区的上部溢流而出，并进入消除装置重新溶解后，再循环至容器主体，以此减少体系中的细晶数目。其中，沉降和溢流的晶体粒度的界限习惯称为细晶切割粒度，其值可由技术人员根据实际情况加以调控。

2. 间歇结晶的控制

间歇结晶虽可获得粒度相对均匀的高纯晶体产品，但实际操作时，通常也需对结晶的成核速率加以严格控制，生产中可通过添加晶种的办法实现。研究表明，当溶液刚进入介稳区时，就立即添加适量的晶种，则不仅可消除爆发式的初级成核，同时体系的二次成核也可得到有效抑制，一般可获得粒度相对较大且分布均匀的晶体产品。

07-05 结晶水

除添加晶种外，工业上还可通过再结晶的方法获取得到粒度大且均匀的晶体产品。该法是将粒度不一的晶体置于过饱和度相对较低的溶液中，此时粒度较小的晶体将被重新溶解，而粒度较大的晶体还可继续成长，故可得品质优异的晶体产品。晶体的再结晶过程又称为晶体的“熟化”过程，其在工业生产中的应用也相当普遍。

第四节 结晶计算

通过对结晶过程进行物料衡算和热量衡算，可确定晶体的产品量和热负荷等数据。

一、物料衡算

对图 7-5 所示的连续式结晶器，进行总物料衡算得

$$F=G+W+M \tag{7-9}$$

式中 F——原料液的质量流量，$kg \cdot s^{-1}$；

G——晶体产品的质量流量，$kg \cdot s^{-1}$；

W——被汽化溶剂的质量流量，$kg \cdot s^{-1}$；

M——母液的质量流量，$kg \cdot s^{-1}$。

对溶质进行物料衡算得

$$Fw_F=Gw_G+Mw_M \tag{7-10}$$

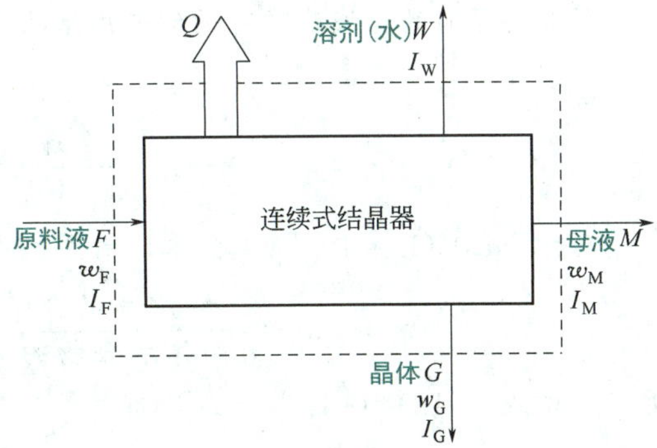

图 7-5　结晶过程的物料衡算和热量衡算

式中　w_F——原料液中溶质的质量分数，无因次；

w_G——晶体中的溶质含量，无因次；

w_M——母液中溶质的质量分数，无因次。

晶体中的溶质含量可用下式计算

$$w_G=\frac{\text{溶质的分子量}}{\text{晶体水合物的分子量}} \tag{7-11}$$

显然，对于不含结晶水的晶体，$w_G=1$。

由式(7-9) 和式(7-10) 联立求解得

$$G=\frac{F(w_F-w_M)+Ww_M}{w_G-w_M} \tag{7-12}$$

式(7-12) 虽然是根据连续结晶过程推导出来的，但也适用于间歇结晶过程的计算。在间歇结晶过程中，晶体产品量、溶剂汽化量和母液量等均随时间而变化。

实际应用中，原料液和母液中的溶质含量常以单位质量溶剂中所溶解的溶质质量来表示，此时

$$w_F=\frac{C_F}{1+C_F} \tag{7-13}$$

$$w_M=\frac{C_M}{1+C_M} \tag{7-14}$$

式中　C_F——以单位质量溶剂中所溶解的溶质质量来表示的原料液浓度，$kg \cdot kg^{-1}$；

C_M——以单位质量溶剂中所溶解的溶质质量来表示的母液浓度，$kg \cdot kg^{-1}$。

当母液浓度 C_M 为未知时，可近似采用结晶终了温度下的溶解度数据代替 C_M 进行计算，即假设出料时晶体与母液已达成固液平衡，由此而造成的误差可满足一般工程计算的需要。

在蒸发式结晶或空气冷却式结晶操作中，一般会预定被汽化的溶剂质量，此时可用式(7-12) 直接计算出晶体的产品量。

在使用冷水或冷冻盐水的冷却结晶操作中，由于结晶过程中没有溶剂汽化，则 $W=0$。此时式(7-12) 可简化为

$$G=\frac{F(w_F-w_M)}{w_G-w_M} \tag{7-15}$$

此外，对于伴有溶剂自然蒸发的真空结晶过程，晶体产品量的计算还需考虑热量衡算。

【例 7-2】 将 120kg 的 Na_2CO_3 水溶液冷却至 20℃，以结晶出 $Na_2CO_3 \cdot 10H_2O$ 晶体。已知结晶前每 100kg 的水中含有 38.9kg 的 Na_2CO_3，结晶过程中自蒸发的水分质量约为原料液质量的 3%，20℃时 Na_2CO_3 在水中的溶解度为 $0.215kg \cdot kg^{-1}$，试计算晶体产品量和母液量。

解： ①晶体产品量　依题意知 $C_F=0.389kg \cdot kg^{-1}$，则由式(7-13) 得

$$w_F=\frac{C_F}{1+C_F}=\frac{0.389}{1+0.389}=0.280$$

结晶终了时的母液浓度可近似采用结晶终了温度下的溶解度数据，即 $C_M \approx 0.215\text{kg}\cdot\text{kg}^{-1}$，则

$$w_M=\frac{C_M}{1+C_M}=\frac{0.215}{1+0.215}=0.177$$

对于 $Na_2CO_3\cdot 10H_2O$ 晶体，由式(7-11) 得

$$w_G=\frac{\text{溶质的分子量}}{\text{晶体水合物的分子量}}=\frac{106}{106+180}=0.371$$

所以，由式(7-12) 得晶体产品量为

$$G=\frac{F(w_F-w_M)+Ww_M}{w_G-w_M}=\frac{120\times(0.280-0.177)+120\times0.03\times0.177}{0.371-0.177}=67.0\text{kg}$$

② 母液量　由式(7-9) 得母液量为

$$M=F-G-W=120-67.0-120\times0.03=49.4\text{kg}$$

二、热量衡算

溶液结晶是溶质由液相向固相转变的过程，该过程存在相变热。形成单位质量晶体而产生的相变热称为结晶热，它是结晶工艺与设备设计的一个重要参数，对结晶操作的热负荷有着直接的影响。

对图 7-5 中的连续式结晶器进行热量衡算得

$$FI_F=GI_G+WI_W+MI_M+Q \tag{7-16}$$

式中　I_F——原料液的焓，$\text{kJ}\cdot\text{kg}^{-1}$；

I_G——晶体的焓，$\text{kJ}\cdot\text{kg}^{-1}$；

I_W——被汽化溶剂的焓，$\text{kJ}\cdot\text{kg}^{-1}$；

I_M——母液的焓，$\text{kJ}\cdot\text{kg}^{-1}$；

Q——结晶器与周围环境之间交换的热量，kW。

由式(7-9) 和式(7-16) 可得

$$Q=F(I_F-I_M)-G(I_G-I_M)-W(I_W-I_M) \tag{7-17}$$

由于焓是相对值，是相对于某一基准而言的，因此计算时必须规定基准状态和基准温度。在结晶计算中，常规定液态溶剂以及溶解于溶剂中的溶质在结晶终了温度时的焓值为零。设原料液温度为 t_1，结晶终了温度为 t_2，则式(7-17) 可改写为

$$Q=FC_p(t_1-t_2)-G\Delta H_{t_2}-Wr_{t_2} \tag{7-18}$$

式中　C_p——原料液的平均定压比热，$\text{kJ}\cdot\text{kg}^{-1}\cdot℃^{-1}$；

ΔH_{t_2}——溶质在温度为 t_2 时的结晶热，$\text{kJ}\cdot\text{kg}^{-1}$；

r_{t_2}——溶剂在温度为 t_2 时的汽化潜热，$\text{kJ}\cdot\text{kg}^{-1}$。

若由式(7-17) 或式(7-18) 求得的 Q 为正值，则表明需要从设备及所处理的物料移走热量，即需要冷却；反之，若 Q 为负值，则表明需要向设备及所处理的物料提供热量，即需要加热。此外，对于绝热结晶过程，$Q=0$。

若不计设备本身因温度改变而消耗的热量或冷量，则式(7-17) 和式(7-18) 亦可用于间歇结晶过程的计算。

【例 7-3】 将 160kg 的 KNO_3 水溶液在绝热条件下真空蒸发降温至 20℃，以结晶析出 KNO_3 晶体。已知结晶前溶液中溶质的质量分数为 37.5%，20℃时 KNO_3 在水中的溶解度为 23.3%（质量分数），结晶过程中自蒸发的水分量为 5.6kg，结晶热为 68kJ·kg^{-1}，溶液的平均定压比热为 2.9kJ·kg^{-1}·℃$^{-1}$，水的汽化潜热为 2446kJ·kg^{-1}，试计算进料温度。

解：依题意知，$F=160$kg，$W=5.6$kg，$w_F=0.375$kg·kg^{-1}，$w_M=0.233$kg·kg^{-1}，$t_2=20$℃，$C_p=2.9$kJ·kg^{-1}·℃$^{-1}$，$\Delta H_{20℃}=-68$kJ·kg^{-1}（结晶放热），$r_{20℃}=2446$kJ·kg^{-1}（水分汽化吸热），$Q=0$（绝热操作）。

由于 KNO_3 晶体不含结晶水，故 $w_G=1$。由式(7-12) 得晶体产品量为

$$G=\frac{F(w_F-w_M)+Ww_M}{w_G-w_M}=\frac{160\times(0.375-0.233)+5.6\times0.233}{1-0.233}=31.323\text{kg}$$

所以，由式(7-18) 得

$$Q=FC_p(t_1-t_2)-G\Delta H_{t_2}-Wr_{t_2}=160\times2.9\times(t_1-20)-31.323\times(-68)-5.6\times2446=0$$

解得

$$t_1=44.9℃$$

即进料温度为 44.9℃。

第五节　结晶设备

结晶设备的种类很多，可按不同的方法进行分类。例如，按操作方式的不同，结晶设备可分为连续式、半连续式和间歇式；按流动方式的不同，结晶设备可分为母液循环型和晶浆循环型；按能否进行粒度分级，结晶设备可分为粒析作用式和无粒析作用式；按产生过饱和度方法的不同，结晶设备可分为冷却式、蒸发式和真空式等。

一、冷却式结晶器

最简单的冷却式结晶器仅是一只敞口的结晶槽。结晶溶液通过液面和器壁向空气散热，以降低自身温度并析出晶体，故称为空气冷却式结晶器。此类结晶器可获得高质量、大粒度的晶体产品，尤其适用于含多结晶水物质的结晶。缺点是传热速率太慢，且属于间歇操作，因而生产能力较低。

在空气冷却式结晶器的外部，装设传热夹套或在内部装设蛇管式换热器以促进传热，并增加动力循环装置，即成为强制循环冷却式结晶槽，或搅拌式结晶槽。

目前，生产中应用最广泛的冷却式结晶器为釜式结晶器，又称为结晶罐。按溶液循环方式的不同，该类结晶器又分为内循环式和外循环式两大类，它们均采取间接换热方式。图 7-6 为常见的内循环式釜式结晶器，它是在空气冷却式结晶器的基础上，于釜的外部加装了传热夹套，以加速溶液的冷却。由于受传热面积的限制，内循环式结晶器的传热量一般较小。为此，可改用图 7-7 所示的外循环式釜式结晶器，以提高传热速率和传热量。外循环式釜式结晶器设有循环泵，属于强制循环式结晶器，故料液的循环速率较大，传热效果较好。此外，由于外循环式结晶器采用外部换热器降温，因而传热面积也易于调节。

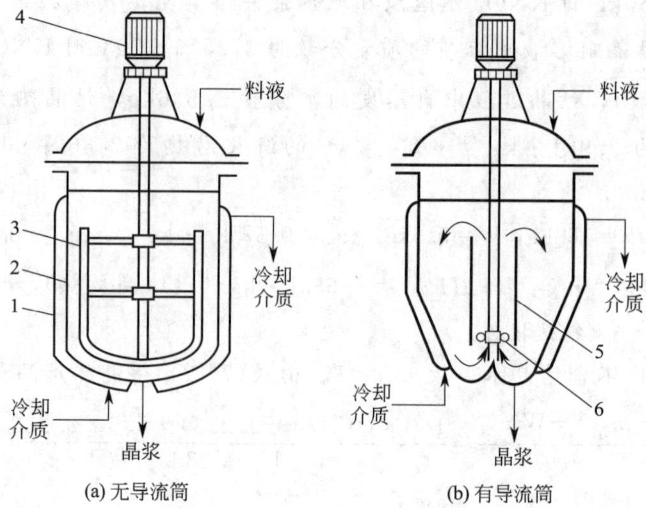

图 7-6 内循环式釜式结晶器

1—夹套；2—釜体；3—框式搅拌器；4—电动机；5—导流筒；6—推进式搅拌器

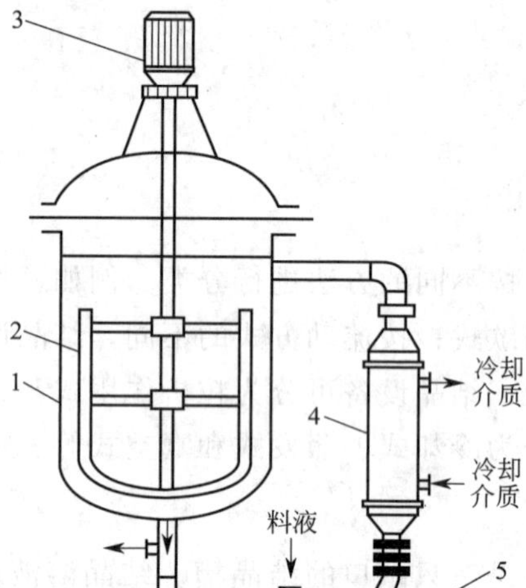

图 7-7 外循环式釜式结晶器

1—釜体；2—搅拌器；3—电动机；4—换热器；5—循环泵

除空气冷却式结晶器和釜式结晶器外，工业上还有众多其他类型的冷却式结晶器，其中连续式搅拌结晶槽即为常见的一种，结构如图 7-8 所示。该结晶槽的外形为一长槽，槽底呈半圆形，槽内装有长螺距的螺带式搅拌器，槽外设有夹套。操作时，料液由槽的一端加入，在搅拌器的推动下流向另一端，形成的晶浆由出料口排出，其间冷却剂在夹套内与料液呈逆流流动。该结晶槽内的搅拌器除起到排料作用外，还可提高槽内传热与传质的均匀性，从而促进晶体的均匀生长，减少晶簇的形成和结块等现象。此外，为防止晶体在槽内堆积或结垢，可在搅拌器上安装钢丝刷，以便及时清除附着于传热表面的晶体。通常，连续式结晶槽的生产能力较大，故多用于处理量大的结晶操作，如葡萄糖的结晶等。

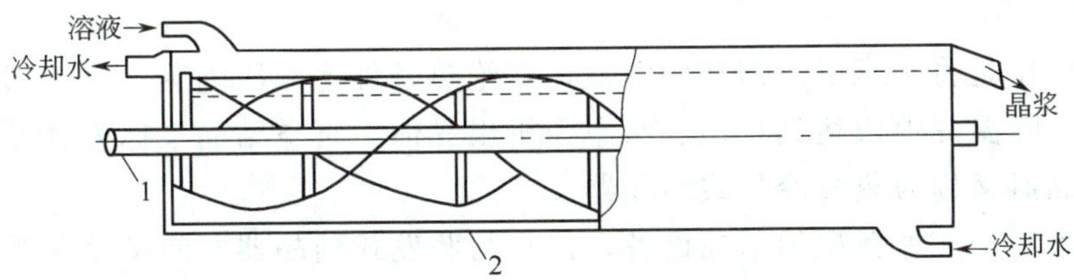

图 7-8　连续式搅拌结晶槽
1—搅拌器；2—冷却夹套

二、蒸发式结晶器

蒸发式结晶器是一类通过蒸发溶剂使溶液浓缩并析出晶体的结晶设备。图 7-9 是一类典型的蒸发式结晶器，称为奥斯陆蒸发式结晶器。该结晶器主要由结晶室、蒸发室及加热室组成。工作时，原料液由进料口加入，经循环泵输送至加热器加热，加热后的料液进入蒸发室。在蒸发室内，部分溶剂被蒸发，形成的二次蒸汽由蒸发室顶部排出，浓缩后的料液经中央管下行至结晶室底部，然后向上流动并析出晶体。由于结晶室呈锥形，自下而上截面积逐渐增大，因而固液混合物在结晶室内自下而上流动时，流速逐渐减小。由沉降原理可知，粒度较大的晶体将富集于结晶室底部，因而能与新鲜的过饱和溶液相接触，故粒度将愈来愈大。而粒度较小的晶体则处于结晶室的上层，只能与过饱和度较小的溶液相接触，故粒度只能缓慢增长。显然，结晶室中的晶体被自动分级，这对获取均匀的大粒度晶体十分有利，故为奥斯陆蒸发式结晶器的一个突出优点。

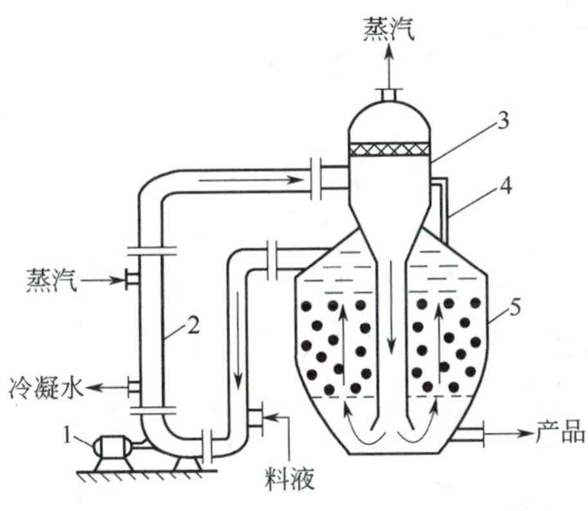

图 7-9　奥斯陆蒸发式结晶器
1—循环泵；2—加热器；3—蒸发器；4—通气管；5—结晶器

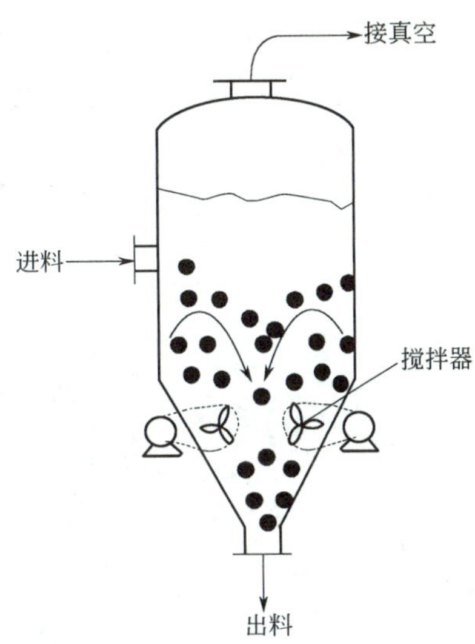

图 7-10　间歇真空式结晶器

奥斯陆蒸发式结晶器同时也是一个母液循环式结晶器。工作时，到达结晶室顶层的溶液，其过饱和度已消耗完毕，其中也不再含有颗粒状的晶体，故可以澄清母液的形式参与管路循环。

奥斯陆蒸发式结晶器的操作性能优异，缺点是结构复杂、投资成本较高。

三、真空式结晶器

真空结晶操作是将常压下未饱和的溶液，在绝热条件下减压闪蒸，由于部分溶剂的汽化而使溶液浓缩、降温并很快达到过饱和状态而析出晶体。真空结晶又称为蒸发冷却结晶，相应的真空式结晶器又称为蒸发冷却式结晶器。

真空式结晶器是一种新型的结晶设备，但它与蒸发式结晶器之间又没有严格的界限。如图 7-9 所示的奥斯陆蒸发式结晶器，若将蒸发室与真空系统相连接，则成为真空式结晶器。可见，与蒸发式结晶器相比，真空式结晶器只是操作的温度更低、真空度更高而已。

图 7-10 是一种典型的间歇真空式结晶器。设备的真空一般由蒸汽喷射泵或其他类型的真空泵产生并维持，结晶器内的料液因闪蒸而剧烈沸腾，如同搅拌器推动晶浆均匀混合一样，为晶体的均匀生长提供了条件。此类结晶器结构简单，结晶器内进行的过程为绝热蒸发过程，不需要设置传热面，因而不会引起传热面的结垢现象。

图 7-11 是一种可连续操作的真空冷却式结晶器，其操作的高真空状态由双级蒸汽喷射泵产生并维持。操作时，原料液经预热后，自底部的进料口被连续地送至结晶室，并在循环泵的外功作用下，进行强制循环流动，进而较好确保了溶液在结晶室内可充分、均匀地混合与结晶。其间，被汽化的溶剂将由室顶部的真空系统抽出，并送至高位冷凝器与水进行混合冷凝，与此同时，晶浆则由底部的出口泵连续排出。由于该类结晶器的操作温度一般较低，故产生的溶剂蒸汽不易被冷却水直接冷凝，为此需在冷凝器的前方装设一蒸汽喷射泵，便于在冷凝前对蒸汽进行压缩，以提高其冷凝温度。

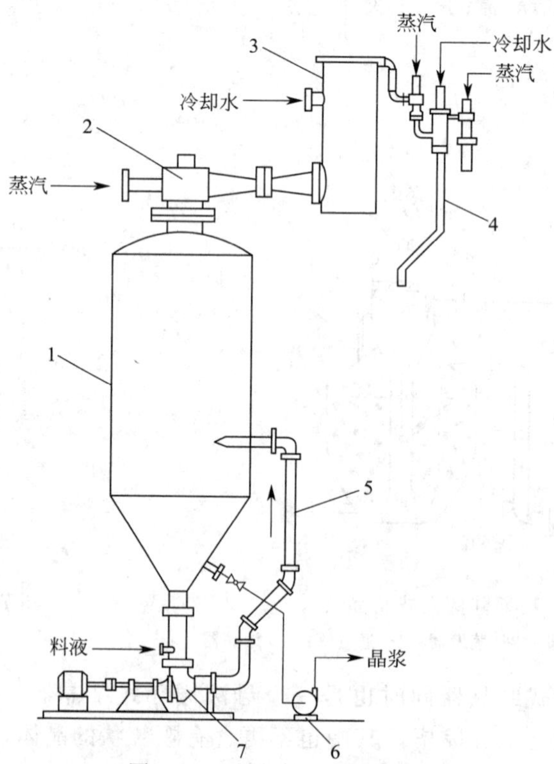

图 7-11　连续真空式结晶器

1—结晶室；2—蒸汽喷射泵；3—冷凝室；4—双级蒸汽喷射泵；5—循环管；6—出料泵；7—循环泵

07-06　等电点结晶

习　题

本章目标检测题

1. 将 600kg 的 $NaNO_3$ 水溶液冷却至 40℃，以析出 $NaNO_3$ 晶体。已知结晶前每 100kg 的水中含有 122kg 的 $NaNO_3$，结晶过程中自蒸发的水分量约为 18kg，40℃时 $NaNO_3$ 在水中的溶解度为 $1.04kg \cdot kg^{-1}$，试计算晶体产品量和母液量。（67.7kg，514.3kg）

2. 将 3000kg 的 Na_2CO_3 水溶液冷却至 20℃，以析出 $Na_2CO_3 \cdot 10H_2O$ 晶体。已知结晶前溶液中溶质的质量分数为 34%，结晶过程中自蒸发的水分质量约为原料液质量的 3%，20℃时 Na_2CO_3 在水溶液中的溶解度为 $0.215kg \cdot kg^{-1}$，试计算晶体产品量和母液量。（2602.7kg，307.3kg）

3. 将 500kg、30℃的 $MgSO_4$ 水溶液在绝热条件下真空蒸发降温至 10℃，以析出 $MgSO_4 \cdot 7H_2O$ 晶体。已知结晶前溶液中溶质的质量分数为 34.8%，10℃时 $MgSO_4$ 在水中的溶解度为 15.3%（质量分数），该物系的溶液结晶热为 $50kJ \cdot kg^{-1}$，溶液的平均定压比热为 $3.1kJ \cdot kg^{-1} \cdot ℃^{-1}$，水的汽化潜热为 $2468kJ \cdot kg^{-1}$，试计算晶体产品量和水分蒸发量。（298.1kg，18.6kg）

4. 将 $1000kg \cdot h^{-1}$、45℃的 KNO_3 水溶液冷却至 20℃，以析出 KNO_3 晶体。已知结晶前溶液中溶质的质量分数为 36%，20℃时 KNO_3 在水中的溶解度为 23.3%（质量分数），溶液的结晶热为 $68kJ \cdot kg^{-1}$，溶液的平均定压比热为 $2.9kJ \cdot kg^{-1} \cdot ℃^{-1}$，若溶剂蒸发量和结晶器的热损失均可忽略，试计算结晶器与冷却介质交换的热量。（23.27kW）

思 考 题

1. 与传统的蒸馏等分离操作相比，结晶操作具有哪些优势？
2. 简述溶解度和过饱和度的概念。
3. 如何使溶液进入过饱和状态？
4. 简述结晶操作的主要性能指标以及结晶过程的控制方法。
5. 常见的结晶器有哪些？

第八章 蒸馏

学习要求

1. 掌握：相对挥发度的计算，精馏原理，精馏塔分离过程，双组分连续精馏塔的计算，回流比的影响与选择，间歇精馏过程回流比及理论板数的确定。

2. 熟悉：板式塔和填料塔的基本结构，液泛现象，水蒸气蒸馏的原理和特点。

3. 了解：简单蒸馏，平衡蒸馏，恒沸精馏，萃取精馏，分子蒸馏。

本章课件

第一节 概述

08-01 蒸馏的出现

在制药化工生产中，常需将液体混合物中的各组分加以分离，以达到提纯或回收有用成分的目的。对于互溶液体混合物，蒸馏是应用最为广泛的分离方法。例如，在中药生产中，常用95%的乙醇溶液提取中草药中的有效成分，而从提取液回收到的乙醇溶液，其浓度常在40%左右，因其浓度较低，故不能直接用于提取。但由于溶剂量较大，若直接排放，不仅会造成环境污染，而且会造成较大的经济损失。因此，常用蒸馏法对回收的乙醇溶液进行提纯，以获得95%的乙醇溶液，并重新用于中草药有效成分的提取。

就原理而言，蒸馏是利用液体混合物中各组分挥发能力的差异而进行分离的一种单元操作。对于互溶二元液体混合物，沸点较低、蒸气压较大的组分称为易挥发组分，以字母A表示；而沸点较高、蒸气压较小的组分称为难挥发组分，以字母B表示。若将二元液体混合物加热至沸腾，但只令其部分汽化，则易挥发组分在气相中的浓度要高于在液相中的浓度，而难挥发组分在气相中的浓度要低于在液相中的浓度。同理，若将二元混合物的蒸气部分冷凝，则冷凝液中易挥发组分的浓度要低于在气相中的浓度，而难挥发组分在冷凝液中的浓度要高于在气相中的浓度。

将液体混合物一次部分汽化或气体混合物一次部分冷凝的操作，称为**蒸馏**。蒸馏可同时得到两个产品，其中一个以A为主，另一个则以B为主，但纯度通常都不太高。若将液体混合物进行多次部分汽化，或将气体混合物进行多次部分冷凝，最终气相或液相均成为近乎纯净的组分，这种操作称为**精馏**。

蒸馏的种类很多，可按不同的方式进行分类。根据操作是否连续，蒸馏可分为间歇蒸馏和连续蒸馏，其中间歇蒸馏适用于小批量生产以及某些有特殊要求的场合，连续蒸馏适用于大规模生产。根据操作方式的不同，蒸馏可分为简单蒸馏、平衡蒸馏、精馏和特殊精馏，其中简单蒸馏和平衡蒸馏适用于易分离物系以及分离要求不高的场合，精馏适用于较难分离的物系以及分离要求较高的场合，特殊精馏适用于普通精馏不能分离的场合。根据操作压力的不同，蒸馏可分为常压蒸馏、减压蒸馏和加压蒸馏，其中以常压蒸馏最为常用，减压蒸馏适用于高沸点以及热敏性和易氧化物系的分离，加压蒸馏适用于常压下是气相的物系。根据液体混合物中所含的组分数，蒸馏可分为双组分蒸馏和多组分蒸馏，其中双组分蒸馏是最简单、最基础的蒸馏操作，也是本章讨论的重点。

08-02 蒸馏酒

第二节 双组分溶液的气液平衡

气液平衡是指溶液在一定条件下与其上方的蒸气达到平衡时，气液两相间各组分组成之间的关系。气液两相达到平衡时，溶液中任一组分的汽化速率与气相中该组分返回液相中的速率相等，因此气液平衡是一种动态平衡，其组成保持不变。

一、溶液的蒸气压及拉乌尔定律

1. 饱和蒸气压

在如图 8-1(a)所示的密闭容器中盛有纯液体 A，若在一定温度下气液两相达到动态平衡，则单位时间内从液相进入气相中的 A 分子数与从气相返回液相中的 A 分子数相等，此时液面上方的蒸气压强即为该温度下纯 A 组分的饱和蒸气压，以 p_A° 表示。同理，在图 8-1(b)中，纯组分 B 的饱和蒸气压为 p_B°。显然，饱和蒸气压随温度的升高而增大。

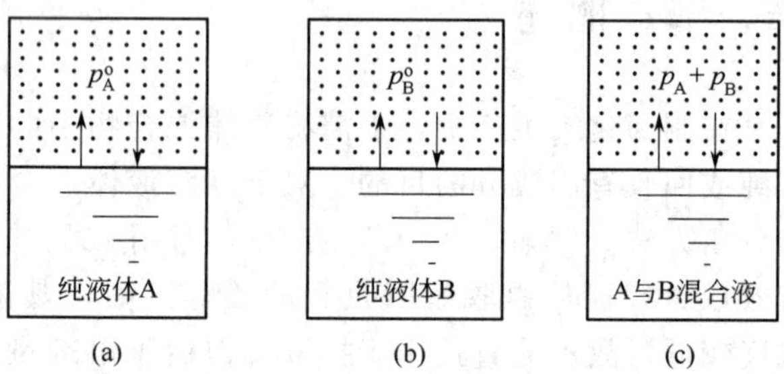

图 8-1 溶液的蒸气压

现将互溶组分 A 和 B 组成混合液，并置于密闭容器中，如图 8-1(c)所示。显然，液相中的 A、B 分子将同时逸出液面并形成蒸气，而气相中的 A、B 分子又会部分返回液相。当气、液两相在一定温度下达到动态平衡时，液面上方 A 或 B 的分压与其单独存在时的蒸气压不同。由于 B 的存在，使单位体积液相中的 A 分子数减少，从而使组分 A 的汽化速率下降，即单位时间内进入气相中的 A 分子数减少，因此溶液上方组分 A 的分压要低于同温度下组分 A 的饱和蒸气压，即 $p_A < p_A^\circ$。同理，$p_B < p_B^\circ$。

08-03 物质的挥发性

2. 理想溶液与非理想溶液

08-04 非理想溶液的混合效应

根据溶液中 A、B 组分彼此对蒸气压的影响不同，可将溶液分为理想溶液和非理想溶液。

现以 F_{AA}、F_{AB} 和 F_{BB} 分别表示 A-A 分子、A-B 分子和 B-B 分子之间的吸引力，则当 $F_{AA}=F_{AB}=F_{BB}$ 时，由组分 A 和 B 混合而成的溶液既无热效应，又无体积效应，这种溶液称为理想溶液。如苯-甲苯、甲醇-乙醇以及烃类同系物所组成的溶液，均为理想溶液。若 $F_{AA}\neq F_{BB}\neq F_{AB}$，则由组分 A 与 B 混合而成的溶液，将产生热效应和体积效应。如乙醇-水、硝酸-水所组成的溶液，均为非理想溶液。

3. 道尔顿分压定律

理想溶液的蒸气也是理想气体，它服从道尔顿分压定律，即

$$y_A=\frac{p_A}{P} \tag{8-1}$$

$$y_B=\frac{p_B}{P} \tag{8-2}$$

$$P=p_A+p_B \tag{8-3}$$

式中　y_A、y_B——分别为气相中组分 A 和 B 的摩尔分数；

p_A、p_B——分别为气相中组分 A 和 B 的分压，Pa；

P——气相的总压，Pa。

4. 拉乌尔定律

研究表明，在一定温度下，理想溶液的气液平衡关系服从拉乌尔定律，即

$$p_A=p_A^{\circ}x_A=p_A^{\circ}x \tag{8-4}$$

$$p_B=p_B^{\circ}x_B=p_B^{\circ}(1-x_A)=p_B^{\circ}(1-x) \tag{8-5}$$

将式(8-4) 和式(8-5) 代入式(8-3) 得

$$P=p_A+p_B=p_A^{\circ}x_A+p_B^{\circ}(1-x_A)=(p_A^{\circ}-p_B^{\circ})x_A+p_B^{\circ}$$

所以

$$x_A=\frac{P-p_B^{\circ}}{p_A^{\circ}-p_B^{\circ}}\text{或 }x=\frac{P-p_B^{\circ}}{p_A^{\circ}-p_B^{\circ}} \tag{8-6}$$

将式(8-4) 代入式(8-1) 得

$$y_A=\frac{p_A^{\circ}x_A}{P}\text{或 }y=\frac{p_A^{\circ}x}{P} \tag{8-7}$$

式(8-6) 和式(8-7) 即为双组分理想溶液的气液平衡关系式。对于理想溶液，若已知一定温度下纯组分的饱和蒸气压，即可由式(8-6) 和式(8-7) 求得平衡时的气液相组成。

对于非理想溶液，其气液平衡关系可由实验测得或用修正的拉乌尔定律表示。

二、温度组成图（t-y-x 图）

当总压一定时，气、液两相的组成均随温度而变化。恒压下，双组分溶液在平衡时的气、液相组成常用温度组成图，即 t-y-x 图来表示。

常压（101.3kPa）下，苯和甲苯溶液的温度组成图如图 8-2 所示。图中以温度为纵坐标，苯的液相或气相组成为横坐标。位于上方的曲线为 t-y 线，表示平衡时气相组成 y 与温度 t 之间的关系，由于线上各点所对应的气相均为饱和蒸气，故该线称为**饱和蒸气线**。位于下方的曲线为 t-x 线，表示平衡时液相组成 x 与温度 t 之间的关系，由于线上各点所对应的液体均为饱和液体，故该线称为**饱和液体线**。上述两条曲线将 t-y-x 图分成三个区域。饱和液体线以下的区域，其温度低于饱和温度，即液体尚未沸腾，故称为液相区。饱和蒸气线以上的区域，其温度高于饱和蒸气温度，即蒸气处于过热状态，故称为过热蒸气区。而两曲线所包围的区域表示气液两相同时存在，故称为气液共存区。

若将温度为 t_1、组成为 x（A 点）的溶液加热，当温度升至 t_2（B 点）时，溶液开始沸腾，产生第一个气泡，相应的温度 t_2 称为**泡点**，故饱和液体线又称为**泡点线**。同理，若将温度为 t_4、组成为 y（C 点）的过热蒸气冷却，当温度到达 t_3（D 点）时，混合气体开始冷凝，产生第一滴液体，相应的温度 t_3 称为**露点**，故饱和蒸气线又称为**露点线**。

由图 8-2 可知，当气、液两相达到平衡时，气、液两相的温度相同，但气相组成大于液相组成。而当气、液两相的组成相同时，气相的露点温度总是大于液相的泡点温度。

三、气液平衡图（y-x 图）

在蒸馏计算中，除使用温度组成图外，还经常使用气液平衡图。该图表示在一定外压下，气相组成 y 和与之平衡的液相组成 x 之间的关系，又称为 y-x 图。

常压（101.3kPa）下，苯和甲苯溶液的气液平衡图如图 8-3 所示。图中以苯的气相组成为纵坐标，液相组成为横坐标，除气液平衡线外，还有一条辅助对角线。

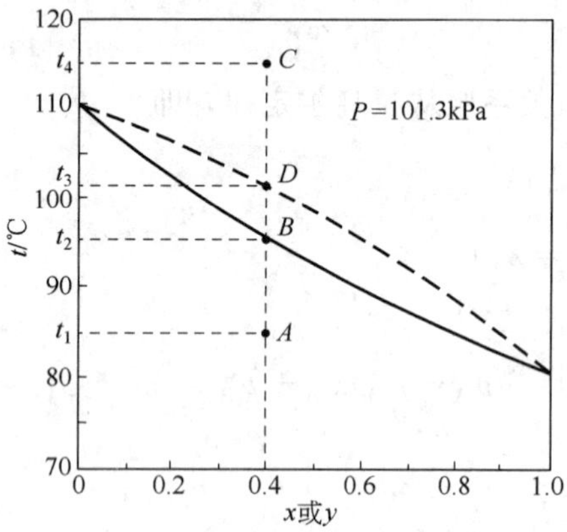

图 8-2　苯和甲苯溶液的 t-y-x 图

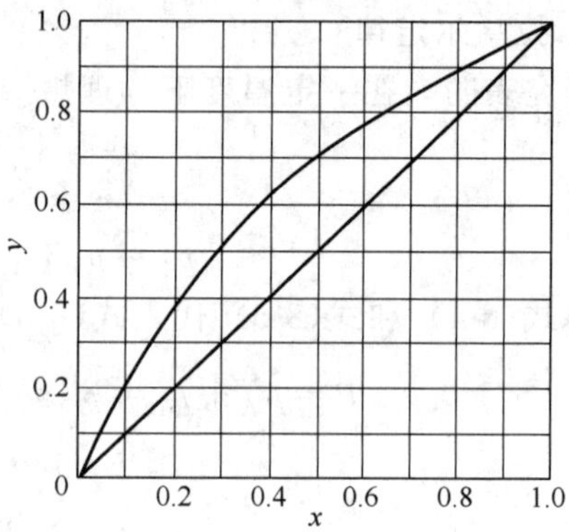

图 8-3　苯和甲苯溶液 y-x 图

气液平衡线上的任一点均表示平衡时的气液相组成，但不同点的温度是不同的。

利用气液平衡图可判断物系能否用精馏方法加以分离，以及分离的难易程度。大多数溶液达到平衡时，气相中易挥发组分的浓度总是大于液相中易挥发组分的浓度，即平衡线位于对角线的上方，表示该溶液可用精馏法进行分离。平衡线偏离对角线越远，溶液就越容易分离。若平衡线与对角线相交或相切，则溶液达到平衡时交点或切点处的两相组成完全相同，表明该溶液不能采用普通精馏法来同时获得两个纯净的组分。

08-05 如何获得气液平衡关系？

总压对温度组成图的影响很大，但对气液平衡图的影响很小。一般情况下，总压变化 20%～30%时，气液平衡线的变化不超过 2%。因此，可忽略总压对气液平衡图的影响。

四、双组分非理想溶液

1. 具有正偏差的非理想溶液

若 $F_{AB}<F_{AA}$ 及 $F_{AB}<F_{BB}$，则混合后溶液分子更容易汽化，从而使溶液上方各组分的蒸气压较理想溶液的大，这种混合液称为对拉乌尔定律具有正偏差的溶液，如乙醇-水、正丙醇-水等物系。

图 8-4 是乙醇-水溶液的 t-y-x 图。图中气相线与液相线在 M 点相切，切点处的温度为 78.15℃，称为恒沸点；切点处的乙醇摩尔分数为 0.894，称为恒沸组成，具有这种组成的溶液称为恒沸液。在 M 点处，气相组成与液相组成相等。若将 M 点所对应的液体加热，则液体将在恒沸点下沸腾，所产生的蒸气组成与液相组成完全相同。由于恒沸点较纯乙醇的沸点（78.3℃）及水的沸点（100℃）都要低，故这种具有正偏差的非理想溶液又称为具有最

低恒沸点的恒沸液。图 8-5 是乙醇-水溶液的 y-x 图，图中平衡线与对角线相交于 M 点。

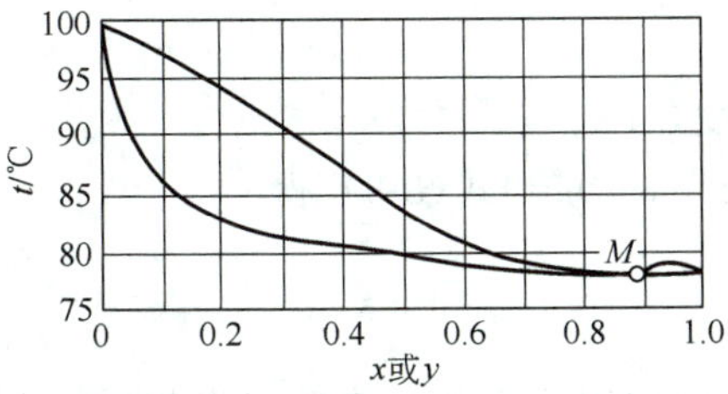

图 8-4　常压下乙醇-水溶液的 t-y-x 图

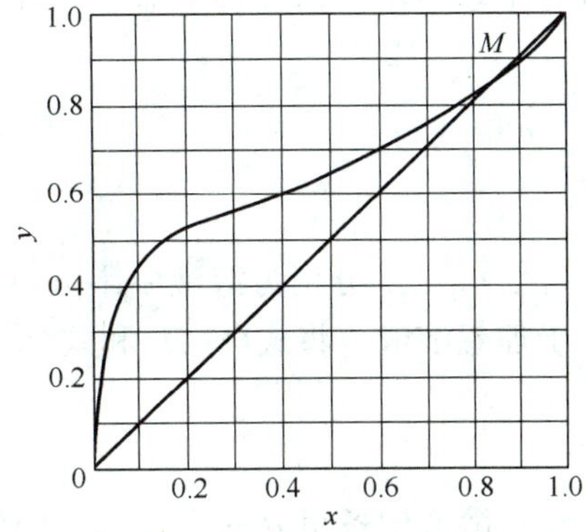

图 8-5　常压下乙醇-水溶液的 y-x 图

2. 具有负偏差的非理想溶液

若 $F_{AB}>F_{AA}$ 及 $F_{AB}>F_{BB}$，则混合后溶液分子难于汽化，从而使溶液上方各组分的蒸气压较理想溶液的小，这种混合液称为对拉乌尔定律具有负偏差的溶液，如硝酸-水、三氯甲烷-丙酮等物系。

图 8-6 是硝酸-水溶液的 t-y-x 图。该图与图 8-4 相似，但恒沸点 M 处的温度（121.9℃）较纯硝酸的沸点（86℃）及水的沸点（100℃）都要高，故这种具有正偏差的非理想溶液又称为具有最高恒沸点的恒沸液。图 8-7 是硝酸-水溶液的 y-x 图，图中平衡线与对角线相交于 M 点。

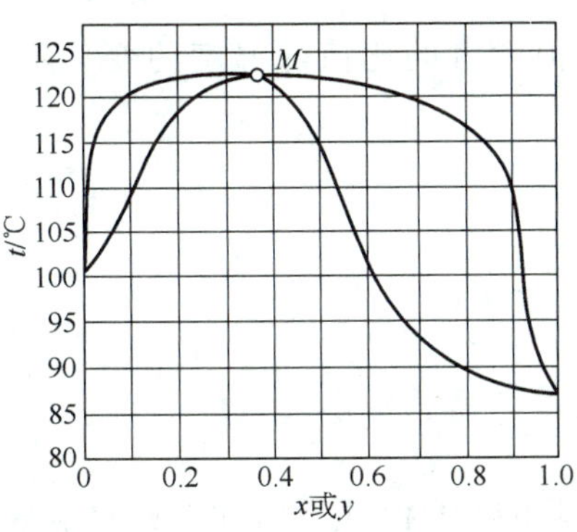

图 8-6　常压下硝酸-水溶液的 t-y-x 图

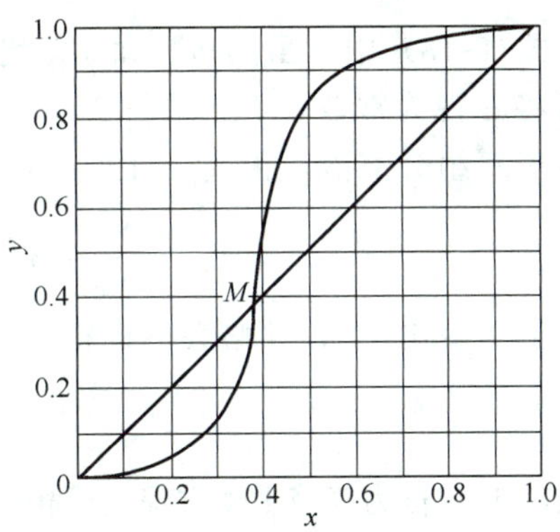

图 8-7　常压下硝酸-水溶液的 y-x 图

对于具有恒沸点的溶液，用普通精馏法不能同时得到两个几乎纯的组分。若溶液组成小于恒沸组成，则可得到较纯的难挥发组分及恒沸液；若溶液组成大于恒沸组成，则可得到较纯的易挥发组分及恒沸液。

由于恒沸组成随压力而变，因此理论上可通过改变操作压力的办法来分离恒沸液，但在实际应用中，还需考虑过程的经济性和可行性。此外，具有恒沸点的溶液常采用恒沸精馏、萃取精馏等特殊蒸馏技术（参见本章第六节）进行分离。

五、挥发度及相对挥发度

1. 挥发度

纯液体的**挥发度**是指该液体在一定温度下的饱和蒸气压。由于组分之间的相互影响，溶

液中各组分的蒸气压要比纯态时的低。溶液中某组分的挥发度可用该组分在蒸气中的分压与平衡液相中的摩尔分数之比来表示，即

$$\upsilon_A=\frac{p_A}{x_A} \tag{8-8}$$

$$\upsilon_B=\frac{p_B}{x_B} \tag{8-9}$$

式中　υ_A、υ_B——分别为溶液中组分 A 和 B 的挥发度，Pa。

对于理想溶液，将式(8-4）和式(8-5）分别代入式(8-8）和式(8-9）得

$$\upsilon_A=p_A^\circ \tag{8-10}$$

$$\upsilon_B=p_B^\circ \tag{8-11}$$

显然，溶液中各组分的挥发度均随温度而变化，应用很不方便。为此引出相对挥发度的概念。

2. 相对挥发度

溶液中易挥发组分与难挥发组分的挥发度之比，称为相对挥发度，以 α 表示，即

$$\alpha=\frac{\upsilon_A}{\upsilon_B}=\frac{\dfrac{p_A}{x_A}}{\dfrac{p_B}{x_B}}=\frac{\dfrac{Py_A}{x_A}}{\dfrac{Py_B}{x_B}}=\frac{y_Ax_B}{y_Bx_A} \tag{8-12}$$

对于理想溶液

$$\alpha=\frac{\upsilon_A}{\upsilon_B}=\frac{p_A^\circ}{p_B^\circ} \tag{8-13}$$

在式(8-13）中，虽然 p_A° 和 p_B° 均随温度而变，但两者的比值随温度的变化不大，因此，可将 α 视为常数。

对于双组分溶液，由式(8-12）得

$$\frac{y_A}{y_B}=\alpha\frac{x_A}{x_B}\text{或}\frac{y_A}{1-y_A}=\alpha\frac{x_A}{1-x_A}$$

由上式解出 y_A，并略去下标得

$$y=\frac{\alpha x}{1+(\alpha-1)x} \tag{8-14}$$

式(8-14）称为气液平衡方程式或相平衡方程式，它是用相对挥发度表示的气液平衡关系。

根据相对挥发度的大小，可以判断某混合液能否用普通精馏法来分离以及分离的难易程度。当 $\alpha>1$ 时，混合液可用普通精馏法分离，且 α 值越大，分离就越容易。当 $\alpha=1$ 时，由式(8-14）可知 $y=x$，即气相与液相的组成相同，则此混合液不能用普通精馏法来分离。

【例 8-1】 已知苯(A)与甲苯(B)的饱和蒸气压可用安托因公式计算，即

$$\lg p_A^\circ=6.031-\frac{1211}{t+220.8} \tag{a}$$

$$\lg p_B^\circ=6.080-\frac{1345}{t+219.5} \tag{b}$$

式中 p_A° 和 p_B° 的单位为 kPa，t 的单位为℃。若总压为 101.3kPa，且苯-甲苯溶液可视为理想溶液，试分别用拉乌尔定律和相对挥发度计算温度为 85℃及 100℃时的气液平衡数据。

解：①用拉乌尔定律计算气液平衡数据　当 $t=85℃$ 时，由式(a)和式(b)得

$$\lg p_A^\circ=6.031-\frac{1211}{85+220.8}=2.071$$

$$\lg p_B^\circ=6.080-\frac{1345}{85+219.5}=1.663$$

解得

$$p_A^\circ=117.8\text{kPa},p_B^\circ=46.0\text{kPa}$$

由式(8-6) 和式(8-7) 得

$$x=\frac{P-p_B^\circ}{p_A^\circ-p_B^\circ}=\frac{101.3-46.0}{117.8-46.0}=0.770$$

$$y=\frac{p_A^\circ x}{P}=\frac{117.8\times0.770}{101.3}=0.895$$

类似地，当 $t=100℃$ 时，由式(a)和式(b)解得

$$p_A^\circ=180.3\text{kPa},p_B^\circ=74.2\text{kPa}$$

由式(8-6) 和式(8-7) 得

$$x=\frac{P-p_B^\circ}{p_A^\circ-p_B^\circ}=\frac{101.3-74.2}{180.3-74.2}=0.255$$

$$y=\frac{p_A^\circ x}{P}=\frac{180.3\times0.255}{101.3}=0.454$$

② 用相对挥发度计算气液平衡数据　用相对挥发度计算气液平衡数据时，常取所涉及温度范围内的平均相对挥发度，如本题可取85℃及100℃时相对挥发度的平均值。

当 $t=85℃$ 时，相对挥发度可用式(8-13) 计算，即

$$\alpha=\frac{p_A^\circ}{p_B^\circ}=\frac{117.8}{46.0}=2.56$$

当 $t=100℃$ 时，相对挥发度为

$$\alpha=\frac{p_A^\circ}{p_B^\circ}=\frac{180.3}{74.2}=2.43$$

所以平均相对挥发度为

$$\alpha_m=\frac{2.56+2.43}{2}=2.50$$

代入式(8-14) 得气液平衡方程为

$$y=\frac{\alpha x}{1+(\alpha-1)x}=\frac{2.5x}{1+1.5x}$$

当 $t=85℃$ 时，将 $x=0.770$ 代入气液平衡方程得

$$y=\frac{2.5x}{1+1.5x}=\frac{2.5\times0.770}{1+1.5\times0.770}=0.893$$

类似地，当 $t=100℃$ 时，将 $x=0.255$ 代入气液平衡方程得

$$y=\frac{2.5x}{1+1.5x}=\frac{2.5\times0.255}{1+1.5\times0.255}=0.461$$

显然，两种计算方法所得的结果基本上是一致的。但对于双组分溶液，用相对挥发度来表示气液平衡关系较为简便。

第三节　蒸馏与精馏原理

一、简单蒸馏与平衡蒸馏

1. 简单蒸馏

简单蒸馏的工艺流程如图 8-8 所示。操作时，将原料液加入蒸馏釜，在恒定压力下加热至沸腾，使液体不断汽化，所产生的蒸气经冷凝后作为塔顶产品。设溶液的相对挥发度大于1，则在蒸馏过程中，任一时刻所产生的平衡蒸气中易挥发组分的含量要高于溶液中易挥发组分的含量。随着蒸馏过程的进行，釜内物料中易挥发组分的含量不断下降，因而所产生的蒸气中易挥发组分的含量亦不断下降。因此，产品通常是按不同的组成范围分罐收集，其最高浓度相当于初始原料液在泡点下的平衡组成，且仅有一点，而实际产品浓度是某一阶段的平均浓度。当釜液组成达到规定要求时即一次排出。显然，简单蒸馏过程是一个典型的非稳态过程。

简单蒸馏过程是一种单级分离过程。由于液体混合物仅进行一次部分汽化或冷凝，因而不能实现组分之间的完全分离，故仅适用于沸点差较大的易分离物系以及分离要求不高的场合，如多组分混合液的初步分离等。

2. 平衡蒸馏

平衡蒸馏又称为闪蒸，其工艺流程如图 8-9 所示。操作时，原料液连续输入加热器，加热至一定温度后经节流阀突然减压至规定压力，部分料液迅速汽化，产生气液两相，并在分离器中分开，从而在塔顶和塔底分别得到易挥发组分浓度较高的塔顶产品和易挥发组分浓度较低的塔底产品。

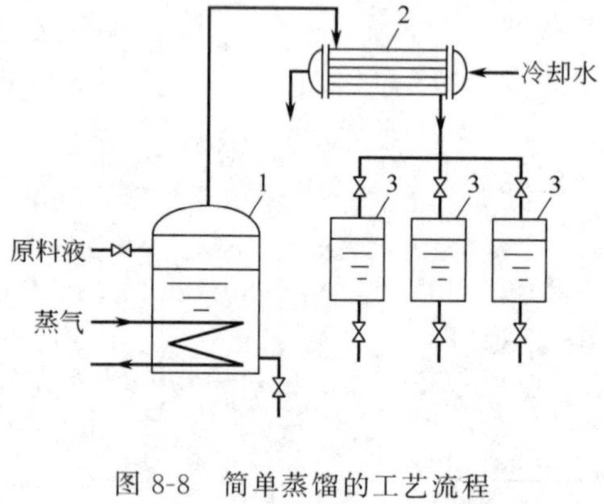

图 8-8　简单蒸馏的工艺流程

1—蒸馏釜；2—冷凝器；3—接收罐

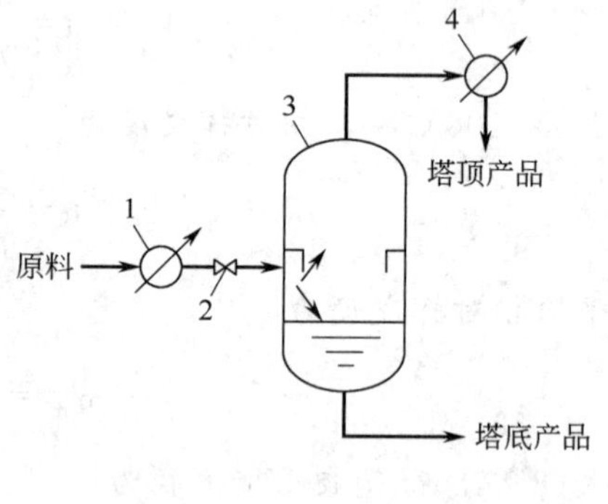

图 8-9　平衡蒸馏的工艺流程

1—加热器；2—减压阀；3—分离器；4—冷凝器

平衡蒸馏时的压力较低，溶液可在较低的温度下沸腾，且部分料液汽化所需的潜热来自液体降温所放出的显热，因而无需另行加热。蒸气与残液处于恒定压力与温度下，并呈气液平衡状态。

与简单蒸馏一样，平衡蒸馏过程也是一种单级分离过程，同样不能得到高纯组分。但与简单蒸馏相比，平衡蒸馏是一种连续稳态过程，因而生产能力较大，在石油化工等大规模工业生产中应用较为广泛。

二、精馏原理

1. 多次部分汽化和部分冷凝

在简单蒸馏或平衡蒸馏过程中，液体混合物仅进行一次部分汽化或冷凝，因而不能得到高纯组分。现将单级分离过程加以组合，形成如图 8-10 所示的多级分离流程（图中以三级为例）。组成为 x_F 的原料液首先在第一级分离器中部分汽化，所得气相的组成为 y_1，液相组成为 x_1，则 $y_1>x_F>x_1$。随后，组成为 y_1 的气相经冷凝器冷凝后，再进入第二级分离器中部分汽化，此时所得气相的组成为 y_2，液相组成为 x_2，则 $y_2>y_1>x_2$。依此类推，部分汽化的次数（级数）越多，所得气相的组成就越高，最后可得近乎纯态的易挥发组分。同理，若将各级分离所得的液相产品分别进行多次部分汽化和分离，那么级数越多，所得液相的组成就越低，最后可得近乎纯态的难挥发组分。图 8-10 未画出这一部分流程。有关气液相组成的变化情况可从图 8-11 所示的 t-y-x 图上清晰地看到。可见，同时多次地进行部分汽化和部分冷凝是使混合液得以完全分离的必要条件。

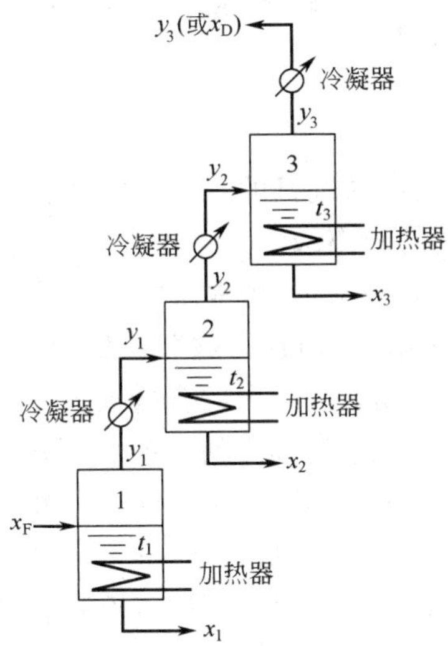

图 8-10　多次部分汽化流程

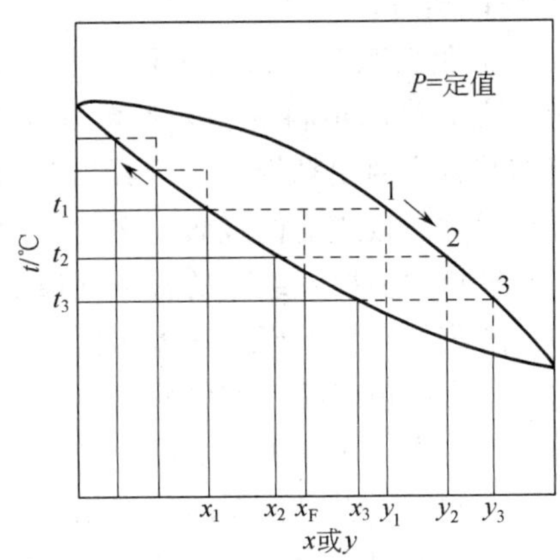

图 8-11　多次部分汽化和冷凝的 t-y-x 图

但上述流程存在明显缺陷。首先是分离过程中会产生许多中间馏分，如组成为 x_1、x_2 和 x_3 的液相产品，从而使最终产品的收率很低。其次是需要许多部分汽化器和部分冷凝器，因而设备繁多，流程复杂，且需消耗大量的加热剂和冷却剂，能量消耗很大。

如图 8-11 所示，第二级液相产品的组成 x_2 小于第一级的原料液组成 x_F，但两者较为接近，因此可将 x_2 返回与 x_F 混合。类似地，第三级液相产品的组成 x_3 小于第二级的料液组成 y_1，但两者较为接近，因此可将 x_3 返回与第二级的料液 y_1 混合……这样既消除了中间产品，又提高了最终产品的收率。由图 8-11 还可以看出，第一级气相的温度 t_1 要高于第三级液相的温度 t_3。因此，当组成为 y_1 的高温蒸气与组成为 x_3 的低温液体直接混合时，液体将被部分汽化，而蒸气则被部分冷凝，从而可省去第二级的加热器和冷凝器。由此可见，不同温度且互不平衡的气液两相直接接触时，将同时产生传热和传质的双重效果。因此，若将上一级的液相回流与下一级的气相直接接触，即可省去全部中间加热器和冷凝器，从而可将图 8-10 所示的流程演变为图 8-12 所示的流程。

综上所述，将上一级的液相回流并与下一级的气相接触，是精馏过程进行的必要条件。例如，对于第二级分离器，若既无中间加热器和冷凝器，又无液体 x_3 回流至 y_1 中，那么就不会有液体的部分汽化和蒸气的部分冷凝，第二级也就没有分离作用了。在图 8-12 所示的流程中，最上一级即第三级所产生的气相，经冷凝器冷凝后并非全部作为产品，而是将其中的一部分返回至 y_2 中，这部分返回设备的产品称为回流。因此，回流是保证精馏过程能够连续稳定操作的必要条件之一。

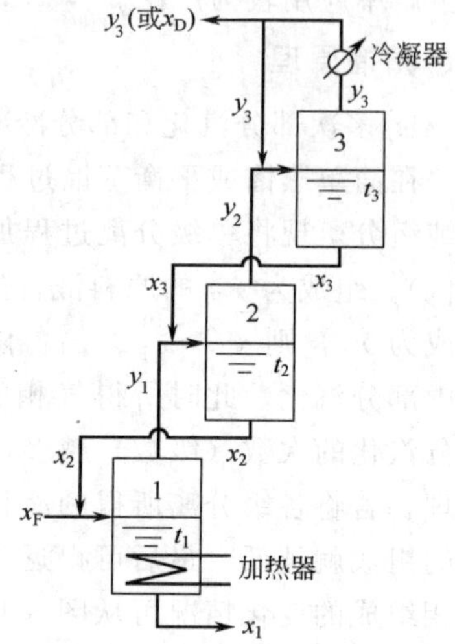

图 8-12 无中间产品及中间加热器和冷凝器的多次部分汽化流程

同理，对任一级而言，如果没有来自下一级的蒸气，而又无中间加热器和冷凝器，那么也不会有液体的部分汽化和蒸气的部分冷凝，这一级也就没有分离作用了。在图 8-12 所示的流程中，最下一级将加热器保留，以提供上升蒸气，该加热器称为再沸器。在再沸器内，液体部分汽化产生所需的上升蒸气，如同设备上部的回流一样，是保证精馏过程能够连续稳定操作的另一个必要条件。

2. 精馏塔分离过程

实际工业生产中，精馏过程是在直立的圆筒形的精馏塔内进行的，其内安装若干块塔板或充填一定高度的填料（参见本章第五节），以代替中间的分离级。

精馏装置主要由精馏塔、冷凝器和再沸器等部分组成，图 8-13 是常见的板式精馏塔连续精馏过程示意。板式塔内设置有若干块水平塔板。原料液由进料板送入精馏塔。全塔自下而上，上升气相中易挥发组分的含量逐板增加，而下降液相中易挥发组分的含量逐板降低。若板数足够，则蒸气经自下而上的多次提浓，从塔顶引出的蒸气几乎为纯净的易挥发组分，经冷凝后一部分作为塔顶产品（馏出液）引出，另一部分作为回流返回顶部塔板。同理，液体经自上而下的多次变稀，在再沸器中部分汽化后所剩的液体几乎为纯净的难挥发组分，可作为塔底产品（釜液或残液）引出，而部分汽化所得的蒸气则作为上升气相引至最底层塔板的下部。

精馏是气液两相间的传质过程，对任一块塔板而言，若缺少气相或液相，精馏过程都将无法进行。因此，塔顶回流和塔底再沸器产生的上升蒸气是保证精馏过程能够连续稳定进行的必要条件。

若某块塔板上的液体组成与原料液组成相等或相近，原料液就由此板引入，该板称为加料板，其上的部分称为精馏段，加料板及以下的部分称为提馏段。精馏段起着使原料中易挥发组分增浓的作用，而提馏段则起着回收原料中易挥发组分的作用。

当原料处理量较少时，常采用间歇精馏过程。此时可将原料一次性加入塔釜，而在操作过程中塔釜一般不出料。与连续精馏过程相比，间歇精馏塔只有精馏段而无提馏段，且釜液组成和塔顶产品组成均逐渐下降。当釜液组成降至规定组成后，精馏操作即可停止。

塔板是板式精馏塔的核心部件，是气液两相进行传热和传质的场所。图 8-14 是精馏塔内第 n 块塔板上的操作情况。图中的塔板上开有许多小孔，就像筛孔一样，故将这种塔板称为筛板，它是一种非常典型的塔板。操作时，由下一块塔板即第 $n+1$ 块塔板上升的蒸汽通过第 n 块塔板上的小孔上升，而上一块塔板即第 $n-1$ 块塔板上的液体通过降液管下降至第 n 块塔板上。在第 n 块塔板上，气液两相密切接触，进行热与质的交换。

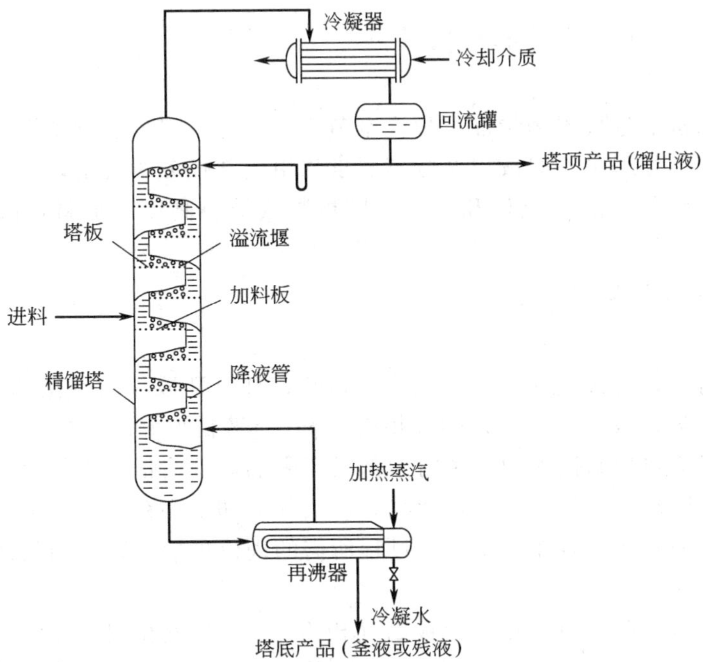

图 8-13　板式精馏塔连续精馏过程示意

第 n 块塔板上气液组成的变化情况可通过图 8-15 所示的 t-y-x 图来说明。由图可知，组成为 y_{n+1} 的气相与组成为 x_{n-1} 的液相是不平衡的，且气相的温度 t_{n+1} 要高于液相的温度 t_{n-1}。因此，当组成为 y_{n+1}、温度为 t_{n+1} 的气相与组成为 x_{n-1}、温度为 t_{n-1} 的液相在第 n 块塔板上接触时，由于存在温度差和浓度差，气相将部分冷凝，使其中的部分难挥发组分转移至液相；而气相冷凝所放出的潜热传递给液相，并使液相部分汽化，使其中的部分易挥发组分转移至气相，结果使离开第 n 块塔板的液相中易挥发组分的含量较进入该板时的要低，而离开的气相中易挥发组分的含量较进入时的要高，即 $x_n < x_{n-1}$，$y_n > y_{n+1}$。若气液两相在板上接触的时间足够长，使离开该板的气相组成 y_n 与液相组成 x_n 之间达到平衡，则这种塔板称为理论板。

08-06　蒸馏釜的加热方式

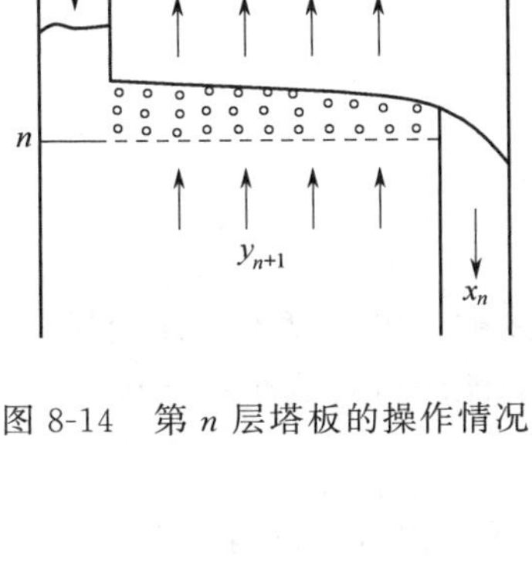

图 8-14　第 n 层塔板的操作情况

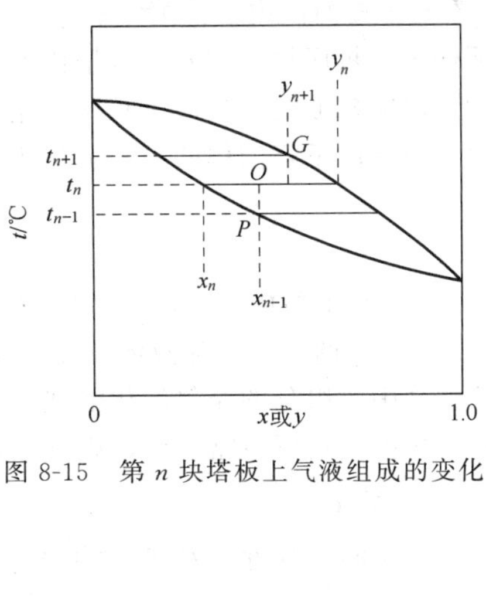

图 8-15　第 n 块塔板上气液组成的变化

第四节　双组分连续精馏塔的计算

实际生产中的蒸馏过程多为精馏过程，本节主要讨论双组分连续精馏塔的工艺计算。一般情况下，原料液的处理量、组成以及分离要求均由生产任务所规定，此时工艺计算的主要内容包括确定馏出液及釜液的流量和组成、塔板数或填料高度、加料板的位置、塔径和塔高等。

一、理论板及恒摩尔流假设

1. 理论板

对于理论板而言，塔板上的液相组成是均匀的，且离开该板的气液两相处于平衡状态。例如，对于第 n 块理论板，离开该板的气相组成 y_n 与液相组成 x_n 之间符合气液平衡关系。由于实际塔板上气液两相的接触面积和时间都是有限的，因而任何塔板上的气液两相都难以达到平衡状态，所以理论板仅是一种理想状态，实际上并不存在，但它可作为衡量实际板分离效率高低的依据和标准。若能求得精馏过程所需的理论板数，则可用板效率予以校正，从而可求得所需的实际塔板数。

若已知气液平衡关系，则离开理论板的气相组成 y_n 与液相组成 x_n 之间的关系即已确定。若还知道第 n 块塔板下降的液相组成 x_n 与下一块塔板上升蒸气的组成 y_{n+1} 之间的关系，即可逐板计算出塔内各板的气液相组成，从而可确定达到规定分离要求所需的理论板数。而液相组成 x_n 与上升蒸气组成 y_{n+1} 之间的关系可通过物料衡算求得，这种关系称为操作关系。

2. 恒摩尔流假设

精馏过程是一种非常复杂的传热和传质过程，其影响因素很多。为简化计算，常假设气液两相在塔内的流动为恒摩尔流动。

（1）恒摩尔气流　精馏过程中，精馏段内各板上升蒸气的摩尔流量均相等，提馏段内也是如此，但两段上升蒸气的摩尔流量不一定相等，即

$$V_1=V_2=\cdots=V_n=V \tag{8-15}$$

$$V'_1=V'_2=\cdots=V'_n=V' \tag{8-16}$$

式中　V——精馏段内上升蒸气的摩尔流量，$kmol\cdot h^{-1}$；

V'——提馏段内上升蒸气的摩尔流量，$kmol\cdot h^{-1}$。

下标为塔板序号。编号时以塔内最上层塔板为第 1 块塔板，然后依次向下编号。

（2）恒摩尔液流　精馏过程中，精馏段内各板下降液体的摩尔流量均相等，提馏段内也是如此，但两段下降液体的摩尔流量不一定相等，即

$$L_1=L_2=\cdots=L_n=L \tag{8-17}$$

$$L'_1=L'_2=\cdots=L'_n=L' \tag{8-18}$$

式中　L——精馏段内下降液体的摩尔流量，$kmol\cdot h^{-1}$；

L'——提馏段内下降液体的摩尔流量，$kmol\cdot h^{-1}$。

若物系中各组分的摩尔汽化潜热相等，且气液两相接触时因温度不同而交换的显热以及塔设备的热损失均可忽略不计，则气液两相在精馏塔内的流动可视为恒摩尔流动。

二、全塔物料衡算

以单位时间为基准，对图 8-16 所示的连续精馏塔进行总物料衡算得

$$F=D+W \tag{8-19}$$

式中　F——原料液流量，$kmol \cdot h^{-1}$；

D——塔顶产品（馏出液）流量，$kmol \cdot h^{-1}$；

W——塔底产品（釜液或残液）流量，$kmol \cdot h^{-1}$。

对全塔易挥发组分进行物料衡算得

$$Fx_F=Dx_D+Wx_W \tag{8-20}$$

式中　x_F——原料液中易挥发组分的摩尔分数；

x_D——馏出液中易挥发组分的摩尔分数；

x_W——釜液中易挥发组分的摩尔分数。

在式(8-19)和式(8-20)中共有6个变量，若已知其中的4个变量，即可求出另外两个变量。

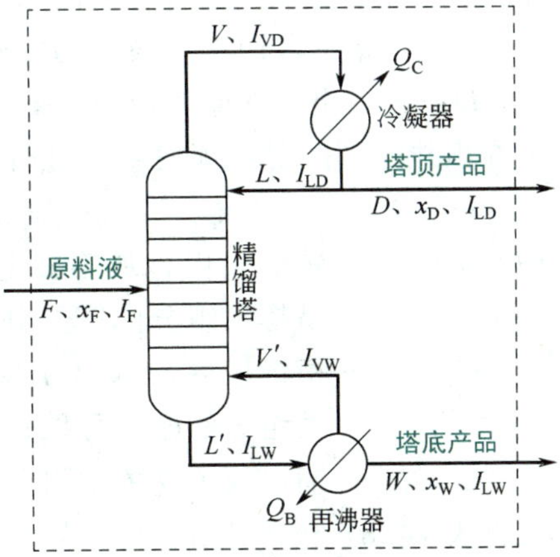

图 8-16　精馏塔的物料衡算

在精馏计算中，分离程度除用摩尔分数表示外，还可用回收率表示，其中塔顶易挥发组分的回收率为

$$\eta=\frac{Dx_D}{Fx_F}\times 100\% \tag{8-21}$$

塔底难挥发组分的回收率为

$$\eta=\frac{W(1-x_W)}{F(1-x_F)}\times 100\% \tag{8-22}$$

【例 8-2】 拟用连续精馏塔分离苯和甲苯混合液。已知混合液的进料流量为 $200kmol \cdot h^{-1}$，其中含苯0.4（摩尔分数，下同），其余为甲苯。若规定塔底釜液中苯的含量不高于0.01，塔顶馏出液中苯的回收率不低于98.5%，试计算馏出液和釜液的流量及组成。

解： 对全塔进行总物料衡算得

$$200=D+W \tag{a}$$

对苯进行物料衡算得

$$200\times 0.4=Dx_D+0.01W \tag{b}$$

由塔顶馏出液中苯的回收率得

$$\frac{Dx_D}{200\times 0.4}=0.985 \tag{c}$$

联解式(a)、式(b)和式(c)得

$$D=80kmol \cdot h^{-1}, W=120kmol \cdot h^{-1}, x_D=0.985$$

三、精馏段操作线方程

对于连续精馏塔，由于原料液不断进入塔内，故精馏段和提馏段的操作关系有所不同。假设塔内气液两相的流动均符合恒摩尔流假设，下面首先通过物料衡算导出精馏段操作线方程。

图8-17所示的虚线范围包括精馏段第 $n+1$ 块塔板以上的塔段及冷凝器在内。对虚线范围进行总物料衡算得

$$V=L+D \tag{8-23}$$

式中 V——精馏段内上升蒸气的摩尔流量，$kmol \cdot h^{-1}$；

L——精馏段内下降液体的摩尔流量，$kmol \cdot h^{-1}$；

D——馏出液的摩尔流量，$kmol \cdot h^{-1}$。

在虚线范围内对易挥发组分进行物料衡算得

$$Vy_{n+1}=Lx_n+Dx_D \tag{8-24}$$

式中 y_{n+1}——精馏段内，从第 $n+1$ 块塔板上升的蒸气中易挥发组分的摩尔分数；

x_n——精馏段内，从第 n 块塔板下降的液体中易挥发组分的摩尔分数；

x_D——馏出液中易挥发组分的摩尔分数。

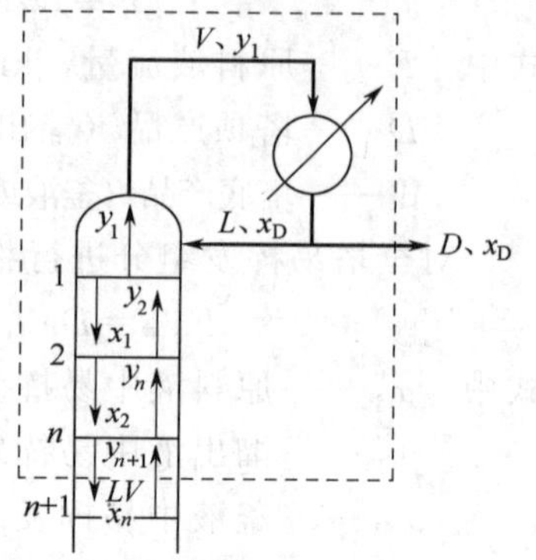

图 8-17 精馏段操作线方程的推导

将式(8-23) 代入式(8-24) 得

$$y_{n+1}=\frac{L}{L+D}x_n+\frac{D}{L+D}x_D \tag{8-25}$$

将上式等号右边两项的分子和分母同除以 D，并令$\frac{L}{D}=R$ 得

$$y_{n+1}=\frac{R}{R+1}x_n+\frac{x_D}{R+1} \tag{8-26}$$

式中 R——回流比，无因次。

式(8-25) 和式(8-26) 均称为精馏段操作线方程或 R 线方程，它表示在一定的操作条件下，精馏段内自任意第 n 块塔板下降的液相组成 x_n 与自相邻的下一块塔板，即第 $n+1$ 块塔板，上升的蒸气组成 y_{n+1} 之间的关系。根据恒摩尔流假设，L 及 V 均为常数。对于连续稳态操作，D 为定值，故 R 也为定值，其值一般由设计者选定。因此，将 R 线方程标绘于直角坐标系中，可得一条直线，其斜率为$\frac{R}{R+1}$，截距为$\frac{x_D}{R+1}$。

若塔顶蒸气在冷凝器中全部冷凝为液体，则该冷凝器称为**全凝器**，其冷凝液一部分回流入塔，一部分作为产品引出。若冷凝液在泡点温度下回流入塔，则称为**泡点回流**。

由回流比 R 的定义可知

$$L=RD \tag{8-27}$$

对全凝器进行物料衡算得

$$V=L+D=(R+1)D \tag{8-28}$$

可见，当操作达到稳态时，精馏段下降的液体量及上升的蒸气量均取决于回流比 R。

四、提馏段操作线方程

图 8-18 所示的虚线范围包括提馏段第 m 块塔板以下的塔段及再沸器在内。对虚线范围进行总物料衡算得

$$L'=V'+W \tag{8-29}$$

式中 L'——提馏段内下降液体的摩尔流量，$kmol \cdot h^{-1}$；

V'——提馏段内上升蒸气的摩尔流量，$kmol \cdot h^{-1}$；

W——釜液的摩尔流量，$kmol \cdot h^{-1}$。

在虚线范围内对易挥发组分进行物料衡算得

$$L'x_m=V'y_{m+1}+Wx_W \tag{8-30}$$

式中　x_m——提馏段内，从第 m 块塔板下降的液体中易挥发组分的摩尔分数；

y_{m+1}——提馏段内，从第 $m+1$ 块塔板上升的蒸气中易挥发组分的摩尔分数；

x_W——釜液中易挥发组分的摩尔分数。

由式(8-30) 得

$$y_{m+1}=\frac{L'}{V'}x_m-\frac{W}{V'}x_W \tag{8-31}$$

由式(8-29) 解出 V'，并代入式(8-31) 得

$$y_{m+1}=\frac{L'}{L'-W}x_m-\frac{W}{L'-W}x_W \tag{8-32}$$

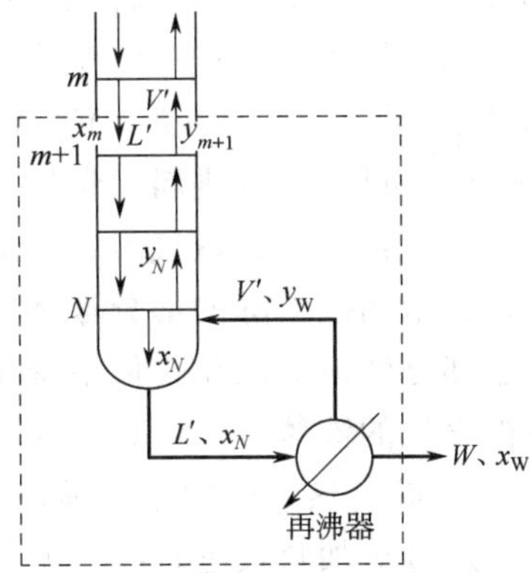

图 8-18　提馏段操作线方程的推导

式(8-31) 和式(8-32) 均称为提馏段操作线方程或 S 线方程，它表示在一定的操作条件下，提馏段内自任意第 m 块塔板下降的液相组成 x_m 与自相邻的下一块塔板，即第 $m+1$ 块塔板，上升的蒸气组成 y_{m+1} 之间的关系。根据恒摩尔流假设，L'及 V'均为常数。对于连续稳态操作，W 和 x_W 均为定值。因此，将 S 线方程标绘于直角坐标系中，也可得到一条直线。

五、进料热状况和进料方程

1. 进料热状况的定性分析

在实际生产中，加入精馏塔中的物料可能有 5 种不同的热状况：①温度低于泡点的冷液体；②温度等于泡点的饱和液体；③温度介于泡点和露点之间的气液混合物；④温度等于露点的饱和蒸气；⑤温度高于露点的过热蒸气。

进料热状况对进料板上升的蒸气量及下降的液体量均有显著的影响。图 8-19 定性表示了不同进料热状况下，由进料板上升的蒸气量及下降的液体量的变化情况。

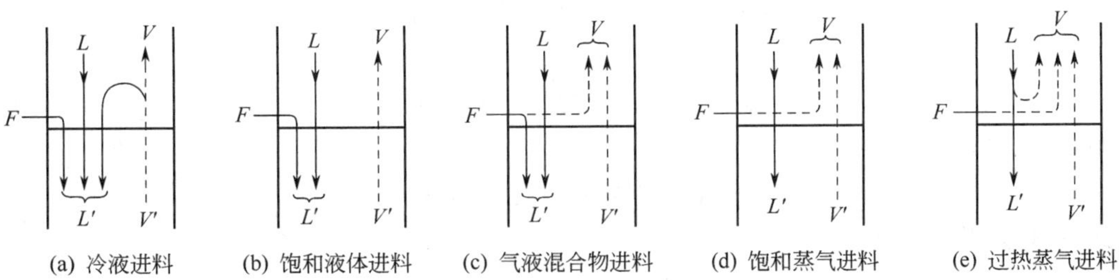

图 8-19　进料热状况对进料板的上升蒸气量及下降液体量的影响

（1）冷液进料　提馏段内的回流液体量 L'由 3 部分组成：①原料液量；②精馏段的回流液体量；③为将原料液的温度加热至板上液体的温度，自提馏段上升的部分蒸气将被冷凝下来，其冷凝液也成为提馏段内回流液体的一部分。由于这部分蒸气的冷凝，使上升至精馏段的蒸气量必然要少于提馏段的上升蒸气量，其差额即为被冷凝的蒸气量。可见，对于冷液进料，$L'>L+F$，$V<V'$。

（2）饱和液体进料　由于原料液的温度与板上液体的温度相等，故原料液将全部进入提馏段，成为提馏段内回流液体的一部分，而两段上升蒸气的摩尔流量相等，即 $L'=L+F$，$V=V'$。

（3）气液混合物进料　则进料中的液相部分将成为提馏段内回流液体的一部分，而气相

部分则成为精馏段内上升蒸气的一部分，所以$L'>L$，$V>V'$。

（4）饱和蒸气进料　整个进料将成为精馏段内上升蒸气的一部分，而两段下降液体的摩尔流量相等，即$L'=L$，$V=V'+F$。

（5）过热蒸气进料　情况与冷液进料正好相反。此时，精馏段内的上升蒸气量V由三部分组成：①进料蒸气量；②提馏段的上升蒸气量；③为将过热蒸气冷却至板上蒸气的温度，自精馏段下降的部分液体将被汽化，其汽化蒸气也成为精馏段内上升蒸气的一部分。由于这部分液体的汽化，使下降至提馏段的液体量必然要少于精馏段的下降液体量，其差额即为被汽化的液体量。可见，对于过热蒸气进料，$L'<L$，$V>V'+F$。

2. 进料热状况的定量描述

通过对加料板进行物料衡算和热量衡算，可获得精馏塔内两段的上升蒸气及下降液体流量与进料热状况之间的定量关系。

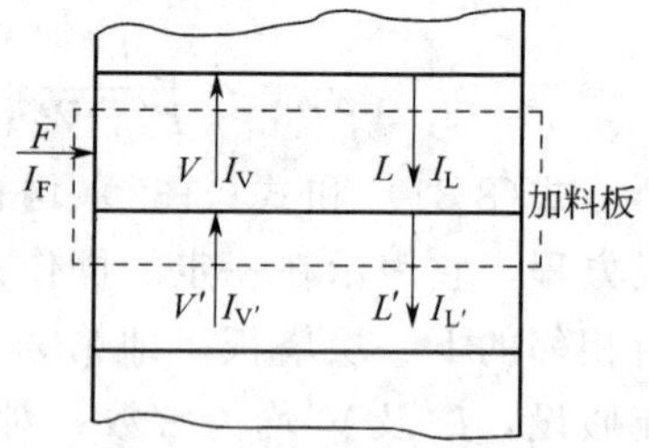

图 8-20　加料板上的物料衡算和能量衡算

如图 8-20 所示，对加料板进行总物料衡算得

$$F+V'+L=V+L' \tag{8-33}$$

对加料板进行热量衡算得

$$FI_F+V'I_{V'}+LI_L=VI_V+L'I_{L'} \tag{8-34}$$

式中　I_F——原料液的焓，$kJ \cdot kmol^{-1}$；

I_V、$I_{V'}$——分别为加料板上、下处饱和蒸气的焓，$kJ \cdot kmol^{-1}$；

I_L、$I_{L'}$——分别为加料板上、下处饱和液体的焓，$kJ \cdot kmol^{-1}$。

由于塔内的液体和蒸气均处于饱和状态，且加料板上、下处的温度及气、液相组成各自均较为接近，因此

$$I_V \approx I_{V'}, I_L \approx I_{L'}$$

于是，式(8-34) 可改写为

$$FI_F+V'I_V+LI_L=VI_V+L'I_L$$

即

$$(V-V')I_V=FI_F-(L'-L)I_L \tag{8-35}$$

由式(8-33) 得

$$V-V'=F-(L'-L)$$

代入式(8-35) 并整理得

$$\frac{I_V-I_F}{I_V-I_L}=\frac{L'-L}{F} \tag{8-36}$$

令

$$q=\frac{I_V-I_F}{I_V-I_L}\approx\frac{\text{将 1kmol 进料液变为饱和蒸气所需的热量}}{\text{进料液的千摩尔汽化潜热}} \tag{8-37}$$

式中　q——进料热状况参数，无因次。

由式(8-36) 和式(8-37) 得

$$q=\frac{L'-L}{F} \tag{8-38}$$

式(8-38) 表明，当进料量$F=1kmol \cdot h^{-1}$时，提馏段内下降的液体较精馏段内下降的液体所增加的量即为q值。因此，对于饱和液体、气液混合物及饱和蒸气三种进料而言，q

值即为进料中的液相分数。

由式(8-38) 得

$$L'=L+qF \tag{8-39}$$

代入式(8-33) 得

$$V=V'-(q-1)F \tag{8-40}$$

式(8-39) 和式(8-40) 表明，引入进料热状况参数 q 后，即可定量描述由进料板下降的液体量及上升的蒸气量。

(1) 冷液进料　由于 $I_F<I_L$，因此 $q>1$。此时由进料板下降的液体量及上升的蒸气量可分别用式(8-39) 和式(8-40) 计算，其中 q 值可按下式计算

$$q=\frac{I_V-I_F}{I_V-I_L}=\frac{(I_V-I_L)+(I_L-I_F)}{I_V-I_L}=1+\frac{C_{pm}(t_B-t_F)}{r_m} \tag{8-41}$$

式中　C_{pm}——进料液的平均定压比热，$kJ\cdot kmol^{-1}\cdot ℃^{-1}$；

r_m——进料液的汽化潜热，$kJ\cdot kmol^{-1}$；

t_B——进料液的沸点或泡点，℃；

t_F——进料液的温度，℃。

(2) 饱和液体进料　饱和液体进料又称为泡点进料。由于 $I_F=I_L$，因此 $q=1$。此时 $L'=L+F$，$V=V'$。

(3) 气液混合物进料　由于 $I_L<I_F<I_V$，因此 $0<q<1$。此时由进料板下降的液体量及上升的蒸气量可分别用式(8-39) 和式(8-40) 计算。

(4) 饱和蒸气进料　饱和蒸气进料又称为露点进料。由于 $I_F=I_V$，因此 $q=0$。此时 $L'=L$，$V=V'+F$。

(5) 过热蒸气进料　由于 $I_F>I_V$，因此 $q<0$。此时由进料板下降的液体量及上升的蒸气量可分别用式(8-39) 和式(8-40) 计算，其中 q 值可按下式计算

$$q=\frac{I_V-I_F}{I_V-I_L}=\frac{I_V-I_V-(I_F-I_V)}{I_V-I_L}=-\frac{I_F-I_V}{I_V-I_L}=-\frac{C_{pm}(t_F-t_B)}{r_m} \tag{8-42}$$

式中　C_{pm}——进料蒸气的平均定压比热，$kJ\cdot kmol^{-1}\cdot ℃^{-1}$。

此外，引入进料热状况参数 q 后，也给提馏段操作线方程的计算带来了方便。将式(8-39) 代入式(8-32) 得

$$y_{m+1}=\frac{L+qF}{L+qF-W}x_m-\frac{W}{L+qF-W}x_W \tag{8-43}$$

对于特定的操作条件而言，式(8-43) 中的 L、F、W、x_W 及 q 均为已知值或易于确定的值。将提馏段操作线标绘于直角坐标系中，所得直线的斜率为 $\frac{L+qF}{L+qF-W}$，截距为 $-\frac{Wx_W}{L+qF-W}$。

3. 进料方程

进料方程又称为 q 线方程，它是描述精馏段与提馏段操作线交点轨迹的方程，因此该方程可由式(8-24) 和式(8-30) 导出。在交点处，式(8-24) 和式(8-30) 中的变量相同，故可略去式中变量的上、下标，从而有

$$Vy=Lx+Dx_D$$

$$L'x=V'y+Wx_W$$

以上两式相减并整理得

$$(V'-V)y=(L'-L)x-(Dx_D+Wx_W)$$

将式(8-20)、式(8-39) 和式(8-40) 代入上式并整理得

$$y=\frac{q}{q-1}x-\frac{x_F}{q-1} \tag{8-44}$$

式(8-44) 称为进料方程或 q 线方程，该方程也是线性方程，将其标绘于直角坐标系中，可得一条直线，直线的斜率为$\frac{q}{q-1}$，截距为$-\frac{x_F}{q-1}$。

将 $x=x_F$ 代入式(8-44) 得 $y=x_F$。可见，q 线必经过对角线上的点（x_F，x_F），如图 8-21 中的 e 点所示。过 e 点作斜率为$\frac{q}{q-1}$的直线，即得 q 线，如图中的 ef 线所示。显然，q 线的斜率随进料热状况的不同而不同。当进料组成一定时，进料热状况对 q 线的影响如图 8-21 和表 8-1 所示。

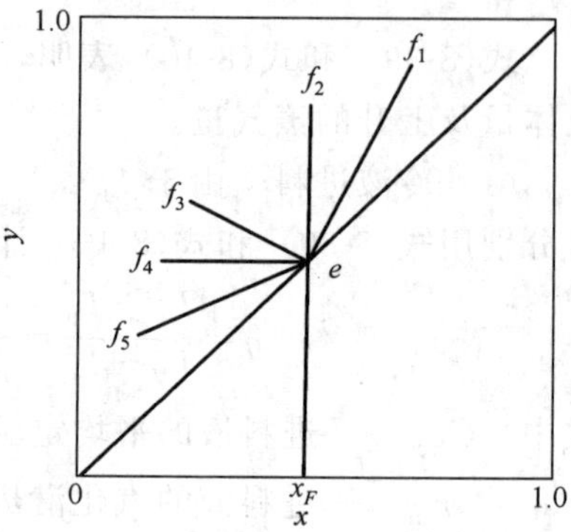

图 8-21 进料热状况对 q 线的影响

表 8-1 进料热状况对 q 线的影响

进料热状况	进料的焓(I_F)	q 值	q 线的斜率	q 线在 y-x 图上的位置
冷液体	$I_F<I_L$	>1	+	ef_1(↗)
饱和液体	$I_F=I_L$	1	∞	ef_2(↑)
气液混合物	$I_L<I_F<I_V$	$0<q<1$	−	ef_3(↖)
饱和蒸气	$I_F=I_V$	0	0	ef_4(←)
过热蒸气	$I_F>I_V$	<0	+	ef_5(↙)

【例 8-3】 在例 8-2 中，已知塔顶冷凝器为全凝器，泡点进料，泡点回流，操作回流比 $R=3.5$，平均相对挥发度 $\alpha=2.5$，试确定：①精馏段操作线方程，并说明其斜率和截距；②第二块塔板上升蒸气的组成 y_2；③提馏段操作线方程，并说明其斜率和截距；④精馏段内上升蒸气的流量 V 及下降液体的流量 L；⑤提馏段内上升蒸气的流量 V' 及下降液体的流量 L'。

解：由例 8-2 可知，$F=200\text{kmol}\cdot\text{h}^{-1}$，$D=80\text{kmol}\cdot\text{h}^{-1}$，$W=120\text{kmol}\cdot\text{h}^{-1}$，$x_D=0.985$，$x_W=0.01$。

① 精馏段操作线方程 将 $R=3.5$ 及 $x_D=0.985$ 代入式(8-26) 得

$$y_{n+1}=\frac{R}{R+1}x_n+\frac{x_D}{R+1}=\frac{3.5}{3.5+1}x_n+\frac{0.985}{3.5+1}=0.78x_n+0.219$$

该直线的斜率为 0.78，截距为 0.219。

② 第二块塔板上升蒸气的组成 y_2 由于塔顶冷凝器为全凝器，故离开第一块塔板的蒸气组成为 x_D，即

$$y_1=x_D=0.985$$

根据理论板的概念，离开第一块塔板的液相组成 x_1 与气相组成 y_1 之间符合平衡关系。将 $\alpha=2.5$ 代入式(8-14) 得

$$y=\frac{\alpha x}{1+(\alpha-1)x}=\frac{2.5x}{1+(2.5-1)x}=\frac{2.5x}{1+1.5x}$$

所以

$$0.985=\frac{2.5x_1}{1+1.5x_1}$$

解得

$$x_1=0.963$$

离开第一块塔板的液相组成 x_1 与第二块塔板的上升蒸气组成 y_2 之间符合操作关系。由精馏段操作线方程得

$$y_2=0.78x_1+0.219=0.78\times0.963+0.219=0.970$$

③ 提馏段操作线方程　由于是泡点进料，故 $q=1$。将 $D=80\text{kmol}\cdot\text{h}^{-1}$ 及 $R=3.5$ 代入式(8-27) 得

$$L=RD=3.5\times80=280\text{kmol}\cdot\text{h}^{-1}$$

将 $F=200\text{kmol}\cdot\text{h}^{-1}$、$W=120\text{kmol}\cdot\text{h}^{-1}$、$L=280\text{kmol}\cdot\text{h}^{-1}$、$q=1$ 及 $x_W=0.01$ 代入式(8-43) 得

$$y_{m+1}=\frac{L+qF}{L+qF-W}x_m-\frac{W}{L+qF-W}x_W$$

$$=\frac{280+1\times200}{280+1\times200-120}x_m-\frac{120}{280+1\times200-120}\times0.01$$

$$=1.333x_m-0.00333$$

该直线的斜率为 1.333，截距为-0.00333。

④ 精馏段内上升蒸气的流量 V 及下降液体的流量 L　由③可知，$L=280\text{kmol}\cdot\text{h}^{-1}$。由式(8-28) 得

$$V=(R+1)D=(3.5+1)\times80=360\text{kmol}\cdot\text{h}^{-1}$$

⑤ 提馏段内上升蒸气的流量 V' 及下降液体的流量 L'　因为是泡点进料，所以

$$V'=V=360\text{kmol}\cdot\text{h}^{-1}$$

或由式(8-40) 得

$$V'=V+(q-1)F=360+(1-1)\times200=360\text{kmol}\cdot\text{h}^{-1}$$

由式(8-39) 得

$$L'=L+qF=280+1\times200=480\text{kmol}\cdot\text{h}^{-1}$$

六、理论板数的确定

对于给定的分离任务，利用气液平衡关系和操作关系（操作线方程），通过逐板计算法或图解法可确定达到规定分离要求所需的理论板数。

1. 逐板计算法

如图 8-22 所示，塔顶采用全凝器，泡点进料，泡点回流。由于从塔顶第一块塔板上升的蒸气进入冷凝器后被全部冷凝，因此塔顶馏出液组成及回流液组成均与第一块塔板的上升蒸气组成相同，即 $y_1=x_D$。显然，全凝器无分离作用。

由于离开每块理论板的气液两相互成平衡，故可用气液平衡关系即式(8-14)，由 y_1 求

得 x_1。由于自第一块理论板下降的液体组成 x_1 与自第二块理论板上升的蒸气组成 y_2 之间符合操作关系，故可用精馏段操作线方程即式(8-26)，由 x_1 求得 y_2。

同理，y_2 与 x_2 互成平衡，可用气液平衡关系由 y_2 求得 x_2，再用精馏段操作线方程由 x_2 求得 y_3，如此重复计算，直至计算到 $x_n \leqslant x_F$（仅指泡点进料的情况）时，说明第 n 块理论板已是加料板。计算过程中，每使用一次平衡关系，即表示需要一块理论板，故精馏段所需的理论板数为（$n-1$）。

此后，改用提馏段操作线方程，继续采用上述方法计算提馏段所需的理论板数。加料板是指提馏段的第一块理论板。为区分提馏段和精馏段的气液相组成，这时用 x_1'表示加料板下降的液体组成，用 x_2'和 y_2'分别表示提馏段第二块板下降的液体组成和上升的蒸气组成。由于 $x_1'=x_n$，故可用提馏段操作线方程即式(8-43) 求得 y_2'，然后再用气液平衡关系求得 x_2'，如此重复计算，直至计算到 $x_m \leqslant x_W$ 为止。对于间接加热的再沸器，其内的气液两相可视为平衡，即再沸器相当于一块理论板，故提馏段所需的理论板数为（$m-1$）。

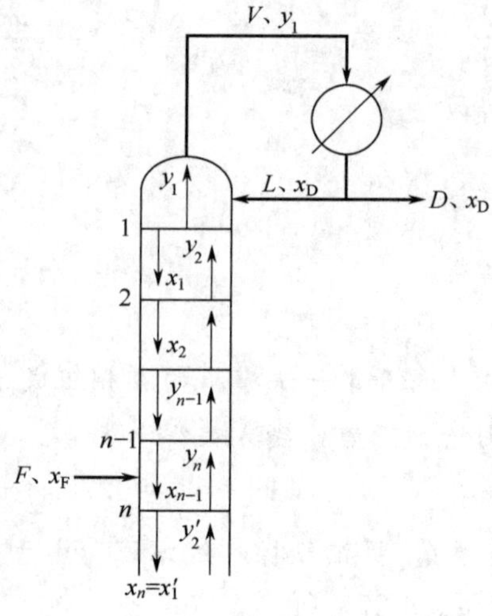

图 8-22 逐板计算法示意

因此，对于给定的分离任务和分离要求，所需的总理论板数为

$$N_T=(n-1)+(m-1)=n+m-2 \tag{8-45}$$

式中 N_T——总理论板数（不含釜）。

逐板计算法是求解理论板数的基本方法，计算结果准确，且可同时获得各块塔板上的气液相组成。但该法较为繁琐，手算较为困难，目前多借助于计算机求解。

2. 图解法

图解法确定理论板数的基本原理与逐板计算法完全相同，只不过是用平衡曲线和操作线分别代替了平衡方程和操作线方程，用简单的图解法代替繁杂的计算而已。虽然图解法的准确性较差，但因其简便，因而在两组分精馏计算中仍被广泛采用。

（1）操作线的作法

① 精馏段操作线的作法　若略去变量的下标，则精馏段操作线方程(8-26) 可简化为

$$y=\frac{R}{R+1}x+\frac{x_D}{R+1} \tag{8-46}$$

对角线方程为

$$y=x \tag{8-47}$$

由式(8-46) 和式(8-47) 联立求解得精馏段操作线与对角线的交点坐标为（x_D，x_D），如图 8-23 中的 a 点所示。精馏段操作线在 y 轴上的截距为$\frac{x_D}{R+1}$，过 a 点作截距为$\frac{x_D}{R+1}$的直线即得精馏段操作线，如图中的 ab 线所示。

此外，精馏段操作线的斜率为$\frac{R}{R+1}$，过 a 点作斜率为$\frac{R}{R+1}$的直线，同样可得精馏段操作线。

② 提馏段操作线的作法　若略去变量的下标，则提馏段操作线方程(8-43) 可简化为

$$y=\frac{L+qF}{L+qF-W}x-\frac{W}{L+qF-W}x_W \tag{8-48}$$

将式(8-48)与对角线方程(8-47)联立求解，得提馏段操作线与对角线的交点坐标为(x_w，x_w)，如图8-23中的c点所示。由于提馏段操作线的截距往往很小，因此代表截距的点与交点c之间的距离可能很小，故作图不易准确。若利用斜率$\frac{L+qF}{L+qF-W}$作图，不仅比较麻烦，而且在图上不能直接反映出进料热状况的影响。为此，可先找出提馏段操作线与精馏段操作线的交点，然后将此交点与c点相连即得提馏段操作线。

将进料方程(8-44)与对角线方程(8-47)联立求解，得交点坐标为(x_F，x_F)，如图8-23中的e点所示。过e点作斜率为$\frac{q}{q-1}$的直线即得q线，如图中的ef线所示，该线与精馏段操作线相交于d点，将d点与c点相连即得提馏段操作线，如图中的cd线所示。

(2) 图解方法　图解法求理论板数可按下列步骤进行。

① 作平衡曲线和对角线　在直角坐标纸上绘出待分离双组分物系的y-x图，并作出对角线，如图8-24所示。

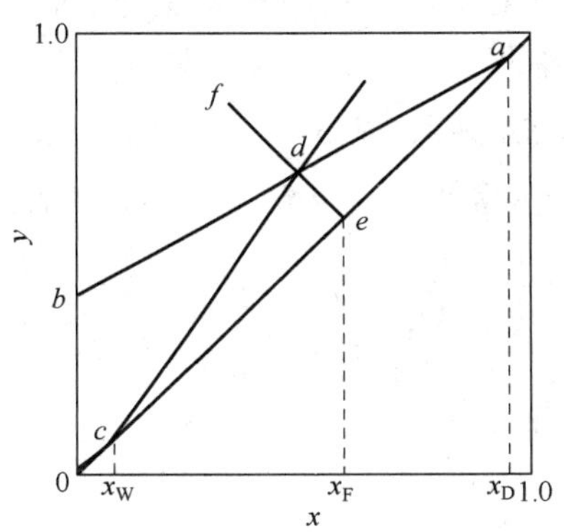

图8-23　操作线的作法

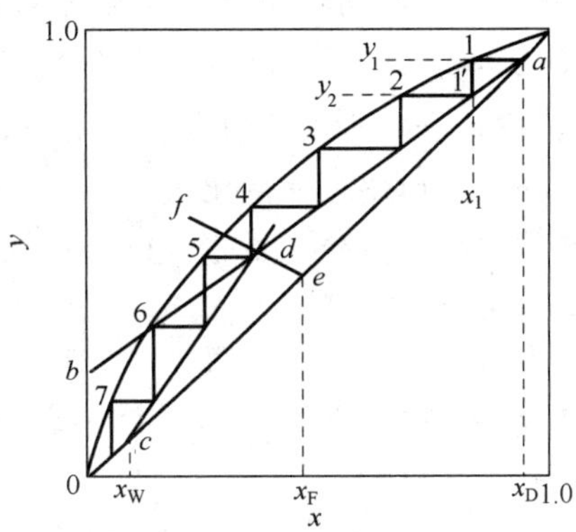

图8-24　图解法求理论板数

② 作精馏段操作线　作垂直线$x=x_D$，交对角线于a点。过a点作截距为$\frac{x_D}{R+1}$的直线，得精馏段操作线ab。

③ 作进料线　作垂直线$x=x_F$，交对角线于e点。过e点作斜率为$\frac{q}{q-1}$或截距为$-\frac{x_F}{q-1}$的直线，得进料线ef，该线与精馏段操作线相交于d点。

④ 作提馏段操作线　作垂直线$x=x_W$，交对角线于c点。连接c、d两点即得提馏段操作线cd。

⑤ 画直角梯级，求理论板数　从a点开始，在精馏段操作线与平衡线之间绘制由水平线和铅垂线构成的梯级。当梯级跨过两操作线的交点d时，则改在提馏段操作线与平衡线之间绘制梯级，直至梯级的铅垂线达到或跨过c点为止。

每一个梯级均代表一块理论板。现以第一个梯级为例，对此作简要分析。图中a点表示第一块理论板的上升蒸气组成$y_1=x_D$。由a点引水平线交平衡线于点1，则点1表示气相组成y_1与液相组成x_1互成平衡。因此，引水平线相当于逐板计算法中使用了一次平衡关系，即由 y_1 计算 x_1。再由点 1 引铅垂线交精馏段操作线于点 1′，则点 1′表示自第一块理论板下降的液相组成 x_1 与自第二块理论板上升的气相组成 y_2 之间互成操作关系。因此，引铅垂线相当于逐板计算法中使用了一次操作关系，即由 x_1 计算 y_2。

不难看出，经过第一个梯级后，组成为 x_D 的液相与组成为 y_2 的气相接触后，气相浓度由 y_2 增大至 y_1，其增大程度可由线段 11′的长度来表示；液相浓度由 x_D 减小至 x_1，其减小程度可由线段 a1 的长度来表示。可见，第一个梯级即相当于第一块理论板。依此类推，每一个梯级均相当于一块理论板。图 8-24 中共有 7 个梯级，其中的第 4 级跨过 d 点，表示第 4 块塔板为加料板，故精馏段的理论板数为 3。由于再沸器相当于一块理论板，故提馏段的理论板数亦为 3。可见，该精馏过程共需 6 块理论板（不包括再沸器）。

有时自塔顶引出的蒸气先在分凝器中部分冷凝，冷凝液作为回流，而未冷凝的蒸气再用全凝器冷凝，冷凝液作为产品。由于分凝器中的气液两相互成平衡，故分凝器也相当于一块理论板。此时，精馏段的理论板数应为相应的梯级数减去 1。

由图 8-21 和图 8-24 可知，当其他条件不变时，q 的值越小，两操作线的交点就越接近于平衡线，因而绘出的梯级数就越多，即所需的理论板数越多。

【例 8-4】 拟用连续精馏法分离正戊烷和正己烷的混合液。已知正戊烷与正己烷的相对挥发度 $\alpha=2.92$，进料热状况参数 $q=1.2$，进料液中正戊烷的含量 $x_F=0.4$（摩尔分数，下同），馏出液中正戊烷的含量 $x_D=0.98$，釜液中正戊烷的含量 $x_W=0.03$。若塔顶采用全凝器，泡点回流，回流比 $R=2.5$，试用图解法确定所需的理论板数及加料板位置。

解：①作平衡线 将 $\alpha=2.92$ 代入平衡线方程(8-14) 得

$$y=\frac{\alpha x}{1+(\alpha-1)x}=\frac{2.92x}{1+(2.92-1)x}=\frac{2.92x}{1+1.92x}$$

取一系列的 x 值，由上式计算出相应的 y 值，从而可在直角坐标系中绘出 y-x 曲线，即平衡线，如图 8-25 所示。

② 作精馏段操作线 将 $R=2.5$，$x_D=0.98$ 代入精馏段操作线方程(8-26) 得

$$y_{n+1}=\frac{R}{R+1}x_n+\frac{x_D}{R+1}=\frac{2.5}{2.5+1}x_n+\frac{0.98}{2.5+1}=0.714x_n+0.28$$

在 y-x 图上作垂直线 $x=0.98$，交对角线于 a 点。过 a 点作截距为 0.28 的直线，得精馏段操作线 ab。

③ 作进料线 将 $q=1.2$ 及 $x_F=0.4$ 代入进料方程(8-44) 得

$$y=\frac{q}{q-1}x-\frac{x_F}{q-1}=\frac{1.2}{1.2-1}x-\frac{0.4}{1.2-1}=6x-2$$

在 y-x 图上作垂直线 $x=0.4$，交对角线于 e 点。过 e 点作斜率为 6 的直线，得进料线 ef，该线与精馏段操作线相交于 d 点。

④ 作提馏段操作线 在 y-x 图上作垂直线 $x=0.03$，交对角线于 c 点。连接 c、d 两点得提馏段操作线 cd。

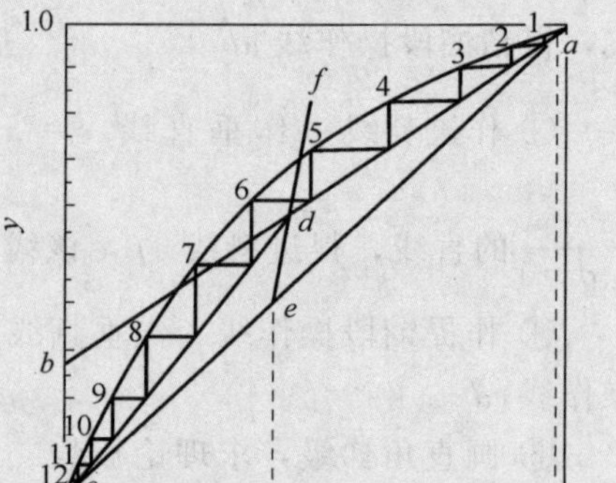

图 8-25 例 8-4 附图

⑤ 确定理论板数和加料板位置　由 a 点开始在精馏段操作线与平衡线之间绘制直角梯级，至第 6 个梯级的水平线跨过 d 点后，改在提馏段操作线与平衡线之间继续绘制直角梯级，直至第 11 个梯级的水平线跨过 c 点为止。可见，完成该分离任务共需 11 块理论板（含再沸器），其中精馏段需 5 块理论板，提馏段需 5 块理论板（不含再沸器），第 6 块板为加料板，第 11 块板为再沸器。

七、回流比的影响与选择

精馏与简单蒸馏的区别就在于精馏有回流，回流比的大小对精馏塔的设计与操作有着重要的影响。增大回流比，两操作线将向对角线移动，达到规定分离任务所需的理论板数将减少。但另一方面，当塔顶产品量一定时，回流比增大，塔顶上升蒸气量必然要增加，这不仅要增加冷却剂和加热剂的消耗，而且精馏塔的塔径、再沸器及冷凝器的传热面积都将相应地增加。因此，回流比是影响精馏塔投资费用和操作费用的重要因素。

1. 全回流和最少理论板数

若塔顶上升蒸气经冷凝后全部回流至塔内，这种方式称为**全回流**。全回流操作时，全部物料都在塔内循环，既无进料，又无出料，因而全塔无精馏段和提馏段之分。

全回流时的回流比为

$$R=\frac{L}{D}=\frac{L}{0}=\infty \tag{8-49}$$

显然，全回流时的回流比为最大回流比。

全回流时，精馏段操作线方程即为全塔操作线方程。由精馏段操作线方程（8-26）得

$$y_{n+1}=\frac{R}{R+1}x_n+\frac{x_D}{R+1}=x_n \tag{8-50}$$

可见，对于全回流操作，全塔操作线与对角线重合。此时，在平衡线与对角线之间绘制直角梯级，其跨度最大，所需的理论板数最少，如图 8-26 所示。

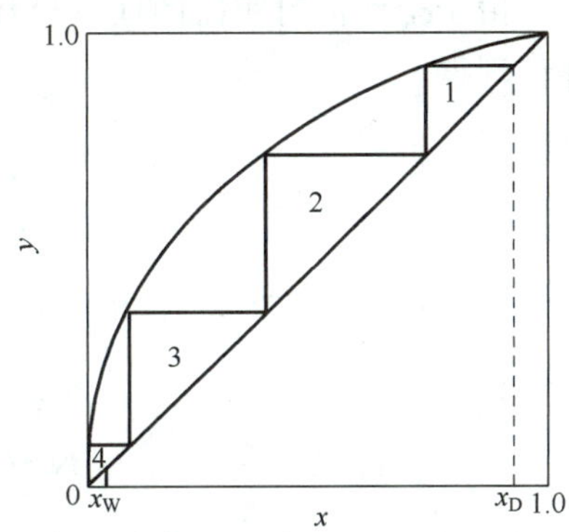

图 8-26　全回流时的理论板数

全回流时的最少理论板数常以 N_{min} 表示，可用逐板计算法或图解法求得。此外，对于理想溶液，N_{min} 还可用芬斯克方程计算。下面简要介绍芬斯克方程的推导过程。

全回流时的操作线方程可用式(8-50）表示。若气液平衡关系可用式(8-12）表示，则第 n 块理论板的气液平衡关系为

$$\left(\frac{y_A}{y_B}\right)_n=\alpha_n\left(\frac{x_A}{x_B}\right)_n \tag{8-51}$$

若塔顶采用全凝器，则

$$y_1=x_D \text{ 或 } \left(\frac{y_A}{y_B}\right)_1=\left(\frac{x_A}{x_B}\right)_D$$

对于第 1 块理论板，由气液平衡关系式(8-51）得

$$\left(\frac{y_A}{y_B}\right)_1=\alpha_1\left(\frac{x_A}{x_B}\right)_1$$

在第 1 块塔板和第 2 块塔板之间应用操作线方程式(8-50) 得

$$y_{A2}=x_{A1} \text{ 及 } y_{B2}=x_{B1} \text{ 或} \left(\frac{y_A}{y_B}\right)_2=\left(\frac{x_A}{x_B}\right)_1$$

所以

$$\left(\frac{x_A}{x_B}\right)_D=\left(\frac{y_A}{y_B}\right)_1=\alpha_1\left(\frac{y_A}{y_B}\right)_2$$

同理，第 2 块理论板的气液平衡关系为

$$\left(\frac{y_A}{y_B}\right)_2=\alpha_2\left(\frac{x_A}{x_B}\right)_2$$

所以

$$\left(\frac{x_A}{x_B}\right)_D=\alpha_1\left(\frac{y_A}{y_B}\right)_2=\alpha_1\alpha_2\left(\frac{x_A}{x_B}\right)_2$$

若将再沸器视为第 $N+1$ 块理论板，重复上述计算过程，直至再沸器为止，则可得

$$\left(\frac{x_A}{x_B}\right)_D=\alpha_1\alpha_2\cdots\alpha_{N+1}\left(\frac{x_A}{x_B}\right)_W$$

令

$$\alpha_m=\sqrt[N+1]{\alpha_1\alpha_2\cdots\alpha_{N+1}}$$

则

$$\left(\frac{x_A}{x_B}\right)_D=\alpha_m^{N+1}\left(\frac{x_A}{x_B}\right)_W$$

由于全回流时所需的理论板数为 $N_{\min}$，故用 $N_{\min}$ 代替上式中的 N。将上式两边取对数并整理得

$$N_{\min}+1=\frac{\lg\left[\left(\frac{x_A}{x_B}\right)_D\left(\frac{x_B}{x_A}\right)_W\right]}{\lg\alpha_m} \tag{8-52}$$

对于双组分溶液，式(8-52) 中的下标 A 和 B 可以略去，从而有

$$N_{\min}+1=\frac{\lg\left[\left(\frac{x_D}{1-x_D}\right)\left(\frac{1-x_W}{x_W}\right)\right]}{\lg\alpha_m} \tag{8-53}$$

式中 $N_{\min}$——全回流操作时所需的最少理论板数（不包括再沸器）；

α_m——全塔平均相对挥发度。当 α 变化不大时，可用塔顶和塔底 α 的几何平均值，即

$$\alpha_m=\sqrt{\alpha_1\alpha_W}$$

式(8-52) 和式(8-53) 均称为芬斯克方程，用来计算全回流下采用全凝器时的最少理论板数。若将式中的 x_W 换成进料组成 x_F，α_m 取塔顶和进料的平均值，则式(8-52) 和式(8-53) 也可用于计算精馏段的理论板数及确定加料板的位置。

由于全回流操作得不到产品，因此全回流操作仅用于精馏塔的开工、调试和实验研究中，以利于过程的稳定和控制。

2. 最小回流比

减小回流比，两操作线将向平衡线移动，达到规定分离任务所需的理论板数将增加。当

回流比减小至某一数值，使两操作线的交点 d 正好落在平衡线上时，若在平衡线与操作线之间绘制直角梯级，则需无穷多个梯级才能到达 d 点，如图 8-27 所示。此时，所需的理论板数为无穷多，相应的回流比称为最小回流比，以 $R_{\min}$ 表示。由于 d 点前后各板（加料板上下区域）的气液两相组成基本不发生变化，即无增浓作用，故该区域称为恒浓区或挟紧区，而 d 点称为挟紧点。

一般情况下，最小回流比可用作图法或解析法求得。

（1）作图法　根据平衡曲线的具体形状，可采用相应的作图方法。对于图 8-27 所示的正常平衡曲线，由精馏段操作线的斜率得

$$\frac{R_{\min}}{R_{\min}+1}=\frac{x_D-y_q}{x_D-x_q}$$

所以

$$R_{\min}=\frac{x_D-y_q}{y_q-x_q} \tag{8-54}$$

式中　x_q、y_q——q 线与平衡线的交点坐标，可由图中读出。

对于图 8-28 所示的具有下凹部分的非正常平衡曲线，当操作线与 q 线的交点到达平衡线之前，操作线即与平衡线相切于 g 点。因此在 g 点处已出现恒浓区，此时的回流比即为最小回流比。过 a 点作平衡线的切线，由切线的斜率或截距即可求得最小回流比 $R_{\min}$。

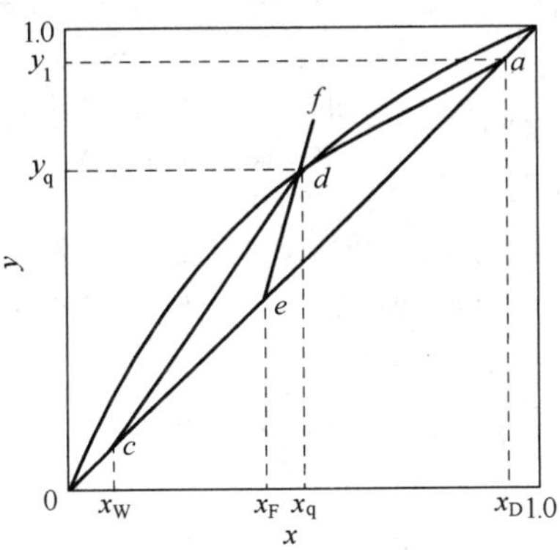

图 8-27　正常平衡曲线时 $R_{\min}$ 的确定

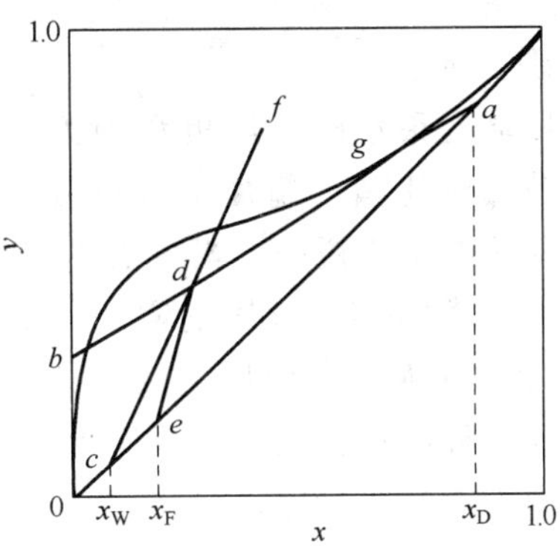

图 8-28　非正常平衡曲线 $R_{\min}$ 的确定

（2）解析法　对于相对挥发度为常数的理想溶液，在最小回流比下，操作线与 q 线的交点坐标（x_q，y_q）位于平衡线上，即

$$y_q=\frac{\alpha x_q}{1+(\alpha-1)x_q}$$

代入式(8-54）并整理得

$$R_{\min}=\frac{1}{\alpha-1}\left[\frac{x_D}{x_q}-\frac{\alpha(1-x_D)}{1-x_q}\right] \tag{8-55}$$

对于某些进料热状况，式(8-55）可进一步简化。如对于泡点进料，$x_q=x_F$，则式(8-55）可简化为

$$R_{\min}=\frac{1}{\alpha-1}\left[\frac{x_D}{x_F}-\frac{\alpha(1-x_D)}{1-x_F}\right] \tag{8-56}$$

对于饱和蒸气进料，$y_q=y_F$。由式(8-14）得

$$y_F=\frac{\alpha x_q}{1+(\alpha-1)x_q}$$

将上式与式(8-55) 联立求解得

$$R_{min}=\frac{1}{\alpha-1}\left[\frac{\alpha x_D}{y_F}-\frac{1-x_D}{1-y_F}\right]-1 \tag{8-57}$$

式中　y_F——进料饱和蒸气中易挥发组分的摩尔分数。

3. 适宜回流比的选择

对于给定的分离任务，若在全回流下操作，虽然所需的理论板数最少，但得不到产品；若在最小回流比下操作，则所需的理论板数为无穷多，所以实际回流比总是介于两种极限情况之间。

适宜的回流比可通过经济衡算来确定。精馏过程的总费用包括操作费和设备费两部分，总费用最低时的回流比即为适宜回流比。

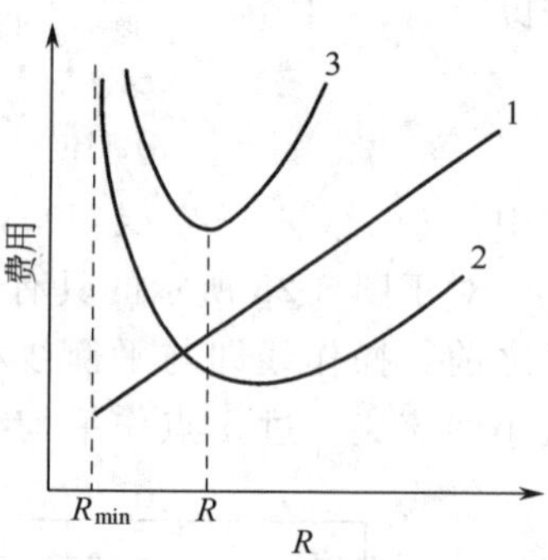

图 8-29　适宜回流比的确定
1—操作费；2—设备费；3—总费用

精馏塔的操作费主要取决于再沸器中加热介质及冷凝器中冷却介质的消耗量，而两者均取决于上升蒸气量的大小。由式(8-28) 和式(8-40) 可知，当馏出液一定时，塔内两段的上升蒸气量均随 R 的增加而增大，相应的加热介质和冷却介质的消耗量也随之增大，从而使操作费相应增加，如图 8-29 中的曲线 1 所示。

当回流比最小时，塔板数为无穷多，故设备费用为无穷大。但若回流比稍一增加，塔板数即从无穷多锐减至某一数值，设备费亦随之锐减。当 R 继续增加时，虽然塔板数仍继续减少，但减速趋缓；而由于 R 的增加，塔内上升蒸气量增加，从而使塔径、再沸器及冷凝器等设备的尺寸相应增大，故当 R 增加至某一数值后，设备费又将回升，如图 8-29 中的曲线 2 所示。

精馏过程的总费用与回流比 R 的关系，如图 8-29 中的曲线 3 所示，其最小值所对应的回流比即为适宜回流比。

适宜回流比又称为操作回流比或实际回流比。在精馏设计中，一般并不进行详细的经济衡算，而是根据经验来确定操作回流比。多数情况下，操作回流比可按最小回流比的 1.1～2 倍选取，即

$$R=(1.1\sim2)R_{min} \tag{8-58}$$

对于已建成的精馏装置，其理论板数已经确定，因此，调节回流比就成为保持产品纯度的主要手段。操作过程中，若增加回流比，产品的纯度将提高；反之，则会下降。

08-07　回流液量的控制

【例 8-5】　试根据例 8-4 中的数据，计算实际回流比是最小回流比的多少倍。

解：由例 8-4 可知，平衡线方程为

$$y=\frac{2.92x}{1+1.92x}$$

q 线方程为

$$y=6x-2$$

由以上两式解得 q 线与平衡线的交点坐标为

$$x_q=0.451, y_q=0.706$$

代入式(8-55) 得

$$R_{min}=\frac{1}{\alpha-1}\left[\frac{x_D}{x_q}-\frac{\alpha(1-x_D)}{1-x_q}\right]=\frac{1}{2.92-1}\times\left[\frac{0.98}{0.451}-\frac{2.92\times(1-0.98)}{1-0.451}\right]=1.08$$

故实际回流比是最小回流比的倍数为

$$\frac{R}{R_{min}}=\frac{2.5}{1.08}=2.31$$

八、理论板数的简捷计算

精馏塔的理论板数除可采用逐板计算法和图解法求解外，还可采用简捷法计算，其中以利用吉利兰关联图的简捷算法最为常用。

吉利兰关联图是描述操作回流比 R、最小回流比 R_{min}、理论板数 N 及最少理论板数 N_{min} 四者之间关系的经验关联图，如图 8-30 所示。吉利兰关联图采用双对数坐标标绘，横坐标为 $\frac{R-R_{min}}{R+1}$，纵坐标为 $\frac{N-N_{min}}{N+2}$，其中 N 及 N_{min} 均不含再沸器。

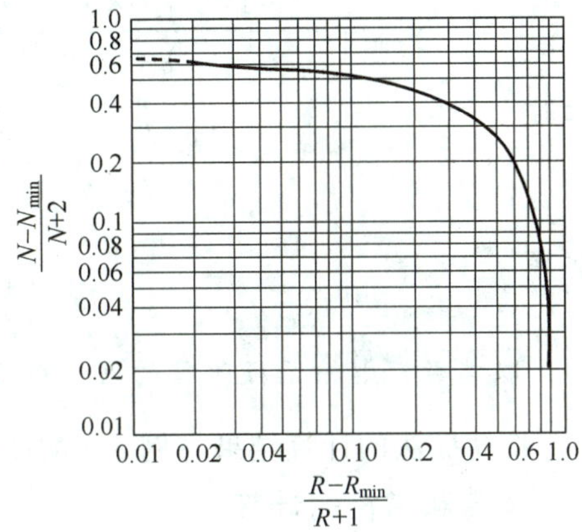

图 8-30　吉利兰关联图

吉利兰关联图是用八种不同的物系，在不同的精馏条件下，根据逐板计算结果绘制而成。该图的应用条件为：组分数 2～11 个，$R_{min}=0.53\sim7.0$，$\alpha=1.26\sim4.05$，$N=2.4\sim43.1$。

吉利兰关联图既可用于双组分精馏的计算，又可用于多组分精馏的计算，但应符合该图的应用条件。

用简捷法计算理论板数的优点是简便、快捷，缺点是误差较大。因此该法常用于精馏塔的初步设计计算。

【例 8-6】 根据例 8-4 和例 8-5 中的数据，用简捷法确定所需的理论板数及加料板位置，并与图解法进行比较。

解： 由例 8-4 和例 8-5 可知，$x_F=0.4$，$\alpha=2.92$，$x_D=0.98$，$x_W=0.03$，$R=2.5$，$R_{min}=1.08$。

① 确定所需的理论板数

$$\frac{R-R_{min}}{R+1}=\frac{2.5-1.08}{2.5+1}=0.406$$

查图 8-30 得

$$\frac{N-N_{min}}{N+2}=0.32$$

由式(8-53) 得最少理论板数为

$$N_{\min}=\frac{\lg\left[\left(\frac{x_D}{1-x_D}\right)\left(\frac{1-x_W}{x_W}\right)\right]}{\lg\alpha_m}-1=\frac{\lg\left[\left(\frac{0.98}{1-0.98}\right)\left(\frac{1-0.03}{0.03}\right)\right]}{\lg 2.92}-1=5.88$$

所以

$$\frac{N-5.88}{N+2}=0.32$$

解得

$$N=9.59$$

取整数，则完成该分离任务共需 10 块理论板（不含再沸器）。若将再沸器也考虑在内，则共需 11 块理论板。

② 确定加料板的位置　将式(8-53) 中的 x_W 换成 x_F 得

$$N_{\min}=\frac{\lg\left[\left(\frac{x_D}{1-x_D}\right)\left(\frac{1-x_F}{x_F}\right)\right]}{\lg\alpha_m}-1=\frac{\lg\left[\left(\frac{0.98}{1-0.98}\right)\left(\frac{1-0.4}{0.4}\right)\right]}{\lg 2.92}-1=3.01$$

此时

$$\frac{N-3.01}{N+2}=0.32$$

解得

$$N=5.37$$

取整数，则精馏段所需的理论板数为 5 块，第 6 块塔板为加料板。

将简捷法的计算结果与例 8-4 的图解结果相比较可以发现，两者基本上是一致的。

九、塔高和塔径的计算

1. 塔高的计算

(1) 板效率与实际塔板数　气液两相在实际塔板上接触时，一般不能达到平衡状态，因此完成给定分离任务所需的实际塔板数总是多于理论板数。实际塔板与理论板在分离效果上的差异，可用板效率来衡量。板效率的表示方法很多，下面介绍两种较常用的表示方法。

① 单板效率　单板效率又称为莫弗里板效率，它是以气相或液相经过实际塔板的组成变化量与经过理论板的组成变化量之比来表示的。气液两相经过实际塔板和理论板的组成变化如图 8-31 所示，则以气相表示的单板效率为

$$E_{mV}=\frac{\text{气相经过实际塔板的组成变化量}}{\text{气相经过理论板的组成变化量}}=\frac{y_n-y_{n+1}}{y_n^*-y_{n+1}} \tag{8-59}$$

以液相表示的单板效率为

$$E_{mL}=\frac{\text{液相经过实际塔板的组成变化量}}{\text{液相经过理论板的组成变化量}}=\frac{x_{n-1}-x_n}{x_{n-1}-x_n^*} \tag{8-60}$$

式中　E_{mV}、E_{mL}——分别为以气相和液相表示的单板效率；

y_{n+1}、y_n——进入和离开第 n 块板的气相组成；

x_{n-1}、x_n——进入和离开第 n 块板的液相组成；

y_n^*——与 x_n 成平衡的气相组成；

x_n^*——与 y_n 成平衡的液相组成。

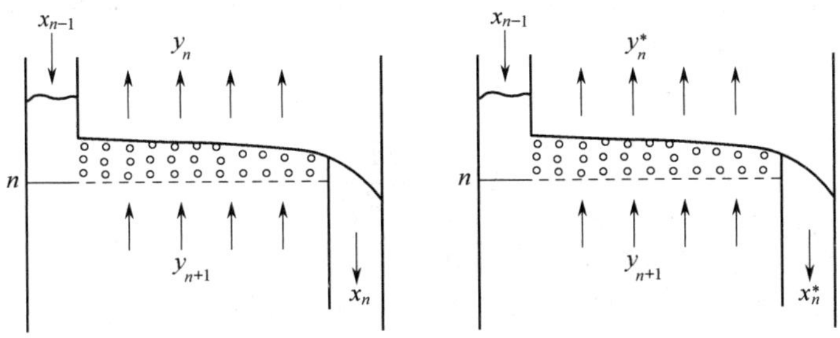

(a) 实际塔板　　(b) 理论板

图 8-31 气液两相经过实际塔板和理论板的组成变化

② 全塔效率 全塔效率是指理论板数与实际塔板数之比的百分数，即

$$E=\frac{N_{\mathrm{T}}}{N_{\mathrm{P}}}\times 100\% \tag{8-61}$$

式中 E——全塔效率，%；

N_{T}——理论板数；

N_{P}——实际塔板数。

一般情况下，精馏塔内各板的单板效率并不相等，全塔效率反映了塔内各块塔板的平均效率，其值小于100%。全塔效率一般由实验测定或由经验公式计算，对于双组分溶液，其值一般为0.5～0.7。对于特定结构的精馏塔，若已知在某种操作条件下的全塔效率，即可用式(8-61)计算所需的实际塔板数。

(2) 塔高的计算 对于板式塔，塔的有效段高度可用下式计算

$$Z=N_{\mathrm{P}}H_{\mathrm{T}} \tag{8-62}$$

式中 Z——塔的有效段高度，m；

H_{T}——板间距，m。

对于填料塔，塔高的计算常采用等板高度的概念。等板高度是指与一块理论板的传质效果相当的填料层高度，以HETP（height equivalent to a theoretical plate 的缩写）表示。常见填料的HETP值可从有关手册或资料中查得。若已知填料的HETP，则可用下式计算塔的有效段高度

$$Z=N_{\mathrm{T}}\mathrm{HETP} \tag{8-63}$$

整个精馏塔的高度应为有效段高度、塔顶高度和塔釜高度之和。

2. 塔径的计算

塔径可按圆管直径的计算公式(1-31)计算，即

$$D=\sqrt{\frac{4V_{\mathrm{s}}}{\pi u}} \tag{8-64}$$

式中 D——精馏塔的内径，m；

V_{s}——塔内上升蒸气的体积流量，$\mathrm{m^3\cdot s^{-1}}$；

u——空塔气速，即以整个塔截面计算的气速，$\mathrm{m\cdot s^{-1}}$。

确定适宜的空塔气速是计算塔径的关键。空塔气速越小，塔径就越大，相应的设备投资也越大；反之则相反。最小空塔气速应高于漏液点气速（见本章第五节），最大空塔气速应低于发生严重雾沫夹带或液泛（见本章第五节）时的气速。

由于进料热状况及操作条件的不同，精馏段和提馏段内上升蒸气的体积流量可能不同，因而两段的塔径亦可能不同。

精馏段内上升蒸气的体积流量为

$$V_s=\frac{VM_m}{3600\rho} \tag{8-65}$$

式中 V——精馏段内上升蒸气的千摩尔流量，$kmol \cdot h^{-1}$；

M_m——精馏段内上升蒸气的平均分子量，$kg \cdot kmol^{-1}$；

ρ——精馏段内气相的平均密度，$kg \cdot m^{-3}$。

若气相可视为理想气体，则

$$V_s=\frac{22.4V}{3600}\frac{TP_o}{T_oP} \tag{8-66}$$

提馏段内上升蒸气的体积流量也可采用式(8-65）和式(8-66）计算。若两段上升蒸气的体积流量相差不大，则两段的塔径相差较小，此时可选两者中的较大者，经圆整后作为整个精馏塔的直径，以简化塔的结构。

十、连续精馏装置的热量衡算

对连续精馏装置进行热量衡算，可计算出冷凝器和再沸器的热负荷以及加热介质和冷却介质的消耗量，从而为冷凝器和再沸器的设计提供基础数据。

1. 冷凝器的热负荷及冷却介质的消耗量

设热损失可以忽略，则以单位时间为基准，对图 8-16 中的全凝器进行热量衡算得

$$Q_C=VI_{VD}-(LI_{LD}+DI_{LD})=VI_{VD}-I_{LD}(L+D)=V(I_{VD}-I_{LD})$$

将式(8-28）代入上式得

$$Q_C=(R+1)D(I_{VD}-I_{LD}) \tag{8-67}$$

式中 Q_C——全凝器的热负荷，$kJ \cdot h^{-1}$；

I_{VD}——塔顶上升蒸气的焓，$kJ \cdot kmol^{-1}$；

I_{LD}——塔顶馏出液的焓，$kJ \cdot kmol^{-1}$。

冷却介质通常为冷却水或冷冻盐水，其消耗量可按下式计算

$$W_c=\frac{Q_C}{C_p(t_2-t_1)} \tag{8-68}$$

08-08 冷却介质

式中 W_c——冷却介质的消耗量，$kg \cdot h^{-1}$；

C_p——冷却介质的定压比热，$kJ \cdot kg \cdot ℃^{-1}$；

t_1、t_2——分别为冷却介质的初温和终温，℃。

2. 再沸器的热负荷及加热介质的消耗量

设热损失可以忽略，则以单位时间为基准，对图 8-16 中的再沸器进行热量衡算得

$$Q_B=V'I_{VW}+WI_{LW}-L'I_{LW}=V'I_{VW}-I_{LW}(L'-W)=V'(I_{VW}-I_{LW}) \tag{8-69}$$

式中 Q_B——再沸器的热负荷，$kJ \cdot h^{-1}$；

I_{VW}——再沸器中上升蒸气的焓，$kJ \cdot kmol^{-1}$；

I_{LW}——塔釜馏出液的焓，$kJ \cdot kmol^{-1}$。

加热介质通常为饱和水蒸气，其冷凝水在饱和温度下排出，故水蒸气的消耗量为

$$W_h = \frac{Q_B}{r} \tag{8-70}$$

式中　W_h——水蒸气的消耗量，$kg \cdot h^{-1}$；

r——水蒸气的冷凝潜热，$kJ \cdot kg^{-1}$。

此外，再沸器的热负荷也可通过全塔热量衡算而得。

【例 8-7】 试根据例 8-2 和例 8-3 中的数据计算：①冷凝器的热负荷及冷却水的消耗量；②再沸器的热负荷及饱和水蒸气的消耗量。已知冷却水的初温和终温分别为 20℃和 35℃，定压比热为 $4.18kJ \cdot kg^{-1} \cdot ℃^{-1}$；苯的汽化潜热为 $389kJ \cdot kg^{-1}$，甲苯的汽化潜热为 $360kJ \cdot kg^{-1}$；饱和水蒸气的冷凝潜热为 $2205kJ \cdot kg^{-1}$。

解： 由例 8-2 和例 8-3 可知，$D=80kmol \cdot h^{-1}$，$V'=360kmol \cdot h^{-1}$，$R=3.5$。

① 冷凝器的热负荷及冷却水的消耗量　由于塔顶馏出液几乎为纯苯，因而其焓值可近似按纯苯计算。由式(8-67) 得冷凝器的热负荷为

$$Q_C=(R+1)D(I_{VD}-I_{LD})=(3.5+1)\times 80\times 78\times 389=1.09\times 10^7 kJ \cdot h^{-1}$$

由式(8-68) 得冷却水的消耗量为

$$W_c=\frac{Q_C}{C_p(t_2-t_1)}=\frac{1.09\times 10^7}{4.18\times(35-20)}=1.74\times 10^5 kg \cdot h^{-1}$$

② 再沸器的热负荷及饱和水蒸气的消耗量　由于塔底馏出液几乎为纯甲苯，因而其焓值可近似按纯甲苯计算。由式(8-69) 得再沸器的热负荷为

$$Q_B=V'(I_{VW}-I_{LW})=360\times 92\times 360=1.19\times 10^7 kJ \cdot h^{-1}$$

由式(8-70) 得饱和水蒸气的消耗量为

$$W_h=\frac{Q_B}{r}=\frac{1.19\times 10^7}{2205}=5397kg \cdot h^{-1}$$

第五节　间歇精馏

间歇精馏又称为分批精馏，它是制药生产中的重要单元操作之一。若混合液的分离要求较高而料液品种或组成经常发生改变，则宜采用间歇精馏。间歇精馏与连续精馏的设备大致相同，但操作方式存在显著差异。间歇精馏时，全部物料一次性加入蒸馏釜中，由塔顶蒸出的蒸气经冷凝器冷凝后一部分作为塔顶产品，另一部分则作为回流液重新返回塔顶。随着精馏过程的进行，釜液中易挥发组分的浓度逐渐下降，而塔顶馏出液的组成既可保持恒定，亦可随过程的进行而逐渐下降。当釜液组成或馏出液组成达到规定值时，精馏过程即可停止，放出釜内残液并重新加料后，即可开始下一循环的精馏过程。与连续精馏过程相比，间歇精馏过程具有下列特点。

① 间歇精馏过程为典型的非稳态过程　在精馏过程中，釜液组成不断下降。若操作回流比保持恒定，则馏出液组成将逐渐下降；反之，若馏出液组成保持恒定，则回流比需逐渐增大。为达到规定的分离要求，操作过程可灵活多样。由于过程的非稳态特征，塔身积存的液体量（持液量）的多少对精馏过程及产品的数量有重要影响。为减少持液量，间歇精馏通常采用填料塔。

② 间歇精馏时全塔均为精馏段，没有提馏段。

间歇精馏的优点是装置简单，操作容易，使用单塔即可分离多组分混合物；具有较大的操作弹性，可在宽广的范围内适应进料组成或分离要求的变化；由于是间歇操作，因而能适应不同液体混合物的分离。此外，间歇精馏比较适合于高沸点、高凝固点和热敏性等物料的分离。

实际生产中，间歇精馏有两种典型的操作方式。一种是恒回流比操作，即回流比保持恒定，而馏出液组成逐渐下降的操作；另一种是恒馏出液组成操作，即维持馏出液组成恒定，而回流比逐渐增大的操作。

一、恒回流比的间歇精馏

在间歇精馏过程中，若回流比保持恒定，则操作线的斜率保持不变，即各操作线彼此平行，而釜液组成 x_W 与馏出液组成 x_D 均逐渐下降，其变化情况如图 8-32 所示。当馏出液组成为 x_{D1} 时，相应的釜液组成为 x_{W1}；当馏出液组成为 x_{D2} 时，相应的釜液组成为 x_{w2}，依次变化，直至 x_w 达到规定要求，即可停止操作。显然，最初馏出液组成 x_{D1} 是恒回流比间歇精馏过程中可能达到的最高馏出液组成。

1. 回流比的确定

一般情况下可根据釜液的初始组成 x_F 及初始馏出液的组成 x_{D1} 用式(8-71) 确定最小回流比，即

$$R_{\min}=\frac{x_{D1}-y_F}{y_F-x_F} \tag{8-71}$$

式中 y_F——与 x_F 成平衡的汽相中易挥发组分的摩尔分数，无因次。

实际回流比可取最小回流比的 1.1～2 倍。对于难分离或分离要求较高的物系，回流比还可取得更大些。

2. 理论板数的确定

理论板数可用图解法确定。如图 8-33 所示，在 y-x 图上作垂直线 $x=x_{D1}$，与对角线交于 a 点。过 a 点作截距为$\frac{x_{D1}}{R+1}$的直线，得精馏段操作线 ab。然后由 a 点开始在平衡线和操作线之间绘制直角梯级，直至 $x_n \leqslant x_F$ 为止。图 8-33 中的间歇精馏过程共需 3 块理论板（包括再沸器）。

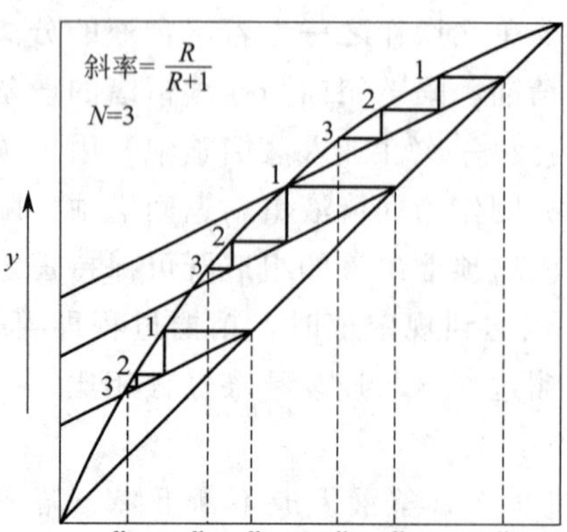

图 8-32 恒回流比间歇精馏过程中 x_W 与 x_D 的变化情况

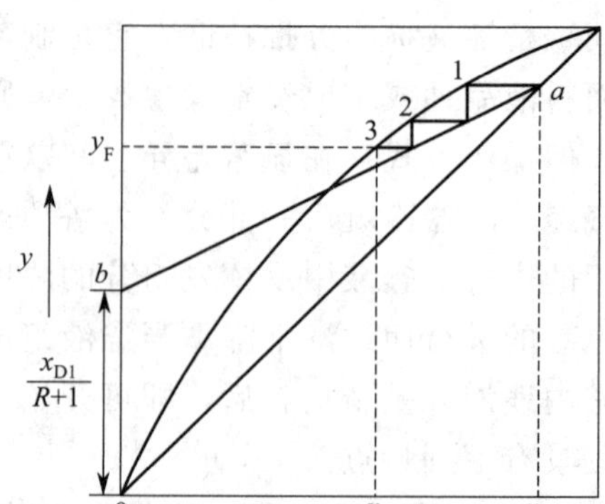

图 8-33 恒回流比间歇精馏过程理论板数的确定

二、恒馏出液组成的间歇精馏

随着间歇精馏过程的进行，釜液组成将不断下降。对于特定的精馏塔，理论板数保持恒定，若保持馏出液组成恒定，则必然要相应加大回流比。

对于恒馏出液组成的间歇精馏过程，x_D 保持不变而 x_W 不断下降，即分离要求逐渐提高。因此，为满足最高分离要求，应以操作终了时的釜液组成 x_W 确定所需的理论板数。

1. 回流比的确定

根据馏出液组成 x_D 和最终釜液组成 x_W 可用式(8-72) 确定最小回流比，即

$$R_{\min}=\frac{x_D-y_W}{y_W-x_W} \tag{8-72}$$

式中　y_W——与 x_W 成平衡的汽相中易挥发组分的摩尔分数，无因次。

精馏最后阶段的实际回流比可取最小回流比的 1.1～2 倍。对于难分离或分离要求较高的物系，回流比还可取得更大些。

2. 理论板数的确定

理论板数可用图解法确定。如图 8-34 所示，在 y-x 图上作垂直线 $x=x_D$，与对角线交于 a 点。过 a 点作截距为$\frac{x_D}{R+1}$的直线，得精馏段操作线 ab。然后由 a 点开始在平衡线和操作线之间绘制直角梯级，直至 $x_n \leqslant x_W$ 为止。图 8-34 中的间歇精馏过程共需 4 块理论板（包括再沸器）。

3. x_W 与 R 之间的关系

理论板数确定之后，釜液组成 x_W 与回流比 R 之间存在一定的对应关系。若已知精馏过程中某一时刻的回流比 R_1，则与之对应的 x_{W1} 可用图解法确定。如图 8-35 所示，在 y-x 图上作垂直线 $x=x_D$，与对角线交于 a 点。过 a 点作截距为$\frac{x_D}{R_1+1}$的直线，得回流比为 R_1 时的操作线 ab_1。然后由点 a 开始在平衡线和操作线之间绘制直角梯级，并使梯级数等于给定的理论板数，则最后一个梯级所达到的液相组成即为釜液组成 x_{W1}。类似地，可用图解法确定任意回流比 R_i 所对应的釜液组成 x_{Wi}。实际操作中，初期可采用较小的回流比，随着精馏过程的进行，回流比需逐渐增大。

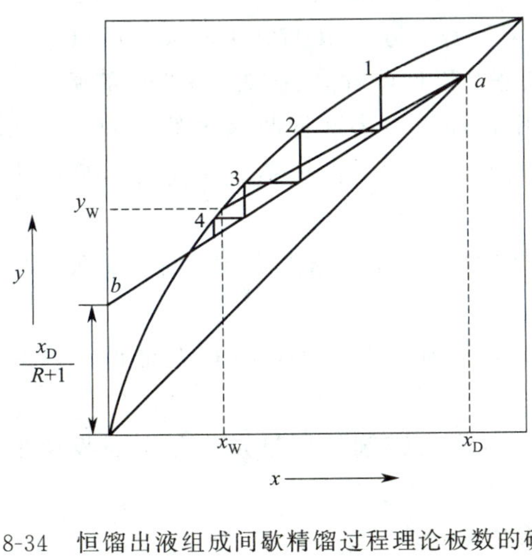

图 8-34　恒馏出液组成间歇精馏过程理论板数的确定

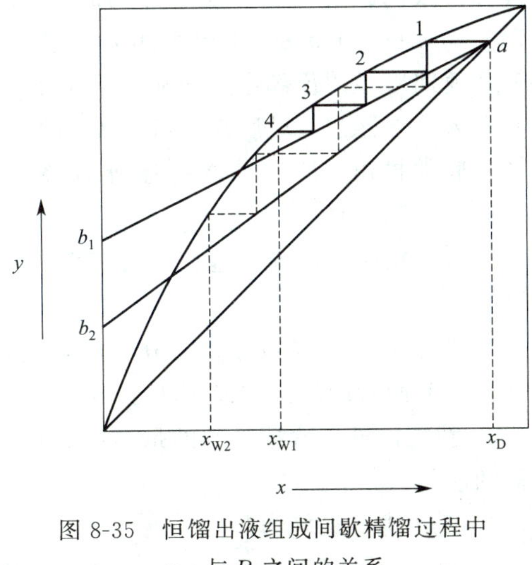

图 8-35　恒馏出液组成间歇精馏过程中 x_W 与 R 之间的关系

若已知精馏过程中某一时刻的釜液组成 x_{W1}，同样可用图解法确定所对应的回流比 R_1，但需采用试差法，即先假设一回流比 R，然后在 y-x 图上确定理论板数，若所确定的理论板数与给定的相等，则 R 即为所求。否则需重新假设 R 值，直至所确定的理论板数与给定的相等为止。

第六节　特殊蒸馏

常规蒸馏是根据液体混合物中各组分挥发度的不同而实现组分之间的分离。若体系为恒沸液，或组分间的挥发性相差很小，或被分离物系具有热敏性，则无法用常规精馏法来分离，此时可采用恒沸精馏、萃取精馏、水蒸气蒸馏和分子蒸馏等特殊蒸馏方式。

一、恒沸精馏

对于具有恒沸点的非理想溶液，若用常规蒸馏法则不能同时得到两个几乎纯的组分。例如，常压下，乙醇水溶液在 78.15℃时具有最低恒沸点，恒沸物中乙醇的摩尔分数为 0.894，质量分数为 95.6%。若用普通精馏法分离乙醇水溶液（其中乙醇的摩尔分数小于 0.894），则仅能获得接近恒沸组成的酒精（95%，质量分数）。

对于双组分恒沸液，若加入第三组分，且该组分可与原料液中的一个或两个组分形成沸点更低的恒沸液，从而使组分间的相对挥发度增大，并可用蒸馏法进行分离，这种分离方法称为恒沸精馏，加入的第三组分称为恒沸剂或挟带剂。例如，向乙醇-水体系中加入苯作为挟带剂，则在溶液中可形成苯-水-乙醇的三元非均相恒沸液，其恒沸点为 64.9℃，摩尔组成为苯：乙醇：水＝0.539：0.228：0.233。若加入的苯量适当，则原料液中的水分可全部转移至三元恒沸液中，从而可获得无水酒精。将苯-水-乙醇的三元恒沸液冷却，由于苯与乙醇、水不互溶而分层，故可将苯分离出来。

图 8-36 是乙醇-水体系的恒沸精馏流程。塔 1 为恒沸精馏塔，由塔中部的适当位置加入接近恒沸组成的乙醇-水溶液，苯由顶部加入。精馏过程中，苯与进料中的乙醇、水形成三元恒沸物由塔顶蒸出，无水酒精由塔底排出。塔顶三元恒沸物及其他组分所组成的混合蒸气被冷却至较低温度后在分层器中分层。20℃时，上层苯相的摩尔组成为苯：乙醇：水＝0.745：0.217：0.038；下层水相的摩尔组成为苯：乙醇：水＝0.0428：0.35：0.6072。上层苯相返回塔 1 的顶部作为回流，下层水相则进入塔 2 以回收残余的苯。塔 2 顶部所得的恒沸物并入分层器中，塔底则为稀乙醇-水溶液，可用普通精馏塔 3 回收其中的乙醇，废水由塔 3 的底部排出。除苯外，乙醇-水体系的恒沸精馏，还可采用戊烷、三氯乙烯等作为挟带剂。

在恒沸精馏中，选择适宜的挟带剂是恒沸精馏成败的关键。选择挟带剂时应着重考虑下列因素。

① 挟带剂应能与被分离组分形成新的恒沸液，其恒沸点要比纯组分以及前恒沸液的沸点低，一般两者的沸点差应不小于 10℃。

② 新恒沸液所含挟带剂的量越少越好，这样可减少挟带剂的用量及汽化、回收挟带剂所需的能量。

③ 新恒沸液最好为非均相混合物，以便用分层法来分离。

④ 挟带剂应无毒、无腐蚀性，热稳定性要好，且来源容易、价格低廉。

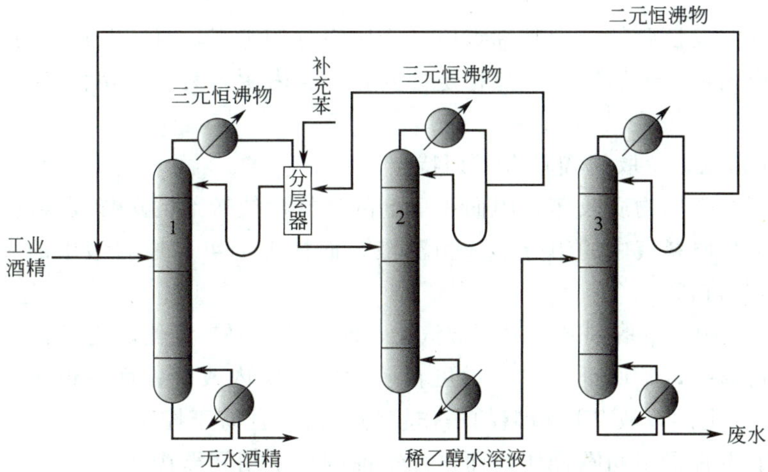

图 8-36　乙醇-水体系的恒沸精馏流程

1—恒沸精馏塔；2—苯回收塔；3—乙醇回收塔

二、萃取精馏

对于相对挥发度接近于 1 或可形成恒沸物的双组分体系，可加入挥发性很小的第三组分，以增大组分间的相对挥发度，从而可用蒸馏法进行分离，这种分离方法称为**萃取精馏**，加入的第三组分称为**萃取剂**或**溶剂**。例如，常压下苯的沸点为 80.1℃，环己烷的沸点为 80.73℃，两者的沸点相差很小，相对挥发度接近于 1，难以用常规蒸馏法进行分离。若向苯-环己烷体系中加入沸点为 161.7℃糠醛作为萃取剂，由于糠醛分子与苯分子间的作用力较强，从而可使苯与环己烷的相对挥发度发生变化，如表 8-2 所示。显然，苯与环己烷的相对挥发度随糠醛加入量的增加而增大。

表 8-2　苯与环己烷的相对挥发度与糠醛加入量之间的关系

溶液中糠醛的摩尔分数	0	0.2	0.4	0.5	0.6	0.7
环己烷对苯的相对挥发度	0.98	1.38	1.86	2.07	2.36	2.7

图 8-37 是苯-环己烷体系的萃取精馏流程。塔 1 为萃取精馏塔，原料液由塔 1 中部的适当位置加入，糠醛由塔 1 的顶部加入，塔顶蒸气中主要为高浓度的环己烷以及微量的糠醛。为回收塔顶蒸气中的微量糠醛，可在塔 1 上部设置回收段 2。若萃取剂的沸点很高，也可不设回收段。苯-糠醛混合液由塔 1 底部流出，并进入苯回收塔 3 中。由于常压下苯与糠醛的沸点相差较大，因而两者很容易分离。塔 3 底部排出的是糠醛，可循环使用。

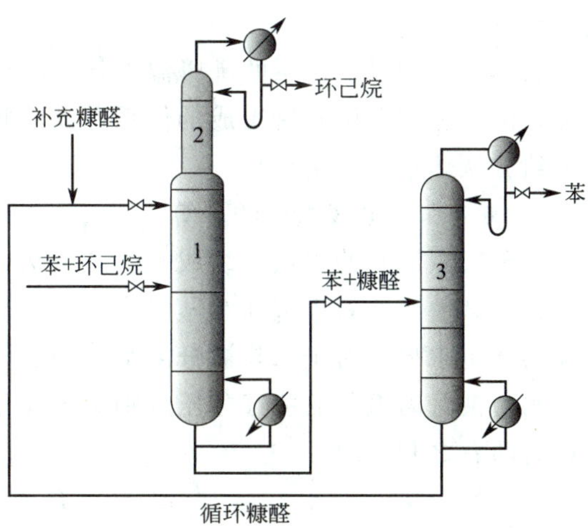

图 8-37　苯-环己烷体系的萃取精馏流程

1—萃取精馏塔；2—萃取剂回收段；3—苯回收塔

在萃取精馏中，选择适宜的萃取剂是至关重要的。适宜的萃取剂应满足下列要求。

① 萃取剂应能显著改变原组分间的相对

挥发度。

② 萃取剂的挥发性要低，即其沸点应高于原组分的沸点，且不与原组分形成恒沸液。

③ 萃取剂应无毒、无腐蚀性，热稳定性要好，且来源容易、价格低廉。

与恒沸精馏相比，萃取精馏具有下列特点。

① 可作为萃取剂的物质较多，因而萃取剂的选择比挟带剂的选择要容易一些。

② 萃取剂不与原料液中的组分形成恒沸液，而挟带剂可与原料液中的一个或多个组分形成沸点更低的恒沸液。

③ 在精馏过程中，萃取剂基本上不被汽化，而挟带剂要被汽化，故萃取精馏的能耗较低。

④ 在萃取精馏中，萃取剂的加入量可在较大的范围内改变；而在恒沸精馏中，挟带剂的适宜量通常是一定的，故萃取精馏的操作较为灵活，且易于控制。

⑤ 萃取精馏不宜采用间歇操作，而恒沸精馏则可采用间歇操作。

⑥ 恒沸精馏的操作温度通常比萃取精馏的低，故恒沸精馏比较适合于热敏性溶液的分离。

三、水蒸气蒸馏

水蒸气蒸馏是将含有挥发性成分的液体或固体与水一起加热，使挥发性成分随水蒸气一并馏出，经冷凝提取挥发性成分的一种分离方法。该法适用于分离具有挥发性、能随水蒸气蒸馏而不被破坏、在水中稳定且难溶或不溶于水的组分，是中药生产中提取和纯化挥发油的主要方法。

1. 基本原理

水蒸气蒸馏基于不互溶液体的独立蒸气压原理。若将水蒸气直接通入被分离物系，则当物系中各组分的蒸气分压与水蒸气的分压之和等于体系的总压时，体系便开始沸腾。此时，被分离组分的蒸气将与水蒸气一起蒸出。蒸出的气体混合物经冷凝后去掉水层即得产品。图 8-38 是实验室中使用的水蒸气蒸馏装置。操作时，首先将水蒸馏发生器内的水加热至沸腾，所产生的水蒸气被引入水蒸气蒸馏瓶内。瓶内盛有一定量的待分离液体混合物，在水蒸气的作用下，液体混合物翻腾不息，不久即产生水与有机物所组成的混合蒸气，经冷凝后收集于锥形瓶中。

水蒸气蒸馏时，体系的沸腾温度低于各组分的沸点温度，这是水蒸气蒸馏的突出优点。例如，由水相和有机相所组成的体系，其沸腾温度低于水的沸点（100℃），从而可将沸点较高的组分从体系中分离出来。

2. 沸点和馏出液组成的计算

水蒸气蒸馏时的沸点及组成可用试差法或图解法计算。

（1）试差法　对于饱和水蒸气蒸馏，若被分离组分不溶于水，则体系会因部分水蒸气的冷凝而产生水相。由于水与被分离组分的蒸气分压仅取决于温度，而与混合液的组成无关，因此水与被分离组分的蒸气分压分别等于操作温度下纯水和纯组分的饱和蒸气压，而蒸气总压则为两者之和，即

$$P=p_A^\circ+p_B^\circ \tag{8-73}$$

式中　P——蒸气总压，Pa；

p_A°——被分离组分的分压，即被分离组分在操作温度下的饱和蒸气压，Pa；

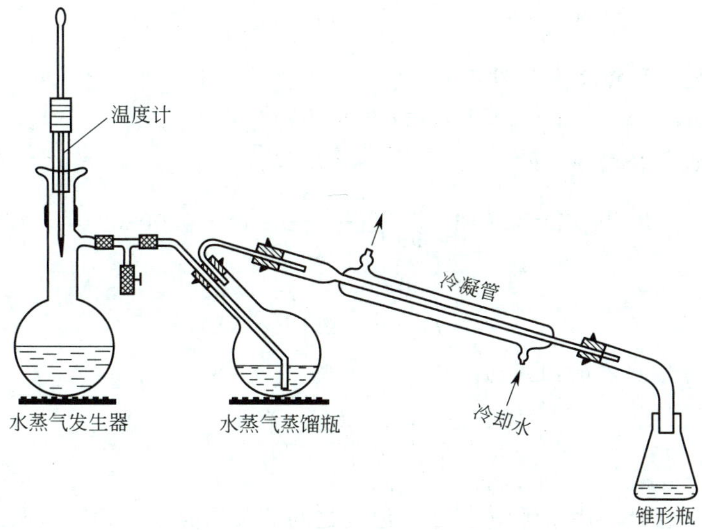

图 8-38　实验室常用的水蒸气蒸馏装置

p_B°——水蒸气分压，即水在操作温度下的饱和蒸气压，Pa。

纯组分的饱和蒸气压与温度之间的关系可用安托因公式来描述，即

$$\lg p^\circ = A - \frac{B}{t+C} \tag{8-74}$$

式中　p°——纯组分液体在 t℃时的饱和蒸气压，kPa；

t——温度，℃；

A、B、C——组分的物性常数，可从有关手册中查得。

当总压一定时，若已知被分离组分和水的物性常数，即可由式(8-73) 和式(8-74) 解得体系的沸点。

馏出液的组成可用下式计算

$$y = \frac{p_A^\circ}{P} = \frac{p_A^\circ}{p_A^\circ + p_B^\circ} \tag{8-75}$$

式中　y——馏出液中被分离组分的摩尔分数。

【例 8-8】 常压（101.3kPa）下，用饱和水蒸气蒸馏来提取大茴香醚。已知大茴香醚(A)和水(B)的饱和蒸气压可用安托因公式计算，即

$$\lg p_A^\circ = 6.953 - \frac{2331}{t+235.5} \tag{a}$$

$$\lg p_B^\circ = 7.092 - \frac{1668}{t+228} \tag{b}$$

式中 p_A° 和 p_B° 的单位为 kPa，t 的单位为℃。试计算体系的沸点及馏出液的组成。

解： 由式(a)和式(b)得

$$p_A^\circ = 10^{6.953 - \frac{2331}{t+235.5}}$$

$$p_B^\circ = 10^{7.092 - \frac{1668}{t+228}}$$

代入式(8-73)

$$10^{6.953-\frac{2331}{t+235.5}}+10^{7.092-\frac{1668}{t+228}}=101.3$$

用试差法对上式进行求解得体系的沸点为

$$t_b=t=99.65℃$$

将 $t=99.65℃$ 代入式(a)得

$$\lg p_A^{\circ}=6.953-\frac{2331}{99.65+235.5}=-0.00209$$

则

$$p_A^{\circ}=0.995\text{kPa}$$

所以由式(8-75) 得馏出液的组成为

$$y=\frac{p_A^{\circ}}{P}=\frac{0.995}{101.3}=0.0098$$

（2）图解法　该法是利用饱和蒸气压与温度之间的关系曲线来确定体系的沸点。某些液体的饱和蒸气压与温度之间的关系如图 8-39 所示，图中水的关系曲线是以总压减去各温度下水的饱和蒸气压来标绘的，因此，该曲线与被分离组分曲线的交点所对应的温度即为体系的沸点。

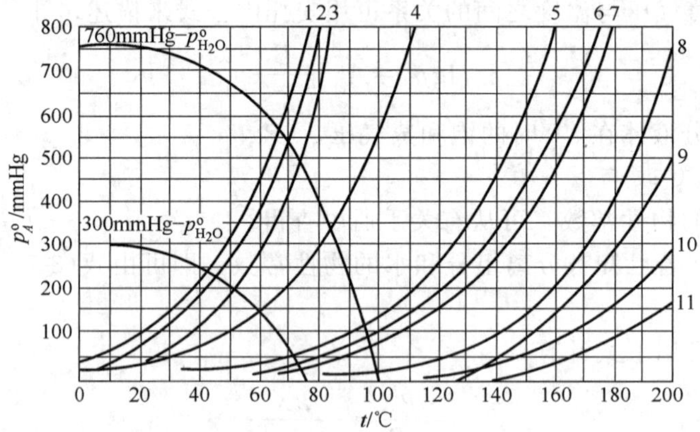

图 8-39　某些液体的饱和蒸气压与温度之间的关系

1—苯；2—环己烷；3—异丙醇；4—甲苯；5—松节油；6—甲基庚烯酮；7—*d*-柠檬醛；8—硝基苯；9—*l*-薄荷醇；10—大茴香醚；11—丁香油酚

由图 8-39 可知，若被分离组分的沸点远高于 100℃，则曲线交点所对应的温度接近于 100℃，但该区域的范围很小，可能会产生很大的读数误差。为此可采用图 8-40 所示的局部放大图。

3. 水蒸气消耗量的计算

由于水蒸气蒸馏所产生的气相中水的摩尔分数很大，因而水蒸气的消耗量很大。如在例 8-8 中，馏出液组成 $y=0.0098$，即每汽化 1mol 大茴香醚需同时汽化 $\frac{1-0.0098}{0.0098}=101.04$mol 的水，由此可估算出水蒸气的消耗量。

四、分子蒸馏

（一）分子蒸馏原理

分子在两次连续碰撞之间所走路程的平均值称为分子平均自由程。分子蒸馏正是利用分子平均自由程的差异来分离液体混合物的，其基本原理如图 8-41 所示。待分离物料在加热板上形成均匀液膜，经加热，料液分子由液膜表面自由逸出。在与加热板平行处设一冷凝板，冷凝板的温度低于加热板，且与加热板之间的距离小于轻组分分子的平均自由程而大于重组分分子的平均自由程。这样由液膜表面逸出的大部分轻组分分子能够到达冷凝面并被冷凝成液体，而重组分分子则不能到达冷凝面，故又重新返回至液膜中，从而可实现轻重组分的分离。

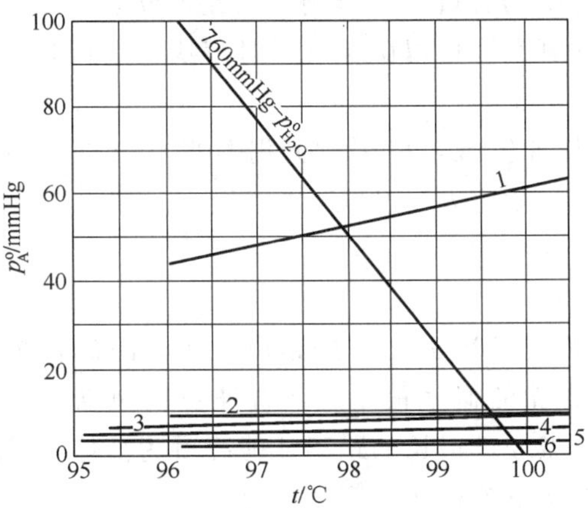

图 8-40　图 8-39 的局部放大图

1—*d*-柠檬醛；2—*l*-薄荷醇；3—橙皮醇；4—大茴香醚；5—桂皮醛；6—丁香油酚

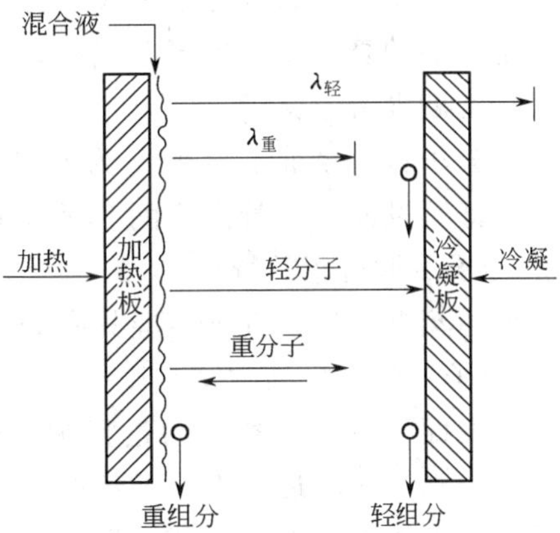

图 8-41　分子蒸馏原理

（二）分子蒸馏设备的组成

一套完整的分子蒸馏设备主要由进料系统、分子蒸馏器、馏分收集系统、加热系统、冷却系统、真空系统和控制系统等部分组成，其工艺流程如图 8-42 所示。为保证所需的真空度，一般需采用二级或二级以上的泵联用，并设液氮冷阱以保护真空泵。分子蒸馏器是整套设备的核心，分子蒸馏设备的发展主要体现在对分子蒸馏器的结构改进上。

（三）分子蒸馏过程及其特点

1. 分子蒸馏过程

如图 8-43 所示，分子由液相主体至冷凝面上冷凝的过程需经历以下 4 个步骤。

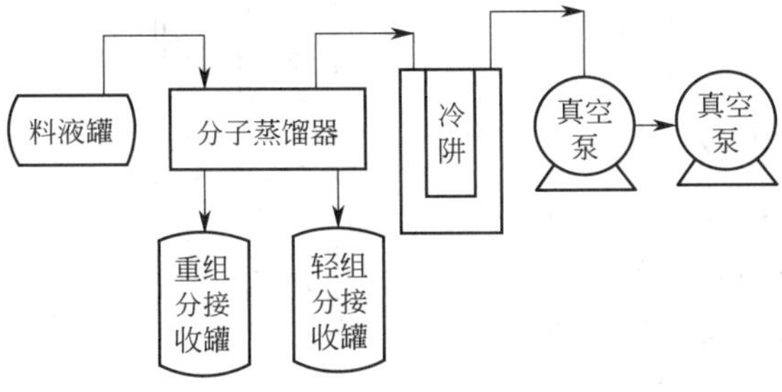

图 8-42　分子蒸馏流程

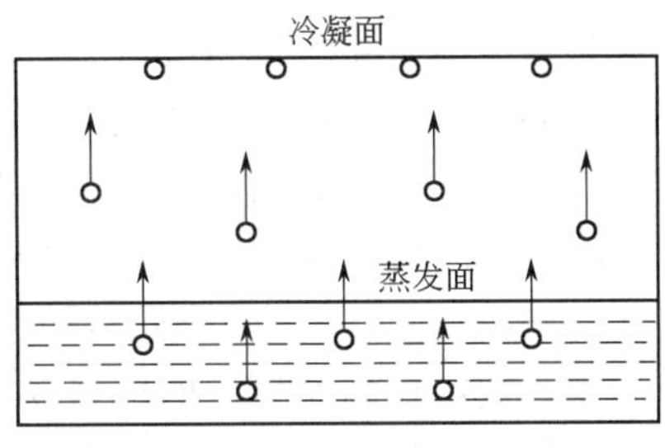

图 8-43　分子蒸馏过程

（1）分子由液相主体扩散至蒸发面　该步骤的速率即分子在液相中的扩散速率是控制分子蒸馏速度的主要因素，因此在设备设计中，应尽可能减薄液层的厚度并强化液层的流动。

（2）分子在液层表面上的自由蒸发　蒸发速率随温度的升高而增大，但分离因子有时却随温度的升高而下降。因此，应根据组分的热稳定性、分离要求等具体情况，选择适宜的操作温度。

（3）分子由蒸发面向冷凝面飞射　蒸气分子由蒸发面向冷凝面飞射的过程中，既可能互相碰撞，又可能与残存的空气分子碰撞。由于蒸发分子均具有相同的运动方向，因此它们之间的相互碰撞对飞射方向和蒸发速率影响不大。但残存的空气分子呈杂乱无章的热运动状态，其数量的多少对蒸发分子的飞射方向及蒸发速率均有重要的影响。因此，分子蒸馏过程必须在足够高的真空度下进行。当然，一旦系统的真空度可以确保飞射过程快速进行时，再提高真空度就没有意义了。

（4）分子在冷凝面上冷凝　为使该步骤能够快速完成，应采用光滑且形状合理的冷凝面，并保证蒸发面与冷凝面之间有足够的温度差（一般应大于 60℃）。

2. 分子蒸馏过程的特点

与普通蒸馏相比，分子蒸馏具有如下特点。

① 分子蒸馏在极高的真空度下进行，且蒸发面与冷凝面之间的距离很小，因此在蒸发分子由蒸发面飞射至冷凝面的过程中，彼此发生碰撞的概率很小。而普通蒸馏包括减压蒸馏，系统的真空度均远低于分子蒸馏，且蒸气分子需经过很长的距离才能冷凝为液体，其间将不断地与液体或其他蒸气分子发生碰撞，整个操作系统存在一定的压差。

② 减压精馏是蒸发与冷凝的可逆过程，气液两相可形成相平衡状态；而在分子蒸馏过程中，蒸气分子由蒸发面逸出后直接飞射至冷凝面上，理论上没有返回蒸发面的可能性，故分子蒸馏过程为不可逆过程。

③ 普通蒸馏的分离能力仅取决于组分间的相对挥发度，而分子蒸馏的分离能力不仅与组分间的相对挥发度有关，而且与各组分的分子量有关。

④ 只要蒸发面与冷凝面之间存在足够的温度差，分子蒸馏即可在任何温度下进行；而普通蒸馏只能在泡点温度下进行。

⑤ 普通蒸馏存在鼓泡和沸腾现象，而分子蒸馏是在液膜表面上进行的自由蒸发过程，不存在鼓泡和沸腾现象。

（四）分子蒸馏设备

1. 降膜式分子蒸馏器

降膜式分子蒸馏器也是较早出现的一种结构简单的分子蒸馏设备，其典型结构如图 8-44 所示。工作时，料液由进料管进入，经分布器分布后在重力的作用下沿蒸发表面形成连续更新的液膜，并在几秒内被加热。轻组分由液态表面逸出并飞向冷凝面，在冷凝面冷凝成液体后由轻组分出口流出，残余的液体由重组分出口流出。此类分子蒸馏器的分离效率远高于静止式分子蒸馏器，缺点是蒸发面上的物料易受流量和黏度的影响而难以形成均匀的液膜，且液体在下降过程中易产生沟流，甚至会发生翻滚现象，所产生的雾沫夹带有时会溅到冷凝面上，导致分离效果下降。此外，依靠重力向下流动的液膜一般处于层流状态，传质和传热效率均不高，导致蒸馏效率下降。

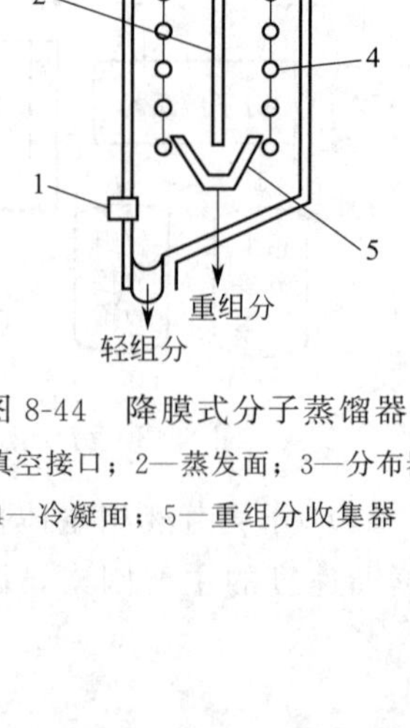

图 8-44　降膜式分子蒸馏器

1—真空接口；2—蒸发面；3—分布器；4—冷凝面；5—重组分收集器

降膜式分子蒸馏器适用于中、低黏度液体混合物的分离。由于液体是依靠重力的作用而向下流动的，故此类蒸馏器一般不适用于高黏度液体混合物的分离，否则会加大物料在蒸发温度下的停留时间。

2. 刮膜式分子蒸馏器

刮膜式分子蒸馏器，结构如图 8-45(a)所示，是目前应用最广的一种分子蒸馏设备，它是对降膜式的有效改进，与降膜式的最大区别在于引入了刮膜器。刮膜器可将料液在蒸发面上刮成厚度均匀、连续更新的涡流液膜，从而大大增强了传热和传质效率，并能有效地控制液膜厚度(0.25～0.76mm)、均匀性和物料停留时间，使蒸馏效率明显提高，热分解程度显著降低。

刮膜式分子蒸馏器的蒸馏室内设有一个可以旋转的刮膜器。刮膜器的转子环常用聚四氟乙烯材料制成。当刮膜器在电机的驱动下高速旋转时，其转子环可贴着蒸馏室的内壁滚动，从而可将流至内壁的液体迅速滚刷成 10～100μm 的液膜，如图 8-45(b)所示。

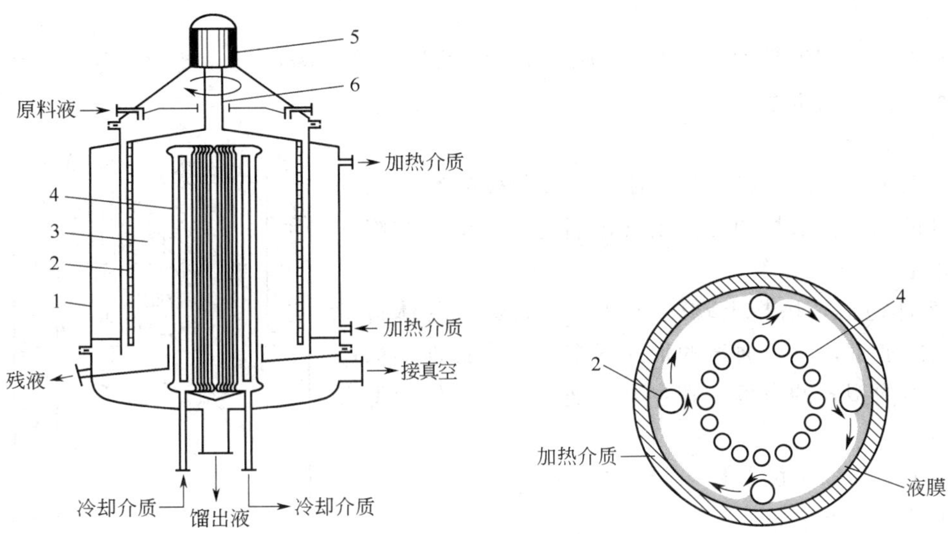

(a) 结构　(b) 成膜原理

图 8-45　刮膜式分子蒸馏器

1—夹套；2—刮膜器；3—蒸馏室；4—冷凝器；5—电机；6—进料分布器

与降膜式相比，刮膜式分子蒸馏器的液膜厚度比较均匀，一般不会发生沟流现象，且转子环的滚动可加剧液膜向下流动时的湍动程度，因而传热和传质效果较好。

3. 离心式分子蒸馏器

离心式分子蒸馏器内有一个旋转的蒸发面，其典型结构如图 8-46 所示。工作时，将料液加至旋转盘中心，在离心力的作用下，料液被均匀分布于蒸发面上。此类蒸馏器的优点是液膜分布均匀、厚度较薄，且具有较好的流动性，因而分离效果较好。由于料液在蒸馏温度下的停留时间很短，故可用于热稳定性较差的料液的分离。缺点是结构复杂、密封困难、造价较高。

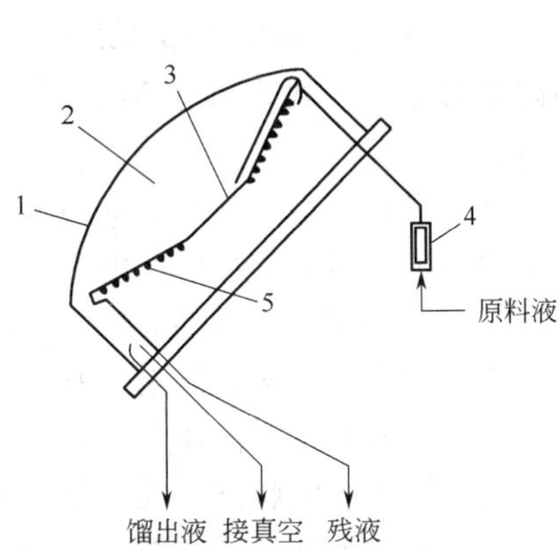

图 8-46　离心式分子蒸馏器

1—冷凝器；2—蒸馏室；3—转盘；4—流量计；5—加热器

（五）分子蒸馏技术在制药工业中的应用

分子蒸馏具有操作温度低、受热时间短、分离速度快、物料不会氧化等优点。目前该技术已成功地应用于制药、食品、香料等领域，其中的典型应用是从鱼油中提取 DHA 和 EPA，以及天然及合成维生素 E 的提取等。此外，分子蒸馏技术还用于提取天然辣椒红色素、α-亚麻酸、精制羊毛酯以及浓缩卵磷脂、酶、维生素、蛋白质等。可以预见，随着研究的不断深入，分子蒸馏技术的应用范围将不断扩大。

第七节 精馏塔

精馏塔是最典型的气液传质设备，在制药化工生产中有着广泛的应用。按照其结构形式的不同，精馏塔可分为填料塔和板式塔两大类。

一、板式塔

板式塔的精馏流程如图 8-13 所示。板式塔的核心部件为塔板，其功能是使气液两相保持密切而又充分的接触。

1. 塔板结构

现以图 8-47 所示的筛板为例，说明塔板的结构和功能。一般情况下，塔板的结构由气体通道、溢流堰和降液管三部分组成。

① 气体通道　塔板上均匀开设一定数量供气体自下而上流动的通道。气体通道的形式很多，对塔板性能的影响极大。不同型式的塔板，其主要区别就在于气体通道形式的不同。

筛板上气体通道的孔径一般为 3～8mm，大通量筛板的孔径可达 12～25mm。

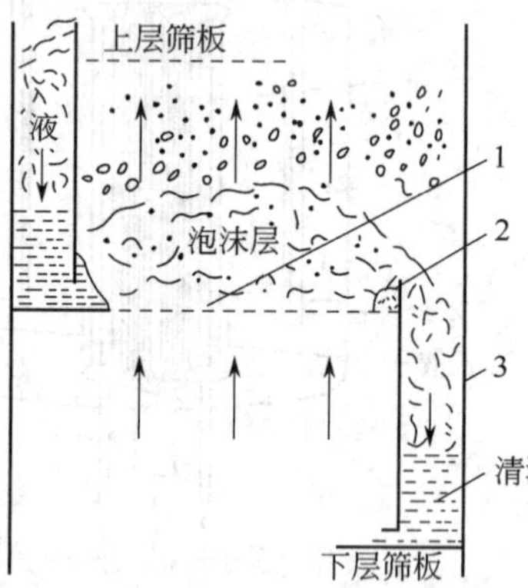

图 8-47　筛板的结构

1—筛板；2—溢流堰；3—降液管

② 溢流堰　在每块塔板的出口处常设有溢流堰，其作用是保证板上液层具有一定的厚度。一般情况下，堰高为 30～50mm。

③ 降液管　液体在相邻塔板之间自上而下流动的通道。工作时，液体自第 $n-1$ 块塔板的降液管流下，横向流过第 n 块塔板，并翻越其溢流堰，进入降液管，流至第 $n+1$ 块塔板。

为充分利用塔板面积，降液管通常为弓形。为确保降液管中的液体能顺利流出，降液管的下端离下块塔板的高度不能太小，但也不能超过溢流堰的高度，以防气体窜入降液管。

2. 塔板的流体力学性能

塔板的流体力学性能主要有气液接触状态、漏液、雾沫夹带和液泛等。下面仍以筛板为例，介绍塔板的主要流体力学性能。

（1）气液接触状态　气体通过筛孔的速度称为孔速，不同的孔速可使气液两相在塔板上呈现不同的接触状态，如图 8-48 所示。

① 鼓泡接触状态　当孔速很低时，气体通过筛孔后，将以鼓泡的形式通过板上的液层，使气液两相呈现鼓泡接触状态。由于两相接触的传质面积仅为气泡表面，且气泡的数量较

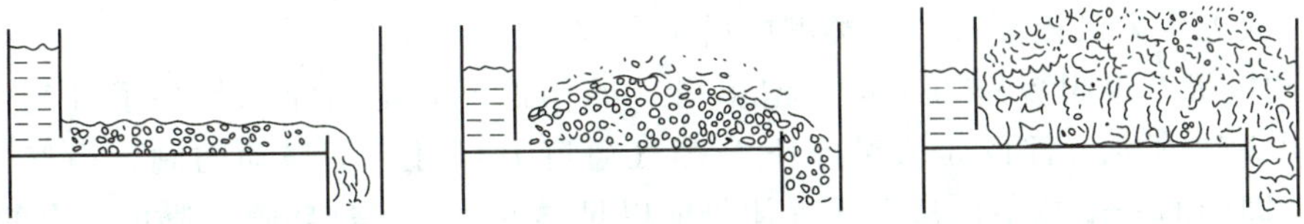

图 8-48 气液两相在塔板上的接触状态

少，液层的湍动程度不高，故该接触状态的传质阻力较大。

② 泡沫接触状态 当孔速增大至某一数值时，气泡表面因气泡数量的大量增加而连成一片，并不断发生合并与破裂。此时，仅在靠近塔板表面处才有少量清液，而板上大部分液体均以高度湍动的泡沫形式存在于气泡之中，这种高度湍动的泡沫层为气液两相传质创造了良好的流体力学条件。

③ 喷射接触状态 当孔速继续增大时，气体将从孔口高速喷出，从而将板上液体破碎成大小不等的液滴而抛至塔板的上部空间。当液滴落至板上并汇成很薄的液层时将再次被破碎成液滴而抛出。喷射接触状态也为气液两相的传质创造了良好的流体力学条件。

实际生产中使用的筛板，气液两相的接触状态通常为泡沫接触状态或喷射接触状态。

（2）漏液 当孔速过低时，板上液体就会从筛孔直接落下，这种现象称为**漏液**。由于板上液体尚未与气体充分传质就落至浓度较低的下一块塔板上，因而使传质效果下降。当漏液量较大而使板上不能积液时，精馏操作将无法进行。

漏液量达到10%时的空塔气速，称为**漏液气速**。正常操作时，漏液量不应大于液体流量的10%，即空塔气速不应低于漏液气速。

（3）雾沫夹带 当气体穿过板上液层继续上升时，会将一部分小液滴挟带至上一块塔板，这种现象称为**雾沫夹带**。下一块塔板上浓度较低的液体被气流挟带至上一块塔板上浓度较高的液体中，其结果必然导致塔板传质效果的下降。

雾沫夹带量主要与气速和板间距有关，其值随气速的增大而增大，随板间距的增大而减少。为保证塔板具有正常的传质效果，应控制雾沫夹带量不超过0.1kg（液体）$\cdot$kg（气体）$^{-1}$。

（4）液泛 当气相或液相的流量过大，使降液管内的液体不能顺利流下时，液体便开始在管内积累。当管内液位增高至溢流堰顶部时，两板间的液体将连为一体，该塔板便产生积液，并依次上升，这种现象称为**液泛**或**淹塔**。

发生液泛时，气体通过塔板的压降急剧增大，且气体大量带液，导致精馏塔无法正常操作，故正常操作时应避免产生液泛现象。

液泛时的空塔气速，称为**液泛气速**，它是精馏塔正常操作的上限气速。液泛气速不仅取决于气液两相的流量和液体物性，而且与塔板结构，尤其是板间距密切相关。为提高液泛气速，可采用较大的板间距。

3. 塔板类型

除上面介绍的筛板外，常见的塔板类型还有泡罩塔板、浮阀塔板和导向筛板等。

① 泡罩塔板 如图8-49所示，泡罩塔板的气体通道由升气管和泡罩组成，泡罩的四周开有很多齿缝，齿缝低于板上液层的高度，这样由升气管上升的气体流经齿缝时将被分散成多股细流而喷入液层，使液层中充满气泡，并在液面上形成一层泡沫，从而为气液两相提供了大量的传质界面。由于升气管高出塔板，因而即使在气体负荷很低时也不会发生严重漏液。但泡罩塔板结构复杂、造价较高、安装检修不便、塔板压降较大、液泛气速较低、生产

能力较小，故近年来已逐渐被其他类型的塔板所取代。

② 浮阀塔板　浮阀塔板的结构与泡罩塔板的相似，只是用浮阀代替了升气管和泡罩，其结构如图 8-50 所示。浮阀是安装于上升蒸气通道上且可上下浮动的阀。当气速较低时，阀片下沉，即阀的开度减小，从而使气体仍能以足够的气速通过环隙，避免过多的漏液。当气速较大时，阀片浮起，即阀的开度增大，从而使气速不致过高，避免产生液泛。凸缘可使阀保持一个最小开度，以保证在低气速下也能维持操作。阀脚可使阀保持一个最大开度，并在阀片升降时起到导向作用。

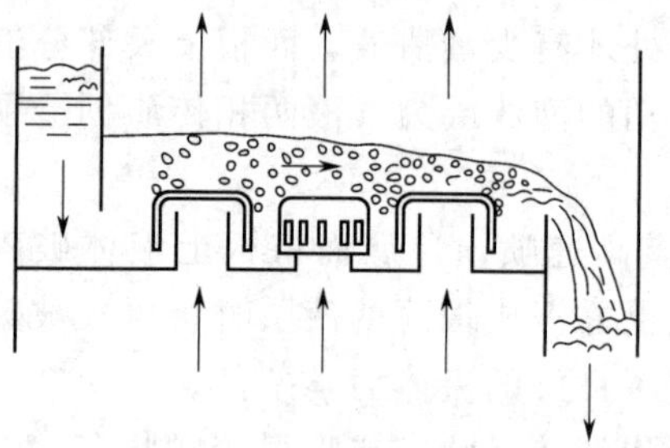

图 8-49　泡罩塔板

1—升气管；2—泡罩；3—塔板

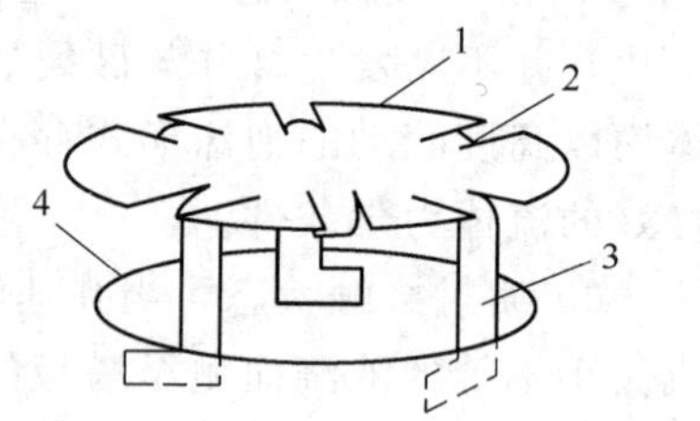

图 8-50　浮阀塔板

1—阀片；2—凸缘；3—阀腿；4—塔板孔

与泡罩塔板相比，浮阀塔板的结构较为简单、操作弹性和生产能力较大，且由于气体以水平方向吹入液层，因而气液接触时间较长，雾沫夹带较少，故塔板效率较高。

③ 导向筛板　如图 8-51 所示，导向筛板对普通筛板作了两点改进，其一是在筛板上开设一定数量的导向孔，孔的开口方向与板上液流的方向相同，以推动板上液体的流动，从而使板上的液层厚度更为均匀；其二是在板上的液流入口处增加鼓泡促进器，即将入口处的塔板翘起一定的角度，这样可使液体一进入塔板就有较好的气液接触。

与普通筛板相比，导向筛板上的液面梯度较小，鼓泡较为均匀，因而效率较高，生产能力较大。

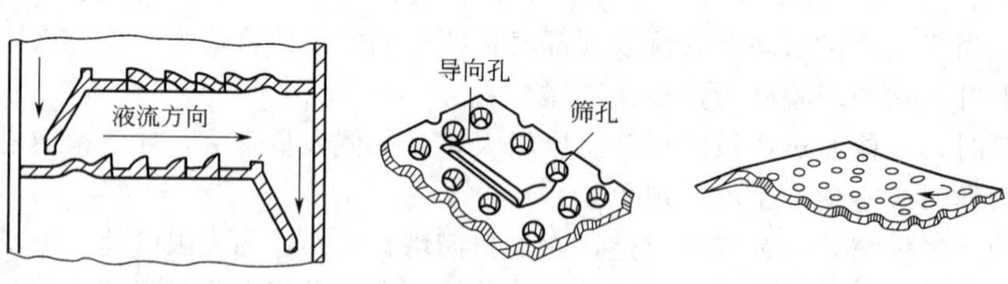

(a) 导向筛板　(b) 导向孔　(c) 鼓泡促进器

图 8-51　导向筛板

二、填料塔

填料塔是一种非常重要的气液传质设备，在制药化工生产中有着广泛的应用。填料塔也有一个圆筒形的塔体，其内分段安装一定高度的填料，如图 8-52 所示。操作时，来自冷凝器的回流液经液体分布器均匀喷洒于塔截面上。在填料层内液体沿填料表面呈膜状自上而下流动，各段填料之间设有液体收集器和液体再分布器，其作用是将上段填料中的液体收集后重新均匀分布于塔截面上，再进入下段填料。来自再沸器的蒸气由蒸气进口管进入塔内，并通过填料缝隙中的自由空间，自下而上流动，最后由塔顶排至冷凝器。

1．填料

（1）填料类型　按堆积方式的不同，填料可分为散堆填料和规整填料两大类。散堆填料以无规则堆积方式填充于塔筒内，装卸比较方便，缺点是压降较大、效率较低。规整填料是用波纹板片或波纹网片捆扎焊接而成的圆柱形填料，具有压降小、效率高等优点，常用于直径大于 50mm 的填料塔。常见的散堆填料和规整填料如图 8-53 所示。

（2）填料性能　填料塔内的传热与传质效果与填料的性能密切相关。填料的主要性能有比表面积、空隙率、填料因子和等板高度（见本章第四节）等。

① 比表面积　指单位体积的填料所具有的表面积，常用 a 表示，单位为 $m^2 \cdot m^{-3}$。填料表面是气液两相进行传质的场所，因此填料的比表面积越大，传质效果就越好。

② 空隙率　指单位体积的填料所具有的空隙体积，常用 ε 表示，单位为 $m^3 \cdot m^{-3}$。对于填料塔，上升气相是在填料的空隙中流动的。填料的空隙率越大，气体的流动阻力就越小，塔内所允许的气速就越高。

③ 干填料因子和填料因子　干填料因子是指干填料的 $\frac{a}{\varepsilon^3}$ 的计算值，而填料因子是指有液体喷淋时填料的 $\frac{a}{\varepsilon^3}$ 的实验值，常用 ϕ 表示。填料的 ϕ 值越小，填料层的压降就越小，气体的通量就越大。

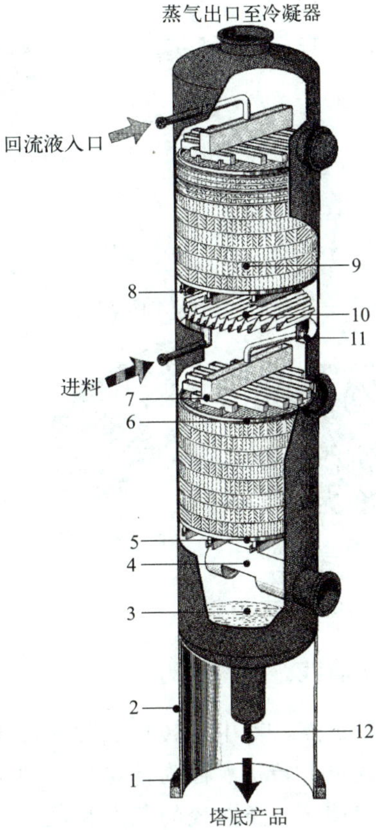

图 8-52　填料塔的结构示意

1—底座圈；2—裙座；3—塔底；4—蒸气进口管；5—支承栅；6—填料压栅；7—液体分布器；8—支承架；9—填料；10—液体收集器；11—排放孔；12—接再沸器循环管

几种常用散堆和规整填料的性能列于附录 25 中。

2．填料塔内气液两相的流动特性

（1）气体通过填料层的压降　单位时间单位面积的填料层上所喷淋的液体体积，称为**液体喷淋密度**，常用 L 表示，单位为 $m^3 \cdot m^{-2} \cdot h^{-1}$。而单位体积的填料层中所滞流的液体体积，则称为**持液量**。

当液体喷淋密度一定时，上升气体的流速越大，持液量就越大，气体通过填料层的压降也越大。在一定喷淋密度下，由实验测出单位高度填料层的压降 $\frac{\Delta p}{Z}$ 与空塔气速 u 之间的关系，并将其标绘于双对数坐标纸上，可得如图 8-54 所示的曲线。各类填料的图线均与图 8-54 中的图线相似。图中 $L_0=0$ 所对应的曲线表示干填料层的情况，此时 $\frac{\Delta p}{Z}$ 与 u 之间的

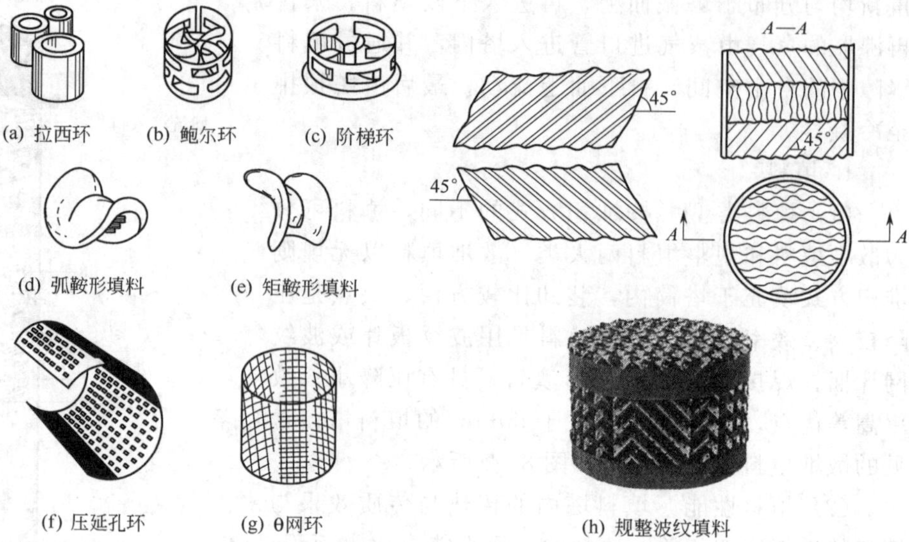

图 8-53 常见填料

08-09 典型的人造填料——拉西环、鲍尔环和阶梯环

关系为直线，其斜率为 1.8～2.0。当有液体喷淋时，$\frac{\Delta p}{Z}$与 u 之间的关系变为曲线，并存在两个转折点，其中下转折点称为载点，如图中的 A_1、A_2 和 A_3 点所示，相应的气速称为载点气速；上转折点称为泛点，如图中的 B_1、B_2 和 B_3 点所示，相应的气速称为泛点气速或液泛气速。每条曲线的载点和液泛点将曲线划分为恒持液量区、载液区和液泛区三个区段。

当气速低于载点气速时，气液两相的流动摩擦力较小，液体沿填料表面向下流动时几乎不受上升气流的影响。此时，若液体的喷淋密度一定，则填料表面所覆盖的液膜层厚度保持恒定，因而填料层的持液量亦保持恒定，故称为恒持液量区。当空塔气速一定时，由于填料表面的液体层需占据一定的空间，因而与干填料层相比，气体的实际流速增大，故压降亦相应增大。此区域的曲线亦为直线，且与干填料层的平行。

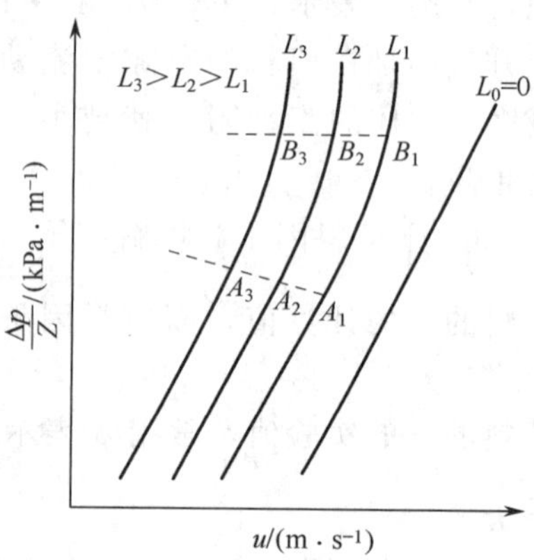

图 8-54 填料层的压降与空塔气速之间的关系

当气速达到载点气速并继续增大时，气液两相之间的流动摩擦力明显增大，并开始阻碍液体沿填料表面向下流动，从而使填料层的持液量随气速的增大而增大，这种现象称为拦液现象。

当气速达到泛点气速并继续增大时，液体已不能顺利下流，从而使填料层内的持液量不断增多，以致液体几乎充满填料层的空隙，并在填料层上部形成积液层，而压降则急剧上升，全塔的操作被破坏，这种现象称为填料塔的液泛。

（2）压降与泛点气速的确定　对于填料塔，当空塔气速处于载点气速与泛点气速之间时，气液两相之间的传质效果较好。因此，泛点气速是填料塔正常操作的上限气速，适宜的空塔气速常根据泛点气速来选择，故确定泛点气速对填料塔的设计和操作具有特别重要的意义。

目前，填料塔的泛点气速常根据图 8-55 所示的通用关联图来确定，图中横坐标为$\frac{W_L}{W_V}\left(\frac{\rho_V}{\rho_L}\right)^{0.5}$，纵坐标为$\frac{u_F^2\phi\varphi\rho_V\mu_L^{0.2}}{g\rho_L}$，两坐标中的物理量分别为

u_F——泛点空塔气速，$m \cdot s^{-1}$；

W_L、W_V——分别为填料塔内液相及气相的质量流量，$kg \cdot s^{-1}$；

ρ_L、ρ_V——分别为填料塔内液相及气相的密度，$kg \cdot m^{-3}$；

ϕ——填料因子，m^{-1}；

φ——水的密度与液相的密度之比，无因次；

μ_L——液相的黏度，$mPa \cdot s$；

g——重力加速度，$9.81m \cdot s^{-2}$。

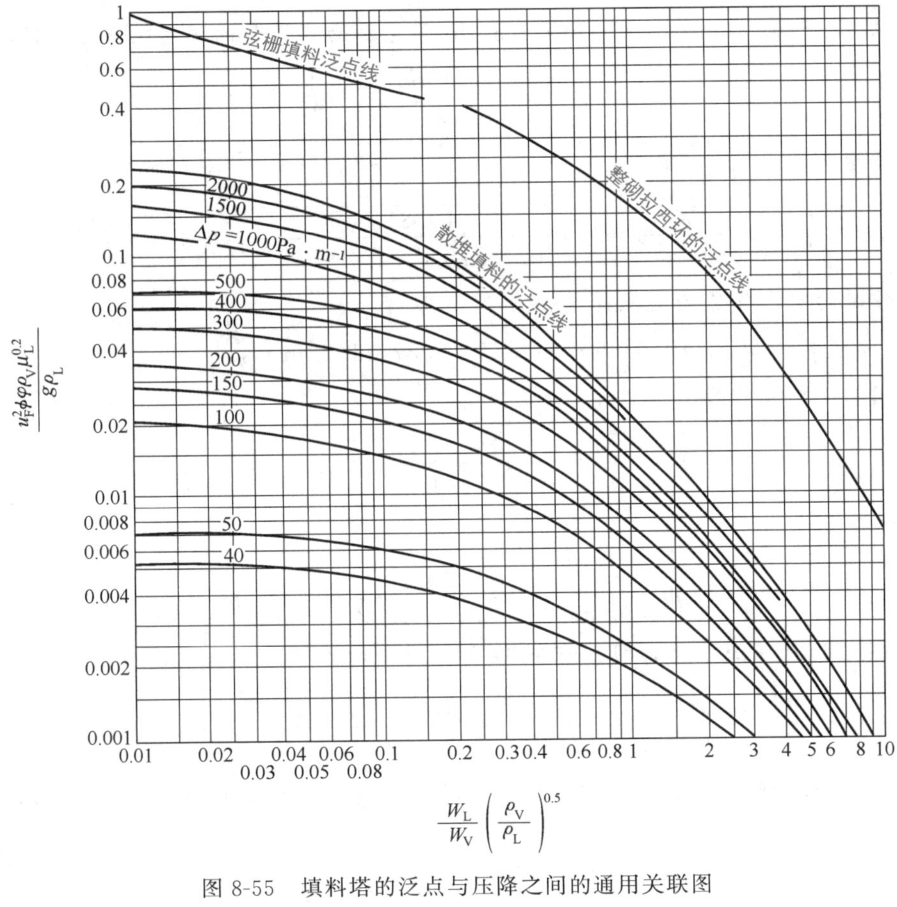

图 8-55　填料塔的泛点与压降之间的通用关联图

图 8-55 中最上方的三条线分别为弦栅、整砌拉西环及散堆填料的泛点线，左下方的线簇为散堆填料层的等压降线。若已知气、液两相的流量和密度，即可计算出图 8-55 中的横坐标值，然后可从图中查得相应的纵坐标值，从而可计算出泛点的空塔气速。而操作时适宜的空塔气速范围为

$$u=(0.5\sim0.8)u_F \tag{8-76}$$

【例 8-9】 某精馏塔内上升气相的流量为 $820kg \cdot h^{-1}$，平均密度为 $1.1kg \cdot m^{-3}$；下降液体的流量为 $680kg \cdot h^{-1}$，平均密度为 $850kg \cdot m^{-3}$，黏度为 $3.7 \times 10^{-4} Pa \cdot s$。若采用 25mm×25mm×2.5mm 的散堆陶瓷拉西环填料，填料层高度为 5m，试计算：①填料塔的内径；②填料层的总压降。已知水的密度为 $1000kg \cdot m^{-3}$。

解：①填料塔的内径 依题意知，$W_V = 820kg \cdot h^{-1}$，$W_L = 680kg \cdot h^{-1}$，$\rho_V = 1.1kg \cdot m^{-3}$，$\rho_L = 850kg \cdot m^{-3}$，$\mu_L = 3.7 \times 10^{-4} Pa \cdot s = 0.37mPa \cdot s$。则

$$\frac{W_L}{W_V}\left(\frac{\rho_V}{\rho_L}\right)^{0.5} = \frac{680}{820} \times \left(\frac{1.1}{850}\right)^{0.5} = 0.03$$

由图 8-55 查得

$$\frac{u_F^2 \phi \varphi \rho_V \mu_L^{0.2}}{g \rho_L} = 0.2$$

由附录 25 查得，25mm×25mm×2.5mm 陶瓷拉西环填料的填料因子 $\phi = 450m^{-1}$。又

$$\varphi = \frac{\rho_{H_2O}}{\rho_L} = \frac{1000}{850} = 1.18$$

所以泛点气速为

$$u_F = \sqrt{\frac{0.2 g \rho_L}{\phi \varphi \rho_V \mu_L^{0.2}}} = \sqrt{\frac{0.2 \times 9.81 \times 850}{450 \times 1.18 \times 1.1 \times 0.37^{0.2}}} = 1.87m \cdot s^{-1}$$

取操作时的空塔气速为泛点气速的 65%，即

$$u = 0.65 u_F = 0.65 \times 1.87 = 1.22m \cdot s^{-1}$$

又上升气相的体积流量为

$$V_s = \frac{W_L}{\rho_V} = \frac{820}{3600 \times 1.1} = 0.207m^3 \cdot s^{-1}$$

则由式(8-64) 得

$$D = \sqrt{\frac{4V_s}{\pi u}} = \sqrt{\frac{4 \times 0.207}{3.14 \times 1.22}} = 0.465m$$

② 填料层的总压降 此时图 8-55 的纵坐标为

$$\frac{u_F^2 \phi \varphi \rho_V \mu_L^{0.2}}{g \rho_L} = \frac{1.22^2 \times 450 \times 1.18 \times 1.1 \times 0.37^{0.2}}{9.81 \times 850} = 0.085$$

横坐标仍为 0.03，则由图 8-55 查得单位高度填料层的压降为 $735Pa \cdot m^{-1}$，所以填料层的总压降为

$$\Delta p_{总} = 735 \times 5 = 3675Pa$$

3. 填料塔附件

(1) 填料支承装置 对于填料塔，无论是使用散堆填料还是规整填料，都要设置填料支承装置，以承受填料层及其所持有的液体的重量。填料支承装置不仅要有足够的强度，而且通道面积不能小于填料层的自由截面积，否则会增大气体的流动阻力，降低塔的处理能力。

栅板式支承装置是最常用的支承装置，其优点是结构简单，如图 8-56(a)所示。此外，

具有圆形或条形升气管的支承装置也比较常用，其优点是机械强度较高、通道面积较大，如图 8-56(b)所示。气体由升气管的管壁小孔或齿缝中流出，而液体则由板上的筛孔流下。

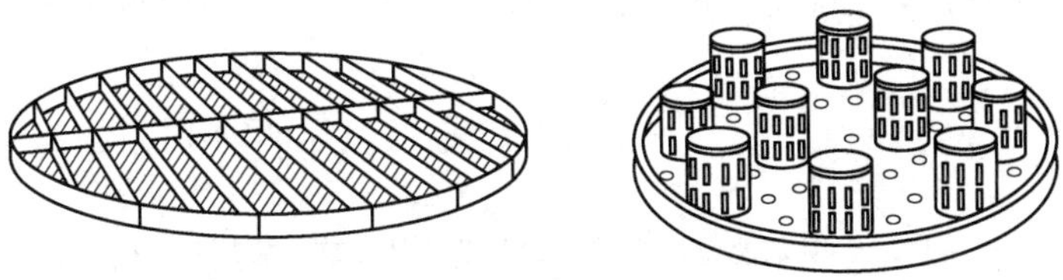

(a) 栅板式　(b) 升气管式

图 8-56　填料支承装置

(2) 液体分布器　液体在塔截面上的均匀分布是保证气液两相充分接触传质的先决条件。为了给填料层提供一个良好的初始液体分布，液体分布器须有足够的喷淋点。研究表明，对于直径小于 0.75m 的填料塔，每平方米截面上的液体喷淋点不应少于 160 个；而对于直径大于 0.75m 的填料塔，每平方米截面上应有 40～50 个液体喷淋点。

液体分布器的种类很多，常见的液体分布器如图 8-57 所示。

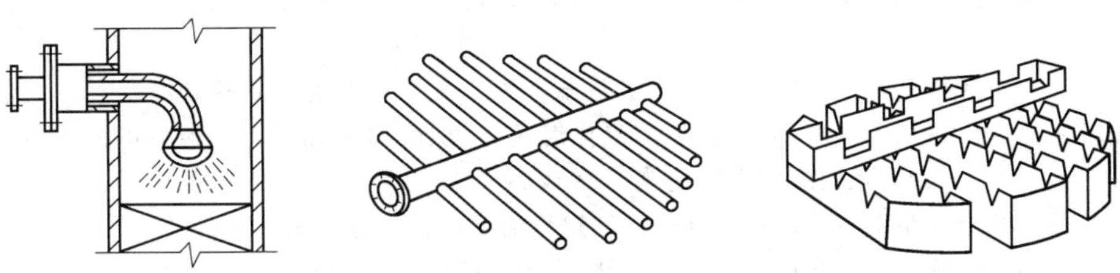

(a) 莲蓬式　(b) 多孔管式　(c) 溢流槽式

图 8-57　液体分布器

(3) 液体再分布器　液体在塔内自上而下流动时存在向壁径向流动的趋势，其结果是使壁流增加而填料主体的液流减少。即使液体在填料层上部的初始分布非常均匀，但随着液体自上而下流动，这种均匀分布也不能保持，这种现象称为填料塔的壁效应。为克服或减弱壁效应的影响，必须每隔一定高度的填料层，对液体进行再分布。

图 8-58 所示的锥形液体再分布器是一种最简单的液体再分布器，一般用于大部分液体沿塔壁流下而引起塔效下降的填料塔中。由于这种情况在小直径填料塔中更为严重，因此这种分布器常用于直径小于 0.6m 的小直径填料塔中。

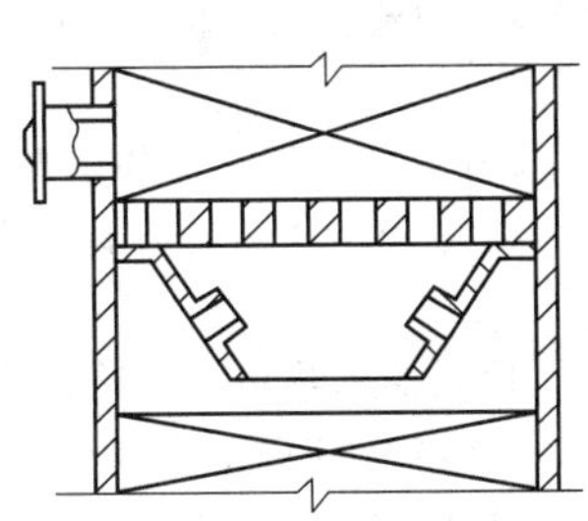

图 8-58　锥形液体再分布器

图 8-52 中所示的液体再分布器由液体收集和液体分布器组合而成，其中液体收集器的倾斜集液板的水平投影互相重叠，并遮盖住整个塔截面，这样由上段填料流下的液体将被全

部收集于环形槽中，并被导入液体分布器重新均匀分布于下一段填料表面。此种组合式液体再分布器具有结构简单、分布效果好等优点，在填料塔中的应用非常普遍。

此外，图 8-56(b)所示的升气管式填料支承实际上也是一种液体再分布器，可用于直径较大的填料塔中。

习 题

本章目标检测题

1. 已知苯-甲苯混合液中苯的含量为 0.4（摩尔分数），试根据图 8-2 确定：①该混合液的泡点温度及泡点时的平衡蒸气组成；②该混合液在 90℃时所处的状态及各相的组成；③该混合液全部汽化为饱和蒸气时的温度（即露点）及此时的蒸气组成。（95℃，0.63；过冷液体，$x_{苯}=0.4$，$x_{甲苯}=0.6$，$y_{苯}=y_{甲苯}=0$；101.5℃，$y_{苯}=0.4$，$y_{甲苯}=0.6$）

2. 由正戊烷和正己烷组成的双组分溶液可视为理想溶液。已知 50℃时正戊烷的饱和蒸气压为 159.16kPa，正己烷的饱和蒸气压为 54.04kPa，试计算：①相对挥发度；②总压为 101.3kPa 时的气液平衡数据。（2.945；$x_A=0.450$，$y_A=0.707$）

3. 在连续精馏塔中分离正戊烷与正己烷的混合液。已知进料液的处理量为 $5000\text{kg}\cdot\text{h}^{-1}$，正戊烷的含量为 0.4（摩尔分数，下同），塔顶馏出液中正戊烷的含量不低于 0.98，正戊烷的回收率不低于 97%，试计算：①馏出液和釜液的流量，以 $\text{kmol}\cdot\text{h}^{-1}$ 表示；②釜液中正戊烷的含量。（$24.62\text{kmol}\cdot\text{h}^{-1}$，$37.57\text{kmol}\cdot\text{h}^{-1}$；0.02）

4. 上题中，若混合液的泡点温度为 51℃，进料温度为 20℃，试计算进料热状况参数 q 的值。已知正戊烷的汽化潜热为 $23800\text{kJ}\cdot\text{kmol}^{-1}$，正己烷的汽化潜热为 $29200\text{kJ}\cdot\text{kmol}^{-1}$；液态正戊烷的定压比热为 $179\text{kJ}\cdot\text{kmol}^{-1}\cdot℃^{-1}$，液态正己烷的定压比热为 $198\text{kJ}\cdot\text{kmol}^{-1}\cdot℃^{-1}$。（1.136）

5. 用连续精馏塔分离某双组分理想混合液。已知精馏段操作线方程为 $y=0.75x+0.2075$，进料方程为 $y=0.5x+0.15$，试确定：①操作回流比；②塔顶馏出液的组成；③进料热状况；④进料组成。（3；0.83；−1，过热蒸汽进料；0.3）

6. 用连续精馏塔分离正戊烷-正己烷混合液。已知原料的处理量为 $5000\text{kg}\cdot\text{h}^{-1}$，进料中正戊烷的含量为 0.4（摩尔分数，下同），馏出液的组成为 0.98，釜液的组成为 0.03。若进料及回流液均为泡点下的液体，操作回流比为 2.5，平均相对挥发度为 2.92，试确定：①馏出液及釜液的流量；②精馏段操作线方程，并说明其斜率和截距；③塔内第二块塔板的上升蒸气组成；④提馏段操作线方程，并说明其斜率和截距；⑤精馏段内上升蒸气及下降液体的流量；⑥提馏段内上升蒸气及下降液体的流量。（$24.22\text{kmol}\cdot\text{h}^{-1}$，$37.97\text{kmol}\cdot\text{h}^{-1}$；$y_{n+1}=0.714x_n+0.28$，斜率 0.714，截距 0.28；0.953；$y'_{m+1}=1.45x'_m-0.013$，斜率 1.45，截距 −0.013；$84.77\text{kmol}\cdot\text{h}^{-1}$，$60.55\text{kmol}\cdot\text{h}^{-1}$；$84.77\text{kmol}\cdot\text{h}^{-1}$，$122.74\text{kmol}\cdot\text{h}^{-1}$）

7. 用连续精馏法分离苯-甲苯混合液。已知苯与甲苯的相对挥发度 $\alpha=2.41$，原料处理量 $F=175\text{kmol}\cdot\text{h}^{-1}$，原料液中苯的含量 $x_F=0.44$（摩尔分数，下同），馏出液中苯的含量 $x_D=0.96$，釜液中苯的含量 $x_W=0.06$。若进料为泡点进料，塔顶采用全凝器，泡点回流，回流比 $R=3$，试用图解法确定所需的理论板数及加料板位置。（10，第 6 块为加料板）

8. 试根据上题中的数据，计算实际回流比是最小回流比的多少倍。（2.1）

9. 根据第 7 和第 8 题中的数据，用简捷法确定所需的理论板数及加料板位置，并与图解法相比较。（10，第 6 块为加料板，结果与图解法结果一致）

10. 试根据第 7 题中的数据，计算：①冷凝器的热负荷及冷却水的消耗量；②再沸器的热负荷及饱和水蒸气的消耗量。已知冷却水的初温和终温分别为 15℃和 35℃，苯的汽化潜热为 $389\text{kJ}\cdot\text{kg}^{-1}$，甲苯的汽化潜热为 $360\text{kJ}\cdot\text{kg}^{-1}$，饱和水蒸气的冷凝潜热为 $2205\text{kJ}\cdot\text{kg}^{-1}$。（2500kW，$1.077\times10^5\text{kg}\cdot\text{h}^{-1}$；2705kW，$4417\text{kg}\cdot\text{h}^{-1}$）

思 考 题

1. 简述蒸馏操作的依据和目的。

2. 简述理想溶液和非理想溶液的区别。

3. 简述拉乌尔定律和道尔顿分压定律。

4. 简述挥发度和相对挥发度，并指出相对挥发度的大小对精馏操作的影响。

5. 简述简单蒸馏与平衡蒸馏的基本原理及特点。

6. 简述精馏原理，并指出回流和再沸器在精馏操作中作用。

7. 简述连续精馏装置的主要设备和作用。

8. 什么是理论板？有何意义？

9. 实际生产中，进料有哪几种热状况？指出不同进料热状态下 q 值的范围，并大致画出不同热状况下 q 线在 y-x 图上的位置。

10. 简述图解法确定理论板数的方法和步骤。

11. 什么是回流比？回流比的大小对精馏塔的操作有何影响？如何确定适宜的回流比？

12. 什么是全回流？全回流操作有何特点？什么情况下使用全回流操作？

13. 对于连续精馏塔，若$\frac{D}{F}$一定，则 x_D 随回流比 R 的增大而增大，那么是否可用增大回流比的方法获得任意的 x_D？为什么？

14. 间歇精馏有哪两种典型操作方式？

15. 分别简述恒沸精馏和萃取精馏的基本原理，并比较它们的特点。

16. 简述水蒸气蒸馏的基本原理和特点。

17. 简述分子蒸馏的基本原理和特点。

18. 什么是液泛？液泛时塔设备能否正常操作？

第九章　吸收

学习要求

1. 掌握：亨利定律，吸收速率方程式，总吸收系数与气膜、液膜吸收系数之间的关系，吸收塔的物料衡算和操作线方程，吸收剂用量和最小液气比，填料层高度的计算，吸收塔的操作型计算。

2. 熟悉：气体溶解度及溶解度曲线，对流传质与双膜理论，分子扩散和菲克定律，等分子反向扩散，单向扩散，体积吸收系数的测定。

3. 了解：吸收操作的依据、应用及分类，解吸及其他类型吸收。

本章课件

第一节　概述

一、吸收过程的基本概念

吸收是一种利用气体混合物中不同组分在液体中的溶解度差异来实现分离的单元操作。当气体混合物与某种液体接触时，其中的一个或几个组分将会被液体所溶解，而不被溶解的组分仍保留于气相中，从而将气体混合物中的组分分离开来。在吸收操作中，能被溶解的气体称为溶质或吸收质，以 A 表示；不能被溶解或相对于溶质而言溶解度较小的气体称为惰性组分或载体，以 B 表示；所用的液体称为吸收剂或溶剂，以 S 表示；吸收后得到的溶液和排出的气体分别称为吸收液和尾气。图 9-1 是常见的填料塔吸收过程示意，图中吸收液主要含有溶质和吸收剂，尾气中除含有惰性组分外，一般还含有少量残留的溶质。

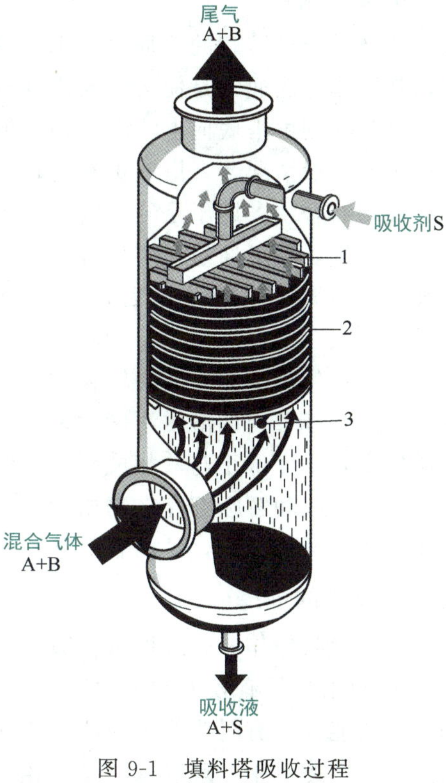

图 9-1　填料塔吸收过程

1—液体分布器；2—填料；3—填料支承

二、吸收的工业应用

吸收操作在工业上主要应用于两个方面。①回收有价值的组分或制备液体产品。如用硫酸回收焦炉煤气中的氨，用液态烃回收裂解气中的乙烯和丙烯，用水分别吸收氯化氢、二氧化氮、甲醛气体可制备盐酸、硝酸和福尔马林溶液，用液碱吸收氯化反应中放出的氯气可制备次氯酸钠溶液等。②除去有害组分以净化气体或环境。如用水或液碱脱除合成氨原料气中的二氧化碳，用氨水吸收磺化反应中排出的二氧化硫等。

三、吸收的分类

按溶质与吸收剂之间是否发生显著的化学反应，吸收可分为物理吸收和化学吸收。若溶质与吸收剂之间不发生显著的化学反应，则该吸收过程称为**物理吸收**。若溶质与吸收剂之间发生显著的化学反应，则称为**化学吸收**。如用水吸收二氧化碳，用洗油吸收芳烃等都属于物理吸收。用硫酸吸收氨气，用液碱吸收二氧化碳、二氧化硫或二氧化氮等都属于化学吸收。一般情况下，化学吸收可显著增强吸收效果。

按溶质组分数的多少，吸收可分为单组分吸收和多组分吸收。若混合气体中只有一种组分可溶解于吸收剂，则称为**单组分吸收**。如用水处理合成氨原料气中的氢气、氮气、一氧化碳和二氧化碳等气体时，仅二氧化碳在水中具有较大的溶解度，故可视为单组分吸收。若混合气体中有两种或两种以上的组分能够同时溶解于吸收剂，则称为**多组分吸收**。如用洗油处理焦炉煤气时，苯、甲苯、二甲苯等组分均能溶解于洗油，故可视为多组分吸收。

按吸收剂温度是否发生显著变化，吸收可分为等温吸收和非等温吸收。若吸收过程中吸收剂的温度近似不变，则称为**等温吸收**。如在吸收剂用量较大、溶质浓度较低或设备散热良好的情况下，吸收剂温度一般不会发生较大的变化，此时吸收过程可视为等温吸收。若溶质溶解时放出的溶解热或反应热较大，使得吸收剂的温度明显升高，则此吸收过程可视为**非等温吸收**。如用水吸收 SO_3 气体制备硫酸或用水吸收 HCl 气体制备盐酸等吸收过程均属于非等温吸收。

四、吸收与解吸

解吸是指已溶解的溶质从吸收液中释放出来的过程，又称为脱吸。解吸是吸收的逆过程，其操作方法通常是使溶液与惰性气体或蒸汽逆流接触。溶液是自塔顶向下流动，惰性气体或水蒸气则由塔底向上流动，当气液两相接触时，溶质即由液相逐渐转移至气相。在解吸操作中，一般情况下，塔底可获得较为单一的溶剂组分，而塔顶只能得到溶质与惰性气体或水蒸气的混合物，即不是纯净的溶质组分。但若该溶质组分不溶于水，而解吸操作的解吸剂又为水蒸气，则可通过对塔顶混合气体的冷凝和分层，直接获得较为纯净的溶质组分。用洗油吸收焦炉煤气中的芳烃后，即可用此法获取芳烃，并使溶剂洗油得到再生，如图 9-2 所示。

溶质在气液两相之间的转移方向和限度均由相平衡关系决定。当气相中溶质的实际浓度高于与液相成平衡的溶质浓度时，溶质将由气相转移至液相即为吸收过程；反之，当气相中溶质的实际浓度低于与液相成平衡的溶质浓度时，溶质则由液相转移至气相即为解吸过程。

由于吸收和解吸都存在物质的相转移，即溶质在气相和液相之间转移，因此吸收和解吸均属于传质操作范畴，且两者的基本原理相同，处理方法也相近。

五、吸收剂的选择

对于吸收操作，合理地选择吸收剂很重要。在选择吸收剂时，主要考虑下列基本要求。

① 对溶质具有较大的溶解度　目的是提高吸收速率，减少吸收剂用量，从而降低输送和再生的能耗。有时为便于吸收剂的回收和再利用，工业上通常在吸收操作之后还需进行解吸操作，因此对于物理吸收，选择溶解度随操作条件的改变而有显著变化的吸收剂较为合适；对于化学吸收，则宜选择与溶质之间能够发生可逆化学反应的吸收剂。

② 对溶质具有较高的选择性　吸收剂不仅要对溶质具有较大的溶解度，而且要求对惰性组分不具有或具有较小的溶解度。这一方面是为了保证较好的吸收分离效果，另一方面是

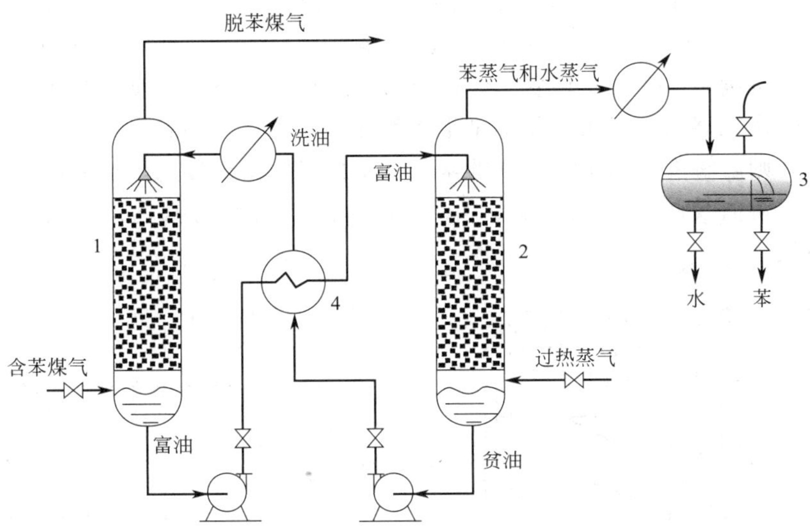

图 9-2　吸收与解吸流程

1—吸收塔；2—解吸塔；3—油水分离器；4—换热器

为了减少惰性组分的溶解损失，以提高解吸操作所得溶质的纯度。吸收剂选择性的高低可用选择性系数来表示，即溶质的溶解度与惰性组分的溶解度之比。吸收剂的选择性系数越大，则吸收分离的效果就越好。

③ 低挥发性　在一定温度下，低挥发性吸收剂的蒸气压较小，吸收尾气带走的吸收剂组分也较少，从而可减少吸收剂的损失量。同理，吸收剂的挥发性越低，则解吸操作中的溶质气体的纯度就越高。

④ 低黏度　低黏度流体有利于输送，并可改善操作时的流体流动状况，从而可提高传热和传质速率。此外，低黏度流体一般不易发泡，因而有利于操作的稳定。

09-01　吸收操作的经济性

⑤ 高稳定性　吸收剂应具有良好的化学稳定性和热稳定性，以避免吸收剂的降解和变质，这对化学吸收过程尤为重要。

⑥ 无毒，无腐蚀，不易燃易爆，且价廉易得。

第二节　气液相平衡

吸收过程是溶质由气相转移至液相的传质过程，因此必然存在传质的推动力和最终的传质极限，这两者都与体系的相平衡有关。

恒温恒压下，当混合气体与吸收剂接触时，溶质将由气相向液相传递，从而使液相中的溶质浓度不断增大，气相中的溶质分压不断减小。若气液两相接触充分，且接触时间足够长，则溶质将在液相中达到饱和，此时液相中的溶质浓度将不再增大，气相中的溶质分压也不再减小，即达到气液平衡状态。平衡时，气相中的溶质分压称为平衡分压，液相中的溶质浓度称为平衡浓度。平衡浓度又称为饱和浓度或平衡溶解度，简称溶解度。

一、溶解度曲线

气液两相之间的相平衡关系常用溶解度曲线来表示。对于单组分物理吸收，体系中存在三个组分，即溶质 A、惰性组分 B 和吸收剂 S。由相律可知，该体系的自由度数 $f=C$（组分数）$-P$（相数）$+2=3-2+2=3$。因此，若已知温度、总压、平衡分压和溶解度四个变量中的三个变量，即可确定体系的平衡状态。换言之，若已知体系的温度、总压和平衡分压，即可确定溶解度。研究表明，对于总压不是很高的体系，总压对溶解度的影响较小，因此若体系的温度一定，则溶解度仅为平衡分压的函数。由此可将溶解度与平衡分压之间的关系用曲线关联起来，所得曲线称为溶解度曲线。图 9-3～图 9-5 分别为氨气、二氧化硫和氧气在水中的溶解度曲线。

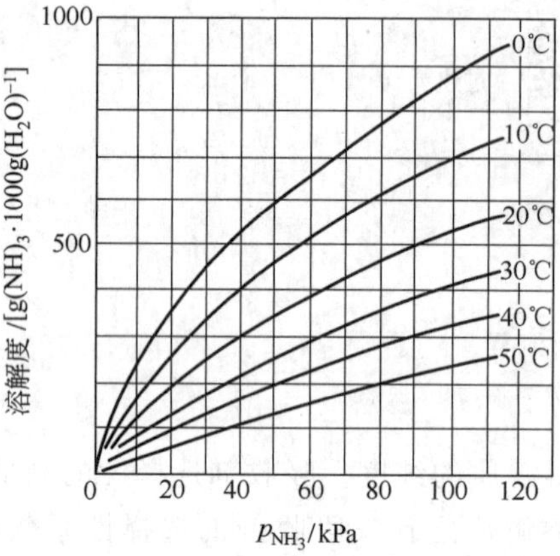

图 9-3 氨气在水中的溶解度

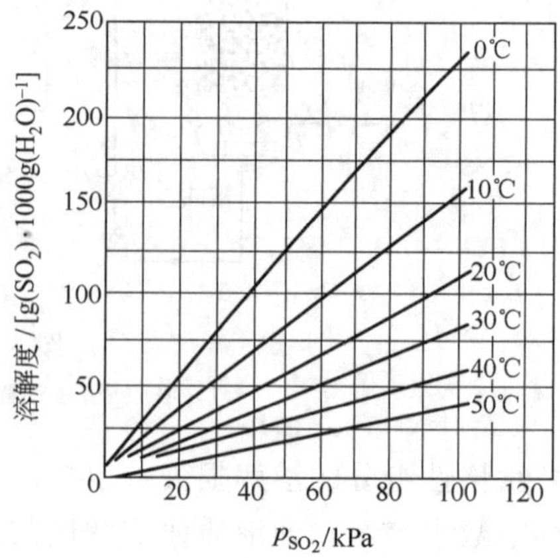

图 9-4 二氧化硫在水中的溶解度

由图 9-3～图 9-5 可知，当温度及气体分压相同时，氨气、二氧化硫和氧气在水中的溶解度急剧减小。可见，不同气体在同一吸收剂中的溶解度可能存在很大差异。此外，对于同样浓度的氨气、二氧化硫和氧气水溶液，各自对应的平衡分压依次增大，即当液相浓度相同时，易溶气体在溶液上方的平衡分压要小于难溶气体在溶液上方的平衡分压。换言之，若想得到一定浓度的溶液，则易溶气体所需的气相分压较低，难溶气体所需的气相分压较高。

对于绝大多数气体，溶解度随温度的升高而减小。因此，在吸收操作中，可适当加压和降温，以提高气体在液体中的溶解度；反之，在解吸操作中，可适当减压和升温，以减小气体在液体中的溶解度。

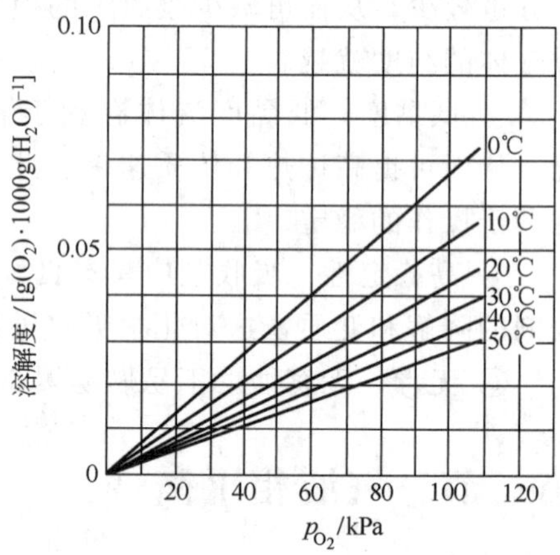

图 9-5 氧气在水中的溶解度

二、气液相平衡关系式

09-02 汽水的启示

1. 亨利定律

对于大多数吸收过程，溶液中的溶质浓度一般不会太高，因此下面重点讨论稀溶液的气液平衡关系。亨利定律表明，当总压不高（＜500kPa）时，在一定温度下，稀溶液上方气相中溶质的平衡分压与液相中溶质的浓度成正比，即

$$p^{*}=Ex \tag{9-1}$$

式中　p^{*}——与液相成平衡的气相中的溶质分压，kPa；

x——液相中溶质的摩尔分数，无因次；

E——亨利系数，kPa。

对于理想溶液，当总压不高且温度不变时，在整个溶液浓度范围内均服从亨利定律，即不局限于稀溶液。理想溶液的亨利系数等于该温度下纯溶质的饱和蒸气压。对于非理想溶液，只有当液相中的溶质浓度很低时亨利定律才适用，且溶质的浓度越低，体系就越符合亨利定律。

亨利系数一般由实验测定，某些常见体系的亨利系数也可从手册或资料中查得，某些气体在水中的亨利系数列于表 9-1 中。在同一吸收剂中，易溶气体的亨利系数要小于难溶气体的亨利系数。此外，亨利系数一般随温度的升高而增大。

表 9-1　某些气体在水溶液中的亨利系数

气体	温度/℃											
	0	5	10	15	20	25	30	35	40	45	50	60
	$E\times10^{-6}$/kPa											
H_2	5.87	6.16	6.44	6.70	6.92	7.16	7.39	7.52	7.61	7.70	7.75	7.75
O_2	2.58	2.95	3.31	3.69	4.06	4.44	4.81	5.14	5.42	5.70	5.96	6.37
CO	3.57	4.01	4.48	4.95	5.43	5.88	6.28	6.68	7.05	7.39	7.71	8.32
空气	4.38	4.94	5.56	6.15	6.73	7.30	7.81	8.34	8.82	9.23	9.59	10.2
NO	1.71	1.96	2.21	2.45	2.67	2.91	3.14	3.35	3.57	3.77	3.95	4.24
N_2	5.35	6.05	6.77	7.48	8.15	8.76	9.36	9.98	10.5	11.0	11.4	12.2
C_2H_6	1.28	1.57	1.92	2.90	2.66	3.06	3.47	3.88	4.29	4.69	5.07	5.72
	$E\times10^{-5}$/kPa											
CO_2	0.738	0.888	1.05	1.24	1.44	1.66	1.88	2.12	2.36	2.60	2.87	3.46
H_2S	0.272	0.319	0.372	0.418	0.489	0.552	0.617	0.686	0.755	0.825	0.689	1.04
Cl_2	0.272	0.334	0.399	0.461	0.537	0.604	0.669	0.740	0.800	0.860	0.900	0.970
N_2O		1.19	1.43	1.68	2.01	2.28	2.62	3.06				
C_2H_2	0.730	0.850	0.970	1.09	1.23	1.35	1.48					
C_2H_4	5.59	6.62	7.78	9.07	10.3	11.6	12.9					
	$E\times10^{-4}$/kPa											
SO_2	0.167	0.203	0.245	0.294	0.355	0.413	0.485	0.567	0.661	0.763	0.871	1.11

由于溶质在气相或液相中的浓度有多种表示方法，因此亨利定律也有多种表达形式。通常气相中的溶质浓度可采用溶质分压或摩尔分数来表示，液相中的溶质浓度可采用摩尔分数或摩尔浓度来表示，因此亨利定律还可表示为

$$p^{*}=\frac{C}{H} \tag{9-2}$$

或

$$y^{*}=mx \tag{9-3}$$

式中　C——液相中溶质的摩尔浓度，即单位体积溶液中溶质的物质的量，$kmol\cdot m^{-3}$；

H——溶解度系数，$kmol\cdot kPa^{-1}\cdot m^{-3}$；

y^{*}——与液相成平衡的气相中溶质的摩尔分数，无因次；

m——相平衡常数或分配系数，无因次。

在吸收过程中，由于气相流量和液相流量均在不断改变，而其中的惰性组分流量和吸收剂流量均可视为恒定。因此，对于吸收过程的计算，以惰性组分或吸收剂流量为基准来表示溶质在气相或液相中的浓度，将更为方便。为此，引入气相摩尔比 Y 和液相摩尔比 X 的概念，其定义分别为

$$Y=\frac{\text{气相中溶质的摩尔分数}}{\text{气相中惰性组分的摩尔分数}}=\frac{y}{1-y} \tag{9-4}$$

$$X=\frac{\text{液相中溶质的摩尔分数}}{\text{液相中吸收剂的摩尔分数}}=\frac{x}{1-x} \tag{9-5}$$

由式(9-4) 和式(9-5) 得

$$y=\frac{Y}{1+Y} \tag{9-6}$$

$$x=\frac{X}{1+X} \tag{9-7}$$

将式(9-6) 和式(9-7) 代入式(9-3) 得

$$Y^{*}=\frac{mX}{1+(1-m)X} \tag{9-8}$$

对于溶质浓度很低的稀溶液，式(9-8) 等号右边项的分母趋近于 1。因此，可得亨利定律的另一种表达形式，即

$$Y^{*}=mX \tag{9-9}$$

综上所述，对于稀溶液，平衡时气液相组成之间的关系可用亨利定律来描述。根据亨利定律，可由液相组成计算与之平衡的气相组成；相应地，也可由气相组成计算与之平衡的液相组成。此时，亨利定律可分别改写为

$$x^{*}=\frac{p}{E} \tag{9-10}$$

$$C^{*}=Hp \tag{9-11}$$

$$x^{*}=\frac{y}{m} \tag{9-12}$$

$$X^{*}=\frac{Y}{m} \tag{9-13}$$

09-03 亨利定律的发明人——威廉·亨利

2. 亨利定律各系数之间的关系

（1）溶解度系数 H 与亨利系数 E 之间的关系　液相中溶质的摩尔分数与摩尔浓度之间的关系可表示为

$$x=\frac{VC}{VC+\dfrac{V(\rho-CM_{\mathrm{A}})}{M_{\mathrm{S}}}} \tag{9-14}$$

则

$$x=\frac{M_{\mathrm{S}}C}{\rho+C(M_{\mathrm{S}}-M_{\mathrm{A}})} \tag{9-15}$$

式中 V——溶液的体积，m^3；

ρ——溶液的密度，$kg \cdot m^{-3}$；

M_A——溶质的摩尔质量，$kg \cdot kmol^{-1}$；

M_S——吸收剂的摩尔质量，$kg \cdot kmol^{-1}$。

将式(9-15) 代入式(9-1) 得

$$p^* = \frac{EM_S C}{\rho + C(M_S - M_A)} \tag{9-16}$$

由式(9-2) 和式(9-16) 得

$$H = \frac{\rho}{EM_S} + \frac{C(M_S - M_A)}{EM_S} \tag{9-17}$$

对于稀溶液，溶液密度 ρ 可近似采用吸收剂密度 ρ_S 代替，且由于溶质的浓度 C 较小，因此式(9-17) 可简化为

$$H \approx \frac{\rho_S}{EM_S} \tag{9-18}$$

式中 ρ_S——吸收剂的密度，$kg \cdot m^{-3}$。

式(9-18) 即为溶解度系数 H 与亨利系数 E 之间的关系。

(2) 相平衡常数 m 与亨利系数 E 之间的关系 对于理想气体，由分压定律得

$$p^* = Py^* \tag{9-19}$$

式中 P——体系的总压强，kPa；

将式(9-19) 代入式(9-1) 得

$$y^* = \frac{E}{P}x \tag{9-20}$$

由式(9-3) 和式(9-20) 得

$$m = \frac{E}{P} \tag{9-21}$$

式(9-21) 即为相平衡常数 m 与亨利系数 E 之间的关系。

由式(9-18) 和式(9-21) 可知，溶解度系数和相平衡常数均与亨利系数相关，其中溶解度系数与亨利系数成反比，而相平衡常数与亨利系数成正比。因此，当温度升高时，由于亨利系数增大，故溶解度系数减小，相平衡常数增大。同理，在同一吸收剂中，易溶气体的溶解度系数要大于难溶气体的溶解度系数，而相平衡常数则小于难溶气体的相平衡常数。此外，式(9-21) 还表明，当总压增加时，相平衡常数将减小，气体的溶解度则相应增大。

【例 9-1】 在总压为 101.3kPa、温度为 30℃的条件下，已知 1000kg 水中溶解有 200kg 氨气。若溶液上方气相中氨气的平衡分压为 35kPa，试计算此时的相平衡常数 m、亨利系数 E 和溶解度系数 H。

解： 已知氨气的分子量 $M_A=17$，水的分子量 $M_S=18$，水的密度 $\rho_S=1000kg \cdot m^{-3}$，则氨气在液相中的摩尔分数为

$$x = \frac{\frac{200}{17}}{\frac{200}{17} + \frac{1000}{18}} = 0.175$$

平衡时气相中氨气的摩尔分数为

$$y^*=\frac{p^*}{P}=\frac{35}{101.3}=0.346$$

由式(9-3) 得相平衡常数为

$$m=\frac{y^*}{x}=\frac{0.346}{0.175}=1.98$$

由式(9-1) 得亨利系数为

$$E=\frac{p^*}{x}=\frac{35}{0.175}=200\text{kPa}$$

由式(9-18) 得溶解度系数为

$$H\approx\frac{\rho_S}{EM_S}=\frac{1000}{200\times18}=0.278\text{kmol}\cdot\text{kPa}^{-1}\cdot\text{m}^{-3}$$

第三节 传质机理与吸收速率

一、传质机理

在吸收过程中，溶质分子由气相转移至液相需经历三个步骤，即溶质分子由气相主体向气液相界面处传递、溶质分子在界面处溶解及溶质分子由界面处向液相主体传递。简言之，吸收传质包括气相内传质、相界面处溶解和液相内传质三个阶段。其中，相界面处的溶解过程十分迅速，过程阻力很小，其气液组成近似服从平衡关系。因此，吸收传质的阻力主要来自气相或液相中的相内传质阻力。

09-04 生活中的分子扩散和涡流扩散现象

无论是气相还是液相，相内传质均存在分子扩散和涡流扩散两种基本传质方式。分子扩散是借助于分子的无规则热运动来传递物质的过程。涡流扩散又称为湍流扩散，它是借助于流体质点的宏观运动来传递物质的过程。在同一传质系统中，涡流扩散的传质速率一般要远大于分子扩散的传质速率，但两者的传质方向都是由高浓度处向低浓度处传递。在静止或层流流体中所发生的传质通常由分子扩散所致。而在湍流流体中，传质则是分子扩散和涡流扩散共同作用的结果，但涡流扩散的作用要远大于分子扩散的作用。

1. 分子扩散

(1) 菲克定律 如图 9-6 所示，在容器的左右两侧分别盛有温度和压强均相同的 A、B 两种气体。当抽掉中间的隔板后，在浓度差的推动下，左侧的气体 A 会穿过气体 B 向右侧扩散，而右侧的气体 B 也会穿过气体 A 向左侧扩散，直至整个容器内气体 A 和 B 的浓度均相同为止。在上述扩散过程中，随着时间的推移，A、B 两种气体在左右两侧的浓度差逐渐减小，相应的分子扩散速度亦逐渐减小，因此该过程是一个非稳态的分子扩散过程。

单位时间内单位面积上因扩散而传递的物质量称为**扩散速率**或**扩散通量**。对于双组分混合物中的分子扩散过程，无论是稳态扩散还是非稳态扩散，其扩散速率均可用菲克定律来描述。菲克定律表明，若组分 A 在介质 B 中发生扩散，则任一点处组分 A 的扩散速率与组分 A 在该点处的浓度梯度成正比，即

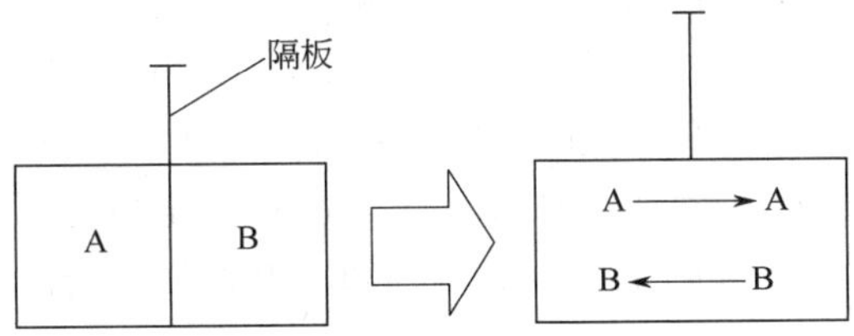

图 9-6　非稳态分子扩散

$$J_A=-D_{AB}\frac{dC_A}{dZ} \tag{9-22}$$

式中　J_A——组分 A 沿 Z 方向的分子扩散速率，$kmol\cdot m^{-2}\cdot s^{-1}$；

D_{AB}——组分 A 在介质 B 中的分子扩散系数，$m^2\cdot s^{-1}$；

$\frac{dC_A}{dZ}$——浓度梯度，即组分 A 的浓度 C_A 在 Z 方向上的变化率，$kmol\cdot m^{-4}$。

式(9-22) 中的负号表示扩散是沿着组分 A 浓度降低的方向进行的，该方向与浓度梯度的方向正好相反。

对于图 9-6 所示的分子扩散过程，尽管气体 A 和 B 各自的摩尔浓度均随位置而变，但只要系统中压强不太高且各处的温度和压强均匀，则单位体积内气体 A 和 B 的总物质的量将不随位置而变，即

$$C_A+C_B=C_m=\frac{P}{RT}=\text{常数} \tag{9-23}$$

所以

$$\frac{dC_A}{dZ}=-\frac{dC_B}{dZ} \tag{9-24}$$

式中　C_A、C_B——分别为组分 A 和 B 的摩尔浓度，$kmol\cdot m^{-3}$；

C_m——组分 A 和 B 的总摩尔浓度，$kmol\cdot m^{-3}$；

R——通用气体常数，$8.314kJ\cdot kmol^{-1}\cdot K^{-1}$；

T——热力学温度，K。

同时，气体 A 在 Z 方向上的分子扩散速率也必等于气体 B 在反方向上的扩散速率，即

$$J_A=-J_B \tag{9-25}$$

式中　J_B——组分 B 的扩散速率，$kmol\cdot m^{-2}\cdot s^{-1}$。

由式(9-24) 和式(9-25)，并结合非克定律得

$$J_A=-D_{AB}\frac{dC_A}{dZ}=-J_B=-(-D_{BA}\frac{dC_B}{dZ})=-D_{BA}\frac{dC_A}{dZ} \tag{9-26}$$

所以

$$D_{AB}=D_{BA} \tag{9-27}$$

式中　D_{BA}——组分 B 在组分 A 中的分子扩散系数，$m^2\cdot s^{-1}$。

由式(9-27) 可知，对于双组分混合物，两组分的分子扩散系数相等，故可略去分子扩散系数的下标，统一以 D 表示。

分子扩散系数简称为扩散系数，它是物质的物性数据之一，其值与混合体系的种类、温度、压强和浓度有关。研究表明，压强对液体扩散系数的影响不明显，而浓度对气体扩散系

数的影响不明显。扩散系数通常由实验测定，也可从手册或资料中查得，此外还可借助某些经验或半经验公式估算。气体扩散系数一般在 $0.1 \sim 1cm^2 \cdot s^{-1}$，液体扩散系数一般在 $1\times10^{-5} \sim 5\times10^{-5} cm^2 \cdot s^{-1}$。可见，液体扩散系数要远小于气体扩散系数。但由于液体中物质的浓度梯度要远大于气体中物质的浓度梯度，故在一定条件下，液体中的扩散速率仍可达到与气体中的扩散速率相接近的水平。表 9-2 和表 9-3 分别给出了一些常见物质在空气和水中的扩散系数。

表 9-2 一些物质在空气中的分子扩散系数（25℃，101.3kPa）

组分	H_2	H_2O	NH_3	O_2	CO_2	CH_3OH	CH_3COOH	C_2H_5OH	C_6H_6
$D/(cm^2 \cdot s^{-1})$	0.410	0.256	0.236	0.206	0.164	0.159	0.133	0.119	0.088

表 9-3 一些物质在水中的分子扩散系数（20℃，稀溶液）

组分	H_2	Cl_2	NH_3	O_2	CO_2	CH_3OH	CH_3COOH	C_2H_5OH	H_2S
$D\times10^5/(cm^2 \cdot s^{-1})$	5.13	1.22	1.76	1.80	1.74	1.28	0.88	1.00	1.41

（2）等分子反向扩散　如图 9-7 所示，在两个温度和压强均相同的大容器内，分别盛有不同浓度的气体 A 和 B 的混合物，已知两容器内气体 A 和 B 的分压关系为 $p_{A1} > p_{A2}$ 及 $p_{B1} < p_{B2}$。用一根等径的细管将两容器连通起来，则在截面 1 与截面 2 之间的浓度差推动下，气体 A 将向右边扩散，同时气体 B 将向左边扩散。由于两容器内的气体总压相等，且连通管的直径均匀，因此在连通管的任一截面上，单位时间内通过单位面积的气体 A 和 B 的物质的量必相等，即 $J_A = -J_B$，故将该扩散过程称为等分子反向扩散。此外，考虑到容器相对于细管的容积较大，故在有限的时间内，两容器内的气体组成均可近似视为恒定。且由于容器内装有搅拌，因此截面 1 和截面 2 处的气体组成亦可视为不变，故连通管内发生的分子扩散可视为稳态等分子反向扩散。

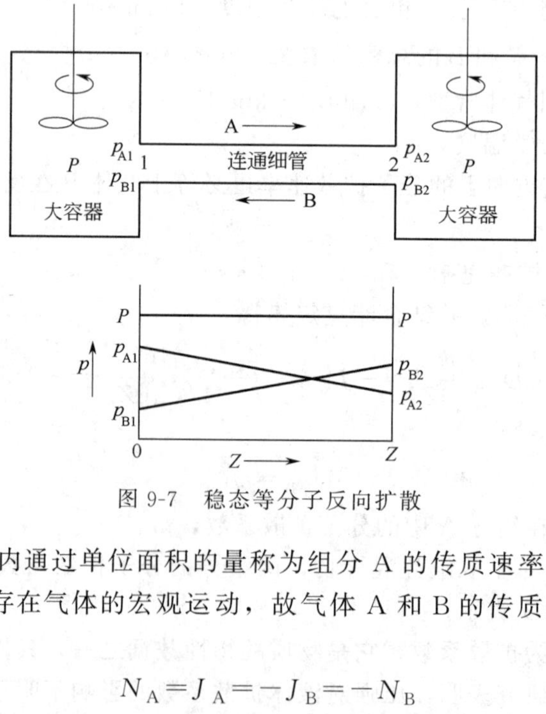

图 9-7　稳态等分子反向扩散

组分 A 在单位时间内通过单位面积的量称为组分 A 的传质速率，以 N_A 表示。对于等分子反向扩散，由于不存在气体的宏观运动，故气体 A 和 B 的传质速率与扩散速率在数值上是相等的，即

$$N_A = J_A = -J_B = -N_B \tag{9-28}$$

式中　N_A、N_B——分别为组分 A 和 B 的传质速率，$kmol \cdot m^{-2} \cdot s^{-1}$。

由菲克定律和理想气体状态方程可知，气体 A 的扩散速率为

$$J_A = -D\frac{dC_A}{dZ} = -\frac{D}{RT}\frac{dp_A}{dZ} \tag{9-29}$$

式中　D——气相中的分子扩散系数，$m^2 \cdot s^{-1}$；

p_A——气相中组分 A 的分压，kPa。

将式(9-29) 代入式(9-28) 并整理得

$$\int_0^Z N_A dZ = \int_{p_{A1}}^{p_{A2}} -\frac{D}{RT}dp_A \tag{9-30}$$

式中　Z——截面 1 与截面 2 之间的距离，m；

p_{A1}、p_{A2}——分别为组分 A 在截面 1 和截面 2 处的分压，kPa。

对于稳态分子扩散，等径连通管内各截面处的传质速率应相等，且因操作条件恒定，则 D 和 T 均为常数。所以，由式(9-30) 积分并整理得

$$N_A = \frac{D}{RTZ}(p_{A1} - p_{A2}) \tag{9-31}$$

由理想气体状态方程可知，式(9-31) 也可改写为

$$N_A = \frac{D}{Z}(C_{A1} - C_{A2}) \tag{9-32}$$

式中　C_{A1}、C_{A2}——分别为组分 A 在截面 1 和截面 2 处的摩尔浓度，$kmol \cdot m^{-3}$。

同理，气体 B 的传质速率为

$$N_B = \frac{D}{RTZ}(p_{B1} - p_{B2}) = \frac{D}{Z}(C_{B1} - C_{B2}) = -N_A \tag{9-33}$$

式中　p_{B1}、p_{B2}——分别为组分 B 在截面 1 和截面 2 处的分压，kPa；

C_{B1}、C_{B2}——分别为组分 B 在截面 1 和截面 2 处的摩尔浓度，$kmol \cdot m^{-3}$。

等分子反向扩散是工业生产中的一种常见分子扩散形式。例如，两种气体在一有限空间中的混合以及蒸馏过程中两种组分的扩散均属于等分子反向扩散。

(3) 单向扩散　单向扩散是工业生产中的另一种常见的分子扩散形式。例如，吸收操作中溶质气体的扩散即为单向扩散。

如图 9-8 所示，当 A、B 双组分气体混合物与吸收剂接触时，气体 A 可溶解于液相，而气体 B 则不溶于液相，即气体 A 能够顺利通过气液相界面，而气体 B 则不能通过，这种扩散现象称为单向扩散或通过组分 A 停滞组分 B 的扩散。

对于单向扩散，由于气体 A 向液相中溶解，因此气液相界面附近的气相总压将略低于气相主体的总压，从而气相主体必将向气液相界面处流动，这种流动现象称为**总体流动**。总体流动是组分 A 和 B 一起并行的传递运动，两者具有相同的流动速度和流动方向。因此，两者传质速率的比值应等于各自分压的比值，即

$$\frac{N_{AM}}{N_{BM}} = \frac{p_A}{p_B} \tag{9-34}$$

式中　N_{AM}、N_{BM}——分别为总体流动中组分 A 和 B 的传质速率，$kmol \cdot m^{-2} \cdot s^{-1}$；

p_B——气相中组分 B 的分压，kPa。

由式(9-34) 得

$$p_B = p_A \frac{N_{BM}}{N_{AM}}$$

则

$$P = p_A + p_B = p_A + p_A \frac{N_{BM}}{N_{AM}} = p_A \frac{N_{AM} + N_{BM}}{N_{AM}}$$

所以

$$N_{AM} = (N_{AM} + N_{BM}) \frac{p_A}{p_A + p_B} = N \frac{p_A}{P} \tag{9-35}$$

式中　N——总体流动的传质速率，$N = N_{AM} + N_{BM}$，$kmol \cdot m^{-2} \cdot s^{-1}$。

同理可得

$$N_{BM} = (N_{AM} + N_{BM}) \frac{p_B}{p_A + p_B} = N \frac{p_B}{P} \tag{9-36}$$

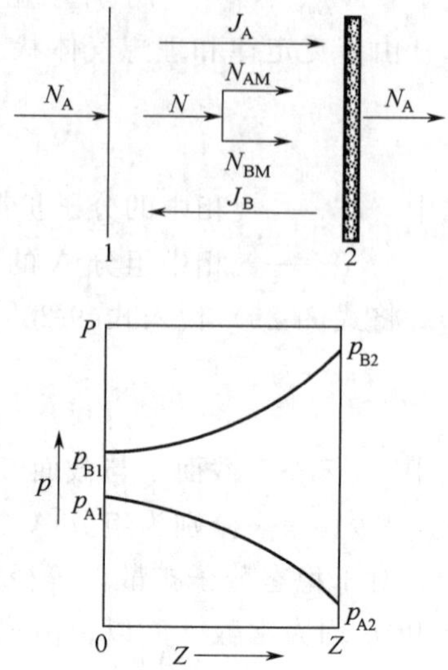

图 9-8　单向扩散

在单向扩散中，不仅存在气体 A 和 B 的总体流动，而且还存在各自气体的自身扩散运动。由于气体 A 在相界面处溶解，故气体 A 在相界面附近的分压将低于其在气相主体中的分压，而气体 B 的分压则高于其在气相主体中的分压。在总体流动的作用下，总压一般与气相主体的接近。因此，在分压差的推动下，气体 A 将由气相主体向相界面处扩散，而气体 B 则由相界面处向气相主体中扩散，且两气体的扩散速率大小相等。

由于组分 A 的扩散方向与总体流动的方向一致，故其传质速率应等于组分 A 的扩散速率与组分 A 在总体流动中的传质速率之和，即

$$N_A = J_A + N_{AM} = J_A + N \frac{p_A}{P} \tag{9-37}$$

由于组分 B 的扩散方向与总体流动的方向相反，且两者的传质速率大小相等，故组分 B 正如在气液相界面处一样，在表观上不发生传递，即为停滞组分，其传质速率可表示为

$$N_B = J_B + N_{BM} = J_B + N \frac{p_B}{P} = 0 \tag{9-38}$$

扩散过程中总压 P 保持恒定。由式(9-28) 可知，气体 A 和 B 的扩散速率大小相等，方向相反，即

$$J_A = -J_B \tag{9-39}$$

将式(9-39) 代入式(9-38) 得

$$N = \frac{P}{p_B} J_A \tag{9-40}$$

将式(9-40) 代入式(9-37) 得

$$N_A = \frac{p_A + p_B}{p_B} J_A = \frac{P}{p_B} J_A = N \tag{9-41}$$

可见，对于气相中的稳态单向扩散，总体流动的传质速率等于组分 A 的传质速率。

将式(9-29) 代入式(9-41) 得

$$N_A = -\frac{DP}{RTp_B} \frac{dp_A}{dZ} \tag{9-42}$$

由 $P=p_A+p_B$ 得

$$\mathrm{d}p_A=-\mathrm{d}p_B \tag{9-43}$$

将式(9-43)代入式(9-42)得

$$N_A=\frac{DP}{RTp_B}\frac{\mathrm{d}p_B}{\mathrm{d}Z} \tag{9-44}$$

将式(9-44)分离变量并积分得

$$\int_0^Z N_A\mathrm{d}Z=\int_{p_{B1}}^{p_{B2}}\frac{DP}{RTp_B}\mathrm{d}p_B \tag{9-45}$$

对于稳态传质过程，N_A 为定值。又操作条件一定，则 D、P、T 均为常数，故由式(9-45)积分得

$$N_A=\frac{DP}{RTZ}\ln\frac{p_{B2}}{p_{B1}} \tag{9-46}$$

又

$$\frac{p_{A1}-p_{A2}}{p_{B2}-p_{B1}}=1 \tag{9-47}$$

所以，式(9-46)可改写为

$$N_A=\frac{DP}{RTZ}\frac{p_{A1}-p_{A2}}{p_{B2}-p_{B1}}\ln\frac{p_{B2}}{p_{B1}} \tag{9-48}$$

即

$$N_A=\frac{D}{RTZ}\frac{P}{\dfrac{p_{B2}-p_{B1}}{\ln\dfrac{p_{B2}}{p_{B1}}}}(p_{A1}-p_{A2}) \tag{9-49}$$

令

$$p_{Bm}=\frac{p_{B2}-p_{B1}}{\ln\dfrac{p_{B2}}{p_{B1}}} \tag{9-50}$$

则

$$N_A=\frac{D}{RTZ}\frac{P}{p_{Bm}}(p_{A1}-p_{A2}) \tag{9-51}$$

式中 p_{Bm}——组分 B 在截面 1 和截面 2 处分压的对数平均值，kPa；

$\frac{P}{p_{Bm}}$——漂流因子或漂流因数，无因次。

式(9-51)即为气相中稳态单向扩散时的传质速率方程式，其中漂流因子 $\frac{P}{p_{Bm}}$ 反映了总体流动对传质速率的影响程度，其值恒大于 1。当混合气体中组分 A 的分压很低时，漂流因子的值接近于 1。

液相中的分子扩散也多以单向扩散为主要扩散形式，但对其分子运动规律的研究还很不充分。一般情况下，液相中单向扩散的传质速率方程式可仿照式(9-51)写出，即

$$N_A=\frac{D'}{Z}\frac{C_m}{C_{Sm}}(C_{A1}-C_{A2}) \tag{9-52}$$

式中 D'——溶质在溶剂中的分子扩散系数，$m^2 \cdot s^{-1}$；

C_m——溶液的总摩尔浓度，$C_m = C_A + C_s$，$kmol \cdot m^{-3}$；

C_{Sm}——溶剂在截面 1 和截面 2 处摩尔浓度的对数平均值，$kmol \cdot m^{-3}$。

【例 9-2】 如图 9-9 所示，在温度 T 为 25℃、压强 P 为 101.3kPa 的条件下，测定苯蒸气在空气中的分子扩散系数。测量时，将液态苯装入垂直管中。在分子扩散的作用下，苯蒸气由垂直管上升至水平管口，并被空气带走。实验测得当液态苯的液面距离水平管口的高度由 $Z_a = 20mm$ 降至 $Z_b = 21.82mm$ 时，所需时间 τ 为 147.53min。已知 25℃时苯的蒸气压为 12.7kPa，液态苯的密度 ρ_L 为 $872kg \cdot m^{-3}$。若在水平管口处苯的蒸气压可视为零，试计算 25℃时苯蒸气在空气中的分子扩散系数。

解：依题意知，苯蒸气的扩散属于单向扩散。由式(9-51)得

$$N_A = \frac{D}{RTZ}\frac{P}{p_{Bm}}(p_{A1} - p_{A2}) \quad \text{(a)}$$

已知苯的分子量为 78，故由物料衡算得

$$N_A d\tau = \frac{\rho_L}{78} dZ \quad \text{(b)}$$

将式(a)代入式(b)并分离变量得

$$\frac{D}{RT}\frac{P}{p_{Bm}}(p_{A1} - p_{A2}) d\tau = \frac{\rho_L}{78} Z dZ$$

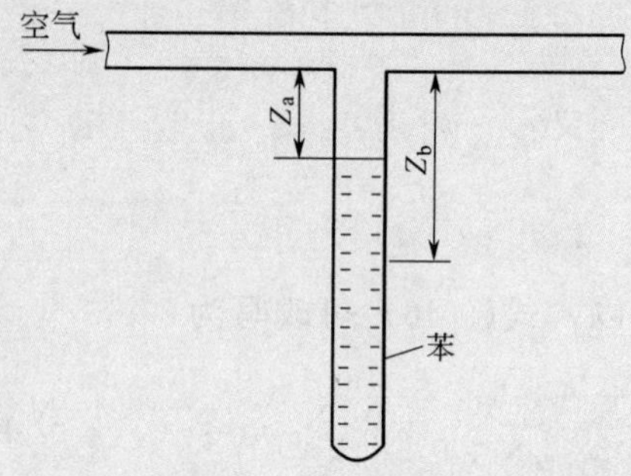

图 9-9 例 9-2 附图

积分得

$$\int_0^{\tau} \frac{D}{RT}\frac{P}{p_{Bm}}(p_{A1} - p_{A2}) d\tau = \int_{Z_a}^{Z_b} \frac{\rho_L}{78} Z dZ$$

即

$$\frac{D}{RT}\frac{P}{p_{Bm}}(p_{A1} - p_{A2})\tau = \frac{\rho_L}{78}\frac{Z_b^2 - Z_a^2}{2}$$

又

$$p_{B1} = P - p_{A1} = 101.3 - 12.7 = 88.6kPa$$

$$p_{B2} = P - p_{A2} = 101.3 - 0 = 101.3kPa$$

所以，由式(9-50) 得

$$p_{Bm} = \frac{p_{B2} - p_{B1}}{\ln \frac{p_{B2}}{p_{B1}}} = \frac{101.3 - 88.6}{\ln \frac{101.3}{88.6}} = 94.8kPa$$

依题意知 $\tau = 147.53min$，所以

$$\frac{D}{8.314 \times 298} \times \frac{101.3}{94.8} \times (12.7 - 0) \times 147.53 \times 60 = \frac{872}{78} \times \frac{0.02182^2 - 0.02^2}{2}$$

解得

$$D = 8.8 \times 10^{-6} m^2 \cdot s^{-1}$$

2. 涡流扩散

前已述及，涡流扩散是借助于流体质点的宏观运动来传递物质的，它是湍流流体中的主要扩散形式。流体在湍流流动时，若流体内部存在浓度差，则流体一方面将随着流体质点的旋涡运动向低浓度处传递；另一方面，流体也会随着流体分子的无规则热运动向低浓度处传质，即流体中同时存在涡流扩散和分子扩散。但由于质点是大量分子的集群，因此涡流扩散的传质作用一般要远强于分子扩散的传质作用。涡流扩散的扩散速率可参照菲克定律写出，即

$$J_{AE}=-D_E\frac{dC_A}{dZ} \tag{9-53}$$

式中　J_{AE}——涡流扩散速率，$kmol \cdot m^{-2} \cdot s^{-1}$；

D_E——涡流扩散系数，$m^2 \cdot s^{-1}$。

涡流扩散系数不仅与物质的物性有关，而且与流体的流动状况及位置有关，因此涡流扩散系数不是物质的物性数据。此外，涡流扩散系数的大小一般很难确定。

二、对流传质与双膜理论

1. 对流传质

对流传质是发生于运动流体与相界面之间的传质过程。由于工业上的传质操作多发生于湍流流体中，因此本节将重点讨论湍流主体与相界面之间的对流传质过程。

根据流体流动理论，对于湍流流体，湍流主体与相界面之间依次存在层流内层、过渡区和湍流区三个区域。在层流内层，传质是依靠分子扩散作用进行的，其传质阻力较大，相应的浓度梯度也较大；在湍流区，分子扩散作用常可忽略不计，传质主要是依靠强烈的涡流扩散作用进行的，故此处的传质阻力非常小，其浓度梯度接近于零；而在过渡区，分子扩散和涡流扩散的作用均较明显，故其传质阻力及浓度梯度均介于层流内层和湍流区之间。可见，对流传质过程是分子扩散和涡流扩散两种传质作用的总和，因此其传质速率可表示为

$$J=-(D+D_E)\frac{dC_A}{dZ} \tag{9-54}$$

式中　J——对流传质速率，$kmol \cdot m^{-2} \cdot s^{-1}$。

在吸收传质中，假设在气液相界面附近存在一层虚拟的层流膜层，膜内无物质累积且物质的传递方式为稳态分子扩散，膜外流体的流动则为高度湍流，即对流传质的阻力全部集中于膜层内，则该虚拟的层流膜层称为停滞膜或有效层流膜。由于停滞膜内集中了全部的对流传质阻力，且物质的传递方式为稳态分子扩散，因此，若以湍流主体与相界面间的分压差或浓度差为传质推动力，则由式(9-51)得该吸收过程中气相侧的对流传质速率为

$$N_A=\frac{D}{RTZ_G}\frac{P}{p_{Bm}}(p-p_i) \tag{9-55}$$

式中　Z_G——气相停滞膜层的厚度，m；

p——气相主体中溶质 A 的分压，kPa；

p_i——气液相界面处气相中溶质 A 的分压，kPa。

同理，由式(9-52)得液相侧的对流传质速率为

$$N_A=\frac{D'}{Z_L}\frac{C_m}{C_{Sm}}(C_i-C) \tag{9-56}$$

式中　Z_L——液相停滞膜层的厚度，m；

C_i——气液相界面处液相中溶质 A 的摩尔浓度，$kmol \cdot m^{-3}$；

C——液相主体中溶质 A 的摩尔浓度，$kmol \cdot m^{-3}$。

2. 双膜理论

目前，用于描述吸收过程中相际传质机理的理论主要有双膜理论、溶质渗透理论和表面更新理论等，其中以双膜理论最为常用。

双膜理论又称为停滞膜理论。如图 9-10 所示，双膜理论的基本论点包括：①气液两相接触时，两相间存在稳定的相界面，且在相界面处气液两相达到平衡。②相界面两侧各有一层停滞膜，膜内的传质方式为分子扩散。③传质阻力全部集中于停滞膜内，膜外流体的流动为高度湍流，即两相主体中物质的浓度均匀，传质阻力为零。

09-05 双膜理论的局限性

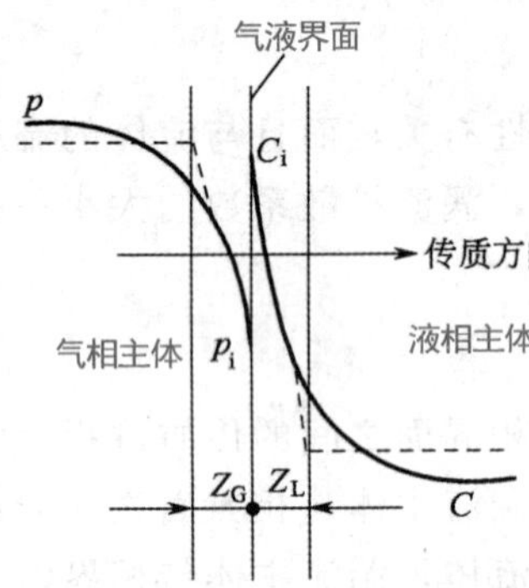

图 9-10 双膜理论示意

双膜理论适用于具有固定相界面或两相流体湍动程度不大的传质过程。双膜理论将复杂的相际传质过程转化为两个停滞膜内的分子扩散过程，而相界面和两流体主体处均无传质阻力，因而在很大程度上简化了吸收传质的计算。

三、吸收速率方程式

根据双膜理论，可将传质阻力全部折算至两停滞膜内，故吸收传质速率方程也可采用分子扩散速率方程的形式来表示。

稳态传质时，气相停滞膜内的吸收速率、液相停滞膜内的吸收速率以及总吸收速率均相等。

1. 吸收速率方程式

(1) 气膜吸收速率方程式 气相停滞膜内的吸收速率方程即为气相侧的对流传质速率方程，即式(9-55)，但式(9-55) 中停滞膜层厚度 Z_G 的值一般较难测定，故常将 Z_G 与其他参数合并考虑，即令

$$k_G = \frac{DP}{RTZ_G p_{Bm}} \tag{9-57}$$

式中 k_G——气膜吸收系数，$kmol \cdot m^{-2} \cdot s^{-1} \cdot kPa^{-1}$。

对于特定的吸收物系，当操作条件一定时，式(9-57) 中的 D、P、T 及 p_{Bm} 均为定值，Z_G 值虽较难测定，但当流动状态一定时，其值一般也不发生变化。因此，可将 k_G 值视为常数。

将式(9-57) 代入式(9-55) 得

$$N_A=k_G(p-p_i)=\frac{p-p_i}{\frac{1}{k_G}} \tag{9-58}$$

式(9-58) 中的 $(p-p_i)$ 即为气膜吸收推动力，$\frac{1}{k_G}$即为气膜吸收阻力，因此吸收速率也可理解为吸收推动力与对应的吸收阻力之比。气膜内的吸收推动力除可用分压差来表示外，还可用摩尔分数差来表示，此时气膜吸收速率方程又可表示为

$$N_A=k_y(y-y_i)=\frac{y-y_i}{\frac{1}{k_y}} \tag{9-59}$$

式中　k_y——气膜吸收系数，$kmol \cdot m^{-2} \cdot s^{-1}$；

y——气相主体中溶质 A 的摩尔分数，无因次；

y_i——气液相界面处气相中溶质 A 的摩尔分数，无因次。

式(9-59) 中的 k_y 也称为气膜吸收系数，其倒数$\frac{1}{k_y}$表示与气膜吸收推动力 $(y-y_i)$ 相对应的吸收阻力。

根据分压定律，由式(9-58) 和式(9-59) 可导出气膜吸收系数 k_G 与 k_y 之间的关系，即

$$N_A=k_G(p-p_i)=k_G(Py-Py_i)=Pk_G(y-y_i)=k_y(y-y_i) \tag{9-60}$$

故

$$k_y=Pk_G \tag{9-61}$$

(2) 液膜吸收速率方程式　液相停滞膜内的吸收速率方程即为液相侧的对流传质速率方程，即式(9-56)。令

$$k_L=\frac{D'C_m}{Z_LC_{Sm}} \tag{9-62}$$

式中　k_L——液膜吸收系数，$m \cdot s^{-1}$。

将式(9-62) 代入式(9-56) 即得液膜吸收速率方程式，即

$$N_A=k_L(C_i-C)=\frac{C_i-C}{\frac{1}{k_L}} \tag{9-63}$$

若以溶质的摩尔分数差来表示液膜吸收推动力，则液膜吸收速率方程可表示为

$$N_A=k_x(x_i-x)=\frac{x_i-x}{\frac{1}{k_x}} \tag{9-64}$$

式中　k_x——液膜吸收系数，$kmol \cdot m^{-2} \cdot s^{-1}$；

x——液相主体中溶质 A 的摩尔分数，无因次；

x_i——气液相界面处液相中溶质 A 的摩尔分数，无因次。

同样，式(9-63) 和式(9-64) 中的$\frac{1}{k_L}$及$\frac{1}{k_x}$均表示液膜吸收阻力，且分别对应着液膜吸收推动力 (C_i-C) 和 (x_i-x)。

由于

$$C=C_mx \tag{9-65}$$

09-06 界面浓度的估算

$$C_i = C_m x_i \tag{9-66}$$

故式(9-63) 又可改写为

$$N_A = k_L (C_m x_i - C_m x) = k_L C_m (x_i - x) \tag{9-67}$$

比较式(9-64) 和式(9-67) 得

$$k_x = C_m k_L \tag{9-68}$$

(3) 总吸收速率方程式　应用气膜或液膜吸收速率方程处理吸收问题时，需已知相界面处的气相或液相浓度，而相界面处的两相浓度通常难以直接测定。因此，工程上常用两相主体浓度与各自平衡浓度的差值来表示总吸收推动力，相对应的吸收系数称为总吸收系数，其倒数称为总吸收阻力。总吸收推动力与总吸收阻力之比称为总吸收速率。稳态传质时，总吸收速率在数值上等于气膜吸收速率和液膜吸收速率。

以（$p-p^*$）表示总吸收推动力的总吸收速率方程为

$$N_A = K_G (p - p^*) = \frac{p - p^*}{\dfrac{1}{K_G}} \tag{9-69}$$

式中　p^*——与液相主体浓度成平衡的气相中的溶质分压，kPa；

K_G——以（$p-p^*$）为总吸收推动力的气相总吸收系数，$kmol \cdot m^{-2} \cdot s^{-1} \cdot kPa^{-1}$。

以（$Y-Y^*$）表示总吸收推动力的总吸收速率方程为

$$N_A = K_Y (Y - Y^*) = \frac{Y - Y^*}{\dfrac{1}{K_Y}} \tag{9-70}$$

式中　Y——气相主体中溶质的摩尔比，无因次；

Y^*——与液相主体浓度成平衡的气相中的溶质摩尔比，无因次；

K_Y——以（$Y-Y^*$）为总吸收推动力的气相总吸收系数，$kmol \cdot m^{-2} \cdot s^{-1}$。

以（C^*-C）表示总吸收推动力的总吸收速率方程为

$$N_A = K_L (C^* - C) = \frac{C^* - C}{\dfrac{1}{K_L}} \tag{9-71}$$

式中　C^*——与气相主体浓度成平衡的液相中的溶质浓度，$kmol \cdot m^{-3}$；

K_L——以（C^*-C）为总吸收推动力的液相总吸收系数，$m \cdot s^{-1}$。

以（X^*-X）表示总吸收推动力的总吸收速率方程为

$$N_A = K_X (X^* - X) = \frac{X^* - X}{\dfrac{1}{K_X}} \tag{9-72}$$

式中　X——液相主体中溶质的摩尔比，无因次；

X^*——与气相主体浓度成平衡的液相中的溶质摩尔比，无因次；

K_X——以（X^*-X）为总吸收推动力的液相总吸收系数，$kmol \cdot m^{-2} \cdot s^{-1}$。

稳态操作时，在吸收塔的不同横截面上，气液两相的浓度均不相同，因此不同横截面上的吸收速率是不同的。但不论是气膜吸收速率方程式、液膜吸收速率方程式，还是总吸收速率方程式，它们均是以气液两相浓度保持不变为前提的，因此它们均仅适用于描述稳态操作吸收塔内任一横截面上的速率关系，而不能直接用来描述全塔的吸收速率。

2. 吸收系数之间的关系

(1) 总吸收系数之间的关系

① K_Y 与 K_X 之间的关系　对于低浓度气体吸收，气液两相之间的平衡关系服从亨利定律，则式(9-70) 可改写为

$$N_A = K_Y(Y-Y^*) = K_Y(mX^*-mX) = K_Y m(X^*-X) \tag{9-73}$$

比较式(9-72) 和式(9-73) 可知

$$K_Y = \frac{K_X}{m} \tag{9-74}$$

② K_Y 与 K_G 之间的关系　由分压定律可知

$$p = yP = \frac{Y}{1+Y}P \tag{9-75}$$

$$p^* = y^* P = \frac{Y^*}{1+Y^*}P \tag{9-76}$$

将式(9-75) 和式(9-76) 代入式(9-69) 得

$$N_A = \frac{PK_G(Y-Y^*)}{(1+Y)(1+Y^*)} \tag{9-77}$$

当气相中溶质的浓度很低时，Y 和 Y^* 都很小，即式(9-77) 等号右边项的分母接近于1，故式(9-77) 可改写为

$$N_A \approx PK_G(Y-Y^*) \tag{9-78}$$

比较式(9-70) 和式(9-78) 可知

$$K_Y = PK_G \tag{9-79}$$

③ K_X 与 K_L 之间的关系　由于

$$C = xC_m = \frac{X}{1+X}C_m \tag{9-80}$$

$$C^* = x^* C_m = \frac{X^*}{1+X^*}C_m \tag{9-81}$$

将式(9-80) 和式(9-81) 代入式(9-71) 得

$$N_A = \frac{C_m K_L(X^*-X)}{(1+X)(1+X^*)} \tag{9-82}$$

当液相中溶质的浓度很低时，X 和 X^* 都很小，即式(9-82) 等号右边项的分母接近于1，故式(9-82) 可改写为

$$N_A \approx C_m K_L(X^*-X) \tag{9-83}$$

比较式(9-72) 和式(9-83) 可知

$$K_X = C_m K_L \tag{9-84}$$

所以，由式(9-74)、式(9-79) 和式(9-84) 得各总吸收系数之间的关系为

$$K_Y = PK_G = \frac{1}{m}K_X = \frac{C_m}{m}K_L \tag{9-85}$$

(2) 总吸收系数与气膜、液膜吸收系数之间的关系　由亨利定律可知

$$C = Hp^* \tag{9-86}$$

由双膜理论可知，相界面处的气液组成互成平衡，则

$$C_i = Hp_i \tag{9-87}$$

由液膜吸收速率方程式(9-63) 得

$$C_i - C = \frac{N_A}{k_L} \tag{9-88}$$

将式(9-86) 和式(9-87) 代入式(9-88) 得

$$p_i - p^* = \frac{N_A}{Hk_L} \tag{9-89}$$

由气膜吸收速率方程式(9-58) 得

$$p - p_i = \frac{N_A}{k_G} \tag{9-90}$$

由式(9-89) 和式(9-90) 联立求解得

$$N_A = \frac{p - p^*}{\dfrac{1}{k_G} + \dfrac{1}{Hk_L}} \tag{9-91}$$

比较式(9-69) 和式(9-91) 可知

$$\frac{1}{K_G} = \frac{1}{k_G} + \frac{1}{Hk_L} \tag{9-92}$$

对于稀溶液，同理可导出

$$\frac{1}{K_L} = \frac{1}{k_L} + \frac{H}{k_G} \tag{9-93}$$

$$\frac{1}{K_Y} = \frac{1}{k_y} + \frac{m}{k_x} \tag{9-94}$$

$$\frac{1}{K_X} = \frac{1}{mk_y} + \frac{1}{k_x} \tag{9-95}$$

应当指出的是，只有当吸收物系的平衡关系符合亨利定律时，式(9-92) 至式(9-95) 才能成立。

四、气膜控制与液膜控制

式(9-92) 至式(9-95) 表明，总吸收阻力由气膜吸收阻力和液膜吸收阻力两部分组成。

1. 气膜控制

当 k_G 和 k_L 的数量级相同或相近时，若溶质为易溶气体，即其溶解度系数 H 的值很大，则由式(9-92) 可知，气膜吸收阻力$\frac{1}{k_G}$要远大于液膜吸收阻力$\frac{1}{Hk_L}$。此时，总吸收系数 K_G 近似等于气膜吸收系数 k_G，即

$$K_G \approx k_G \tag{9-96}$$

比较式(9-58) 和式(9-69) 可知

$$p_i \approx p^* \tag{9-97}$$

结合式(9-86) 和式(9-87) 得

$$C_i \approx C \tag{9-98}$$

可见，易溶气体的吸收阻力主要来自气膜，而液膜阻力可忽略不计，气膜阻力控制着整个吸收过程的速率，故此种吸收过程称为气膜控制吸收。对于气膜控制吸收，相界面处的浓度接近于液相主体的浓度。如用水处理氯化氢、三氧化硫或氨气等吸收过程均属于气膜控制

吸收。

若需提高气膜控制吸收的吸收速率，可适当提高气相的湍动程度，以减小气膜阻力。

2. 液膜控制

若溶质为难溶气体，即 H 的值很小，则由式(9-93) 可知，气膜吸收阻力$\frac{H}{k_G}$要远小于液膜吸收阻力$\frac{1}{k_L}$，此时

$$K_L \approx k_L \tag{9-99}$$

比较式(9-63) 和式(9-71) 可知

$$C_i \approx C^* \tag{9-100}$$

结合式(9-87)、式(9-100) 及 $C^*=p\mathrm{H}$ 得

$$p_i \approx p \tag{9-101}$$

与易溶气体的吸收相反，难溶气体的吸收阻力主要来自液膜，而气膜阻力可忽略不计，液膜阻力控制着整个吸收过程的速率，故此种吸收过程称为**液膜控制吸收**。对于液膜控制吸收，相界面处的浓度接近于气相主体浓度。如用水吸收氧气、二氧化碳或氢气等吸收过程均属于液膜控制吸收。

难溶气体的吸收总阻力要远大于易溶气体的吸收总阻力，若需提高难溶气体的吸收速率，一般可采用化学吸收或提高液相的湍动程度，以减小液膜阻力。

对于中等溶解度的溶质吸收，其相界面两侧的吸收阻力相当，此时气膜阻力和液膜阻力对于吸收速率均具有控制作用。如用水处理 SO_2 的吸收过程即属于此类吸收过程。

【例 9-3】 在 20℃和 101.3kPa 的条件下，用水吸收空气中含量极少的氨气。已知气液平衡关系符合亨利定律，且气膜吸收系数 $k_G=3.15\times10^{-6}\mathrm{kmol\cdot m^{-2}\cdot s^{-1}\cdot kPa^{-1}}$，液膜吸收系数 $k_L=1.81\times10^{-4}\mathrm{m\cdot s^{-1}}$，溶解度系数 $H=1.5\mathrm{kmol\cdot m^{-3}\cdot kPa^{-1}}$。试计算气相总吸收系数 K_G 和 K_Y，并分析该吸收过程的控制因素。

解： 因吸收物系的气液平衡关系符合亨利定律，故由式(9-92) 得

$$\frac{1}{K_G}=\frac{1}{k_G}+\frac{1}{Hk_L}=\frac{1}{3.15\times10^{-6}}+\frac{1}{1.5\times1.81\times10^{-4}}=3.21\times10^5$$

所以

$$K_G=3.11\times10^{-6}\mathrm{kmol\cdot m^{-2}\cdot s^{-1}\cdot kPa^{-1}}$$

依题意知，该吸收过程为低浓度气体吸收，故由式(9-79) 得

$$K_Y=PK_G=101.3\times3.11\times10^{-6}=3.15\times10^{-4}\mathrm{kmol\cdot m^{-1}\cdot s^{-1}}$$

而气膜阻力占总阻力的比例为

$$\frac{\frac{1}{k_G}}{\frac{1}{K_G}}=\frac{K_G}{k_G}=\frac{3.11\times10^{-6}}{3.15\times10^{-6}}=0.987=98.7\%$$

可见，该吸收过程的总阻力几乎全部集中于气膜，故属于气膜控制吸收。

第四节 吸收塔的计算

为使气液两相能够充分接触和传质，工业上的吸收操作常在填料塔或板式塔中进行。填料塔中的气液两相可连续接触，而板式塔中的气液两相只能逐级接触，故两类塔设备的操作方式有所不同。下面以填料塔中的吸收过程为例，介绍吸收操作的工艺计算。

一、物料衡算与操作线方程

1. 全塔物料衡算

按气液流动方式的不同，填料塔中的吸收操作可分为逆流和并流两种。在同样的工况条件下，逆流操作的吸收推动力较大，传质速率也较高，所以工业上多采用逆流吸收。

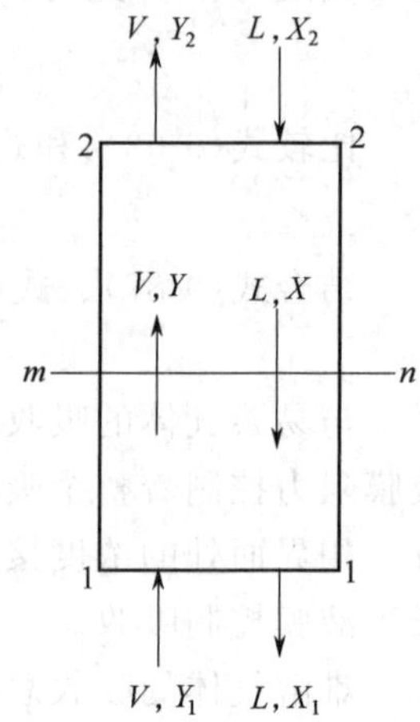

图 9-11 逆流吸收塔的物料衡算

如图 9-11 所示，在逆流吸收过程中，混合气体由塔底（截面 1 处）进入，由塔顶（截面 2 处）排出，而吸收剂则由塔顶进入，塔底排出。操作时，气液两相中的溶质浓度均随塔截面位置而变，两者均在塔底处达到最高，在塔顶处达到最低，因此塔底习惯上称为浓端，塔顶称为稀端。

由于吸收过程中惰性组分和吸收剂的流量均可视为恒定，因此以摩尔比为基准进行吸收塔的物料衡算较为方便。在全塔范围内对溶质进行物料衡算得

$$VY_1+LX_2=VY_2+LX_1 \tag{9-102}$$

或

$$V(Y_1-Y_2)=L(X_1-X_2) \tag{9-103}$$

式中 V——惰性组分的摩尔流量，$kmol \cdot s^{-1}$；

L——吸收剂的摩尔流量，$kmol \cdot s^{-1}$；

Y_1、Y_2——分别为进塔和出塔气相中溶质的摩尔比，无因次；

X_1、X_2——分别为出塔和进塔液相中溶质的摩尔比，无因次。

在式(9-102) 和式(9-103) 中，出塔气体的组成 Y_2 一般由进塔气体组成 Y_1 和溶质的回收率来决定，即

$$Y_2=Y_1(1-\varphi_A) \tag{9-104}$$

或

$$\varphi_A=\frac{Y_1-Y_2}{Y_1} \tag{9-105}$$

式中 φ_A——回收率或吸收率，即被吸收的溶质量与进塔气体中的溶质量之比，无因次。

2. 操作线方程式

对于填料吸收塔，操作线方程是指稳态操作时，填料层中任一横截面上气液两相组成之间的关系式。吸收过程的操作线方程可通过物料衡算求得。如图 9-11 所示，在塔底与塔内任一横截面 $m-n$ 之间对溶质进行物料衡算得

$$VY+LX_1=VY_1+LX \tag{9-106}$$

则

$$Y=\frac{L}{V}(X-X_1)+Y_1 \tag{9-107}$$

式中　Y——塔内任一横截面 $m-n$ 处气相中的溶质摩尔比，无因次；

X——塔内任一横截面 $m-n$ 处液相中的溶质摩尔比，无因次。

同理，在塔顶与塔内任一横截面 $m-n$ 之间对溶质进行物料衡算得

$$Y=\frac{L}{V}(X-X_2)+Y_2 \tag{9-108}$$

式(9-107) 和式(9-108) 均称为逆流吸收的操作线方程，且两式可结合式(9-103) 互为转化，故式(9-107) 和式(9-108) 是等效的。由操作线方程可知，逆流吸收的操作线为一条通过 (X_1，Y_1) 和 (X_2，Y_2) 两点且斜率为$\frac{L}{V}$的直线，即图 9-12 中的 BT 线。BT 线上任一点的纵横坐标分别表示塔内某一横截面上气相和液相中的溶质浓度，如 B 点表示塔底（浓端），T 点表示塔顶（稀端）。对于吸收操作，在塔内任一横截面上，由于气相中的溶质浓度总是大于与液相成平衡的气相中的溶质浓度，因此吸收过程的操作线总是位于平衡线上方。反之，若操作线位于平衡线的下方，则表示塔内进行的是解吸操作。操作线与平衡线之间的垂直或水平距离均可表示气液传质推动力的大小。

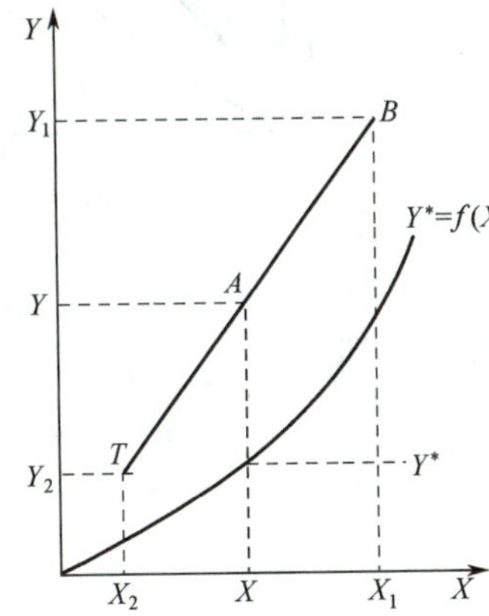

图 9-12　逆流吸收塔的操作线和平衡线

此外，由于操作线方程仅由物料衡算而得，故它与物系的相平衡关系、吸收塔的构型及操作条件等无关。

二、吸收剂用量与最小液气比

在吸收塔的设计计算中，气体处理量 V、进塔气体组成 Y_1、出塔气体组成 Y_2 及进塔吸收剂组成 X_2 一般都是设计前已经确定的，而吸收剂用量 L 则有待于计算后选定。

吸收剂用量直接影响吸收的分离效果、操作费用和设备尺寸，它是吸收操作设计时的一个重要参数。如图 9-13 所示，当气体处理量 V 一定时，若增加吸收剂用量 L，则吸收操作线的斜率$\frac{L}{V}$将增大，操作线将向远离平衡线的方向偏移，即传质推动力增大。但当 L 值超过某一限度后，传质推动力增加的效果将不明显，而吸收剂的消耗量以及输送和回收等操作费用将急剧增加。反之，若减少吸收剂用量，操作线将向靠近平衡线的方向偏移，即传质推动力减小，吸收速率下降，从而导致塔底吸收液的浓度上升。若吸收剂用量减少至恰使操作线与平衡线相交［如图 9-13(a)中的 B^* 点］或相切［如图 9-13(b)中 A 点］，则表明交点或切点处的气液组成已达到平衡，即此时的传质推动力为零，所需的相际传质面积为无穷大。但这仅是一种假设的极限状况，在实际操作中不可能实现。在该状况下，操作线的斜率为最小，换言之，此时吸收剂与惰性组分的摩尔流量之比为最小，故称为**最小液气比**，以 $\left(\frac{L}{V}\right)_{\min}$ 表示。相应的吸收剂用量称为最小吸收剂用量，以 $L_{\min}$ 表示。

最小液气比可由图解法求得。若平衡曲线为如图 9-13(a)所示的一般情况，则可由图中定出 $Y=Y_1$ 线与平衡线的交点 B^*，读取 B^* 点的横坐标 X_1^* 的值，即可由下式计算出最小

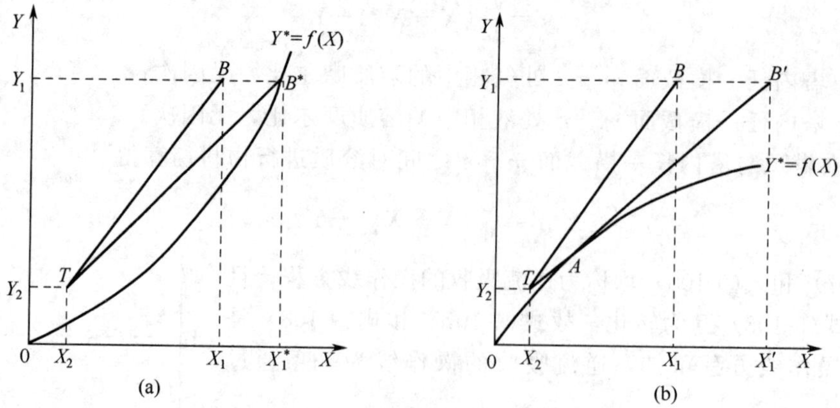

图 9-13 吸收塔的最小液气比

液气比，即

$$\left(\frac{L}{V}\right)_{\min}=\frac{Y_1-Y_2}{X_1^*-X_2} \tag{9-109}$$

则

$$L_{\min}=\frac{V(Y_1-Y_2)}{X_1^*-X_2} \tag{9-110}$$

若平衡曲线呈现如图 9-13(b)所示的形状，则可过 T 点作平衡线的切线，定出切线与 $Y=Y_1$ 线的交点 B'，读取 B'点的横坐标 X_1'的值，即可用下式计算最小液气比，即

$$\left(\frac{L}{V}\right)_{\min}=\frac{Y_1-Y_2}{X_1'-X_2} \tag{9-111}$$

则

$$L_{\min}=\frac{V(Y_1-Y_2)}{X_1'-X_2} \tag{9-112}$$

若平衡关系符合亨利定律，则最小液气比可直接用下式计算，即

$$\left(\frac{L}{V}\right)_{\min}=\frac{Y_1-Y_2}{X_1^*-X_2}=\frac{Y_1-Y_2}{\dfrac{Y_1}{m}-X_2} \tag{9-113}$$

则

$$L_{\min}=\frac{V(Y_1-Y_2)}{X_1^*-X_2}=\frac{V(Y_1-Y_2)}{\dfrac{Y_1}{m}-X_2} \tag{9-114}$$

对于实际吸收操作，液气比$\frac{L}{V}$应大于最小液气比，但也不宜过高。一般情况下，实际液气比可取最小液气比的 1.1～2.0 倍，即

$$\frac{L}{V}=(1.1\sim2.0)\left(\frac{L}{V}\right)_{\min} \tag{9-115}$$

则

$$L=(1.1\sim2.0)L_{\min} \tag{9-116}$$

【例 9-4】 在填料吸收塔中，用清水逆流吸收磺化反应产生的二氧化硫气体。已知进塔时混合气体中二氧化硫的含量为 18%（质量分数），其余为惰性组分，惰性组分的平均分子量为 28，吸收剂用量为最小用量的 1.65 倍。要求每小时从混合气体中吸收 200kg 的二氧化硫气体，操作条件下的气液平衡关系为 $Y=26.7X$。试计算：①每小时的吸收剂用量；②出塔吸收液浓度。

解：① 计算每小时的吸收剂用量　已知二氧化硫的分子量为 64，则进塔气体中二氧化硫的摩尔比为

$$Y_1=\frac{\frac{18}{64}}{\frac{(100-18)}{28}}=0.0960$$

依题意知

$$V(Y_1-Y_2)=\frac{200}{64}=3.125\text{kmol}\cdot\text{h}^{-1}$$

由于采用清水吸收，故

$$X_2=0$$

所以，由式(9-114) 得最小用水量为

$$L_{\min}=\frac{V(Y_1-Y_2)}{X_1^*-X_2}=\frac{V(Y_1-Y_2)}{\frac{Y_1}{m}-X_2}=\frac{3.125}{\frac{0.0960}{26.7}-0}=869\text{kmol}\cdot\text{h}^{-1}$$

故实际用水量为

$$L=1.65L_{\min}=1.65\times869=1434\text{kmol}\cdot\text{h}^{-1}$$

② 计算出塔吸收液浓度　由式(9-103) 得

$$V(Y_1-Y_2)=L(X_1-X_2)$$

所以，出塔吸收液浓度为

$$X_1=X_2+\frac{V(Y_1-Y_2)}{L}=0+\frac{3.125}{1434}=2.18\times10^{-3}$$

三、填料层高度的计算

1. 填料层高度的基本计算式

前已述及，填料塔是一个连续接触式设备，气液两相的组成均沿填料层高度而变化，故塔内各横截面上的吸收速率并不相同，因此需采用微分和积分的方法来计算填料层高度。

如图 9-14 所示，在填料塔内任意截取一段高度为 dZ 的微元填料层，在该微元填料层内对溶质 A 进行物料衡算得

$$dG=VdY=LdX \tag{9-117}$$

式中　dG——微元填料层中单位时间内由气相转移至液相溶质的量，$\text{kmol}\cdot\text{s}^{-1}$。

由于微元填料层内的气液组成变化很小，故其内的吸收速率 N_A 可视为近似不变，则

$$dG=N_A dS \tag{9-118}$$

式中　dS——微元填料层所提供的气液传质面积，m^2。

对于微元填料层，气液传质面积可表示为

$$dS = aA\,dZ \tag{9-119}$$

式中 a——有效比表面积，即单位体积填料层所提供的有效气液传质面积，$m^2 \cdot m^{-3}$；

A——塔的横截面积，m^2；

Z——填料层高度，m。

将式(9-119) 代入式(9-118) 得

$$dG = N_A aA\,dZ \tag{9-120}$$

分别将式(9-70) 和式(9-72) 代入式(9-120) 得

$$dG = K_Y(Y - Y^*)aA\,dZ \tag{9-121}$$

$$dG = K_X(X^* - X)aA\,dZ \tag{9-122}$$

分别将式(9-121) 和式(9-122) 代入式(9-117) 得

$$K_Y(Y - Y^*)aA\,dZ = V\,dY \tag{9-123}$$

$$K_X(X^* - X)aA\,dZ = L\,dX \tag{9-124}$$

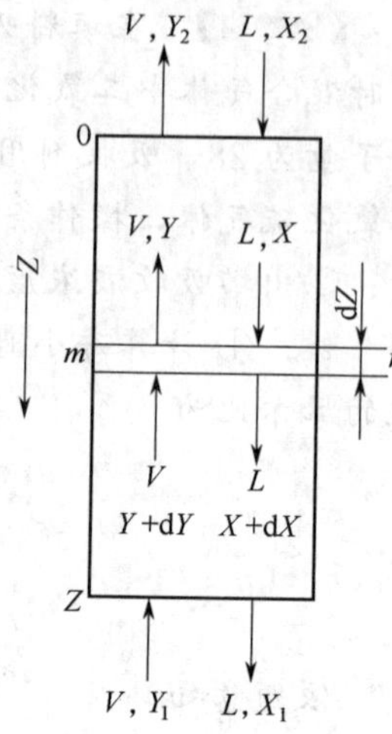

图 9-14 逆流吸收塔的填料层高度

分别由式(9-123) 和式(9-124) 得

$$dZ = \frac{V}{K_Y aA}\frac{dY}{Y - Y^*} \tag{9-125}$$

$$dZ = \frac{L}{K_X aA}\frac{dX}{X^* - X} \tag{9-126}$$

有效比表面积 a 不仅与填料特性和充填状况有关，而且与流体物性及流动状况有关，其值难以直接测定。一般情况下，可将 K_Ya 或 K_Xa 视为一个整体物理量进行研究，并将 K_Ya 称为气相总体积吸收系数，将 K_Xa 称为液相总体积吸收系数，其单位均为 $kmol \cdot m^{-3} \cdot s^{-1}$。

当操作达到稳态时，气液两相的流量和塔的横截面积均为定值，且当气体溶质的浓度很低时，总体积吸收系数 K_Ya 和 K_Xa 也可视为常数或用平均值代替。因此，在全塔范围内，分别对式(9-125) 和式(9-126) 积分得

$$\int_0^z dZ = \frac{V}{K_Y aA}\int_{Y_2}^{Y_1}\frac{dY}{Y - Y^*} \tag{9-127}$$

$$\int_0^z dZ = \frac{L}{K_X aA}\int_{X_2}^{X_1}\frac{dX}{X^* - X} \tag{9-128}$$

由式(9-127) 和式(9-128) 得填料层高度的基本计算式为

$$Z = \frac{V}{K_Y aA}\int_{Y_2}^{Y_1}\frac{dY}{Y - Y^*} = \frac{L}{K_X aA}\int_{X_2}^{X_1}\frac{dX}{X^* - X} \tag{9-129}$$

2. 传质单元高度与传质单元数

令 $H_{OG} = \frac{V}{K_Y aA}$、$N_{OG} = \int_{Y_2}^{Y_1}\frac{dY}{Y - Y^*}$、$H_{OL} = \frac{L}{K_X aA}$ 及 $N_{OL} = \int_{X_2}^{X_1}\frac{dX}{X^* - X}$，则式(9-129) 可表示为

$$Z = H_{OG}N_{OG} = H_{OL}N_{OL} \tag{9-130}$$

式中 H_{OG}——气相总传质单元高度，m；

N_{OG}——气相总传质单元数，无因次；

H_{OL}——液相总传质单元高度，m；

N_{OL}——液相总传质单元数，无因次。

现以 N_{OG} 为例，简要介绍传质单元数的意义。由积分中值定律可知

$$N_{OG}=\int_{Y_2}^{Y_1}\frac{dY}{Y-Y^*}=\frac{Y_1-Y_2}{(Y-Y^*)_m}=\frac{\text{气相组成变化量}}{\text{平均吸收推动力}} \tag{9-131}$$

式(9-131) 表明，当气相流经一段填料层的浓度变化（Y_1-Y_2）恰好等于此段填料层内以气相浓度差表示的总吸收推动力的平均值（$Y-Y^*$）$_m$ 时，总传质单元数 N_{OG} 的值恰好等于1，即为一个气相总传质单元。此时，该段填料层的高度即为气相总传质单元高度 H_{OG}。

总传质单元高度 H_{OG} 或 H_{OL} 与填料塔的结构及操作条件等因素有关，其值可反映填料塔吸收效能的高低。H_{OG} 或 H_{OL} 的值越大，则表明吸收阻力越大；反之，H_{OG} 或 H_{OL} 的值越小，则表明吸收阻力越小。为减小 H_{OG} 或 H_{OL} 的值，应设法减小吸收阻力。对于同一类型的填料，H_{OG} 或 H_{OL} 的值一般变化不大。填料的特性越好，H_{OG} 或 H_{OL} 的值就越小。

总传质单元数 N_{OG} 或 N_{OL} 与物系的相平衡关系及进出口浓度有关，但与填料的特性无关，其值可反映吸收传质的难易程度。吸收推动力越小，则分离难度越大，N_{OG} 或 N_{OL} 的值就越大；反之，吸收推动力越大，则分离难度越小，N_{OG} 或 N_{OL} 的值就越小。为减小 N_{OG} 或 N_{OL} 的值，应设法增大吸收推动力。

3. 传质单元数的计算

传质单元数的计算方法很多，常用的有图解积分法、对数平均推动力法和解吸因数法。

（1）图解积分法　不论吸收物系的气液相平衡关系是直线还是曲线，均可采用图解积分法来计算 N_{OG} 的值。如图 9-15(a)所示，由相平衡线和操作线，可确定出塔内各横截面上的气相浓度 Y 及相应的（$Y-Y^*$）值，然后作出$\frac{1}{Y-Y^*}$与 Y 之间的关系曲线，如图 9-15(b)所示。图中 $Y=Y_1$、$Y=Y_2$ 及$\frac{1}{Y-Y^*}=0$ 三条直线与$\frac{1}{Y-Y^*}$～Y 关系曲线所包围区域的面积，即等于 N_{OG} 值。

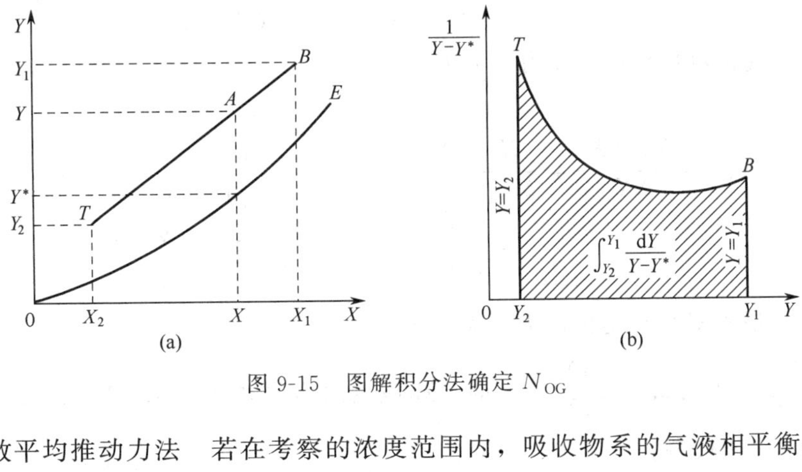

图 9-15　图解积分法确定 N_{OG}

（2）对数平均推动力法　若在考察的浓度范围内，吸收物系的气液相平衡关系可用直线 $Y=mX+b$ 来表示，则 N_{OG} 可用对数平均推动力法计算。

如图 9-16 所示，由于相平衡线和操作线均为直线，故吸收推动力 $\Delta Y=Y-Y^*$ 与气相组

成 Y 之间也成线性关系，即

$$\frac{dY}{d\Delta Y}=\frac{Y_1-Y_2}{\Delta Y_1-\Delta Y_2} \tag{9-132}$$

则

$$dY=\frac{Y_1-Y_2}{\Delta Y_1-\Delta Y_2}d\Delta Y \tag{9-133}$$

其中

$$\Delta Y_1=Y_1-Y_1^*=Y_1-(mX_1+b) \tag{9-134}$$

$$\Delta Y_2=Y_2-Y_2^*=Y_2-(mX_2+b) \tag{9-135}$$

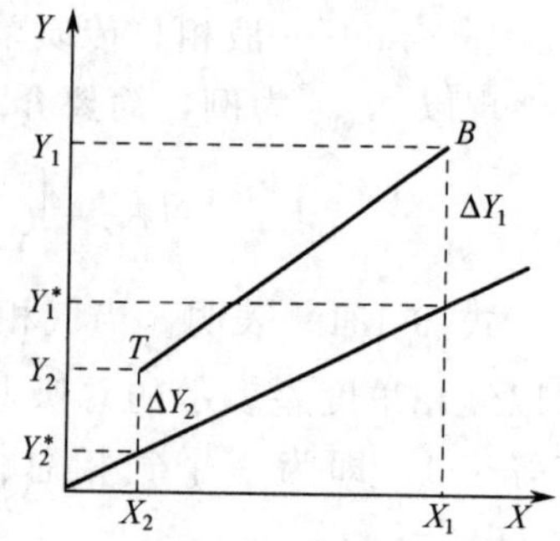

图 9-16　对数平均推动力法确定 N_{OG}

由气相总传质单元数的定义可知

$$N_{OG}=\int_{Y_2}^{Y_1}\frac{dY}{Y-Y^*}=\int_{Y_2}^{Y_1}\frac{dY}{\Delta Y} \tag{9-136}$$

将式(9-133) 代入式(9-136) 得

$$N_{OG}=\frac{Y_1-Y_2}{\Delta Y_1-\Delta Y_2}\int_{\Delta Y_2}^{\Delta Y_1}\frac{d\Delta Y}{\Delta Y} \tag{9-137}$$

即

$$N_{OG}=\frac{Y_1-Y_2}{\dfrac{\Delta Y_1-\Delta Y_2}{\ln\dfrac{\Delta Y_1}{\Delta Y_2}}} \tag{9-138}$$

令 $\Delta Y_m=\dfrac{\Delta Y_1-\Delta Y_2}{\ln\dfrac{\Delta Y_1}{\Delta Y_2}}$，则由式(9-134)、式(9-135) 和式(9-138) 得

$$N_{OG}=\frac{Y_1-Y_2}{\Delta Y_m}=\frac{Y_1-Y_2}{\dfrac{\Delta Y_1-\Delta Y_2}{\ln\dfrac{\Delta Y_1}{\Delta Y_2}}}=\frac{Y_1-Y_2}{\dfrac{(Y_1-Y_1^*)-(Y_2-Y_2^*)}{\ln\dfrac{(Y_1-Y_1^*)}{(Y_2-Y_2^*)}}} \tag{9-139}$$

式中　ΔY_m——气相对数平均推动力，无因次。

同理

$$N_{OL}=\frac{X_1-X_2}{\Delta X_m}=\frac{X_1-X_2}{\dfrac{\Delta X_1-\Delta X_2}{\ln\dfrac{\Delta X_1}{\Delta X_2}}}=\frac{X_1-X_2}{\dfrac{(X_1^*-X_1)-(X_2^*-X_2)}{\ln\dfrac{(X_1^*-X_1)}{(X_2^*-X_2)}}} \tag{9-140}$$

式中　ΔX_m——液相对数平均推动力，无因次。

当 $0.5<\dfrac{\Delta Y_1}{\Delta Y_2}<2$ 或 $0.5<\dfrac{\Delta X_1}{\Delta X_2}<2$ 时，相应的对数平均推动力 ΔY_m 或 ΔX_m 也可近似用算术平均推动力来代替。

(3) 解吸因数法　若吸收物系的气液相平衡线和操作线均为直线，则 N_{OG} 也可采用解吸因数法计算。

由式(9-134)、式(9-135)和式(9-137)得

$$N_{OG}=\frac{Y_1-Y_2}{\Delta Y_1-\Delta Y_2}\int_{\Delta Y_2}^{\Delta Y_1}\frac{d\Delta Y}{\Delta Y}=\frac{Y_1-Y_2}{(Y_1-Y_2)-m(X_1-X_2)}\ln\frac{\Delta Y_1}{\Delta Y_2} \tag{9-141}$$

由全塔物料衡算式(9-103)得

$$X_1-X_2=\frac{V}{L}(Y_1-Y_2) \tag{9-142}$$

将式(9-142)代入式(9-141)得

$$N_{OG}=\frac{1}{1-\dfrac{mV}{L}}\ln\frac{\Delta Y_1}{\Delta Y_2} \tag{9-143}$$

由式(9-134)和式(9-135)可知

$$\frac{\Delta Y_1}{\Delta Y_2}=\frac{Y_1-Y_1^*}{Y_2-Y_2^*}=\frac{Y_1-Y_2^*+(Y_2^*-Y_1^*)}{Y_2-Y_2^*}=\frac{Y_1-Y_2^*}{Y_2-Y_2^*}-\frac{m(X_1-X_2)}{Y_2-Y_2^*} \tag{9-144}$$

将式(9-142)代入式(9-144)得

$$\frac{\Delta Y_1}{\Delta Y_2}=\frac{Y_1-Y_2^*}{Y_2-Y_2^*}-\frac{mV(Y_1-Y_2)}{L(Y_2-Y_2^*)}=\frac{Y_1-Y_2^*}{Y_2-Y_2^*}-\frac{mV[Y_1-Y_2^*-(Y_2-Y_2^*)]}{L(Y_2-Y_2^*)}$$

即

$$\frac{\Delta Y_1}{\Delta Y_2}=(1-\frac{mV}{L})\frac{Y_1-Y_2^*}{Y_2-Y_2^*}+\frac{mV}{L} \tag{9-145}$$

将式(9-145)代入式(9-143)得

$$N_{OG}=\frac{1}{1-\dfrac{mV}{L}}\ln\left[(1-\frac{mV}{L})\frac{Y_1-Y_2^*}{Y_2-Y_2^*}+\frac{mV}{L}\right] \tag{9-146}$$

令 $S=\dfrac{mV}{L}$，则式(9-146)可改写为

$$N_{OG}=\frac{1}{1-S}\ln\left[(1-S)\frac{Y_1-Y_2^*}{Y_2-Y_2^*}+S\right] \tag{9-147}$$

式中　S——解吸因数，即相平衡线与操作线的斜率之比，无因次。

式(9-147)表明，当解吸因数 S 一定时，总传质单元数 N_{OG} 仅与 $\dfrac{Y_1-Y_2^*}{Y_2-Y_2^*}$ 的值有关，因此，可在单对数坐标纸上标绘出 N_{OG} 与 $\dfrac{Y_1-Y_2^*}{Y_2-Y_2^*}$ 之间的关系曲线，如图 9-17 所示。根据 $\dfrac{Y_1-Y_2^*}{Y_2-Y_2^*}$ 的值，可在图 9-17 上方便地读取 N_{OG} 的值，但当 $\dfrac{Y_1-Y_2^*}{Y_2-Y_2^*}<20$ 或 $S>0.75$ 时，读数误差较大。

解吸因数 S 反映了吸收推动力的大小，而 $\dfrac{Y_1-Y_2^*}{Y_2-Y_2^*}$ 的值则反映了溶质回收率的高低。由图 9-17 可知，当 $\dfrac{Y_1-Y_2^*}{Y_2-Y_2^*}$ 一定时，若减小吸收液气比，即 S 值增大，则吸收推动力减小，

N_{OG} 值增大。当气液进口浓度一定时，若提高溶质的回收率，即 Y_2 值减小，$\dfrac{Y_1-Y_2^*}{Y_2-Y_2^*}$ 值增大，则 S 不变时 N_{OG} 值将增大。

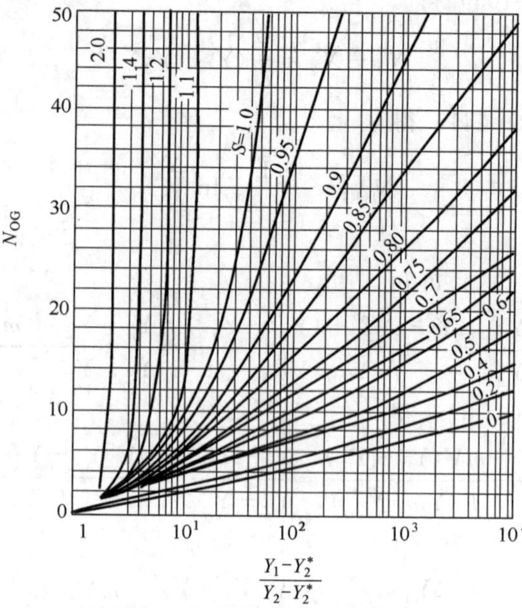

图 9-17　N_{OG} 与 S 及 $\dfrac{Y_1-Y_2^*}{Y_2-Y_2^*}$ 之间的关系

在吸收操作过程中，由于填料层高度已为定值，且总传质单元高度 H_{OG} 一般也变化不大，故总传质单元数 N_{OG} 也基本不变。因此，欲提高操作时的溶质回收率，通常需要增大吸收液气比，即减小解吸因数 S 的值，故工业吸收操作的 S 值一般小于 1。

与 N_{OG} 一样，液相总传质单元数 N_{OL} 也可采用类似的解析法计算，即

$$N_{OL}=\frac{1}{1-\dfrac{L}{mV}}\ln\left[\left(1-\frac{L}{mV}\right)\frac{Y_1-Y_2^*}{Y_1-Y_1^*}+\frac{L}{mV}\right]$$

$$=\frac{1}{1-\dfrac{1}{S}}\ln\left[\left(1-\frac{1}{S}\right)\frac{Y_1-Y_2^*}{Y_1-Y_1^*}+\frac{1}{S}\right] \tag{9-148}$$

【例 9-5】 在填料塔内，用清水逆流吸收空气-氨气混合气体中的氨气。已知混合气体中氨气的体积分数为 4.0%，单位塔横截面积上的惰性组分流量为 0.0118kmol·m^{-2}·s^{-1}。要求氨气的回收率为 0.96，实际液气比为最小液气比的 1.4 倍，气液相平衡关系为 $Y=0.92X$，气相总体积吸收系数 K_Ya 为 0.043kmol·m^{-3}·s^{-1}。试计算填料层的高度。

解：依题意知，气相总传质单元高度为

$$H_{OG}=\frac{V}{K_YaA}=\frac{\dfrac{V}{A}}{K_Ya}=\frac{0.0118}{0.043}=0.274\text{m}$$

进塔气相中氨气的浓度为

$$Y_1=\frac{y_1}{1-y_1}=\frac{0.04}{1-0.04}=0.0417$$

由式(9-104)可知，出塔时气相中氨气的浓度为

$$Y_2=Y_1(1-\varphi_A)=0.0417\times(1-0.96)=0.0017$$

由于是清水吸收，即 $X_2=0$，故由式(9-113) 可得，最小液气比为

$$\left(\frac{L}{V}\right)_{\min}=\frac{Y_1-Y_2}{X_1^*-X_2}=\frac{Y_1-Y_2}{\dfrac{Y_1}{m}-X_2}=\frac{0.0417-0.0017}{\dfrac{0.0417}{0.92}-0}=0.8825$$

所以实际液气比为

$$\frac{L}{V}=1.4\left(\frac{L}{V}\right)_{\min}=1.4\times0.8825=1.2355$$

由式(9-103)可知，出塔液相中氨的浓度为

$$X_1=X_2+\frac{V(Y_1-Y_2)}{L}=0+\frac{(0.0417-0.0017)}{1.2355}=0.0324$$

由式(9-134)和式(9-135)可知，塔底和塔顶的吸收推动力分别为

$$\Delta Y_1=Y_1-Y_1^*=Y_1-0.92X_1=0.0417-0.92\times0.0324=0.0119$$

$$\Delta Y_2=Y_2-Y_2^*=Y_2-0.92X_2=0.0017-0=0.0017$$

故由式(9-139) 得气相总传质单元数为

$$N_{OG}=\frac{Y_1-Y_2}{\Delta Y_m}=\frac{Y_1-Y_2}{\dfrac{\Delta Y_1-\Delta Y_2}{\ln\dfrac{\Delta Y_1}{\Delta Y_2}}}=\frac{0.0417-0.0017}{\dfrac{0.0119-0.0017}{\ln\dfrac{0.0119}{0.0017}}}=7.63$$

或由式(9-146)和式(9-147)得

$$N_{OG}=\frac{1}{1-S}\ln\left[(1-S)\frac{Y_1-Y_2^*}{Y_2-Y_2^*}+S\right]=\frac{1}{1-\dfrac{mV}{L}}\ln\left[\left(1-\frac{mV}{L}\right)\frac{Y_1-Y_2^*}{Y_2-Y_2^*}+\frac{mV}{L}\right]$$

$$=\frac{1}{1-\dfrac{0.92}{1.2355}}\ln\left[\left(1-\frac{0.92}{1.2355}\right)\frac{0.0417-0}{0.0017-0}+\frac{0.92}{1.2355}\right]$$

$$=7.63$$

所以，填料层高度为

$$Z=H_{OG}N_{OG}=0.274\times7.63=2.09\text{m}$$

四、吸收塔的操作型计算

操作型计算不同于设计型计算。对于吸收塔，若由已知的或假设的参数来计算塔径和塔高等，则属于设计型计算。若针对某一固定的吸收操作，研究某些参数的改变对吸收过程的影响，相关的计算过程则属于操作型计算。一般情况下，设计型计算有相对固定的计算步骤，而操作型计算则因问题的多样化，其解题思路更加灵活。

在吸收操作中，溶质的回收率是一个重要的操作指标。为提高回收率，工业上常采用增大液气比、提高操作压力、降低操作温度或减小吸收剂进塔浓度等措施，因此吸收过程的操作型

计算也多与此类问题相关。

与设计型计算相似，吸收过程的操作型计算的理论基础仍然是物料衡算式、吸收速率方程式和相平衡关系式，以及由它们联立导出的填料层高度计算式。

【例 9-6】 在填料层高度为 6m 的吸收塔中，用清水逆流吸收某混合气体中的氨气。已知混合气体中氨气的体积分数为 1.5%，单位塔横截面积上的惰性组分流量为 $0.024\mathrm{kmol\cdot m^{-2}\cdot s^{-1}}$，液气比为 0.943，气液相平衡关系为 $Y=0.8X$，气相总体积吸收系数 K_Ya 为 $0.06\mathrm{kmol\cdot m^{-3}\cdot s^{-1}}$。试确定：①出塔气相中氨气的浓度；②若采用增大吸收剂用量的方法，使氨气的回收率达到 99%，则液气比为多少？

解：① 计算出塔气相中氨气的浓度 依题意知，气相总传质单元高度为

$$H_{OG}=\frac{V}{K_YaA}=\frac{0.024}{0.06}=0.4\mathrm{m}$$

气相总传质单元数为

$$N_{OG}=\frac{Z}{H_{OG}}=\frac{6}{0.4}=15$$

解吸因数为

$$S=\frac{mV}{L}=\frac{0.8}{0.943}=0.848$$

进塔气相中氨气的浓度为

$$Y_1=\frac{y_1}{1-y_1}=\frac{0.015}{1-0.015}\approx 0.015$$

由于是清水吸收，即 $X_2=0$，故

$$Y_2^*=mX_2=0$$

又由于

$$N_{OG}=\frac{1}{1-S}\ln\left[(1-S)\frac{Y_1-Y_2^*}{Y_2-Y_2^*}+S\right]$$

即

$$15=\frac{1}{1-0.848}\ln\left[(1-0.848)\times\frac{0.015}{Y_2}+0.848\right]$$

所以，出塔气相中氨气的浓度为

$$Y_2=2.55\times10^{-4}$$

② 计算增大吸收剂用量后的液气比 增大吸收剂用量后，出塔气相中氨气的浓度为

$$Y_2'=Y_1(1-\varphi_A)=0.015\times(1-0.99)=1.5\times10^{-4}$$

则

$$\frac{Y_1-Y_2^*}{Y_2'-Y_2^*}=\frac{Y_1}{Y_2'}=\frac{0.015}{1.5\times10^{-4}}=100$$

根据$\dfrac{Y_1-Y_2^*}{Y_2'-Y_2^*}=100$和 $N_{OG}=15$，由图 9-17 查得解吸因数为

$$S'=0.8$$

又由于

$$S'=\frac{m}{\left(\frac{L}{V}\right)'}$$

所以，增大吸收剂用量后的液气比为

$$\left(\frac{L}{V}\right)'=\frac{m}{S'}=\frac{0.8}{0.8}=1.0$$

五、体积吸收系数的测定

体积吸收系数是研究吸收问题的重要数据，其大小与吸收体系的物性、塔设备、填料特性及流体流动状况等因素有关，目前尚无通用的理论计算公式。对于特定的吸收体系，一般可通过实验测出体积吸收系数。下面以气相总体积吸收系数为例，介绍体积吸收系数的测定原理。

设在考察的浓度范围内，吸收物系的气液相平衡线为直线，则填料层高度的计算式可表示为

$$Z=H_{OG}N_{OG}=\frac{V}{K_{Y}aA}\frac{(Y_1-Y_2)}{\Delta Y_m}$$

所以，气相总体积吸收系数为

$$K_{Y}a=\frac{V(Y_1-Y_2)}{ZA\Delta Y_m} \tag{9-149}$$

单位时间内塔内被吸收的溶质总量称为填料塔的**吸收负荷**，其计算式为

$$V(Y_1-Y_2)=G \tag{9-150}$$

式中　G——填料塔的吸收负荷，$kmol \cdot s^{-1}$。

设塔内填料层的总体积为 V_T，则

$$V_T=AZ \tag{9-151}$$

将式(9-150)和式(9-151)代入式(9-149) 得

$$K_{Y}a=\frac{G}{V_T\Delta Y_m} \tag{9-152}$$

可见，只要测出气液相流量和进出口浓度，然后计算出塔内吸收负荷 G 和对数平均推动力 ΔY_m，再结合已知的填料层体积 V_T，即可由式(9-152)计算出总体积吸收系数 $K_{Y}a$ 的值。

除实验测定外，有时也可借助于经验公式或准数关联式估算出体积吸收系数。一般情况下，经验公式的适用范围较窄、准确性较高；而准数关联式的适用范围虽宽，但准确性较差。

第五节　解吸及其他类型吸收

一、解吸操作及计算

解吸是吸收的逆过程，其目的是获得较为纯净的溶质或回收有用的溶剂。常见的解吸方

法有气提法、减压法和升温法。其中，减压法和升温法可不用解吸剂，因而可获得纯度较高的溶质。

解吸操作的传质机理及计算方法均与吸收操作的相似，只是传质推动力的方向与吸收过程的相反。对于低浓度气体的解吸操作，其最小气液比可用下式计算，即

$$\left(\frac{V}{L}\right)_{\min}=\frac{X_1-X_2}{Y_1^*-Y_2}=\frac{X_1-X_2}{mX_1-Y_2} \tag{9-153}$$

对于实际解吸操作，其气液比应大于最小气液比。

解吸塔的填料层高度计算式与吸收塔的基本相同，但习惯上采用液相浓度差来表示解吸推动力，即

$$Z=H_{OL}N_{OL}=\frac{L}{K_X aA}\int_{X_2}^{X_1}\frac{dX}{X-X^*} \tag{9-154}$$

其中，总传质单元数 N_{OL} 的计算式为

$$N_{OL}=\frac{X_1-X_2}{\Delta X_m}=\frac{X_1-X_2}{\dfrac{\Delta X_1-\Delta X_2}{\ln\dfrac{\Delta X_1}{\Delta X_2}}}=\frac{X_1-X_2}{\dfrac{(X_1-X_1^*)-(X_2-X_2^*)}{\ln\dfrac{(X_1-X_1^*)}{(X_2-X_2^*)}}} \tag{9-155}$$

或

$$N_{OL}=\frac{1}{1-\dfrac{L}{mV}}\ln\left[\left(1-\frac{L}{mV}\right)\frac{X_1-X_2^*}{X_2-X_2^*}+\frac{L}{mV}\right]$$

$$=\frac{1}{1-\dfrac{1}{S}}\ln\left[\left(1-\frac{1}{S}\right)\frac{X_1-X_2^*}{X_2-X_2^*}+\frac{1}{S}\right] \tag{9-156}$$

二、化学吸收

多数工业吸收过程都伴有化学反应，但只有当化学反应较为显著的吸收过程才称为化学吸收。如用硫酸吸收氨气及用碱液吸收二氧化碳等均属于化学吸收。在化学吸收过程中，一方面由于反应消耗了液相中的溶质，液相中溶质的浓度下降，相应的平衡分压亦下降，从而增大了吸收过程的传质推动力；另一方面，由于溶质在液膜扩散的中途即被反应所消耗，故吸收阻力有所减小，吸收系数有所增大。因此，化学吸收速率一般要大于相应的物理吸收速率。

目前，化学吸收速率的计算尚无一般性方法，设计时多采用实测数据。若化学吸收的反应速率较快，且反应不可逆，则气液相界面处的溶质分压近似为零，即吸收阻力主要集中于气膜，此时吸收速率可参照气膜控制的物理吸收速率计算。若化学反应的速率较慢，则反应主要在液相主体中进行，此时与物理吸收过程相比，气膜和液膜内的吸收阻力均未发生明显变化，只是总的吸收推动力要稍大于物理吸收过程。

本章目标检测题

习　题

1. 已知常压、25℃下，某体系的平衡关系符合亨利定律，亨利系数 E 为 1.52×10^5 kPa，溶质 A 的分压为 5.47kPa 的混合气体分别与三种溶液接触：①溶质 A 的浓度为 $2\text{mol}\cdot\text{m}^{-3}$ 的水溶液；②溶质 A 的浓度为 $1\text{mol}\cdot\text{m}^{-3}$ 的水溶液；③溶质 A 的浓度为

$3mol \cdot m^{-3}$ 的水溶液；试求上述三种情况下溶质 A 在两相间在转移方向。（气液平衡不转移，气相转移至液相，液相转移至气相）

2. 在总压为 101.3kPa、温度为 20℃的条件下，已知甲烷在水中的亨利系数 $E=3.81\times10^6$kPa，在气相中的平衡分压为 45kPa，试计算此时的相平衡常数 m、溶解度系数 H 和甲烷在水中的摩尔浓度 C。（3.76×10^4，$1.46\times10^{-5}kmol \cdot m^{-3} \cdot kPa^{-1}$，$6.57\times10^{-4}kmol \cdot m^{-3}$）

3. 在总压为 101.3kPa 下，已知 100g 水中溶解有 1g 氨。若溶液上方气相中氨的平衡分压为 987Pa，试计算此时的溶解度系数 H、亨利系数 E 和相平衡常数 m。（$5.9\times10^{-4}kmol \cdot m^{-3} \cdot Pa^{-1}$，$9.42\times10^4$Pa，0.928）

4. 某敞口容器内盛有液体水，水深 5mm，周围的大气压强为 101.3kPa，大气温度为 25℃。在水分向空气扩散的过程中，扩散阻力近似等于通过厚度为 4mm 静止空气膜层的阻力，扩散系数为 $2.56\times10^{-5}m^2 \cdot s^{-1}$，且空气膜层以外的水蒸气分压可忽略不计，试计算水分被全部蒸干时所需的时间。（9.3h）

5. 在压强为 101.3kPa、温度为 20℃的条件下，用水吸收空气中含量极少的丙酮蒸气。已知气液平衡关系符合亨利定律，且气膜吸收系数 $k_G=3.46\times10^{-6}kmol \cdot m^{-2} \cdot s^{-1} \cdot kPa^{-1}$，液膜吸收系数 $k_L=1.51\times10^{-4}m \cdot s^{-1}$，相平衡常数 $m=32$，试计算总吸收系数 K_G 和 K_Y，并分析该吸收过程的控制因素。（$K_G=1.47\times10^{-6}kmol \cdot m^{-2} \cdot s^{-1} \cdot kPa^{-1}$，$K_Y=1.49\times10^{-4}kmol \cdot m^{-2} \cdot s^{-1}$，气膜和液膜阻力共同控制）

6. 在吸收塔内用水吸收混于空气中的低浓度甲醇，操作温度为 27℃，压力 101.3kPa。稳定操作状态下，塔内某截面上的气相中甲醇分压为 6.12kPa，液相中甲醇浓度为 $2mol \cdot m^{-3}$。甲醇在水中的溶解度系数 $1.875kmol \cdot m^{-3} \cdot kPa^{-1}$，液膜吸收分系数 $k_L=2.08\times10^{-5}m \cdot s^{-1}$，气膜吸收分系数 $k_G=1.55\times10^{-5}kmol \cdot m^{-2} \cdot s^{-1} \cdot kPa^{-1}$。试计算该截面上的吸收速率。（$6.79\times10^{-5}kmol \cdot m^{-2} \cdot s^{-1}$）

7. 在某填料吸收塔中，用清水处理含 SO_2 的混合气体，逆流操作，进塔气体中含 SO_2 为 0.06（摩尔分数），其余为惰性气体。混合气的平均相对分子质量取 28。水的用量比最小用量大 55%，要求每小时从混合气中吸收 2000kg 的 SO_2。操作条件下气、液平衡关系为 $Y=26.7X$。计算每小时用水量为多少立方米。（$365m^3 \cdot h^{-1}$）

8. 在填料塔中，用清水逆流吸收某混合气体中的硫化氢。已知吸收剂用量为最小用量的 1.3 倍，且在操作压强为 101.3kPa、温度为 25℃的条件下，气液平衡关系符合亨利定律，亨利系数 $E=5.5\times10^4$kPa。若要求混合气体中硫化氢的体积分数由吸收前的 3%下降至 0.15%，试计算出塔液体中硫化氢的浓度及操作时的液气比。（4.4×10^{-5}，672.1）

9. 在填料塔内，用煤油逆流吸收空气-苯混合气体中的苯。已知混合气体中苯的体积分数为 3%，单位塔横截面积上的惰性组分流量为 $0.0147kmol \cdot m^{-2} \cdot s^{-1}$。进塔煤油中不含苯，要求苯的回收率为 0.97，实际液气比为最小液气比的 1.6 倍。在操作压强为 101.3kPa、温度为 50℃的条件下，气液相平衡关系为 $Y=0.358X$，气相总体积吸收系数 K_Ya 为 $0.0149kmol \cdot m^{-3} \cdot s^{-1}$，试计算填料层高度。（7.02m）

思　考　题

1. 吸收与精馏操作所用设备均为板式塔或填料塔，请指出吸收塔和精馏塔的相同和不同之处。

2. 亨利定律有四种形式，并分别指出其应用范围。

3. 试从对塔操作的影响的角度，分析吸收操作中最小吸收剂用量与精馏操作中的最小回流比的相似之处。

4. 请列举出两种计算吸收塔高度的方法

5. 分析解吸与吸收过程的关系，指出解吸塔高度与吸收塔高度计算方法有何相似和差异。

6. 在制药工业中常常涉及气体吸收过程，请举例说明。

第十章　萃取

学习要求

1. 掌握：液液萃取相图，萃取过程的计算，药材有效成分的提取过程及机理，超临界流体和超临界 CO_2 的特点。

2. 熟悉：萃取剂的选择，常用提取剂和提取方法，典型提取设备的结构和特点，超临界流体萃取的基本原理和特点。

3. 了解：液液萃取流程，典型液液萃取设备的特点及选择，提取过程的主要工艺参数，超临界流体萃取装置。

本章课件

利用混合物中各组分在某溶剂中的溶解度差异来分离混合物的单元操作称为**萃取**。习惯上将分离液体混合物的萃取操作称为液液萃取，而分离固体混合物的萃取操作则称为固液萃取、提取或浸取，此外，以超临界流体作为萃取剂的萃取操作称为超临界流体萃取。萃取操作中所用的溶剂称为**萃取剂**，以 S 表示。混合物中易溶于萃取剂的组分称为**溶质**，以 A 表示；而不溶或难溶的组分称为**原溶剂**或**稀释剂**，以 B 表示。将萃取剂加入需分离的混合物中，充分混合后沉淀分层，结果将形成两相，其中含萃取剂较多的一相称为**萃取相**，以 E 表示；而含原溶剂较多的一相则称为**萃余相**，以 R 表示。萃取过程中，混合物中的部分溶质将转移至萃取相中，从而将溶质从混合物中分离出来。当然，萃取过程所获得的萃取相和萃余相仍为均相混合物，还需采用蒸馏、蒸发等分离手段才能获得所需的溶质，并回收其中的溶剂。

萃取在制药化工生产中有着广泛的应用。例如，中药有效成分的提取，沸点相近或相对挥发度相近的液体混合物的分离，恒沸混合物的分离，热敏性组分的分离等。

第一节　液液萃取

10-01　液液萃取的早期发展

一、液液萃取流程

按溶剂与混合液接触及流动方式的不同，液液萃取有下列几种常见流程。

1. 单级萃取

图 10-1　单级萃取的工艺流程

单级萃取的工艺流程如图 10-1 所示。操作时，将溶剂与原料液一起加入萃取器，两者经充分混合接触后分层，分离后可得萃取相和萃余相。若溶剂与原料液的接触时间充分长，则萃取相与萃余相可互成平衡。

单级萃取具有设备简单、操作容易等优点，缺点是分离程度不高、溶剂的消耗量较大。

2. 多级错流萃取

多级错流萃取的工艺流程如图 10-2 所示。原料液 F 首先在第一级中与新鲜萃取剂 S_1 充分混合接触，分离后得萃取相 E_1 和萃余相 R_1，然后萃余相依次流过各级，并分别与新鲜溶剂 S_2、S_3……S_n 充分混合接触，分离后可得萃取相 E_2、E_3……E_n 及萃余相 R_2、R_3……R_n。可见，经 n 级萃取后可得 n 个萃取相，但仅得一个萃余相，即最终萃余相 R。显然，溶质在萃取相和萃余相中的含量均逐级下降。有时可将各级萃取相合并，从而得到混合萃取相。

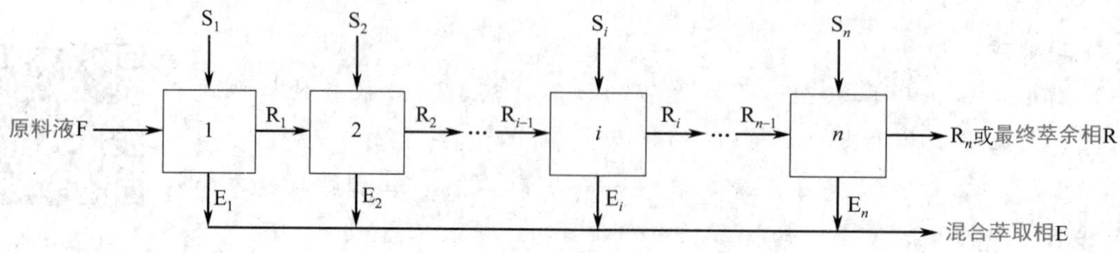

图 10-2 多级错流萃取的工艺流程

多级错流萃取过程的传质推动力较大，分离程度较高，最终萃余相中的溶质含量很低，溶质的回收率较高。缺点是萃取相中的溶质含量较低，溶剂的回收成本较高。

3. 多级逆流萃取

多级逆流萃取的工艺流程如图 10-3 所示。原料液首先进入第一级萃取器，然后依次通过各级萃取器，最终的萃余相由第 n 级流出；而溶剂则首先进入第 n 级萃取器，然后与原料液呈相反方向逆流流过各级，最终的萃取相由第一级流出。

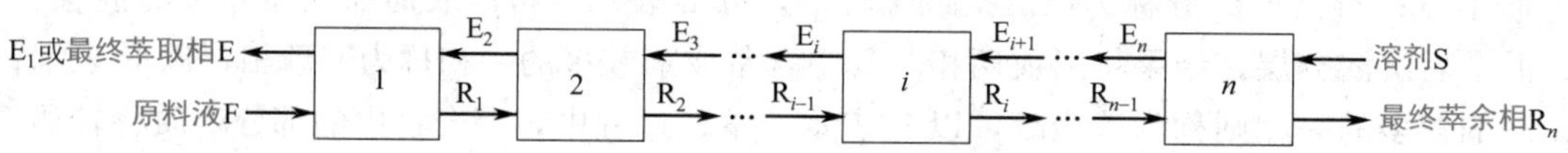

图 10-3 多级逆流萃取的工艺流程

多级逆流萃取的传质推动力较大，分离程度较高，萃取剂的用量较小。但由于萃取相所能接触到的溶质含量最高的溶液为原料液，因此当原料液中的溶质含量较低时，不可能获得高浓度的最终萃取相。

4. 有回流的多级逆流萃取

有回流的多级逆流萃取的工艺流程如图 10-4 所示。为获得高浓度的萃取相，可将部分萃取产品回流，该法类似于精馏操作中的回流。图中由第一级流出的萃取相进入最左端的溶剂回收装置 C，回收溶剂后所得的高浓度萃余相一部分作为产品引出，另一部分则作为回流液自左向右流过各级。纯溶剂由第 n 级加入，原料液由中间的某级加入。加料级左边为增浓段，其作用是用回流液使萃取相逐级增浓，以获得高浓度的最终萃取相；加料级右边为提取段，其作用是用溶剂将萃余相中的溶质尽可能提尽。

采用有回流的多级逆流萃取流程可同时获得浓度较高的萃取相和含溶质浓度很低的萃余相。

二、部分互溶三元物系的液液萃取

1. 三角形相图

萃取过程与蒸馏、吸收过程一样，其基础是相平衡关系。萃取过程至少要涉及 3 个组分，即溶质 A、原溶剂 B 和萃取剂 S。常见的情况是原溶剂 B 和萃取剂 S 均能与溶质 A 完

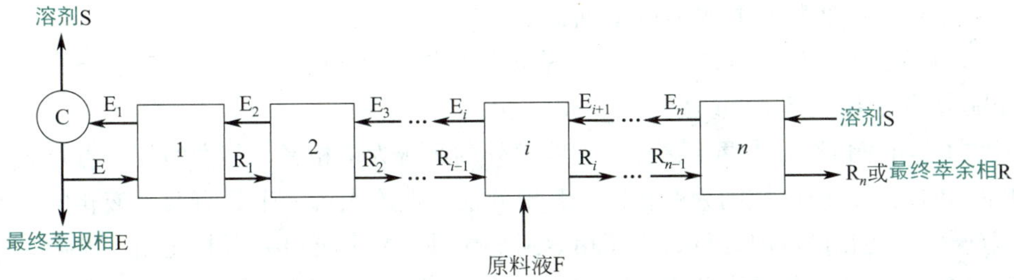

图 10-4　有回流的多级逆流萃取的工艺流程

全互溶，而萃取剂 S 与原溶剂 B 仅部分互溶，因而由 A、B 及 S 所组成的三元体系，可形成一个液相或两个不互溶的液相，其组成情况常用三角形相图来表示。

在三角形相图中，常用质量分数或质量比表示混合物的组成。图 10-5 是常见的等腰直角三角形相图示意，三角形的三个顶点分别表示三种纯物质，其中上方的顶点代表溶质 A，左下方的顶点代表原溶剂 B，右下方的顶点代表萃取剂 S。在三角形相图中，位于三条边上的任一点均代表一个二元混合物，其中不含第三组分；而位于三角形内的任一点均代表一个三元混合物，如图中的 M 点。过 M 点分别作三条边的平行线 CD、EF 和 GH，则线段 BC 或 SD 表示 A 的组成，线段 AE 或 BF 表示 S 的组成，线段 AG 或 SH 表示 B 的组成。由图中读出 M 点所对应的三元混合物的组成为：$x_A=0.4$，$x_B=0.3$，$x_S=0.3$，三个组分的质量分数之和等于 1。

2. 液液相平衡关系在三角形坐标图上的表示

对于由溶质、溶剂和萃取剂所组成的三元体系，若混合后仅形成一个均相溶液，则不能进行萃取操作。根据萃取操作中各组分的互溶性，可将三元物系分为以下三种情况，即

① 溶质 A 可完全溶解于原溶剂 B 和萃取剂 S 中，但 B 与 S 不互溶。

② 溶质 A 可完全溶解于原溶剂 B 和萃取剂 S 中，但 B 与 S 部分互溶。

③ 溶质 A 与原溶剂 B 完全互溶，但 A 与 S 以及 B 与 S 均为部分互溶。

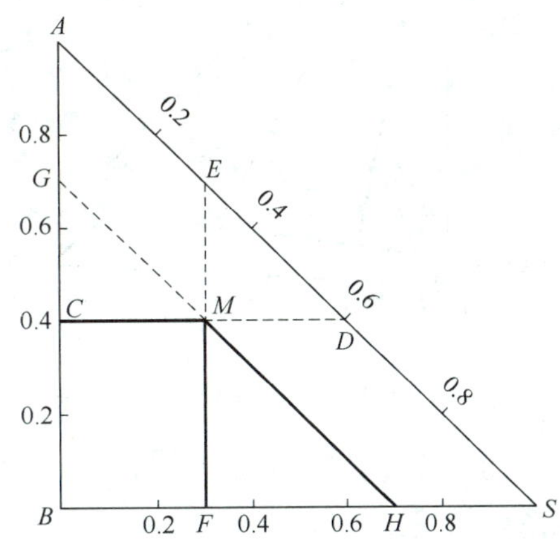

图 10-5　直角三角形相图示意

在①、②两种情况下，三元物系可形成一对部分互溶的液相，此类物系在萃取操作中比较常见。如丙酮(A)-水(B)-甲基异丁基酮(S)、乙酸(A)-水(B)-苯(S) 以及丙酮(A)-三氯甲烷(B)-水(S) 等。下面讨论此类物系的相平衡关系。

(1) 溶解度曲线和联结线　设溶质 A 可完全溶解于原溶剂 B 和萃取剂 S 中，但 B 与 S 部分互溶。当温度一定时，由组分 A、B 及 S 所组成的三元物系可形成一对部分互溶的液相，其典型相图如图 10-6 所示。当组分 B 和组分 S 以任意数量混合时，可以得到两个互不相溶的液层，各层组成对应于图中的点 L 和点 J。在总组成为 C 的二元混合液中逐渐加入组分 A 使之成为三元混合液，但组分 B 与 S 的质量比保持不变，则三元混合液的组成点将沿 AC 线而变化。若加入 A 的量正好使混合液由两相变为一相，其组成坐标如点 C'所示，则 C'点称为混溶点。同理，在总组成为 M 的二元混合液中逐渐加入组分 A 使之成为三元混合液，又可得到混溶点 M'，如此可得一系列混溶点，连接各混溶点可得一条直线，该直线

称为该三元物系在实验温度下的溶解度曲线。

B 与 S 之间的溶解度越小，L 与 J 点就越靠近顶点 B 与 S。若 B 与 S 完全不互溶，则 L 与 J 点分别与顶点 B 与 S 相重合。

溶解度曲线将三角形分为两个区域，曲线以外的区域为单相区，其中的任一点均表示一个三元均相体系。曲线以内的区域则为两相区，其中的任一点均表示一个具有两个液相的三元非均相体系，萃取操作仅能在该区内进行。当两相达到平衡时，两个液相称为共轭相。连接共轭相组成坐标的直线称为联结线，如图中的 R_1E_1、R_2E_2 及 R_3E_3 线均为联结线。对于特定的物系，若温度一定，则联结线随组成而变，且各联结线的倾斜方向通常是一致的，但互不平行。

（2）辅助曲线和临界混溶点　三元物系的溶解度曲线和联结线可由实验数据绘出。若已知某液相的组成，可借助于辅助曲线求得与之平衡的另一相的组成。辅助曲线可根据联结线数据绘制。如图 10-7 所示，由各联结线的两端点分别作直角边 BS 和 AB 的平行线，可得一系列交点，如图中的 C_1、C_2 和 C_3 所示，连接各交点所得的曲线即为辅助曲线。辅助曲线与溶解度曲线的交点称为临界混溶点，如图中的 P 点所示。

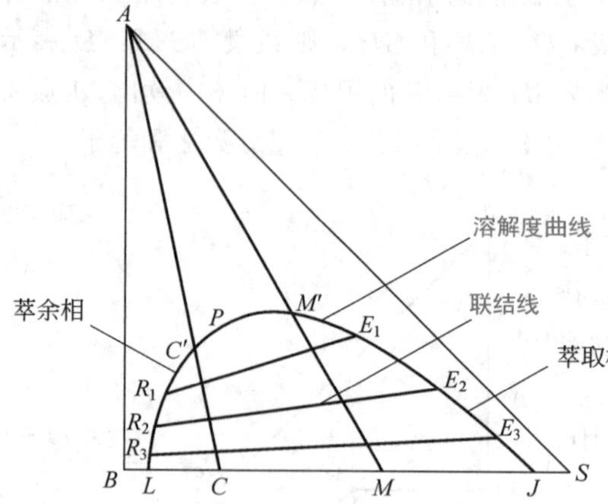

图 10-6　溶解度曲线和联结线

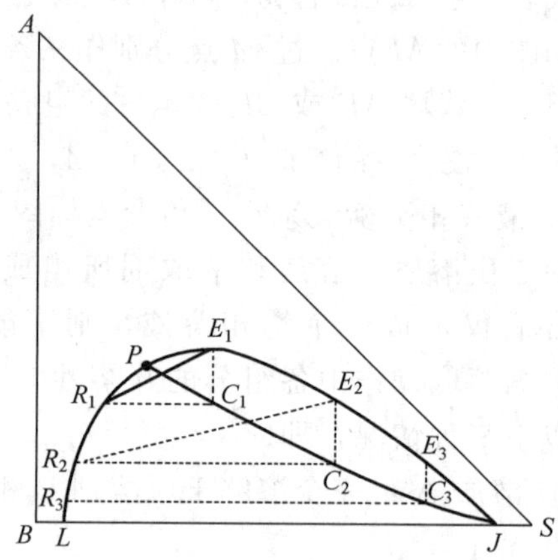

图 10-7　辅助曲线的作法

（3）分配系数和分配曲线　三元混合物系的相平衡关系也可用溶质在液液两相中的分配关系来描述。

在一定温度下，当三元混合液的两个液相平衡时，溶质 A 在萃取相 E 中的组成与在萃余相 R 中的组成之比称为分配系数，即

$$k_A=\frac{\text{组分 A 在 E 相中的组成}}{\text{组分 A 在 R 相中的组成}}=\frac{y_A}{x_A} \tag{10-1}$$

式中　k_A——溶质 A 的分配系数，无因次；

y_A——组分 A 在萃取相 E 中的质量分数，无因次；

x_A——组分 A 在萃余相 R 中的质量分数，无因次。

类似地，溶剂 B 的分配系数为

$$k_B=\frac{\text{组分 B 在 E 相中的组成}}{\text{组分 B 在 R 相中的组成}}=\frac{y_B}{x_B} \tag{10-2}$$

式中　k_B——溶剂 B 的分配系数，无因次；

y_B——组分 B 在萃取相 E 中的质量分数，无因次；

x_B——组分 B 在萃余相 R 中的质量分数，无因次。

分配系数反映了某组分在两平衡液相中的分配关系，其值越大，萃取分离的效果就越好。

分配系数与体系的温度及组成有关。一般情况下，溶质的分配系数随温度的升高或浓度的增加而下降。当溶质浓度较低时，分配系数一般可视为常数。若溶质为可电离物质，则溶液 pH 值的变化也会引起分配系数的改变。

根据三角形相图，将溶质 A 在萃取相中的组成 y_A 及在萃余相中的组成 x_A 转换至直角坐标系中，可绘出 y_A 与 x_A 的关系曲线，该曲线称为溶质 A 的分配曲线，如图 10-8 所示。在两相区内，溶质 A 在萃取相中的组成 y_A 总是大于在萃余相中的组成 x_A，即分配系数大于 1，因此分配曲线位于直线 $y=x$ 的上方。

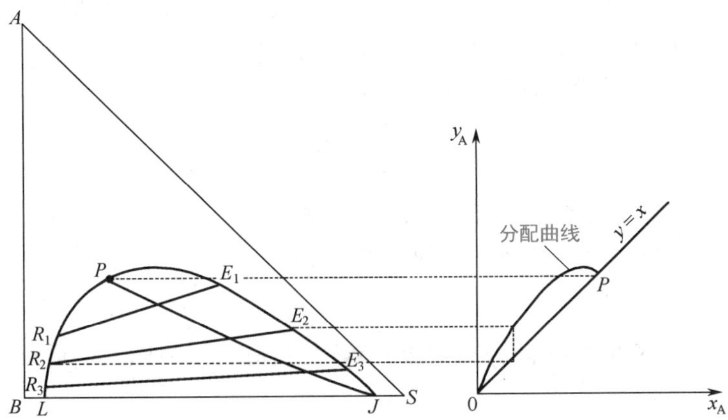

图 10-8　有一对组分部分互溶时的分配曲线

由于分配曲线反映了萃取操作中溶质在互成平衡的萃取相与萃余相中的分配关系，因此也可用分配曲线来确定三角形相图中的任一联结线。

由于溶质在溶剂中的溶解度随温度的升高而增大，因此温度对溶解度曲线和分配曲线的形状、联结线的斜率及两相区的范围，均有重要的影响。图 10-9 是有一对组分部分互溶的物系在三个不同温度下的溶解度曲线和联结线，从中可以看出，两相区的面积随温度的升高而缩小。

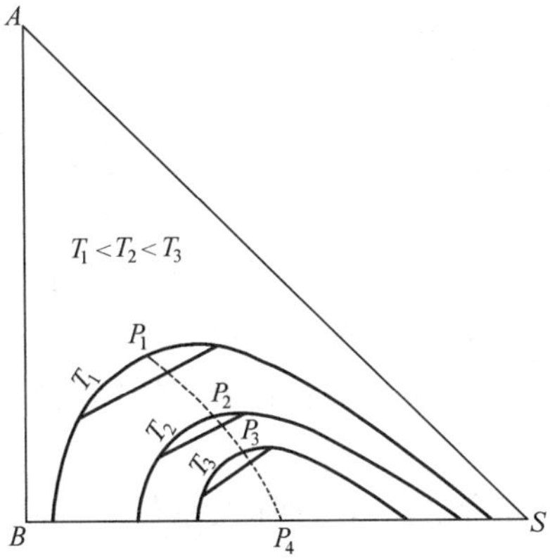

图 10-9　温度对溶解度曲线的影响

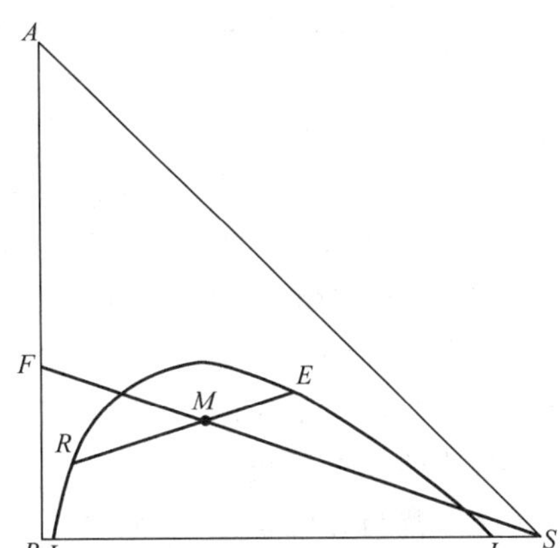

图 10-10　杠杆规则的应用

（4）杠杆规则　将质量为 R kg 的 R 相与质量为 E kg 的 E 相相混合，即得总质量为 Mkg 的混合液。将该混合过程表示在三角形相图上，则代表混合液的 M 点必在两相区内，且位于直线 RE 上。反之，在两相区内，任一点 M 所代表的混合液也可分为 R 点和 E 点所代表的两个液层。R 点和 E 点均称为差点，而 M 点则称为 R 点和 E 点的和点。

混合物 M 与 R 相及 E 相之间的关系可用杠杆规则来描述。如图 10-10 所示，M 点将线段 RE 分为 MR 和 ME 两段，则两线段的长度之比即为 E 相与 R 相的质量之比，即

$$\frac{E}{R}=\frac{\overline{MR}}{\overline{ME}} \tag{10-3}$$

式中　E、R——分别为 E 相及 R 相的质量或质量流量，kg 或 $kg \cdot s^{-1}$；

$\overline{MR}$、$\overline{ME}$——分别为线段 MR 及 ME 的长度，mm。

式(10-3) 称为杠杆规则，它是用图解法表示的物料衡算，是萃取操作中物料衡算的基础。若向由 A 和 B 组成的二元混合液 F 中加入纯溶剂 S，则代表混合液总组成的坐标点 M 将沿着 SF 线而变，具体位置由杠杆规则确定，即

$$\frac{\overline{MF}}{\overline{MS}}=\frac{S}{F} \tag{10-4}$$

式中　S、F——分别为纯溶剂及二元混合液的质量或质量流量，kg 或 $kg \cdot s^{-1}$；

$\overline{MF}$、$\overline{MS}$——分别为线段 MF 及 MS 的长度，mm。

三、萃取剂的选择

萃取剂直接关系到萃取操作的分离效果和萃取过程的经济性，选择萃取剂时应着重从以下几个方面来考虑。

1. 萃取剂的选择性

萃取剂对原料液中两个组分溶解能力的差异可用选择性系数来描述，即

$$\beta=\frac{\dfrac{A\text{ 在 }E\text{ 相中的质量分数}}{B\text{ 在 }E\text{ 相中的质量分数}}}{\dfrac{A\text{ 在 }R\text{ 相中的质量分数}}{B\text{ 在 }R\text{ 相中的质量分数}}}=\frac{\dfrac{y_A}{y_B}}{\dfrac{x_A}{x_B}}=\frac{y_A}{x_A}\frac{x_B}{y_B}=\frac{k_A}{k_B} \tag{10-5}$$

式中　β——选择性系数，无因次；

x_A、x_B——分别为组分 A 和 B 在 R 相中的质量分数，无因次；

y_A、y_B——分别为组分 A 和 B 在 E 相中的质量分数，无因次；

k_A、k_B——分别为组分 A 和 B 的分配系数，无因次。

一般情况下，原溶剂 B 在萃余相 R 中的浓度总是大于在萃取相 E 中的浓度，即 $k_B<1$ 又 $k_A>1$，故在萃取操作中，选择性系数 β 的值应大于 1。选择性系数反映了萃取剂 S 对原料液中溶质 A 的选择性大小，其值越大，越有利于组分的分离。若 β 值等于 1，则萃取剂对原料液不具有分离能力，即所选择的萃取剂是不适宜的。此外，对于特定的分离任务，萃取剂的选择性越高，对溶质的溶解能力就越大，萃取剂的消耗量以及回收溶剂所需的能耗就越少，所得溶质的纯度就越高。

选择性系数与分配系数、操作温度及浓度有关。一般情况下，选择性系数随温度的升高或溶质浓度的增加而下降。

2. 萃取剂与原溶剂间的互溶度

对于可形成一对部分互溶液相的三元物系，萃取剂与原溶剂间的相互溶解度直接影响着

溶解度曲线的形状和两相区的面积。研究表明，萃取剂与原溶剂间的相互溶解度越小，两相区的面积就越大，可能获得的萃取相的最高浓度也越大，萃取分离的效果就越好。

3. 萃取剂的其他性质

萃取剂的其他性质，如密度、界面张力、黏度和凝固点等对萃取分离也有一定的影响。

萃取剂与被分离混合液间的密度差越大，萃取相与萃余相间的分层就越快，设备的生产能力就越大。若所加入的萃取剂使萃取相与萃余相的密度相等或相近，则两相难以分层，因而这种萃取剂也是不适宜的。

两相间的界面张力对萃取分离效果也有重要影响。界面张力过大，则液体难以分散，传质效果不好。但界面张力也不能过小，否则易产生乳化现象，使两相难以分层。根据经验，将适量的萃取剂与原料液在分液漏斗中充分混合后静置，若能在 5～10min 内澄清分层，则可认为界面张力是适宜的。

此外，萃取剂还应具有较低的黏度和凝固点以及优良的化学和热稳定性，对设备的腐蚀性要小，且价廉易得。

4. 萃取剂的回收

萃取剂回收的难易程度在很大程度上影响着萃取过程的经济性。萃取相和萃余相中的萃取剂常用蒸馏方法进行回收，为此，萃取剂与被分离组分间的相对挥发度要大，且不应形成恒沸物。此外，若溶质为不挥发或难挥发组分，而萃取剂为易挥发组分，则萃取剂的汽化潜热要小，以降低能耗。

10-02　萃取剂的选择

对于特定的原料液，要找到一种能满足上述全部要求的萃取剂是极其困难的。在选择萃剂时，应根据物系及工艺等具体情况，抓主要矛盾，以寻求较为适宜的萃取剂。

四、萃取过程的计算

萃取过程可分为逐级接触式和连续接触式两大类，本节主要讨论逐级接触式萃取过程的计算。为简化计算过程，一般将每一级均视为一个理论级，即离开各级的萃取相与萃余相互成平衡。萃取中的理论级概念与蒸馏中的理论板概念相当。同样，一个实际级的分离效果也达不到一个理论级的分离效果，两者的差异可用级效率来校正。

1. 单级萃取过程的计算

单级萃取的工艺流程如图 10-1 所示，其特点是原料液与萃取剂仅在一个萃取器中充分接触，离开的萃取相与萃余相互为平衡。单级萃取可采用连续或间歇方式进行，以间歇方式最为常见。

萃取过程的计算常采用图解法，其基础是以三角形相图表示的相平衡关系和杠杆规则。为简便起见，萃取相组成 y 及萃余相组成 x 的下标只标注相应的流股，而不标注下标，如无特别说明，均指溶质 A。此外，在萃取计算中，还会涉及两股液体，即萃取相 E 完全脱除萃取剂后的萃取液 E′以及萃余相 R 完全脱除萃取剂后的萃余液 R′，其组成分别用 y' 和 x' 表示。

在单级萃取操作中，常需将处理量为 F、组成为 x_F 的原料液进行分离，并规定萃余相的组成不超过 x_R，要求计算萃取剂的量、萃余相的量、萃取相的量及组成、萃取液的量以及萃余液的量。此类问题一般可通过图解法来解决。

图解时，首先根据 x_F 及 x_R 的值在三角形相图上定出 F 点和 R 点，并连接 FS 线，如图 10-11 所示。过点 R 作联结线交 FS 线于 M 点，交溶解度曲线于 E 点。连接点 S 和 R 并延

长交直角边 AB 于 R' 点，连接点 S 和 E 并延长交直角边 AB 于 E' 点。最后由图中直接读出 x_M、y_E、y'_E 及 x'_R 的值。

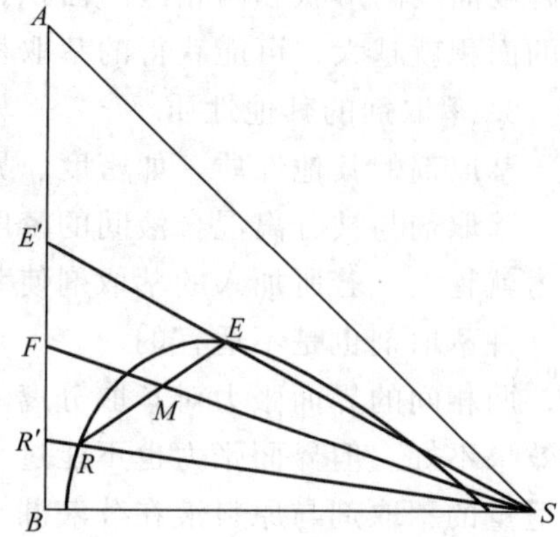

图 10-11　单级萃取的图解法

前已述及，萃取相的量 E 与萃余相的量 R 之和即为和点 M 所对应的混合液的量 M。由总物料衡算得

$$F+S=E+R=M \tag{10-6}$$

各流股的数量可由杠杆规则确定，即

$$S=F\times\frac{\overline{MF}}{\overline{MS}} \tag{10-7}$$

$$E=M\times\frac{\overline{MR}}{\overline{RE}} \tag{10-8}$$

$$R=M\times\frac{\overline{ME}}{\overline{RE}} \tag{10-9}$$

$$E'=F\times\frac{\overline{R'F}}{\overline{R'E'}} \tag{10-10}$$

$$R'=F\times\frac{\overline{E'F}}{\overline{R'E'}} \tag{10-11}$$

上述计算也可结合物料衡算进行。对溶质 A 进行物料衡算得

$$Fx_F+Sy_S=Ey_E+Rx_R=Mx_M \tag{10-12}$$

由式(10-6) 和式(10-12) 得

$$E=\frac{M(x_M-x_R)}{y_E-x_R} \tag{10-13}$$

及

$$R=M-E \tag{10-14}$$

同理可得

$$E'=\frac{F(x_F-x'_R)}{y'_E-x'_R} \tag{10-15}$$

$$R'=F-E' \tag{10-16}$$

【例 10-1】　以水为萃取剂(S)从乙酸(A)与三氯甲烷(B)的混合液中提取乙酸。已知在 25℃下原料液的处理量为 $100\text{kg}\cdot\text{h}^{-1}$，其中乙酸的质量分数为 35%，其余为三氯甲烷；水的用量为 $80\text{kg}\cdot\text{h}^{-1}$；操作温度下 E 相和 R 相以质量分数表示的平衡数据如表 10-1 所示。试计算：①经单级萃取后 E 相和 R 相的组成和流量；②E 相和 R 相中的萃取剂完全脱除后，萃取液及萃余液的组成和流量；③操作条件下的选择性系数。

解：根据表 10-1 中的平衡数据，在等腰直角三角形坐标上绘出溶解度曲线和辅助曲线，如图 10-12 所示。

表 10-1　例 10-1 附表

三氯甲烷层(R 相)		水层(E 相)	
乙酸/%	水/%	乙酸/%	水/%
0.00	0.99	0.00	99.16

续表

三氯甲烷层(R 相)		水层(E 相)	
乙酸/%	水/%	乙酸/%	水/%
6.77	1.38	25.1	73.69
17.72	2.28	44.12	48.58
25.72	4.15	50.18	34.71
27.65	5.20	50.56	31.11
32.08	7.93	49.41	25.39
34.16	10.03	47.87	23.28
42.5	16.5	4.50	16.50

① E 相和 R 相的组成和流量　由原料液中乙酸的质量分数为 35%，在 AB 边上定出 F 点，连接点 F 和 S，并按 F 和 S 的流量用杠杆规则在 FS 线上确定点 M。利用辅助曲线由试差法确定通过 M 点的联结线 RE。由 R 点和 E 点的坐标直接读出两相的组成为

E 相：$y_A=27\%$，$y_B=1.5\%$，$y_s=71.5\%$

R 相：$x_A=7.2\%$，$x_B=91.4\%$，$x_s=1.4\%$

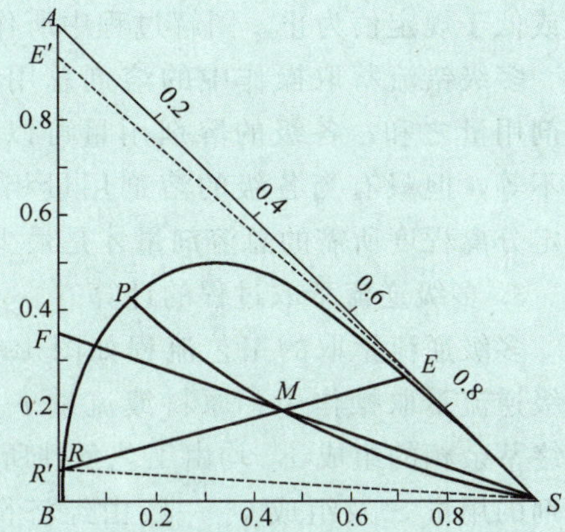

图 10-12　例 10-1 附图

由总物料衡算式(10-6) 得

$$M=F+S=100+80=180\text{kg}\cdot\text{h}^{-1}$$

由图量得 $\overline{RE}=35.7\text{mm}$，$\overline{MR}=22.6\text{mm}$。由式(10-8) 得萃取相的量为

$$E=M\times\frac{\overline{MR}}{\overline{RE}}=180\times\frac{22.6}{35.7}=114\text{kg}\cdot\text{h}^{-1}$$

所以萃余相的量为

$$R=M-E=180-114=66\text{kg}\cdot\text{h}^{-1}$$

② 萃取液及萃余液的组成和流量　连接点 S 和 E，并延长交直角边 AB 于点 E'，由 E' 点的坐标读出萃取液的组成为 $y'_E=93\%$。

类似地，连接点 S 和 R，并延长交直角边 AB 于 R' 点，由 R' 点的坐标读出萃余液的组成为 $x'_R=7\%$。

由式(10-15) 得萃取液的量为

$$E'=\frac{F(x_F-x'_R)}{y'_E-x'_R}=\frac{100\times(0.35-0.07)}{0.93-0.07}=32.6\text{kg}\cdot\text{h}^{-1}$$

所以萃余液的量为

$$R'=F-E'=100-32.6=67.4\text{kg}\cdot\text{h}^{-1}$$

③ 选择性系数　由式(10-5) 得选择性系数为

$$\beta=\frac{y_Ax_B}{x_Ay_B}=\frac{0.27\times0.914}{0.072\times0.015}=228.5$$

可见，由于三氯甲烷与水的互溶度很小，因此选择性系数 β 的值很大，所得萃取液的浓度较高。

2. 多级错流萃取过程的计算

多级错流萃取的工艺流程如图 10-2 所示，其操作特点是每级均加入新鲜溶剂，前一级的萃余相作为后一级的原料。

在多级错流萃取操作中，常需将处理量为 F、组成为 x_F 的原料液进行分离，并规定各级萃取剂的用量 S_i 及最终萃余相的组成 x_n，要求计算所需的理论级数 N。此类问题同样可用图解法来解决。

如图 10-13 所示，首先由原料液的流量、组成和第一级的萃取剂用量 S_1 确定出第一级中的混合液组成点 M_1，然后过点 M_1 作联结线 R_1E_1，且由第一级的物料衡算可求得 R_1。接着，根据 R_1 和 S_2 的量确定出第二级中的混合液组成点 M_2，然后过点 M_2 作联结线 R_2E_2，且由第二级的物料衡算可求得 R_2。如此重复进行，直至某一级的萃余相组成 x_n 达到或低于规定值为止。图解过程中所作的联结线数目即为所需的理论级数。

多级错流萃取操作中的溶剂总用量为各级的溶剂用量之和，各级的溶剂用量可以相等，也可以不等，但只有当各级的溶剂用量相等时，达到一定分离程度所需的总溶剂量才是最少的。

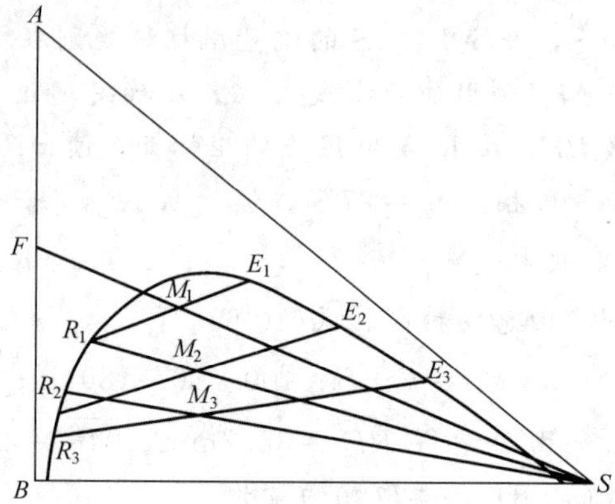

图 10-13　多级错流萃取的图解法

3. 多级逆流萃取过程的计算

多级逆流萃取的工艺流程如图 10-3 所示。在多级逆流萃取操作中，原料液流量 F 及组成 x_F、最终萃余相的组成 x_n 均由工艺条件所规定。而萃取剂的用量 S 及组成 y_s 一般由经济衡算来选定。当萃取剂的用量 S 及组成 y_s 为已知时，可用图解法确定所需的理论级数。

如图 10-14 所示，首先根据操作条件下的平衡数据作出三元物系的溶解度曲线和辅助曲线，然后根据原料液和萃取剂的组成在图上定出 F 点和 S 点的位置（若萃取剂不是纯态，则代表萃取剂组成的点将位于三角形区域内，而不是顶点）。然后根据原料液和萃取剂的量由杠杆规则在 FS 线上定出 M 点的位置，再根据最终萃余相的组成 x_n 在相图上定出 R_n 的位置。连接点 R_n 和 M，并延长交溶解度曲线于 E_1 点，该点即为离开第一级的萃取相的组成点。由杠杆规则可知，最终萃取相及萃余相的流量分别为

$$E_1 = M \times \frac{\overline{MR_n}}{\overline{R_nE_1}} \tag{10-17}$$

$$R_n = M - E_1 \tag{10-18}$$

如图 10-3 所示，在第一级与第 n 级之间进行总物料衡算得

$$F + S = E_1 + R_n \text{ 或 } F - E_1 = R_n - S$$

对第一级作总物料衡算得

$$F + E_2 = E_1 + R_1 \text{ 或 } F - E_1 = R_1 - E_2$$

对第二级作总物料衡算得

$$R_1 + E_3 = E_2 + R_2 \text{ 或 } R_1 - E_2 = R_2 - E_3$$

对第 i 级作总物料衡算得

$$R_{i-1} + E_{i+1} = E_i + R_i \text{ 或 } R_{i-1} - E_i = R_i - E_{i+1}$$

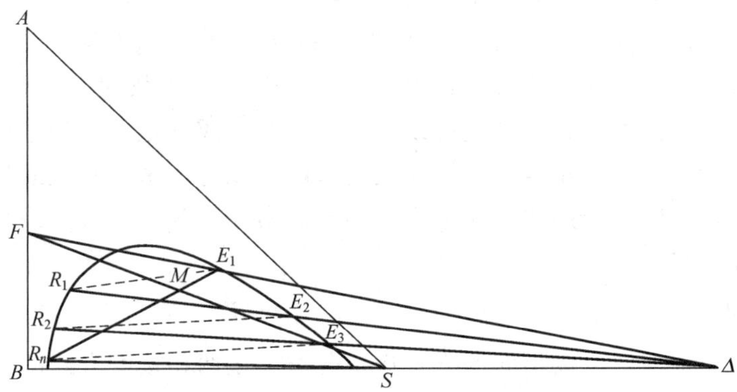

图 10-14　多级逆流萃取的图解法

由以上各式可知

$$F-E_1=R_1-E_2=\cdots=R_i-E_{i+1}=\cdots=R_{n-1}-E_n=R_n-S=\Delta \tag{10-19}$$

式(10-19) 表明，离开任一级的萃余相的量与进入该级的萃取相的量之差为常数，以 Δ 表示。Δ 可视为通过每一级的净流量，它是一个虚拟量，其组成（实际上并不存在）亦可用三角形相图中的 Δ 点来表示。由于点 Δ 分别为 F 与 E_1、R_1 与 E_2……R_{n-1} 与 E_n 以及 R_n 与 S 的差点，因此可根据杠杆规则来确定 Δ 点的位置。如图 10-14 所示，连接点 F 和 E_1 以及点 R_n 和 S 并分别延长，则两线延长线的交点即为 Δ 点。由于点 R_i 与 E_{i+1} 连线的延长线均经过 Δ 点，因此只要知道 R_i 与 E_{i+1} 之一即可定出另一点。这种将第 i 级与第 $i+1$ 级相联系的性质与蒸馏中的操作线的作用相类似，因此 Δ 点称为操作点，点 R_i 与 E_{i+1} 的连线称为操作线。

由 E_1 点通过平衡关系即可确定第一级中的萃余相组成点 R_1，点 R_1 与 Δ 的连线交溶解度曲线于 E_2 点，该点即为第二级中萃取相的组成点。如此交替使用平衡关系和操作关系，直至某一级萃余相中的溶质含量达到或低于规定值为止。图解过程中每使用一次平衡关系即表示需要一个理论级，从而可求出达到规定分离要求时所需的理论级数。

应当指出的是，点 Δ 的位置可能位于三角形的左侧，也可能位于右侧。当其他条件一定时，点 Δ 的位置取决于溶剂比即 $\frac{S}{F}$ 的值。若溶剂比较小，则点 Δ 位于三角形的左侧，此时 R 为和点；若溶剂比较大，则点 Δ 位于三角形的右侧，此时 E 为和点。

当萃取过程所需的理论级数很多时，上述作图法的误差可能很大。此时，可在直角坐标系中绘出分配曲线，然后利用蒸馏过程所用的梯级法来求解所需的理论级。具体步骤如下：

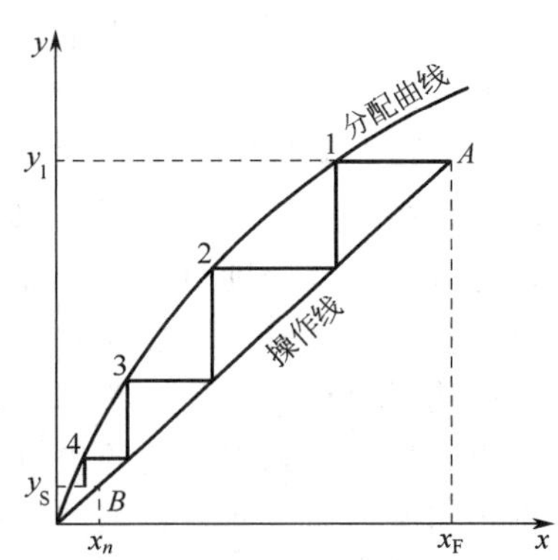

图 10-15　梯级法求理论级数

(1) 绘制分配曲线　在直角坐标系中绘出物系的分配曲线，如图 10-15 所示。

(2) 在直角坐标系中绘制操作线　如图 10-14 所示，在三角形相图中，于直线 $FE_1\Delta$ 及 $R_nS\Delta$ 之间绘制一系列操作线，每条操作线均与溶解度曲线交于两点，如点 R_1 和 E_2、R_2 和 E_3 等，将各交点所对应的组成（y_{i+1}，x_i）转换至直角坐标系中便得到一系列操作点。再将各操作点连接起来即得操作线，操作线的两个端点坐标分别为 $A(x_F, y_1)$ 和 $B(x_n, y_s)$。

(3) 确定理论级数　由点 A 开始，在操作线和分配曲线之间绘制由水平线和铅垂线构成的梯级，直至梯级的铅垂线达到或跨过点 B 为止，所得梯级数即为所需的理论级数。

当溶剂比减小时，操作线将向分配曲线靠拢，此时完成规定分离任务所需的理论级数将增加。当溶剂比减小至某一最小值时，操作线与分配曲线将在某点相交或相切，此时所需的理论级数为无穷多，对应的溶剂比称为最小溶剂比。实际溶剂比应大于最小溶剂比，具体数值可通过经济衡算确定。

五、液液萃取设备

萃取设备的种类很多，可按不同的方式进行分类。按两相接触方式的不同，萃取设备可分为逐级接触式和连续接触式两大类，前者既可用于间歇操作，又可用于连续操作；而后者一般为连续操作。按结构和形状的不同，萃取设备可分为组件式和塔式两大类，前者一般为逐级式，可根据需要增减级数；而后者可以是逐级接触式，如筛板塔，也可以是连续接触式，如填料塔。此外，萃取设备还可按外界是否输入能量来划分，如填料塔等不输入能量的设备可称为重力设备，依靠离心力的萃取设备可称为离心萃取器等。

1. 常用萃取设备

(1) 混合澄清器　混合澄清器是应用最早，且仍在广泛使用的一种逐级接触式萃取设备。它既可单级操作，又可多级组合操作。每级混合-澄清器均由混合器和澄清器组成，如图 10-16 所示。

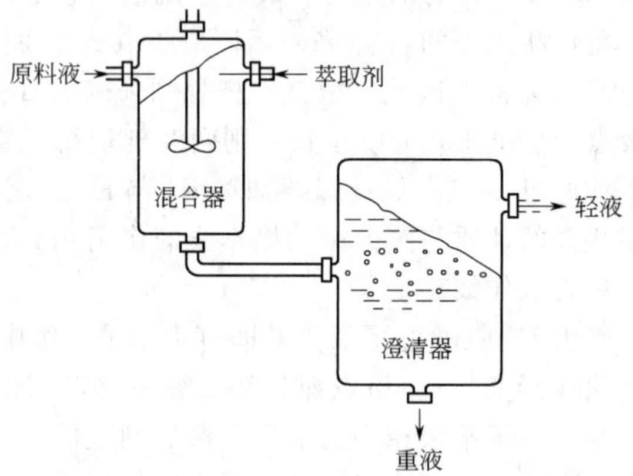

图 10-16　混合澄清器

混合器内一般设有机械搅拌装置，此外还可采用脉冲或喷射器来实现两相间的混合。澄清器的作用是将已接近平衡状态的两相有效地分离开来。操作时，原料液和萃取剂首先在混合器内充分混合，然后再进入澄清器澄清分层，形成的轻液和重液分别由上部出口和下部出口排出。

混合澄清器具有结构简单、操作容易、运行稳定、处理量大、传质效率高、易调整级数等优点。但由于各级均设有动力搅拌装置，且液体在级间的流动需用泵来输送，因而设备费和操作费均较高。此外，水平排列的设备占地面积较大，且设备内的存液较多，需使用较多的萃取剂。

(2) 填料萃取塔　填料萃取塔是一种连续接触式萃取设备，其结构与气液传质过程中所用的填料塔的结构基本相同，即在塔筒内安装一定高度的填料层，如图 10-17 所示。操作时，轻液、重液分别由塔的下部和上部进入塔体，其中连续相充满全塔，分散相则以液滴状通过连续相。萃取后的轻液和重液由塔顶部和底部排出塔体。

在选择填料时，除应考虑物料的腐蚀性外，还应使填料只能被连续相所润湿，而不被分散相所润湿，以利于液滴的生成和稳定。一般情况下，陶瓷易被水相润湿，塑料和石墨易被有机相润湿，而金属材料则需通过实验来确定。

填料萃取塔具有结构简单、操作方便、处理量大等优点，但不能处理含悬浮颗粒的料液。

（3）筛板萃取塔　筛板萃取塔也是一种连续接触式萃取设备，其结构类似于气液传质过程中所用的筛板塔的结构，即在塔筒内安装若干块水平筛板，但一般不设置溢流堰，如图 10-18 所示。操作时，轻液、重液分别由塔的下部和上部进入塔体。若轻液为分散相，重液为连续相，则轻液通过塔板上的筛孔时被分散成细小的液滴，与塔板上的连续相充分接触后便分层凝聚于上层筛板的下部。然后，轻液借助于压差继续通过上层塔板的筛孔而分散，最后由塔顶部排出。重液经降液管流至下层塔板，然后水平流过筛板至另一端的降液管下降，最后由塔底部排出。

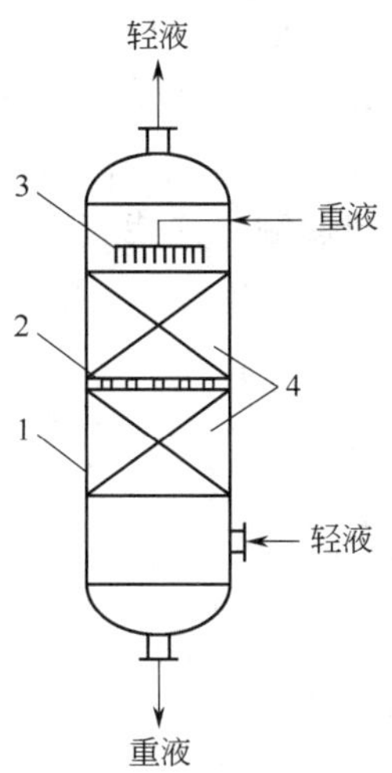

图 10-17　填料萃取塔

1—塔筒；2—再分布器；3—分布器；4—填料

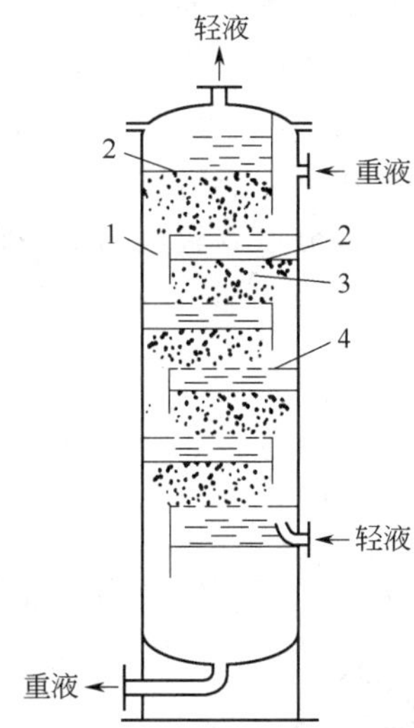

图 10-18　筛板萃取塔

1—降液管；2—轻液、重液层分界面；3—轻液分散于重液内；4—筛板

若选择轻液为连续相，重液为分散相，则应将降液管改装在筛板之上，即将其改为升液管，以便轻液沿升液管由下层筛板流至上层筛板。而重液则通过筛孔来分散。

与填料萃取塔相比，筛板萃取塔可减少轴向返混，并可使分散相反复多次地分散与凝聚，从而使液滴表面不断得到更新。

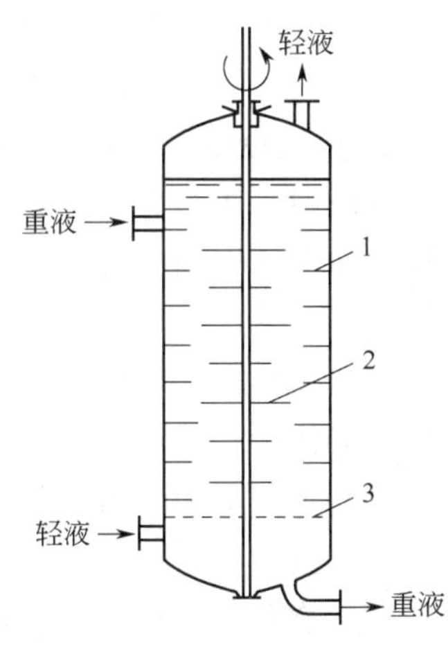

图 10-19　转盘萃取塔

1—固定环；2—转盘；3—多孔板

（4）转盘萃取塔　转盘萃取塔是一种输入机械能的连续接触式萃取设备，其结构如图 10-19 所示。转盘萃取塔的内壁上装有若干块环形挡板即固定环，从而将塔体沿轴向分割成若干个空间。在中心轴上装有若干个转盘，其直径小于挡板的内径，间距与固定环的间距相同，而位置则处于分割空间的中间。操作时，转盘随中心轴高速旋转，对液体产生强烈的搅拌作用，从而增大了液体的湍动程度和相际接触面积。固定环可在一定程度上抑制轴向返混，因而转盘萃取塔的效率较高。

转速是转盘萃取塔的最重要的设计与操作参数。转速太低，则输入的机械能不足以克服界面张力，因而达不到强化传质的效果。但转速也不能太高，否则不仅会消耗大量的机械能，而且由于分散相的液滴很细，造成澄清缓慢，生产能力下降，甚至发生乳化，使操作无法进行。

转盘萃取塔具有结构简单、分离效率高、操作弹性和生产能力大、不易堵塞等特点，适用于处理含悬浮颗粒的料液以及易乳化的场合。

（5）离心萃取器　离心萃取器是利用离心力使两相快速充分混合并快速分离的萃取装置。图 10-20 是常用的波德式（Podbielniak）离心萃取器的结构示意。此类离心器的外壳内有一个由多孔长带卷绕而成的螺旋形转子，其工作转速可达 2000～5000r・min^{-1}。转轴内设有中心管以及中心管外的套管，分别作为轻液、重液的进、出通道。操作时，重液由左侧的中心管进入转子的内层，轻液则由右侧的中心管进入转子的外层。在转子高速转动所产生的离心力的作用下，重液由转子中部流向外层，轻液则由外层流向中部。同时，液体通过螺旋带上的小孔被分散，轻液、重液两相在逆流流动过程中密切接触，并能有效分层，故传质效率很高。

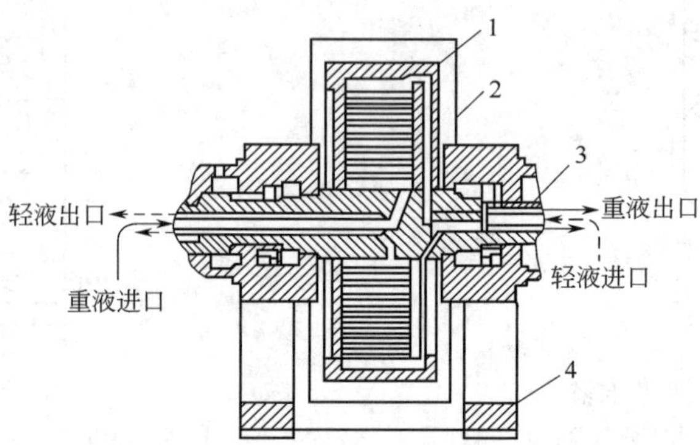

10-03　离心萃取器及应用

图 10-20　波德式离心萃取器

1—转子；2—壳体；3—转轴；4—底座

离心萃取器具有结构紧凑、物料停留时间短、分离效率高等优点，特别适用于处理两相密度差很小、易产生乳化以及贵重、易变质的物料，如抗生素的分离等。

2. 萃取设备的选择

萃取设备的种类很多，特点各异，选择时首先要满足生产工艺要求，在此基础上再按照经济合理的原则选择适宜的萃取设备。一般情况下，选择萃取设备应从以下几方面考虑。

（1）物料的停留时间　若体系中存在易分解破坏的组分，则应选择停留时间短的离心萃取器。若体系在萃取过程中需同时伴有缓慢反应，则应选择停留时间较长的混合萃取器。

（2）生产能力　若物料的处理量较小，则可选择填料塔；反之，则应考虑筛板塔、转盘塔、混合澄清器以及离心萃取器等处理量较大的萃取设备。

（3）物系的物理性质　对于界面张力较大、两相的密度差较小或黏度较大的物系，可选择有外加能量的萃取设备。对于界面张力较小或两相密度差较大的物系，可选择无外加能量的萃取设备。对于密度差很小、界面张力很小、易乳化的难分离物系，可选择离心萃取设备。对于强腐蚀性物系，可选择结构简单的填料塔。对于含固体颗粒或萃取中易生成沉淀的物系，可选择转盘萃取塔或混合澄清器。

第二节 固液萃取

固液萃取又称为提取或浸取，它是利用有机或无机溶剂将固体原料中的可溶性组分溶解，使其进入液相，再将不溶性固体与溶液分开的单元操作，其实质是溶质由固相传递至液相的传质过程。目前，固液提取在制药化工生产中有着广泛的应用，如中草药有效成分的提取、滤饼或固体物的洗涤等。

固体原料中的可溶性组分称为**溶质**，不溶性组分称为**载体**。用于溶解溶质的溶剂称为**提取剂**或**浸取剂**，提取后所得的含有溶质的液体称为**提取液**或**浸取液**，提取后的载体和残余的少量溶液称为**残渣**。

提取时首先要使固体原料与提取剂充分混合，并保持良好的液固接触状态。经一定时间的提取后，将提取液与残渣分离开来。最后将溶质从提取液中分离出来，并对提取剂进行回收处理。

一、药材有效成分的提取过程及机理

药材可分为植物、动物和矿物三大类。矿物药材无细胞结构，其有效成分可直接溶解或分散于提取剂中。对于动物性药材，其有效成分一般为蛋白质、激素和酶等大分子物质，因其分子量较大，故难以透过细胞膜，所以对动物性药材进行提取时应首先破坏其细胞膜。对于植物性药材，其有效成分的分子量一般比无效成分的分子量要小得多，故提取时有效成分需透过细胞膜，而无效成分则应留在细胞内。下面主要讨论植物性药材的提取过程。

10-04 中国古代的提取技术——植物染料的制备

1. 提取过程的阶段划分

植物性药材的提取过程一般可分为润湿、渗透、溶解、扩散等几个阶段。

(1) 润湿与渗透阶段　新药材的细胞中，含有多种可溶性物质和不溶性物质。药材经干燥后，内部水分大部分被蒸发，故细胞萎缩。当药材被粉碎时，一部分细胞可能发生破裂，其中所含的成分可直接提取。而大部分细胞在粉碎后仍保持完整状态，当与提取剂接触时被提取剂所润湿，同时提取剂通过毛细管和细胞间隙渗透至细胞组织内。

提取剂能否润湿药材表面，并渗透进入到细胞组织中，取决于提取剂对物质的润湿性以及该物质与提取剂间的界面张力。一般情况下，非极性提取剂不易从含有大量水分的药材中提取出有效成分，极性提取剂不易从富含油脂的药材中提取出有效成分。对于含油脂的药材可先用石油醚或苯进行脱脂，然后再用适宜的提取剂提取。

(2) 溶解阶段　提取剂进入细胞组织后，与药材中的各种成分相接触，并使其中的可溶性成分转移至提取剂中，该过程称为溶解。

药物成分溶解于提取剂的过程可能是物理溶解过程，也可能是使药物成分溶解的反应过程。药材的种类不同，其溶解机理可能差异很大。一般情况下，水能溶解晶体和胶质，故其提取液多含胶体物质而呈胶体液，乙醇提取液含胶质较少，而亲脂性提取液则不含胶质。

(3) 扩散阶段　提取剂溶解有效成分后，形成的浓溶液具有较高的渗透压，从而形成扩散点，其溶解的成分将不停地向周围扩散以平衡其渗透压，这正是提取过程的推动力。在固体外表面与溶液主体之间存在一层很薄的溶液膜，其中的溶质存在浓度梯度，该膜常称为扩散边界层。

在湿润和溶解过程中，固体内形成的浓溶液中的溶质将向固体表面扩散，并通过扩散边

界层扩散至溶液主体中。一般情况下，溶质由固体表面传递至溶液主体的传质阻力远小于溶质在固体内部的扩散阻力。若固体由惰性多孔结构组成，且固体的微孔中存在溶质和提取剂，则通过多孔固体的扩散可用有效扩散传质来描述。但对植物性药材而言，由于细胞的存在，一般并不遵循有效扩散系数为常数的简单扩散规律。

此外，在提取过程中还存在提取剂由溶液主体传递至固体表面，再由固体表面传递至固体内部的扩散过程，该过程的速率较快，一般不会成为提取过程的速率控制步骤。

2. 提取速率

植物性药材的提取速率可用下式来描述

$$N=KS\Delta C_{\mathrm{m}} \tag{10-20}$$

式中　N——单位时间内传递至溶液主体的溶质的量，$\mathrm{kmol \cdot s^{-1}}$；

K——总传质系数，$\mathrm{m \cdot s^{-1}}$；

S——提取剂与固体药材接触的表面积，$\mathrm{m^2}$；

ΔC_{m}——固相与液相主体中有效成分的对数平均浓度差，$\mathrm{kmol \cdot m^{-3}}$。

固相与液相主体中有效成分的对数平均浓度差可用下式计算

$$\Delta C_{\mathrm{m}}=\frac{\Delta C_2-\Delta C_1}{\ln\dfrac{\Delta C_2}{\Delta C_1}} \tag{10-21}$$

式中　ΔC_1——提取终了时固相与液相主体中有效成分的浓度差，$\mathrm{kmol \cdot m^{-3}}$；

ΔC_2——提取开始时固相与液相主体中有效成分的浓度差，$\mathrm{kmol \cdot m^{-3}}$。

总传质系数与药材及提取剂的性质以及溶液的流动状态等因素有关，其值可根据经验选取或在小试设备中通过实验测得。

二、常用提取剂和提取辅助剂

1. 常用提取剂

适宜的提取剂应对药物中的有效成分有较大的溶解度，而对无效成分应少溶或不溶。此外，提取剂还应无毒、价廉，且易于回收。常用的提取剂有水、乙醇、丙酮、三氯甲烷、乙醚和石油醚等。

（1）水　水具有极性大、溶解范围广、价廉等特点，是最常用的提取剂。药材中的生物碱盐类、有机酸盐、苷类、蛋白质、树胶、色素、多糖类（果胶、黏液质、菊糖、淀粉等），以及酶和少量的挥发油等都能被水提取。但由于水的选择性较差，因而提取液中常含有大量的无效成分，从而给制剂带来一定的困难。此外，部分有效成分（如某些苷类等）在水中会发生水解。

（2）乙醇　乙醇的溶解性介于极性与非极性溶剂之间。实际生产中，常采用乙醇与水的混合液作为提取剂，以从药材中选择性地提取某些有效成分。研究表明，含量大于90%的乙醇适用于提取药材中的挥发油、有机酸、树脂、叶绿素等成分；含量为50%～70%的乙醇适用于提取生物碱、苷类等成分；含量小于50%的乙醇适用于提取蒽醌类等化合物。

（3）丙酮　丙酮是一种性能优良的脱脂剂，常用于新鲜动物性药材的脱水或脱脂。此外，丙酮还具有防腐功能。缺点是易挥发和燃烧，并具有一定的毒性，因而不能残留于制剂中。

（4）三氯甲烷　三氯甲烷是一种非极性提取剂，能溶解药材中的生物碱、苷类、挥发油和树脂等成分，但不能溶解蛋白质、鞣质等成分。三氯甲烷具有防腐作用且不易燃烧，但有强烈的药理作用，故一般仅用于有效成分的提纯和精制。

(5) 乙醚　乙醚是一种非极性有机提取剂，可与乙醇等有机溶剂任意混溶。乙醚溶解的选择性较强，可溶解药材中的树脂、游离生物碱、脂肪、挥发油以及某些苷类等成分，但对大部分溶解于水的成分几乎不溶。乙醚具有强烈的生理作用，且极易燃烧，故一般仅用于有效成分的提纯和精制。

(6) 石油醚　石油醚是一种非极性提取剂，其溶解的选择性较强，可溶解药材中的脂肪油、蜡等成分，少数生物碱亦能被石油醚溶解，但对药材中的其他成分几乎不溶。在制药化工生产中，石油醚常用作脱脂剂。

2. 提取辅助剂

凡加入提取剂中能增加有效成分的溶解度以及制品的稳定性或能除去或减少某些杂质的试剂，均称为提取辅助剂。例如，提取生物碱时向提取剂中加入适量的酸，由于酸能与生物碱形成可溶性的生物碱盐，因而有利于生物碱的提取；又如，提取甘草制剂时加入氨溶液则有利于甘草酸的提取等。盐酸、硫酸、冰醋酸和酒石酸等均是常用的酸类提取辅助剂，氨水、碳酸钠、碳酸钙等均是常用的碱类提取辅助剂。此外，许多表面活性剂也常用作提取辅助剂。

三、提取方法

药材的提取方法很多，常用有煎煮法、浸渍法、渗漉法、回流法、水蒸气蒸馏法等。近年来，有关超声提取和微波萃取技术在中药有效成分提取方面的应用也日趋广泛。

1. 煎煮法

该法以水为溶剂，将药材饮片或粗粉与水一起加热煮沸，并保持一定时间，使药材中的有效成分进入水相，然后去除残渣，再将水相在低温下浓缩至规定浓度，并制成规定的剂型。为促进药物有效成分的溶解与提取，煎煮前常用冷水浸泡药材 30～60min。

煎煮法是药材的传统加工方法，该法适用于有效成分能溶于水，且对湿、热较稳定的药材，可用于汤剂、分散剂、丸剂、片剂、冲剂及注射剂等的制备。缺点是提取液中的杂质较多，并含有少量脂溶性成分，给精制带来不便。此外，煎煮液易发生霉变，应及时加工处理。

2. 浸渍法

该法是在一定温度下，将药材饮片或颗粒加入提取器，然后加入适量的提取剂，在搅拌或振摇的条件下，浸渍一定的时间，从而使药材中的有效成分转移至提取剂中。收集上清液并滤去残渣即得提取液。

按浸渍温度和浸渍次数的不同，浸渍法可分为冷浸渍法、热浸渍法和重浸渍法三种类型。冷浸渍法在室温下进行，浸渍时间通常为 3～5 日。热浸渍法是用水浴将浸渍体系加热至 40～60℃，以缩短浸提时间。重浸渍法又称为多次浸渍法，该法是将全部浸提溶剂分为几份，然后先用第一份溶剂浸渍药材，收集浸渍液后，再用第二份溶剂浸渍药渣，如此浸渍 2～3 次，最后将各次浸渍液合并。重浸渍法可将有效成分尽量多地浸出，但耗时较长。

浸渍法适用于黏性药物以及无组织结构、新鲜且易膨胀药材的提取，所得产品在不低于浸渍温度的条件下能保持较好的澄明度。缺点是提取效率较低，对贵重或有效成分含量较低的药材以及制备浓度较高的制剂，均应采用重浸渍法。此外，浸渍法的提取时间较长，且常用不同浓度的乙醇或白酒为提取剂，故浸渍过程应密闭，以防溶剂的挥发损失。

3. 回流法

该法是将药材饮片或粗粉与挥发性有机溶剂一起加入提取器，其中挥发性有机溶剂馏出后又被冷凝成液体，再重新流回提取器内，如此循环，直至达到规定的提取要求为止。该法的优点是溶剂可循环使用，但由于提取的浓度不断升高，且受热时间较长，因而不适合于热敏性组分的提取。

4. 索氏提取法

将滤纸做成与提取器大小相适应的套袋，然后将固体混合物放入套袋，装入提取器内。如图 10-21 所示，在蒸馏烧瓶中加入提取溶剂和沸石，连接好蒸馏烧瓶、提取器、回流冷凝管，接通冷凝水，加热。沸腾后，溶剂蒸汽由烧瓶经连接管进入冷凝管，冷凝后的溶剂回流至套袋内，浸取固体混合物。当提取器内的溶剂液面超过提取器的虹吸管时，提取器中的溶剂将流回烧瓶内，即发生虹吸。随着温度的升高，再次回流开始，然后又发生虹吸，溶剂在装置内如此循环流动，将所要提取的物质集中于下面的烧瓶内。每次虹吸前，固体物质都能被纯的热溶剂所萃取，溶剂反复利用，缩短了提取时间，故萃取效率较高。

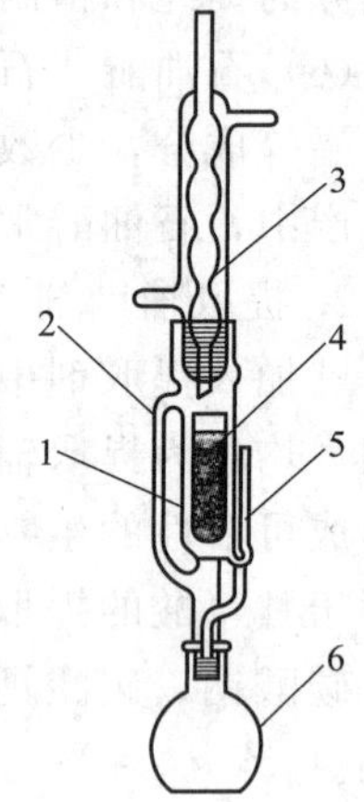

图 10-21 索氏提取装置

1—提取器；2—连接管；3—回流冷凝管；4—套袋；5—虹吸管；6—蒸馏烧瓶

5. 连续逆流提取

以上三种提取方法都属于间歇式单级接触提取过程，其共同特点是随着提取过程的进行，药材中有效成分的含量逐渐下降，提取液浓度逐渐增大，从而使传质推动力减小，提取速度减慢，并逐步达到一个动态平衡状态，提取过程即告终止。为改善提取效果，常需采用新鲜提取剂提取 2～3 次，提取剂用量一般可达药材量的 10 倍以上，造成提取剂的用量较大，并大大增加了后续浓缩工艺的负荷，导致生产成本大幅增加。由于是间歇提取，因而劳动条件较差，批间差异较大。

药材有效成分的提取过程实质上是溶质由固相向液相传递的过程。为克服传统提取方法的缺陷，可使药材与提取剂之间连续逆流接触，即采用连续逆流提取。如图 10-22 所示，在连续逆流提取过程中，提取剂中有效成分的含量沿流动方向不断增大，药材中有效成分的含量沿流动方向不断下降，从而使固-液两相界面不断得到更新。由于最终流出的提取液与新鲜药材接触，因而提取液的含量较高；而最终排出的药材残渣与新鲜提取剂接触，因而药材残渣中有效成分的含量较低。

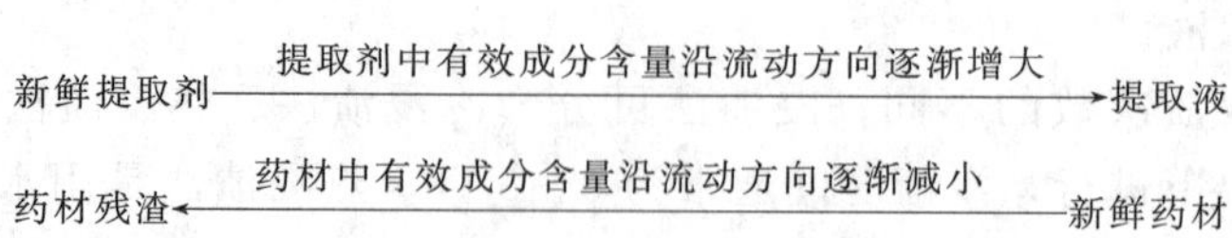

图 10-22 连续逆流提取过程中有效成分含量的变化

连续逆流提取具有传质推动力大、提取速度快、提取液浓度高、提取剂单耗小等特点，常用于大批量、单味中药材的提取。

6. 渗漉法

该法是将粉碎后的药材粗粉置于特制的渗漉器内，然后自渗漉器上部连续加入提取剂，渗漉液则从下部不断流出，从而提取出药材中的有效成分。

渗漉提取过程中，提取剂自上而下穿过由药材粗粉填充而成的床层，这类似于多级接触提取，因而提取液可以达到较高的浓度，提取效果要优于浸渍法。

按操作方式的不同，渗漉法可分为单渗漉法、重渗漉法、加压渗漉法和逆流渗漉法。重渗漉法是以渗漉液为提取剂进行多次渗漉的提取方法，其提取液浓度较高，提取剂用量较少。加压渗漉法是通过加压的方法使提取剂及提取液快速流过药粉床层，从而可加快提取过程的提取方法。逆流渗漉法是使提取剂与药材在渗漉器内作反方向运动，连续而充分地进行提取的一种方法，是一种动态逆流提取过程。

渗漉提取过程一般无须加热，操作可在常温下进行，因而特别适用于热敏性组分及易挥发组分的提取。渗漉提取过程是一种动态提取过程，提取剂的利用率及有效成分的提取率均较高，因而比较适合于贵重药材、毒性药材、高浓度制剂以及有效成分含量较低的药材的提取。

7. 水蒸气蒸馏法

该法是将药材饮片或粗粉用水浸泡润湿后，一起加热至沸或直接通入水蒸气加热，使药材中的挥发性成分与水蒸气一起蒸出，蒸出的气体混合物经冷凝后去掉水层即得提取物。该法是提取和纯化药材中挥发性有效成分的常用方法，其优点是体系的沸腾温度低于各组分的沸点温度，因而可将沸点较高的组分从体系中分离出来。

8. 超声提取

超声波是指频率高于可听声频率范围的声波，是一种频率超过 17kHz 的声波。当大量的超声波作用于提取介质时，体系的液体内存在着张力弱区，这些区域内的液体会被撕裂成许多小空穴，这些小空穴会迅速胀大和闭合，使液体微粒间发生猛烈的撞击作用。此外，也可以液体内溶有的气体为气核，在超声波的作用下，气核膨胀长大形成微泡，并为周围的液体蒸汽所充满，然后在内外悬殊压差的作用下发生破裂。当空穴闭合或微泡破裂时，会使介质局部形成几百到几千开的高温和超过数百个大气压的高压环境，并产生很大的冲击力，起到激烈搅拌的作用，同时生成大量的微泡，这些微泡又作为新的气核，使该循环能够继续下去，这就是超声波的空化效应。

利用超声提取技术提取中药有效成分时，首先利用超声波在液体介质中产生特有的空化效应，即不断产生无数内部压力达上千个大气压的微小气泡，并不断“爆破”产生微观上的强冲击波而作用于中药材上，促使药材植物细胞破壁或变形，并在溶剂中瞬时产生的空化泡的作用下发生崩溃而破裂，这样溶剂便很容易地渗透到细胞内部，使细胞内的化学成分溶解于溶剂中。由于超声波破碎过程是一个物理过程，因而不会改变被提取成分的化学结构和性质。

其次，超声波在介质中传播时可使介质质点产生振动，从而起到强化介质扩散与传质能力的作用，这就是超声波的机械效应。超声波的机械效应对物料有很强的破坏作用，可使细胞组织变形、植物蛋白质变性，并能给予介质和悬浮体不同的加速度，且介质分子的运动速度远大于悬浮体分子的运动速度，从而在两者之间产生摩擦，这种摩擦力可使生物分子解聚，使细胞壁上的有效成分更快地溶解于溶剂中。

再次，超声波在介质中传播时，其声能可以不断地被介质的质点所吸收，同时介质会将多吸收的能量全部或大部转变成热能，导致介质本身和药材组织的温度上升，这就是超声波的热效应。超声波的热效应可增大药物有效成分的溶解度，加快有效成分的溶解速度。由于这种吸收声能而引起的药物组织内部温度的升高是瞬时的，因而不会破坏被提取成分的结构和生物活性。

可见，超声提取主要是利用超声波的空化作用来增大物质分子的运动频率和速度，从而增加溶剂的穿透力，提高被提取成分的溶出速度。此外，超声波的次级效应，如热效应、机械效应等也能加速被提取成分的扩散并充分与溶剂混合，因而也有利于提取。目前，超声提取技术已广泛应用于生物碱、苷类、黄酮类、蒽醌类、多糖类等物质的提取。

9. 微波萃取

微波是频率介于 300MHz～300GHz 之间电磁波，常用的微波频率为 2450MHz。微波萃取是指在提取药物有效成分的过程中加入微波场，利用物质吸收微波能力的差异使基体物质的某些区域或萃取体系中的某些组分被选择性加热，从而使被萃取物质从基体或体系中分离出来，进入到介电常数较小、微波吸收能力相对较差的萃取剂中。

微波萃取的机理可从三个方面来分析。①微波辐射过程是高频电磁波穿透萃取介质到达物料内部的维管束和细胞系统的过程。由于吸收了微波能，细胞内部的温度将迅速上升，从而使细胞内部的压力超过细胞壁膨胀所能承受的能力，结果细胞破裂，其内的有效成分自由流出，并在较低的温度下溶解于萃取介质中。通过进一步的过滤和分离，即可获得所需的萃取物。②微波所产生的电磁场，可加速被萃取组分的分子由固体内部向固液界面扩散的速率。例如，以水作溶剂时，在微波场的作用下，水分子由高速转动状态转变为激发态，这是一种高能量的不稳定状态。此时水分子或者汽化，以加强萃取组分的驱动力；或者释放出自身多余的能量回到基态，所释放出的能量将传递给其他物质的分子，以加速其热运动，从而缩短萃取组分的分子由固体内部扩散至固液界面的时间，结果使萃取速率提高数倍，并能降低萃取温度，最大限度地保证萃取物的质量。③微波作用于分子时，可促进分子的转动运动。若分子具有一定的极性，即可在微波场的作用下产生瞬时极化，并以 24.5 亿次/秒的速度作极性变换运动，从而产生键的振动、撕裂和粒子间的摩擦和碰撞，并迅速生成大量的热能，促使细胞破裂，使细胞液溢出并扩散至溶剂中。

综上所述，微波能是一种能量形式，它在传输过程中可对许多由极性分子组成的物质产生作用，使其中的极性分子产生瞬时极化，并迅速生成大量的热能，导致细胞破裂，其中的细胞液溢出并扩散至溶剂中。就原理而言，传统的溶剂提取法，如浸渍法、渗漉法、回流法等，均可加入微波进行辅助提取，使之成为高效的提取方法。

四、提取过程的主要工艺参数

提取过程的主要工艺参数有药材的粒度、温度、压力、时间、浓度差、固液两相的相对运动速度以及提取剂的用量和提取次数等。

1. 药材的粒度

药材的粒度越小，比表面积就越大，相应的传质表面积也越大，提取速率就越快。但实际生产中药材的粒度不宜过小，否则会增大提取液与药渣的分离难度。对于植物性药材，粉碎过细还会使大量细胞破裂，细胞内的大量不溶物及较多的树脂、黏液质等将混入提取液中，导致产品质量下降。

适宜的粒度取决于提取剂及药材的种类和性质。例如，以水为提取剂时，药材易膨胀，其粒度可大一些，或切成薄片和小段；以乙醇为提取剂时，药材的膨胀作用小，可采用 5～20 目的粗粉；叶、花、草等疏松药材宜采用粗粉；根、茎、皮等坚硬药材，宜采用细粉；动物性药材宜采用较小的粒度，这样可使细胞结构破坏得更加完全，有效成分也就更容易地提取出来。

2. 温度

一般情况下，溶质在提取剂中的溶解度随温度的升高而增大，同时扩散系数亦随温度的升高而增大，因此，适当升高温度可提高提取速率和产品收率。但随着提取温度的升高，杂质的数量亦随之增加，从而引起产品质量的下降。此外，过高的温度还可能引起热敏性组分的分解破坏，并使易挥发组分的损失增大。实际生产中，一般宜将温度控制在提取剂的沸点以下进行提取。

3. 压力

药材组织坚实紧密，提高压力可加快润湿与渗透速度，使药材组织内更快地充满提取剂，并形成浓溶液，从而缩短开始发生溶质扩散过程所需的时间。但当药材组织内充满提取剂后，增大压力对扩散速度的影响甚微。此外，对组织松软、易于润湿和渗透的药材，压力对提取过程的影响并不显著。

4. 时间

当条件一定时，提取时间越长，产品的收率就越高。但当提取过程达到动态平衡后，再延长时间收率也不会增加，相反杂质量会增加，导致产品质量下降。

5. 浓度差

浓度差是指药材内部毛细孔内的浓溶液与其外部溶液主体的浓度差，它是提取过程的传质推动力。浓度差越大，提取速率就越快。因此，适当增大浓度差，可缩短提取时间，提高提取效率。实际生产中，常采用增大液固比、增加提取次数、采用逆流提取等方法来增大浓度差。研究表明，逆流提取的平均浓度差和提取效率一般要高于一次提取，故生产中常采用逆流提取。

6. 固液两相的相对运动速度

提高固液两相的相对运动速度，可增强固液两相间的摩擦，从而可减薄扩散边界层的厚度，加速提取过程。例如，采用浸渍法提取时，增设或强化搅拌可加速提取过程。

7. 提取剂用量和提取次数

提取剂用量对提取效果有着直接的影响。在特定的操作条件下，增加提取剂用量，可加速提取过程，减少提取次数。但增加提取剂用量将使提取液变稀，使回收溶质和提取剂的成本增加。

当提取剂用量一定时，增加提取次数可提高提取收率。但首次提取时的用量应不少于润湿和溶解药材所需的最少量。

针对不同种类的药材和提取剂，适宜的提取剂用量和提取次数可通过实验和经济衡算来确定。

五、提取设备

提取设备的种类很多，特点各异。按操作方式的不同，提取设备可分为间歇式、半连续式和连续式三大类。

1. 多功能提取罐

多功能提取罐是一种典型的间歇式提取设备，其结构如图 10-23 所示。多功能提取罐的罐体一般由不锈钢材料制造，罐外常设有夹套，其内可通入水蒸气或冷却水，罐底则是一个由气动装置控制启闭的活动底。操作时，药材由提取罐顶部的快开式加料口加入，提取液经活动底上的滤板过滤后排出，残渣则可通过打开活动底而排出。为防止药渣在罐内胀实，或因架桥而难以排出，罐内还设有可借气动装置提升的带有料叉的轴。

多功能提取罐具有提取效率高、操作方便、能耗较少等优点，其用途非常广泛，如用于水提、醇提、热回流提取、循环提取、水蒸气蒸馏提取挥发油以及回收有机溶剂等。

2. 搅拌式提取器

此类提取器分为卧式和立式两大类，其中立式搅拌式提取器如图 10-24 所示。操作时，将加工成一定形状和尺寸的药材与提取剂一起加入提取器内，在搅拌的情况下提取一定的时间，提取液则由器底部出口排出。

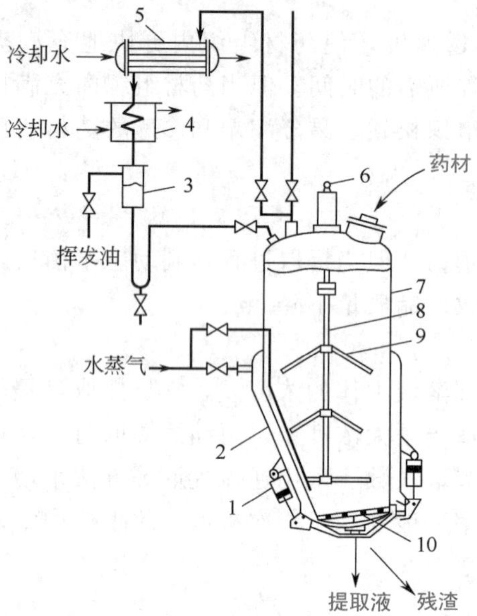

图 10-23 多功能提取罐的结构与生产工艺

1—下气动装置；2—夹套；3—油水分离器；4—冷却器；5—冷凝器；6—上气动装置；7—罐体；8—上下移动轴；9—料叉；10—带筛板的活动底

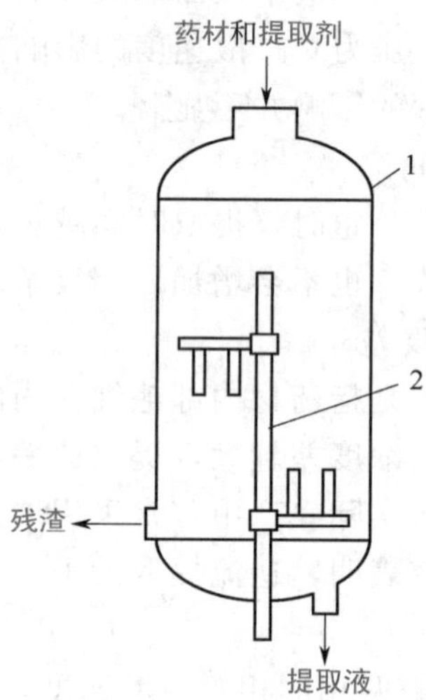

图 10-24 立式搅拌式提取器

1—器体；2—搅拌器

搅拌式提取器结构简单，既可间歇操作，又可半连续操作，常用于植物籽的提取。缺点是提取率和提取液的浓度均较低，一般不适用于贵重或有效成分含量较低的药材的提取。

3. 渗漉提取设备

渗漉提取的主要设备为渗漉筒或罐，可用玻璃、搪瓷、陶瓷、不锈钢等材料制造。渗漉筒的筒体主要有圆柱形和圆锥形两种，其结构如图 10-25 所示。一般情况下，膨胀性较小的药材多采用圆柱形渗漉筒。对于膨胀性较强的药材，则宜采用圆锥形，这是因为圆锥形渗漉筒的倾斜筒壁能很好地适应药材膨胀时的体积变化。此外，确定渗漉筒的适宜形状还应考虑提取剂的因素。由于以水或水溶液为提取剂时易使药粉膨胀，故宜选用圆锥形；而以有机溶剂为提取剂时则可选用圆柱形。

为增加提取剂与药材的接触时间，改善提取效果，渗漉筒可采用较大的高径比。当渗漉筒的高度较大时，渗漉筒下部的药材可能被其上部的药材及提取液压实，致使渗漉过程难以进行。为此，可在渗漉筒内设置若干块支承筛板，从而可避免下部床层被压实。

大规模渗漉提取多采用渗漉罐，图 10-26 是采用渗漉罐的提取过程示意。渗漉提取结束时，可向渗漉罐的夹套内通入饱和水蒸气，使残留于药渣内的提取剂汽化，汽化后的蒸汽经冷凝器冷凝后收集于回收罐中。

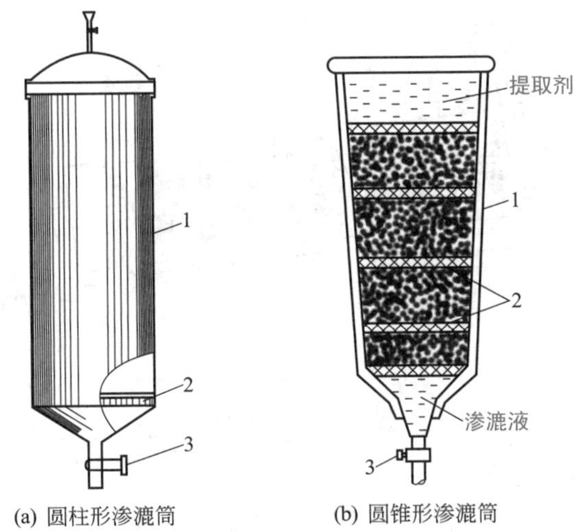

图 10-25　渗漉筒

1—渗漉筒；2—筛板；3—出口阀

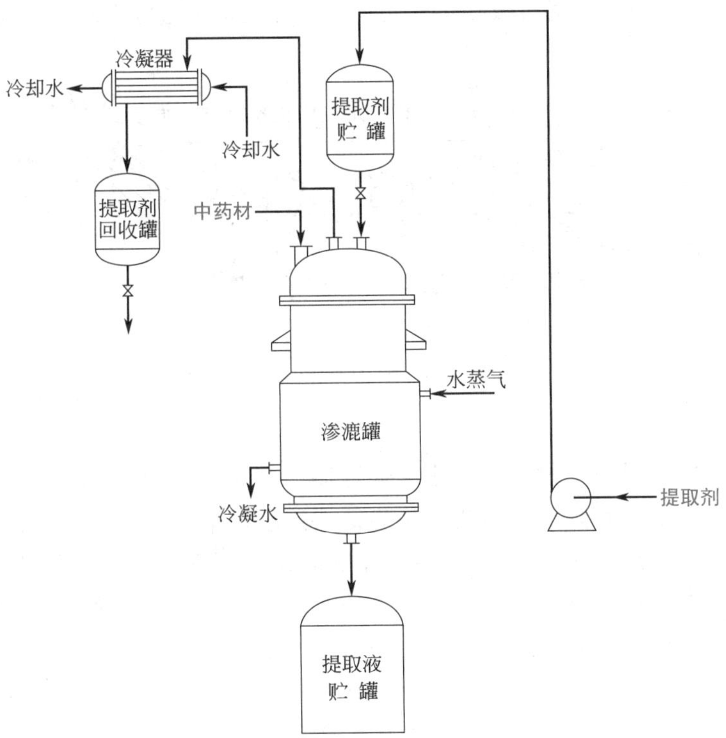

图 10-26　采用渗漉罐的提取工艺流程

4. 螺旋推进式提取器

螺旋推进式提取器是一种浸渍式连续逆流提取器，其结构如图 10-27 所示。提取器的上盖可以打开，下部设有夹套，其内可通入水蒸气进行加热。若采用煎煮法，则二次蒸汽由上部排气口排出。提取器以一定的角度倾斜安装，以便于液体的流动。提取器内的推进器可以做成多孔螺旋板式，螺旋的头数可以是单头的，也可以是多头的。若将螺旋板改成桨叶，则称为旋桨式提取器。

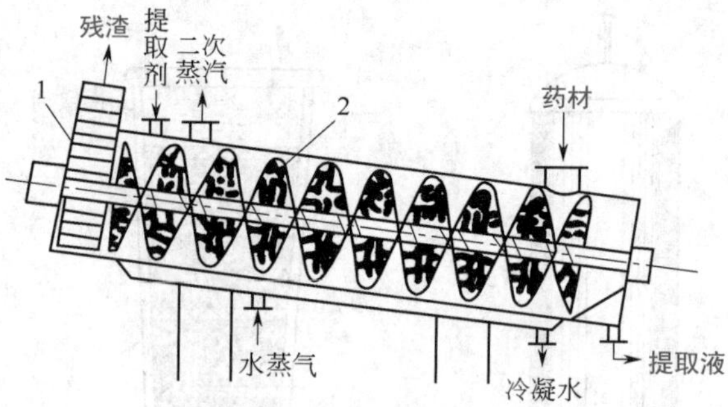

图 10-27 螺旋推进式提取器

1—出渣装置；2—螺旋板

5. 肯尼迪式连续逆流提取器

肯尼迪式连续逆流提取器是一种浸渍式连续逆流提取器，其结构如图 10-28 所示。此类提取器是由若干个提取槽水平或倾斜排列而成，每个提取槽的断面均为半圆形，槽内设有带叶片的桨。工作时，旋转的桨叶带动药材沿槽的排列方向顺序流动，提取剂则沿反向与药材成逆流流动。此类提取器的特点是可通过改变桨的转速和叶片数量来适应不同品种药材的提取。

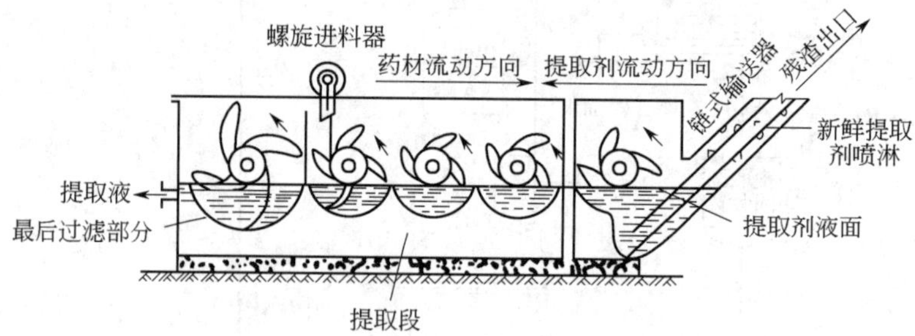

图 10-28 肯尼迪式连续逆流提取器

6. 波尔曼式连续提取器

波尔曼式连续提取器是一种渗漉式连续提取器，其结构如图 10-29 所示。此类提取器内有许多悬挂于无端链子上的篮子，因此又称为篮式连续提取器。篮子的底由多孔板或钢丝网制成。当链轮转动时，链子带动篮子按顺时针方向循环回转，一般情况下，每小时约转一圈。工作时，料斗内的药材由半浓液冲入右侧的篮内。当篮子自上而下回转时，半浓液与篮内的药材并流接触，提取液流入全浓液槽，并由管道引出。当篮子回转至左侧自下而上的运动状态时，由高位槽喷出的新鲜提取剂与篮内的药材逆流接触，提取液流入半浓液槽，再由循环泵输送至半浓液高位槽。篮内的药材到达提取器左上方后，经片刻时间的淋干，随即自动翻转，残渣被倒入残渣槽，并由桨式输送器送走。

此类提取器的生产能力一般较大，但由于提取剂与药材在设备内只能部分逆流，且存在沟流现象，因而效率较低。

7. 平转式连续提取器

平转式连续提取器也是一种渗漉式连续提取器，其工作原理如图 10-30 所示。此类提取器是在一圆形容器内间隔安装 12 个扇形料格，每个扇形料格的活底打开后，可将物料卸至器底的出渣器上排走。工作时，传动装置带动扇形料斗沿顺时针方向转动。提取剂由第 1、

2 格进入，其提取液流入第 1、2 格下的贮液槽，然后由泵送入第 3 格，如此直至第 8 格，最终提取液由第 8 格引出。药材由第 9 格加入，并用少量的最终提取液润湿，其提取液与第 8 格的提取液汇集后排出。当扇形料格将药材带至第 11 格时，其下的活底打开，将残渣排出。第 12 格为淋干格，其上不喷淋提取剂。

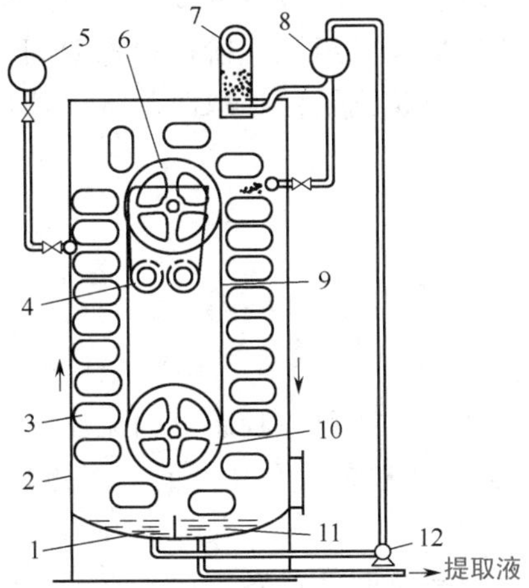

图 10-29　波尔曼式连续浸取器

1—半浓液槽；2—壳体；3—篮子；4—桨式输送器；5—提取剂高位槽；6—残渣槽；7—药材料斗；8—半浓液高位槽；9—链条；10—链轮；11—全浓液槽；12—循环泵

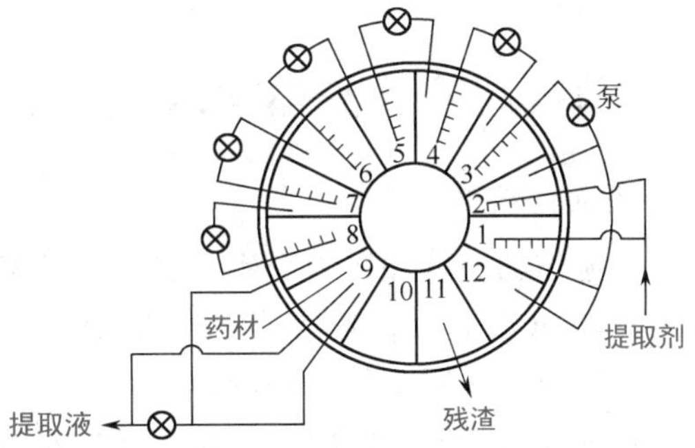

图 10-30　平转式连续浸取器的工作原理

平转式连续提取器具有结构简单紧凑、生产能力大等优点，广泛应用于麻黄素、莨菪等植物性药材的提取。

8. 罐组式逆流提取机组

图 10-31 是具有 6 个提取单元的罐组式逆流提取过程的工作原理示意。操作时，新鲜提取剂首先进入 A 单元，然后依次流过 B、C、D 和 E 单元，并由 E 单元排出提取液。在此过程中，E 单元进行出渣、投料等操作。由于 A 单元接触的是新鲜提取剂，因而该单元中的药材被提取得最为充分。经过一定时间的提取后，使新鲜提取剂首先进入 B 单元，然后依次

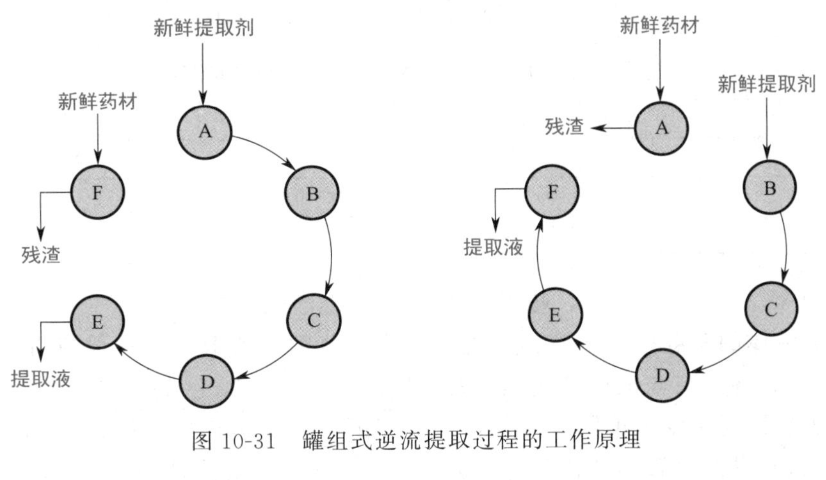

图 10-31　罐组式逆流提取过程的工作原理

流过 C、D、E 和 F 单元，并由 F 单元排出提取液。在此过程中，A 单元进行出渣、投料等操作。随后再使新鲜提取剂首先进入 C 单元，即开始下一个提取循环。由于提取剂要依次流过 5 个提取单元中的药粉层，因而最终提取液的浓度很高。显然，罐组式逆流提取过程实际上是一种半连续提取过程，又称为阶段连续逆流提取过程。

实际生产中，通过管道、阀门等将若干组提取单元以图 10-31 所示的方式组合在一起，即成为罐组式逆流提取机组。操作中可通过调节或改变提取单元组数、阶段提取时间、提取温度、溶剂用量、循环速度以及颗粒形状、尺寸等参数，以达到缩短提取时间、降低提取剂用量并最大限度地提取出药材中的有效成分的目的。

第三节 超临界流体萃取

一、超临界流体

当流体的温度和压力分别超过其临界温度和临界压力时，则称该状态下的流体为超临界流体，以 SCF 表示。若某种气体的温度超过其临界温度，则无论压力多大也不能使其液化，故超临界流体不同于气体和液体。

超临界流体所处的状态可用流体的温度与压力关系图来说明。如图 10-32 所示，当流体所处的状态位于阴影区域时即成为超临界流体。超临界流体分别具有气体和液体的某些性质，表 10-2 分别给出了超临界流体与气体和液体的某些性质。

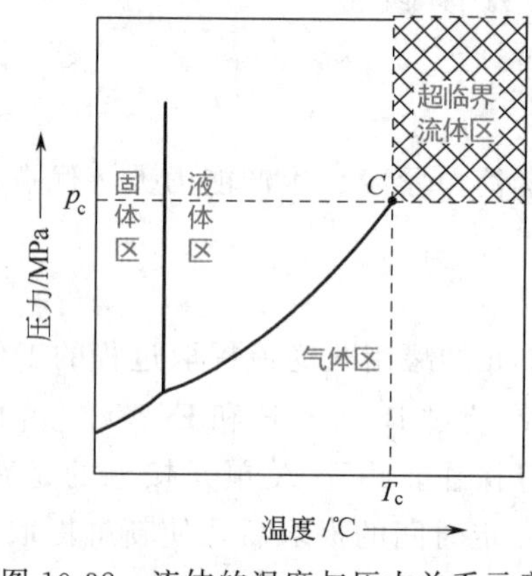

图 10-32 流体的温度与压力关系示意

表 10-2 超临界流体与气体和液体的某些性质

流体	密度/(kg·m^{-3})	黏度/(Pa·s)	扩散系数/(m^2·s^{-1})
气体(15～30℃)	0.6～2	$(1～3)\times10^{-5}$	$(0.1～0.4)\times10^{-4}$
超临界流体	$(0.4～0.9)\times10^{3}$	$(3～9)\times10^{-5}$	0.2×10^{-7}
有机溶剂(液态)	$(0.6～1.6)\times10^{3}$	$(0.2～3)\times10^{-3}$	$(0.2～2)\times10^{-13}$

结合图 10-32 和表 10-2 可知，超临界流体具有以下特点。

① 超临界流体的密度接近于液体。由于溶质在溶剂中的溶解度一般与溶剂的密度成正比，因此超临界流体具有与液体溶剂相当的萃取能力。

② 超临界流体的黏度和扩散系数与气体的相近，因此超临界流体具有气体的低黏度和高渗透能力，故在萃取过程中的传质能力远大于液体溶剂的传质能力。

③ 当流体接近于临界点时，汽化潜热将急剧下降。当流体处于临界点时，可实现气液两相的连续过渡。此时，两相的界面消失，汽化潜热为零。由于超临界萃取在临界点附近操作，因而有利于传热和节能。

④ 在临界点附近，流体温度和压力的微小变化将引起流体溶解能力的显著变化，这是超临界流体萃取工艺的设计基础。

二、超临界流体萃取原理

超临界流体萃取是利用超临界流体的特殊性能进行萃取的一种新型分离技术。现以超临界 CO_2 流体的萃取过程为例，简要介绍超临界流体萃取的基本原理。

如图 10-33 所示，将被萃取原料装入萃取釜，CO_2 气体经换热器冷凝成液体，用加压泵提升至工艺过程所需的压力（高于 CO_2 的临界压力），同时调节温度，使其成为超临界 CO_2 流体。CO_2 流体作为萃取剂由萃取釜底部进入，与被萃取物料充分接触，选择性地溶解出所需的组分。含萃取物的高压 CO_2 流体经节流阀降压至低于 CO_2 的临界压力，然后进入分离釜。在分离釜内，由于压力下降而使 CO_2 的溶解度急剧下降，从而析出被萃取组分，并自动分离成溶质和 CO_2 气体。前者即为产品，后者经换热器冷凝成 CO_2 液体后循环使用。

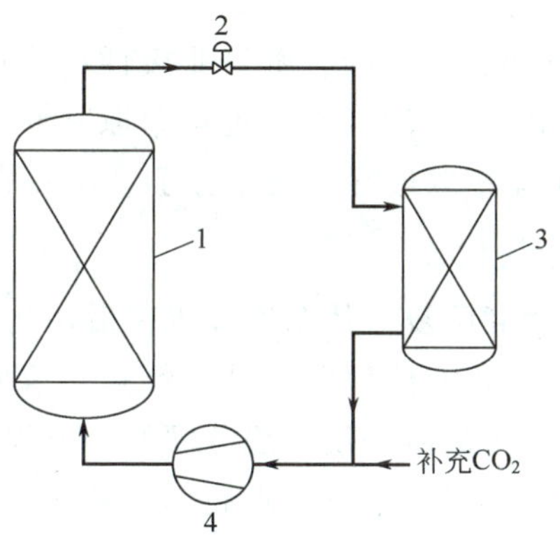

图 10-33　超临界 CO_2 流体萃取示意

1—萃取釜；2—节流阀；3—分离釜；4—加压泵

10-05　超临界萃取技术的出现

三、超临界萃取剂

按极性的不同，超临界萃取剂可分为极性和非极性两大类。二氧化碳、乙烷、丙烷、丁烷、戊烷、环己烷、苯、甲苯等均可用作非极性超临界萃取剂，氨、水、丙酮、甲醇、乙醇、异丙醇、丁醇等均可用作极性超临界萃取剂。在各种萃取剂中，以非极性的 CO_2 最为常用，这是由超临界 CO_2 所具有的特点所决定的。

1. 溶质在超临界 CO_2 中的溶解性能

许多非极性和弱极性溶质均能溶于超临界 CO_2，如碳原子数小于 12 的正烷烃、小于 10 的正构烯烃、小于 6 的低碳醇、小于 10 的低碳脂肪酸均能与超临界 CO_2 以任意比例互溶。而相对分子质量超过 500 的高分子化合物几乎不溶于超临界 CO_2。

高碳化合物可部分溶解于超临界 CO_2，且溶解度随碳原子数的增加而下降。

强极性化合物和无机盐难溶于超临界 CO_2，如乙二醇、多酚、糖类、淀粉、氨基酸和蛋白质等几乎不溶于超临界 CO_2。

对极性较强的溶质，超临界 CO_2 的溶解能力较差。有时，为提高超临界 CO_2 对溶质的溶解度和选择性，可适量加入另一种合适的极性或非极性溶剂，这种溶剂称为夹带剂。加入夹带剂的目的，一是提高被分离组分在超临界 CO_2 中的溶解度，二是提高超临界 CO_2 对被分离组分的选择性。

2. 超临界 CO_2 的特点

CO_2 的临界温度为 31.1℃，该温度接近于室温，因此以超临界 CO_2 为萃取剂可避免常规提取过程中可能产生的氧化、分解等现象，从而可保持药物成分的原有特性，这对热敏性或易氧化药物成分的提取是十分有利的。

CO_2 的临界压力为 7.38MPa，属于中压范围。就目前的技术水平而言，该压力范围在工业上比较容易实现。

超临界 CO_2 具有极高的扩散系数和较强的溶解能力，因而有利于快速萃取和分离。

超临界 CO_2 萃取的产品纯度较高，控制适宜的温度、压力或使用夹带剂，可获得高纯度的提取物，因而特别适用于中药有效成分的提取浓缩。

CO_2 的化学性质稳定，并具有抗氧化灭菌作用以及无毒、无味、无色、不腐蚀、无污染、无溶剂残留、价格便宜、易于回收和精制等优点，这对保证和提高天然产品的品质是十分有利的。

超临界 CO_2 易于萃取挥发油、烃、酯、醚等非极性物质；使用适量的水、乙醇、丙酮等极性溶剂作为夹带剂，以提高 CO_2 的极性，也可萃取某些内酯、生物碱、黄酮等极性不太强的物质。但超临界 CO_2 不能萃取极性较强或分子量较大的物质。

四、超临界流体萃取药物成分的优点

与传统分离方法相比，利用超临界流体萃取技术提取药物成分具有许多独特的优点。

① 超临界流体萃取兼有精馏和液液萃取的某些特点。溶质的蒸气压、极性及分子量的大小均能影响溶质在超临界流体中的溶解度，组分间的分离程度由组分间的挥发度和分子间的亲和力共同决定。一般情况下，组分是按沸点高低的顺序先后被萃取出来；非极性的超临界 CO_2 流体仅对非极性和弱极性物质具有较高的萃取能力。

② 超临界萃取在临界点附近操作，因而特别有利于传热和节能，这是因为当流体接近于临界点时，汽化潜热将急剧下降。在临界点处，可实现气液两相的连续过渡。此时，气液两相界面消失，汽化潜热为零。

③ 超临界流体的萃取能力取决于流体密度，因而可方便地通过调节温度和压力来加以控制，这对保证提取物的质量稳定是非常有利的。

④ 超临界萃取所用的萃取剂可循环使用，其分离与回收方法远比精馏和液液萃取简单，因而可大幅降低能耗和溶剂消耗。实际操作中，常采用等温减压或等压升温的方法，将溶质与萃取剂分离开来。

⑤ 当用煎煮、浓缩、干燥等传统方法提取中药有效成分时，一些活性组分可能会因高温作用而破坏。而超临界流体萃取过程可在较低的温度下进行，如以 CO_2 为萃取剂的超临界萃取过程可在接近于室温的条件下进行，因而特别适合于对湿、热不稳定或易氧化物质的中药有效成分的提取，且无溶剂残留。

超临界流体萃取技术用于中药有效成分的提取也存在一些局限性。例如，对于极性较大、分子量超过 500 的物质的萃取，需使用夹带剂或提高过程的操作压力，这就需要选择适宜的夹带剂或提高设备的耐压等级。又如，超临界萃取装置存在一个转产问题，更换产品时，为防止交叉污染，装置的清洗非常重要，但比较困难。再如，萃取原料多为固体（制成片状或粒状等），其装卸方式是间歇式的。此外。药材中的成分往往非常复杂，类似化合物较多，因此单独采用超临界流体萃取技术往往不能满足产品的纯度要求，此时需与其他分离技术，如色谱、精馏等分离技术联用。

五、超临界 CO_2 萃取装置

目前，超临界 CO_2 萃取装置已实现系列化。按萃取釜的容积不同，试验装置有 50mL、100mL、250mL 和 500mL 等；小型装置有 4L、10L、20L 和 50L 等；中型装置有 100L、200L、300L 和 500L 等；大型装置有 $1.2m^3$、$6.5m^3$ 和 $10m^3$ 等。

由于萃取过程在高压下进行，因此对设备及整个管路系统的耐压性能有较高的要求。如前所述，超临界 CO_2 流体萃取装置主要由升压装置（压缩机或高压泵）、萃取釜、分离釜和换热器等组成。

1. CO_2 升压装置

超临界 CO_2 流体萃取系统的升压装置可采用压缩机或高压泵。采用压缩机的流程和设备均比较简单，经分离后的 CO_2 流体不需冷凝成液体即可直接加压循环，且可采用较低的分离压力以使解析过程更为完全。但压缩机的体积和噪声较大、维修比较困难、输送流量较小，因而不能满足工业规模生产时对大流量 CO_2 的需求。目前，仅在一些实验规模的超临界 CO_2 流体萃取装置上使用压缩机来升压。采用高压泵的流程具有噪声小、能耗低、输送流量大、操作稳定可靠等优点，但进泵前 CO_2 流体需经冷凝系统冷凝为液体。考虑到萃取过程的经济性以及装置运行的效率和可靠性等因素，目前国内外中型以上的超临界 CO_2 流体萃取装置，其升压装置一般都采用高压泵，以适应工业规模的装置需有较大的流量以及能够在较高压力下长时间连续运行的要求。

CO_2 高压泵是超临界 CO_2 流体萃取装置的"心脏"，是整套装置中主要的高压运动部件，它能否正常运行对整套装置的影响是不言而喻的。但不幸的是它恰恰是整套装置中最容易发生故障的地方。出现此问题的根本原因是泵的工作介质在性能上的特殊性。水的黏度较大且可在泵的柱塞和密封填料之间起润滑作用，因此高压水泵的问题比较容易解决。而超临界 CO_2 流体的性质不同于普通液体的性质。如前所述，超临界 CO_2 流体具有易挥发、低黏度、渗透力强等特点，这些特点是 CO_2 作为溶剂的突出优点，但在超临界 CO_2 流体的输送过程中却会因此而产生很多麻烦。由于高压柱塞泵是依靠柱塞的往复运动来输送超临界 CO_2 流体的，当柱塞暴露于 CO_2 气体的瞬间，其表面的 CO_2 会迅速挥发，使柱塞杆边干涩而失去润滑作用，从而加剧柱塞杆与密封填料之间的磨损，导致密封性能丧失、密封填料剥落堵塞 CO_2 高压泵的单向阀等。很多泵在使用 2～3 天或一个星期左右即需更换柱塞密封填料，频繁的更换会严重影响科研和生产的正常进行。因此，对于输送 CO_2 的高压泵，应解决好柱塞杆与密封填料之间的润滑问题，并强化柱塞杆表面的耐磨性。实践表明，若能较好地解决上述问题，输送 CO_2 的高压泵可维持较长的连续运行时间（半年以上）而不需检修。

目前，输送 CO_2 的高压泵可采用双柱塞、双柱塞调频和三柱塞等类型，其工作压力可达 50MPa 以上。在 50MPa 的工作压力下，双柱塞泵的工作流量可达 $20L \cdot h^{-1}$，双柱塞调频泵的工作流量可达 $50L \cdot h^{-1}$，三柱塞泵的工作流量可达 $400L \cdot h^{-1}$。

2. 萃取釜

萃取釜是超临界 CO_2 流体萃取装置的主要部件，它必须满足耐高压、耐腐蚀、密封可

靠、操作安全等要求。萃取釜的设计应根据原料的性质、萃取要求和处理量等因素来决定萃取釜的形状、装卸方式和设备结构等。目前大多数萃取釜是间歇式的静态装置，进出固体物料时需打开顶盖。为提高操作效率，生产中常采用 2 个或 3 个萃取釜交替操作和装卸的半连续操作方式。

为便于装卸，通常将物料先装入一个吊篮，然后再将吊篮置于萃取釜中。吊篮的上、下部位均设有过滤板，其作用是防止 CO_2 流体通过时带走物料。吊篮的外部设有密封机构，其作用是确保 CO_2 流体流经物料而不会从吊篮与萃取釜之间的间隙穿过，即防止 CO_2 流体产生短路。对于装填量极大且基本上为粉尘的物料，则可采用从萃取釜上端装料下端卸料的两端釜盖快开设计。

习 题

本章目标检测题

1. 25℃时，以水为萃取剂(S)，从乙酸(A)与三氯甲烷(B)的混合液中提取乙酸，平衡数据如表 10-1（见例 10-1）所示。试确定：①在等腰直角三角形相图上绘出辅助曲线和溶解度曲线，并在直角坐标系中绘出分配曲线；②由 20kg 乙酸、80kg 三氯甲烷和 100kg 水所组成的混合液在相图上的坐标位置，并确定该混合液达到平衡时的两相组成和质量；③上述两相液层的分配系数和选择性系数。（图略；图略，$x_A=2\%$，$x_B=96.6\%$，$x_S=1.4\%$，$y_A=17.7\%$，$y_B=0.5\%$，$y_S=81.8\%$，R 相 119kg，E 相 81kg；$k_A=8.85$，$k_B=0.0052$，$\beta=1701$）

2. 对于上题中的物系，拟在单级萃取装置中用水萃取混合液中的乙酸。已知原料液的流量为 $100kg \cdot h^{-1}$，乙酸的含量为 20%（质量分数），试计算获得最大浓度的萃取液时的萃取剂用量。($85kg \cdot h^{-1}$)

思 考 题

1. 简述液体混合物在什么情况下采用萃取分离而不用精馏分离。
2. 简述萃取剂的选择性及其在液液萃取中的意义。
3. 简述固液提取过程的阶段划分。
4. 药材的常用提取方法有哪些？
5. 结合图 10-23，简述多功能提取罐的结构和特点。
6. 结合图 10-30，简述平转式连续提取器的工作原理
7. 结合图 10-31，简述罐组式逆流提取机组的工作原理。
8. 简述超临界流体及其特点。为什么超临界流体萃取常采用 CO_2 作为萃取剂？
9. 简述超临界流体萃取的基本原理。
10. 简述超临界流体萃取药物成分的优点。

第十一章 干燥

学习要求

1. 掌握：湿空气的性质及其计算，物料含水量的表示方法，湿物料中水分的性质，干燥过程的物料衡算和热量衡算，恒定干燥条件下的干燥曲线与干燥速率曲线，干燥器的选型。

2. 熟悉：对流干燥流程，对流干燥过程中的传热和传质，对流干燥过程进行的条件，湿度图及其应用，典型干燥设备的结构和特点。

3. 了解：去湿方法，干燥的分类，恒定干燥条件下的干燥时间。

本章课件

第一节 概述

一、去湿方法

在制药化工生产中，固体原料、中间体和成品中所含有的水分或其他溶剂，称为湿分。将固体物料中所含的湿分去除的操作，称为去湿。含较多湿分（规定含量以上）的固体物料，称为湿物料，而去湿后含有少量湿分（规定含量以下）的固体物料，称为干物料，完全不含湿分的固体物料，称为绝干物料。

若固体物料中含有过多的湿分，可能会造成一系列不良影响。例如，含湿分较多的固体物料不便于运输和计量；抗生素中的含水量太高（如红霉素＞4%）会降低使用寿命；合成药物中的含水量过多（如地西泮＞0.5%）有利于微生物繁衍，可能造成霉变。又如，在片剂生产中，含水量偏高的固体物料，压片时易黏模；在胶囊剂生产中，含水量较高的固体物料在料仓中的流动性极差，填入胶囊时常会引起剂量的显著差异。因此，各国药典中均规定一些药品的含水量标准，凡生产这些药品，其含水量必须低于标准含水量。所以，许多药品在生产过程中都需要进行去湿操作。

去湿的方法很多，常用的有机械法、化学法和热能法。

1. 机械法

机械法是利用固体与湿分之间的密度差，借助于重力、离心力或压力等外力的作用，使固体与液体（湿分）之间产生相对运动，从而达到固液分离的目的。过滤、压榨、沉降、离心分离等都是常用的机械去湿法。

机械法的特点是设备简单、能耗较低，但去湿后物料的湿含量往往达不到规定的标准。因此，该法常用于湿物料的初步去湿或溶剂不需要完全除尽的场合。

2. 化学法

化学法是利用吸湿性很强的物料，即干燥剂或吸附剂，如生石灰、浓硫酸、无水氯化钙、硅胶、分子筛等吸附物料中的湿分而达到去湿的目的。

化学法的特点是去湿后物料中的湿含量一般可达到规定的要求，但干燥剂或吸附剂的再生比较困难，应用于工业生产时的操作费用较高，且操作复杂，故该法一般适用于小批量物料的去湿，如实验室中用于去除液体或气体中的水分等。

3. 热能法

热能法又称为干燥法，它是借助于热能使湿物料中的湿分汽化为蒸气，再借助于抽吸或气流将蒸气移走而达到去湿的目的。

一般情况下，干燥法的操作费用比机械法的高，但比化学法的低，且物料的最终含水量也能达到规定的要求。因此，为使去湿过程更为经济有效，常采用机械法与热能法相组合的联合操作，即先采用机械法去除物料中的大部分湿分，然后再用干燥法达标。

二、干燥的分类

在制药化工生产中，被干燥物料的形状（块状、粒状、溶液、浆糊状等）和性质（黏性、含水量、分散性、酸碱性、耐热性、防爆性等）差异很大，再加上生产规模及对产品质量要求（湿含量、形状、强度及粒度等）的不同，因此干燥过程的种类很多，但可按一定的方式进行分类。

1. 按操作压力分类

按操作压力的不同，干燥可分为常压干燥和真空干燥两种。真空干燥具有操作温度低、干燥速率快、热效率高等优点，适用于热敏性、易氧化以及要求最终含水量极低的物料的干燥。

2. 按操作方式分类

按操作方式的不同，干燥可分为连续式和间歇式两种。连续式具有生产能力大、热效率高、产品质量均匀、劳动条件好等优点，缺点是适应性较差。而间歇式具有投资少、操作控制方便、适应性强等优点，缺点是生产能力小，干燥时间长，产品质量不均匀，劳动条件差。由于药品生产具有小批量、多品种、更新快等特点，因此，药品的干燥通常采用间歇式。

3. 按传热方式分类

按热能传给湿物料的方式不同，干燥可分为传导干燥、对流干燥、辐射干燥和介电干燥四种。

（1）传导干燥　热量通过金属壁面以热传导方式传递给湿物料，湿物料中的湿分吸收热量后汽化，产生的蒸气被抽走，如图 11-1 所示。该法的热效率较高，可达 70%～80%，但物料与金属壁面接触处常因过热而焦化，造成变质。

（2）对流干燥　载热体（热空气、烟道气等）将热量以对流传热方式传递给予其直接接触的湿物料，物料中的湿分吸收热量后汽化为蒸气并扩散至载热体中被带走，如图 11-2 所示。在对流干燥过程中，热空气既起着载热体的作用，又起着载湿体的作用，通常称为干燥介质。由于热空气的温度易于调节，因此物料不易过热，但干燥后干燥介质带走大量的热量，故热效率较低，一般仅为 30%～50%。

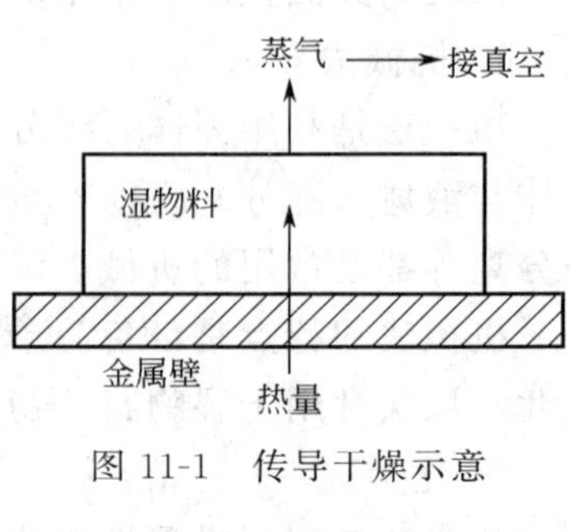

图 11-1　传导干燥示意

（3）辐射干燥　当辐射器发射的电磁波传播至湿物料表面时，有部分被反射和透过，其余的被湿物料吸收并转换为热能而使湿分汽化，产生的蒸气被抽走，如图 11-3 所示。

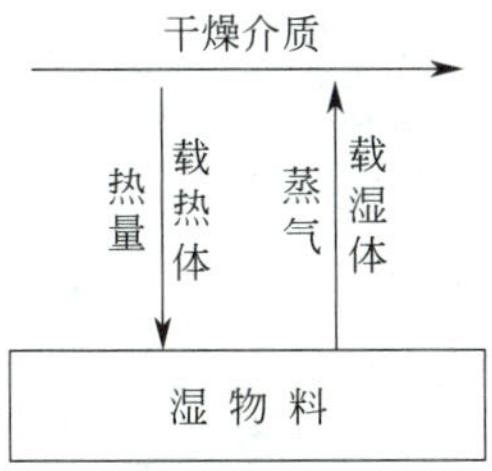

图 11-2　对流干燥示意

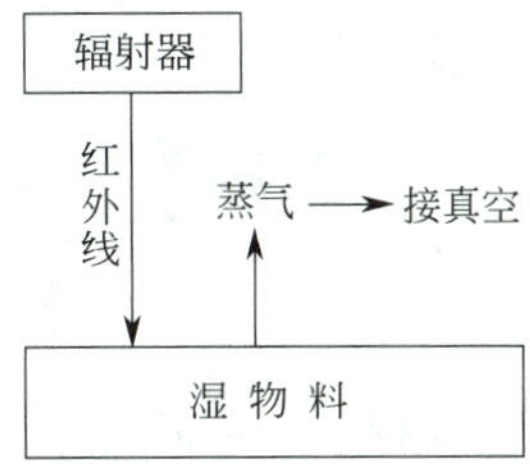

图 11-3　辐射干燥示意

辐射器发射的电磁波通常为红外线。波长为 0.72～2.5μm 的红外线称为近红外线，波长为 2.5～1000μm 的红外线称为远红外线。在辐射干燥过程中，电磁波将能量直接传递给湿物料，因而不需要干燥介质，从而可避免空气带走大量的热量，故热效率较高。此外，辐射干燥还具有干燥速率快、产品均匀清净、设备紧凑、使用灵活等特点，常用于表面积较大而厚度较薄的物料的干燥。

11-01　远红外辐射干燥

以上三种干燥方法存在一个共同点，即热量均由湿物料表面向内部传递，湿分均由湿物料内部向表面传递，传热与传质的方向正好相反。由于物料的表面温度较高，故物料表面的湿分将首先汽化，并在物料表面形成蒸气层，使传热和传质阻力增大，所以干燥时间较长。

（4）介电干燥　介电干燥又称为高频干燥。将被干燥物料置于高频电场内，在高频电场的交变作用下，物料内部的极性分子的运动振幅将增大，其振动能量使物料发热，从而使湿分汽化而达到干燥的目的。

一般情况下，物料内部的湿含量比表面的高，而水的介电常数比固体的介电常数大，因此，物料内部的吸热量较多，从而使物料内部的温度高于其表面温度。此时，传热与传质的方向一致，干燥速率较快。

通常将电场频率低于 300MHz 的介电加热称为高频加热，电场频率在 300MHz～300GHz 的介电加热称为超高频加热，又称为微波加热。由于设备投资大，能耗高，故大规模工业化生产应用较少。目前，介电加热常用于科研和日常生活中，如家用微波炉等。

上述四种干燥方法中，以对流干燥的应用最为广泛。多数情况下，对流干燥使用的干燥介质为空气，湿物料中被除去的湿分为水分。因此，本章主要讨论干燥介质为空气、湿分为水的常压对流干燥过程。

三、对流干燥流程

常见的对流干燥流程如图 11-4 所示。整个流程实际上是由流体输送（风机）、传热（预热器）和干燥（干燥器）三个典型的单元操作组合而成。干燥介质一般直接取自大气，称为新鲜空气或原空气。新鲜空气由风机输送至预热器预热至一定温度后，称为热空气。热空气进入干燥器后，与湿物料直接接触，热能便以对流传热的方式由热空气传递至湿物料表面，同时物料表面的水分升温汽化至空气中，并被空气带走。离开干燥器的空气，称为废气。离开干燥器的物料，称为干物料或干燥产品。在间歇干燥过程中，湿物料被成批加入干燥器，待干燥至规定的含水量后一次取出。而在连续干燥过程中，湿物料被连续加入和移出干燥器，热空气与湿物料在干燥器内的接触方式通常为逆流，也可以是并流或其他方式。

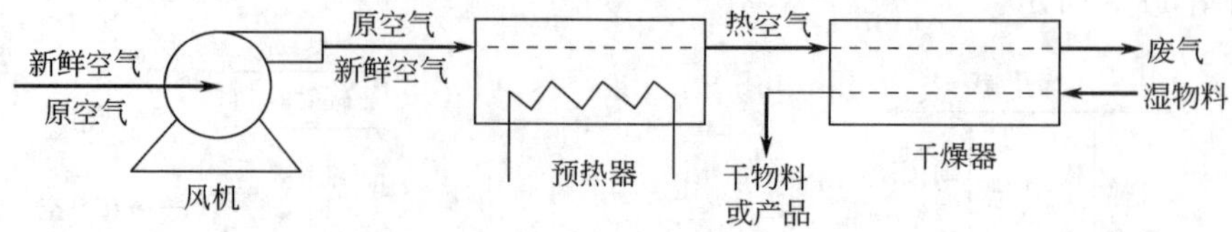

图 11-4 常压连续对流干燥流程示意

四、对流干燥过程

对流干燥过程是一个传热与传质相结合的复杂过程，图 11-5 是该过程的示意。图中 t 和 t_w 分别为热空气主体和湿物料表面的温度；p 和 p_w 分别为热空气主体和湿物料表面的水蒸气分压；Q 为热空气传递给湿物料的热量；W 为湿物料表面汽化的水分量。

1. 传热过程

当热空气从湿物料表面平行流过时，由于热空气主体的温度大于湿物料表面的温度，因此热空气便以对流传热方式通过湿物料表面的边界层，将热量传递至湿物料表面，再由湿物料表面传递至湿物料内部。

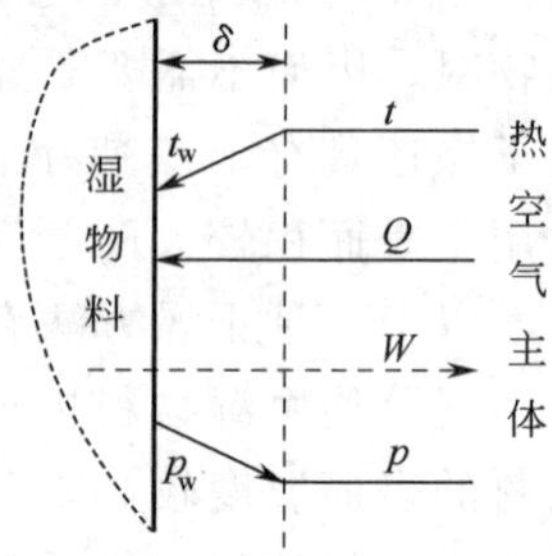

图 11-5 对流干燥过程

2. 传质过程

物料表面的水分吸收热量后发生汽化，所产生的蒸气被热气流带走，从而使物料内部的含水量高于其表面的含水量，因而物料内部的水分将以液态或气态的形式向表面扩散，其中液态水在物料表面汽化，汽化产生的蒸汽与扩散至物料表面的水蒸气一起透过物料表面的气膜扩散至热空气主体中。

3. 干燥过程进行的条件

由以上的分析可知，对流干燥过程是一个传热与传质同时进行的过程，过程的速率由传热速率与传质速率共同决定。为保证传热过程的进行，热空气主体的温度必须大于湿物料表面的温度，即 $t>t_w$。为保证传质过程的进行，物料表面水分所产生的水蒸气分压必须大于干燥介质中的水蒸气分压，即 $p_w>p$，且两者的压差越大，传质推动力就越大，干燥过程进行得就越快。

干燥介质中的水蒸气分压越低，干燥后物料的含水量就越低。当物料表面水分所产生的水蒸气分压与干燥介质中的水蒸气分压相等时，干燥过程达到动态平衡，无净水分汽化，干燥过程也就停止了，这是干燥过程进行的限度。可见，干燥介质中的水蒸气分压直接关系到干燥过程进行的限度和速率。通过干燥介质及时将水蒸气移走，一方面可保持一定的汽化推动力，另一方面可维持较低的水蒸气分压。

当物料表面水分所产生的水蒸气分压低于干燥介质中的水蒸气分压时，物料将吸湿，即通常所说的“反潮”。

第二节 湿空气的性质和湿度图

一、湿空气的性质

我们周围的大气是由绝干空气和水蒸气所组成的气体混合物，又称为湿空气，是最常用的干燥介质。在干燥过程中，被预热至一定温度的湿空气进入干燥器后，与其中的湿物料进行热和质的交换，其结果是湿空气中的水蒸气含量、温度和焓都将发生改变，因此，可通过湿空气在干燥前后有关性质的变化来分析和研究干燥过程。

湿空气由绝干空气和水蒸气所组成，绝干空气的性质可从附录 9 中查得，水蒸气的性质也可从有关手册中查得。而由绝干空气和水蒸气所组成的湿空气的性质要复杂得多。

干燥过程通常在常压下进行，此状态下的湿空气可视为理想气体，因此理想气体定律均适用于湿空气。

在干燥过程中，热空气中的水蒸气量不断发生改变，但其中的绝干空气仅作为湿和热的载体，其质量保持不变。因此，湿空气的许多物理性质的量值，以单位质量的绝干空气为基准来表示较为方便。

1. 干球温度

用普通温度计测出的湿空气的温度称为**干球温度**，它是湿空气的真实温度，常用 t 表示，单位为℃或 K。

2. 压力

由道尔顿分压定律可知，湿空气的总压等于绝干空气与水蒸气的分压之和，即

$$P=p_g+p \tag{11-1}$$

式中　P——湿空气的总压，Pa；

p_g——湿空气中绝干空气的分压，Pa；

p——湿空气中水蒸气的分压，Pa。

当总压一定时，湿空气中水蒸气的分压越大，水蒸气的含量就越大，即

$$\frac{n_v}{n_g}=\frac{p}{p_g}=\frac{p}{P-p} \tag{11-2}$$

式中　n_v——湿空气中水蒸气的量，mol 或 kmol；

n_g——湿空气中绝干空气的量，mol 或 kmol。

3. 湿度

湿空气中所含的水蒸气的质量与绝干空气的质量之比，称为湿空气的**湿度**，即

$$H=\frac{M_v n_v}{M_g n_g}=\frac{18}{29}\times\frac{p}{P-p}=0.622\frac{p}{P-p} \tag{11-3}$$

式中　H——湿空气的湿度，kg(水蒸气)·kg(绝干空气)$^{-1}$；

M_v——水的千摩尔质量，kg·kmol^{-1}；

M_g——绝干空气的千摩尔质量，kg·kmol^{-1}。

湿度也可理解为湿空气中单位质量的绝干空气所带有的水蒸气量。由式(11-3) 可知，湿空气的湿度是总压 P 和水蒸气分压 p 的函数。当总压 P 一定时，湿度 H 仅由水蒸气分压 p 决定。

当湿空气中的水蒸气达到饱和时，其湿度称为**饱和湿度**，以 H_s 表示，此时湿空气中的水蒸气分压即为该空气温度下水的饱和蒸气压，则式(11-3) 变为

$$H_s=0.622\frac{p_s}{P-p_s} \tag{11-4}$$

式中　p_s——水在空气温度下的饱和蒸气压，Pa。

由于水的饱和蒸气压仅与温度有关，故湿空气的饱和湿度是总压 P 和温度 t 的函数。当总压 P 一定时，饱和湿度 H_s 仅由温度 t 决定。

当空气达到饱和时，其吸湿能力已达极限。可见，饱和湿度实际上反映了空气吸湿能力

的限度。在干燥操作中，为确定湿空气所具有的吸湿能力，可将其湿度 H 与该湿空气温度下的饱和湿度 H_s 进行比较，以确定湿空气所处的状态，进而可确定湿空气所具有的吸湿能力。当 $H<H_s$ 时，湿空气呈不饱和状态，具有吸湿能力，且 H 的值愈小，湿空气的吸湿能力就愈大；当 $H=H_s$ 时，湿空气呈饱和状态，不具有吸湿能力；当 $H>H_s$ 时，湿空气呈过饱和状态，此时湿空气不仅不能吸湿，而且会使物料反潮。

4. 相对湿度

在一定温度及总压下，湿空气中的水蒸气分压与同温度下水的饱和蒸气压之比的百分数，称为湿空气的相对湿度，即

$$\varphi=\frac{p}{p_s}\times 100\% \tag{11-5}$$

式中 φ——湿空气的相对湿度，无因次。

相对湿度的大小可衡量湿空气的不饱和程度。当相对湿度 $\varphi=100\%$时，表明湿空气中的水蒸气已达到饱和，此时湿空气中的水蒸气分压即为同温度下水的饱和蒸气压，该湿空气不具有吸湿能力，不能作为载湿体。湿空气的 φ 值愈低，偏离饱和的程度就愈远，容纳或吸收水蒸气的能力就愈强。当相对湿度 $\varphi=0$ 时，表明湿空气中完全不含水蒸气，该湿空气称为绝干空气，此时湿空气的吸湿能力达到最大。理论上，使用绝干空气作为干燥介质可获得绝干物料。可见，湿空气的 φ 值的大小反映了湿空气载湿能力的大小。

由式(11-5) 得

$$p=\varphi p_s$$

代入式(11-3) 得

$$H=0.622\frac{\varphi p_s}{P-\varphi p_s} \tag{11-6}$$

则

$$\varphi=\frac{PH}{p_s(0.622+H)} \tag{11-7}$$

当总压 P 和湿度 H 一定时，由于饱和蒸气压 p_s 的值随温度的升高而增大，因此相对湿度 φ 的值随温度的升高而下降。换言之，提高温度可增加湿空气的载湿能力，这是湿空气需预热的主要原因之一。

当温度一定时，饱和蒸气压 p_s 为定值。若湿度 H 也为定值，则相对湿度 φ 的值随总压 P 的增加而增大。可见，降低操作压力可提高湿空气的载湿能力，这正是工业生产中常采用常压或减压干燥，但不采用加压干燥的主要原因。

5. 湿空气的比容

含 1kg 绝干空气的湿空气所具有的体积，称为湿空气的比容，以 υ_H 表示，单位为 $m^3\cdot kg$（绝干空气）$^{-1}$。

常压下，温度为 t、湿度为 H 的湿空气的比容为

$$\begin{aligned}\upsilon_H&=\left(\frac{1}{29}+\frac{H}{18}\right)\times 22.4\times\frac{t+273}{273}\\&=(0.772+1.244H)\times\frac{t+273}{273}\end{aligned} \tag{11-8}$$

可见，湿空气的比容随温度的升高而增大。

若以1kg绝干空气为基准，则湿空气所具有的体积为 υ_H，质量为 $(1+H)$kg，故湿空气的密度为

$$\rho_H=\frac{1+H}{\upsilon_H} \tag{11-9}$$

可见，湿空气的密度随温度的升高而减小，但 $\rho_H \neq \frac{1}{\upsilon_H}$。

6. 湿空气的比热

常压下，将1kg绝干空气及其所带有的 H kg水蒸气升高1℃所需的热量，称为湿空气的比热，以 C_H 表示，单位为kJ·kg(绝干空气)$^{-1}$·℃$^{-1}$，即

$$C_H=1\times C_g\times 1+H\times C_v\times 1=1.01+1.88H \tag{11-10}$$

式中　C_g——绝干空气的比热，可取1.01kJ·kg^{-1}·℃$^{-1}$；

C_v——水蒸气的比热，可取1.88kJ·kg^{-1}·℃$^{-1}$。

由式(11-10)可知，湿空气的比热 C_H 仅随湿度 H 而变化。

7. 湿空气的焓

含有1kg绝干空气的湿空气所具有的焓，称为湿空气的焓，以 I_H 表示，单位为kJ·kg(绝干空气)$^{-1}$，即

$$I_H=1\times I_g+H\times I_v=I_g+HI_v \tag{11-11}$$

式中　I_g——绝干空气的焓，kJ·kg(绝干空气)$^{-1}$；

I_v——水蒸气的焓，kJ·kg^{-1}。

在干燥计算中，常规定绝干空气及液态水在0℃时的焓值为零，则温度为 t 的绝干空气的焓为

$$I_g=C_g t=1.01t \tag{11-12}$$

温度为 t 的水蒸气的焓为

$$I_v=r_0+C_v t=2491+1.88t \tag{11-13}$$

式中　r_0——0℃时水的汽化潜热，其值为2491kJ·kg^{-1}。

将式(11-12)和式(11-13)代入式(11-11)得

$$I_H=1.01t+H(2491+1.88t)=(1.01+1.88H)t+2491H \tag{11-14}$$

可见，湿空气所具有的焓可分为两部分，一部分由 $(1.01+1.88H)t$ 确定，其值反映湿空气所具有的显热；另一部分由 $2491H$ 确定，其值反映湿空气所具有的潜热。在干燥过程中，只能利用湿空气所具有的显热，而潜热是不能利用的。由式(11-14)可知，提高湿空气的温度或湿度，均能提高湿空气的焓，但提高温度主要增加湿空气的显热，而提高湿度主要增加湿空气的潜热。因此，将湿空气预热至较高温度后再送入干燥器，对干燥操作是有利的，这是湿空气需要预热的又一主要原因。

8. 湿球温度

将普通温度计的感温球用湿纱布包裹，并将湿纱布的下部浸于水中，使之始终保持润湿，即成为湿球温度计，如图11-6所示。湿球温度计在空气中达到稳定时的温度，称为湿球温度，以 t_w 表示，单位为℃或K。

测量时，大量的不饱和湿空气以一定的速率（一般大于5m·s^{-1}）流过湿纱布表面。设开始时湿纱布中水分的温度与空气的温度相同。由于湿空气处于不饱和状态，故湿纱布表

面产生的水蒸气分压大于空气中的水蒸气分压，水分便从湿纱布表面汽化并扩散至空气中。汽化所需的潜热只能取自于水中，于是水温下降。水温一旦下降，与空气之间便产生温差，热量即由空气向水中传递。只要空气传给水分的传热速率小于水分汽化所需的传热速率，水温将继续下降，使温差进一步增大。当空气传给水分的显热等于水分汽化所需的潜热时，水温将维持恒定，此时的温度即为湿空气的湿球温度。

可见，湿球温度并非湿空气的真实温度，而是当湿纱布中的水与湿空气达到动态平衡时湿纱布中水的温度。湿球温度取决于湿空气的干球温度和湿度，是湿空气的性质或状态参数之一。对于饱和空气，湿球温度与干球温度相等；对于不饱和空气，湿球温度小于干球温度。

9. 绝热饱和温度

在绝热条件下，使湿空气增湿冷却并达到饱和时的温度称为**绝热饱和温度**，以 t_{as} 表示，单位为℃或 K。

绝热饱和温度可在图 11-7 所示的绝热饱和冷却塔中测得。将一定量的湿空气与大量的温度为 t_{as} 的循环水充分接触。由于循环水是大量的，而空气的流量是一定的（与湿球温度测量时的情况正好相反），因此水温可视为恒定。冷却塔与外界绝热，故热量传递只在气、液两相间进行。由于水温恒定，因此水分汽化所需的潜热只能来自空气。这样，空气的温度将逐渐下降，同时放出显热；但水汽化后又将这部分热量以潜热（忽略水蒸气的显热变化）的形式带回到空气中，所以空气的温度不断下降，湿度不断增大，但焓却维持不变，即空气的绝热降温增湿过程为等焓过程。

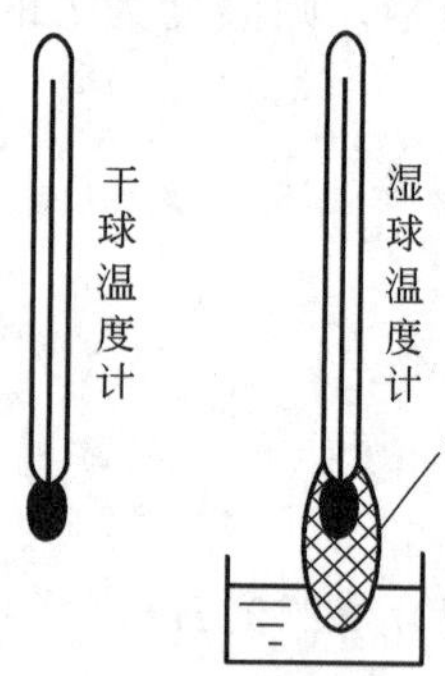

图 11-6　干球温度计与湿球温度计

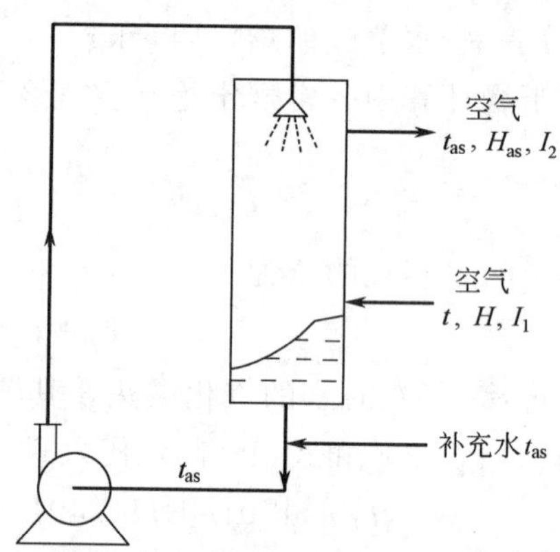

图 11-7　绝热饱和冷却塔

若两相有足够长的接触时间，最终空气将为水蒸气所饱和，温度降至循环水温 t_{as}，该过程称为湿空气的绝热饱和冷却过程或等焓过程，达到稳定状态时的温度称为初始湿空气的绝热饱和温度，以 t_{as} 表示。与之相对应的湿度称为绝热饱和湿度，以 H_{as} 表示。

绝热饱和温度取决于湿空气的干球温度和湿度，是湿空气的性质或状态参数之一。研究表明，对于空气-水蒸气体系，温度为 t、湿度为 H 的湿空气，其绝热饱和温度与湿球温度近似相等。在工程计算中，常取 $t_w = t_{as}$。

10. 露点

在一定的总压下，将不饱和湿空气（$\varphi<100\%$）等湿冷却至饱和状态（$\varphi=100\%$）时的温度，称为该湿空气的**露点**，以 t_d 表示，单位为℃或 K。

将不饱和湿空气等湿冷却至饱和状态时，空气的湿度变为饱和湿度，但数值仍等于原湿

空气的湿度；而水蒸气分压变为露点温度下水的饱和蒸气压，但数值仍等于原湿空气中的水蒸气分压。由式(11-7) 得

$$p_{std}=\frac{PH}{\varphi(0.622+H)}=\frac{PH}{0.622+H} \tag{11-15}$$

式中　p_{std}——露点温度下水的饱和蒸气压，Pa。

将湿空气的总压和湿度代入式(11-15) 可求出 p_{std}，再从饱和水蒸气表中查出与 p_{std} 相对应的温度，即为该湿空气的露点 t_d。

将露点 t_d 与干球温度 t 进行比较，可确定湿空气所处的状态。若 $t>t_d$，则湿空气处于不饱和状态，可作为干燥介质使用；若 $t=t_d$，则湿空气处于饱和状态，不能作为干燥介质使用；若 $t<t_d$，则湿空气处于过饱和状态，与湿物料接触时会析出露水。空气在进入干燥器之前先进行预热可使过程在远离露点下操作，以免湿空气在干燥过程中析出露水，这是湿空气需预热的又一主要原因。

11-02　日常生活中的结露现象

由以上的讨论可知，对于空气-水蒸气体系，干球温度 t、湿球温度 t_w、绝热饱和温度 t_{as} 以及露点 t_d 之间的关系为

$$\text{不饱和空气}: t>t_w=t_{as}>t_d \tag{11-16}$$

$$\text{饱和空气}: t=t_w=t_{as}=t_d \tag{11-17}$$

【例 11-1】 常压（101.3kPa）下，空气的温度 $t=50℃$，湿度 $H=0.01468$kg(水蒸气)·kg(绝干空气)$^{-1}$，试计算：①空气的相对湿度 φ；②空气的比容 υ_H；③空气的密度 ρ_H；④空气的比热 C_H；⑤空气的焓 I_H；⑥空气的露点 t_d。

解： ① 空气的相对湿度 φ　由附录 7 查得水在 50℃时的饱和蒸气压 $p_s=12.34$kPa。由式(11-7) 得

$$\varphi=\frac{PH}{p_s(0.622+H)}=\frac{101.3\times0.01468}{12.34\times(0.622+0.01468)}=0.1893=18.93\%$$

② 空气的比容 υ_H　由式(11-8) 得

$$\upsilon_H=(0.772+1.244H)\times\frac{t+273}{273}$$
$$=(0.772+1.244\times0.01468)\times\frac{50+273}{273}$$
$$=0.935\text{m}^3\cdot\text{kg(绝干空气)}^{-1}$$

③ 空气的密度 ρ_H　由式(11-9) 得

$$\rho_H=\frac{1+H}{\upsilon_H}=\frac{1+0.01468}{0.935}=1.085\text{kg}\cdot\text{m}^{-3}$$

④ 空气的比热 C_H　由式(11-10) 得

$$C_H=1.01+1.88H=1.01+1.88\times0.01468=1.038\text{kJ}\cdot\text{kg(绝干空气)}^{-1}\cdot℃^{-1}$$

⑤ 空气的焓 I_H　由式(11-14) 得

$$I_H=(1.01+1.88H)t+2491H$$
$$=(1.01+1.88\times0.01468)\times50+2491\times0.01468$$
$$=88.45\text{kJ}\cdot\text{kg(绝干空气)}^{-1}$$

⑥ 空气的露点 t_d 由式(11-15) 得

$$p_{std}=\frac{PH}{0.622+H}=\frac{101.3\times0.01468}{0.622+0.01468}=2.336\text{kPa}$$

由附录 8 查得空气的露点 $t_d=19.6℃$。

二、湿空气的湿度图及其应用

对于空气-水蒸气体系，由相律可知，当总压一定时，体系的自由度 f 为

$$f=组分数-相数+1=2-1+1=2$$

可见，当总压一定时，湿空气的状态可由两个独立参数决定。换言之，当总压一定时，已知湿空气的任意两个独立参数即可求出湿空气的其他独立参数。由计算法确定湿空气的状态参数比较准确，但通常较为麻烦，甚至需要试差。为此，工程上常采用图算法。

所谓图算法就是将湿空气的各参数之间的函数关系标绘在坐标图上，只要知道湿空气的任意两个独立参数，即可从图上迅速查出其他参数，这种图统称为湿度图。在干燥计算中，常用的湿度图是焓湿图，即 I-H 图。

（一）焓湿图的构造

当总压为 101.3kPa 时，以湿空气的焓为纵坐标，湿度为横坐标所构成的湿度图即为焓湿图或 I-H 图，如图 11-8 所示。图中的纵轴与横轴的夹角为 135°，此类坐标系又称为斜角坐标系。采用斜角坐标系的优点是扩大了用图面积，从而可使各种关系曲线彼此分散开来，以避免许多线条挤在一起而影响读数。此外，为便于读取湿度数据，图中将横轴上的湿度数值投影于与纵轴正交的水平辅助轴上，而真正的横轴仅画出一小段，以表示斜角坐标系。

焓湿图由 4 组线群和 1 条水蒸气分压线组成，现分述如下。

1. 等湿度线（等 H 线）

这是一组与纵轴平行的直线群，其值在水平辅助轴上读出。同一等 H 线上的各点所表示的湿空气，其状态互不相同，但均具有相同的 H、p 及 t_d 值。可见，H、p 及 t_d 彼此不独立，为非独立参数。

2. 等焓线（等 I_H 线）

这是一组平行于横轴（斜轴）的直线群，其值在纵轴上读出。同一等 I_H 线上的各点所表示的湿空气，其状态互不相同，但均具有相同的 I_H、t_w 及 t_{as} 值。可见，I_H、t_w 及 t_{as} 彼此不独立，为非独立参数。

3. 等温线（等 t 线）

由式(11-14) 得

$$I=1.01t+(1.88t+2491)H \tag{11-18}$$

可见，当温度一定时，I 与 H 成线性关系，直线的斜率为 $(1.88t+2491)$。因此，任意规定一温度值即可绘出一条 I-H 直线，此直线即为一条等温线，如此规定一系列的温度值即可得到一组等温线群。图中等温线的温度范围为 0～185℃，其值在纵轴上读出，每格 10℃，中间可内插。由式(11-18) 可知，等温线与 H 轴倾斜，其斜率为 $(1.88t+2491)$，且温度越高，斜率越大，所以这些等温线并不互相平行。

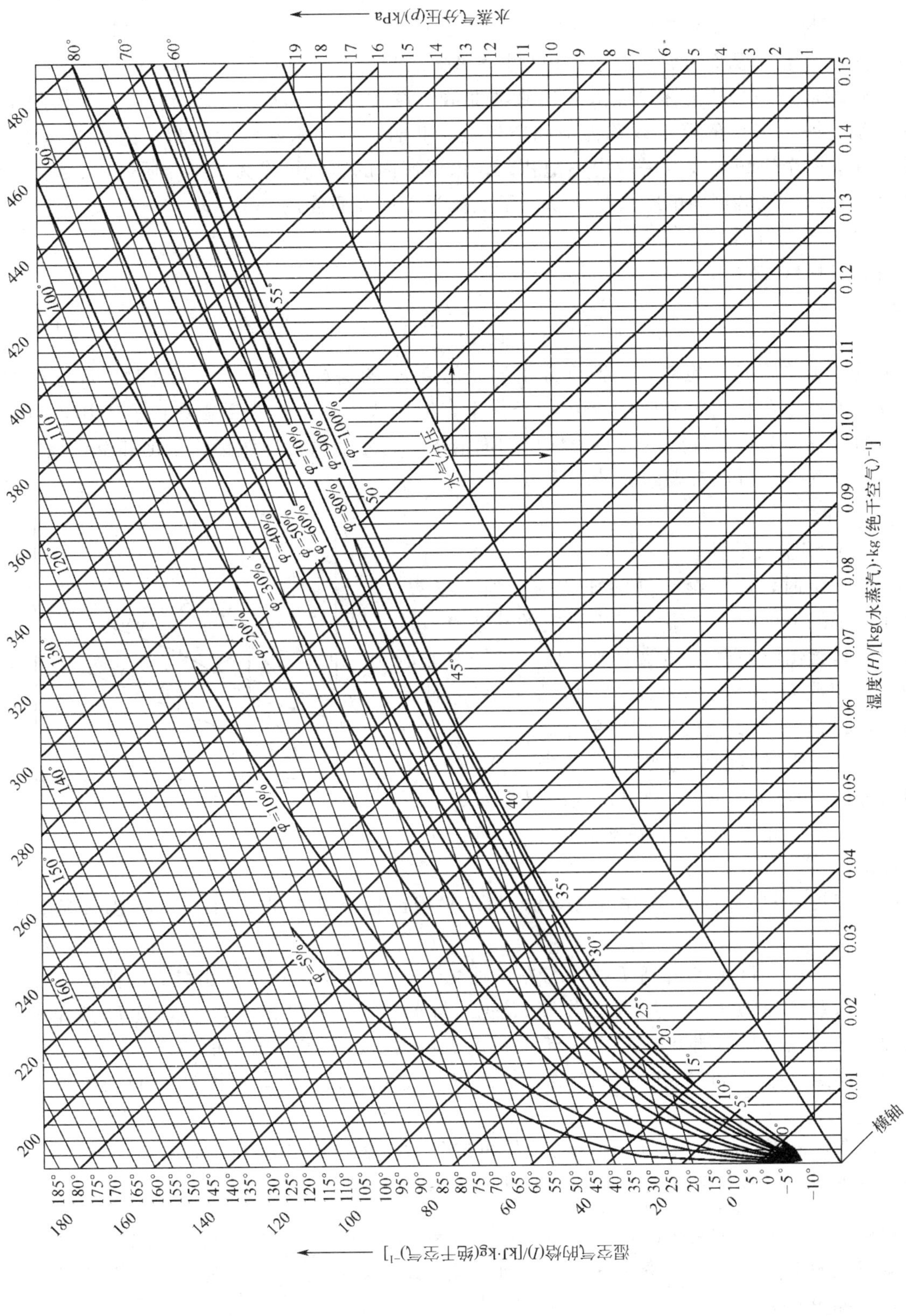

图 11-8　湿空气的焓湿图（I-H 图）

4. 等相对湿度线（等 φ 线）

当总压一定时，式(11-6) 表示 φ 与 p_s 及 H 之间的关系。由于 p_s 是温度的函数，所以式(11-6) 实际上表示一定总压下，φ 与 t 及 H 之间的关系。规定一 φ 值，在不同的温度 t 下求出相应的 H 值，从而可绘出一条等相对湿度线。若规定一系列的 φ 值，即可得到等 φ 线群。

等 φ 线群是一组从坐标原点散发出来的曲线，图中绘出了从 $\varphi=5\%$ 到 $\varphi=100\%$ 的 11 条等 φ 线。$\varphi=100\%$ 的等 φ 线称为饱和空气线，此时空气为水蒸气所饱和。饱和空气线将焓湿图分成两个区域，线上区域为不饱和区，该区域内的空气可作为干燥介质使用；线下区域为过饱和区，该区域内的空气呈雾状，不能作为干燥介质使用。

5. 水蒸气分压线

由式(11-3) 得

$$p=\frac{PH}{0.622+H} \tag{11-19}$$

可见，当总压 P 一定时，水蒸气分压 p 是湿度 H 的函数。当 $H \ll 0.622$ 时，p 与 H 可视为线性关系。在总压 $P=101.3\text{kPa}$ 的条件下，根据式(11-19) 在焓湿图上标绘出 p 与 H 的关系曲线，即为水蒸气分压线。为保持图面清晰，将水蒸气分压线标绘于饱和空气线的下方，其水蒸气分压可从右端的纵轴上读出。

（二）焓湿图的应用

1. 确定湿空气的性质

总压一定时，已知湿空气的任意两个独立参数，即可在焓湿图上确定出该湿空气所对应的状态点，从而可方便地读出湿空气的其他参数。应注意，并非所有的状态参数都是独立的。如 H、p 及 t_d 之间彼此不独立；t_w、t_{as} 及 I 之间彼此不独立。

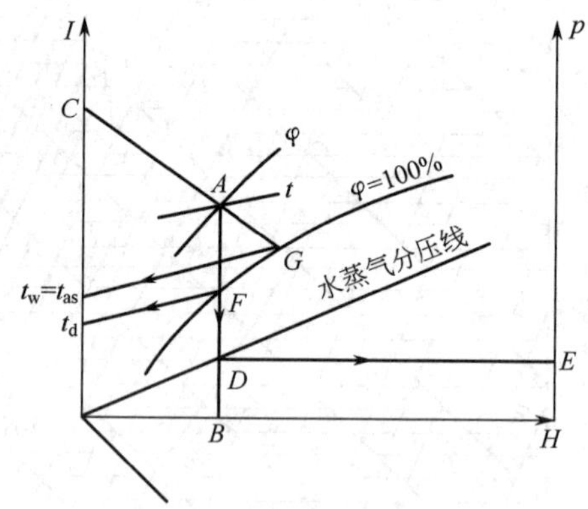

图 11-9 湿空气性质的确定

若湿空气所对应的状态如图 11-9 中的 A 点所示，其温度为 t，相对湿度为 φ，则湿空气的湿度 H、焓 I、水蒸气分压 p、露点 t_d 以及湿球温度 t_w，可按下述方法确定。

(1) 湿度（H） 过 A 点作等 H 线，与水平辅助轴交于 B 点，由 B 点可读出湿度 H 的值。

(2) 焓（I） 过 A 点作等 I 线，与左纵轴交于 C 点，由 C 点可读出焓 I 的值。

(3) 水蒸气分压（p） 过 A 点作等 H 线，与水蒸气分压线交于 D 点，过 D 点作水平辅助轴的平行线，与右端纵轴交于 E 点，由 E 点可读出水蒸气分压 p 的值。

(4) 露点（t_d） 过 A 点作等 H 线，与饱和空气线交于 F 点，再由过 F 点的等温线读出露点 t_d 的值。

(5) 湿球温度（t_w） 由于 $t_w=t_{as}$，故可按等焓过程（绝热饱和冷却过程）求 t_w。过 A 点作等 I 线，与饱和空气线交于 G 点，再由过 G 点的等温线读出 t_w（$=t_{as}$）的值。

【例 11-2】 已知 $P=101.3\text{kPa}$，$t=20℃$，$H=0.0075\text{kg}$(水蒸气)$\cdot\text{kg}$(绝干空气)$^{-1}$，试利用焓湿图确定：①水蒸气分压 p；②相对湿度 φ；③露点 t_d；④焓 I_H；⑤湿球温度 t_w；⑥绝热饱和温度 t_{as}。

解：如图 11-10 所示，在焓湿图上分别作 $t=20℃$ 的等温线以及 $H=0.0075\text{kg}$(水蒸气)·kg(绝干空气)$^{-1}$ 的等湿度线，两线的交点为 A，则 A 点即为湿空气在焓湿图中的状态点。

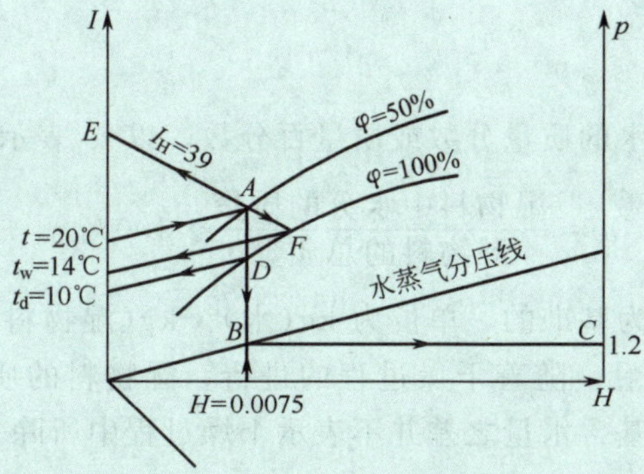

图 11-10 例 11-2 附图

① 水蒸气分压 p 过 A 点作等 H 线，与水蒸气分压线交于 B 点，过 B 点作水平辅助轴的平行线，与右端纵轴交于 C 点，由 C 点读出水蒸气分压 $p=1.2\text{kPa}$。

② 相对湿度 φ 由过 A 点的等相对湿度线读出 $\varphi=50\%$。

③ 露点 t_d 过 A 点作等 H 线，与饱和空气线交于 D 点，由过 D 点的等温线读出 $t_d=10℃$。

④ 焓 I_H 过 A 点作等 I 线，与纵轴交于 E 点，由 E 点读出 $I_H=39\text{kJ}\cdot\text{kg}$(绝干空气)$^{-1}$。

⑤ 湿球温度 t_w 过 A 点作等 I 线，与饱和空气线交于 F 点，由过 F 点的等温线读出 $t_w=14℃$。

⑥ 绝热饱和温度 t_{as} 对于空气-水蒸气体系，由于绝热饱和温度与湿球温度在数值上近似相等，所以 $t_{as}=t_w=14℃$。

2. 图示湿空气的状态变化过程

利用焓湿图可方便地表示出湿空气的状态变化过程。

(1) 等湿加热或冷却 设原空气的温度为 t_0，湿度为 H_0，在焓湿图中所对应的状态如图 11-11 中的 A 点所示。原空气经间壁式换热器加热后，温度上升至 t_1，而湿度保持不变，即 $H_1=H_0$，其状态如 B 点所示，则线段 AB 表示湿空气由温度 t_0 等湿加热至 t_1 时的状态变化过程。

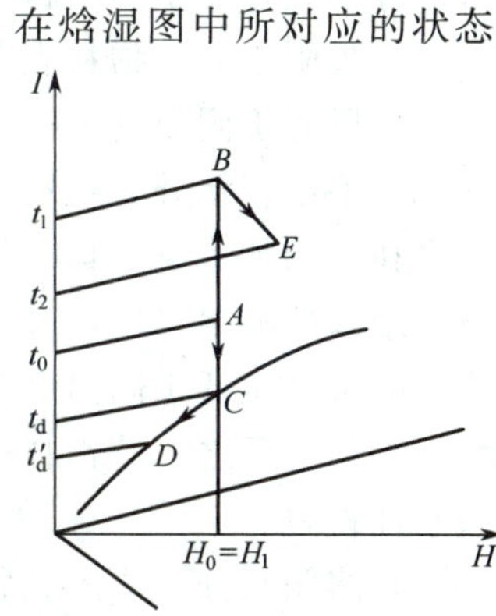

图 11-11 湿空气的状态变化过程

类似地，线段 AC 表示湿空气由温度 t_1 等湿冷却至露点 t_d 时的状态变化过程。当湿空气的温度降至露点时再继续冷却，则有冷凝水析出，空气的湿度减小，其状态沿饱和空气线变化，如图中的曲线 CD 所示。

(2) 等焓冷却增湿过程 原空气经预热后的状态如图 11-11 中的 B 点所示，若该湿空气经等焓冷却至温度 t_2，则其状态由经过 B 点的等焓线与温度为 t_2 的等温线的交点 E 所确定，而湿空气的等焓冷却增湿过程可由线段 BE 表示。

第三节　湿物料的性质

一、物料含水量的表示方法

1. 湿基含水量

湿基含水量即湿物料中水的质量分数或质量百分数，以 w 表示，即

$$w=\frac{\text{湿物料中水分的质量}}{\text{湿物料的总质量}}\times 100\% \tag{11-20}$$

湿基含水量是以湿物料为基准的，单位为 kg(水)·kg(湿物料)$^{-1}$。实际生产中，物料的含水量一般是指湿基含水量。随着干燥过程的进行，湿物料的质量因失去水分而逐渐减少，所以干燥前后物料的湿基含水量之差并不表示干燥过程中所除去的水分。

2. 干基含水量

干基含水量是指湿物料中水分的质量与绝干物料的质量之比，以 X 表示，即

$$X=\frac{\text{湿物料中水分的质量}}{\text{湿物料中绝干物料的质量}} \tag{11-21}$$

干基含水量是以绝干物料为基准的，单位为 kg(水)·kg(绝干物料)$^{-1}$。由于干燥前后绝干物料的质量保持不变，因此，干燥前后物料的干基含水量之差可直接表示干燥过程中所除去的水分，计算较为方便。

3. 两种含水量之间的关系

由式(11-20) 和式(11-21) 得两种含水量之间的关系为

$$X=\frac{w}{1-w}\text{或}\ w=\frac{X}{1+X} \tag{11-22}$$

二、湿物料中水分的性质

1. 水分在湿物料中的存在形式

根据水分与物料结合方式的不同，水分一般以吸附水分、毛细管水分、溶胀水分和化学结合水等形式存在于湿物料中。

（1）吸附水分　物料表面所吸附的水分，称为**吸附水分**。吸附水分的性质与纯水完全相同，蒸气压等于同温度下纯水的饱和蒸气压。

（2）毛细管水分　物料毛细管孔隙中所含有的水分，称为**毛细管水分**。孔隙有两种，一种是多孔性物料本身所具有的内部孔隙，一种是堆积着的固体颗粒之间所形成的间隙。孔隙具有毛细管的吸湿作用，且孔隙愈小，吸湿作用愈大。若物料的孔隙较小，使孔隙内的水分所产生的蒸气压低于同温度下水的饱和蒸气压，导致水分不易汽化而除去，则称这种物料为吸水性物料。反之，若物料的孔隙较大，孔隙中水分的性质与吸附水相同，则称这种物料为非吸水性物料。

（3）溶胀水分　渗入到物料细胞壁内的水分，称为**溶胀水分**。溶胀水分是物料组成的一部分，其汽化比吸附水困难。溶胀是大分子物质溶解的前期阶段，随着溶胀过程的进行，体积逐渐增大；反之，随着干燥过程的进行，体积逐渐缩小。

（4）化学结合水　**化学结合水**主要是指结晶水，此类水分一般不能通过干燥方法予以

去除。

2．平衡水分与自由水分

根据水分在特定干燥条件下能否除去，物料中的水分可分为平衡水分与自由水分两大类。

（1）平衡水分　以温度为 t、相对湿度为 φ 的不饱和空气流过湿物料表面，若湿物料表面的水蒸气分压大于空气中的水蒸气分压，则湿物料中的水分将发生汽化并进入空气主体。随着过程的进行，物料中的含水量逐渐下降，其表面所产生的水蒸气分压也逐渐下降。当湿物料表面所产生的水蒸气分压等于空气中的水蒸气分压时，过程达到动态平衡。此时，物料中的含水量将保持恒定，此含水量称为该物料在该空气条件（t，φ）下的**平衡水分**，以 X^* 表示。

平衡水分是物料在特定干燥条件下的干燥限度，其数值与干燥介质的状态及物料的种类有关。图 11-12 是某些物料在 25℃时的平衡水分与空气相对湿度之间的关系。由图可知，非吸水性物料如陶土等，其平衡水分随空气相对湿度的变化很小，且接近于零。而吸水性物料如纸张、木材等，其平衡水分的差异很大，且随空气相对湿度的变化而变化。此外，当空气的相对湿度为零时，各种物料的平衡水分均为零。可见，湿物料只有与绝干空气相接触才能获得绝干物料。

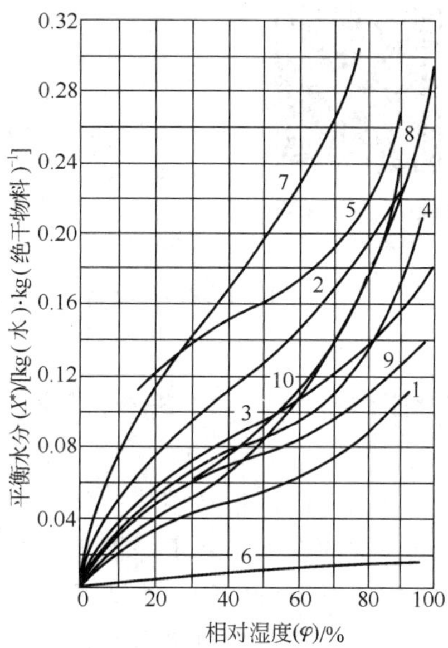

图 11-12　某些物料的平衡水分

1—新闻纸；2—羊毛、毛织物；3—硝化纤维；4—丝；5—皮革；6—陶土；7—烟草；8—肥皂；9—牛皮胶；10—木材

（2）自由水分　物料含水量中高于平衡含水量的那部分水分，称为**自由水分**。在特定的干燥条件下，自由水分是可以除去的水分，而平衡水分则是不能除去的水分。

3．结合水分与非结合水分

根据水分去除的难易程度，物料所含的水分又可分为结合水分与非结合水分。

（1）结合水分　**结合水分**是指存在于物料细胞壁内及细毛细管中的水分，这部分水分与物料的结合力较强，所产生的蒸气压低于同温度下纯水的饱和蒸气压，因此在干燥过程中不易汽化而除去。

（2）非结合水分　**非结合水分**是指物料中的吸附水分以及存在于粗毛细管中的水分，这部分水分与物料的结合力较弱，所产生的蒸气压等于同温度下纯水的饱和蒸气压，因此在干燥过程中易汽化而除去。

湿物料中的结合水分与非结合水分很难通过实验直接测定，但根据其特点，可利用平衡曲线外推而求得。图 11-13 是某物料在一定温度下的平衡含水量与空气相对湿度之间的关系。将该平衡曲线延长与 $\varphi=100\%$的纵轴交于 A 点，则 A 点以上的水分为非结合水分，其水蒸气压等于同温度下纯水的饱和蒸气压；而交点以下的水分为结合水分，其水蒸气压低于同温度下纯水的饱和蒸气压。

由图 11-13 可知，湿物料中所含的总水分为平衡水分与自由水分之和，其中自由水分包括非结合水分以及可以除去的结合水分，而平衡水分则是不能除去的结合水分。

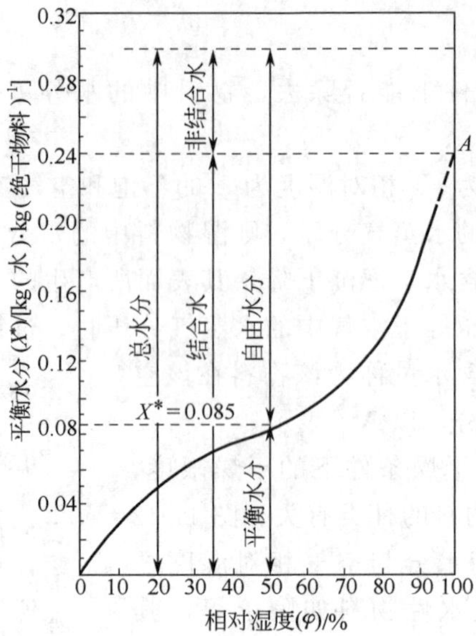

11-03 微小液滴的饱和蒸气压

图 11-13 某物料在一定温度下的平衡含水量与空气相对湿度之间的关系

第四节 干燥过程的计算

对流干燥过程是用热空气除去被干燥物料中的水分，空气在进入干燥器前应经预热器预热至一定的温度。在干燥器内，热空气供给湿物料中水分汽化所需的热量，并将汽化后的水分带走。对于特定的干燥要求和生产能力，每小时湿物料中要蒸发掉多少水分、需要消耗多少空气、需要多少热量等问题，均可通过物料衡算和热量衡算来解决。

一、物料衡算

对于一定的干燥任务，湿物料的处理量，物料的初始含水量、最终含水量，新鲜空气的状态等均为已知，通过物料衡算可确定干燥后的产品量、水分蒸发量以及绝干空气的消耗量。

1. 干燥后的产品量

设 G_c 为湿物料中绝干物料的量（$kg \cdot s^{-1}$），G_1、G_2 分别为干燥前后的物料量（$kg \cdot s^{-1}$），w_1、w_2 分别为干燥前后物料的湿基含水量。若干燥过程中无物料损失，则进、出干燥器的绝干物料量保持不变，即

$$G_c = G_1(1-w_1) = G_2(1-w_2) \tag{11-23}$$

从而有

$$G_2 = \frac{G_1(1-w_1)}{1-w_2} \tag{11-24}$$

2. 水分蒸发量

如图 11-14 所示，在包括物料在内的虚线范围内进行总物料衡算有

$$G_1 = G_2 + W$$

即

$$W = G_1 - G_2 \tag{11-25}$$

式中　W——单位时间内的水分蒸发量，$kg \cdot s^{-1}$。

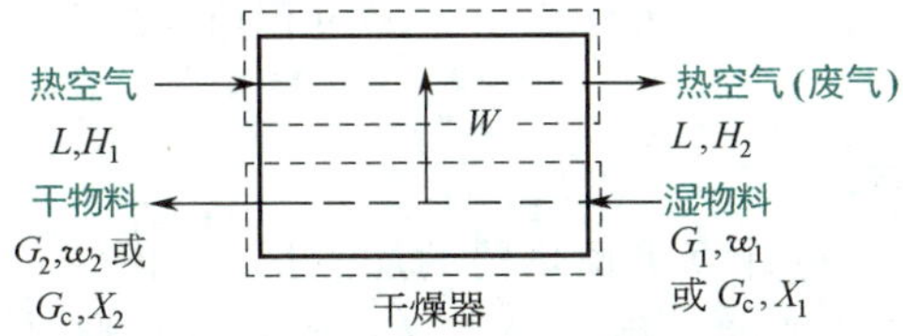

图 11-14　干燥器的物料衡算

将式(11-24) 代入式(11-25) 得

$$W=\frac{G_1(w_1-w_2)}{1-w_2}=\frac{G_2(w_1-w_2)}{1-w_1} \tag{11-26}$$

若干燥前后物料的干基含水量分别为 X_1 和 X_2，则总物料衡算式可改写为

$$G_cX_1=G_cX_2+W$$

所以

$$W=G_c(X_1-X_2) \tag{11-27}$$

可见，若用干基含水量表示物料的含水量，则可方便地求出干燥过程中的水分蒸发量。

3. 绝干空气消耗量

在干燥过程中，绝干空气的量保持不变。如图 11-14 所示，在包括热空气在内的虚线范围内对水蒸气进行物料衡算得

$$LH_1+W=LH_2 \tag{11-28}$$

式中　L——绝干空气消耗量，kg(绝干空气)$\cdot s^{-1}$；

H_1——进入干燥器时热空气的湿度，kg(水蒸气)·kg(绝干空气)$^{-1}$；

H_2——离开干燥器时废气的湿度，kg(水蒸气)·kg(绝干空气)$^{-1}$。

由式(11-28) 得

$$L=\frac{W}{H_2-H_1} \tag{11-29}$$

因为空气在预热器前后的湿度不变，即 $H_1=H_0$，所以式(11-29) 又可改写为

$$L=\frac{W}{H_2-H_0} \tag{11-30}$$

每蒸发 1kg 水分所需的绝干空气量，称为**单位空气消耗量**，以 l 表示，单位为 kg(绝干空气)·kg(水分)$^{-1}$，即

$$l=\frac{L}{W}=\frac{1}{H_2-H_1}=\frac{1}{H_2-H_0} \tag{11-31}$$

单位空气消耗量可作为各干燥器空气消耗量的比较指标。由式(11-31) 可知，单位空气消耗量仅与湿空气的初、终含水量有关，而与路径无关。当 H_2 一定时，单位空气消耗量 l 随湿空气初始湿度 H_0 的增加而增大。由于夏季空气的平均湿度比冬季的高，因此，应以全年的最大空气消耗量即夏季的空气消耗量来选择风机。此外，选择风机时应将绝干空气消耗量 L 换算成原空气的体积流量 V_0，即

$$V_0=Lv_{H0}=L(0.772+1.244H_0)\frac{t_0+273}{273} \tag{11-32}$$

二、热量衡算

通过对干燥系统进行热量衡算，可计算出干燥过程所需的热量以及排出废气的湿度、焓等状态参数。

（一）预热器的热量衡算

对预热器进行热量衡算，可计算出预热器的加热量。如图 11-15 所示，绝干空气的流量为 L（单位为 $kg \cdot s^{-1}$），预热器的热损失 $Q'_L=0$，则对预热器进行热量衡算得

$$LI_0+Q_p=LI_1 \tag{11-33}$$

式中　Q_p——预热器的加热量，kW。

结合式(11-14) 及 $H_1=H_0$，式(11-33) 可改写为

$$Q_p=L(I_1-I_0)=L(1.01+1.88H_0)(t_1-t_0) \tag{11-34}$$

由式(11-34) 计算出的 Q_P，可作为确定预热器的传热面积及加热蒸汽消耗量的依据。

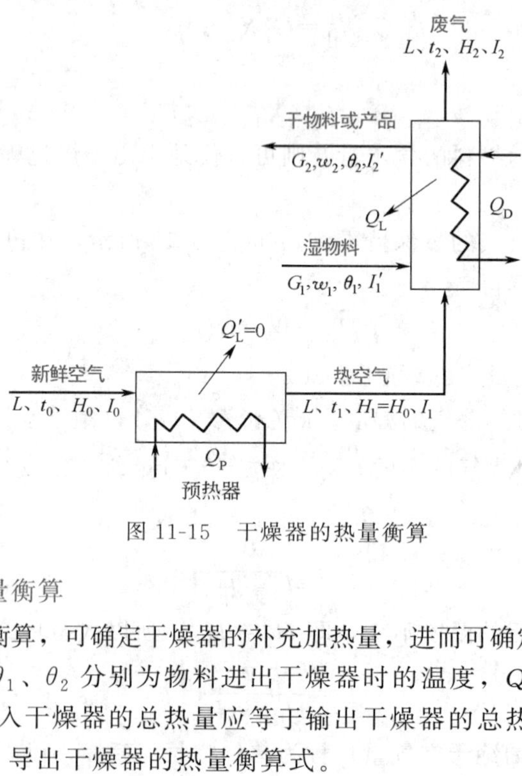

图 11-15　干燥器的热量衡算

（二）干燥器的热量衡算

对干燥器进行热量衡算，可确定干燥器的补充加热量，进而可确定干燥系统所需的总热量。

如图 11-15 所示，θ_1、θ_2 分别为物料进出干燥器时的温度，Q_D 为单位时间内干燥器的补充加热量。显然，输入干燥器的总热量应等于输出干燥器的总热量。下面以 0℃为基准温度，以 1s 为时间基准，导出干燥器的热量衡算式。

1. 输入热量

（1）热空气带入的热量　热空气带入的热量为

$$LI_1=L[(1.01+1.88H_1)t_1+2491H_1] \tag{11-35}$$

（2）湿物料带入的热量　设湿物料带入的热量为 Q_{M1}。由于 $G_1=G_2+W$，因此可分别计算出总量为 G_2 的干物料以及总量为 W 的被蒸发水分在温度为 θ_1 时带入的热量，两者之和即为湿物料带入的热量 Q_{M1}。

总量为 G_2 的干物料在温度为 θ_1 时带入的热量为 $G_2C_M\theta_1$，其中 C_M 为干物料或产品的比热，单位为 $kJ \cdot kg^{-1} \cdot ℃^{-1}$。

设绝干物料的比热为 C_s，水的比热为 C_w，并取 $C_w=4.19 kJ \cdot kg^{-1} \cdot ℃^{-1}$，则

$$C_M=(1-w_2)C_s+C_w w_2=(1-w_2)C_s+4.19w_2 \tag{11-36}$$

所以

$$G_2C_M\theta_1=G_2[(1-w_2)C_s+4.19w_2]\theta_1$$

总量为 W 的被蒸发水分在温度为 θ_1 时带入的热量为

$$WC_w\theta_1=4.19W\theta_1$$

故湿物料带入的热量为

$$Q_{M1}=G_2[(1-w_2)C_s+4.19w_2]\theta_1+4.19W\theta_1 \tag{11-37}$$

（3）干燥器内的补充加热量　一般情况下，干燥器内不补充加热，即 $Q_D=0$。

2. 输出热量

（1）干物料带走的热量　设干物料带走的热量为 Q_{M2}，则

$$Q_{M2}=G_2C_M\theta_2=G_2[(1-w_2)C_s+4.19w_2]\theta_2 \tag{11-38}$$

（2）废气带走的热量　离开干燥器的废气由两部分混合而成，一部分是进入干燥器的热空气，其湿度为 H_1，但温度下降为 t_2；另一部分是由湿物料中的水分汽化而产生的水蒸气，其总量为 W。其中湿度为 H_1、温度为 t_2 的热空气带走的热量为

$$L[(1.01+1.88H_1)t_2+2491H_1]$$

总量为 W、温度为 t_2 的水蒸气带走的热量为

$$Wr_0+WC_vt_2=2491W+1.88Wt_2$$

式中　r_0——0℃时水的汽化潜热，其值为 $2491\text{kJ}\cdot\text{kg}^{-1}$；

C_v——水蒸气的比热，可取 $1.88\text{kJ}\cdot\text{kg}^{-1}\cdot℃^{-1}$。

故废气带走的热量为

$$LI_2=L[(1.01+1.88H_1)t_2+2491H_1]+W(2491+1.88t_2) \tag{11-39}$$

（3）干燥器的热损失　干燥器的热损失为 Q_L。保温良好时，$Q_L=0$。

则干燥器的热量衡算式为

$$LI_1+Q_{M1}+Q_D=LI_2+Q_{M2}+Q_L$$

即

$$Q_D+L(I_1-I_2)=(Q_{M2}-Q_{M1})+Q_L \tag{11-40}$$

将式(11-35)、式(11-37) 至式(11-39) 代入上式并整理得

$$\begin{aligned}&Q_D+L(1.01+1.88H_1)(t_1-t_2)\\&=W(2491+1.88t_2-4.19\theta_1)+G_2[(1-w_2)C_s+4.19w_2](\theta_2-\theta_1)+Q_L\end{aligned} \tag{11-41}$$

若干燥器内不补充加热，即 $Q_D=0$，则式(11-41) 可简化为

$$\begin{aligned}&L(1.01+1.88H_1)(t_1-t_2)\\&=W(2491+1.88t_2-4.19\theta_1)+G_2[(1-w_2)C_s+4.19w_2](\theta_2-\theta_1)+Q_L\end{aligned} \tag{11-42}$$

式(11-42) 即为干燥器的热量衡算式，其中等式的左边项 $L(1.01+1.88H_1)(t_1-t_2)$ 表示热空气在干燥器内温度由 t_1 下降至 t_2 时所放出的显热，这部分显热实际上是提供给干燥过程所需的热量，即等式右边的三项。

热量衡算式(11-42) 右边的第一项表示总量为 W 的水分从温度为 θ_1 的液态水变化为温度为 t_2 的水蒸气时所需的热量，即水分汽化所需的热量，以 Q_1 表示，则

$$Q_1=W(2491+1.88t_2-4.19\theta_1) \tag{11-43}$$

式(11-43) 亦可根据图 11-16 所示的状态变化过程由盖斯定律得到，即

$$Q_1=2491W+1.88t_2W-4.19\theta_1W=W(2491+1.88t_2-4.19\theta_1)$$

热量衡算式(11-42) 右边的第二项表示干物料或产品在干燥器内温度由 θ_1 升高至 θ_2 时所需的热量，即干物料或产品升温所需的热量，以 Q_2 表示，则

$$Q_2=G_2[(1-w_2)C_s+4.19w_2](\theta_2-\theta_1) \tag{11-44}$$

若已知干物料的平均比热，则 Q_2 可直接用下式计算

$$Q_2=G_2C_M(\theta_2-\theta_1) \tag{11-45}$$

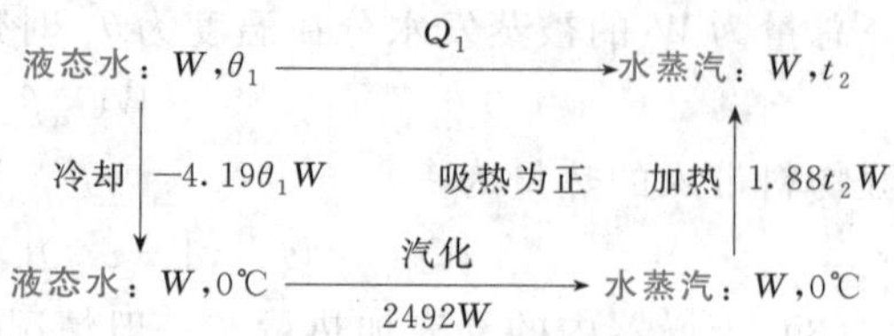

图 11-16　水分的状态变化过程

热量衡算式(11-42) 右边的第三项 Q_L 为干燥器的热损失，可按第五章中介绍的方法进行计算。

综上所述，干燥器的热量衡算式表示热空气在干燥器内所放出的显热主要用于水分汽化、产品升温及热损失三部分热量，这就是热量衡算式的物理意义。

三、干燥系统的热效率

11-04　干燥尾气温度的控制

干燥系统的热效率常以水分汽化所需的热量与加入干燥系统的总热量之比的百分数来表示，即

$$\eta=\frac{Q_1}{Q_P+Q_D}\times 100\% \tag{11-46}$$

式中　η——干燥系统的热效率，%。

干燥系统的热效率是表征干燥操作性能的一个重要指标，其值越大，热的利用就愈充分，操作费用就愈低。一般情况下，干燥系统的热效率为30%～70%。

【例 11-3】 常压（$P=101.3$kPa）下，以温度为15℃、相对湿度为68.7%的新鲜空气为介质，干燥某种湿物料。空气在预热器中被加热至90℃后送入干燥器，离开干燥器时的温度为50℃。湿物料进入干燥器时的温度为15℃，湿基含水量为13%，物料离开干燥器时的湿基含水量为1%，每小时获得的干物料量为250kg，绝干物料的比热为1.156kJ·kg^{-1}·℃$^{-1}$。预热器的热损失可忽略不计，干燥器内不补充加热。①已知干燥过程为等焓过程，试计算废气的湿度 H_2、新鲜空气的体积流量 V_0 以及干燥系统的热效率 η；②已知干燥过程为非等焓过程，干燥器的热损失为3.2kW，物料离开干燥器时的温度为40℃，试计算废气的湿度 H_2'、新鲜空气的体积流量 V_0' 以及干燥系统的热效率 η'。

解：依题意绘制的干燥流程示意图如图 11-17 所示。

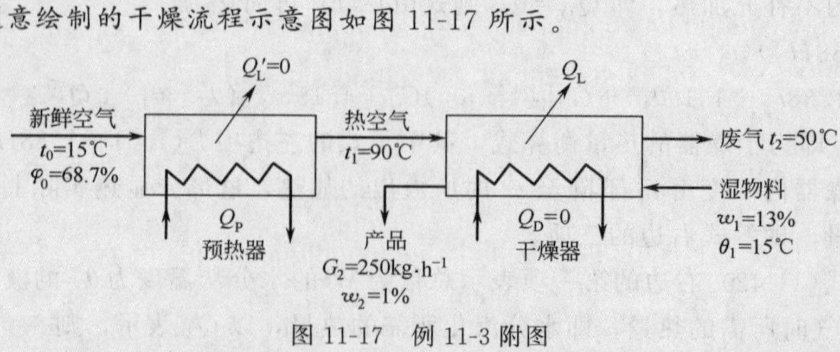

图 11-17　例 11-3 附图

① 干燥过程为等焓过程　由附录 7 查得水在15℃时的饱和蒸气压 $p_{s0}=1.707$kPa。由式(11-6) 得

$$H_0=0.622\frac{\varphi_0 p_{s0}}{P-\varphi_0 p_{s0}}=0.622\times\frac{0.687\times1.707}{101.3-0.687\times1.707}=0.0073\text{kg(水蒸气)}\cdot\text{kg(绝干空气)}^{-1}$$

空气在预热器中被加热的过程为等湿过程，所以

$$H_1=H_0=0.0073\text{kg(水蒸气)}\cdot\text{kg(绝干空气)}^{-1}$$

由式(11-14)得热空气的焓为

$$\begin{aligned}I_1&=(1.01+1.88H_1)t_1+2491H_1\\&=(1.01+1.88\times0.0073)\times90+2491\times0.0073\\&=110.3\text{kJ}\cdot\text{kg(绝干空气)}^{-1}\end{aligned}$$

离开干燥器的热空气（废气）的焓为

$$I_2=(1.01+1.88H_2)t_2+2491H_2=(1.01+1.88H_2)\times50+2491H_2$$

由于干燥过程为等焓过程，因此 $I_1=I_2$，即

$$(1.01+1.88H_2)\times50+2491H_2=110.3$$

解得

$$H_2=0.0231\text{kg(水蒸气)}\cdot\text{kg(绝干空气)}^{-1}$$

由式(11-26)得干燥过程中的水分蒸发量为

$$W=\frac{G_2(w_1-w_2)}{1-w_1}=\frac{250\times(0.13-0.01)}{1-0.13}=34.5\text{kg}\cdot\text{h}^{-1}$$

由式(11-30)得绝干空气的消耗量为

$$L=\frac{W}{H_2-H_0}=\frac{34.5}{0.0231-0.0073}=2184\text{kg(绝干空气)}\cdot\text{h}^{-1}$$

由式(11-32)得新鲜空气的体积流量为

$$\begin{aligned}V_0&=L(0.772+1.244H_0)\frac{t_0+273}{273}\\&=2184\times(0.772+1.244\times0.0073)\times\frac{15+273}{273}\\&=1800\text{m}^3\cdot\text{h}^{-1}\end{aligned}$$

由式(11-34)得预热器的加热量为

$$\begin{aligned}Q_P&=L(1.01+1.88H_0)(t_1-t_0)\\&=2184\times(1.01+1.88\times0.0073)\times(90-15)\\&=167686\text{kJ}\cdot\text{h}^{-1}\\&=46.6\text{kW}\end{aligned}$$

由式(11-43)得水分汽化所需的热量为

$$\begin{aligned}Q_1&=W(2491+1.88t_2-4.19\theta_1)\\&=34.5\times(2491+1.88\times50-4.19\times15)\\&=87014\text{kJ}\cdot\text{h}^{-1}\\&=24.2\text{kW}\end{aligned}$$

又 $Q_D=0$，所以由式(11-46)得干燥系统的热效率为

$$\eta=\frac{Q_1}{Q_P+Q_D}\times100\%=\frac{24.2}{46.6+0}\times100\%=51.9\%$$

② 干燥过程为非等焓过程 在①中已计算出 $W=34.5\text{kg}\cdot\text{h}^{-1}$，$H_1=H_0=0.0073$ kg(水蒸气)·kg(绝干空气)$^{-1}$，$Q_1=87014\text{kJ}\cdot\text{h}^{-1}=24.2\text{kW}$。

由式(11-44) 得产品升温所需的热量为

$$\begin{aligned}Q_2&=G_2[(1-w_2)C_s+4.19w_2](\theta_2-\theta_1)\\&=250\times[(1-0.01)\times1.156+4.19\times0.01]\times(40-15)\\&=7415\text{kJ}\cdot\text{h}^{-1}\end{aligned}$$

又 $Q_L=3.2\text{kW}=11520\text{kJ}\cdot\text{h}^{-1}$，所以由热量衡算式(11-42) 得

$$\begin{aligned}L'&=\frac{Q_1+Q_2+Q_L}{(1.01+1.88H_1)(t_1-t_2)}\\&=\frac{87014+7415+11520}{(1.01+1.88\times0.0073)\times(90-50)}\\&=2587\text{kg(绝干空气)}\cdot\text{h}^{-1}\end{aligned}$$

由式(11-28) 得

$$H_2'=H_1+\frac{W}{L'}=0.0073+\frac{34.5}{2587}=0.0206\text{kg(水蒸气)}\cdot\text{kg(绝干空气)}^{-1}$$

由式(11-32) 得新鲜空气的体积流量为

$$\begin{aligned}V_0'&=L'(0.772+1.244H_0)\frac{t_0+273}{273}\\&=2587\times(0.772+1.244\times0.0073)\times\frac{15+273}{273}\\&=2132\text{m}^3\cdot\text{h}^{-1}\end{aligned}$$

由式(11-34) 得预热器的加热量为

$$\begin{aligned}Q_P'&=L'(1.01+1.88H_0)(t_1-t_0)\\&=2587\times(1.01+1.88\times0.0073)\times(90-15)\\&=198628\text{kJ}\cdot\text{h}^{-1}\\&=55.2\text{kW}\end{aligned}$$

又 $Q_D=0$，所以由式(11-46) 得干燥系统的热效率为

$$\eta'=\frac{Q_1}{Q_P'+Q_D}\times100\%=\frac{24.2}{55.2+0}\times100\%=43.8\%$$

第五节 干燥速率和干燥时间

通过物料衡算和热量衡算，可计算出新鲜空气的消耗量和预热器的加热量，从而为估算或选用风机及预热器提供了依据。但是，为确定干燥器的尺寸，仅仅知道干燥器内的水分蒸发量是不够的，还必须考虑干燥速率和干燥时间等因素。

一、干燥速率

单位时间内在单位干燥面积上所汽化的水分量，称为干燥速率，以 U 表示，单位为 $kg \cdot m^{-2} \cdot s^{-1}$ 或 $kg \cdot m^{-2} \cdot h^{-1}$，即

$$U=\frac{dW}{S d\tau} \tag{11-47}$$

式中　S——干燥面积，即空气与物料接触的总面积，m^2；

W——干燥过程中所汽化的水分量，kg；

τ——干燥时间，s。

由 $W=G_c(X_1-X)$ 得

$$dW=-G_c dX$$

代入式(11-47) 得

$$U=-\frac{G_c}{S}\frac{dX}{d\tau} \tag{11-48}$$

式中负号表示物料中的含水量 X 随时间 τ 的增加而减小。

干燥速率是计算干燥器尺寸的主要依据，但影响干燥速率的因素多而复杂，迄今为止尚不能以数学函数的形式将干燥速率与众多影响因素关联起来。多数情况下，可针对具体的物料和干燥器，通过实验测出干燥曲线和干燥速率曲线，并以此作为干燥器放大或工业设计的依据。

二、恒定干燥条件下的干燥曲线与干燥速率曲线

干燥过程中，干燥速率 U 及物料表面温度 θ 与干燥时间 τ 之间的关系曲线，统称为干燥曲线；而干燥速率 U 与物料含水量 X 之间的关系曲线，称为干燥速率曲线。

干燥过程中，若干燥介质的状态、流速以及与物料的接触方式均保持恒定，则称为恒定干燥条件。为简化过程的影响因素，干燥曲线和干燥速率曲线通常是在恒定干燥条件下测得的。

图 11-18 和图 11-19 分别为恒定干燥条件下的干燥曲线和干燥速率曲线示意。图中 AB 段表示预热阶段，BC 段表示恒速干燥阶段，CDE 段表示降速干燥阶段。

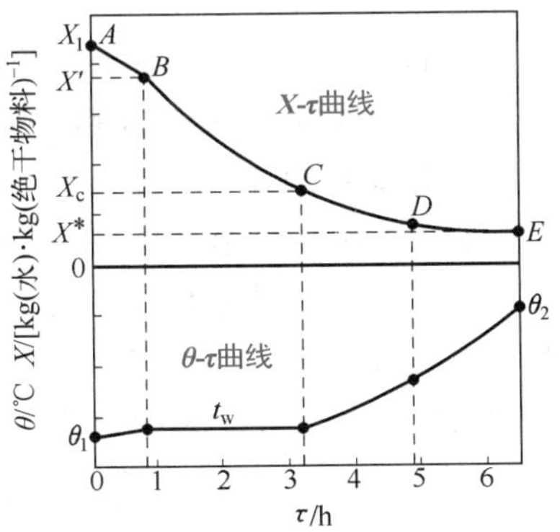

图 11-18　恒定干燥条件下的干燥曲线

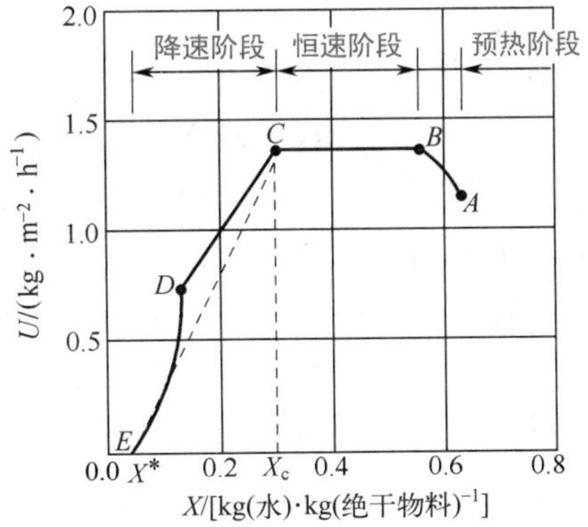

图 11-19　恒定干燥条件下的干燥速率曲线

1. 预热阶段

在预热阶段，热空气所放出的显热除用于汽化水分外，还用于加热物料。因此，随着时

间的延续，物料的含水量下降，表面温度上升，干燥速率增大。

对于实际干燥过程，预热阶段的时间一般很短，在干燥计算中常将其归入恒速干燥阶段。

2. 恒速干燥阶段

由图 11-18 和图 11-19 可知，在恒速干燥阶段，随着时间的延续，物料的含水量下降，但物料的表面温度保持恒定且等于空气的湿球温度，干燥速率保持恒定且为最大值。

恒速干燥阶段除去的水分一般为非结合水，且物料表面始终为非结合水所润湿，此状况与湿球温度计的湿纱布的表面状况相类似。因此，当空气状态一定时，物料的表面温度保持恒定，并等于空气的湿球温度。

在干燥过程中，湿物料表面的水分不断吸收热量而汽化，从而使物料内部与表面之间产生湿度差，于是物料内部的水分便以扩散的方式向湿物料表面传递，这一过程称为内扩散过程。同时，物料表面的水分汽化后亦以扩散的方式向空气主体传递，这一过程称为外扩散过程。

在恒速干燥阶段，内、外扩散的速率能够与表面水分的汽化速率相适应，从而使物料表面始终维持恒定状态。可见，物料表面水分的汽化是该阶段的控制步骤，所以恒速干燥阶段又称为表面汽化控制阶段，该阶段的干燥速率主要取决于干燥介质的状态，而与湿物料的性质关系不大。因此，要提高恒速干燥阶段的干燥速率应从改善干燥介质的状态入手，如提高干燥介质的温度，降低干燥介质的湿度等。

3. 降速干燥阶段

由图 11-18 和图 11-19 可知，在降速干燥阶段，随着时间的延续，物料的含水量和干燥速率均下降，而表面温度上升。

图中的 CD 段称为第一降速段。此时物料的内扩散速率因物料内部水分的减少而下降，并小于物料表面水分的汽化速率，从而使物料表面不能全部维持润湿，即形成部分“干区”，结果使汽化表面积减少。事实上，润湿表面的干燥速率并未改变，但由于干燥速率的计算是以物料的全部外表面积为基准的，因而干燥速率下降。在这一阶段，物料表面汽化的水分有部分结合水，空气传递至物料的显热大于水分汽化所需的潜热，多余的热量则用于物料加热，故表面温度上升。

图中的 DE 段称为第二降速段。此阶段物料表面已不含非结合水，但物料内部仍含有一定量的水分。此时物料表面变干，汽化面逐渐向物料内部移动。由于汽化所需的热量必须通过已被干燥的固体层才能传递至汽化面，而汽化所产生的水分也必须通过已被干燥的固体层才能传递至气相主体中，故传热和传质阻力均显著增大，所以干燥速率较第一降速段下降得更快。此阶段所除去的水分为可除去的结合水，较难除去，因而干燥速率较小。此外，此阶段由空气传递至物料的显热主要用于物料的加热，因而物料的表面温度升高较快，直至出口温度。图中 E 点所对应的干燥速率为零，此时物料中所含的水分即为物料在该空气状态下的平衡水分，以 X^* 表示。

在降速干燥阶段，干燥速率主要由内扩散控制，其大小取决于物料本身的结构、形状和尺寸，而与干燥介质的状态关系不大。因此，要提高降速干燥阶段的速率应从改善物料的内部扩散因素入手，如提高物料的温度、减少物料层的厚度等。

4. 临界含水量

在图 11-18 和图 11-19 中，由恒速干燥阶段进入降速干燥阶段的转折点 C 称为临界点。

临界点所对应的干燥速率仍等于恒速干燥阶段的干燥速率，所对应的物料含水量，称为**临界含水量**，以 X_c 表示。

临界含水量与物料的性质、厚度及干燥速率等因素有关。例如，无孔吸水性物料的临界含水量比多孔物料的大；干燥条件一定时，物料层越厚，临界含水量越大。

临界含水量越大，干燥过程就越早转入降速干燥阶段，对于特定的干燥任务，干燥时间就越长，这无论是从经济的角度还是从生产能力的角度来看，都是不利的。在干燥过程中，采取降低物料层的厚度或对物料加强搅拌等措施，既能降低临界含水量，又能增加干燥面积。气流干燥器和沸腾干燥器等流化干燥设备中的物料具有较低的临界含水量，正是这个原因。

三、恒定干燥条件下的干燥时间

在恒定干燥条件下，物料从最初含水量 X_1 干燥至最终含水量 X_2 所需的时间，可根据干燥速率曲线和干燥速率公式进行计算。由于干燥过程可分为恒速干燥和降速干燥两个阶段，因此干燥时间可分为恒速干燥时间和降速干燥时间。

1. 恒速干燥时间

由于恒速干燥阶段的干燥速率等于临界点的干燥速率 U_c，因此式(11-48) 可改写为

$$d\tau = -\frac{G_c}{SU_c}dX$$

式中　U_c——临界点所对应的干燥速率，$kg \cdot m^{-2} \cdot s^{-1}$ 或 $kg \cdot m^{-2} \cdot h^{-1}$。

设恒速干燥时间为 τ_1，则上式的积分条件为

$$当\ \tau = 0\ 时，X = X_1$$
$$当\ \tau = \tau_1\ 时，X = X_c$$

所以

$$\tau_1 = \int_0^{\tau_1} d\tau = -\frac{G_c}{SU_c}\int_{X_1}^{X_c} dX = \frac{G_c(X_1 - X_c)}{SU_c} \tag{11-49}$$

式(11-49) 即为恒速干燥时间的计算公式，式中 X_c 和 U_c 的数值可从干燥速率曲线中查得。

2. 降速干燥时间

在降速干燥阶段，干燥速率不再是定值。由式(11-48) 得

$$d\tau = -\frac{G_c}{SU}dX$$

设降速干燥时间为 τ_2，则上式的积分条件为

$$当\ \tau = 0\ 时，X = X_c$$
$$当\ \tau = \tau_2\ 时，X = X_2$$

所以

$$\tau_2 = \int_0^{\tau_2} d\tau = -\frac{G_c}{S}\int_{X_c}^{X_2} \frac{dX}{U} = \frac{G_c}{S}\int_{X_2}^{X_c} \frac{dX}{U} \tag{11-50}$$

式(11-50) 的积分计算可采用图解法或解析法。

(1) 图解积分法　由干燥速率曲线查出不同 X 值下的 U 值，然后以 X 为横坐标，$\frac{1}{U}$为

纵坐标，标绘出$\frac{1}{U}$与X之间的关系曲线，如图 11-20 所示。图中由$X=X_c$、$X=X_2$及$\frac{1}{U}$与X的关系曲线所包围的面积即为积分值$\int_{X_2}^{X_c}\frac{dX}{U}$，代入式(11-50)即可求出降速干燥时间$\tau_2$。

（2）解析法　若缺乏物料在降速干燥阶段的干燥速率曲线，则可用图 11-19 中的直线 CE 近似代替降速干燥阶段的干燥速率曲线。由直线的斜率可得

$$\frac{U-0}{X-X^*}=\frac{U_c-0}{X_c-X^*}$$

即

$$U=\frac{U_c}{X_c-X^*}(X-X^*)$$

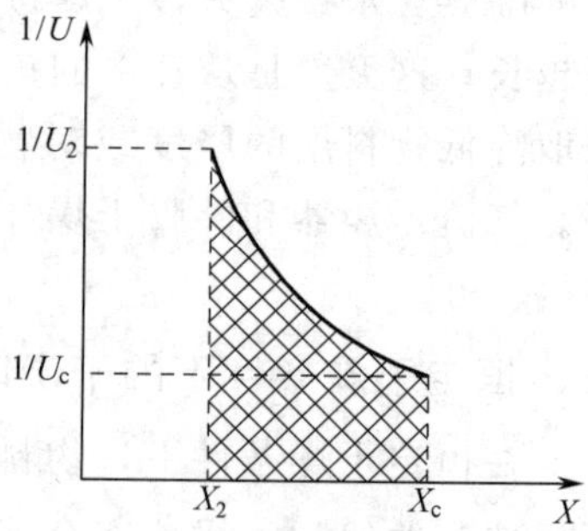

图 11-20　干燥时间的计算

代入式(11-50)得

$$\tau_2=\frac{G_c}{S}\int_{X_2}^{X_c}\frac{dX}{U}=\frac{G_c(X_c-X^*)}{SU_c}\int_{X_2}^{X_c}\frac{dX}{X-X^*}=\frac{G_c(X_c-X^*)}{SU_c}\ln\frac{X_c-X^*}{X_2-X^*} \tag{11-51}$$

3. 总干燥时间

对于连续干燥过程，总干燥时间等于恒速干燥时间与降速干燥时间之和，即

$$\tau=\tau_1+\tau_2 \tag{11-52}$$

式中　τ——总干燥时间，s 或 h。

对于间歇干燥过程，总干燥时间（又称为干燥周期）还应包括辅助操作时间，即

$$\tau=\tau_1+\tau_2+\tau' \tag{11-53}$$

式中　τ'——辅助操作时间，s 或 h。

第六节　干燥设备

在制药化工生产中，由于被干燥物料的形状和性质的不同，加上生产规模、生产能力及干燥要求的差异，干燥器的形式是多种多样的。按热能传给湿物料的方式不同，干燥器可分为四类：①传导干燥器，如减压干燥器和冷冻干燥器等；②对流干燥器，如厢式干燥器、气流干燥器、沸腾床干燥器、喷雾干燥器、带式干燥器和转筒干燥器等；③辐射干燥器，如红外干燥器等；④介电干燥器，如微波干燥器等。

一、常用干燥器

1. 厢式干燥器

厢式干燥器又称为盘架式干燥器，是一种典型的常压间歇干燥设备。一般小型的称为烘箱，大型的称为烘房，其基本结构如图 11-21 所示。

工作时，先将湿物料置于长方形浅盘中，然后将浅盘放在装有框架的小车上，并推入厢内。原空气由进口处吸入，在风扇的作用下分为两路，分别经预热器加热后沿可调节的百叶窗式挡板均匀地流入各层，与物料进行对流干燥。干燥后的废气一部分由出口排出，一部分循环使用，以提高热效率，这种干燥流程称为部分废气循环流程。当物料达到规定的含水量时，将小车从厢内推出。

操作过程中应根据干燥情况控制废气的循环比。干燥初期通常处于恒速干燥阶段，应控制较低的循环比。干燥后期通常处于降速干燥阶段，应控制较高的循环比，甚至全循环。

厢式干燥器的优点是结构简单、投资费用少，可同时干燥几种物料，具有较强的适应能力，适用于小批量的粉粒状、片状、膏状物料以及脆性物料的干燥。缺点是装卸物料的劳动强度较大，且热空气仅与静止的物料相接触，因而干燥速率较小，干燥时间较长，且干燥不易均匀。

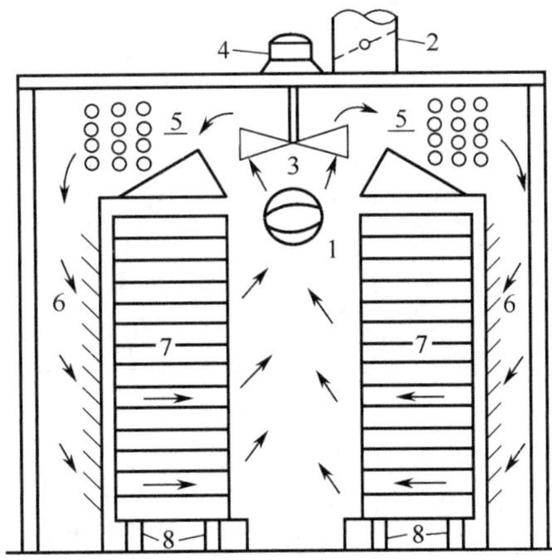

图 11-21　厢式干燥器

1—空气进口；2—空气出口；3—风扇；4—电动机；5—加热器；6—挡板；7—盘架；8—移动轮

2. 真空耙式干燥器

真空耙式干燥器由带蒸气夹套的壳体，以及壳体内可定时变向旋转的耙式搅拌器组成，如图 11-22 所示。混合物由壳体上方加入，干燥产品由底部卸料口放出。由于耙齿搅拌器的不断转动，使物料得以均匀干燥。物料由间接蒸气加热，汽化的气体被真空泵抽出，经旋风分离器将所夹带的粉尘分离后，再经冷凝器将水蒸气冷凝后排出，不凝性气体则放空。

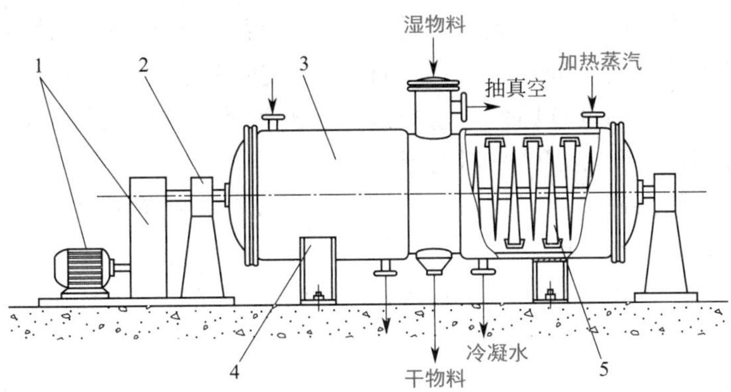

图 11-22　真空耙式干燥器

1—传动装置；2—轴承支座；3—干燥筒体；4—筒体支座；5—搅拌耙

真空耙式干燥器和厢式干燥器相比，劳动强度低、工作条件好，且比其他干燥器有更好的适应性。所干燥物料既可为浆状和膏状，也可为粒状和粉状，可将物料含水量降低至0.05%。缺点是干燥时间长、生产能力低、设备结构复杂、活动部件需经常检修。此外，该设备的卸料也不易干净，不宜用于经常更换品种或物料耐热性差的干燥生产。

3. 气流干燥器

气流干燥器是利用高速热气流，使粒状或块状物料悬浮于气流中，一边随气流并流输送，一边进行干燥。

如图 11-23 所示，气流干燥器的主体是一根 10～20m 的直立圆筒，称为干燥管。工作时，物料由螺旋加料器输送至干燥管下部。空气由风机输送，经热风炉加热至一定温度后，以 20～40$m \cdot s^{-1}$ 的高速进入干燥管。在干燥管内，湿物料被热气流吹起，并随热气流一起流动。在流动过程中，湿物料与热气流之间进行充分的传质与传热，使物料得以干燥，经旋风分离器分离后，干燥产品由底部收集包装，废气经袋滤器回收细粉后排入大气。

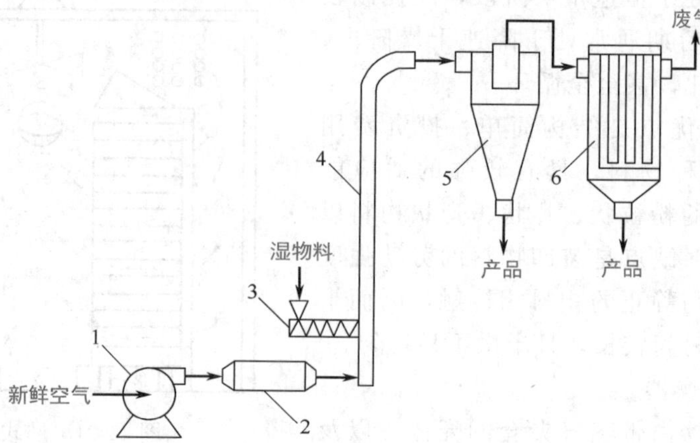

图 11-23 气流干燥流程示意

1—鼓风机；2—加热器；3—螺旋加料器；4—干燥管；5—旋风分离器；6—袋滤器

气流干燥器结构简单，占地面积小，热效率较高，可达 60%左右。由于物料高度分散于气流中，因而气固两相间的接触面积较大，从而使传热和传质速率较大，所以干燥速率快，干燥时间短，一般仅需 0.5～2s。由于物料的粒径较小，故临界含水量较低，从而使干燥过程主要处于恒速干燥阶段。因此，即使热空气的温度高达 300～600℃，物料表面的温度也仅为湿空气的湿球温度（62～67℃），因而不会使物料过热。在降速干燥阶段，物料的温度虽有所提高，但空气的温度因供给水分汽化所需的大量潜热通常已降至 77～127℃。因此，气流干燥器特别适用于热敏性物料的干燥。

气流干燥器因使用高速气流，故阻力较大，能耗较高，且物料之间的磨损较为严重，对粉尘的回收要求较高。

气流干燥器适用于以非结合水为主的颗粒状物料的干燥，但不适用于对晶体形状有一定要求的物料的干燥。

4. 沸腾床干燥器

沸腾床干燥器又称为流化床干燥器，它是流态化原理在干燥中的具体应用。如图 11-24 所示，颗粒状湿物料由床侧加料器加入，与通过多孔分布板的热气流充分接触。只要气流速度保持在颗粒的临界流化速度与带出速度（自由沉降速度）之间，颗粒便能在床内形成“沸腾状”的翻动，互相碰撞和混合，并与热气流之间进行充分的传热与传质，从而达到干燥的目的。干燥后的物料由床侧出料管卸出，气流由顶部经旋风分离器和袋滤器回收细粉后排出。

沸腾床干燥器结构简单、紧凑，造价较低。由于物料与气流之间可充分接触，因而接触面积较大，干燥速率较快。此外，物料在床内的停留时间可根据需要进行调节，因而特别适用于难干燥或含水量要求较低的颗粒状物料的干燥。若向沸腾床内喷入黏接剂和包衣，则可将造粒、包衣、干燥三种过程一次完成，称为一步流化造粒机。缺点是物料在床内的停留时间分布不均，因而容易引起物料的短路与返混，也不适用于易结块及黏性物料的干燥。

5. 喷雾干燥器

喷雾干燥是利用雾化器将原料液分散成细小的雾滴后，通过与热气流相接触，使雾滴中

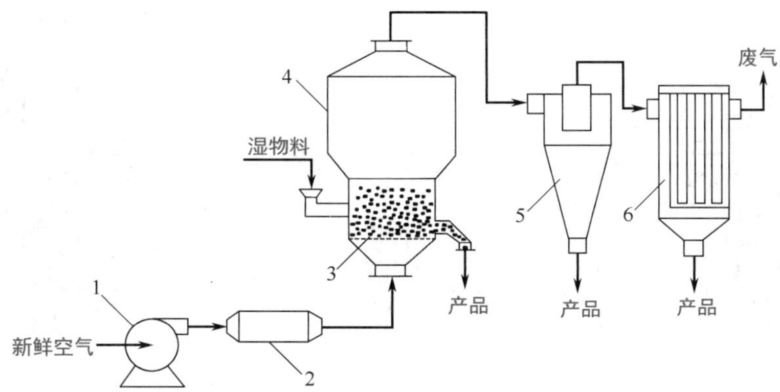

图 11-24　沸腾床干燥流程示意

1—鼓风机；2—加热器；3—分布板；4—沸腾床干燥器；5—旋风分离器；6—袋滤器

水分被迅速汽化而直接获得粉状、粒状或球状等固体产品的干燥过程。原料液可以是溶液、悬浮液或乳浊液，也可以是膏糊液或熔融液。喷雾干燥具有许多独特的技术优势，因而在制药生产中有着十分广泛的应用。

（1）喷雾干燥流程　虽然喷雾干燥所处理的原料液千差万别，最终获得的产品形态也不尽相同，但其装置流程却基本相似。一般情况下，喷雾干燥流程由气流加热、原料液供给、干燥、气固分离和操作控制五个子系统组成。喷雾干燥所用的干燥介质通常为热空气，典型的喷雾干燥流程如图 11-25 所示。

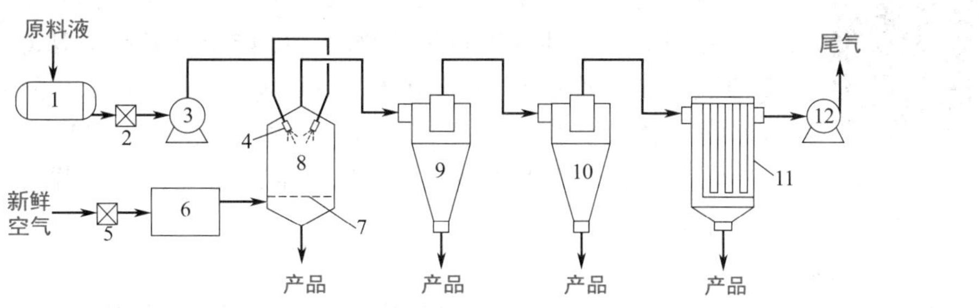

图 11-25　喷雾干燥流程

1—料液贮罐；2—料液过滤器；3—输料泵；4—雾化器；5—空气过滤器；6—空气加热器；7—空气分布器；
8—喷雾干燥器；9—一次旋风分离器；10—二次旋风分离器；11—袋滤器；12—引风机

操作时，新鲜空气经过滤、加热和分布器分布后，直接进入干燥室，而原料液则由泵先输送至雾化器，分散成雾滴后，再进入干燥室与热气流接触并被干燥，干燥后的产品一部分由底部直接排出，而随尾气带出的另一部分产品则由旋风分离器或袋滤器进行收集。

（2）雾化器　在喷雾干燥操作中，雾化器是影响产品质量和生产能耗的一个关键设备，不同的雾化器会产生不同的雾化形式。目前工业生产中，雾化器的种类很多，常见的有气流式、离心式和压力式等。气流式雾化器是采用压缩空气或水蒸气从喷嘴处的高速喷出，引起气液两相间的速度差并产生摩擦力，使料液分散成雾滴。离心式雾化器是采用高速旋转的转盘或转轮所产生的离心力，使料液由盘或轮的边缘处快速甩出而形成雾滴。压力式雾化器是采用高压泵先使料液获得高压，然后当料液通过喷嘴时，压力能将转变为动能，料液被高速喷出而形成雾滴。气流式、离心式和压力式雾化器的结构如图 11-26 所示。

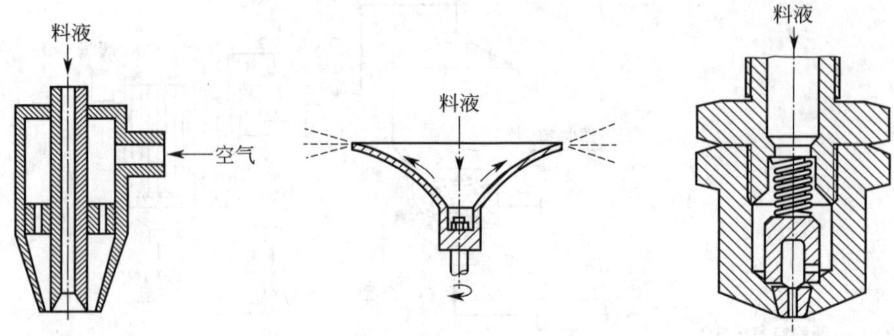

(a) 气流式　(b) 离心式　(c) 压力式

图 11-26　雾化器

虽然气流式、离心式和压力式雾化器都可形成相对均匀的雾滴，满足干燥雾化的要求，但均存在着各自的优势与不足。气流式雾化器的结构相对简单，适用范围较广，可处理任何黏度或稍带固体的料液，但它的动力消耗较大，一般约为离心式或压力式雾化器的 5～8 倍。离心式雾化器的操作较为简便，对料液的适应性较强，操作弹性也较大，还不易堵塞，适于处理高黏度或固体浓度较大的料液干燥，但结构相对复杂，对制造和加工技术的要求较高，且不适于逆流操作。压力式雾化器的制造成本相对较低，维修方便，生产能力也较大，能耗也不高，但难以用于高黏度料液的雾化，且因喷嘴的孔径所限，喷雾前需对料液进行严格的过滤。

11-05　喷雾干燥技术在中药生产中的常见问题

与其他类型的干燥器相比，喷雾干燥有许多优点：①干燥过程速率快、时间短，尤其适于热敏性物料。②能干燥其他方法难于处理的低浓度溶液，且可直接获得干燥产品，省去蒸发、结晶、分离及粉碎等操作。③可连续、自动化生产，操作稳定。④产品质量高及劳动条件好（干燥过程中无粉尘飞扬）。缺点是体积庞大、操作弹性较小、热效率低、能耗大。

6. 冷冻干燥器

冷冻干燥是将湿物料冷冻至冰点以下，然后将其置于高真空中加热，使其中的水分由固态冰直接升华为气态水而除去，从而达到干燥的目的。

如图 11-27 所示，冷冻干燥器内设有若干层导热隔板，隔板内设有冷冻管和加热管，分别对物料进行冷冻和加热。冷凝器内设有若干组螺旋冷凝蛇管，其作用是对升华的水蒸气进行冷凝。工作时，首先对湿物料进行预冻，预冻温度比共熔点低 5℃左右。待物料完全冻结后，保持 1～2h 左右开始抽真空升华，升华时物料温度必须保持在共熔点以下。待物料内的冻结冰全部升华完毕，将板温升高至 30℃左右。当物料温度与板温一致时，即达干燥终点。

冷冻干燥可保持物料原有的化学组成和物理性质（如多孔结构、胶体性质等），特别适用于热敏性物料的干燥。对抗生素、生物制剂等药物的干燥，冷冻干燥几乎是无可替代的干燥方法。但冷冻干燥设备的投资较大、干燥时间较长、能量消耗较高。

7. 红外干燥器

红外干燥器是利用红外辐射器发出的红外线被湿物料所吸收，引起分子激烈共振并迅速转变为热能，从而使物料中的水分汽化而达到干燥的目的。由于物料对红外辐射的吸收波段大部分位于远红外区域，如水、有机物等在远红外区域内具有很宽的吸收带，因此在实际应

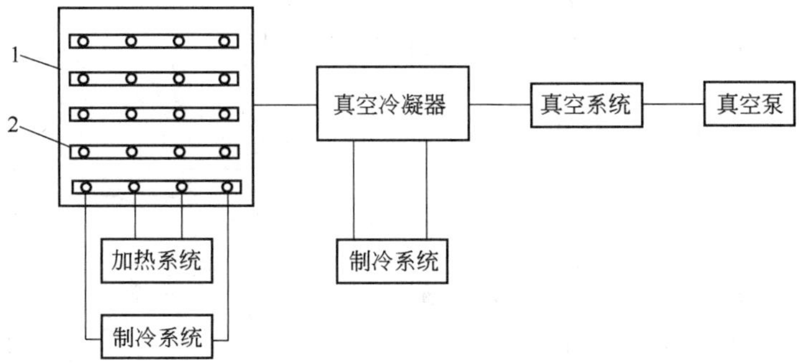

图 11-27　冷冻干燥流程示意

1—冷冻干燥器；2—导热隔板

用中以远红外干燥技术最为常用。

图 11-28 所示的隧道式远红外干燥器是一种连续式红外干燥设备，它主要由远红外发生器、物料传送装置和保温排气罩组成。远红外发生器由煤气燃烧系统和辐射源组成，其中辐射源是以铁铬铝丝制成的煤气燃烧网。当煤气与空气的混合气体在煤气燃烧网上燃烧时，铁铬铝网即发出远红外线。工作时，装有物料的浅盘由链条传送带连续输入和输出隧道，物料在通过隧道的过程中不断吸收辐射器发出的远红外线，从而使所含的水分不断汽化而除去。

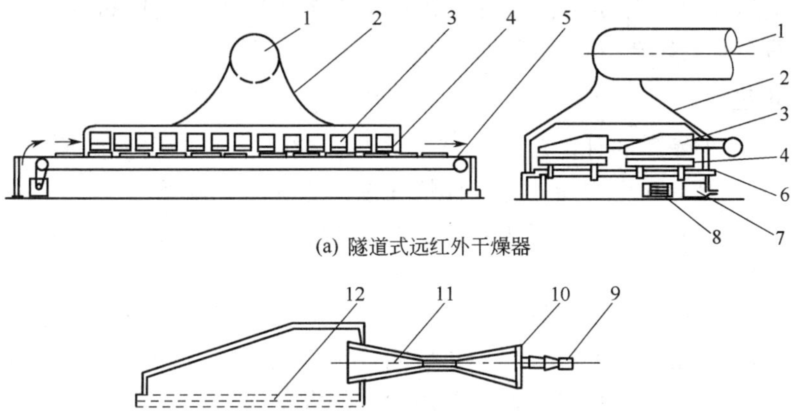

(a) 隧道式远红外干燥器

(b) 远红外发生器

图 11-28　隧道式远红外干燥器

1—排风管；2—罩壳；3—远红外发生器；4—物料盘；5—传送链；6—隧道；7—变速箱；8—电动机；9—煤气管；10—调风板；11—喷射器；12—煤气燃烧网

红外干燥器是一种辐射干燥器，工作时不需要干燥介质，从而可避免废气带走大量的热量，故热效率较高。此外，红外干燥器具有结构简单、造价较低、维修方便、干燥速率快、控温方便迅速、产品均匀清净等优点，但红外干燥器一般仅限于薄层物料的干燥。

8. 微波干燥器

微波干燥器主要由直流电源、微波发生器（微波管）、波导、微波加热器（干燥室）和冷却系统组成，如图 11-29 所示。微波发生器的作用是将直流电源提供的高压转换成微波能量。波导由中空的光亮金属短管组成，其作用是将微波能量传输至微波加热器以对湿物料进行加热干燥。冷却系统用于对微波管的腔体等部分进行冷却，冷却方式可以采用风冷或水冷。

微波炉是最常用的微波干燥器，其工作原理如图 11-30 所示。腔内被干燥物料受到来自各个方向的微波反射，使微波几乎全部用于湿物料的加热。

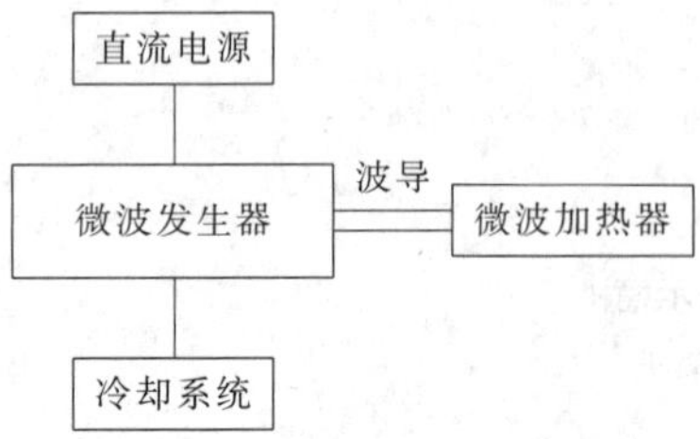

图 11-29　微波干燥器的组成

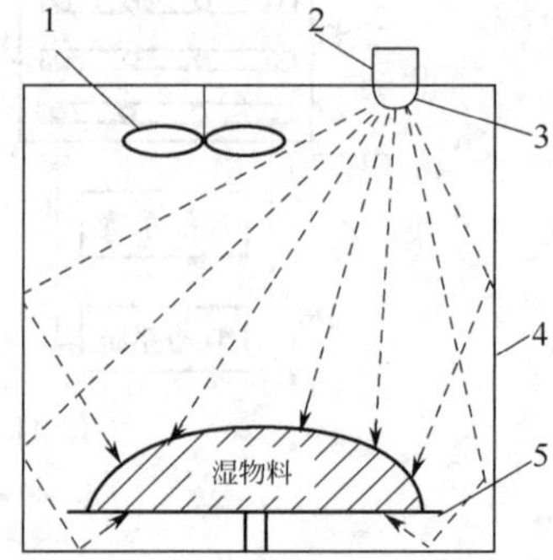

图 11-30　微波炉的工作原理

1—搅拌器；2—磁控管；3—反射板；4—腔体；5—塑料盘

微波干燥器是一种介电加热干燥器，水分汽化所需的热能并不依靠物料本身的热传导，而是依靠微波深入到物料内部，并在物料内部转化为热能，因此微波干燥的速率很快。微波加热是一种内部加热方式，且含水量较多的部位，吸收能量也较多，即具有自动平衡性能，从而可避免常规干燥过程中的表面硬化和内外干燥不均匀现象。微波干燥的热效率较高，并可避免操作环境的高温，劳动条件较好。缺点是设备投资大、能耗高，若安全防护措施欠妥，微波的泄漏会对人体造成伤害。

二、干燥器的选型

11-06　新兴的太阳能干燥器

11-07　物料的多样性

干燥器的种类很多，特点各异，实际生产中应根据被干燥物料的性质、干燥要求和生产能力等具体情况选择适宜的干燥器。

在制药化工生产中，许多产品要求无菌、避免高温分解及污染，故制药化工生产中所用的干燥器常以不锈钢材料制造，以保证产品的质量。

对于特定的干燥任务，常可选出几种适用的干燥器，此时应通过经济衡算来确定。干燥过程的操作费用往往较高，因此即使设备费用在某种程度上高一些，也宁可选择操作费用较低的设备。

从操作方式的角度，间歇操作的干燥器适用于小批量、多品种、干燥条件变化大、干燥时间长的物料的干燥，而连续操作的干燥器可缩短干燥时间，提高产品质量，适用于品种单一、大批量的物料的干燥。从物料的角度，对于热敏性、易氧化及含水量要求较低的物料，宜选用真空干燥器；对于生物制品等冻结物料，宜选用冷冻干燥器；对于液状或悬浮液状物料，宜选用喷雾干燥器；对于形状有要求的物料，宜选用厢式、隧道式或微波干燥器；对于糊状物料，宜选用厢式干燥器、气流干燥器和沸腾床干燥器；对于颗粒状或块状物料，宜选用气流干燥器、沸腾床干燥器等。

习　　题

本章目标检测题

1. 常压下，空气的温度 $t=40℃$，相对湿度 $\varphi=20\%$，试计算：①空气的湿度 H；②空气的比容 υ_H；③空气的密度 ρ_H；④空气的比热 C_H；⑤空气的焓 I_H；⑥空气的露点 t_d。[0.0092kg(水蒸气)·kg(绝干空气)$^{-1}$，0.898m^3·kg(绝干空气)$^{-1}$，1.124kg·m^{-3}，

1.027kJ·kg^{-1}·℃$^{-1}$，64.01kJ·kg（绝干空气）$^{-1}$，12.6℃]

2. 常压下，空气的温度 $t=85$℃，湿度 $H=0.02$kg(水蒸气)·kg(绝干空气)$^{-1}$，试利用空气的焓湿图以图解法确定：①空气中的水蒸气分压 p；②空气的相对湿度 φ；③空气的露点 t_d；④空气的焓 I_H；⑤空气的绝热饱和温度 t_{as}；⑥空气的湿球温度 t_w。[3.1kPa，6%，25℃，137kJ·kg(绝干空气)$^{-1}$，35℃，35℃]

3. 用一干燥器将湿物料的含水量由30%（湿基，下同）干燥至1%。已知湿物料的处理量为2000kg·h^{-1}；新鲜空气的初温为25℃，相对湿度为60%；空气在预热器中被加热至120℃后送入干燥器，离开干燥器时的温度为40℃，相对湿度为80%，试计算：①水分的蒸发量；②绝干空气的消耗量；③新鲜空气的体积流量。[586.04kg·h^{-1}，22032kg(绝干空气)·h^{-1}，18925m^3·h^{-1}]

4. 常压下，以温度为20℃、湿度为0.01kg(水蒸气)·kg(绝干空气)$^{-1}$的新鲜空气为介质，干燥某种湿物料。空气经预热器预热至100℃后送入干燥器，若空气在干燥器内经历等焓干燥过程，离开干燥器时的湿度为0.02kg(水蒸气)·kg(绝干空气)$^{-1}$，试计算：①离开预热器时空气的相对湿度；②100m^{3}的原空气经预热后所增加的热量；③100m^{3}的原空气在干燥器内等焓冷却时所蒸发的水分量；④空气离开干燥器时的温度。(1.6%，9.77×10^{3}kJ，1.19kg，74.3℃)

5. 常压下，以温度为20℃、相对湿度为60%的新鲜空气为介质，干燥某种湿物料。空气在预热器中被加热至90℃后送入干燥器，离开干燥器时的温度为45℃，湿度为0.022kg(水蒸气)·kg(绝干空气)$^{-1}$。湿物料进入干燥器时的温度为20℃，湿基含水量为3%，物料离开干燥器时的温度为60℃，湿基含水量为0.2%。每小时湿物料的处理量为1100kg，物料的平均比热为3.28kJ·kg^{-1}·℃$^{-1}$。预热器的热损失可忽略不计，干燥器的热损失为1.2kW。试计算：①水分蒸发量 W；②绝干空气消耗量 L；③新鲜空气的体积流量 V_0；④预热器的加热量 Q_P；⑤干燥器内的补充加热量 Q_D；⑥干燥系统的总加热量；⑦干燥系统的热效率 η。[30.84kg·h^{-1}，2372kg(绝干空气)·h^{-1}，1995m^3·h^{-1}，47.4kW，31kW，78.4kW，27.22%]

6. 用一间歇操作的干燥器，将湿物料的含水量由 $w_1=30\%$（湿基，下同）干燥至 $w_2=5\%$。已知每批操作的投料量为200kg（湿料），干燥表面积为0.025m^2·kg(绝干物料)$^{-1}$，恒速干燥速率 $U_c=1.5$kg·m^{-2}·h^{-1}，物料的临界含水量 $X_c=0.2$kg(水)·kg(绝干物料)$^{-1}$，平衡含水量 $X^*=0.05$kg(水)·kg(绝干物料)$^{-1}$。若辅助操作时间 $\tau'=1.5$h，试计算每批物料的干燥周期。(23.82h)

思考题

1. 去湿的方法有哪些？各有什么特点？
2. 按传热方式的不同，干燥可分为哪几种？
3. 简述对流干燥流程以及对流干燥过程进行的条件。
4. 什么是相对湿度？它与湿空气的吸湿能力有什么关系？
5. 如何用露点和干球温度来判断湿空气所处的状态？
6. 物料含水量有哪两种表示方法？它们之间有什么关系？
7. 简述平衡水分与自由水分。
8. 简述结合水分与非结合水分。
9. 如何提高恒速干燥阶段和降速干燥阶段的干燥速率？
10. 什么是临界含水量？如何降低临界含水量？
11. 简述喷雾干燥的优点和缺点及在制药生产中的常见问题。
12. 分别从操作方式和物料的角度简述干燥器的选择方法。

第十二章　吸附与离子交换

第一节　吸附

学习要求

1. 掌握：吸附的基本原理，离子交换的基本原理。
2. 熟悉：常用吸附剂，吸附剂的再生方法，离子交换树脂的再生原理。
3. 了解：吸附等温线方程式，吸附过程的计算，固定床吸附过程，典型的离子交换设备。

本章课件

吸附分离是一种古老的分离技术，吸附现象在很早以前就已被人们发现并应用到生产实践中。两千多年前我国劳动人民已经采用木炭来吸湿和除臭，在湖南长沙出土的马王堆一号古汉墓中，棺的外面就放有木炭以作防腐之用。吸附普遍存在于人们的生活和生产活动中，例如，墨水滴在文稿上时可用粉笔吸干墨水，生产自来水时可用活性炭吸附水中杂质，有色液体常用活性炭吸附脱色等。近几十年来，吸附分离技术得到了迅速发展，已广泛应用于冶金、化工、钢铁、食品、医药等领域。

一、基本原理

当流体与固体颗粒，尤其是多孔性颗粒接触时，由于流体分子与固体表面分子之间的相互作用，流体中的某些组分便富集于固体表面，这种现象称为**吸附**。就原理而言，吸附是利用吸附剂将特定组分从气体或液体中分离出来的单元操作。在吸附过程中，具有一定吸附能力的多孔性固体物质称为**吸附剂**，被吸附的物质称为**吸附质**。吸附过程发生后，若改变操作条件，原吸附于固体上的组分也可能重新回到流体中，这种现象称为**解吸**。吸附分离过程正是利用吸附质在吸附剂上的吸附与解吸，来实现混合物中组分的分离与回收的目的。

根据吸附剂与吸附质之间相互作用力的不同，吸附可分为物理吸附和化学吸附两种类型。

物理吸附是由于吸附质与吸附剂的分子之间存在分子间力即范德华力而引起的，因此又称为**范德华吸附**。物理吸附一般为可逆吸附，且吸附速率较快。由于分子间引力普遍存在于吸附剂与吸附质之间，故物理吸附没有选择性。此外分子间引力的大小因吸附剂与吸附质的种类不同而不同，因而不同体系的吸附量相差悬殊。表 12-1 给出了部分气体在活性炭上的吸附量。从中可以看出，不同气体在活性炭上的吸附量各不相同。

表 12-1　部分气体在活性炭上的吸附量（15℃）

气体	吸附量/[L(标况)·kg^{-1}]	气体临界温度/K	气体	吸附量/[L(标况)·kg^{-1}]	气体临界温度/K
H_2	4.7	33	HCl	72	324
N_2	8.0	126	H_2S	99	373
CO	9.3	134	NH_3	181	406
CH_4	10.2	190	Cl_2	235	417
CO_2	48	304	SO_2	380	430

化学吸附是由于吸附质与吸附剂的分子之间形成化学键而引起的。在化学吸附过程中，被吸附的分子与吸附剂的表面分子之间发生了电子转移、原子重排或化学键的破坏与生成。化学吸附一般为不可逆吸附，吸附过程需一定的活化能，因而吸附速率较慢。此外化学吸附具有选择性，只有当吸附剂与吸附质的分子之间形成化学键时，才会发生化学吸附。例如，氢在钨或镍的表面上可发生化学吸附，但在铝或铜的表面上却不发生化学吸附。

通常，吸附分离过程包括吸附和脱附两部分。脱附是吸附的逆过程，是使已被吸附的组分达到饱和的吸附剂中析出。脱附的目的是回收被吸附的有用物质作为产品或使吸附剂恢复原状，得以再生，从而重复进行吸附操作，或两者兼而有之。

同一吸附剂对同种气体，温度越高，吸附量越小；压力越高，吸附量越大。利用这一特性，可使吸附剂上吸附的气体脱附下来，使吸附剂再生，达到循环利用的目的。例如利用吸附剂的平衡吸附量随温度升高而降低的特性，采用常温吸附、升温脱附的操作方法使吸附剂再生，这种工艺过程称为变温吸附；利用吸附剂吸附量随压力升高而升高的特性，采用高压吸附、低压脱附的操作方法，使吸附剂再生，这种工艺过程称为变压吸附。

二、吸附剂的物理性质

1. 孔径和孔径分布

在吸附剂颗粒内部，含有大量的孔隙，这些孔隙的大小及分布对吸附剂的性能有很大影响。吸附剂颗粒内部孔径的大小可分成三类，其中大孔孔径范围为 $2\times10^{-7}\sim1\times10^{-5}$m，过渡孔为 $1\times10^{-8}\sim2\times10^{-7}$m，微孔为 $1\times10^{-9}\sim1\times10^{-8}$m。由于各种吸附剂的孔径变化范围很大，因此常用平均孔径来表示。

孔径分布又称为孔容分布，反映了吸附剂内部某一孔径范围内孔隙体积的分布情况。一般来说，活性炭的孔径分布较宽，而分子筛的孔径分布较窄。

2. 孔隙率

吸附剂颗粒内部的孔隙体积占颗粒总体积的比率称为**孔隙率**，孔隙率常用 ε_p 表示。

3. 比表面积

单位质量的吸附剂所具有的表面积称为**比表面积**。在恒温条件下，固体吸附剂与被吸附气体达到吸附平衡时，可根据 BET 理论，利用吸附等温方程可求出比表面积。

4. 密度

(1) 堆密度　**堆密度**又称为填充密度。测定堆密度时，将一定量烘干后的吸附剂装入量筒中，摇实至体积不变时，加入到量筒中的吸附剂质量与其所占体积之比值即为该吸附剂的堆密度。

(2) 表观密度　**表观密度**又称为颗粒密度或假密度。它是指扣除吸附剂颗粒与颗粒之间的间隙体积后，单位体积吸附剂颗粒的质量。由于汞在常压下能填充于颗粒之间的间隙，而不能进入吸附剂的内部孔隙中，因此常用汞置换法来测量颗粒之间的间隙体积，从而可计算出吸附剂的表观密度。

(3) 真实密度　**真实密度**是指扣除吸附剂颗粒内部的孔隙体积后，单位体积吸附剂颗粒的质量。由于氦、水、苯等不仅能进入颗粒之间的间隙，而且可进入吸附剂颗粒的内孔中，因此常用它们代替汞，进行类似的汞置换法，可测得吸附剂的真实密度。

5. 容量

吸附剂的吸附容量分为静吸附量（平衡吸附量）和动吸附量两类。

静吸附量是指当吸附剂与含有吸附质的气体或液体相互接触并达到充分平衡后，单位质量的吸附剂吸附气体的量。测定静吸附量最直接的方法就是测量吸附前后被吸附气体体积的变化或吸附剂质量的变化。

动吸附量是指当含吸附质的混合气体流过吸附剂床层时，经长时间接触并达到稳定后吸附剂的平均吸附量。动吸附量通常小于静吸附量。

三、常用吸附剂

在吸附分离过程中，常用的吸附剂主要有活性白土、活性炭、硅胶、活性氧化铝、分子筛、吸附树脂等。常见吸附剂的性能列于表 12-2 中。

表 12-2　常见吸附剂的性能

吸附剂	孔隙率/%	堆密度$\times10^{-3}$/(kg·m^{-3})	比表面积$\times10^{-3}$/(m^2·kg^{-1})	孔径$\times10^9$/m	容量/(kg·kg^{-1})
活性白土	30～50	0.6～0.8	100～250	3.0～4.0	0.1～0.2
活性炭	35～50	0.4～0.6	1000	2.0～3.5	0.7～1.2①
硅胶	35～55	0.45～0.8	300～900	2.0～5.0	0.4～0.6
活性氧化铝	30～60	0.75～0.8	200～400	3.0～4.0	0.15～0.22
沸石分子筛	60	0.5～0.7	500～700	0.3～1.0	0.2～0.3
吸附树脂	30～50	1.02	300～500	20.0～30.0	

① 碘值：在 0.1mol·L^{-1} 碘溶液中加入活性炭 24h 后所测得的吸附容量。

1. 活性白土

活性白土又称为漂白土，其主要成分为硅藻土。在 80～100℃下，将天然白土用浓度为 20%～40%的硫酸处理后，即得活性白土。常见的活性白土一般由 50%～70%的 SiO_2、10%～16%的 Al_2O_3，以及氧化铁、氧化镁等物质组成。市售活性白土有粉末状和颗粒状两种规格，在制药化工生产中常用作脱色剂。

2. 活性炭

活性炭是一种多孔含碳物质的颗粒或粉末，木材、煤、椰子壳、果核等含碳物质，经炭化和活化处理后均能制成活性炭。活性炭不仅具有良好的化学稳定性和机械强度，而且具有高度发达的孔隙结构，比表面积可达 $1\times10^6 m^2 \cdot kg^{-1}$ 以上，因而具有很强的吸附能力。

活性炭既可用于气相吸附，又可用于液相吸附。一般情况下，用于气相吸附的活性炭，其孔径大多在 1×10^{-9}～2.5×10^{-9}m；而用于液相吸附的活性炭，其孔径大多接近或大于 3×10^{-9}m。目前，活性炭已广泛应用于制药化工过程，如各类有机蒸气的吸附，溶液的脱色、除臭，药物的精制等。

12-01　百灵的解毒剂——活性炭

3. 活性氧化铝

活性氧化铝是由铝的水化物[$Al(OH)_3 \cdot 3H_2O$]加热脱水而制成的多孔性吸附剂，比表面积可达 2×10^5～$4\times10^5 m^2 \cdot kg^{-1}$。活性氧化铝具有良好的化学稳定性和机械强度，对水分具有很强的吸附能力，因而常用于气体的干燥和脱湿。此外，活性氧化铝还被用作催化剂及其载体。

4. 硅胶

硅胶是一种坚硬、多孔的固体颗粒，其主要成分为 $SiO_2 \cdot nH_2O$。市售硅胶通常为球型，也可为粉末状或其他形状。硅胶难于吸附非极性物质，但极易吸附水、甲醇等极性物质，如吸附气体中的水分量可达硅胶自身质量的 50%以上，故硅胶常用作气体或液体的干燥剂。此外，硅胶还可作为催化剂的载体使用。

5. 分子筛

分子筛是一种人工合成的高选择性吸附剂，其主要成分是 SiO_2 和 Al_2O_3 等组成的结晶硅铝酸盐，一般可表示为 $R_xO \cdot Al_2O_3 \cdot mSiO_2 \cdot nH_2O$，其中 R 表示金属离子，通常为 Ca^{2+} 和 Na^+。

分子筛的晶体中有许多大小一定的空穴，空穴之间有许多直径相同的微孔相连。吸附时，比孔径小的分子，可通过微孔进入孔穴，并吸附于孔穴的内表面上；而比孔径大的分子则不能进入微孔，从而起到筛分分子的作用，故称为分子筛。

分子筛具有选择吸附的能力。例如，5Å 分子筛的孔径约为 5×10^{-10}m，用于分离正丁烷、异丁烷和苯的混合物时，可选择吸附正丁烷，而基本不吸附异丁烷和苯，从而可将正丁烷从混合物中分离出来。由于分子筛具有按分子大小选择吸附的优点，因而在制药化工生产中常用它来分离混合物。

12-02 沸石

6. 吸附树脂

吸附树脂是以苯乙烯、甲基丙烯酸甲酯等单烯类单体为原料，与交联剂通过悬浮共聚反应而得到的具有巨型网状结构的共聚物，又称为大孔吸附树脂。在以吸附树脂为吸附剂的分离过程中，树脂骨架与吸附质的分子之间并未发生离子交换，而是产生了吸附作用。此时吸附树脂的性质与活性炭、硅胶等吸附剂的性质相似。吸附树脂具有良好的选择性和机械强度，解吸较为容易，并可反复使用。目前，吸附树脂已成功地应用于头孢菌素、维生素、林可霉素等的吸附提取。

四、吸附平衡与吸附等温线

1. 吸附平衡

吸附过程是吸附质在固体表面上不断吸附与解吸的过程。在吸附初期，由于吸附的吸附质分子数大大超过解吸的吸附质分子数，故在宏观上表现为吸附。随着吸附过程的进行，吸附剂表面逐渐被吸附质分子所覆盖，从而使吸附速率不断下降，解吸速率不断加快。当吸附速率与解吸速率相等时，吸附过程达到动态平衡，称为吸附平衡。

恒温恒压下，含吸附质的流体与吸附剂达到吸附平衡时，吸附质在液相主体中的浓度称为平衡浓度，而单位质量的吸附剂所吸附的吸附质的量称为平衡吸附量或吸附量，即

$$q=\frac{m_1}{m} \tag{12-1}$$

式中 q——吸附剂的平衡吸附量，$kg \cdot kg^{-1}$；

m_1——被吸附物质的质量，kg；

m——吸附剂的质量，kg。

对于气相吸附，吸附质的量常用体积来表示，此时，式(12-1) 可改写为

$$q=\frac{V}{m} \tag{12-2}$$

式中 q——吸附剂的平衡吸附量，$m^3 \cdot kg^{-1}$；

V——被吸附物质的体积，m^3；

m——吸附剂的质量，kg。

吸附量的大小主要取决于吸附剂和吸附质的性能以及温度和压力等外部条件。当温度一定时，吸附量与平衡浓度之间存在一定的关系，该关系若用曲线来表示，则称为吸附等温线；若用数学函数式来描述，则称为吸附等温线方程。

一般情况下，气相吸附过程较为简单，而液相吸附尤其是浓溶液的吸附过程较为复杂。在液相吸附中，除温度和溶质浓度外，吸附剂对溶剂和溶质的吸附、溶质的溶解度和离子化、各种溶质之间的相互作用以及共吸附现象等，都会对液相吸附产生不同程度的影响。研究表明，气相吸附过程的许多理论也适用于溶液的吸附过程。

2. 吸附等温线方程

(1) 亨利方程　在气相吸附过程中，当吸附质的分压很低时，吸附剂的吸附量与吸附质的分压成正比，即

$$q=k_{\mathrm{H}}p \tag{12-3}$$

式中　q——吸附剂的平衡吸附量，$m^3 \cdot kg^{-1}$；

k_{H}——亨利系数，$m^3 \cdot kg^{-1} \cdot Pa^{-1}$；

p——吸附质的平衡分压，Pa。

式(12-3) 称为亨利方程，对应的吸附等温线为经过原点的线性等温线，如图 12-1 所示。

亨利方程适用于吸附剂表面被吸附的面积不超过 10% 的气相或液相吸附过程。当用于液相吸附过程时，式(12-3) 应改写为

$$q=k_{\mathrm{H}}C \tag{12-4}$$

式中　C——溶液中吸附质的平衡浓度，$kg \cdot m^{-3}$。

(2) 弗罗因德利希方程　弗罗因德利希方程是描述某些吸附等温线的一个经验方程式，对于气相吸附，其一般形式为

$$q=k_{\mathrm{F}}p^{\frac{1}{n}} \tag{12-5}$$

式中　k_{F}——与溶剂种类、特性及温度有关的常数；

n——与温度有关的常数，其值越大，吸附过程就越容易进行。

弗罗因德利希方程所对应的吸附等温线如图 12-2 所示。

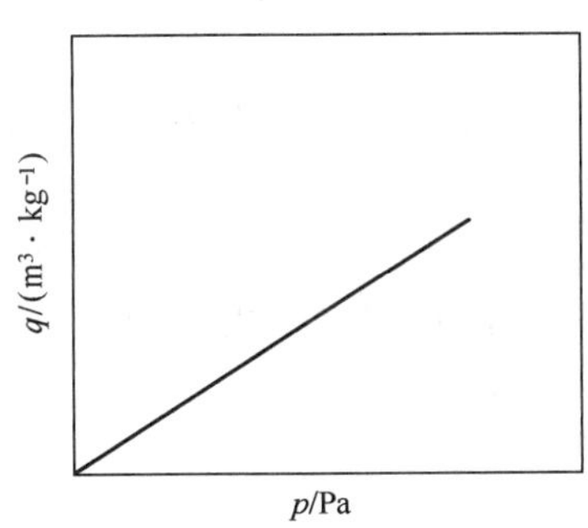

图 12-1　线性吸附等温线

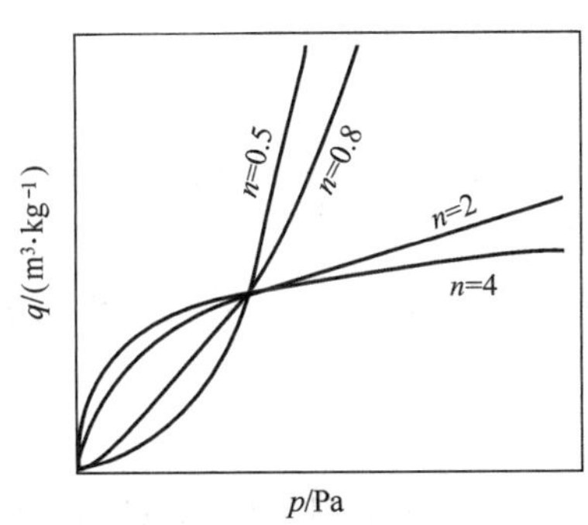

图 12-2　弗罗因德利希吸附等温线

多数情况下，弗罗因德利希方程可很好地描述某些气相体系在中压范围内的吸附等温线，但用于低压或高压下的吸附过程时偏差较大。弗罗因德利希方程也可用来描述某些液相吸附体系的吸附，此时式(12-5) 应改写为

$$q=k_{\mathrm{F}}C^{\frac{1}{n}} \tag{12-6}$$

由式(12-5) 两边取对数得

$$\lg q=\frac{1}{n}\lg p+\lg k_{\mathrm{F}} \tag{12-7}$$

由式(12-7) 可知，在直角坐标系中，以 $\lg p$ 为横坐标，$\lg q$ 为纵坐标作图，可得一条直线，直线的斜率为 $1/n$，截距为 $\lg k_{\mathrm{F}}$。

（3）朗缪尔方程　吸附质分子在吸附剂表面上的吸附可分为单分子层吸附和多分子层吸附。对于单分子层吸附，只有当吸附质分子碰撞到吸附剂的空白表面时才能被吸附，而当碰撞到已被吸附的吸附质分子时则被弹回。若被吸附质分子所覆盖的吸附剂表面可继续吸附吸附质分子，则将形成多分子层吸附。

朗缪尔方程是基于以下几个基本假定得到的：

① 吸附剂表面性质均一，在固体吸附剂表面上有一定数目的吸附位，每个吸附位只能吸附一个分子或原子，气体分子在固体表面为单层吸附；

② 表面上所有吸附位的吸附能力相同，也就是说在所有吸附位上的吸附热相等；

③ 吸附是动态的，被吸附分子受热运动影响可以重新回到气相；

④ 被吸附分子之间无相互作用。

根据以上假设，可导出朗缪尔方程。对于气相吸附，朗缪尔方程可表示为

$$q=\frac{k_{\mathrm{L}}q_{\mathrm{M}}p}{1+k_{\mathrm{L}}p} \tag{12-8}$$

式中　q——气体分压为 p 时的吸附量，$\mathrm{m^3 \cdot kg^{-1}}$；

q_{M}——吸附剂表面全部被吸附质的单分子层所覆盖时的吸附量，$\mathrm{m^3 \cdot kg^{-1}}$；

k_{L}——朗缪尔常数，$\mathrm{Pa^{-1}}$；

p——吸附质在气体混合物中的分压，Pa。

朗缪尔方程所对应的吸附等温线如图 12-3 所示。

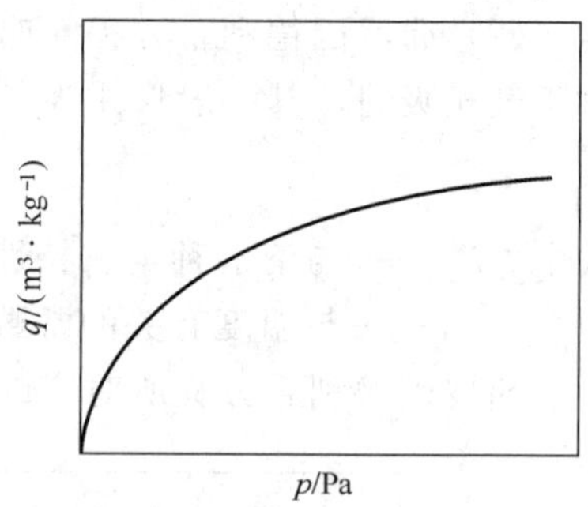

图 12-3　朗缪尔吸附等温线

朗缪尔方程是一个理想的吸附等温线方程式，可很好地解释化学吸附以及气相强物理吸附过程，因而有着广泛的应用。

当吸附质的分压很低时，式(12-8) 可简化为亨利方程，即式(12-3)。

朗缪尔方程也适用于某些液相吸附过程。当用于液相吸附过程时，式(12-8) 应改写为

$$q=\frac{k_{\mathrm{L}}q_{\mathrm{M}}C}{1+k_{\mathrm{L}}C} \tag{12-9}$$

式中　C——吸附质的平衡浓度，$\mathrm{kg \cdot m^{-3}}$。

类似地，当吸附质的浓度很低时，式(12-9) 也可简化为亨利方程，即式(12-4)。

由式(12-8) 得

$$\frac{p}{q}=\frac{1}{k_{\mathrm{L}}q_{\mathrm{M}}}+\frac{1}{q_{\mathrm{M}}}p \tag{12-10}$$

由式(12-10) 可知，在直角坐标系中，以 p 为横坐标，$\frac{p}{q}$ 为纵坐标，可得一条直线，直线的斜率为$\frac{1}{q_{\mathrm{M}}}$，截距为$\frac{1}{k_{\mathrm{L}}q_{\mathrm{M}}}$，从而可求得常数 k_{L} 和 q_{M} 的值。

q_M 是吸附质分子在吸附剂表面形成单分子层时的吸附量。对于气相吸附，若 q_M 的单位以 m^3(标况)·kg^{-1} 表示，则可用下式计算出吸附剂的比表面积

$$a=\frac{q_M N_A A_M}{22.4\times10^{-3}} \tag{12-11}$$

式中　a——吸附剂的比表面积，$m^2 \cdot kg^{-1}$；

A_M——单个吸附质分子的横截面积，m^2；

N_A——阿伏伽德罗常数，即 1mol 气体所具有的分子数，其值为 6.02×10^{23}。

12-03　卓越的化学家和物理学家——朗缪尔

(4)　BET 方程

朗缪尔方程仅适用于单分子层吸附，但多数吸附过程并非单分子层吸附，而往往是多分子层吸附，此时朗缪尔方程式将不再适用。

BET 吸附等温式是在朗缪尔吸附理论基础上建立发展起来的。BET 理论假设固相吸附剂与吸附质分子首先发生第 1 层吸附，然后在被吸附的气体分子上面又发生第 2 层、第 3 层……的物理吸附过程，如图 12-4 所示。吸附过程相当于气体的冷凝过程。因而可发生多层吸附，但第一层的吸附与以后的多层吸附不同，后者与气体的凝聚类似；吸附达到平衡时，每吸附层上的蒸发速率与凝聚速率相等，因此能够对每层写出相应的吸附平衡式。基于以上假设，Brunauer、Emmett 和 Teller 推导出了 BET 方程。对于气相吸附，BET 方程为

$$q=\frac{k_B q_M p}{(p^\circ-p)\left[1+(k_B-1)\dfrac{p}{p^\circ}\right]} \tag{12-12}$$

式中　q——平衡吸附量，$m^3 \cdot kg^{-1}$；

k_B——BET 常数；

p——吸附质的分压，Pa；

p°——吸附质的饱和蒸气压，Pa；

q_M——第一层单分子层的饱和吸附量，$m^3 \cdot kg^{-1}$。

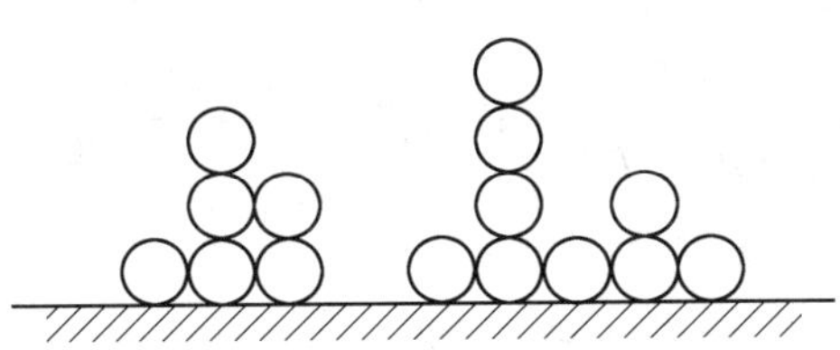

图 12-4　多分子层吸附示意

BET 方程可很好地描述图 12-5 所示的几种类型的吸附等温线。

由式(12-12)

$$\frac{p}{q(p^\circ-p)}=\frac{k_B-1}{k_B q_M}\frac{p}{p^\circ}+\frac{1}{k_B q_M} \tag{12-13}$$

由式(12-13) 可知，在直角坐标系中，以 $\frac{p}{p^\circ}$ 为横坐标，$\frac{p}{q(p^\circ-p)}$ 为纵坐标作图，可得一条直线，直线的斜率为 $\frac{k_B-1}{k_B q_M}$，截距为 $\frac{1}{k_B q_M}$，从而可求得常数 k_B 和 q_M 的值。

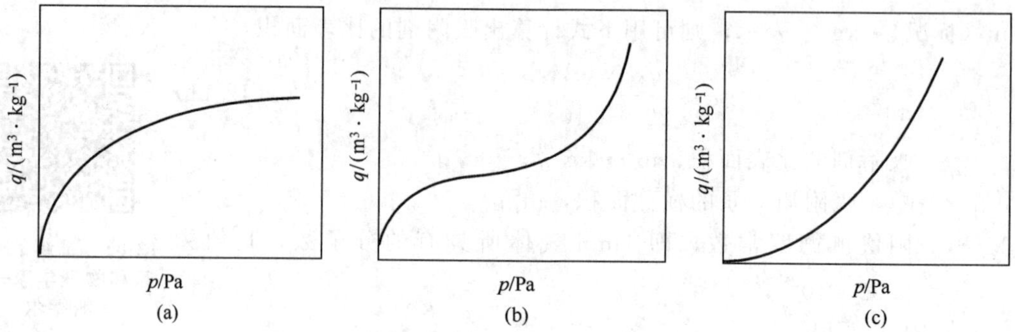

图 12-5　几种类型的吸附等温线

对于液相多分子层吸附，式(12-12) 应改写为

$$q=\frac{k_{B}q_{M}C}{(C_{s}-C)\left[1+(k_{B}-1)\dfrac{C}{C_{s}}\right]} \tag{12-14}$$

式中 C——吸附质的平衡浓度，$kg \cdot m^{-3}$；

C_s——吸附质在溶液中的饱和浓度，即吸附质在溶液中的极限浓度，$kg \cdot m^{-3}$。

【例 12-1】 0℃时，测得丁烷在 6.602 $kgTiO_2$ 粉末上的吸附量如表 12-3 所示。

表 12-3　例 12-1 附表

丁烷分压/kPa	7.07	11.33	18.27	26.66	43.73	74.79
吸附量/L(标准状态)	2.94	3.82	4.85	5.89	8.07	18.25

已知 0℃时，丁烷的饱和蒸气压为 103.59kPa，单个丁烷分子的横截面积为 $32.1\times10^{-20}m^2$，试根据 BET 方程式计算：①丁烷分子在 TiO_2 粉末表面上形成单分子层时所需的丁烷量；②1kg TiO_2 粉末所具有的表面积。

解：① 丁烷分子在 TiO_2 粉末表面上形成单分子层时所需的丁烷量。由表 12-3 中的吸附平衡数据可分别计算出 $\frac{p}{p^{\circ}}$ 及 $\frac{p}{q\ (p^{\circ}-p)}$ 的值，其中 $q=\frac{总吸附量}{6.602}$，计算结果如表 12-4 所示。

表 12-4　$\frac{p}{p^{\circ}}$ 及 $\frac{p}{q\ (p^{\circ}-p)}$ 的值

$\frac{p}{p^{\circ}}$	0.0682	0.109	0.176	0.257	0.422	0.722
$\frac{p}{q(p^{\circ}-p)}$/(kg · L^{-1})	0.164	0.212	0.291	0.388	0.598	0.939

根据表 12-4 中的数据，在直角坐标系中，以 $\frac{p}{p^{\circ}}$ 为横坐标，$\frac{p}{q\ (p^{\circ}-p)}$ 为纵坐标作图，可得一条直线，如图 12-6 所示。

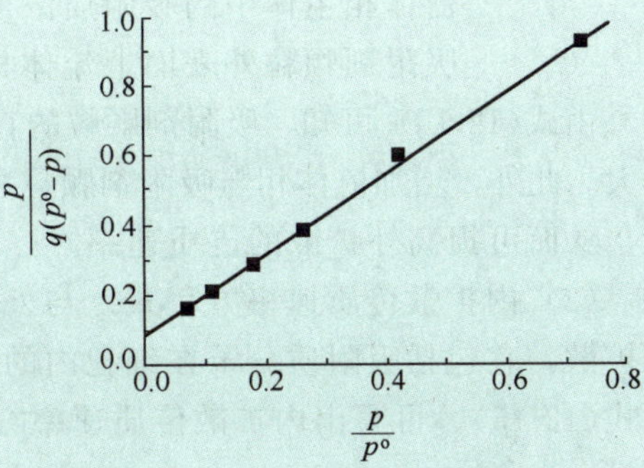

图 12-6　丁烷在 TiO_2 上的吸附（0℃）

由图 12-6 可知，直线的斜率为 1.19，截距为 0.08，即

$$\frac{k_B-1}{k_B q_M}=1.19,\frac{1}{k_B q_M}=0.08$$

解得

$$q_M=0.786\text{L}\cdot\text{kg}^{-1}=7.86\times10^{-4}\text{m}^3\cdot\text{kg}^{-1}$$

$$k_B=15.9$$

② 计算 1kg TiO_2 的比表面积　依题意知，$A_M=32.1\times10^{-20}\text{m}^2$，则由式(12-11) 得

$$a=\frac{q_M N_A A_M}{22.4\times10^{-3}}=\frac{7.86\times10^{-4}\times6.02\times10^{23}\times32.1\times10^{-20}}{22.4\times10^{-3}}=6781\text{m}^2$$

即 1kg TiO_2 粉末所具有的表面积为 6781m^2。

五、吸附传质机理与吸附速率

1. 吸附传质机理

吸附质由流体主体传递至吸附剂颗粒的内表面并被吸附的过程可看成由下列三个过程串联而成。

① 吸附质由流体主体扩散至吸附剂颗粒的外表面，该过程称为**外扩散**。

② 吸附质由吸附剂颗粒的外表面沿其内部微孔扩散至吸附剂颗粒的内表面，该过程称为**内扩散**。

③ 扩散至吸附剂颗粒内的吸附质被内表面所吸附，该过程称为**表面吸附**。

整个吸附传质过程的速率由上述三个串联过程的速率共同决定。一般情况下，表面吸附速率很快，该过程几乎可在瞬间完成。因此整个吸附传质过程的速率主要由外扩散或内扩散来控制。对于高浓度的流动相体系，内扩散阻力较大，故传质速率一般由内扩散控制。对于低浓度的流动相体系或孔径较大的吸附剂颗粒，内扩散速率较快，故传质速率一般由外扩散控制。

2. 吸附速率

吸附速率可用单位质量的吸附剂在单位时间内所吸附的吸附质的量来表示，是吸附装置设计的一个重要参数。

(1) 外扩散传质速率方程式　吸附质由流体主体扩散至吸附剂颗粒外表面的过程属于对流传质，其传质速率可表示为

$$\frac{\partial q}{\partial \tau}=k_F a(C-C_i) \tag{12-15}$$

式中　τ——吸附时间，s；

$\frac{\partial q}{\partial \tau}$——吸附速率，$\text{kg}\cdot\text{kg}^{-1}\cdot\text{s}^{-1}$；

a——吸附剂颗粒的比表面积，$\text{m}^2\cdot\text{kg}^{-1}$；

k_F——流体相侧的传质系数，其值与流体特性、吸附剂颗粒的几何特性、流动状况、温度、压力等因素有关，$\text{m}\cdot\text{s}^{-1}$；

C——流体相主体中的吸附质浓度，$kg \cdot m^{-3}$；

C_i——吸附剂颗粒外表面上流体相中的吸附质浓度，$kg \cdot m^{-3}$。

由式(12-15) 可知，吸附剂颗粒的直径越小，其比表面积就越大，故外扩散的传质速率就越大。此外，增加流体相与吸附剂颗粒之间的相对运动速率，可使流体相侧的传质系数 k_F 增大，从而可提高外扩散的传质速率。

(2) 内扩散传质速率方程式　与外扩散相比，内扩散过程非常复杂。内扩散过程属于分子扩散，它包括吸附质分子在细孔内的扩散以及吸附质分子在细孔内表面上的二次扩散。仿照式(12-15)，可写出内扩散传质速率方程式为

$$\frac{\partial q}{\partial \tau}=k_S a(q_i-q) \tag{12-16}$$

式中　k_S——固体相侧的传质系数，其值与吸附剂的物理性质、吸附质的性质等因素有关，$m \cdot s^{-1}$；

q_i——与吸附剂颗粒外表面上的吸附质浓度 C_i 成平衡的吸附量，$kg \cdot kg^{-1}$；

q——吸附剂颗粒中的平均吸附量，$kg \cdot kg^{-1}$。

研究表明，内扩散的传质速率与吸附剂颗粒直径的较高次方成反比，即吸附剂颗粒的直径越小，内扩散的传质速率就越大。因此，与粒状吸附剂相比，采用粉状吸附剂可提高吸附速率。此外，采用内孔直径较大的吸附剂也可提高内扩散的传质速率，但吸附量将下降。

(3) 总传质速率方程　由于吸附剂颗粒外表面上的浓度 C_i 及与之成平衡的吸附量 q_i 均难以确定，故吸附过程的传质速率常用总传质速率方程式来表示，即

$$\frac{\partial q}{\partial \tau}=K_F a(C-C^*)=K_S a(q^*-q) \tag{12-17}$$

式中　C^*——流动相中与 q 成平衡的吸附质浓度，$kg \cdot m^{-3}$；

q^*——与流体相中的吸附质浓度 C 成平衡的吸附量，$kg \cdot kg^{-1}$；

K_F——以 $(C-C^*)$ 为推动力的流体相侧的总传质系数，$m \cdot s^{-1}$；

K_S——以 (q^*-q) 为推动力的固体相侧的总传质系数，$m \cdot s^{-1}$。

当吸附过程达到动态平衡时，由式(12-15) 至式(12-17) 得

$$\frac{\partial q}{\partial \tau}=k_F a(C-C_i)=k_S a(q_i-q)=K_F a(C-C^*)=K_S a(q^*-q) \tag{12-18}$$

设吸附等温线可用亨利方程式来描述，则将式(12-4) 代入式(12-15) 得

$$\frac{\partial q}{\partial \tau}=k_F a(C-C_i)=\frac{k_H(C-C_i)}{\dfrac{k_H}{k_F a}}=\frac{q^*-q_i}{\dfrac{k_H}{k_F a}} \tag{12-19}$$

由式(12-16) 得

$$\frac{\partial q}{\partial \tau}=\frac{q_i-q}{\dfrac{1}{k_S a}} \tag{12-20}$$

由式(12-19) 和式(12-20) 得

$$\frac{\partial q}{\partial \tau}=\frac{q^*-q}{\dfrac{k_H}{k_F a}+\dfrac{1}{k_S a}} \tag{12-21}$$

结合式(12-18) 可知

$$\frac{1}{K_S}=\frac{k_H}{k_F}+\frac{1}{k_S} \tag{12-22}$$

式中　$\frac{1}{K_S}$——以（q^*-q）为推动力的总传质阻力，$s\cdot m^{-1}$；

$\frac{1}{k_F}$——流体相侧的传质阻力，$s\cdot m^{-1}$；

$\frac{1}{k_S}$——固体相侧的传质阻力，$s\cdot m^{-1}$。

同理

$$\frac{1}{K_F}=\frac{1}{k_F}+\frac{1}{k_H k_S} \tag{12-23}$$

式中　$\frac{1}{K_F}$——以（$C-C^*$）为推动力的总传质阻力，$s\cdot m^{-1}$。

若内扩散的传质速率很快，即 $k_S \gg k_F$，则吸附过程为外扩散控制。此时，K_F 接近于 k_F，q_i 接近于 q。反之，若外扩散的传质速率很快，即 $k_F \gg k_S$，则吸附过程为内扩散控制。此时，K_S 接近于 k_S，C_i 接近于 C。

六、吸附过程的计算

1. 接触过滤式吸附过程

接触过滤式吸附过程一般在带有搅拌器的吸附槽中进行。操作时，首先将原料液加入吸附槽，然后在搅拌状态下加入吸附剂。在搅拌器的作用下，槽内液体呈强烈湍动状态，而吸附质则悬浮于溶液中。当吸附过程接近吸附平衡时，通过过滤装置将吸附剂从溶液中分离出来。接触过滤式吸附过程属间歇操作过程，常用于溶质的吸附能力很强，且溶液的浓度很低的吸附过程，以回收其中少量的溶解物质或除去某些杂质等。

在接触过滤式吸附过程中，溶液中的吸附质浓度随时间的延长而下降，且开始时的下降速率很快，然后逐渐趋于稳定，并达到平衡。

在吸附槽内，对吸附质进行物料衡算得

$$Gq=L(C_0-C) \tag{12-24}$$

式中　G——固体吸附剂的用量，kg；

q——吸附剂的吸附量，kg(吸附质)·kg(吸附剂)$^{-1}$；

L——原料液的处理量，kg；

C_0——原料液中吸附质的浓度，kg(溶质)·kg(溶剂)$^{-1}$；

C——吸附终了时，溶液中吸附质的浓度，kg(溶质)·kg(溶剂)$^{-1}$。

吸附过程中，吸附量 q 与溶液浓度 C 之间的关系，称为操作关系，故将式(12-24) 称为接触过滤式吸附过程的操作线方程式。当吸附过程达到吸附平衡时，q 与 C 之间的关系应符合吸附等温线方程式。将吸附等温线方程式代入式(12-24)，即可求得吸附过程的固液比$\frac{G}{L}$。例如，当吸附等温线可用费罗因德利希方程式描述时，则将式(12-6) 代入式(12-24) 得吸附过程的固液比为

$$\frac{G}{L}=\frac{C_0-C}{k_F C^{\frac{1}{n}}} \tag{12-25}$$

【例 12-2】 某产品的水溶液中含有少量色素，拟用活性炭将其吸附而除去。现通过吸附平衡实验，以测定活性炭吸附色素的平衡数据。实验方法是向溶液中加入一定量的活性炭，搅拌足够长的时间后，测定澄清溶液的平衡色度，其结果如表 12-5 所示。

表 12-5 活性炭吸附色素的平衡数据

吸附剂用量/[kg(活性炭)·kg(溶液)$^{-1}$]	0	0.001	0.004	0.008	0.02	0.04
平衡时溶液的色度①	9.6	8.6	6.3	4.3	1.7	0.7

① 色度的数值正比于色素的浓度。

若工艺要求吸附后溶液中色素的含量下降为原始含量（色度 9.6）的 10%，试计算采用间歇操作的搅拌釜式吸附槽时，每处理 1000 kg 溶液所需的活性炭量。

解：设溶液中色素的初始浓度为 C_0，其单位为色度单位·kg（溶液）$^{-1}$，达到吸附平衡时溶液中色素的浓度为 C。若吸附剂的用量为 m，则每 1kg 吸附剂的吸附量为

$$q=\frac{C_0-C}{m}$$

根据表 12-5 中的数据，用上式可计算出相应的吸附量，结果列于表 12-6 中。

表 12-6 吸附量与平衡浓度数据

吸附量(q)/[色度单位·kg(活性炭)$^{-1}$]	1000	825	663	395	223
$\lg q$	3	2.916	2.822	2.596	2.348
溶液中的平衡色度(C)/[色度单位·kg(溶液)$^{-1}$]	8.6	6.3	4.3	1.7	0.7
$\lg C$	0.934	0.799	0.633	0.23	−0.155

根据表 12-6 中的数据，在直角坐标系中，以 $\lg q$ 为纵坐标，$\lg C$ 为横坐标作图，可得一条直线，如图 12-7 所示。

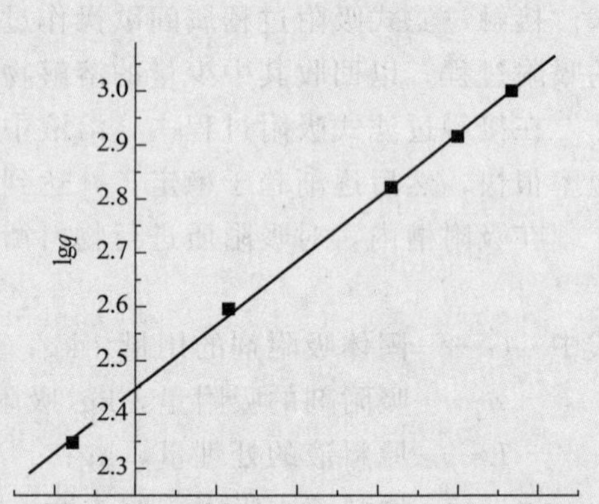

图 13-7 例 12-2 附图

可见，本例中活性炭吸附色素的吸附等温线可用费罗因德利希方程式来描述。由图 12-7 可知，直线的斜率为 0.59，截距为 2.45，故

$$\frac{1}{n}=0.59,\lg k_F=2.45$$

解得

$$n=1.69,k_F=281.8$$

故吸附等温线方程式为

$$q=281.8C^{\frac{1}{1.69}}$$

由式(13-25) 得

$$\frac{G}{L}=\frac{(C_0-C)}{k_F C^{\frac{1}{n}}}=\frac{9.6-9.6\times10\%}{281.8\times(9.6\times10\%)^{\frac{1}{1.69}}}=0.0314\ \text{kg(活性炭)·kg(溶液)}^{-1}$$

所以，每处理 1000kg 溶液所需的活性炭量为

$$0.0314\times1000=31.4(\text{kg})$$

2. 固定床吸附过程

固定床吸附过程是最为典型的吸附过程之一，在制药化工生产中有着广泛的应用。将颗粒状的吸附剂以一定的填充方式充满圆筒形容器，即构成固定床，如图 12-8 所示。操作时，含有吸附质的液体或气体以一定的流速流过吸附剂床层，进行动态吸附。当床层内的吸附剂接近或达到饱和时，吸附过程停止，随后对床层内的吸附剂进行再生，再生完成后，即可进行下一循环的吸附操作。可见，固定床吸附过程也是一种间歇操作过程。

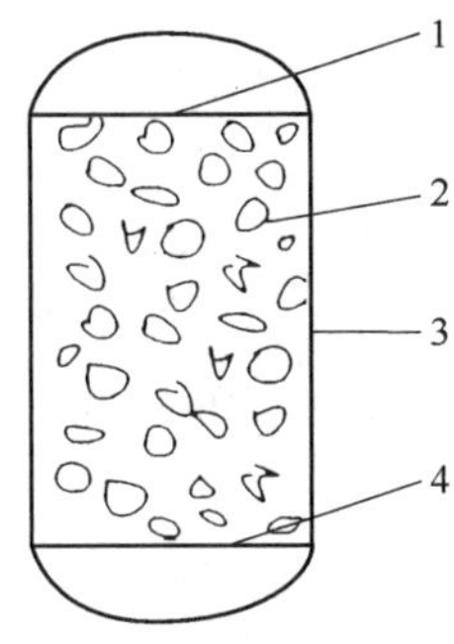

图 12-8　固定床吸附器
1—压圈；2—吸附剂；3—简体；4—支承板

（1）固定床吸附特性　在固定床吸附器内，吸附传质过程是一种非常复杂的非稳态传质过程，床层内不同位置处吸附质的浓度以及吸附量均随时间而变化。

当含吸附质的流体自上而下连续流过床层时，其中的吸附质被吸附剂所吸附。若吸附过程不存在传质阻力，则吸附速率为无限大，因而进入床层的吸附质可在瞬间被吸附剂所吸附，此时床层内的吸附质像活塞一样向下移动。由于实际吸附过程存在传质阻力，因而吸附平衡不可能瞬间达成，此时将在床层的入口处形成如图 12-9(a)所示的传质区。在吸附传质区内，吸附质浓度由初始浓度 C_0 沿流动方向而逐渐下降。

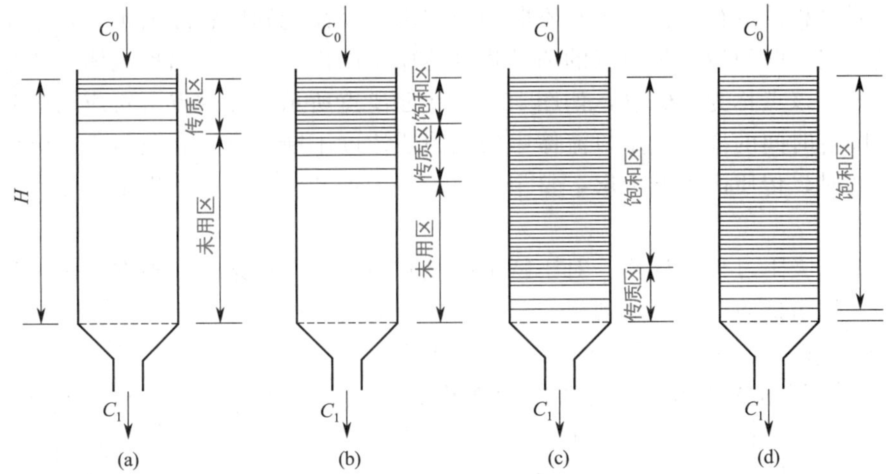

图 12-9　固定床吸附过程示意

吸附过程传质区又称为吸附前沿，所占的床层高度又称为传质区高度。传质区以下的区域为新鲜的吸附剂，称为未用区。当流体连续流过床层时，某时刻床层内的吸附质浓度沿床层高度的变化曲线，称为吸附负荷曲线，如图 12-10 所示。吸附器出口流体中的吸附质浓度随时间而变化的曲线称为穿透曲线，如图 12-11 所示。

传质区形成之后，将沿流体的流动方向不断下移。由于吸附剂不断地吸附，床层上部的一段吸附剂将达到饱和，即吸附过程达到动态平衡。此时，整个固定床吸附器自上而下被分为三个区域，即上部的饱和区、中部的传质区和下部的未用区，如图 12-9(b)所示。传质区形成后，若流体的流速保持不变，则传质区将以恒定的速率向前推进，且高度亦保持不变，如图 12-12 所示。

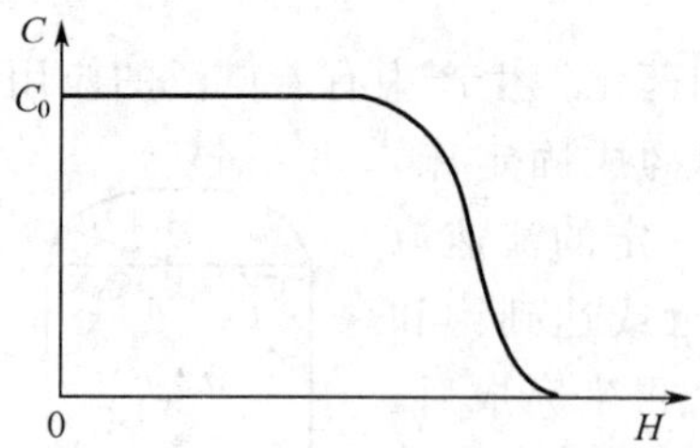

图 12-10　吸附负荷曲线

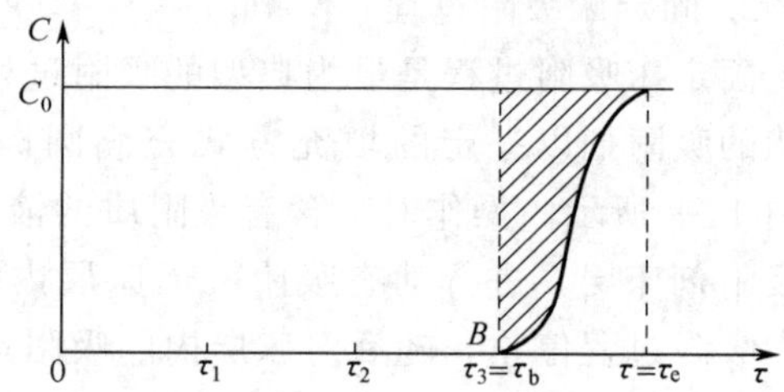

图 12-11　固定床吸附器的透过曲线

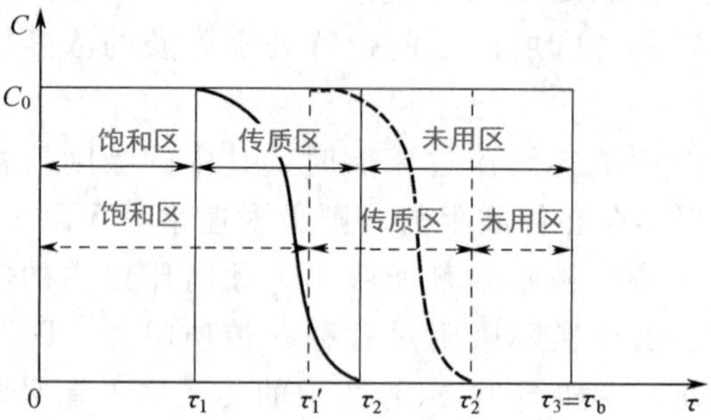

图 12-12　固定床内传质区的移动

随着吸附过程的进行，传质区将不断向前移动，因而饱和区将逐渐扩大，未用区将逐渐缩小。经过一定的时间后，传质区的前端将到达床层的出口，此时出口流体中的吸附质浓度开始突然上升，该点称为穿透点，如图 12-11 中的 B 点所示。穿透点所对应的吸附时间称为穿透时间。随着时间的推移，出口流体中的吸附质浓度不断上升，直至与进口流体中的浓度完全相同。此时，传质区离开床层，整个床层均成为饱和区，已失去吸附能力，需进行再生操作。

（2）固定床吸附过程的计算　对于特定的吸附体系和操作条件，根据固定床吸附器的透过曲线，可计算出试验条件下达到规定分离要求所需的床层高度。

如图 12-13 所示，当达到穿透点时，相当于吸附传质区前沿已到达床层出口，此时阴影面积 S_1 对应于床层中的总吸附量，而 S_2 对应于床层中尚能吸附的吸附量。因此，到达穿透点时未利用床层的高度为

$$h_u=\frac{S_2}{S_1+S_2}H \tag{12-26}$$

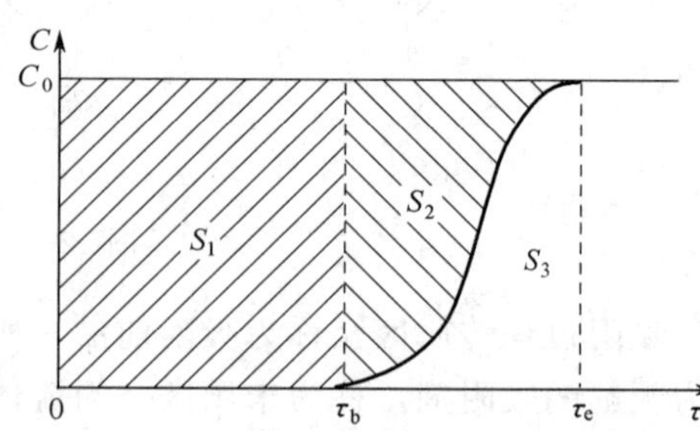

图 12-13　固定床吸附器的透过曲线

式中　h_u——未利用床层的高度，m；

H——床层的总高，m；

S_1——由直线 $\tau=\tau_b$、$C=C_0$ 及两坐标轴所包围区域的面积，其值由图解法计算；

S_2——由直线 $\tau=\tau_b$、$C=C_0$ 及透过曲线所包围区域的面积，其值可用图解法计算。

相应地，已利用床层的高度为

$$h_s=\frac{S_1}{S_1+S_2}H \tag{12-27}$$

式中　h_s——已利用床层的高度，m。

对于固定床吸附器，若未利用床层的高度不随床层的总高度而变化，且实际装置能保持与试验装置相同的操作条件，则可根据试验装置的实验数据，对固定床吸附器进行放大设计。其中实际固定床吸附器内已利用床层的高度可用下式计算

$$h_{s2}=h_{s1}\frac{\tau_{b2}}{\tau_{b1}} \tag{12-28}$$

式中　h_{s2}——实际固定床吸附器内已利用床层的高度，m；

h_{s1}——试验固定床吸附器内已利用床层的高度，m；

τ_{b2}——实际固定床吸附器的穿透时间，s；

τ_{b1}——试验固定床吸附器的穿透时间，s。

实际固定床吸附器的床层总高度为

$$H_2=h_{s2}+h_u \tag{12-29}$$

式中　H_2——实际固定床吸附器的床层总高度，m。

【例 12-3】 拟用 4Å（4×10^{-10}m）分子筛固定床吸附器除去氮气中的水蒸气。已知氮气中的原始含水量为 1440×10^{-6}（摩尔分数，下同），要求吸附后的含水量低于 1×10^{-6}。现以直径为 50mm、高度为 0.268m 的小型 4Å 分子筛固定床吸附器进行实验，操作温度为 28.3℃，压强为 593kPa，实验结果列于表 12-7 中。若实际固定床吸附器的穿透时间为 15h，操作条件与小试时的操作条件完全相同，试计算实际固定床吸附器的床层总高度。

表 12-7　小型固定床吸附器的实验数据

操作时间/h	出口氮气中水蒸气的摩尔分数×10^6	操作时间/h	出口氮气中水蒸气的摩尔分数×10^6	操作时间/h	出口氮气中水蒸气的摩尔分数×10^6
0	<1	10.2	238	11.75	1235
9	1	10.4	365	12.0	1330
9.2	4	10.6	498	12.5	1410
9.4	9	10.8	650	12.8	1440
9.6	33	11.0	808	13.0	1440
9.8	80	11.25	980	15.0	1440
10.0	142	11.5	1115		

解： 根据表 12-7 中的数据可作出小型固定床吸附器的透过曲线，如图 12-14 所示。

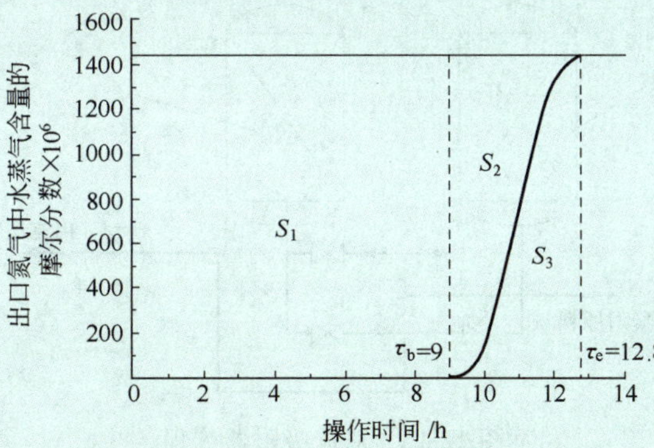

图 12-14　例 12-3 附图

由图解法求得

$$S_1=12960, S_2=2771, S_3=2701$$

由式(12-26) 得小型固定床吸附器内未利用床层的高度为

$$h_u=\frac{S_2}{S_1+S_2}H=\frac{2771}{12960+2771}\times 0.268=0.047\text{m}$$

由式(12-27) 得小型固定床吸附器内已利用床层的高度为

$$h_{S1}=\frac{S_1}{S_1+S_2}H=\frac{12960}{12960+2771}\times 0.268=0.221\text{m}$$

由式(12-28) 得实际固定床吸附器内已利用床层的高度为

$$h_{s2}=h_{s1}\frac{\tau_{b2}}{\tau_{b1}}=0.221\times\frac{15}{9}=0.368\text{m}$$

所以，由式(12-29) 得实际固定床吸附器的床层总高度为

$$H_2=h_{S2}+h_u=0.368+0.047=0.415\text{m}$$

(3) 操作流程　固定床吸附器在操作过程中，吸附剂不断趋近于平衡状态，直到不再进行吸附状态为止，然后停止工作，进行再生。这种设备由一个、二个、三个、四个或更多的吸附床构成。最简单的是单床设备。单床吸附器工作时，基本上可除去所有的吸附物。但达到穿透时间以后，流出的气流中吸附物质含量开始升高，所以单床吸附器工作到穿过点然后必须再生。床层再生后，再次使用之前必须冷却。单床吸附器在吸附剂再生期间必须停止使用。如果停车不便，则可以使用两个或更多个吸附床，以使吸附设备连续操作。

图 12-15 是一个典型的双床吸附器。使用双床吸附器时，一个固定床吸附，另一个固定床再生、冷却、备用。当吸附器 A 操作时，待处理原料气由下方通入（通干燥器 B 的阀门关闭）；经吸附以后的原料气从顶部出口排出。与此同时，吸附器 B 处于再生阶段。再生用气体经加热器加热至要求的温度，从顶部进入吸附器 B（通干燥器 A 的阀门关闭），再生气体携带由吸附剂脱附的物质从底部排出，并经冷却器降低温度。

12-04　最常用的吸附装置——固定床吸附器

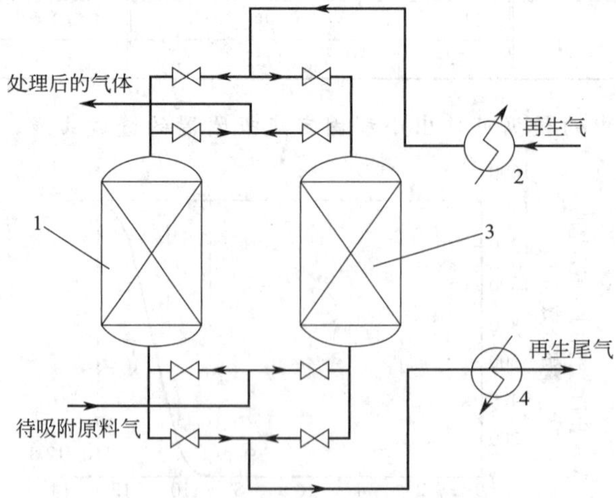

图 12-15　双床吸附器流程

1—吸附器 A；2—加热器；3—吸附器 B；4—冷却器

七、吸附剂的再生

在吸附分离过程中，随着使用时间的延长，吸附剂的吸附能力和选择性将逐渐下降，直至丧失。对于使用过的吸附剂，一般可通过再生处理，将其所吸附的吸附质释放出来，以恢复其吸附能力，达到重复使用的目的。

吸附剂的再生方法主要有热再生法、溶剂再生法、生物再生法和氧化分解再生法等。

1. 热再生法

热再生法是通过加热的方法，使吸附质从吸附剂上脱附出来，从而达到使吸附剂再生的目的，它是目前应用最为广泛的再生方法。例如，处理有机废水后的活性炭，一般可用热再生法进行再生。在再生过程中，当温度较低时，水分开始蒸发，可除去易挥发组分。当温度升至300℃左右时，低沸点的有机物将发生汽化而脱附。当温度升至800℃时，高沸点的有机物将发生分解反应，其中一部分生成小分子的烃而脱附，残余成分则留在活性炭的孔隙中成为“固定炭”。在高温阶段，为避免活性炭的氧化，一般需在抽真空或惰性气体保护的状态下进行。最后，通入水蒸气活化，将热分解过程中残留下来的炭分解，使其恢复吸附性能。

实际生产中，热再生法常以高温水蒸气或惰性气体作为加热介质，使用时应特别注意吸附剂的热稳定性。例如，对于分子筛的再生，温度一般控制在200～350℃，温度过高可能会烧毁分子筛。

热再生法可分解多种吸附质，且对吸附质基本没有选择性，具有应用范围广、再生效率高、再生时间短等特点，是目前吸附剂再生的主要方法。缺点是能耗、投资和运行费用较高。

2. 溶剂再生法

溶剂再生法是将吸附剂与另一种溶剂相接触，利用溶剂与吸附质之间的相互作用，使吸附质转化为易溶物质而脱附，或直接将吸附质从吸附剂上置换出来，从而达到使吸附剂再生的目的。例如，处理过含酚废水的活性炭，可用 NaOH 溶液进行脱附，这是因为活性炭所吸附的酚可与溶液中的 NaOH 发生化学反应而生成易溶的酚钠，故将活性炭用 NaOH 溶液多次洗涤后即可达到再生的目的。

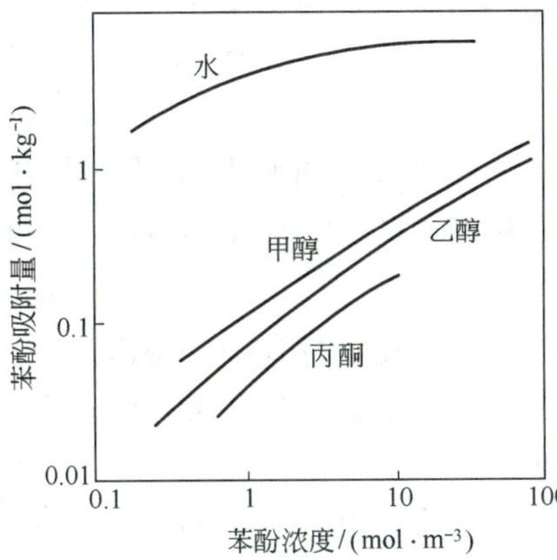

图 12-16　不同溶剂中，活性炭与苯酚之间的吸附平衡关系

又如，在不同溶剂中，活性炭与苯酚之间的吸附平衡关系如图 12-16 所示。由图 12-16 可知，与水溶液相比，当分别采用甲醇、乙醇或丙酮作为溶剂时，活性炭对苯酚的平衡吸附量均显著下降。因此，处理过含酚废水的活性炭可以甲醇、乙醇或丙酮为溶剂，使活性炭所吸附的部分苯酚脱附出来，从而达到使活性炭再生的目的。

溶剂再生法适用于可逆吸附，常用于高浓度、低沸点有机废水的处理。但溶剂再生法的针对性较强，往往一种溶剂只能脱附某些吸附质，因而对于特定的溶剂，其应用范围较窄。

3．生物再生法

生物再生法是利用微生物的作用，将吸附剂表面所吸附的有机物，氧化分解成 CO_2 和 H_2O 的过程。

生物再生法的设备和工艺均比较简单，因而投资和运行费用较低。但生物再生法只能用于可生物降解的吸附质，且再生时间较长，吸附容量的恢复程度有限，并易受水质和温度的影响，从而限制了该法的实际应用。

4．氧化分解再生法

氧化分解再生法是利用氧化剂将吸附剂表面所吸附的各种有机物氧化分解成小分子，从而达到使吸附剂再生的目的。常用的氧化剂有 Cl_2、$KMnO_4$、O_3、H_2O_2 和空气等，常用方法主要是湿式氧化法。

湿式氧化法是在高温和中压的条件下，以氧气或空气为氧化剂，将吸附剂表面所吸附的有机物氧化分解成小分子的一种再生方法，该法具有再生时间短、再生效率稳定等优点，但对于某些难降解的有机物，可能会产生毒性较大的中间产物。

第二节　离子交换

一、基本原理

离子交换是指固相的离子交换剂与液相中的离子之间发生的离子互换。离子交换剂是含有可交换离子的不溶性电解质的总称，其中含可交换阳离子的称为阳离子交换剂，含可交换阴离子的称为阴离子交换剂。离子交换剂中的可交换离子能与周围介质中的离子发生互换，但不会改变电解质本身的结构。

离子交换树脂是一类常见的离子交换剂。下面分别以阳离子交换树脂 HR（R 代表交换树脂的骨架部分）和阴离子交换树脂 RCl 为例，介绍离子交换的基本原理。

阳离子交换树脂 HR 可在水中电离出 H^+，当用它来处理含有 Na^+ 等阳离子的溶液时，树脂中的 H^+ 可与溶液中的 Na^+ 等阳离子发生离子交换反应，即

$$HR+Na^+ \rightleftharpoons RNa+H^+$$

阴离子交换树脂 RCl 可在水中电离出 Cl^-，当用它来处理含有 SO_4^{2-} 等阴离子的溶液时，树脂中的 Cl^- 可与溶液中的 $SO_4{}^{2-}$ 等阴离子发生离子交换反应，即

$$2RCl+SO_4^{2-} \rightleftharpoons R_2SO_4+2Cl^-$$

在离子交换过程中，交换剂中的离子可与溶液中等当量的同符号离子进行交换。交换剂中原有的离子被取代下来，溶液中的离子则进入交换剂中，从而可将某些离子从溶液中分离出来。

离子交换剂在使用过程中，随着被交换离子数量的增加，其交换能力逐渐下降。因此离子交换剂经一段时间使用后也需要再生。再生的方法是用另一种与交换剂亲和力更强的盐溶液进行处理，使上述离子交换反应逆向进行，从而恢复交换剂的吸附能力，以便重复使用。

二、离子交换树脂

离子交换剂的分类如图 12-17 所示。

- 离子交换剂
  - 有机交换剂
    - 天然
      - 磺化煤
      - 改性淀粉
    - 合成
      - 离子交换树脂
        - 阳离子交换树脂
          - 强酸性
          - 弱酸性
        - 阴离子交换树脂
          - 强碱性
            - Ⅰ型
            - Ⅱ型
          - 弱碱性
      - 离子交换纤维
      - 离子交换膜
  - 无机交换剂
    - 天然
      - 沸石、蒙脱土、海绿石
      - 长石
      - 高岭土、磷灰石
    - 合成
      - 人工沸石
      - 磷酸锆

图 12-17　离子交换剂的分类

离子交换树脂是一种具有活性交换基团的不溶性高分子共聚物，其结构由惰性高分子骨架、连接于骨架上的固定基团以及可电离的离子三部分组成，如图 12-18 所示。

固定于惰性骨架上的固定基团，是不能移动的带电荷的有机离子，连接于固定基团上带相反电荷的离子称为交换离子或反离子。固定基团与交换离子组成交换基团，当树脂被水溶剂化时，交换基团可在树脂内部电离，其中的交换离子可与溶液中的离子发生离子交换。

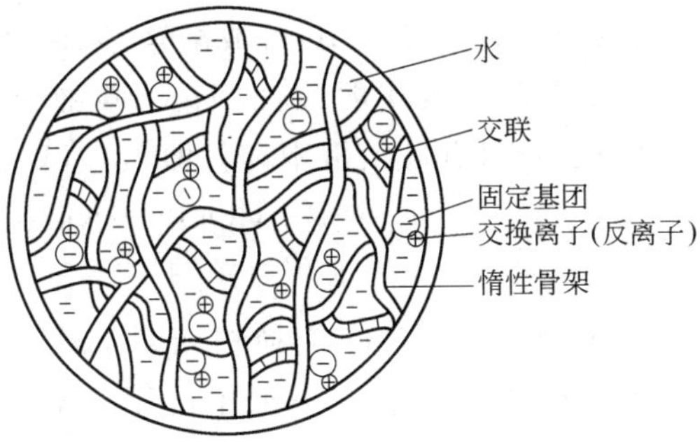

图 12-18　离子交换树脂结构示意

1. 惰性骨架

惰性骨架由高分子碳链构成，是一种多孔性海绵状的不规则网状结构，它不溶于一般的酸、碱溶液及有机溶剂。按骨架材料的不同，离子交换树脂可分为聚苯乙烯型、丙烯酸型、酚醛型等。在惰性骨架中引入交换基团后，便成为具有离子交换功能的树脂。

为改善树脂的性能，在制备惰性骨架时可添加一定量的交联剂、致孔剂、加重剂和磁性材料等辅助材料。例如，在制备聚苯乙烯和丙烯酸两类树脂时，需加入一定量的交联剂二乙烯苯（DVB），以使合成的骨架具备一定的结构和强度，即具有一定的微孔尺寸、孔隙率和密度。又如，在制备惰性骨架时，若加入石蜡、汽油等致孔剂可制得大孔型树脂，不加致孔剂则得常规凝胶型树脂。再如，在惰性骨架上引入磷酸锆、氧化锆、氧化钛等大密度物料，可制得高密度树脂或加重树脂。加重后的树脂易于沉降，可允许较高的液相操作流速，有利于提高生产能力和分离效率。此外，将 γ-Fe_2O_3 或 CrO_2 等无机磁性材料引入骨架中（包埋或包藏）作为磁芯，可制得磁性树脂。磁性树脂既可保证较快的交换速率，又可加速沉降、改善固液分离、提高操作效率。在磁场的作用下，磁性树脂还可形成含水量较大的疏松絮状物，因而特别有利于输送，并使树脂不易磨损。

2. 交换基团

按所带交换基团的性质不同，离子交换树脂大致可分为阳离子交换树脂和阴离子交换树脂两大类。

（1）阳离子交换树脂　阳离子交换树脂是一类骨架上结合有磺酸或羧酸等酸性功能基，可与阳离子进行交换的聚合物。按功能基酸性强弱程度的不同，阳离子交换树脂可分为强酸性和弱酸性两大类。阳离子交换树脂 $R-SO_3H$ 或 $R-COOH$ 可在水中电离，电离方程式为

$$R—SO_3H \rightleftharpoons R—SO_3^- + H^+$$

$$R—COOH \rightleftharpoons R—COO^- + H^+$$

具有 $-SO_3H$、$-PO_3H_2$、$-HPO_2Na$、$-AsO_3H_2$、$-SeO_3H$ 等功能基的树脂极易电离，其酸性相当于盐酸或硫酸，故属强酸性阳离子交换树脂。此类树脂可在酸性、中性和碱性条件下与水溶液中的阳离子进行交换。

对于 H 型阳离子交换树脂，离子交换方程式为

$$R—SO_3H + NaCl \rightleftharpoons R—SO_3Na + HCl$$

对于盐基型阳离子交换树脂，离子交换方程式为

$$2R—SO_3Na + MgCl_2 \rightleftharpoons (R—SO_3)_2Mg + 2NaCl$$

强酸性阳离子交换树脂失效后，可用 HCl、H_2SO_4 或 NaCl 溶液进行再生，以便重复使用。

具有羧基（$-COOH$）或酚羟基（$-C_6H_5OH$）等功能基的树脂不易电离，其酸性相当于有机弱酸，故属弱酸性阳离子交换树脂。H 型弱酸性阳离子交换树脂在使用前常用 NaOH 或 $NaHCO_3$ 溶液中和，即

$$R—COOH + NaHCO \rightleftharpoons R—COONa + H_2O$$

$$R—COOH + NaHCO_3 \rightleftharpoons R—COONa + H_2O + CO_2$$

由于弱酸性阳离子交换树脂对 Ca^{2+}、Mg^{2+} 等离子具有极高的选择性，因此用 NaCl 溶液再生时效果不佳。一般情况下，弱酸性阳离子交换树脂可用 HCl 等强酸进行再生，在强酸的作用下很容易地转变为 H 型树脂。弱酸性阳离子交换树脂只能在中性或碱性溶液中使用，其交换容量取决于外部溶液的 pH 值。弱酸性阳离子树脂对 Cu^{2+}、Co^{2+}、Ni^{2+} 等离子具有较大的亲和力，因而常用来处理含微量重金属离子的污水，如用于电镀废水的处理等。

（2）阴离子交换树脂　阴离子交换树脂是一类骨架上带有季铵基、伯胺基、仲胺基或叔胺基等碱性功能基，可与阴离子进行交换的聚合物。按功能基碱性强弱程度的不同，阴离子交换树脂可分为强碱性和弱碱性两大类。

以季铵基为交换基团的树脂具有强碱性，故属强碱性阴离子交换树脂。对于强碱性阴离子交换树脂，若氮上带有三个甲基的季胺结构［$-N^+(CH_3)_3Cl$］，则称为Ⅰ型树脂；若氮上带有两个甲基和一个羟乙基［$-(CH_3)_2NCH_2CH_2OH$］，则称为Ⅱ型树脂。

目前，市售强碱性阴离子交换树脂一般为化学稳定的 Cl 盐型，此外还有 OH^- 型和 SO_4^{2-} 型等。当用 NaOH 溶液处理时，Cl 盐型很容易转变为 OH^- 型。强碱性阴离子交换树脂可分别采用 NaOH、NaCl、HCl、Na_2SO_4 和 H_2SO_4 等溶液进行再生。

强碱性阴离子交换树脂既能与水中的 NO_3^- 等强酸根进行交换，又能与 CO_3^{2-} 等弱酸根进行交换。此外，OH^- 型的强阴离子交换树脂还能吸附硼酸或硅酸等弱酸。

$$R—Cl + NaNO_3 \rightleftharpoons R—NO_3 + NaCl$$

$$R—OH + H_2BO_4 \rightleftharpoons R—BO_4 + H_2O$$

强碱性阴离子交换树脂在酸、碱溶液中均是稳定的，其交换容量与外部溶液的 pH 值无关。

具有伯胺基（$-NH_2$）、仲胺基（$-NH$）或叔胺基（$-N$）等功能基的树脂碱性较弱，故属弱碱性阴离子交换树脂。

此类树脂只能与 H_2SO_4 或 HCl 等强酸的阴离子进行充分交换，而与弱酸的阴离子如 SiO_3^{2-}、HCO_3^- 等则不能进行充分交换。

$$R-N + HCl \longrightarrow (R-NH)^+Cl^-$$

对于弱碱性阴离子交换树脂，用微过量的碳酸钠、氢氧化钠或氨（或芳香胺）溶液处理，即可转变为 OH^- 型树脂，因此再生较为容易。

12-05　离子交换树脂

三、离子交换设备

离子交换过程一般包括离子交换、再生和清洗等操作步骤。因此，离子交换设备的设计不仅要考虑离子交换反应过程，而且要考虑再生和清洗过程。由于离子交换过程与吸附过程极为类似，因此，离子交换过程所涉及的设备、操作方法及工艺计算均与吸附过程的相类似。常用的离子交换设备主要有搅拌槽式离子交换器、固定床和流化床离子交换器等。

1. 搅拌槽式离子交换器

搅拌槽式离子交换器是一种带有多孔支承板和搅拌器的圆筒型容器，离子交换树脂置于支承板之上。操作时，首先将液体加入交换器，通过搅拌使液体与树脂充分接触，进行离子交换反应。当离子交换过程达到或接近平衡时，停止搅拌，并将液体放出。此后，将再生液加入交换器，在搅拌下进行再生反应。待再生过程完成后，即将再生液排出。由于再生后的树脂中仍残留少量的再生液，因此，再生后的树脂还应通入清水进行清洗。清洗过程完成后，即可开始下一循环的离子交换过程。可见，在搅拌槽式离子交换器中进行的离子交换过程是一种典型的间歇操作过程。

搅拌槽式离子交换器具有结构简单、操作方便等优点。缺点是间歇操作，分离效果较差，适用于小规模及分离要求不高的场合。

2. 固定床离子交换器

固定床离子交换器是制药化工生产中应用最为广泛的一类离子交换设备，其结构、操作特性和操作方法均与固定床吸附器的相类似。

对于固定床离子交换器，应特别注意树脂的再生和清洗问题。为获得较好的再生效果，再生时常采用逆流操作。但由于离子交换树脂的密度与水的密度很接近，因此当液体向上流动时树脂极易上浮形成流化状态，从而不能保证交换与再生之间的逆流操作。为此，可在固定床离子交换器的上方和下方各设置一块多孔支承板，如图 12-19 所示。交换时，原料液自下而上流动，若流速较大，全部树脂将集中于上支承板的下方形成固定床；若流速较小，则部分树脂将处于流化状态。改变料液的流速，可调节处于流化状态的树脂的比例。

根据料液的组成、离子交换剂的种类以及分离要求，固定床离子交换器可采用单床、复合床、混合床等形式。其中单床常用于回收或脱除溶液中的某种离子或物质；复合床由若干组阳离子与阴离子交换器串联而成，常用于纯水的制备以及溶液的脱盐和精制等；混合床是将阴、阳离子交换树脂按一定比例混合后填充于同一固定床内。一般情况下，可根据阴、阳离子树脂密度的差异，用反洗水流使两种树脂分层，然后再分别用碱性水溶液和酸性水溶液处理碱性树脂层和酸性树脂层。

固定床离子交换器具有结构简单、操作方便、树脂磨损少等优点，适用于澄清料液的处理。缺点是树脂的利用率较低，操作的线速度较小，且不适用于悬浮液的处理。

3. 移动床离子交换器

在移动床离子交换器内，树脂床层呈密实状态并作类似于活塞平推的移动，料液则以逆流方式从树脂床层的空隙中流过。这种活塞平推式的流动形式使设备的操作接近于理想的逆流操作，因而其传质效率很高，故完成给定分离任务所需的床层高度较小。

移动床离子交换器的形式很多，图 12-20 是常见的 Higgins 环形移动床的结构与工作原理示意。环的左上部为离子交换段，左下部为再生段；右边的立管为循环树脂的贮存室，各部分之间由阀门隔开。操作过程中，树脂顺时针移动，与料液及再生液均呈逆流接触。整个操作过程可分为两个阶段，即工作阶段和树脂移动阶段。在工作阶段，往复泵不动作，而料液、再生液和清水分别从相应的部位通入，并持续约数分钟，分别进行离子交换、再生和清洗操作。在树脂移动阶段，各液流均停止通入，而往复泵启动，将贮存于右边立管中的树脂压入再生段的下部。相应地，再生段上部再生后的树脂进入再生段的下部，离子交换段上部的饱和树脂进入右边立管的上部。此时往复泵回压，右边立管上部的树脂下落至贮存室中，同时恢复通液操作，开始下一操作循环的工作阶段。

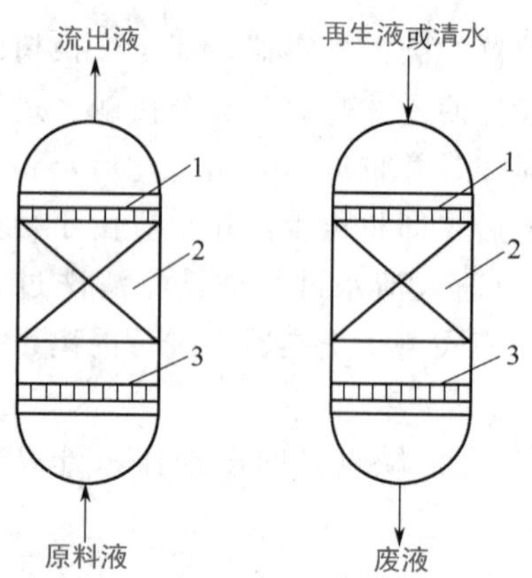

(a) 交换过程　　(b) 再生过程

图 12-19　固定床离子交换器

1—上支承板；2—树脂；3—下支承板

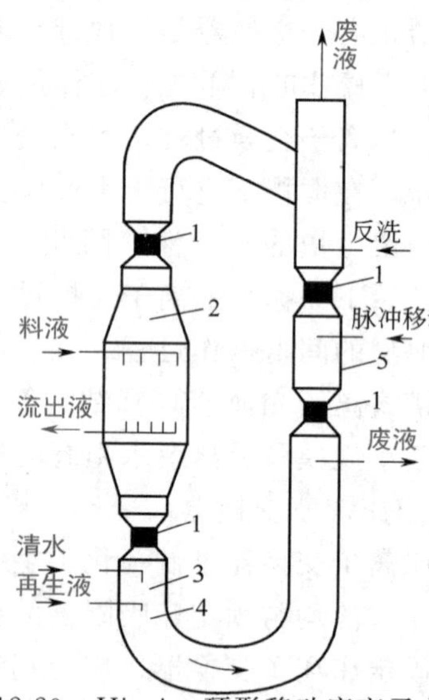

图 12-20　Higgins 环形移动床离子交换器

1—控制阀；2—吸附段；3—清洗段；4—再生段；5—贮存室

与固定床离子交换器相比，移动床离子交换器具有生产能力较大、树脂的利用率较高、再生液的消耗较少、操作的线速度较快等优点，特别适用于处理低浓度的水溶液。

本章目标检测题

习　题

1. 已知在 −33.6℃时，CO 在活性炭上的吸附平衡数据如表 12-8 所示。

表 12-8　CO 在活性炭上的吸附平衡数据

p/kPa	1.35	2.51	4.27	5.73	7.20	8.93
q/[cm^3(标况)・g^{-1}]	8.54	13.1	18.2	21.0	23.8	26.3

试判断朗缪尔方程式是否适用于该吸附体系。若适用，计算出常数 k_L 和 q_M 的值。（0.2kPa^{-1}，40cm^3・g^{-1}）

2. 氧化镁粒子表面可吸附水中的硅酸盐，因而可减少锅炉中沉积的硅酸盐垢皮。拟用氧化镁粒子处理硅酸盐含量为 26.2mg・kg^{-1} 水的原水。实验测得氧化镁粒子吸附水中硅酸盐的吸附平衡数据如表 12-9 所示。

表 12-9　氧化镁粒子吸附水中硅酸盐的吸附平衡数据

氧化镁加入量/[mg・kg(水)$^{-1}$]	75	100	126	160	200
硅酸盐浓度/[mg・kg(水)$^{-1}$]	9.2	6.2	3.6	2.0	1.0

① 若费罗因德利希方程式适用于该吸附体系，试计算常数 k_F 和 n 的值。

② 当水中的硅酸盐含量降至 2.9mg・kg（水）$^{-1}$ 时，试计算每千克水中需加入的 MgO 的量。（0.126mg・kg^{-1}，3.8；146mg）

3. 77.2K 时用 N_2 吸附测法微球硅酸铝催化剂的比表面积，实验数据如表 12-10 所示。

表 12-10　氮气在催化剂表面上的吸附平衡数据

p/kPa	8.698	13.637	22.108	29.919	38.904
q/[cm^3(标况)・g^{-1}]	111.58	126.3	150.69	166.38	184.42

已知 77.2K 时 N_2 的饱和蒸气压 p° 为 99.11kPa，单个 N_2 分子的横截面积为 $16.2\times10^{-20}m^2$，试根据 BET 方程式计算该催化剂的比表面积。（$5.004\times10^5m^2$・kg^{-1}）

4. 气体 A 在某吸附剂表面上的吸附等温线可用费罗因德利希方程式来描述。已知 0℃时，吸附剂的饱和吸附量为 93.8L^3・kg^{-1}，当 A 的分压为 13300Pa 时，吸附量为 82.5L^3・kg^{-1}，试计算当 A 的分压为 7100Pa 时的吸附量。（74.7L・kg^{-1}）

思　考　题

1. 简述物理吸附与化学吸附的区别。

2. 简述费罗因德利希吸附等温式和 BET 吸附等温式的联系和共同点，并指出在什么条件下，BET 吸附等温式可简化为费罗因德利希吸附等温式。

3. 简述吸附平衡和吸附传质机理。

4. 在吸附过程中固定床吸附器内可分为几个区？随着吸附过程的进行，吸附负荷曲线有什么变化？

5. 简述吸附剂的再生方法及其原理。

6. 简述离子交换的基本原理。

7. 离子交换树脂由哪几部分组成？

8. 简述离子交换树脂失效后的再生原理。

第十三章　膜分离技术

第一节　概述

学习要求

1. 掌握：超滤、反渗透和电渗析的原理。
2. 熟悉：超滤、反渗透和电渗析的应用。
3. 了解：膜材料和膜组件。

本章课件

一、膜分离原理

膜可以看作是一个具有选择透过性的屏障，它允许一些物质透过而阻止另一些物质透过，从而起到分离作用。膜分离与通常的过滤分离一样，被分离的混合物中至少有一种组分几乎可以无阻碍地通过膜，而其他组分则不同程度地被膜截留在原料侧。膜可以是均相的或非均相的，对称型的或非对称型的，固体的或液体的，中性的或荷电性的，其厚度可以从0.1μm 至数毫米。

膜分离过程可用图 13-1 加以说明。将含有 A、B 两种组分的原料液置于膜的一侧，然后对该侧施加某种作用力，若 A、B 两种组分的分子大小、形状或化学结构不同，其中 A 组分可以透过膜进入到膜的另一侧，而 B 组分被膜截留于原料液中，则 A、B 两种组分即可分离开来。

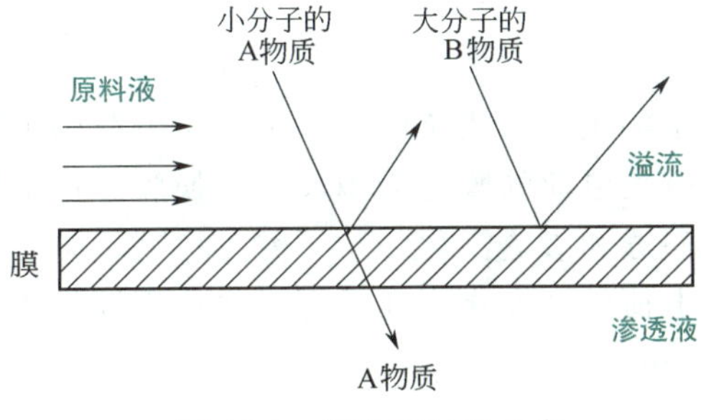

图 13-1　膜分离过程示意

13-01　膜分离过程

具有实用价值的膜，应满足下列条件。①具有较高的截留率和透水率；②具有良好的机械稳定性、化学稳定性和热稳定性；③制造成本低；④易于清洗；⑤操作压力低；⑥使用寿命长；⑦适用 pH 范围宽。

二、膜的分类

膜的种类和功能繁多，其分类如图 13-2 所示。

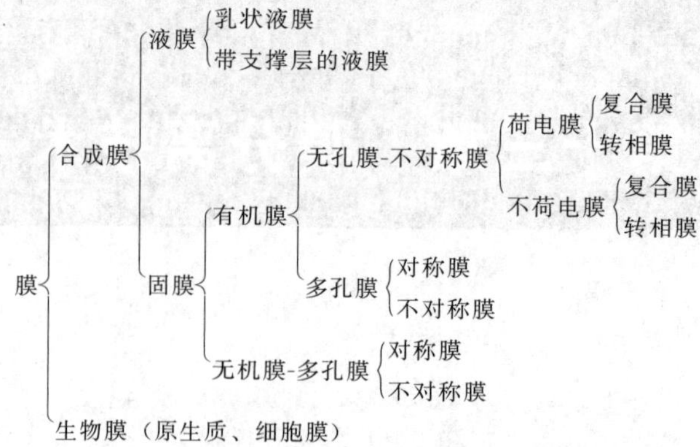

图 13-2 膜的分类

1. 对称膜与不对称膜

为了提高膜的分离性能，必须尽量减小膜的厚度，因此膜需要有载体支撑，形成膜的高聚物与多孔质载体可以是同一种材料，也可以是不同的材料。非对称膜由两部分组成：很薄的活性膜层（0.1～1μm）和多孔支撑层（100～200μm）。活性膜层决定了分离特性和分离速度，多孔的支撑层只起支撑作用，对分离特性和传递速度影响很小。

对称膜是指各向均质的致密或多孔膜。若将膜切开，会发现整个断面的形态结构是均一的，物质在膜中各处具有相同的透过率。

2. 复合膜与转相膜

复合膜与转相膜均属于不对称膜。

复合膜是通过在多孔的支撑膜上复合一层很薄的、有特种功能的活性膜层而制备得到。起分离作用的活性膜层与多孔支撑层是由不同材料制成的。

转相膜是通过将高分子铸膜液通过液液分层转变为两个液相，然后通过各种途径使一个液相固化形成高分子膜，另一个液相固化成为多孔支撑层制备得到的膜。在转相膜中，活性膜层与支撑层是同一种材料。

3. 荷电膜与不荷电膜

荷电膜的膜上胶载着固定的正电荷或负电荷。带有正电荷的膜称为阴离子交换膜，从周围流体中吸引阴离子；而带有负电荷的膜称为阳离子交换膜。荷电膜最早用于电渗析，后来逐渐出现在微滤、超滤、反渗透和渗透汽化。

非荷电膜是指膜的固定电荷的密度小到几乎可以忽略不计的膜，醋酸纤维素膜和芳香聚酰胺膜等膜大部分属于这一类。

三、膜材料

用来制备膜的材料主要分为有机高分子材料和无机材料两大类。用不同的材料并配以相应的制膜工艺，可以制备出各种不同性能的膜，如反渗透膜、超滤膜、微孔过滤膜和气体分离膜等。

1. 有机膜材料

目前在工业中应用的有机膜材料主要有醋酸纤维素类、聚砜类、聚酰胺类和聚丙烯腈等。

醋酸纤维素是由纤维素与乙酸反应而制成的，是应用最早和最多的膜材料，常用于反渗透膜、超滤膜和微滤膜的制备。醋酸纤维素膜的优点是价格便宜，分离和透过性能良好。缺点是使用的 pH 范围比较窄，一般仅为 4～8，容易被微生物分解，且在高压下长时间操作时容易被压密而引起膜通量下降。

聚砜类是一类具有高机械强度的工程塑料，具有耐酸、耐碱的优点，可用作制备超滤和微滤膜的材料。由于此类材料的性能稳定、机械强度好，因而也可作为反渗透膜、气体分离膜等复合膜的支撑材料。缺点是耐有机溶剂的性能较差。

用聚酰胺类制备的膜，具有良好的分离与透过性能，且耐高压、耐高温、耐溶剂，是制备耐溶剂超滤膜和非水溶液分离膜的首选材料。缺点是耐氯性能较差。

聚丙烯腈也是制备超滤、微滤膜的常用材料，其亲水性能使膜的水通量比聚砜膜的要大。

2. 无机膜材料

无机膜的制备多以金属、金属氧化物、陶瓷和多孔玻璃为材料。

以金属钯、银、镍等为材料可制得相应的金属膜和合金膜，如金属钯膜、金属银或钯-银合金膜。此类金属及合金膜具有透氢或透氧的功能，故常用于超纯氢的制备和氧化反应。缺点是清洗比较困难。

多孔陶瓷膜是最具有应用前景的一类无机膜，常用的有 Al_2O_3、SiO_2、ZrO_2 和 TiO_2 膜等。此类膜具有耐高温和耐酸腐蚀的优点。

玻璃膜可以很容易地加工成中空纤维，并且在 H_2-CO 或 He-CH_4 的分离过程中具有较高的选择性。

四、膜组件

将膜按一定技术要求组装在一起即成为膜组件，它是所有膜分离装置的核心部件，其基本要素包括膜、膜的支撑体或连接物、流体通道、密封件、壳体及外接口等。将膜组件与泵、过滤器、阀、仪表及管路等按一定的技术要求装配在一起，即成为膜分离装置。工业规模的膜分离过程通常由数个甚至数百个膜组件组合而成。根据不同的体系和分离要求，可采用不同类型的膜组件。常见的膜组件有板框式、卷绕式、管式和中空纤维膜组件等。

1. 板框式膜组件

将平板膜、支撑板和挡板以适当的方式组合在一起，即成为板框式膜组件。典型平板膜片的长和宽均为 1m，厚度为 200μm。支撑板的作用是支撑膜，挡板的作用是改变流体的流向，并分配流量，以避免沟流，即防止流体集中于某一特定的流道。板框式膜组件中的流道如图 13-3 所示。

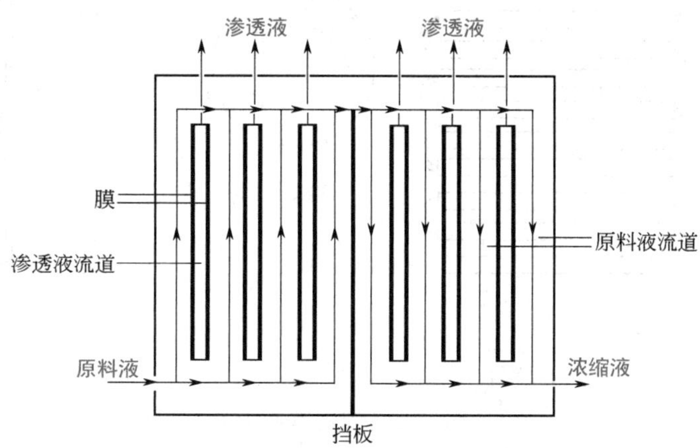

图 13-3 板框式膜组件中的流道

对于板框式膜组件，每两片膜之间的渗透物都被单独引出来，因而可通过关闭个别膜组件来消除操作中的故障，而不必使整个膜组件停止运行，这是板框式膜组件的一个突出优点。但板框式膜组件中需个别密封的数量太多，且内部阻力损失较大。

2. 卷绕式膜组件

平板膜片也可制成卷绕式膜组件。将一定数量的膜袋同时卷绕于一根中心管上，即成为卷绕式膜组件，如图 13-4 所示。膜袋由两层膜构成，其中三个边沿被密封而粘接在一起，另一个开放的边沿与一根多孔的产品收集管即中心管相连。膜袋内填充多孔支撑材料以形成透过物流道，膜袋之间填充网状材料以形成料液流道。工作时料液平行于中心管流动，进入膜袋内的透过物，旋转着流向中心收集管。为减少透过侧的阻力，膜袋不宜太长。若需增加膜组件的面积，可增加膜袋的数量。

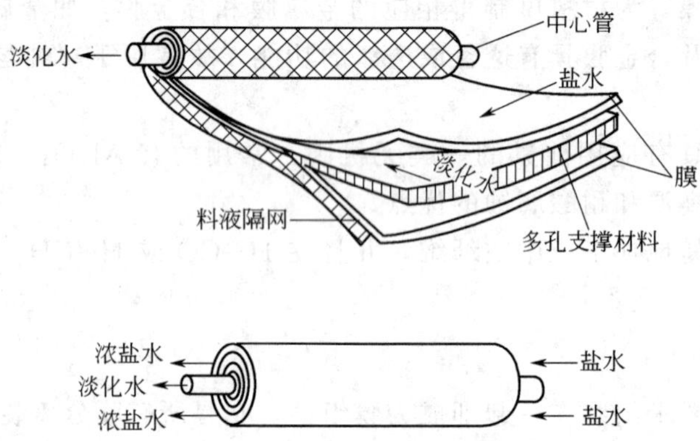

图 13-4 卷绕式膜组件的结构

3. 管式膜组件

将膜制成直径约几毫米或几厘米、长约 6m 的圆管，即成为管状膜。管式膜可以玻璃纤维、多孔金属或其他适宜的多孔材料作为支撑体。将一定数量的管式膜安装于同一个多孔的不锈钢、陶瓷或塑料管内，即成为管式膜组件，如图 13-5 所示。

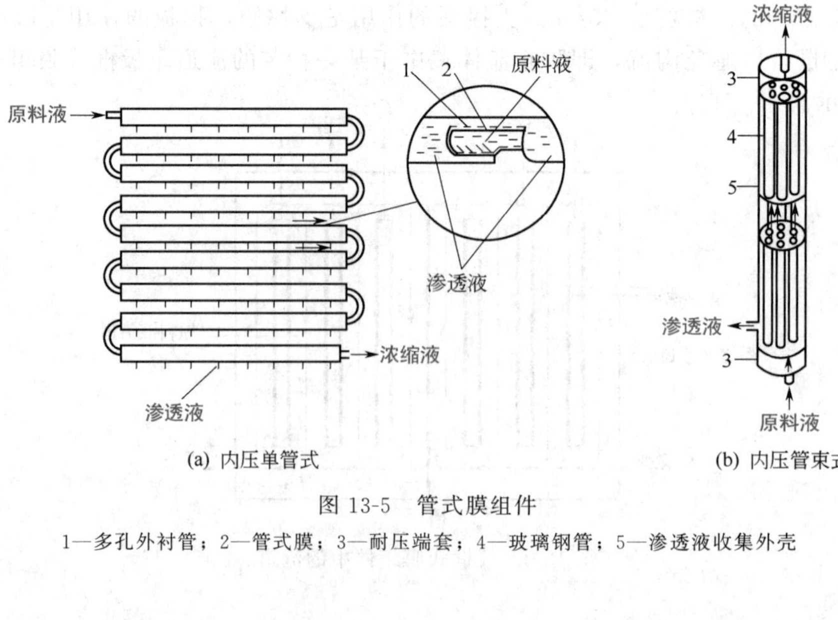

图 13-5 管式膜组件

1—多孔外衬管；2—管式膜；3—耐压端套；4—玻璃钢管；5—渗透液收集外壳

管式膜组件有内压式和外压式两种安装方式。当采用内压式安装时，管式膜位于几层耐压管的内侧，料液在管内流动，而渗透物则穿过膜并由外套环隙中流出，浓缩物从管内流出。当采用外压式安装时，管式膜位于几层耐压管的外侧，原料液在管外侧流动，而渗透物则穿过膜进入管内，并由管内流出，浓缩物则从外套环隙中流出。

4. 中空纤维膜组件

将一端封闭的中空纤维管束装入圆柱形耐压容器内，并将纤维束的开口端固定于由环氧树脂浇注的管板上，即成为中空纤维膜组件，如图 13-6 所示。工作时，加压原料液由膜件的一端进入壳侧，当料液由一端向另一端流动时，渗透组分经纤维管壁进入管内通道，并由开口端排出。

膜分离过程的种类很多，常见的有微滤、超滤、反渗透、渗析和电渗析等，其中微滤、超滤和反渗透的推动力为压力梯度，渗析的推动力为浓度梯度，电渗析的推动力则是电化学势梯度。本章主要介绍超滤、反渗透和电渗析三种典型的膜分离过程。

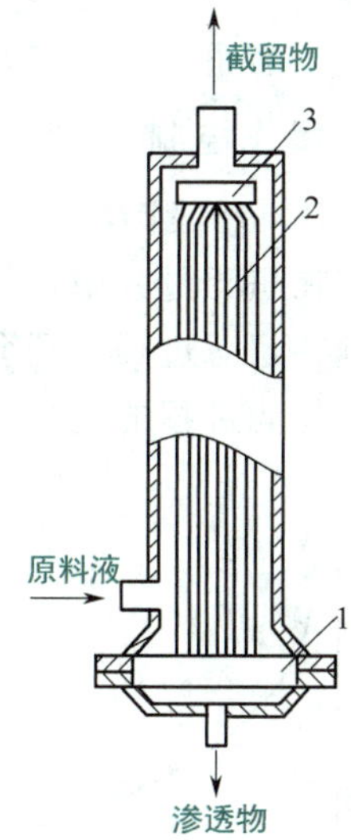

图 13-6　中空纤维膜组件

1—环氧树脂管板；2—纤维束；3—纤维束端封

第二节　超滤

一、原理

超滤过程的推动力是膜两侧的压力差，属于压力驱动型。一般认为超滤是一种筛孔分离过程。当液体在压力差的推动力下流过膜表面时，溶液中直径比膜孔小的分子将透过膜进入低压侧，而直径比膜孔大的分子则被截留下来，透过膜的液体称为透过液，剩余的液体称为浓缩液。如图 13-7 所示。

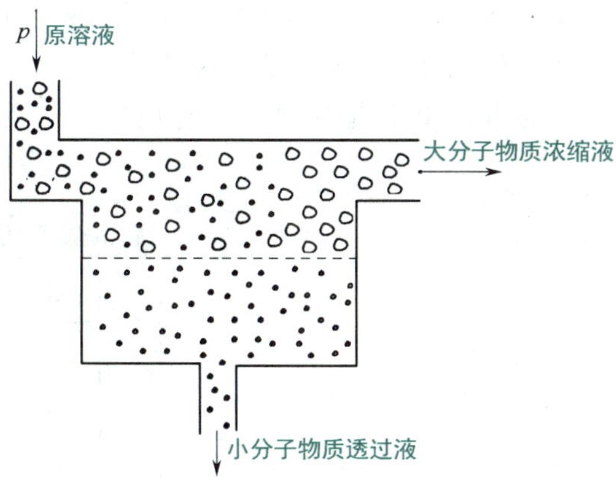

图 13-7　超滤过程原理示意

13-02　超滤的发现与发展

超滤常采用非对称膜，膜孔径为(1～5)×10^{-8}m，膜表面有效截留层的厚度较小，一般仅为(1～100)×10^{-7}m，操作压力差一般为 0.1～0.5MPa，可分离分子量约为 500～1000000 的分子。

超滤可有效去除水中的微粒、胶体、细菌、热原质和各种有机物，但几乎不能截留无机离子。

应当指出的是，膜孔径的大小是影响超滤分离效果的主要因素，但不是唯一因素，膜的其他性能如表面化学特性等有时对截留也有一定的影响。例如，对于孔径既大于溶剂分子，又大于溶质分子的膜，理论上应不具有截留作用，但事实上此类膜仍具有明显的分离效果。

二、操作控制

1. 超滤阻力

在超滤过程中，单位时间内通过膜的溶液体积称为膜通量。由于膜不仅本身具有阻力，而且在超滤过程中还会因浓差极化、形成凝胶层、受到污染等原因而产生新的阻力。因此，随着超滤过程的进行，膜通量将逐渐下降，其变化趋势如图 13-8 所示。

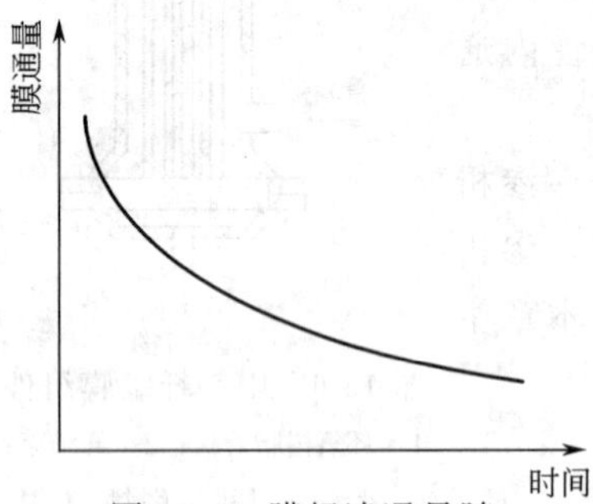

图 13-8 膜超滤通量随时间的变化趋势

膜本身所具有的阻力称为膜阻力，因浓差极化而产生的阻力称为浓差极化阻力，因形成凝胶层而产生的阻力称为凝胶层阻力，因膜受到污染而产生的阻力称为膜污染阻力。

（1）膜阻力　膜阻力包括膜层及其支撑层所具有的阻力，其大小与膜及其支撑层本身的结构有关。

（2）浓差极化阻力　在超滤过程中，被截留组分的分子在膜表面处将产生累积，从而使这些组分在膜表面附近处液体中的浓度要远高于在料液主体中的浓度，即这些组分在由膜表面至料液主体的液相中存在浓度梯度。由于浓度梯度的存在，被截留组分的分子将从膜表面向料液主体扩散，从而形成浓度边界层，如图 13-9 所示。当被截留组分由膜表面向料液主体的扩散速度与由料液主体向膜表面的扩散速度达到动态平衡时，在膜表面附近将形成一个稳定的浓度梯度区，该区域称为浓差极化边界层，这种现象称为浓差极化，所产生的阻力称为浓差极化阻力。

浓差极化可造成膜通量的显著下降，对膜分离过程产生不良影响。

（3）凝胶层阻力　当料液流速较低，且被截留组分的浓度较高时，浓差极化有可能使膜表面附近达到或超过被截留组分的饱和溶解度，此时被截留组分将在膜表面形成凝胶层，如图 13-10 所示。凝胶层所产生的阻力将引起膜通量的急剧降低，对膜分离产生非常不利的影响。

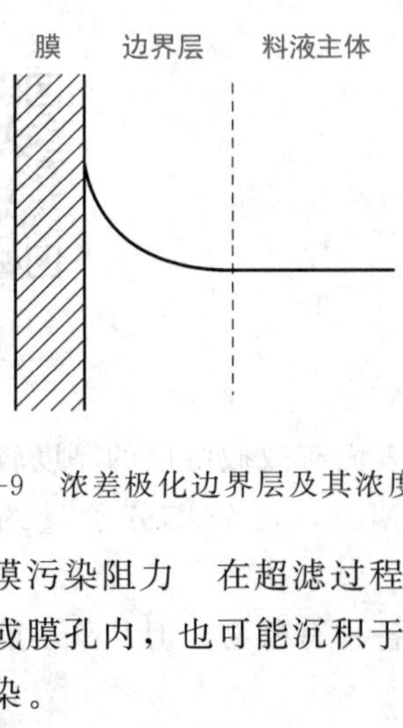

图 13-9 浓差极化边界层及其浓度分布

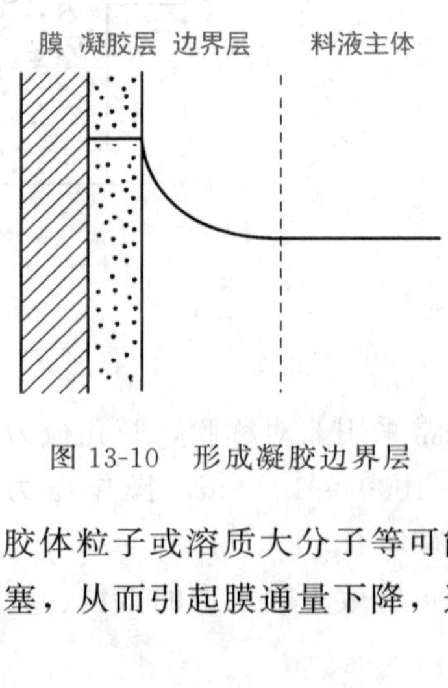

图 13-10 形成凝胶边界层

（4）膜污染阻力　在超滤过程中，溶液中的微粒、胶体粒子或溶质大分子等可能被吸附于膜表面或膜孔内，也可能沉积于膜表面上，使膜孔阻塞，从而引起膜通量下降，这种现象称为膜污染。

膜污染被认为是超滤过程中的主要障碍。当超滤装置运行一段时间后，必须对膜进行清洗，以除去膜表面的污染物，恢复膜的透过性。

2. 超滤操作

在超滤过程中，料液的性质和操作条件对膜通量均有一定的影响。为提高膜通量应采取适当的措施，尽可能减少浓差极化和膜污染等所产生的阻力。

(1) 料液预处理　料液中常含有一定量的悬浮物，为提高膜通量，在超滤前应对料液进行预处理，以除去料液中的悬浮物。例如，用预过滤器除去料液中的悬浮物；用絮凝法除去料液中的胶体物；用活性炭吸附除去料液中的部分有机物等均是常用的料液预处理方法。此外，通过调节料液的 pH 值可使蛋白质、酶、微生物等对膜有污染的组分远离其等电点，从而减少这些物质在膜面上形成凝胶层的可能性。若料液中含有较多的细菌、藻类及其他微生物，则可先用氯气、次氯酸钠、臭氧等进行杀菌，然后再用常规方法对其进行预处理。

(2) 料液流速　提高料液流速，可有效减轻膜表面的浓差极化。但流速也不能太快，否则会产生过大的压降，并加速膜分离性能的衰退。对于螺旋式膜组件，可在液流通道上安放湍流促进材料，或使膜支撑物产生振动，以改善料液流动状态，抑制浓差极化，从而保证超滤装置能正常稳定地运行。

(3) 操作压力　通常所说的操作压力是指超滤装置进、出口压力的算术平均值。在超滤过程中，膜通量与操作压力之间的关系如图 13-11 所示。可见，在一定的范围内，膜通量随操作压力的增加而增大，但当压力增加到某一临界值时，膜通量将趋于恒定。此时的膜通量称为临界膜通量，以 J_{∞} 表示。在超滤过程中，为提高膜通量，可适当提高操作压力。但操作压力不能过高，否则膜可能被压密。一般情况下，实际超滤操作可维持在临界膜通量附近进行。

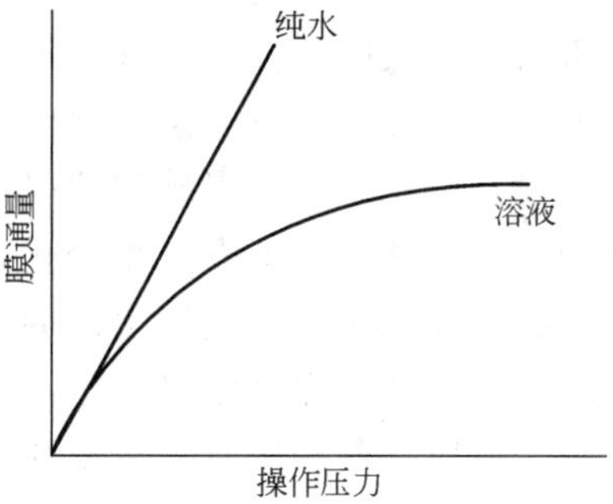

图 13-11　膜通量与操作压力之间的关系

(4) 操作温度　温度越高，料液黏度就越小，扩散系数则越大。因此，提高温度可提高膜通量。一般情况下，温度每升高 1℃，膜通量约提高 2.15%。因此，在膜允许的温度范围内，可采用相对高的操作温度，以提高膜通量。

(5) 进料浓度　随着超滤过程的进行，料液主体的浓度逐渐增高，黏度和边界层厚度亦相应增大。研究表明，对超滤而言，料液主体浓度过高无论在技术上还是经济上都是不利的，因此对超滤过程中料液主体的浓度应加以限制。超滤过程中不同料液的最高允许浓度如表 13-1 所示。

表 13-1　超滤过程中不同料液的最高允许浓度

应用类别	最高允许浓度(质量分数)/%	应用类别	最高允许浓度(质量分数)/%
颜料和分散染料	30～50	植物、动物细胞	5～10
油水乳状液	50～70	蛋白质和多肽	10～20
聚合物乳胶和分散体	30～60	多糖和低聚糖	1～10
胶体、非金属、氧化物、盐	不定	多元酚类	5～10
尘泥、固体、泥土	10～50	合成的水溶性聚合物	5～15
低分子有机物	1～5		

三、在制药工业中的应用

超滤作为一种膜分离技术，在化工、制药、食品、医疗卫生、环境保护和日常生活等领域中有着广泛的应用。

在制药工业中，超滤常用作反渗透、电渗析、离子交换树脂等装置的前处理设备。制备制药用水所用的原水中常含有大量的悬浮物、微粒、胶体物质以及细菌和海藻等杂质，其中的细菌和藻类物质很难用常规的预处理技术完全除去，这些物质可在管道及膜表面迅速繁衍生长，容易堵塞水路和污染反渗透膜，影响反渗透装置的使用寿命。通过超滤可将原水中的细菌和海藻等杂质几乎完全除去，从而既保护了后续装置的安全运行，又提高了水的质量。

超滤技术在中药提取中有着广泛应用。超滤在中药中的应用主要包括提取中药有效成分、制备中药注射剂、制备中药口服液和制备中药浸膏等。中药水提液中含有大量大分子杂质，对于分子量大于几万的中药无效成分，如纤维素、果胶、淀粉、鞣质、蛋白质、树脂等，它们在水提液中多数被溶解，也有的是以固体微粒形式存在。用超滤膜可通过截留分子量较大的物质而滤除此类杂质，从而达到去除大分子量无效成分的目的，尤其对去除蛋白质和多糖成分极其有效。但需注意的是，水提液在超滤前须采用压滤、离心或静置沉淀等方法以去除大部分团块物质，否则这类物质极易在滤膜上堆积，造成堵塞。此外超滤膜还能滤除醇沉法不能去除的树脂成分，但由于各种药材水提液中的成分不尽相同，而通过超滤既要去除大分子量无效成分，又要保留水提液中分子量较小的有效成分，为此须进行仔细的滤膜筛选及设备设计工作，以确定滤膜的材质、截留分子量的规格以及超滤的设备种类。与传统方法相比，超滤过程不发生相变化，操作条件温和，有利于保持中药的生理活性，省去有机溶剂，减少环境污染，缩短生产周期，降低生产成本，提高分离效率。例如，中药浸膏制剂的传统制备工艺是先将中药材用水煎煮，提取有效成分，再经过滤、浓缩、干燥，制成片剂或丸剂，但所得制剂中常含有淀粉、树脂等大量杂质。采用超滤技术可有效去除中药中的无效成分，从而提高浸膏中有效成分的含量和药效。

超滤过程无相变，不需要加热，不会引起产品变性或失活，因此在生物制品中应用超滤技术有很高的经济效益。例如，供静脉注射的25%人胎盘血白蛋白通常是用硫酸铵盐析法、透析脱盐、真空浓缩等工艺制备的，该工艺硫酸铵耗量大，能源消耗多，操作时间长，透析过程易产生污染。改用超滤工艺后，平均回收率可达97.18%，可显著提高白蛋白的产量和质量。目前狂犬疫苗、日本乙型脑炎疫苗等病毒疫苗均已采用超滤浓缩提纯工艺生产。

13-03 微滤

第三节 反渗透

一、原理

反渗透所用的膜为半透膜，该膜是一种只能透过水而不能透过溶质的膜。反渗透原理可用图13-12来说明。将纯水和一定浓度的盐溶液分别置于半透膜的两侧，开始时两边液面等高，如图13-12(a)所示。由于膜两侧水的化学位不等，水将自发地由纯水侧穿过半透膜向溶液侧流动，这种现象称为渗透。随着水的不断渗透，溶液侧的液位上升，使膜两侧的压力差增大。当压力差足以阻止水向溶液侧流动时，渗透过程达到平衡，此时的压力差 $\Delta\pi$ 称为该溶液的渗透压，如图13-12(b)所示。若在盐溶液的液面上方施加一个大于渗透压的压力，则水将由盐溶液侧经半透膜向纯水侧流动，这种现象称为反渗透，如图13-12(c)所示。

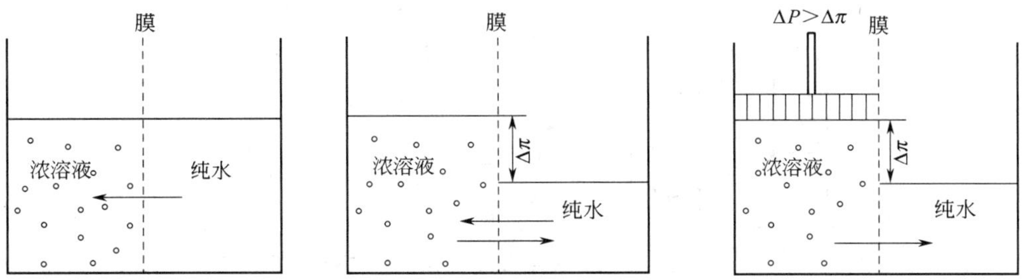

(a) 渗透　　(b) 渗透平衡　　(c) 反渗透

图 13-12　反渗透原理

若将浓度不同的两种盐溶液分别置于半透膜的两侧，则水将自发地由低浓度侧向高浓度侧流动。若在高浓度侧的液面上方施加一个大于渗透压的压力，则水将由高浓度侧向低浓度流动，从而使浓度较高的盐溶液被进一步浓缩。

溶液的渗透压与溶液的种类和浓度等因素有关，而与膜本身无关。理想溶液的渗透压可用范特霍夫（Van't Hoff）公式计算，即

$$\Delta\pi = C_i RT \tag{13-1}$$

式中　$\Delta\pi$—渗透压，Pa；

C_i—溶液中溶质的摩尔浓度，$mol \cdot L^{-1}$；

R—通用气体常数，$8.314 J \cdot mol^{-1} \cdot K^{-1}$；

T—溶液的温度，K。

对于实际溶液，应对式(13-1)进行修正，即

$$\Delta\pi = \phi C_i RT \tag{13-2}$$

式中　ϕ—与溶液的非理想程度有关的常数。对于理想溶液，$\phi=1$。

反渗透过程就是在压力的推动下，借助于半透膜的截留作用，将溶液中的溶剂与溶质分离开来。显然，反渗透过程也属于压力推动过程。

13-04　海鸥体内的反渗透装置

二、流程

反渗透装置的基本单元为反渗透膜组件，将反渗透膜组件与泵、过滤器、阀、仪表及管路等按一定的技术要求组装在一起即成为反渗透装置。根据处理对象和生产规模的不同，反渗透装置主要有连续式、部分循环式和全循环式三种流程。

1. 连续式

连续式反渗透流程又可分为一级一段连续式和一级多段连续式两种。

（1）一级一段连续式　图 13-13 为典型的一级一段连续式工艺流程示意。工作时，泵将料液连续输入反渗透装置，分离所得的透过水和浓缩液由装置连续排出。该流程的缺点是水的回收率不高，因而在实际生产中的应用较少。

（2）一级多段连续式　当采用一级一段连续式工艺流程达不到分离要求时，可采用多段连续式工艺流程。图 13-14 为一级多段连续式工艺流程示意。操作时，第一段渗透装置的浓缩液即为第二段的进料液，第二段的浓缩液即为第三段的进料液，依此类推，而各段的透过液（水）经收集后连续排出。此种操作方式的优点是水的回收率及浓缩液中的溶质浓度均较高，而浓缩液的量较少。一级多段连续式流程适用于处理量较大且回收率要求较高的场合，如苦咸水的淡化以及低浓度盐水或自来水的净化等均采用该流程。

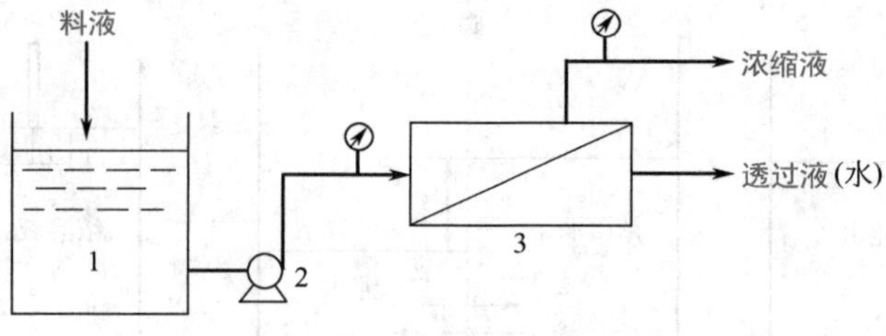

图 13-13 一级一段连续式工艺流程

1—料液贮槽；2—泵；3—膜组件

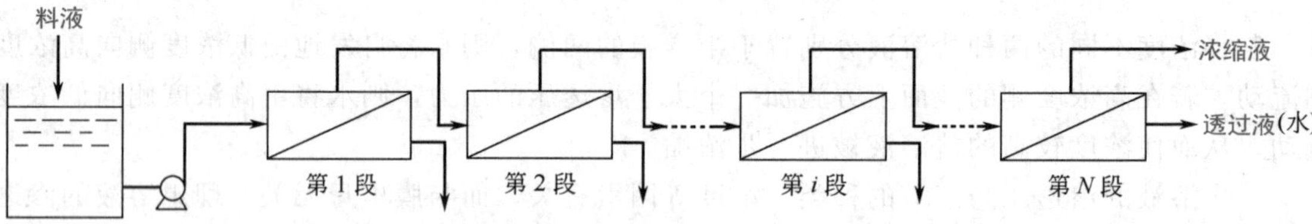

图 13-14 一级多段连续式工艺流程

2. 循环式

（1）部分循环式　在反渗透操作中，将连续加入的原料液与部分浓缩液混合后作为进料液，而其余的浓缩液和透过液则连续排出，该流程即为部分循环式工艺流程，如图 13-15 所示。采用部分循环式工艺流程可提高水的回收率，但由于浓缩液中的溶质浓度要比原进料液中的高，因此透过水的水质有可能下降。部分循环式工艺流程可连续去除料液中的溶剂水，常用于废液等的浓缩处理。

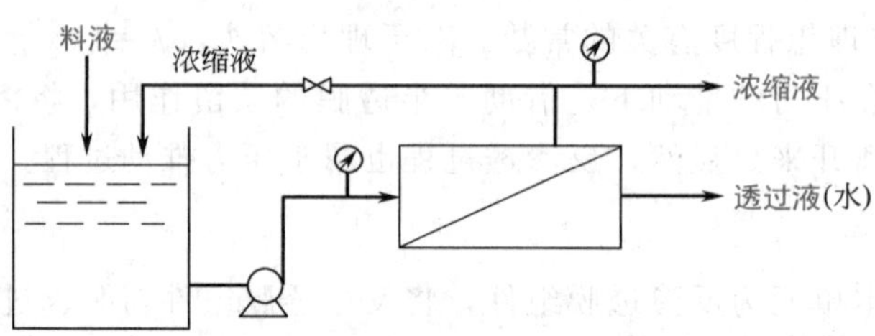

图 13-15 部分循环式工艺流程

（2）全循环式　在反渗透操作中，若将全部浓缩液与原料液混合后作为反渗透装置的进料液，即将浓缩液全部循环，则该流程称为全循环式工艺流程，如图 13-16 所示。操作过程中，将全部浓缩液引回至料液贮槽，与新加入的原料液混合后，再进入反渗透装置，而透过液则连续排出，直至浓缩液的浓度达到规定要求时，即可停止操作。

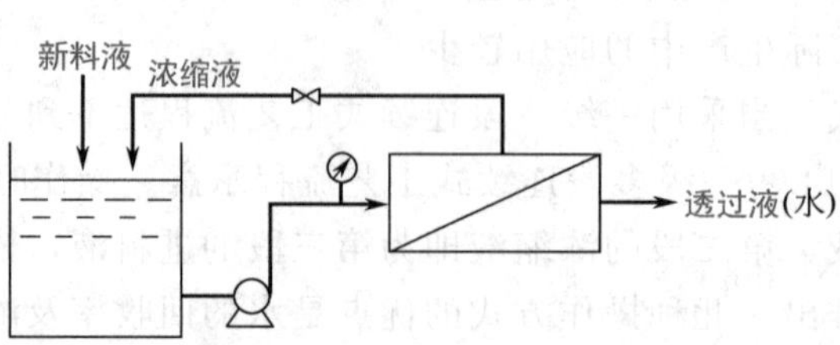

图 13-16 全循环式工艺流程

13-05 纳滤

全循环操作可获得高浓度的浓缩液，常用于溶质的浓缩处理。

三、在制药工业中的应用

反渗透在制药工业中的一个重要应用是制备医药注射用水。某水处理中心以市政自来水为水源，采用二级反渗透装置直接制备得到的医药注射用水，各项水质指标均符合中国药典标准。与传统的蒸馏法相比，节约能耗75%以上，节水60%以上，环境污染问题显著降低。

反渗透法还常用于抗生素、维生素、激素等溶液的浓缩过程。例如，在链霉素提取精制过程中，传统的真空蒸发浓缩方法对热敏性的链霉素极为不利，且能耗很大。采用反渗透法取代传统的真空蒸发，可显然提高链霉素的回收率和浓缩液的透光度，并可节约能耗。

第四节 电渗析

一、原理

电渗析是一种专门用来处理溶液中的离子或带电粒子的膜分离技术，其原理是在外加直流电场的作用下，以电位差为推动力，使溶液中的离子作定向迁移，并利用离子交换膜的选择透过性，使带电离子从水溶液中分离出来。

电渗析所用的离子交换膜可分为阳离子交换膜（简称阳膜）和阴离子交换膜（简称阴膜），其中阳膜只允许水中的阳离子通过而阻挡阴离子，阴膜只允许水中的阴离子通过而阻挡阳离子。下面以盐水溶液中 NaCl 的脱除过程为例，简要介绍电渗析过程的原理。

电渗析系统由一系列平行交错排列于两极之间的阴、阳离子交换膜所组成，这些阴、阳离子交换膜将电渗析系统分隔成若干个彼此独立的小室，其中与阳极相接触的隔离室称为阳极室，与阴极相接触的隔离室称为阴极室，操作中离子减少的隔离室称为淡水室，离子增多的隔离室称为浓水室。如图 13-17 所示，在直流电场的作用下，带负电荷的阴离子即 Cl^- 向正极移动，但它只能通过阴膜进入浓水室，而不能透过阳膜，因而被截留于浓水室中。同理，带正电荷的阳离子即 Na^+ 向负极移动，通过阳膜进入浓水室，并在阴膜的阻挡下截留于浓水室中。这样，浓水室中的 NaCl 浓度逐渐升高，出水为浓水；而淡水室中的 NaCl 浓

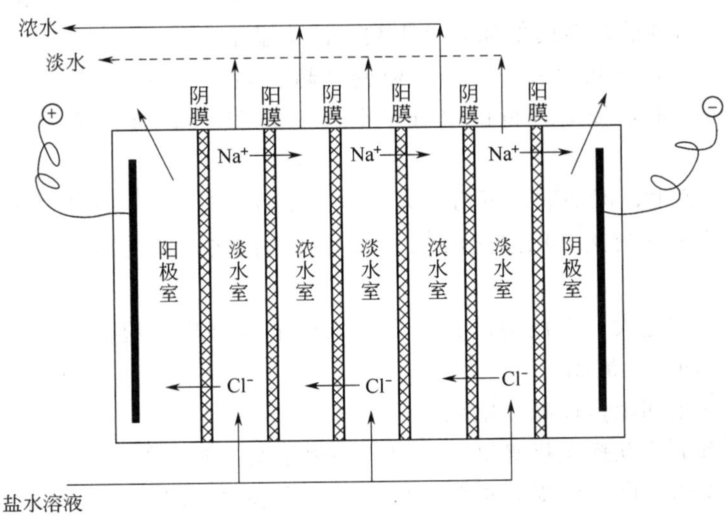

图 13-17 电渗析原理

度逐渐下降，出水为淡水，从而达到脱盐的目的。

在电渗析过程中，阳极和阴极室分别发生氧化和还原反应，其中阳极的电化反应为

$$2Cl^- - 2e \longrightarrow Cl_2$$

$$H_2O \rightleftharpoons H^+ + OH^-$$

$$4OH^- - 4e \longrightarrow O_2 + H_2O$$

阴极的电化反应为

$$H_2O \rightleftharpoons H^+ + OH^-$$

$$2H^+ + 2e \longrightarrow H_2$$

$$Na^+ + OH^- \longrightarrow NaOH$$

由电化反应可知，阳极室将产生氯气、氧气以及次氯酸等副产物，阴极室将产生氢气和氢氧化钠等副产物，这些副产物的浓度一般很低，通常作为废气或废液来处理。此外，由于阳极室中的水呈酸性，阴极室中的水呈碱性，因此应注意电极材料的选择或采取适当措施保护电极。常用的阳极材料有石墨、磁性氧化铁、镀铂的钛和不锈钢等，阴极材料有铁、石墨和不锈钢等。

二、操作

与其他膜分离过程一样，在电渗析过程中也存在浓差极化问题。电渗析器运行时，在直流电场的作用下，离子作定向迁移。由于反离子（指与膜的电荷符号相反的离子）在膜中的迁移速率比在溶液中的要快，因而溶液主体中的离子将不能迅速补充至膜界面，故从溶液主体至膜界面，反离子的浓度逐渐下降，即存在浓度梯度，这种浓度梯度随着电流强度的增加而增大。

在电渗析过程中，不仅存在反离子的迁移过程，而且还伴随着同名离子迁移、水的渗透和分解等次要过程，这些次要过程对反离子迁移也有一定的影响。

① 同名离子迁移。同名离子迁移是指与膜的电荷符号相同的离子迁移。若浓水室中的溶液浓度过高，则阴离子可能会闯入阳膜中，阳离子也可能会闯入阴膜中，因此当浓水室中的溶液浓度过高时，应用原水将其浓度调至适宜值。

② 水的渗透。膜两侧溶液的浓度不同，渗透压也不同，将使水由淡水室向浓水室渗透，其渗透量随浓度及温度的升高而增加，这不利于淡水室浓度的下降。

③ 水的分解。在电渗析过程中，当电流密度超过某一极限值，以致溶液中的盐离子数量不能满足电流传输的需要时，将由水分子电离出的 H^+ 和 OH^- 来补充，从而使溶液的 pH 值发生改变。

在实际操作过程中，可采取以下措施来减少浓差极化等因素对膜分离过程的影响。

① 尽可能提高液体流速，以强化溶液主体与膜表面之间的传质，这是减少浓差极化效应的重要措施。

② 膜的尺寸不宜过大，以使溶液在整个膜表面上能够均匀流动。一般来说，膜的尺寸越大，就越难达到均匀的流动。

③ 采取较小的膜间距，以减小电阻。

④ 采用清洗沉淀或互换电极等措施，以消除离子交换膜上的沉淀。

⑤ 适当提高操作温度，以提高扩散系数。对于大多数电解质溶液，温度每升高 1℃，黏度约下降 2.5%，扩散系数一般可增加 2%～2.5%。此外，膜表面传质边界层（存在浓度梯度的流体层）的厚度随温度的升高而减小，因而有利于减小浓差极化的影响。

⑥ 严格控制操作电流，使其低于极限电流密度。

三、在制药工业中的应用

电渗析是一种重要的膜分离技术，可同时去除溶液中的各种阴、阳离子，具有分离效率高、操作简便、运行费用低等优点。目前，电渗析技术已广泛应用于化工、医药、食品等行业，已成为一个重要的制药化工单元操作。

1. 锅炉用水处理

制药化工等企业大多设有锅炉，以提供生产、生活所需的蒸汽。为确保锅炉能正常运行，其供水中不能含有污垢物、固体物质和有机含水物。若锅炉给水的水质不良，则锅炉的受热面以及与水接触的管壁上容易结垢。由于结垢，受热面的强度将下降，并引起受热面金属的过热，从而使锅炉的热效率下降，因此锅炉给水需经除盐或降硬处理后方可送入锅炉。

实际应用中，常将电渗析与离子交换组合成电渗析-离子交换或离子交换-电渗析联合系统，用于锅炉给水的处理。采用电渗析技术将水中75%～80%的盐脱除掉，可大大减轻离子交换器的负荷，从而使离子交换器的运行费用大大低于单独采用离子交换系统时的运行费用。实际应用表明，与采用单纯离子交换系统相比，采用电渗析-离子交换联合系统处理锅炉用水，制水成本可降低70%左右。

2. 在生物制品中的应用

以淀粉为原料，经盐酸水解、碳酸钠中和等步骤制得的葡萄糖液中含有少量的 Cl^-、Na^+、Ca^{2+} 等杂质离子，这些杂质离子可用电渗析法除去，经进一步精制，可得到注射用葡萄糖液。

13-06　中国的电渗析技术

蛋白质水解液中含有多种氨基酸，可用电渗析法加以分离和精制。目前，用电渗析法脱除氨基酸中的氯化铵已实现工业化。

在发酵法生产柠檬酸的过程中，可用电渗析法直接从发酵液中分离出糖和酸，从而获得柠檬酸纯品，该法可避免传统工艺中的中和、过滤等繁琐工序。

此外，电渗析法还可用于溶菌酶、淀粉酶、肽、维生素C、甘油、血清等药物的脱盐精制过程。

思　考　题

本章目标检测题

1. 什么是膜组件？常见的膜组件有哪些？
2. 简述超滤的工作原理。
3. 超滤和反渗透都是压力驱动过程，简述两者的共同点和不同点。
4. 简述反渗透的基本原理。
5. 简述电渗析的工作原理。

主要参考文献

[1] 姚玉英．化工原理：上、下册．修订版．天津：天津科学技术出版社，2011.

[2] 柴诚敬．化工原理．第二版．北京：高等教育出版社，2010.

[3] 王志魁．化工原理．第五版．北京：化学工业出版社，2018.

[4] 王志祥．制药工程原理与设备．第四版．北京：人民卫生出版社，2023.

[5] 王志祥．制药工程学．第四版．北京：化学工业出版社，2024.

[6] 陈敏恒，丛德滋，齐鸣斋，等．化工原理．第五版．北京：化学工业出版社，2020.

[7] 张振坤，王锡玉．化工基础．第四版．北京：化学工业出版社，2012.

[8] 谭天恩，窦梅，等．化工原理．第四版．北京：化学工业出版社，2013.

[9] 管国锋，赵汝溥．化工原理．第三版．北京：化学工业出版社，2008.

[10] 何潮洪，冯宵．化工原理．第二版．北京：科学出版社，2007.

[11] 齐鸣斋．化工原理：制药专业适用．北京：化学工业出版社，2019.

[12] 蒋维钧，戴猷元，顾惠君．化工原理．第三版．北京：清华大学出版社，1996.

[13] 刘士星．化工原理．合肥：中国科学技术大学出版社，1994.

[14] 袁惠新．分离工程．北京：中国石化出版社，2002.

[15] 单熙滨，姜继祖，姚松林，等．制药工程．北京：北京医科大学 中国协和医科大学联合出版社，1994.

附　录

附录 1　单位换算因数

单位名称及符号	换算系数
1. 长度	
英寸 in	2.54×10^{-2}m
英尺 ft(=12in)	0.3048m
英里 mile	1.609344km
埃　Å	10^{-10}m
码　yd(=3ft)	0.9144m
2. 体积	
英加仑 UK gal	4.54609dm^3
美加仑 US gal	3.78541dm^3
3. 质量	
磅　lb	0.45359237kg
短吨 (=2000lb)	907.185kg
长吨 (=2240lb)	1016.05kg
4. 力	
达因 dyn($g\cdot cm\cdot s^{-2}$)	10^{-5}N
千克力 kgf	9.80665N
磅力 lbf	4.44822N
5. 压力(压强)	
巴　bar($10^6dyn\cdot cm^{-2}$)	10^5Pa
千克力每平方厘米 $kgf\cdot cm^{-2}$ (又称工程大气压 at)	98066.5Pa
磅力每平方英寸 $lbf\cdot in^{-2}$(psi)	6.89476kPa
标准大气压 atm(760mmHg)	101.325kPa
毫米汞柱 mmHg	133.322Pa
毫米水柱 mmH_2O	9.80665Pa
托　Torr	133.322Pa
6. 表面张力	
达因每厘米 $dyn\cdot cm^{-1}$	$10^{-3}N\cdot m^{-1}$
7. 动力黏度(通称黏度)	
泊　P($=g\cdot cm^{-1}\cdot s^{-1}$)	$10^{-1}Pa\cdot s$
厘泊　cP	$10^{-3}Pa\cdot s$
8. 运动黏度	
斯托克斯 St($=1cm^2\cdot s^{-1}$)	$10^{-4}m^2\cdot s^{-1}$
厘斯 cSt	$10^{-6}m^2\cdot s^{-1}$
9. 功、能、热	
尔格 erg($=1dyn\cdot cm$)	10^{-7}J
千克力米 $kgf\cdot m$	9.80665J
国际蒸气表卡 cal	4.1868J
英热单位 Btu	1.05506kJ
10. 功率	
尔格每秒 $erg\cdot s^{-1}$	10^{-7}W
千克力米每秒 $kgf\cdot m\cdot s^{-1}$	9.80665W
英马力 hp	745.7W
千卡每小时 $kcal\cdot h^{-1}$	1.163W
米制马力 ($=75kgf\cdot m\cdot s^{-1}$)	735.499W
11. 温度	
华氏度　℉	$\frac{5}{9}(t_F-32)$℃

附录 2　饱和水的物理性质

温度 (t) /℃	饱和蒸气压 (p)/10^5Pa	密度(ρ) /(kg·m^{-3})	焓 (H) /(kJ·kg^{-1})	比热 (C_p) /(10^3J·kg^{-1}·K^{-1})	导热系数 (λ) /(10^{-2}W·m^{-1}·K^{-1})	黏度 (μ) /(10^{-6}Pa·s)	体积膨胀系数(β) /(10^{-4}K^{-1})	表面张力 (σ) /(10^{-4}N·m^{-1})	普兰特数 (Pr)
0	0.00611	999.9	0	4.212	55.1	1788	−0.81	756.4	13.67
10	0.01227	999.7	42.04	4.191	57.4	1306	+0.87	741.6	9.52
20	0.02338	998.2	83.91	4.183	59.9	1004	2.09	726.9	7.02
30	0.04241	995.7	125.7	4.174	61.8	801.5	3.05	712.2	5.42
40	0.07375	992.2	167.5	4.174	63.5	653.3	3.86	696.5	4.31
50	0.12335	988.1	209.3	4.174	64.8	549.4	4.57	676.9	3.54
60	0.19920	983.1	251.1	4.179	65.9	469.9	5.22	662.2	2.99
70	0.3116	977.8	293.0	4.187	66.8	406.1	5.83	643.5	2.55
80	0.4736	971.8	355.0	4.195	67.4	355.1	6.40	625.9	2.21
90	0.7011	965.3	377.0	4.208	68.0	314.9	6.96	607.2	1.95
100	1.013	958.4	419.1	4.220	68.3	282.5	7.50	588.6	1.75
110	1.43	951.0	461.4	4.233	68.5	259.0	8.04	569.0	1.60
120	1.98	943.1	503.7	4.250	68.6	237.4	8.58	548.4	1.47
130	2.70	934.8	546.4	4.266	68.6	217.8	9.12	528.8	1.36
140	3.61	926.1	589.1	4.287	68.5	201.1	9.68	507.2	1.26
150	4.76	917.0	632.2	4.313	68.4	186.4	10.26	486.6	1.17
160	6.18	907.0	675.4	4.346	68.3	173.6	10.87	466.0	1.10
170	7.92	897.3	719.3	4.380	67.9	162.8	11.52	443.4	1.05
180	10.03	886.9	763.3	4.417	67.4	153.0	12.21	422.8	1.00
190	12.55	876.0	807.8	4.459	67.0	144.2	12.96	400.2	0.96
200	15.55	863.0	852.8	4.505	66.3	136.4	13.77	376.7	0.93
210	19.08	852.3	897.7	4.555	65.5	130.5	14.67	354.1	0.91
220	23.20	840.3	943.7	4.614	64.5	124.6	15.67	331.6	0.89
230	27.98	827.3	990.2	4.681	63.7	119.7	16.80	310.0	0.88
240	33.48	813.6	1037.5	4.756	62.8	114.8	18.08	285.5	0.87
250	39.78	799.0	1085.7	4.844	61.8	109.9	19.55	261.9	0.86
260	46.94	784.0	1135.7	4.949	60.5	105.9	21.27	237.4	0.87
270	55.05	767.9	1185.7	5.070	59.0	102.0	23.31	214.8	0.88
280	64.19	750.7	1236.8	5.230	57.4	98.1	25.79	191.3	0.90
290	74.45	732.3	1290.0	5.485	55.8	94.2	28.84	168.7	0.93
300	85.92	712.5	1344.9	5.736	54.0	91.2	32.73	144.2	0.97
310	98.70	691.1	1402.2	6.071	52.3	88.3	37.85	120.7	1.03
320	112.90	667.1	1462.1	6.574	50.6	85.3	44.91	98.10	1.11
330	128.65	640.2	1526.2	7.244	48.4	81.4	55.31	76.71	1.22
340	146.08	610.1	1594.8	8.165	45.7	77.5	72.10	56.70	1.39
350	165.37	574.4	1671.4	9.504	43.0	72.6	103.7	38.16	1.60
360	186.74	528.0	1761.5	13.984	39.5	66.7	182.9	20.21	2.35
370	210.53	450.5	1892.5	40.321	33.7	56.9	676.7	4.709	6.79

注：β 值选自 Steam Tables in SI Units，2nd Ed.，Ed. by Grigull，U. et. al.，Springer-Verlag，1984.

附录3　水在不同温度下的黏度

温度/℃	黏度/($\times10^{-3}$Pa·s)	温度/℃	黏度/($\times10^{-3}$Pa·s)	温度/℃	黏度/($\times10^{-3}$Pa·s)
0	1.7921	34	0.7371	69	0.4117
1	1.7313	35	0.7225	70	0.4061
2	1.6728	36	0.7085	71	0.4006
3	1.6191	37	0.6947	72	0.3952
4	1.5674	38	0.6814	73	0.3900
5	1.5188	39	0.6685	74	0.3849
6	1.4728	40	0.6560	75	0.3799
7	1.4284	41	0.6439	76	0.3750
8	1.3860	42	0.6321	77	0.3702
9	1.3462	43	0.6207	78	0.3655
10	1.3077	44	0.6097	79	0.3610
11	1.2713	45	0.5988	80	0.3565
12	1.2363	46	0.5883	81	0.3521
13	1.2028	47	0.5782	82	0.3478
14	1.1709	48	0.5683	83	0.3436
15	1.1404	49	0.5588	84	0.3395
16	1.1111	50	0.5494	85	0.3355
17	1.0828	51	0.5404	86	0.3315
18	1.0559	52	0.5315	87	0.3276
19	1.0299	53	0.5229	88	0.3239
20	1.0050	54	0.5146	89	0.3202
20.2	1.0000	55	0.5064	90	0.3165
21	0.9810	56	0.4985	91	0.3130
22	0.9579	57	0.4907	92	0.3095
23	0.9359	58	0.4832	93	0.3060
24	0.9142	59	0.4759	94	0.3027
25	0.8937	60	0.4688	95	0.2994
26	0.8737	61	0.4618	96	0.2962
27	0.8545	62	0.4550	97	0.2930
28	0.8360	63	0.4483	98	0.2899
29	0.8180	64	0.4418	99	0.2868
30	0.8007	65	0.4355	100	0.2838
31	0.7840	66	0.4293		
32	0.7679	67	0.4233		
33	0.7523	68	0.4174		

附录 4 某些有机液体的相对密度（液体密度与4℃时水的密度之比）

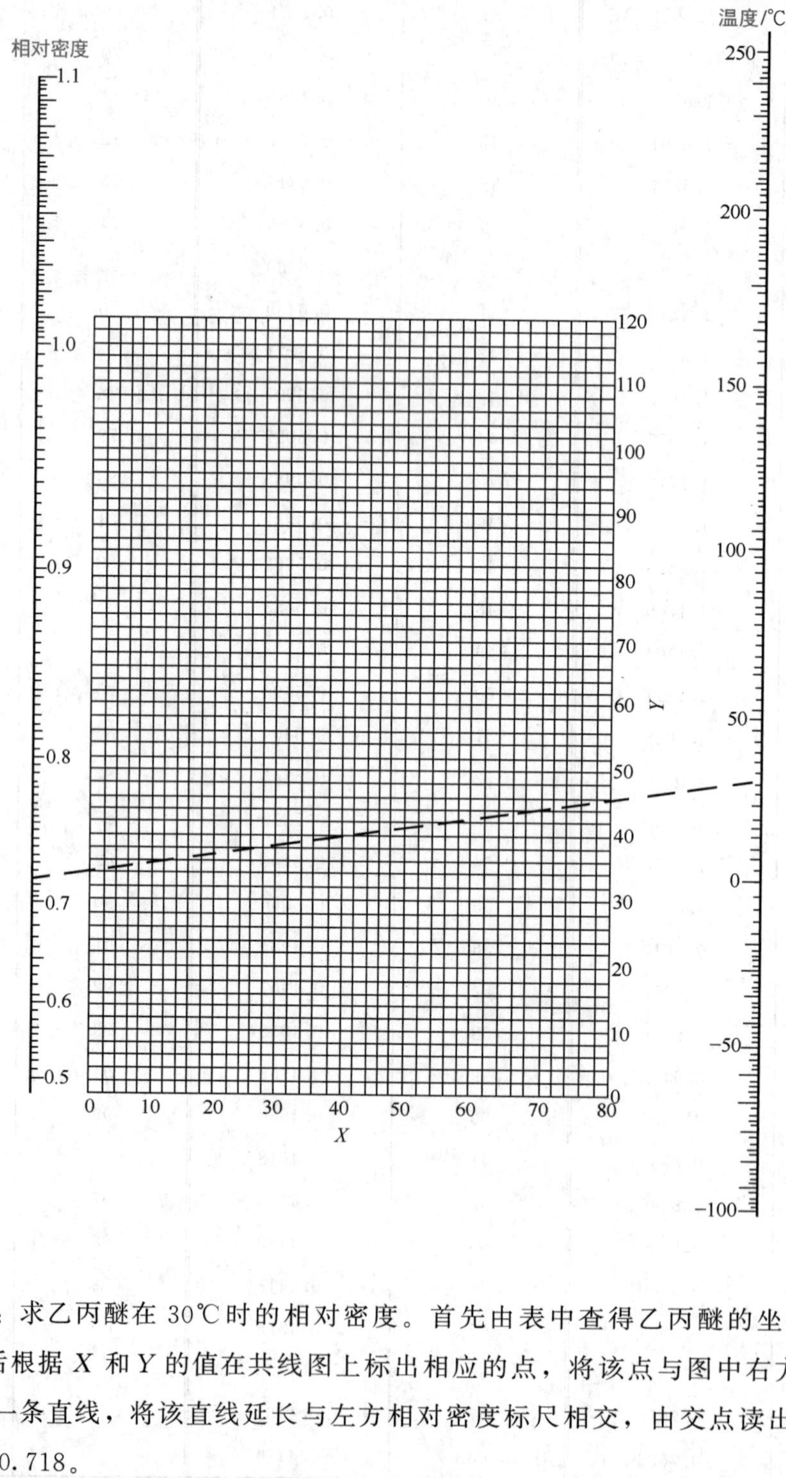

用法举例：求乙丙醚在 30℃时的相对密度。首先由表中查得乙丙醚的坐标 $X=20.0$，$Y=37.0$。然后根据 X 和 Y 的值在共线图上标出相应的点，将该点与图中右方温度标尺上 30℃的点连成一条直线，将该直线延长与左方相对密度标尺相交，由交点读出 30℃乙丙醚的相对密度为 0.718。

有机液体相对密度共线图的坐标值

有机液体	X	Y	有机液体	X	Y
乙炔	20.8	10.1	甲酸乙酯	37.6	68.4
乙烷	10.3	4.4	甲酸丙酯	33.8	66.7
乙烯	17.0	3.5	丙烷	14.2	12.2
乙醇	24.2	48.6	丙酮	26.1	47.8
乙醚	22.6	35.8	丙醇	23.8	50.8
乙丙醚	20.0	37.0	丙酸	35.0	83.5
乙硫醇	32.0	55.5	丙酸甲酯	36.5	68.3
乙硫醚	25.7	55.3	丙酸乙酯	32.1	63.9
二乙胺	17.8	33.5	戊烷	12.6	22.6
二硫化碳	18.6	45.4	异戊烷	13.5	22.5
异丁烷	13.7	16.5	辛烷	12.7	32.5
丁酸	31.3	78.7	庚烷	12.6	29.8
丁酸甲酯	31.5	65.5	苯	32.7	63.0
异丁酸	31.5	75.9	苯酚	35.7	103.8
丁酸(异)甲酯	33.0	64.1	苯胺	33.5	92.5
十一烷	14.4	39.2	氟苯	41.9	86.7
十二烷	14.3	41.4	癸烷	16.0	38.2
十三烷	15.3	42.4	氨	22.4	24.6
十四烷	15.8	43.3	氯乙烷	42.7	62.4
三乙胺	17.9	37.0	氯甲烷	52.3	62.9
三氢化磷	28.0	22.1	氯苯	41.7	105.0
己烷	13.5	27.0	氰丙烷	20.1	44.6
壬烷	16.2	36.5	氰甲烷	21.8	44.9
六氢吡啶	27.5	60.0	环己烷	19.6	44.0
甲乙醚	25.0	34.4	乙酸	40.6	93.5
甲醇	25.8	49.1	乙酸甲酯	40.1	70.3
甲硫醇	37.3	59.6	乙酸乙酯	35.0	65.0
甲硫醚	31.9	57.4	乙酸丙酯	33.0	65.5
甲醚	27.2	30.1	甲苯	27.0	61.0
甲酸甲酯	46.4	74.6	异戊醇	20.5	52.0

附录 5 某些液体的物理性质

名称	分子式	密度(ρ)/($kg\cdot m^{-3}$)(20℃)	沸点(T_b)/℃(101.3kPa)	汽化潜热(r)/($kJ\cdot kg^{-1}$)(101.3kPa)	比热(C_p)/($kJ\cdot kg^{-1}\cdot ℃^{-1}$)(20℃)	黏度(μ)/($\times10^{-3}Pa\cdot s$)(20℃)	导热系数(λ)/($W\cdot m^{-1}\cdot ℃^{-1}$)(20℃)	体积膨胀系数(β)/($\times10^{-4}℃^{-1}$)(20℃)	表面张力(σ)/($\times10^{-3}N\cdot m^{-1}$)(20℃)
水	H_2O	998	100	2258	4.183	1.005	0.599	1.82	72.8
氯化钠盐水(25%)	—	1186(25℃)	107	—	3.39	2.3	0.57(30℃)	(4.4)	
氯化钙盐水(25%)	—	1228	107	—	2.89	2.5	0.57	(3.4)	
二硫化碳	CS_2	1262	46.3	352	1.005	0.38	0.16	12.1	32
戊烷	C_5H_{12}	626	36.07	357.4	2.24(15.6℃)	0.229	0.113	15.9	16.2
己烷	C_6H_{14}	659	68.74	335.1	2.31(15.6℃)	0.313	0.119		18.2
庚烷	C_7H_{16}	684	98.43	316.5	2.21(15.6℃)	0.411	0.123		20.1
辛烷	C_8H_{18}	703	125.67	306.4	2.19(15.6℃)	0.540	0.131		21.8
三氯甲烷	$CHCl_3$	1489	61.2	253.7	0.992	0.58	0.138(30℃)	12.6	28.5(10℃)
四氯化碳	CCl_4	1594	76.8	195	0.850	1.0	0.12		26.8
1,2-二氯乙烷	$C_2H_4Cl_2$	1253	83.6	324	1.260	0.83	0.14(50℃)		30.8
苯	C_6H_6	879	80.10	393.9	1.704	0.737	0.148	12.4	28.6
甲苯	C_7H_8	867	110.63	363	1.70	0.675	0.138	10.9	27.9
邻二甲苯	C_8H_{10}	880	144.42	347	1.74	0.811	0.142		30.2
间二甲苯	C_8H_{10}	864	139.10	343	1.70	0.611	0.167	0.1	29.0
对二甲苯	C_8H_{10}	861	138.35	340	1.704	0.643	0.129		28.0
硝基苯	$C_6H_5NO_2$	1203	210.9	396	1.47	2.1	0.15		41
苯胺	$C_6H_5NH_2$	1022	184.4	448	2.07	4.3	0.17	8.5	42.9
甲醇	CH_3OH	791	64.7	1101	2.48	0.6	0.212	12.2	22.6
乙醇	C_2H_5OH	789	78.3	846	2.39	1.15	0.172	11.6	22.8
乙二醇	$C_2H_4(OH)_2$	1113	197.6	780	2.35	23			47.7
甘油	$C_3H_5(OH)_3$	1261	290(分解)	—		1499	0.59	5.3	63
乙醚	$(C_2H_5)_2O$	714	34.6	360	2.34	0.24	0.140	16.3	18
乙醛	CH_3CHO	783(18℃)	20.2	574	1.9	1.3(18℃)			21.2
糠醛	$C_5H_4O_2$	1168	161.7	452	1.6	1.15(50℃)			43.5
丙酮	CH_3COCH_3	792	56.2	523	2.35	0.32	0.17		23.7
甲酸	$HCOOH$	1220	100.7	494	2.17	1.9	0.26		27.8
乙酸	CH_3COOH	1049	118.1	406	1.99	1.3	0.17	10.7	23.9
乙酸乙酯	$CH_3COOC_2H_5$	901	77.1	368	1.92	0.48	0.14(10℃)		

附录 6　部分无机盐水溶液的沸点(101.33kPa)

物　质	沸点/℃																		
	101	102	103	104	105	107	110	115	120	125	140	160	180	200	220	240	260	280	300
	溶液浓度(质量分数)/%																		
$CaCl_2$	5.66	10.31	14.16	17.36	20.00	24.24	29.33	35.68	40.83	45.80	57.89	68.94	75.86	—	—	—	—	—	—
KOH	4.49	8.51	11.97	14.82	17.01	20.88	25.65	31.97	36.51	40.23	48.05	54.89	60.41	64.91	68.73	72.46	75.76	78.95	81.63
KCl	8.42	14.31	18.96	23.02	26.57	32.02	—	—	—	—	—	—	—	—	—	—	—	—	—
K_2CO_3	10.31	18.37	24.24	28.57	32.24	37.69	43.97	50.86	56.04	60.40	—	—	—	—	—	—	—	—	—
KNO_3	13.19	23.66	32.23	39.20	45.10	54.65	65.34	79.53	—	—	—	—	—	—	—	—	—	—	—
$MgCl_2$	4.67	8.42	11.66	14.31	16.59	20.32	24.41	29.48	33.07	36.02	38.61	—	—	—	—	—	—	—	—
$MgSO_4$	14.31	22.78	28.31	32.23	35.32	42.86	—	—	—	—	—	—	—	—	—	—	—	—	—
NaOH	4.12	7.40	10.15	12.51	14.53	18.32	23.08	26.21	33.77	37.58	48.32	60.13	69.97	77.53	84.03	88.89	93.02	95.92	98.47
NaCl	6.19	11.03	14.67	17.69	20.32	25.09	—	—	—	—	—	—	—	—	—	—	—	—	—
$NaNO_3$	8.26	15.61	21.87	27.53	32.43	40.47	49.87	60.94	68.94	—	—	—	—	—	—	—	—	—	—
Na_2SO_4	15.26	24.81	30.73	—	—	—	—	—	—	—	—	—	—	—	—	—	—	—	—
Na_2CO_3	9.42	17.22	23.72	29.18	33.86	—	—	—	—	—	—	—	—	—	—	—	—	—	—
$CuSO_4$	26.95	39.98	40.83	44.47	—	—	—	—	—	—	—	—	—	—	—	—	—	—	—
$ZnSO_4$	20.00	31.22	37.89	42.92	46.15	—	—	—	—	—	—	—	—	—	—	—	—	—	—
NH_4NO_3	9.09	16.66	23.08	29.08	34.21	42.53	51.92	63.24	71.26	77.11	87.09	93.20	96.00	97.61	98.84	—	—	—	—
NH_4Cl	6.10	11.35	15.96	19.80	22.89	28.37	35.98	46.95	—	—	—	—	—	—	—	—	—	—	—
$(NH_4)_2SO_4$	13.34	23.41	30.65	36.71	41.79	49.73	—	—	—	—	—	—	—	—	—	—	—	—	—

附录 7　饱和水蒸气表（按温度排列）

温度/℃	绝对压力/kPa	蒸汽密度/(kg·m⁻³)	焓/(kJ·kg⁻¹) 液体	焓/(kJ·kg⁻¹) 蒸汽	汽化潜热/(kJ·kg⁻¹)
0	0.6082	0.00484	0	2491	2491
5	0.8730	0.00680	20.9	2500.8	2480
10	1.226	0.00940	41.9	2510.4	2469
15	1.707	0.01283	62.8	2520.5	2458
20	2.335	0.01719	83.7	2530.1	2446
25	3.168	0.02304	104.7	2539.7	2435
30	4.247	0.03036	125.6	2549.3	2424
35	5.621	0.03960	146.5	2559.0	2412
40	7.377	0.05114	167.5	2568.6	2401
45	9.584	0.06543	188.4	2577.8	2389
50	12.34	0.0830	209.3	2587.4	2378
55	15.74	0.1043	230.3	2596.7	2366
60	19.92	0.1301	251.2	2606.3	2355
65	25.01	0.1611	272.1	2615.5	2343
70	31.16	0.1979	293.1	2624.3	2331
75	38.55	0.2416	314.0	2633.5	2320
80	47.38	0.2929	334.9	2642.3	2307
85	57.88	0.3531	355.9	2651.1	2295
90	70.14	0.4229	376.8	2659.9	2283
95	84.56	0.5039	397.8	2668.7	2271
100	101.33	0.5970	418.7	2677.0	2258
105	120.85	0.7036	440.0	2685.0	2245
110	143.31	0.8254	461.0	2693.4	2232
115	169.11	0.9635	482.3	2701.3	2219
120	198.64	1.1199	503.7	2708.9	2205
125	232.19	1.296	525.0	2716.4	2191
130	270.25	1.494	546.4	2723.9	2178
135	313.11	1.715	567.7	2731.0	2163
140	361.47	1.962	589.1	2737.7	2149
145	415.72	2.238	610.9	2744.4	2134
150	476.24	2.543	632.2	2750.7	2119
160	618.28	3.252	675.8	2762.9	2087
170	792.59	4.113	719.3	2773.3	2054
180	1003.5	5.145	763.3	2782.5	2019
190	1255.6	6.378	807.6	2790.1	1982
200	1554.8	7.840	852.0	2795.5	1944
210	1917.7	9.567	897.2	2799.3	1902
220	2320.9	11.60	942.4	2801.0	1859
230	2798.6	13.98	988.5	2800.1	1812
240	3347.9	16.76	1034.6	2796.8	1762
250	3977.7	20.01	1081.4	2790.1	1709
260	4693.8	23.82	1128.8	2780.9	1652
270	5504.0	28.27	1176.9	2768.3	1591
280	6417.2	33.47	1225.5	2752.0	1526
290	7443.3	39.60	1274.5	2732.3	1457
300	8592.9	46.93	1325.5	2708.0	1382

附录 8 饱和水蒸气表 (按压力排列)

绝对压力/kPa	温度/℃	蒸汽密度/(kg·m^{-3})	焓/(kJ·kg^{-1}) 液体	焓/(kJ·kg^{-1}) 蒸汽	汽化潜热/(kJ·kg^{-1})
1.0	6.3	0.00773	26.5	2503.1	2477
1.5	12.5	0.01133	52.3	2515.3	2463
2.0	17.0	0.01486	71.2	2524.2	2453
2.5	20.9	0.01836	87.5	2531.8	2444
3.0	23.5	0.02179	98.4	2536.8	2438
3.5	26.1	0.02523	109.3	2541.8	2433
4.0	28.7	0.02867	120.2	2546.8	2427
4.5	30.8	0.03205	129.0	2550.9	2422
5.0	32.4	0.03537	135.7	2554.0	2418
6.0	35.6	0.04200	149.1	2560.1	2411
7.0	38.8	0.04864	162.4	2566.3	2404
8.0	41.3	0.05514	172.7	2571.0	2398
9.0	43.3	0.06156	181.2	2574.8	2394
10.0	45.3	0.06798	189.6	2578.5	2389
15.0	53.5	0.09956	224.0	2594.0	2370
20.0	60.1	0.1307	251.5	2606.4	2355
30.0	66.5	0.1909	288.8	2622.4	2334
40.0	75.0	0.2498	315.9	2634.1	2312
50.0	81.2	0.3080	339.8	2644.3	2304
60.0	85.6	0.3651	358.2	2652.1	2394
70.0	89.9	0.4223	376.6	2659.8	2283
80.0	93.2	0.4781	390.1	2665.3	2275
90.0	96.4	0.5338	403.5	2670.8	2267
100.0	99.6	0.5896	416.9	2676.3	2259
120.0	104.5	0.6987	437.5	2684.3	2247
140.0	109.2	0.8076	457.7	2692.1	2234
160.0	113.0	0.8298	473.9	2698.1	2224
180.0	116.6	1.021	489.3	2703.7	2214
200.0	120.2	1.127	493.7	2709.2	2205
250.0	127.2	1.390	534.4	2719.7	2185
300.0	133.3	1.650	560.4	2728.5	2168
350.0	138.8	1.907	583.8	2736.1	2152
400.0	143.4	2.162	603.6	2742.1	2138
450.0	147.7	2.415	622.4	2747.8	2125
500.0	151.7	2.667	639.6	2752.8	2113
600.0	158.7	3.169	676.2	2761.4	2091
700.0	164.7	3.666	696.3	2767.8	2072
800.0	170.4	4.161	721.0	2773.7	2053
900.0	175.1	4.652	741.8	2778.1	2036
1.0×10^3	179.9	5.143	762.7	2782.5	2020
1.1×10^3	180.2	5.633	780.3	2785.5	2005
1.2×10^3	187.8	6.124	797.9	2788.5	1991
1.3×10^3	191.5	6.614	814.2	2790.9	1977
1.4×10^3	194.8	7.103	829.1	2792.4	1964
1.5×10^3	198.2	7.594	843.9	2794.5	1951
1.6×10^3	201.3	8.081	857.8	2796.0	1938

续表

绝对压力/kPa	温度/℃	蒸汽密度/(kg·m^{-3})	焓/(kJ·kg^{-1})		汽化潜热/(kJ·kg^{-1})
			液体	蒸汽	
1.7×10^3	204.1	8.567	870.6	2797.1	1926
1.8×10^3	206.9	9.053	883.4	2798.1	1915
1.9×10^3	209.8	9.539	896.2	2799.2	1903
2.0×10^3	212.2	10.03	907.3	2799.7	1892
3.0×10^3	233.7	15.01	1005.4	2798.9	1794
4.0×10^3	250.3	20.10	1082.9	2789.8	1707
5.0×10^3	263.8	25.37	1146.9	2776.2	1629
6.0×10^3	275.4	30.85	1203.2	2759.5	1556
7.0×10^3	285.7	36.57	1253.2	2740.8	1488
8.0×10^3	294.8	42.58	1299.2	2720.5	1404
9.0×10^3	303.2	48.89	1343.5	2699.1	1357

附录 9　干空气的热物理性质（$p=1.013\times10^5$ Pa）

温度 (t)/℃	密度(ρ) /(kg·m^{-3})	比热(C_p) /(kJ·kg^{-1}·℃$^{-1}$)	导热系数(λ)×10^2 /(W·m^{-1}·℃$^{-1}$)	黏度(μ) /(×10^{-6}Pa·s)	运动黏度(γ) /(×10^{-6}m^2·s^{-1})	普兰特数(Pr)
−50	1.584	1.013	2.04	14.6	9.23	0.728
−40	1.515	1.013	2.12	15.2	10.04	0.728
−30	1.453	1.013	2.20	15.7	10.80	0.723
−20	1.395	1.009	2.28	16.2	11.61	0.716
−10	1.342	1.009	2.36	16.7	12.43	0.712
0	1.293	1.005	2.44	17.2	13.28	0.707
10	1.247	1.005	2.51	17.6	14.16	0.705
20	1.205	1.005	2.59	18.1	15.06	0.703
30	1.165	1.005	2.67	18.6	16.00	0.701
40	1.128	1.005	2.76	19.1	16.96	0.699
50	1.093	1.005	2.83	19.6	17.95	0.698
60	1.060	1.005	2.90	20.1	18.97	0.696
70	1.029	1.009	2.96	20.6	20.02	0.694
80	1.000	1.009	3.05	21.1	21.09	0.692
90	0.972	1.009	3.13	21.5	22.10	0.690
100	0.946	1.009	3.21	21.9	23.13	0.688
120	0.898	1.009	3.34	22.8	25.45	0.686
140	0.854	1.013	3.49	23.7	27.80	0.684
160	0.815	1.017	3.64	24.5	30.09	0.682
180	0.779	1.022	3.78	25.3	32.49	0.681
200	0.746	1.026	3.93	26.0	34.85	0.680
250	0.674	1.038	4.27	27.4	40.61	0.677
300	0.615	1.047	4.60	29.7	48.33	0.674
350	0.566	1.059	4.91	31.4	55.46	0.676
400	0.524	1.068	5.21	33.0	63.09	0.678
500	0.456	1.093	5.74	36.2	79.38	0.687
600	0.404	1.114	6.22	39.1	96.89	0.699
700	0.362	1.135	6.71	41.8	115.4	0.706
800	0.329	1.156	7.18	44.3	134.8	0.713
900	0.301	1.172	7.63	46.7	155.1	0.717
1000	0.277	1.185	8.07	49.0	177.1	0.719
1100	0.257	1.197	8.50	51.2	199.3	0.722
1200	0.239	1.210	9.15	53.5	233.7	0.724

附录 10　液体的黏度

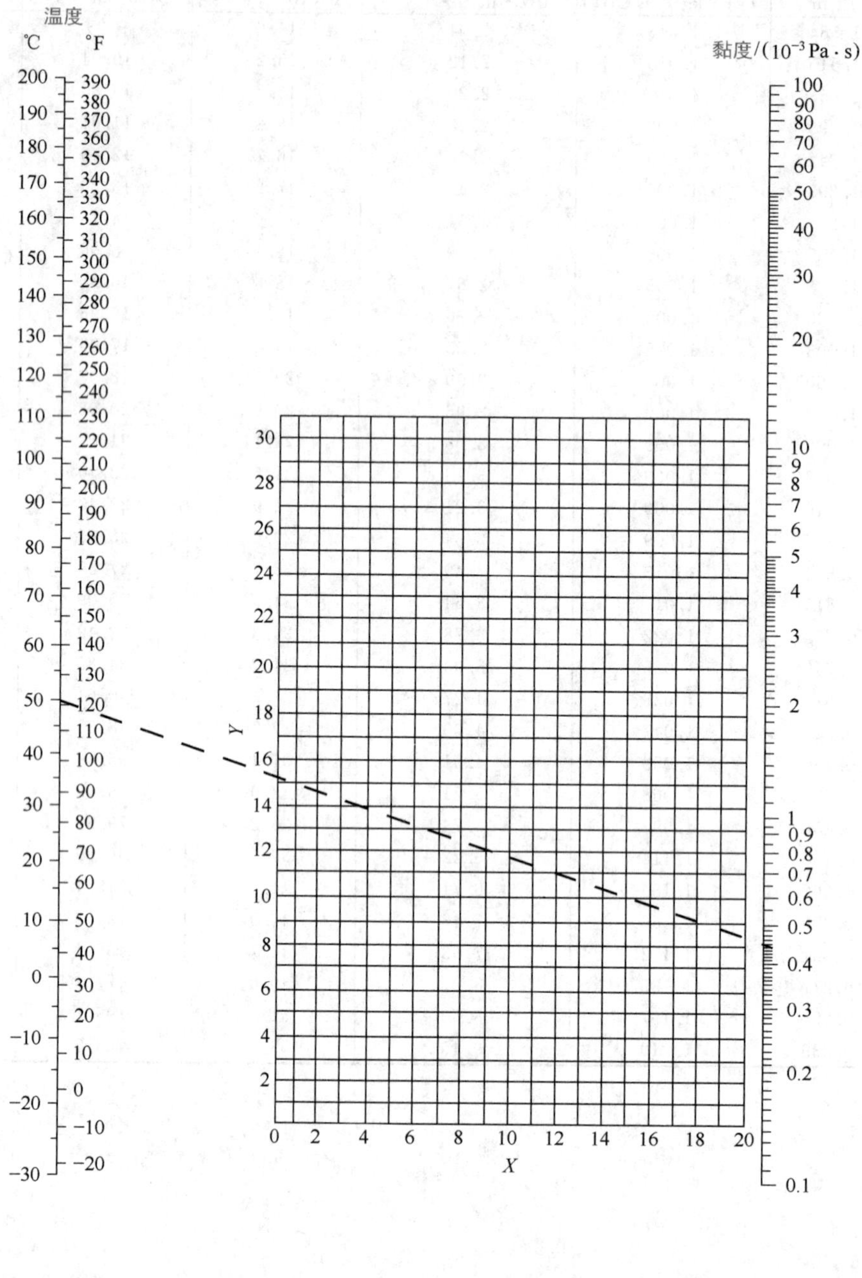

用法举例：求苯在50℃时的黏度。首先由表中查得苯的序号为15，其坐标 $X=12.5$，$Y=10.9$。然后根据 X 和 Y 的值在共线图上标出相应的点，再将该点与图中左边温度标尺上温度为50℃的点连成一条直线，将该直线延长与右边的黏度标尺相交，由交点读出苯在50℃时的黏度为 0.44×10^{-3} Pa·s。

液体黏度共线图的坐标值

序号	液 体		X	Y
1	乙醛		15.2	14.8
2	醋酸	100%	12.1	14.2
3		70%	9.5	17.0
4	醋酸酐		12.7	12.8
5	丙酮	100%	14.5	7.2
6		35%	7.9	15.0
7	丙烯醇		10.2	14.3
8	氨	100%	12.6	2.0
9		26%	10.1	13.9
10	醋酸戊酯		11.8	12.5
11	戊醇		7.5	18.4
12	苯胺		8.1	18.7
13	苯甲醚		12.3	13.5
14	三氯化砷		13.9	14.5
15	苯		12.5	10.9
16	氯化钙盐水	25%	6.6	15.9
17	氯化钠盐水	25%	10.2	16.6
18	溴		14.2	13.2
19	溴甲苯		20	15.9
20	丁酸丁酯		12.3	11.0
21	丁醇		8.6	17.2
22	丁酸		12.1	15.3
23	二氧化碳		11.6	0.3
24	二硫化碳		16.1	7.5
25	四氯化碳		12.7	13.1
26	氯苯		12.3	12.4
27	三氯甲烷		14.4	10.2
28	氯磺酸		11.2	18.1
29	邻氯甲苯		13.0	13.3
30	间氯甲苯		13.3	12.5
31	对氯甲苯		13.3	12.5
32	间苯甲酚		2.5	20.8
33	环己醇		2.9	24.3
34	二溴乙烷		12.7	15.8
35	二氯乙烷		13.2	12.2
36	二氯甲烷		14.6	8.9
37	草酸乙酯		11.0	16.4
38	草酸二甲酯		12.3	15.8
39	联苯		12.0	18.3
40	草酸二丙酯		10.3	17.7
41	乙酸乙酯		13.7	9.1
42	乙醇	100%	10.5	13.8
43		95%	9.8	14.3
44		40%	6.5	16.6
45	乙苯		13.2	11.5
46	溴乙烷		14.5	8.1
47	氯乙烷		14.8	6.0
48	乙醚		14.5	5.3
49	甲酸乙酯		14.2	8.4
50	碘乙烷		14.7	10.3
51	乙二醇		6.0	23.6
52	甲酸		10.7	15.8
53	一氟三氯甲烷(CCl_3F)		14.4	9.0
54	二氟二氯甲烷(CCl_2F_2)		16.8	5.6
55	一氟二氯甲烷($CHCl_2F$)		15.7	7.5
56	二氟一氯甲烷($CHClF_2$)		17.2	4.7
57	1,1,2-三氟-1,2,2-三氯乙烷(CCl_2F-$CClF_2$)		12.5	11.4
58	甘油	100%	2.0	30.0
59		50%	6.9	19.6
60	庚烷		14.1	8.4
61	己烷		14.7	7.0
62	盐酸	31.5%	13.0	16.6
63	异丁醇		7.1	18.0
64	异丁醇		12.2	14.4
65	异丙醇		8.2	16.0
66	煤油		10.2	16.9
67	粗亚麻仁油		7.5	27.2
68	汞		18.4	16.4
69	甲醇	100%	12.4	10.5
70		90%	12.3	11.8
71		40%	7.8	15.5
72	乙酸甲酯		14.2	8.2
73	氯甲烷		15.0	3.8
74	丁酮		13.9	8.6
75	萘		7.9	18.1
76	硝酸	95%	12.8	13.8
77		60%	10.8	17.0
78	硝基苯		10.6	16.2
79	硝基甲苯		11.0	17.0
80	辛烷		13.7	10.0
81	辛醇		6.6	21.1
82	五氯乙烷		10.9	17.3
83	戊烷		14.9	5.2
84	酚		6.9	20.8
85	三溴化磷		13.8	16.7
86	三氯化磷		16.2	10.9
87	丙酸		12.8	13.8
88	丙醇		9.1	16.5
89	溴丙烷		14.5	9.6
90	氯丙烷		14.4	7.5
91	碘丙烷		14.1	11.6
92	钠		16.4	13.9
93	氢氧化钠	50%	3.2	25.8
94	四氯化锡		13.5	12.8
95	二氧化硫		15.2	7.1
96	硫酸	110%	7.2	27.4
97		98%	7.0	24.8
98		60%	10.2	21.3
99	二氯二氧化硫		15.2	12.4
100	四氯乙烷		11.9	15.7
101	四氯乙烯		14.2	12.7
102	四氯化钛		14.4	12.3
103	甲苯		13.7	10.4
104	三氯乙烯		14.8	10.5
105	松节油		11.5	14.9
106	乙酸乙烯		14.0	8.8
107	水		10.2	13.0

附录 11　气体的黏度（101.3kPa）

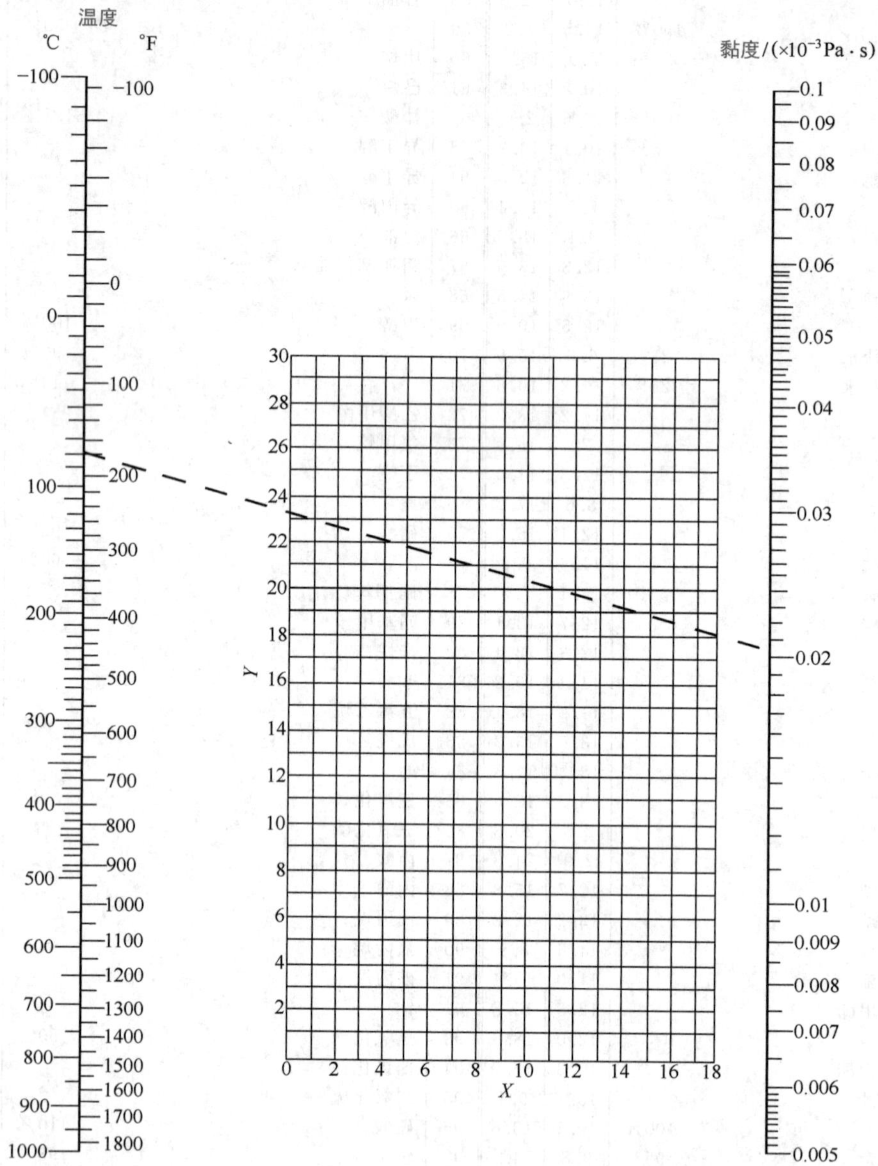

用法举例：求空气在 80℃时的黏度。首先由表中查得空气的序号为 4，其坐标 $X=11.0$，$Y=20.0$。然后根据 X 和 Y 的值在共线图上标出相应的点，将该点与图中左方温度标尺上 80℃的点连成一条直线，将该直线延长与右方黏度标尺相交，由交点读出 80℃空气的黏度为 0.022×10^{-3} Pa·s。

气体黏度共线图的坐标值

序号	气体	X	Y	序号	气体	X	Y
1	乙酸	7.7	14.3	29	1,1,2-三氟,1,2,2-三氯乙烷(CCl_2F-$CClF_2$)	11.3	14.0
2	丙酮	8.9	13.0	30	氦	10.9	20.5
3	乙炔	9.8	14.9	31	己烷	8.6	11.8
4	空气	11.0	20.0	32	氢	11.2	12.4
5	氨	8.4	16.0	33	$3H_2+1N_2$	11.2	17.2
6	氩	10.5	22.4	34	溴化氢	8.8	20.9
7	苯	8.5	13.2	35	氯化氢	8.8	18.7
8	溴	8.9	19.2	36	氰化氢	9.8	14.9
9	丁烯(butene)	9.2	13.7	37	碘化氢	9.0	21.3
10	丁烯(butylene)	8.9	13.0	38	硫化氢	8.6	18.0
11	二氧化碳	9.5	18.7	39	碘	9.0	18.4
12	二硫化碳	8.0	16.0	40	汞	5.3	22.9
13	一氧化碳	11.0	20.0	41	甲烷	9.9	15.5
14	氯	9.0	18.4	42	甲醇	8.5	15.6
15	三氯甲烷	8.9	15.7	43	一氧化氮	10.9	20.5
16	氰	9.2	15.2	44	氮	10.6	20.0
17	环己烷	9.2	12.0	45	五硝酰氯	8.0	17.6
18	乙烷	9.1	14.5	46	一氧化二氮	8.8	19.0
19	乙酸乙酯	8.5	13.2	47	氧	11.0	21.3
20	乙醇	9.2	14.2	48	戊烷	7.0	12.8
21	氯乙烷	8.5	15.6	49	丙烷	9.7	12.9
22	乙醚	8.9	13.0	50	丙醇	8.4	13.4
23	乙烯	9.5	15.1	51	丙烯	9.0	13.8
24	氟	7.3	23.8	52	二氧化硫	9.6	17.0
25	一氟三氯甲烷(CCl_3F)	10.6	15.1	53	甲苯	8.6	12.4
26	二氟二氯甲烷(CCl_2F_2)	11.1	16.0	54	2,3,3-三甲(基)丁烷	9.5	10.5
27	一氟二氯甲烷($CHCl_2F$)	10.8	15.3	55	水	8.0	16.0
28	二氟一氯甲烷($CHClF_2$)	10.1	17.0	56	氙	9.3	23.0

附录 12　固体材料的导热系数

1. 常用金属材料的导热系数/（$W \cdot m^{-1} \cdot ℃^{-1}$）

温度/℃	0	100	200	300	400
铝	228	228	228	228	228
铜	384	379	372	367	363
铁	73.3	67.5	61.6	54.7	48.9
铅	35.1	33.4	31.4	29.8	—
镍	93.0	82.6	73.3	63.97	59.3
银	414	409	373	362	359
碳钢	52.3	48.9	44.2	41.9	34.9
不锈钢	16.3	17.5	17.5	18.5	—

2. 常用非金属材料的导热系数/（$W \cdot m^{-1} \cdot ℃^{-1}$）

名　称	温度/℃	导热系数	名　称	温度/℃	导热系数
石棉绳	—	0.10～0.21	云母	50	0.430
石棉板	30	0.10～0.14	泥土	20	0.698～0.930
软木	30	0.0430	冰	0	2.33
玻璃棉	—	0.0349～0.0698	膨胀珍珠岩散料	25	0.021～0.062
保温灰	—	0.0698	软橡胶	—	0.129～0.159
锯屑	20	0.0465～0.0582	硬橡胶	0	0.150
棉花	100	0.0698	聚四氟乙烯	—	0.242
厚纸	20	0.14～0.349	泡沫塑料	—	0.0465
玻璃	30	1.09	泡沫玻璃	−15	0.00489
	−20	0.76		−80	0.00349
搪瓷	—	0.87～1.16	木材(横向)	—	0.14～0.175
木材(纵向)	—	0.384	酚醛加玻璃纤维	—	0.259
耐火砖	230	0.872	酚醛加石棉纤维	—	0.294
	1200	1.64	聚碳酸酯	—	0.191
混凝土	—	1.28	聚苯乙烯泡沫	25	0.0419
绒毛毡	—	0.0465		−150	0.00174
85%氧化镁粉	0～100	0.0698	聚乙烯	—	0.329
聚氯乙烯	—	0.116～0.174	石墨	—	139

附录 13　某些液体的导热系数

液　体		温度(t)/℃	导热系数(λ)/($W \cdot m^{-1} \cdot ℃^{-1}$)
乙酸	100%	20	0.171
	50%	20	0.35
丙酮		30	0.177
		75	0.164
丙烯醇		25～30	0.180
氨		25～30	0.50
氨水溶液		20	0.45
		60	0.50
正戊醇		30	0.163
		100	0.154
异戊醇		30	0.152
		75	0.151
苯胺		0～20	0.173
苯		30	0.159
苯		60	0.151
正丁醇		30	0.168
		75	0.164
异丁醇		10	0.157
氯化钙盐水	30%	30	0.55
	15%	30	0.59
二硫化碳		30	0.161
		75	0.152
四氯化碳		0	0.185
		68	0.163
氯苯		10	0.144
三氯甲烷		30	0.138
乙酸乙酯		20	0.175
乙醇	100%	20	0.182
乙醇	80%	20	0.237
	60%	20	0.305
	40%	20	0.388
	20%	20	0.486
	100%	50	0.151
硝基苯		30	0.164
		100	0.152
硝基甲苯		30	0.216
		60	0.208
正辛烷		60	0.14
		0	0.138～0.156
石油		20	0.180
蓖麻油		0	0.173
		20	0.168
橄榄油		100	0.164
正戊烷		30	0.135
		75	0.128
氯化钾	15%	32	0.58
	30%	32	0.56
氢氧化钾	21%	32	0.58
	42%	32	0.55
硫酸钾	10%	32	0.60

液　体		温度(t)/℃	导热系数(λ)/($W \cdot m^{-1} \cdot ℃^{-1}$)
乙苯		30	0.149
		60	0.142
乙醚		30	0.138
		75	0.135
汽油		30	0.135
三元醇	100%	20	0.284
	80%	20	0.327
	60%	20	0.381
	40%	20	0.448
	20%	20	0.481
	100%	100	0.284
正庚烷		30	0.140
		60	0.137
正己烷		30	0.138
正己烷		60	0.135
正庚醇		30	0.163
		75	0.157
正己醇		30	0.164
		75	0.156
煤油		20	0.149
		75	0.140
盐酸	12.5%	32	0.52
	25%	32	0.48
	38%	32	0.44
汞		28	0.36
甲醇	100%	20	0.215
	80%	20	0.267
	60%	20	0.329
	40%	20	0.405
	20%	20	0.492
	100%	50	0.197
氯甲烷		−15	0.192
		30	0.154
正丙醇		30	0.171
		75	0.164
异丙醇		30	0.157
		60	0.155
氯化钠水溶液	25%	30	0.57
	12.5%	30	0.59
硫酸	90%	30	0.36
	60%	30	0.43
	30%	30	0.52
二氧化硫		15	0.22
		30	0.192
甲苯		30	0.149
		75	0.145
松节油		15	0.128
二甲苯	邻位	20	0.155
	对位	20	0.155

附录 14　气体的导热系数（101.3kPa）

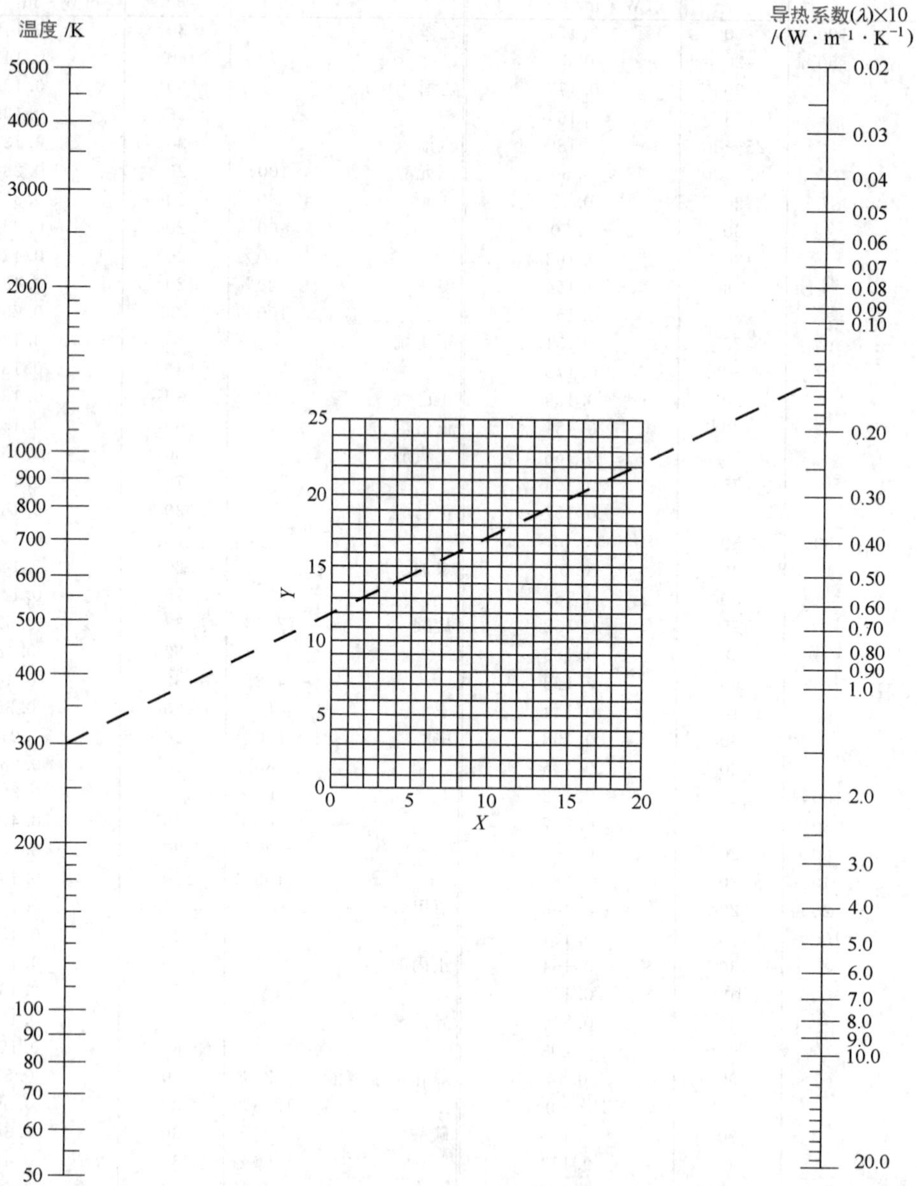

用法举例：求乙醇在 300K 时的导热系数。首先由表中查得乙醇的坐标 $X=2.0$，$Y=13.0$。然后根据 X 和 Y 的值在共线图上标出相应的点，将该点与图中左方温度标尺上 300K 的点连成一条直线，将该直线延长与右方导热系数标尺相交，由交点读出 300K 乙醇的导热系数为 $0.014\text{W}\cdot\text{m}^{-1}\cdot\text{K}^{-1}$。

气体导热系数共线图的坐标值

气体或蒸气	温度范围/K	X	Y	气体或蒸气	温度范围/K	X	Y
乙炔	200～600	7.5	13.5	1,1,2-三氟,1,2,2-三氯乙烷($CCl_2F \cdot CClF_2$)	250～400	4.7	17.0
空气	50～250	12.4	13.9	氦	50～500	17.0	2.5
空气	250～1000	14.7	15.0	氦	500～5000	15.0	3.0
空气	1000～1500	17.1	14.5	正庚烷	250～600	4.0	14.8
氨气	200～900	8.5	12.6	正庚烷	600～1000	6.9	14.9
氩	50～250	12.5	16.5	正己烷	250～1000	3.7	14.0
氩	250～5000	15.4	18.1	氢气	50～250	13.2	1.2
苯	250～600	2.8	14.2	氢气	250～1000	15.7	1.3
三氟化硼	250～400	12.4	16.4	氢气	1000～2000	13.7	2.7
溴	250～350	10.1	23.6	氯化氢	200～700	12.2	18.5
正丁烷	250～500	5.6	14.1	氪	100～700	13.7	21.8
异丁烷	250～500	5.7	14.0	甲烷	100～300	11.2	11.7
二氧化碳	200～700	8.7	15.5	甲烷	300～1000	8.5	11.0
二氧化碳	700～1200	13.3	15.4	甲醇	300～500	5.0	14.3
一氧化碳	80～300	12.3	14.2	氯甲烷	250～700	4.7	15.7
一氧化碳	300～1200	15.2	15.2	氖	50～250	15.2	10.2
四氯化碳	250～500	9.4	21.0	氖	250～5000	17.2	11.0
氯气	200～700	10.8	20.1	氧化氮	100～1000	13.2	14.8
氘	50～100	12.7	17.3	氮气	50～250	12.5	14.0
丙酮	250～500	3.7	14.8	氮气	250～500	15.8	15.3
乙烷	200～1000	5.4	12.6	氮气	1500～3000	12.5	16.5
乙醇	250～350	2.0	13.0	一氧化二氮	200～500	8.4	15.0
乙醇	350～500	7.7	15.2	一氧化二氮	500～1000	11.5	15.5
乙醚	250～500	5.3	14.1	氧气	50～300	12.2	13.8
乙烯	200～450	3.9	12.3	氧气	300～1500	14.5	14.8
氟	80～600	12.3	13.8	戊烷	250～500	5.0	14.1
氩	600～800	18.7	13.8	丙烷	200～300	2.7	12.0
一氟三氯甲烷(CCl_3F)	250～500	7.5	19.0	丙烷	300～500	6.3	13.7
二氟二氯甲烷(CCl_2F_2)	250～500	6.8	17.5	二氧化硫	250～900	9.2	18.5
三氟一氯甲烷($CClF_3$)	250～500	7.5	16.5	甲苯	250～600	6.4	14.8
一氟二氯甲烷($CHCl_2F$)	250～450	6.2	17.5	二氟一氯甲烷($CHClF_2$)	250～500	6.5	18.6

附录 15 液体的比热

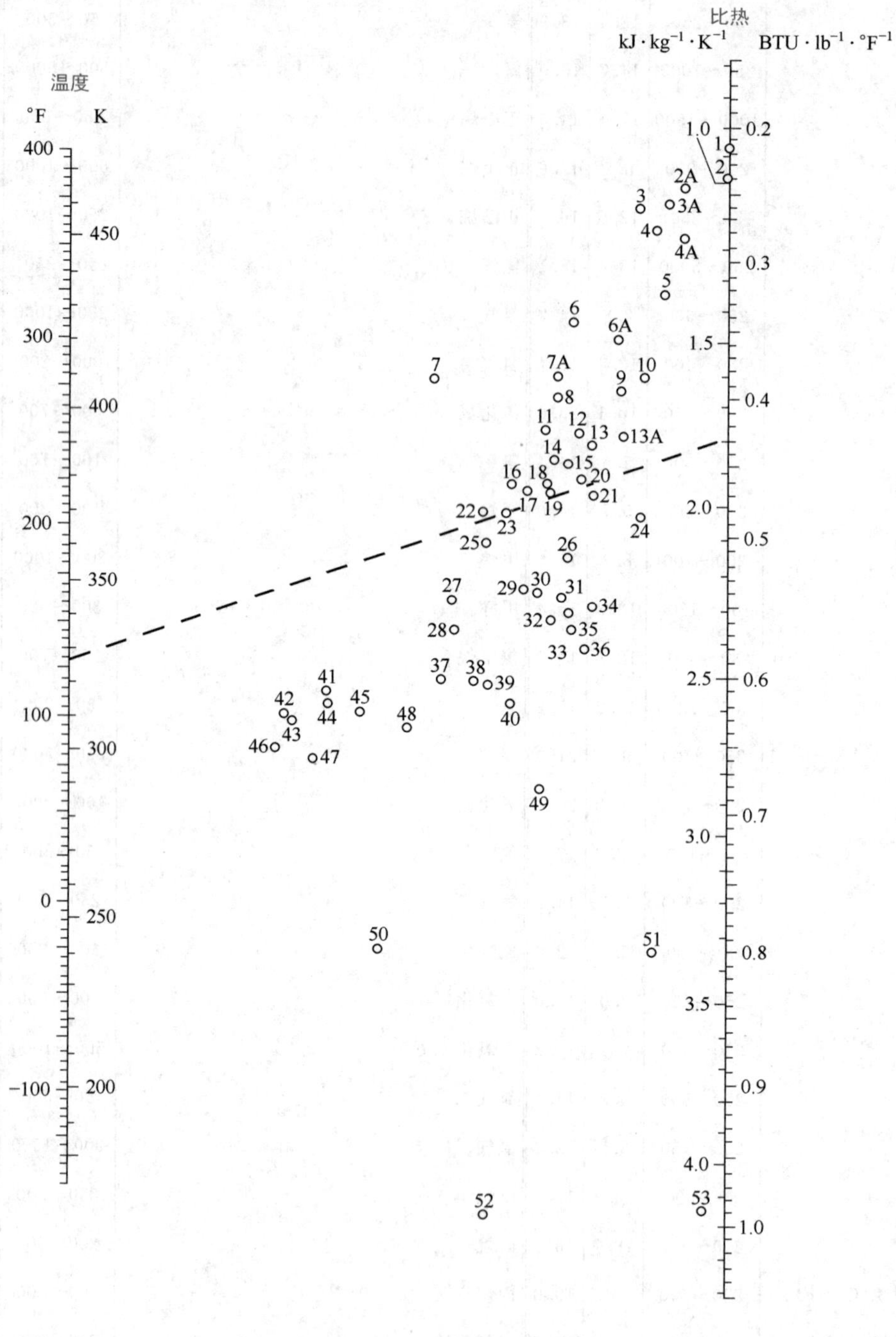

用法举例：求苯在 50℃时的比热。首先由表中查得苯的编号为 23，在图中找到此点，将该点与图中左方温度标尺上 50℃即 323K 的点连成一条直线，将该直线延长与右方比热标尺相交，由交点读出 50℃苯的比热为 1.79kJ・kg^{-1}・K^{-1}。

液体比热共线图中的编号

编号	液　　体	温度范围/℃	编号	液　　体	温度范围/℃
29	乙酸 100%	0～80	7	碘乙烷	0～100
32	丙酮	20～50	39	乙二醇	−40～200
52	氨	−70～50	2A	一氟三氯甲烷(CCl_3F)	−20～70
37	戊醇	−50～25	6	二氟二氯甲烷(CCl_2F_2)	−40～15
26	乙酸戊酯	0～100	4A	一氟二氯甲烷($CHCl_2F$)	−20～70
30	苯胺	0～130	7A	二氟一氯甲烷($CHClF_2$)	−20～60
23	苯	10～80	3A	1,1,2-三氟,1,2,2-三氯乙烷(CCl_2F-$CClF_2$)	−20～70
27	苯甲醇	−20～30	38	三元醇	−40～20
10	苯甲基氧	−30～30	28	庚烷	0～60
49	$CaCl_2$ 水溶液 25%	−40～20	35	已烷	−80～20
51	NaCl 水溶液 25%	−40～20	48	盐酸 30%	20～100
44	丁醇	0～100	41	异戊醇	10～100
2	二硫化碳	−100～25	43	异丁醇	0～100
3	四氯化碳	10～60	47	异丙醇	−20～50
8	氯苯	0～100	31	异丙醚	−80～20
4	三氯甲烷	0～50	40	甲醇	−40～20
21	癸烷	−80～25	13A	氯甲烷	−80～20
6A	二氯乙烷	−30～60	14	萘	90～200
5	二氯甲烷	−40～50	12	硝基苯	0～100
15	联苯	80～120	34	壬烷	−50～125
22	二苯甲烷	80～120	33	辛烷	−50～25
16	二苯醚	0～200	3	过氯乙烯	−30～140
16	道舍姆 A(DowthermA)	0～200	45	丙醇	−20～100
24	乙酸乙酯	−50～25	20	吡啶	−51～25
42	乙醇 100%	30～80	9	硫酸 98%	10～45
46	95%	20～80	11	二氧化硫	−20～100
50	50%	20～80	23	甲苯	0～60
25	乙苯	0～100	53	水	−10～200
1	溴乙烷	5～25	19	邻二甲苯	0～100
13	氯乙烷	−80～40	18	间二甲苯	0～100
36	乙醚	−100～25	17	对二甲苯	0～100

附录 16　气体的比热（101.3kPa）

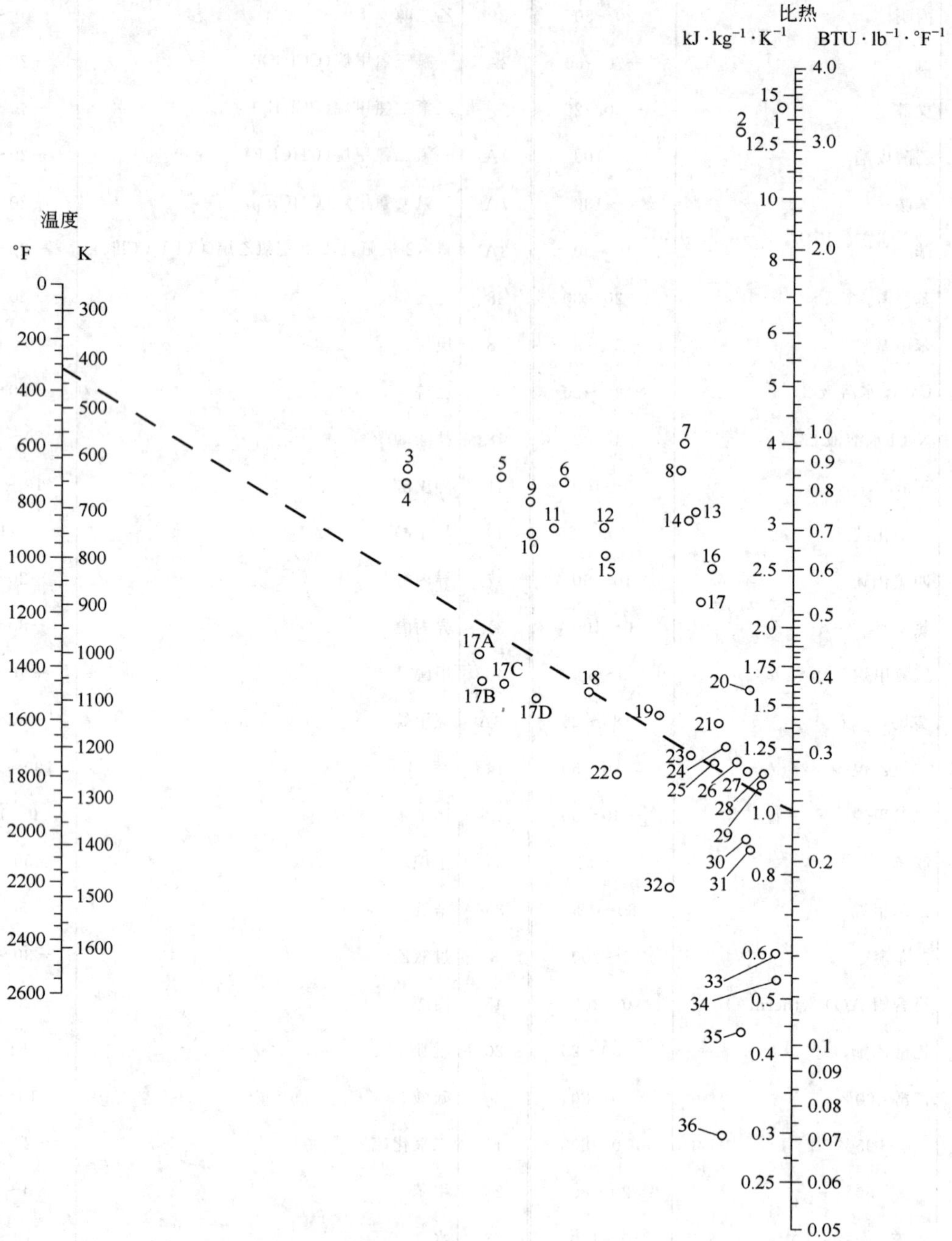

用法举例：求二氧化碳在 150℃时的比热。当二氧化碳的温度为 150℃即 423K 时，由表中查得其编号为 18，在图中找到此点，将该点与图中左方温度标尺上 423K 的点连成一条直线，将该直线延长与右方比热标尺相交，由交点读出 150℃时二氧化碳的比热为 $1.0kJ \cdot kg^{-1} \cdot K^{-1}$。

气体比热共线图中的编号

编　号	气　　体	温度范围/K
10	乙炔	273～473
15	乙炔	473～673
16	乙炔	673～1673
27	空气	273～1673
12	氨气	273～873
14	氨气	873～1673
18	二氧化碳	273～673
24	二氧化碳	673～1673
26	一氧化碳	273～1673
32	氯气	273～473
34	氯气	473～1673
3	乙烷	273～473
9	乙烷	473～873
8	乙烷	873～1673
4	乙烯	273～473
11	乙烯	473～873
13	乙烯	873～1673
17B	一氟三氯甲烷(CCl_3F)	273～423
17C	一氟二氯甲烷($CHCl_2F$)	273～423
17A	二氟一氯甲烷($CHClF_2$)	278～423
17D	1,1,2-三氟,1,2,2-三氯乙烷(CCl_2F-$CClF_2$)	273～423
1	氢气	273～873
2	氢气	873～1673
35	溴化氢	273～1673
30	氯化氢	273～1673
20	氟化氢	273～1673
36	碘化氢	273～1673
19	硫化氢	273～973
21	硫化氢	973～1673
5	甲烷	273～573
6	甲烷	573～973
7	甲烷	973～1673
25	一氧化氮	273～973
28	一氧化氮	973～1673
26	氮气	273～1673
23	氧气	273～773
29	氧气	773～1673
33	硫	573～1673
22	二氧化硫	273～673
31	二氧化硫	673～1673
17	水	273～1673

附录 17　液体的汽化潜热（蒸发潜热）

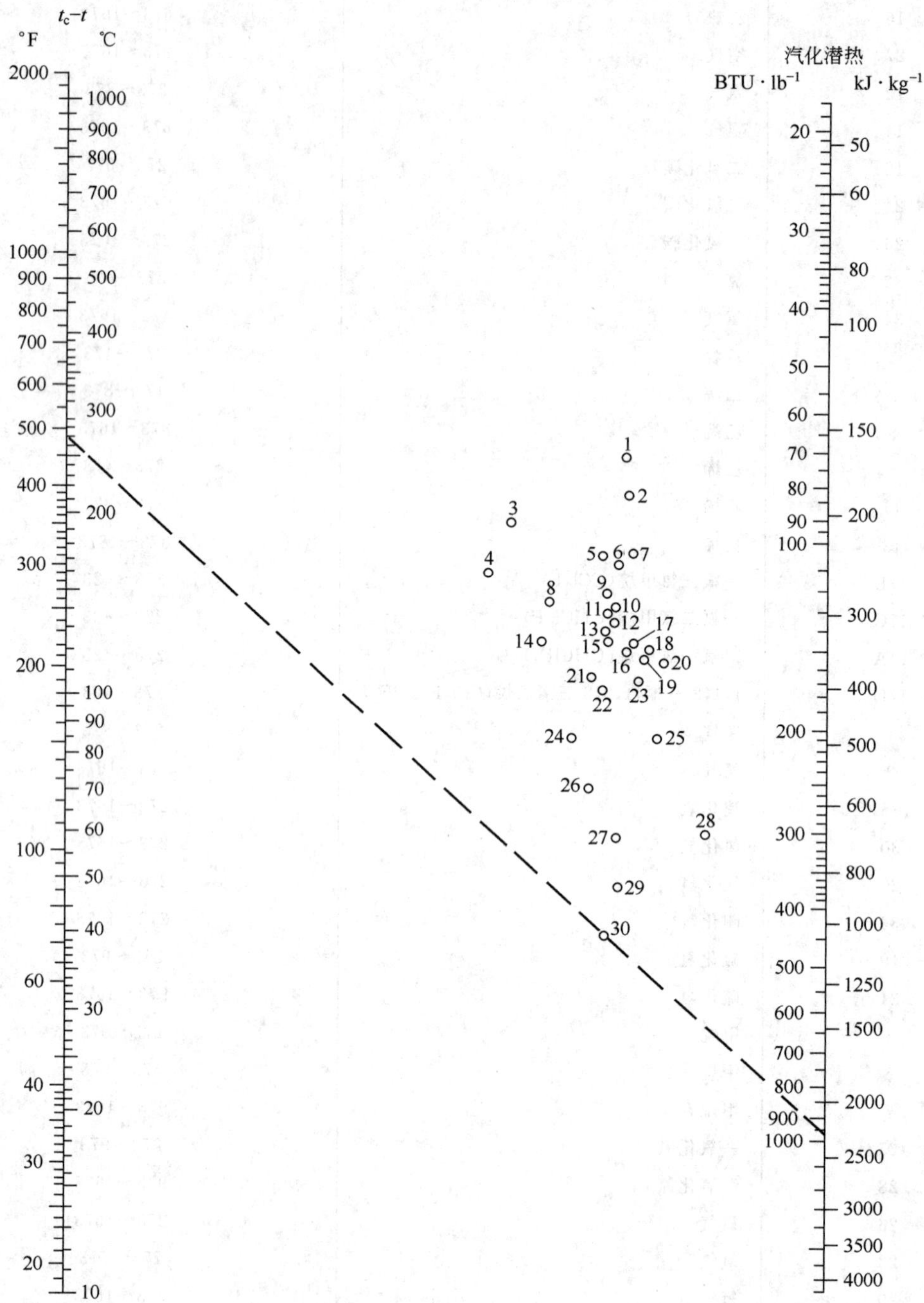

用法举例：求水在 $t=100$℃时的汽化潜热。首先由表中查得水的编号为 30，其临界温度 $t_c=374$℃，故得 $t_c-t=374-100=274$℃，在共线图左侧的 t_c-t 标尺上定出 274℃的点，与图中编号为 30 的圆圈中心点连成一条直线，将该直线延长与右侧的汽化热标尺相交，交点的读数为 2260kJ · kg^{-1}，该数值即为水在 100℃时的汽化潜热。

液体汽化潜热共线图中的编号

编　号	液　体	t_c/℃	(t_c-t)/℃
30	水	374	100～500
29	氨气	133	50～200
19	一氧化氮	36	25～150
21	二氧化碳	31	10～100
4	二氧化碳	273	140～275
14	二氧化硫	157	90～160
25	乙烷	32	25～150
23	丙烷	96	40～200
16	丁烷	153	90～200
15	异丁烷	134	80～200
12	戊烷	197	20～200
11	己烷	235	50～225
10	庚烷	267	20～300
9	辛烷	296	30～300
20	一氯甲烷	143	70～250
8	二氯甲烷	216	150～250
7	三氯甲烷	263	140～270
2	四氯甲烷	283	30～250
17	氯乙烷	187	100～250
13	苯	289	10～400
3	联苯	527	175～400
27	甲醇	240	40～250
26	乙醇	243	20～140
24	丙醇	264	20～200
13	乙醚	194	10～400
22	丙酮	235	120～210
18	乙酸	321	100～225
2	一氟三氯甲烷	198	70～225
2	二氟二氯甲烷	111	40～200
5	一氟二氯甲烷	178	70～250
6	二氟一氯甲烷	96	50～170
1	1,1,2－三氟,1,2,2－三氯乙烷	214	90～250

附录 18 液体表面张力共线图

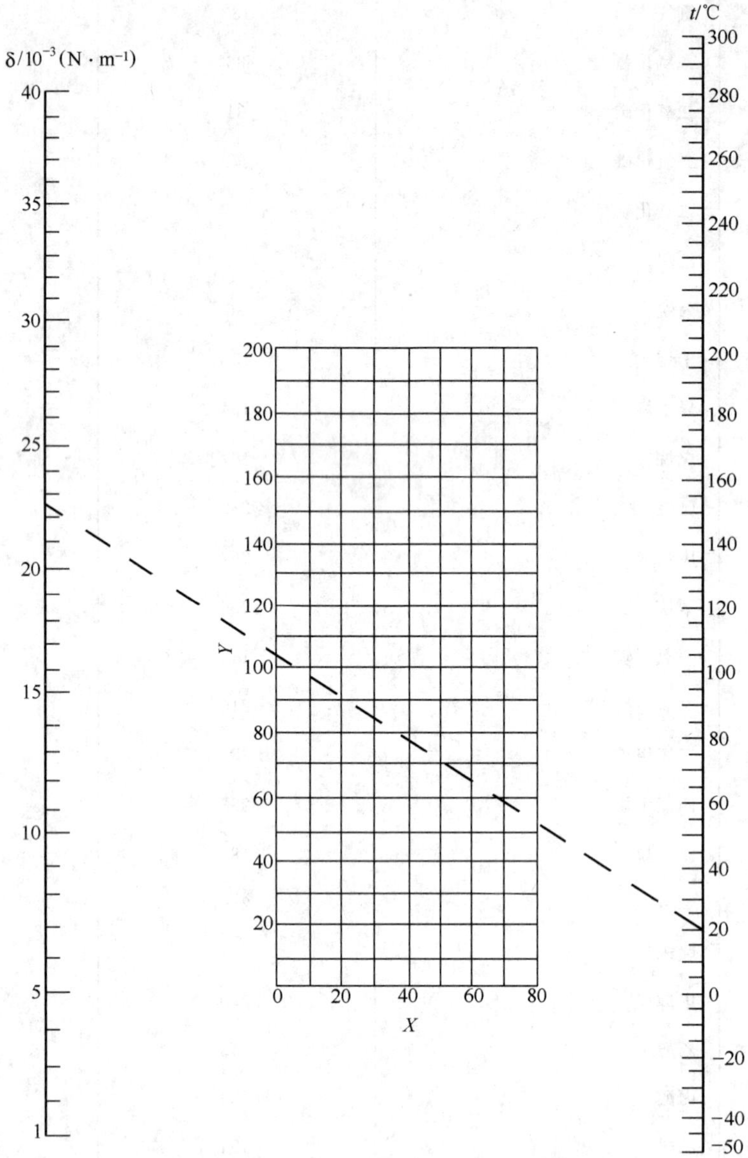

用法举例：求乙醇在 20℃时的表面张力。首先由表中查得乙醇的坐标 $X=10.0$，$Y=97.0$。然后根据 X 和 Y 的值在共线图上标出相应的点，将该点与图中右方温度标尺上 20℃的点连成一条直线，将该直线延长与左方表面张力标尺相交，由交点读出 20℃乙醇的表面张力为 $22.5\times10^{-3}\,N\cdot m^{-1}$。

液体表面张力共线图坐标值

编号	液体名称	X	Y	编号	液体名称	X	Y
1	环氧乙烷	42	83	52	二乙(基)酮	20	101
2	乙苯	22	118	53	异戊醇	6	106.8
3	乙胺	11.2	83	54	四氯化碳	26	104.5
4	乙硫醇	35	81	55	辛烷	17.7	90
5	乙醇	10	97	56	亚硝酰氯	38.5	93
6	乙醚	27.5	64	57	苯	30	110
7	乙醛	33	78	58	苯乙酮	18	163
8	乙醛肟	23.5	127	59	苯乙醚	20	134.2
9	乙酰胺	17	192.5	60	苯二乙胺	17	142.6
10	乙酰乙酸乙酯	21	132	61	苯二甲胺	20	149
11	二乙醇缩乙醛	19	88	62	苯甲醚	24.4	138.9
12	间二甲苯	20.5	118	63	苯甲酸乙酯	14.8	151
13	对二甲苯	19	117	64	苯胺	22.9	171.8
14	二甲胺	16	66	65	苯甲胺	25	156
15	二甲醚	44	37	66	苯酚	20	168
16	1,2-二氯乙烯	32	122	67	苯并吡啶	19.5	183
17	二硫化碳	35.8	117.2	68	氨	56.2	63.5
18	丁酮	23.6	97	69	氧化亚氮	62.5	0.5
19	丁醇	9.6	107.5	70	草酸乙二酯	20.5	130.8
20	异丁醇	5	103	71	氯	45.5	59.2
21	丁酸	14.5	115	72	三氯甲烷	32	101.3
22	异丁酸	14.8	107.4	73	对氯甲苯	18.7	134
23	丁酸乙酯	17.5	102	74	氯甲烷	45.8	53.2
24	异丁酸乙酯	20.9	93.7	75	氯苯	23.5	132.5
25	丁酸甲酯	25	88	76	对氯溴苯	14	162
26	异丁酸甲酯	24	93.8	77	氯甲苯(吡啶)	34	138.2
27	三乙胺	20.1	83.9	78	氰化乙烷(丙腈)	23	108.6
28	三甲胺	21	57.6	79	氰化丙烷(丁腈)	20.3	113
29	1,3,5-三甲苯	17	119.8	80	氰化甲烷(乙腈)	33.5	111
30	三苯甲烷	12.5	182.7	81	氰化苯(苯腈)	19.5	159
31	三氯乙醛	30	113	82	氰化氢	30.6	66
32	三聚乙醛	22.3	103.8	83	硫酸二乙酯	19.5	139.5
33	乙烷	22.7	72.2	84	硫酸二甲酯	23.5	158
34	六氢吡啶	24.7	120	85	硝基乙烷	25.4	126.1
35	甲苯	24	113	86	硝基甲烷	30	139
36	甲胺	42	58	87	萘	22.5	165
37	间苯甲酚	13	161.2	88	溴乙烷	31.6	90.2
38	对苯甲酚	11.5	160.5	89	溴苯	23.5	145.5
39	邻苯甲酚	20	161	90	碘乙烷	28	113.2
40	甲醇	17	93	91	茴香脑	13	158.1
41	甲酸甲酯	38.5	88	92	乙酸	17.1	116.5
42	甲酸乙酯	30.5	88.8	93	乙酸甲酯	34	90
43	甲酸丙酯	24	97	94	乙酸乙酯	27.5	92.4
44	丙胺	25.5	87.2	95	乙酸丙酯	23	97
45	对异丙基甲苯	12.8	121.2	96	乙酸异丁酯	16	97.2
46	丙酮	28	91	97	乙酸异戊酯	16.4	130.1
47	异丙醇	12	111.5	98	乙酸酐	25	129
48	丙醇	8.2	105.2	99	噻吩	35	121
49	丙酸	17	112	100	环己烷	42	86.7
50	丙酸乙酯	22.6	97	101	磷酰氯	26	125.2
51	丙酸甲酯	29	95				

附录 19　管子规格

1. 低压液体输送用焊接钢管规格（摘自 YB 234—63）

公称直径		外径/mm	壁厚/mm		公称直径		外径/mm	壁厚/mm	
mm	in		普通管	加厚管	mm	in		普通管	加厚管
6	1/8	10.0	2.00	2.50	40	1½	48.0	3.50	4.25
8	1/4	13.5	2.25	2.75	50	2	60.0	3.50	4.50
10	3/8	17.0	2.25	2.75	70	2½	75.5	3.75	4.50
15	1/2	21.25	2.75	3.25	80	3	88.5	4.00	4.75
20	3/4	26.75	2.75	3.50	100	4	114.0	4.00	5.00
25	1	33.5	3.25	4.00	125	5	140.0	4.50	5.50
32	1¼	42.25	3.25	4.00	150	6	165.0	4.50	5.50

注：1. 本标准适用于输送水、压缩空气、煤气、冷凝水和采暖系统等压力较低的液体。

2. 焊接钢管可分为镀锌钢管和不镀锌钢管两种，后者又称为黑管。

3. 管端无螺纹的黑管长度为 4～12m，管端有螺纹的黑管或镀锌管的长度为 4～9m。

4. 普通钢管的水压试验压力为 $20kgf \cdot cm^{-2}$，加厚管的水压试验压力为 $30kgf \cdot cm^{-2}$。

5. 钢管的常用材质为 A3。

2. 普通无缝钢管

(1) 热轧无缝钢管（摘自 YB 231—64）

外径/mm	壁厚/mm		外径/mm	壁厚/mm		外径/mm	壁厚/mm	
	从	到		从	到		从	到
32	2.5	8	102	3.5	28	219	6.0	50
38	2.5	8	108	4.0	28	245	(6.5)	50
45	2.5	10	114	4.0	28	273	(6.5)	50
57	3.0	(13)	121	4.0	30	299	(7.5)	75
60	3.0	14	127	4.0	32	325	8.0	75
63.5	3.0	14	133	4.0	32	377	9.0	75
68	3.0	16	140	4.5	36	426	9.0	75
70	3.0	16	152	4.5	36	480	9.0	75
73	3.0	(19)	159	4.5	36	530	9.0	75
76	3.0	(19)	168	5.0	(45)	560	9.0	75
83	3.5	(24)	180	5.0	(45)	600	9.0	75
89	3.5	(24)	194	5.0	(45)	630	9.0	75
95	3.5	(24)	203	6.0	50			

注：1. 壁厚（mm）有 2.5、2.8、3、3.5、4、4.5、5、5.5、6、(6.5)、7、(7.5)、8、(8.5)、9、(9.5)、10、11、12、(13)、14、(15)、16、(17)、18、(19)、20、22、(24)、25、(26)、28、30、32、(34)、(35)、36、(38)、40、(42)、(45)、(48)、50、56、60、63、(65)、70、75。

2. 括号内尺寸不推荐使用。

3. 钢管长度为 4～12.5m。

(2) 冷轧（冷拔）无缝钢管（摘自 YB 231—64）

外径/mm	壁厚/mm		外径/mm	壁厚/mm		外径/mm	壁厚/mm	
	从	到		从	到		从	到
6	0.25	1.6	38	0.40	9.0	95	1.4	12
8	0.25	2.5	44.5	1.0	9.0	100	1.4	12
10	0.25	3.5	50	1.0	12	110	1.4	12
16	0.25	5.0	56	1.0	12	120	(1.5)	12
20	0.25	6.0	63	1.0	12	130	3.0	12
25	0.40	7.0	70	1.0	12	140	3.0	12
28	0.40	7.0	75	1.0	12	150	3.0	12
32	0.40	8.0	85	1.4	12			

注：1. 壁厚（mm）有 0.25、0.30、0.4、0.5、0.6、0.8、1.0、1.2、1.4、（1.5）、1.6、1.8、2.0、2.2、2.5、2.8、3.0、3.2、3.5、4.0、4.5、5.0、5.5、6.0、6.5、7.0、7.5、8.0、8.5、9.0、9.5、10、12、(13)、14。

2. 括号内尺寸不推荐使用。

3. 钢管长度：壁厚≤1mm，长度为 1.5～7m；壁厚＞1mm，长度为 1.5～9m。

(3) 热交换器用普通无缝钢管（摘自 YB 231—70）

外径/mm	壁厚/mm	备　注
19	2	1. 括号内尺寸不推荐使用。 2. 管长(mm)有 1000、1500、2000、2500、3000、4000 及 6000。
25	2	
	2.5	
38	2.5	
57	2.5	
	3.5	
(51)	3.5	

3. 承插式铸铁管（摘自 YB 428—64）

公称直径/mm	内径/mm	壁厚/mm	有效长度/mm	备　注
75	75	9	3000	
100	100	9	3000	
125	125	9	4000	
150	151	9	4000	
200	201.2	9.4	4000	
250	252	9.8	4000	
300	302.4	10.2	4000	
(350)	352.8	10.6	4000	不推荐使用
400	403.6	11	4000	
450	453.8	11.5	4000	
500	504	12	4000	
600	604.8	13	4000	
(700)	705.4	13.8	4000	不推荐使用
800	806.4	14.8	4000	
(900)	908	15.5	4000	不推荐使用

附录 20　常用流速范围

介质名称	条件	流速/(m·s^{-1})
过热蒸汽	D_g<100	20～40
	100≤D_g≤200	30～50
	D_g>200	40～60
饱和蒸汽	D_g<100	15～30
	100≤D_g≤200	25～35
	D_g>200	30～40
蒸汽 低压	P<0.98MPa	15～20
蒸汽 中压	0.98MPa≤P≤3.92MPa	20～40
蒸汽 高压	3.92MPa≤P≤11.76MPa	40～60
一般气体	常压	10～20
高压乏气		80～100
氢气		≤8.0
氮气	P 为 4.9～9.8MPa	2～5
氧气	P 为 0～0.05MPa(表)	5～10
	P 为 0.05～0.59MPa(表)	7～8
	P 为 0.59～0.98MPa(表)	4～6
	P 为 0.98～1.96MPa(表)	4～5
	P 为 1.96～2.94MPa(表)	3～4
压缩空气	P 为 0.10～0.20MPa(表)	10～15
压缩气体	P<0.1MPa(表)	5～10
	P 为 0.10～0.20MPa(表)	8～12
	P 为 0.20～0.59MPa(表)	10～20
	P 为 0.59～0.98MPa(表)	10～15
	P 为 0.98～1.96MPa(表)	8～10
	P 为 1.96～2.94MPa(表)	3～6
	P 为 2.94～24.5MPa(表)	0.5～3.0
设备排气		20～25
煤气		8～10
半水煤气	P 为 0.10～0.15MPa	10～15
烟道气	烟道内	3.0～6.0
	管道内	3.0～4.0
工业烟囱	自然通风	2.0～8.0
车间通风换气	主管	4.5～15
	支管	2.0～8.0
硫酸	质量分数 88%～100%	1.2
液碱	质量分数 0～30%	2
	30%～50%	1.5
	50%～63%	1.2
乙醚、苯	易燃易爆安全允许值	<1.0
甲醇、乙醇、汽油	易燃易爆安全允许值	<2

介质名称	条件	流速/(m·s^{-1})
食盐水	含固体	2～4.5
	无固体	1.5
水及黏度相似的液体	P 为 0.10～0.29MPa(表)	0.5～2.0
	P≤0.98MPa(表)	0.5～3.0
	P≤7.84MPa(表)	2.0～3.0
	P 为 19.6～29.4MPa(表)	2.0～3.5
锅炉给水	P≥0.784MPa(表)	>3.0
自来水	主管 P 为 0.29MPa(表)	1.5～3.5
	支管 P 为 0.29MPa(表)	1.0～1.5
蒸汽冷凝水	自流	0.5～1.5
冷凝水		0.2～0.5
过热水		2.0
热网循环水		0.5～1.0
热网冷却水		0.5～1.0
压力回水		0.5～2.0
无压回水		0.5～1.2
油及黏度较大的液体		0.5～2.0
液体(μ=50mPa·s)	D_g≤25	0.5～0.9
	25≤D_g≤50	0.7～1.0
	50≤D_g≤100	1.0～1.6
液体(μ=100mPa·s)	D_g≤25	0.3～0.6
	25≤D_g≤50	0.5～0.7
	50≤D_g≤100	0.7～1.0
液体(μ=1000mPa·s)	D_g≤25	0.1～0.2
	25≤D_g≤50	0.16～0.25
	50≤D_g≤100	0.25～0.35
	100≤D_g≤200	0.35～0.55
离心泵（水及黏度相似的液体）	吸入管	1.0～2.0
	排出管	1.5～3.0
往复泵（水及黏度相似的液体）	吸入管	0.5～1.5
	排出管	1.0～2.0
往复式真空泵	吸入管	13～16
	排出管 P<0.98MPa	8～10
	排出管 P 为 0.98～9.8MPa	10～20
空气压缩机	吸入管	<10～15
	排出管	15～20
旋风分离器	吸入管	15～25
	排出管	4.0～15
通风机、鼓风机	吸入管	10～15
	排出管	15～20

附录 21　IS 型单级单吸离心泵规格（摘录）

泵　型　号	流量/($m^3 \cdot h^{-1}$)	扬程/m	转速/($r \cdot min^{-1}$)	气蚀余量/m	泵效率/%	功率/kW	
						轴功率	配带功率
IS50-32-125	7.5	22	2900		47	0.96	2.2
	12.5	20	2900	2.0	60	1.13	2.2
	15	18.5	2900		60	1.26	2.2
	3.75		1450				0.55
	6.3	5	1450	2.0	54	0.16	0.55
	7.5		1450				0.55
IS50-32-160	7.5	34.3	2900		44	1.59	3
	12.5	32	2900	2.0	54	2.02	3
	15	29.6	2900		56	2.16	3
	3.75		1450				0.55
	6.3	8	1450	2.0	48	0.28	0.55
	7.5		1450				0.55
IS50-32-200	7.5	525	2900	2.0	38	2.82	5.5
	12.5	50	2900	2.0	48	3.54	5.5
	15	48	2900	2.5	51	3.84	5.5
	3.75	13.1	1450	2.0	33	0.41	0.75
	6.3	12.5	1450	2.0	42	0.51	0.75
	7.5	12	1450	2.5	44	0.56	0.75
IS50-32-250	7.5	82	2900	2.0	28.5	5.67	11
	12.5	80	2900	2.0	38	7.16	11
	15	78.5	2900	2.5	41	7.83	11
	3.75	20.5	1450	2.0	23	0.91	15
	6.3	20	1450	2.0	32	1.07	15
	7.5	19.5	1450	2.5	35	1.14	15
IS65-50-125	15	21.8	2900		58	1.54	3
	25	20	2900	2.0	69	1.97	3
	30	18.5	2900		68	2.22	3
	7.5		1450				0.55
	12.5	5	1450	2.0	64	0.27	0.55
	15		1450				0.55
IS65-50-160	15	35	2900	2.0	54	2.65	5.5
	25	32	2900	2.0	65	3.35	5.5
	30	30	2900	2.5	66	3.71	5.5
	7.5	8.8	1450	2.0	50	0.36	0.75
	12.5	8.0	1450	2.0	60	0.45	0.75
	15	7.2	1450	2.5	60	0.49	0.75

续表

泵型号	流量/($m^3 \cdot h^{-1}$)	扬程/m	转速/($r \cdot min^{-1}$)	气蚀余量/m	泵效率/%	功率/kW	
						轴功率	配带功率
IS65-40-200	15	63	2900	2.0	40	4.42	7.5
	25	50	2900	2.0	60	5.67	7.5
	30	47	2900	2.5	61	6.29	7.5
	7.5	13.2	1450	2.0	43	0.63	1.1
	12.5	12.5	1450	2.0	66	0.77	1.1
	15	11.8	1450	2.5	57	0.85	1.1
IS65-40-250	15		2900				15
	25	80	2900	2.0	63	10.3	15
	30		2900				15
IS65-40-315	15	127	2900	2.5	28	18.5	30
	25	125	2900	2.5	40	21.3	30
	30	123	2900	3.0	44	22.8	30
IS80-65-125	30	22.5	2900	3.0	64	2.87	5.5
	50	20	2900	3.0	75	3.63	5.5
	60	18	2900	3.5	74	3.93	5.5
	15	5.6	1450	2.5	55	0.42	0.75
	25	5	1450	2.5	71	0.48	0.75
	30	4.5	1450	3.0	72	0.51	0.75
IS80-65-160	30	36	2900	2.5	61	4.82	7.5
	50	32	2900	2.5	73	5.97	7.5
	60	29	2900	3.0	72	6.59	7.5
	15	9	1450	2.5	66	0.67	1.5
	25	8	1450	2.5	69	0.75	1.5
	30	7.2	1450	3.0	68	0.86	1.5
IS80-50-200	30	53	2900	2.5	55	7.87	15
	50	50	2900	2.5	69	9.87	15
	60	47	2900	3.0	71	10.8	15
	15	13.2	1450	2.5	51	1.06	2.2
	25	12.5	1450	2.5	65	1.31	2.2
	30	11.8	1450	3.0	67	1.44	2.2
IS80-50-160	30	84	2900	2.5	52	13.2	22
	50	80	2900	2.5	63	17.3	
	60	75	2900	3.0	64	19.2	
IS50-50-250	30	84	2900	2.5	52	13.2	22
	50	80	2900	2.5	63	17.3	22
	60	75	2900	3.0	64	19.2	22
IS80-50-315	30	128	2900	2.5	41	25.5	37
	50	125	2900	2.5	54	31.5	37
	60	123	2900	3.0	57	35.3	37
IS100-80-125	60	24	2900	4.0	67	5.86	11
	100	20	2900	4.5	78	7.00	11
	120	16.5	2900	5.0	74	7.28	11

附录 22　错流和折流时的对数平均温度差校正系数

1. 折流时的对数平均温度差校正系数

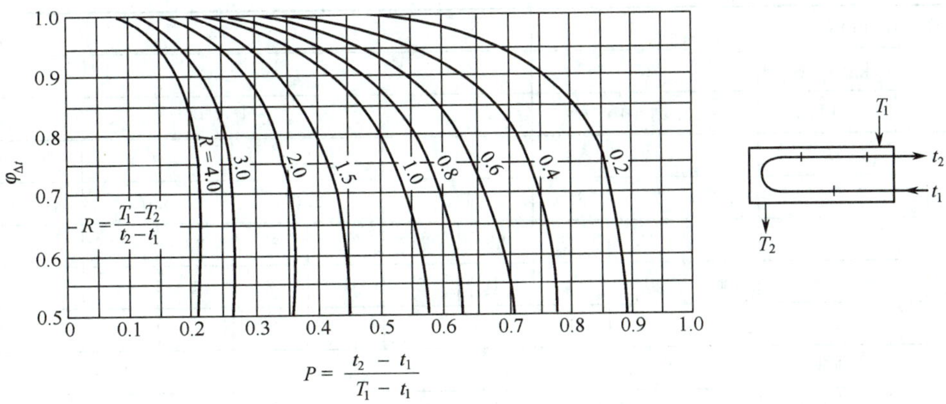

(a) 单壳程，2、4、6…管程

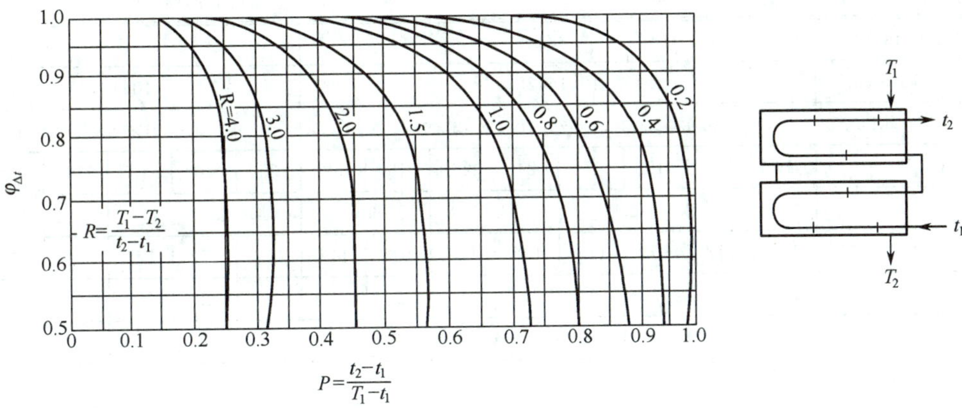

(b) 双壳程，4、8…管程

2. 错流时的对数平均温度差校正系数

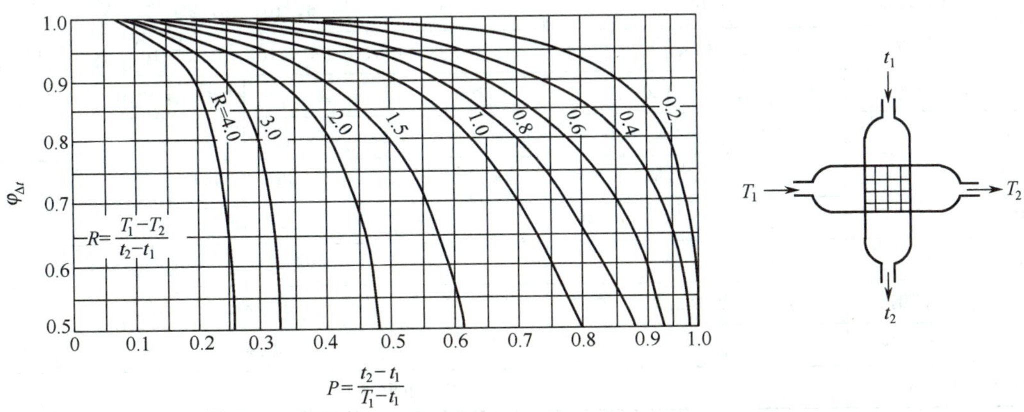

附录 23 换热器系列标准（摘录）

管板式热交换器系列标准

(1) 固定管板式（代号 G）

公称直径/mm		159			273							
公称压强	/(kgf·cm^{-2})	25			25							
	/kPa	2.45×10^3			2.45×10^3							
公称面积/m^2		1	2	3	4		5		8		18	14
管长/m		1.5	2.0	3.0	1.5		2.0		3.0		6.0	
管子总数		13	13	13	38	32	38	32	38	32	38	32
管程数		1	1	1	1	2	1	2	1	2	1	2
壳程数		1	1	1	1		1		1		1	
管子尺寸/mm	碳钢	$\phi25\times2.5$			$\phi25\times2.5$							
	不锈钢	$\phi25\times2$			$\phi25\times2$							
管子排列方法		正三角形排列			正三角形排列							

公称直径/mm		400								500					
公称压强	/(kgf·cm^{-2})	10,16,25								10,16,25					
	/kPa	0.981×10^3,1.57×10^3,2.45×10^3								0.981×10^3,1.57×10^3,2.45×10^3					
公称面积/m^2		10	12	15	16	24	26	48	52	35	40	40	70	80	80
管长/m		1.5		2.0		3.0		6.0		3.0			6.0		
管子总数		102	113	102	113	102	113	102	113	152	172	177	152	172	177
管程数		2	1	2	1	2	1	2	1	4	2	1	4	2	1
壳程数		1		1		1		1		1			1		
管子尺寸/mm	碳钢	$\phi25\times2.5$								$\phi25\times2.5$					
	不锈钢	$\phi25\times2$								$\phi25\times2$					
管子排列方法		正三角形排列								正三角形排列					

公称直径/mm		600				800							
公称压强	/(kgf·cm^{-2})	6，16，25				6，10，16，25							
	/kPa	0.588×10^3，1.57×10^3，2.45×10^3				0.588×10^3，0.981×10^3，1.57×10^3，2.45×10^3							
公称面积/m^2		55	60	120	125	100		110		200	210	220	230
管长/m		3.0		6.0		3.0				6.0			
管子总数		258	269	258	269	444	456	488	501	444	456	488	501
管程数		2	1	2	1	4		2	1	4		2	1
壳程数		1		1		1				1			
管子尺寸/mm	碳钢	$\phi25\times2.5$				$\phi25\times2.5$							
	不锈钢	$\phi25\times2$				$\phi25\times2$							
管子排列方法		正三角形排列											

注：以 kPa 表示的公称压强是以原系列标准中的 kgf·cm^{-2} 换算而来。

（2）浮头式（代号 F）

① F_A 系列

公称直径/mm		325	400	500	600	700	800
公称压强	/(kgf·cm^{-2})	40	40	16,25,40	16,25,40	16,25,40	25
	/kPa	3.92×10^3	3.92×10^3	1.57×10^3 2.45×10^3 3.92×10^3	1.57×10^3 2.45×10^3 3.92×10^3	1.57×10^3 2.45×10^3 3.92×10^3	2.45×10^3
公称面积/m^2		10	25	80	130	185	245
管长/m		3	3	6	6	6	6
管子尺寸/mm		$\phi19\times2$	$\phi19\times2$	$\phi19\times2$	$\phi19\times2$	$\phi19\times2$	$\phi19\times2$
管子总数		76	138	228(224)	372(368)	528(528)	700(696)
管程数		2	2	2(4)	2(4)	2(4)	2(4)
管子排列方法		正三角形排列，管子中心距为 25mm					

注：1. 括号内的数据为四管程的数据。

2. 以 kPa 表示的公称压强是以原系列标准中的 kgf·cm^{-2} 换算而来。

② F_B 系列

公称直径/mm		325	400	500	600	700	800
公称压强	/(kgf·cm^{-2})	40	40	16,25,40	16,25,40	16,25,40	10,16,25
	/kPa	3.92×10^3	3.92×10^3	1.57×10^3 2.45×10^3 3.92×10^3	1.57×10^3 2.45×10^3 3.92×10^3	1.57×10^3 2.45×10^3 3.92×10^3	0.981×10^3 1.57×10^3 2.45×10^3
公称面积/m^2		10	15	65	95	135	180
管长/m		3	3	6	6	6	6
管子尺寸/mm		$\phi25\times2.5$	$\phi25\times2.5$	$\phi25\times2.5$	$\phi25\times2.5$	$\phi25\times2.5$	$\phi25\times2.5$
管子总数		36	72	124(120)	208(192)	292(292)	388(384)
管程数		2	2	2(4)	2(4)	2(4)	2(4)
管子排列方法		正三角形排列，管子中心距为 25mm					

公称直径/mm		900	1100
公称压强	/(kgf·cm^{-2})	10,16,25	10,16
	/kPa	0.981×10^3，1.57×10^3，2.45×10^3	0.981×10^3，1.57×10^3
公称面积/m^2		225	365
管长/m		6	6
管子尺寸/mm		$\phi25\times2.5$	$\phi25\times2.5$
管子总数		512	(748)
管程数		2	4
管子排列方法		正方形斜转 45°排列，管子中心距为 32mm	

注：1. 括号内的数据为四管程的数据。

2. 以 kPa 表示的公称压强是以原系列标准中的 kgf·cm^{-2} 换算而来。

附录 24 壁面污垢热阻

1. 冷却水

单位：$m^2 \cdot ℃ \cdot W^{-1}$

加热液体温度/℃	115 以下		115～205	
水的温度/℃	25 以上		25 以下	
水的速度/($m \cdot s^{-1}$)	1 以下	1 以上	1 以下	1 以上
海水	0.8598×10^{-4}	0.8598×10^{-4}	1.7197×10^{-4}	1.7197×10^{-4}
自来水、井水、湖水、软化锅炉水	1.7197×10^{-4}	1.7197×10^{-4}	3.4394×10^{-4}	3.4394×10^{-4}
蒸馏水	0.8598×10^{-4}	0.8598×10^{-4}	0.8598×10^{-4}	0.8598×10^{-4}
硬水	5.1590×10^{-4}	5.1590×10^{-4}	8.598×10^{-4}	8.598×10^{-4}
河水	5.1590×10^{-4}	3.4394×10^{-4}	6.8788×10^{-4}	5.1590×10^{-4}

2. 工业用气体

单位：$m^2 \cdot ℃ \cdot W^{-1}$

气体名称	热阻	气体名称	热阻
有机化合物	0.8598×10^{-4}	溶剂蒸气	1.7197×10^{-4}
水蒸气	0.8598×10^{-4}	天然气	1.7197×10^{-4}
空气	3.4394×10^{-4}	焦炉气	1.7197×10^{-4}

3. 工业用液体

单位：$m^2 \cdot ℃ \cdot W^{-1}$

液体名称	热阻	液体名称	热阻
有机化合物	1.7197×10^{-4}	熔盐	0.8598×10^{-4}
盐水	1.7197×10^{-4}	植物油	5.1590×10^{-4}

4. 石油分馏物

单位：$m^2 \cdot ℃ \cdot W^{-1}$

馏出物名称	热阻	馏出物名称	热阻
原油	3.4394×10^{-4}～12.098×10^{-4}	柴油	3.4394×10^{-4}～5.1590×10^{-4}
汽油	1.7197×10^{-4}	重油	8.698×10^{-4}
石脑油	1.7197×10^{-4}	沥青油	17.197×10^{-4}
煤油	1.7197×10^{-4}		

附录 25　几种常用填料的特性数据

1. 散堆填料

填料名称	尺寸 /mm	材质及堆积方式	比表面积 /($m^2\cdot m^{-3}$)	空隙率 /($m^3\cdot m^{-3}$)	每立方米填料个数	堆积密度 /($kg\cdot m^{-3}$)	干填料因子/m^{-1}	填料因子 /m^{-1}	备　注
拉西环	10×10×1.5	瓷质散堆	440	0.70	720×10^{3}	700	1280	1500	直径×高度×厚度
	10×10×0.5	钢质散堆	500	0.88	800×10^{3}	960	740	1000	直径×高度×厚度
	25×25×2.5	瓷质散堆	190	0.78	49×10^{3}	505	400	450	直径×高度×厚度
	25×25×0.8	钢质散堆	220	0.92	55×10^{3}	640	290	260	直径×高度×厚度
	50×50×4.5	瓷质散堆	93	0.81	6×10^{3}	457	177	205	直径×高度×厚度
	50×50×4.5	瓷质散堆	124	0.72	8.83×10^{3}	673	339		直径×高度×厚度
	50×50×1	钢质散堆	110	0.95	7×10^{3}	430	130	175	直径×高度×厚度
	80×80×9.5	瓷质散堆	76	0.68	1.91×10^{3}	714	243	280	直径×高度×厚度
	76×76×1.5	钢质散堆	68	0.95	1.87×10^{3}	400	80	105	直径×高度×厚度
鲍尔环	25×25	瓷质散堆	220	0.76	48×10^{3}	505		300	直径×高度
	25×25×0.6	钢质散堆	209	0.94	61.5×10^{3}	480		160	直径×高度×厚度
	25	瓷质散堆	209	0.90	51.1×10^{3}	72.6		170	直径
	50×50×4.5	瓷质散堆	110	0.81	6×10^{3}	457		130	直径×高度×厚度
	50×50×0.9	钢质散堆	103	0.95	6.2×10^{3}	355		66	直径×高度×厚度
阶梯环	25×12.5×1.4	塑料散堆	223	0.90	81.5×10^{3}	97.8		172	直径×高度×厚度
	33.5×19×1.0		132.5	0.91	27.2×10^{3}	57.5		115	直径×高度×厚度
弧鞍形	25	瓷质	252	0.69	78.1×10^{3}	725		360	
	25	钢质	280	0.83	88.5×10^{3}	1400			
	50	钢质	106	0.72	8.87×10^{3}	645		148	
矩鞍形	25×3.3	瓷质	258	0.775	84.6×10^{3}	548		320	名义尺寸×厚度
	50×7		120	0.79	9.4×10^{3}	532		130	
θ网形	8×8	镀锌铁丝网	1030	0.936	2.12×10^{6}	490			40 目丝径　0.23～0.25mm
鞍形网	10		1100	0.91	4.56×10^{6}	340			
压延孔环	6×6		1300	0.96	10.2×10^{6}	355			60 目　丝径 0.152mm

2. 压延孔板波纹填料几何特性参量

填料型号	材　质	峰高 /mm	空隙率 /%	比表面积 /($m^2\cdot m^{-3}$)	F 因子 /($m\cdot s^{-1}\cdot kg^{0.5}\cdot m^{-1.5}$)	压降 /($mmHg\cdot m^{-1}$)	理论板数
700y	1Cr18Ni9Ti	4.3	85	700	1.6	7	5～7
500x	1Cr18Ni9Ti	6.3	90	500	2.1	2	3～4
250y	1Cr18Ni9Ti		97	200	2.6	2.25	2.5～3

3. 丝网波纹填料几何特性参量

填料型号	材质	峰高 /mm	空隙率 /%	比表面积 /($m^2\cdot m^{-3}$)	倾斜角度	水力直径 /mm	F 因子 /($m\cdot s^{-1}\cdot kg^{0.5}\cdot m^{-1.5}$)	压降 /($mmHg\cdot m^{-1}$)	理论板数
CY	不锈钢	4.3	87～90	700	45°	5	1.3～2.4	5	6～9
BX		6.3	95	500	30°	7.3	2～2.4	1.5	4～5